现代数学译丛　34

图　论

(原书第五版)

〔德〕 Reinhard Diestel　著

〔加〕于青林　译

科 学 出 版 社

北　京

图字：01-2020-1429

内 容 简 介

本书是现代图论教学中被广泛采用的研究生教材，它在前4版的基础上进行了进一步扩充和更新. 其叙述的方式非常有特色：先解释定理的意义、证明的思路，并对主要思路进行描述，再提供详尽严格的证明，从而阐述图论的核心内容，让读者容易地了解这个领域的精髓所在. 特别地，对若干图论中的重要定理给出多种证明.

本书囊括了当代图理论中最重要的专题，对每个专题从基本知识，到主要的结果和技巧进行介绍，并指出当前的研究主流和方向，是不可多得的兼顾教学和研究的专著. 它可以用作研究生教材或者高年级本科生的教学辅助材料，亦可作为图论研究的参考书.

图书在版编目(CIP)数据

图论：原书第五版/(德) R.迪斯特尔(Reinhard Diestel)著；(加)于青林译. —北京：科学出版社，2020.4

(现代数学译丛；34)

书名原文：Graph Theory (5th ed.)

ISBN 978-7-03-064807-5

I. ①图…　II. ①R…　②于…　III. ①图论　IV. ①O157.5

中国版本图书馆 CIP 数据核字(2020) 第 058460 号

责任编辑：李静科　赵彦超／责任校对：邹慧卿
责任印制：赵　博／封面设计：陈　敬

科学出版社 出版
北京东黄城根北街 16 号
邮政编码：100717
http://www.sciencep.com

北京华宇信诺印刷有限公司印刷
科学出版社发行　各地新华书店经销
*
2020 年 4 月第　一　版　开本：720 × 1000 1/16
2024 年 8 月第五次印刷　印张：26
字数：507 000

定价：128.00 元

(如有印装质量问题，我社负责调换)

译　者　序

在中国，图论的教学从早期引进 Berge, Bondy 与 Murty 以及 Harary 的著作后得到了快速的发展. 随着图论的研究和应用达到新的高度和广度，急需一本具有更新内容、更高质量的教材. 这里我们推荐由德国图论学者 Diestel 所著的《图论(第五版)》，这是作为研究生教材和研究者参考书籍不可多得的选择.

本书有三大特点：一是内容包括了当下图论研究的主流课题并及时更新；二是在证明主要定理前，对定理的意义、证明的思路和主要方法进行描述，这对帮助读者理解定理以及证明的思路非常有益；三是对图论中的若干主流分支，例如无限图、极值图论以及图子式，从研究现状到重要技巧第一次以教科书的形式给出了系统的讲解.

本书适合作为图论研究生教材，也可以作为本科高年级图论教学的参考书. 书末对每个练习都给出了解题提示，但读者还需要一定的努力才能得到完整的答案. 希望中译本的出版有助于中国的图论教学和研究的提高，也可以助力图论主流研究在中国的推广.

《图论》第五版的翻译是在第四版的基础上完成的. 在第四版的翻译准备工作中，曾得到很多同事和学生的帮助，包括杨娟、白冰、段英华、郇潇、鲁红亮、王涛、吴云建、吴泽芳、杨旭、王光辉等. 其中王涛和王光辉也是第四版中译本的合作者.

在本书翻译的过程中，得到 Diestel 教授很多的帮助. 由于本人知识和能力的限制，对其中若干专题了解甚少，需要时常咨询 Diestel 教授，他都耐心并及时地回复，在此表示真挚的感谢. 感谢科学出版社的赵彦超和李静科在出版过程中给予的专业指导和协助，没有他们的帮助，中译本不可能高质量出版.

由于本人专业知识的缺陷，对某些内容尤其是比较新的知识点 (例如无限图以及图子式) 的翻译可能不够精准和清晰，希望读者不吝赐教 (yu@tru.ca).

于青林

2019 年 9 月

关于第五版

延续第一版和第三版的基本思路, 我对第五版进行了全面修订.

对第 12 章, 进行了重新改写, 以包含图子式方面的近期研究成果. 除了若干小的改进外, 对树宽对偶定理给出了新的证明, 这个证明是由 Mazoit 得到的, 还没有在其他出版物上出现 (通过私人通信获得). 更重要的是, 增加了关于纠缠 (tangle) 的一节. 这个概念最先由 Robertson 和 Seymour 引进, 作为证明图子式定理的技术工具, 但后来它超越了原来的功能, 成为更基础的工具: 他们定义了一个范例来确定图中的高连通部分. 在早期的研究中, 与定义某种子结构 (例如高连通子图、子式或拓扑子式) 不一样, 纠缠并不试图利用诸如顶点、边, 或连通路来确定这种子结构, 而是通过把低维的分离集定向来间接地确定想要的子结构. 简单地说, 我们不再寻找什么是高连通区域, 而是只需要知道它的位置. 对很多应用来说, 这正是我们需要的. 进一步地, 这个关于高局部连通的抽象概念可以容易地移植到图论之外的领域. 通过纠缠这一概念, 图子式理论可以应用到图论以外的领域. 从这个现代的视角, 我增加了关于纠缠的一节.

第 2 章增加了新的一节是关于树填装和覆盖的. Bowler 和 Carmesin 给出了一个把填装和覆盖统一起来的优美结果: 填装-覆盖定理. 这个定理本来是关于拟阵的, 但它的图论表达和证明都很简洁, 证明在 2.4 节中给出, 是第一次公开发表.

在关于无限图的第 8 章中, 对局部有限图的拓扑性质给出了更仔细的处理, 把一个图 G 的 Freudenthal 紧致化看作 G 的有限收缩子式的逆极限, 这是一种更全面的诠释. 对于群论熟悉的读者可能发现这个方法似曾相识.

和以前一样, 我对叙述、证明及练习作了很多小的改进. 在这方面, 很多人提供了有用的建议, 在此表示感谢.

最后, 在当今这个随时可以连接到互联网的时代, 为了使得练习题可以重复使用, 我做了两个调整. 一是把练习提示部分只包括在本书的专业电子版本中 (译者注: 根据中国市场以及研究现状, 中文版保留了练习的提示), 授课者可以自行决定是否对练习题给出提示. 二是如果练习是关于某个冠名定理的证明, 我不会提定理的名字, 以避免到网络上搜索就可以找到证明. 然而, 如果你知道定理的名字, 想找到对应的练习, 可以到索引部分通过名字找到相应的页码.

RD

2016 年 7 月

关于第四版

在第四版, 没有增加很多根本性的新内容, 但进行了很多改进.

和前一版一样, 这一版有无数细微而精密的修改, 主要是对一些论证或概念作进一步阐述. 我总是十分感谢读者的反馈, 并根据这些反馈对某些细节重新叙述, 使得它变得更容易理解. 有时这些改进是很初等的, 例如第 1 章中子式的定义就是一个很好的例子.

从更根本上看, 我们对几个经典结果给出了新的且更简单的证明, 其中一个把已经很短的证明减少了一半 (而且变得更加漂亮), 这些新添加的证明包括: 婚姻定理、树填装定理、Tutte 圈空间和轮定理、Fleischner 的 Hamilton 圈定理、关于边概率保证某种类型子图的阀定理. 也有一两个真正新的定理, 其中一个是由 Asratian 和 Khachatrian 得到的具有独创性的 Halmiton 圈存在的局部度条件, 它蕴含着若干个经典 Hamilton 定理.

在若干章节中, 我稍微地重新组织了内容或者重写了叙述. 通常, 这些章节都是在前三版的基础上进行了较大的扩充, 所以开始影响它们在书中的比例和作用. 我希望本书不仅是汇总一些定理和证明, 也尽可能地提供更广泛的视野, 来看清它们在整体布局中所处的位置, 同时还要保持它原来的新鲜感和流畅感, 做到这些是颇具挑战性的, 我很高兴地迎接这个挑战.

最后, 本书现在有了它自己的独立网页:

`http://diestel-graph-theory.com/`

和普通的网上免费版本相比, 这个网站潜在地可以提供更多关于本书的功能, 而不仅仅是总结 (逐渐减少的) 印刷错误. 如果你有任何想法或建议, 并希望可以在将来的版本中实现, 请和我联系.

RD

2010 年 5 月

关于第三版

我承认这本书变厚了, 但是它是否还如同我在第一版 (几乎八年前) 的序言中提到的那样, 这本书应该是"精炼并把重点放在基础上"呢?

我相信答案是肯定的, 也许现在比以前更有甚者. 那么, 为什么厚度增加了呢? 部分的答案是我继续追求原来的双重目标, 即内容上提供两种不同的东西:

- 一本可靠的初等入门图论, 可作为个人研究之用或课程教材;
- 一本研究生教材, 它在某些专题上有一定的深度.

对每个目标, 我们都增加了一些内容. 其中包括一些新的主题, 可以根据自己的意愿保留或跳过. 例如, 在入门知识层次上, 一个新内容是关于填装和覆盖的章节, 它包含 Erdős-Pósa 定理; 另外在关于匹配的章节中增加了稳定婚姻定理. 在研究生层次上, 一个新内容是不包含给定子式的图的 Robertson-Seymour 结构定理: 这个结果只需要几行就能叙述, 但它越来越多地出现在各种文献中, 因此包括容易查找的相关参考资料就变得非常必要了. 另一个添加的内容也是在图子式的章节, 是关于"高维曲面的 Kuratowski 定理"的新证明, 这个证明展示了图子式理论和曲面拓扑之间的相互影响, 比以前的表达更清晰. 作为这个定理的补充, 我们给出了一个关于曲面的附录, 它提供了所需的背景资料, 同时也使图子式定理的证明可以清楚明白地表示出来.

为了统一和润色, 我们对无数的局部细节进行了改写, 除了这些部分外, 新增加的内容对以前的内容影响很小. 我意识到, 随着本书更多的被用作教科书, 人们期望它的稳定性, 很多这些局部的改进正是听取了同仁在使用本书后反馈来的结果, 我十分感谢他们的帮助和建议.

还有一些局部的增添, 大部分来自我自己的笔记: 当我用本书上课时, 会把一些修改用铅笔写在页边空白处, 这些变动是对一些重要的而技术性证明的补充. 通常, 当我感觉在正式的表达中, 一些基本的思路可能被忽略了, 就会这样做. 例如, 现在对 Erdős-Stone 定理的证明思路有一个非正式的剖析, 看一看正则引理到底是如何起作用的. 和正式的证明不一样, 我们首先讨论主要思想, 到最后才看到参数是如何确定的; 而在正式证明中, 参数在一开始就要指定. 类似地, 在完美图定理的证明中, 也包含一些关于主要思路的讨论. 然而, 在所有这些情形中, 正式的证明基本上没有什么变化.

唯一对现存内容有重大改变的是原来的定理 8.1.1 (即 cr^2n 条边一定蕴含一个 TK^r), 因为其证明似乎失去了原来的魅力 (且较长), 这个证明本来是作为介绍稀疏极图理论中某些技巧而出现的, 但这些技巧现在转移到连通性一章中, 在那里我们证明了 $2k$-连通图如果有 $8kn$ 条边, 就一定是 k-连接的. 这个新证明是由 Thomas 和 Wollan 给出的, 而原来那些技巧现在包含在这个新证明中, 所以这些技巧还在, 只不过比以前更简洁, 并且以不同的面貌出现. 受这个变化的影响, 前面关于稠密和稀疏极值图论的两章可以合并, 从而形成新的一章, 可以更贴切地称为**极值图论**.

最后, 我们增加了关于无限图的崭新章节. 当图论刚作为数学的一个分支出现时, 通常我们把有限图和无限图作同样的处理. 但近几年有了一些变化, 我认为这是个令人失望的损失: 无限图继续作为与数学其他分支之间的自然桥梁是被经常使用的, 同时它本身也拥有特殊的魅力. 魅力之一是, 和有限图相比, 所涉及的证明本质上经常需要更多的构造和算法. 8.4 节中的 Menger 定理的无限形式就是一个典型的例子: 它揭示了网络的连通性在算法方面的内在联系, 而 3.3 节中有限形式定理的归纳证明虽然漂亮但看不到内在联系.

我再一次感谢所有的读者和同仁, 他们的建议极大地改进了本书. 我特别要感谢 Imre Leader, 他对无限图这一章给出了很多有益的建议; 也感谢我的图论讨论班的参加者, 尤其是 Lilian Matthiesen 和 Philipp Sprüssel, 他们校对了无限图这一章并解答了所有的练习 (最后只有 80 个练习通过了他们的严格审查); 还有 Angelos Georgakopoulos, 他校对了其他章节; 以及 Melanie Win Myint, 他重新编辑并极大地扩充了索引; 感谢 Tim Stelldinger, 他构造了附录 B 引理 B.6 中的巨型鲸, 使得它大到可以携带小型恐龙式的结构.

RD

2005 年 5 月

关于第二版

自然地, 我十分高兴在本书于 1997 年夏季出版后这么快就需要写这个补遗, 尤其是听到人们逐渐地使用本书, 不仅用于个人研究, 也越来越多地用作教材, 这使我深感欣慰, 因为这正是我写本书的初衷, 否则我不会花如此多的时间来斟酌如何表达书中的内容.

第二版主要有两个变化: 在最后一章的图子式部分, 我们对 Robertson-Seymour 理论的一个主要结果给出了完整的证明. 他们的定理指出: 一个图不包含给定图作为子式且具有有界的树宽当且仅当这个给定图是可平面的. 当我撰写第一版时, 这个简单的证明还不存在, 因此我决定包括次好结果 (关于路宽的类似结果) 的简短证明, 现在我把这个次好结果从第 12 章中删除. 该章的另一个新结果是树宽对偶定理, 即定理 12.3.9, 现在也有个简短证明.

第二个主要变化是给出了所有练习的提示, 这主要是 Tommy Jensen 的功劳, 我感谢他对这个项目所付出的时间. 这些提示的目的是帮助本书的读者自学图论, 而不是剥夺解题的乐趣. 练习和提示的目的都是为了课堂使用而设计的.

除了这两个变化外, 还增加了另外的内容, 最容易注意到的是在 1.5 节我们正式地引进了层次优先搜索树 (这可以使得以后的某些证明简化) 和 Menger 定理新的独创性证明, 这个证明是由 Böhme, Göring 和 Harant 给出的 (现在还没有发表).

最后, 当我用本书教学时, 注意到许多论证可以进行小的简化和澄清, 其中有些是由别人给我指出的, 对于这些我表示特别感谢.

本书的网址已经随我转到:

`http://www.math.uni-hamburg.de/home/diestel/books/graph.theory/`

我希望这个网址在未来的一段时间会比较稳定.

我再次感谢那些对第一版提供意见, 从而对第二版作出贡献的人们, 并期待更多的评论和意见!

RD

1999 年 12 月

第一版前言

当前所使用的图论入门课程的大部分内容, 都来源于几本教科书, 而这些教科书的出版几乎都超过二十年了. 这几本书所形成的标准有助于我们决定哪些是学习和研究的重要领域, 毫无疑问地这会在未来若干时间内继续影响图论的发展.

然而, 像数学其他分支一样, 图论在过去的二十年里有了长足的进步: 出现了很多深刻的新定理; 表面上完全不同的方法和结果变得相互关联了; 崭新的分支出现了. 这里, 只列举几个这样的发展: 列表着色这一新概念可以看成平均度和着色数这一类图不变量之间的桥梁; 概率方法和正则性引理渗透到极值图论和 Ramsey 理论的各个方面; 图子式和树分解这一崭新领域成为分析曲面拓扑的标准方法, 从而解决了长期存在的算法图论问题.

显然, 现在是重新评估的时候了: *当前, 读者为了准备好迎接将来可能出现的新生事物, 哪些领域、方法和结果才应该是组成初等图论课程的中心内容?*

在本书中, 我尝试着为这样的课程提供材料. 考虑到渐增的复杂性和学科的成熟程度, 我背离了试图同时包含理论和应用的传统: 本书作为 (纯) 数学的一部分, 介绍了图理论的入门知识, 它既不包含显式算法也不包括“现实世界”中的应用. 我希望内容的限制可以被可能的深度所弥补, 使得计算机学科的学生也可以和他们的数学同仁一样受益: 即使计算机学生更喜欢算法, 但也可以从偶然的与某种数学的相遇中受益, 这也许是一个理想的机会, 使得他们找到心灵的归属.

在选择和组织材料时, 我尝试容纳两个冲突的目标. 一方面, 我相信初等教材应该简洁并集中精力在基础上, 从而给这个领域的初学者指明方向. 进一步地, 作为研究生教材, 它应该尽快地触及问题的中心: 终究, 我们的想法是让读者对这个学科的方法和深度至少有个印象. 另一方面, 我特别关切, 应提供足够多的细节使得读书的过程令人愉悦并容易接受: 方向性的问题和思路会进行明确的讨论, 同时所有的证明都是完整的和严谨的.

所以, 通常每章一开始, 我们简单地讨论所涉及领域的方向性问题, 然后简洁地回顾这方面的经典结果 (经常包括一些简化的证明), 其后呈现一个或两个深刻的定理, 从而把这个领域的整体感觉带出来. 在这些定理的证明之前, 我们首先 (或者散置其中) 对主要思想给出非正式的叙述, 然后提供严格的证明, 简单定理和深刻结果都具有同样多的细节. 我很快意识到, 和深刻结果中所用到的简单而漂亮的概念相比, 某些证明写出来变得很长. 然而, 我希望即使对图论专业的读者来说, 更多的细节至少可以节省些阅读时间.

只需很少甚至不需任何准备, 这本书就可作为上课的讲稿, 最简单的方法是一章一章地遵循书中的顺序进行: 除了两处明确标定的地方外, 任何证明中用到的结果都在书的前面提到.

另外, 讲课者也许希望把内容分成两部分, 第一部分作为一学期的简单初等课程, 第二部分作为紧接的挑战性课程. 按照内容的顺序, 为了帮助备课, 在每个证明的页边空白处附近, 我们列出了证明中所用到的结果的参考标号, 这些参考在圆括号中给出, 例如, 引理 4.2.5 的证明旁边注明着参考号 (4.1.1), 表明这个证明中用到定理 4.1.1. 相应地, 在引理 4.1.2 的旁边有一个参考号 [4.2.7](用方括号), 这意味着这个引理用在命题 4.2.7 的证明中. (译者注: 由于正文证明过程中已给出引用编号, 此中译本中未加此标注.) 注意到, 这个系统只用于不同的小节之间 (在同一章或不同章). 各节作为独立的单元存在, 最好是遵照书中的顺序阅读.

和大部分图论教材一样, 本书所需的数学准备是很少的: 在 1.9 节以及 5.5 节中, 我们需要最基本的线性代数知识; 在第 4 章, 我们需要一些有关欧氏平面和 3-维空间的基础拓扑概念; 读者以前学的初等概率的经历会对第 11 章有帮助 (即使那里, 我们也只需要相关的基本定义, 而所用的少数概率工具在书中也有所介绍). 我认为图论中有两个方向既充满魅力又非常重要, 尤其是从纯数学角度看, 但我们没能在本书中包括: 它们是代数图论和无限图.

在每一章的最后, 我们给出练习, 以及注解. 很多练习的选择是基于对教材的主要论述的补充: 它们诠释新的概念, 揭示新的不变量如何与前面内容的相关, 或者说明书中证明的某个结果是最好的. 特别容易的练习用 $^-$ 标明, 而更具挑战性的练习用 $^+$ 表示. 注释是为了引导读者作进一步的阅读, 特别是指出与该章主题有关的专著或综述文章, 同时也对书中所包含的内容, 提供某些历史的或其他方面的解释.

证明的结束用记号 □ 表示. 当这个符号紧跟着一个正式叙述的命题出现时, 意味着从已经讨论的事实看, 它的证明应该是显然的, 但有待读者去检验. 有些深刻定理, 我们只叙述但没有给出证明, 它们是作为背景资料出现的, 这些定理不难识别, 因为它既没有证明也没有 □.

几乎任何书都包含差错, 本书也很难例外. 我会在网上公布有必要做出更正的地方, 相关的网站随着时间可能改变, 但总可以通过下面两个网址链接:

`http://www.springer-ny.com/supplements/diestel/`

`http://www.springer.de/catalog/html-files/deutsch/math/3540609180.html`
请把你发现的任何错误通知我.

对于任何教科书, 其中很小部分是真正原创的: 即使写作方式和表达方式也不可避免地受到别的书的影响. 对我影响最大的书, 毫无疑问的是由 Bollobás 撰写的经典 GTM 图论教科书 (译者注: GTM 指由 Springer 出版的系列研究生数学教科书), 它是我作为学生首次学习图论时所用的书. 虽然内容和表达不一样, 但熟悉那本书的人都可以感受到它的影响.

我要感谢所有对本书慷慨地贡献了时间、知识和忠告的同仁, 他们的帮助使我受益匪浅, 尤其是 N. Alon, G. Brightwell, R. Gillett, R. Halin, M. Hintz, A. Huck, I. Leader, T. Łuczak, W. Mader, V. Rödl, A. D. Scott, P. D. Seymour, G. Simonyi, M. Škoviera, R. Thomas, C. Thomassen 和 P. Valtr. 我要特别感谢 Tommy R. Jensen, 从他那里我学到了很多关于着色的结果以及 k-流方面的知识, 在校正本书的德文初版时, 他投入了巨大的时间和精力.

RD

1997 年 3 月

目　　录

译者序

关于第五版

关于第四版

关于第三版

关于第二版

第一版前言

第 1 章　基础知识 ······ 1

1.1　图 ······ 1

1.2　顶点度 ······ 4

1.3　路和圈 ······ 6

1.4　连通性 ······ 10

1.5　树和森林 ······ 12

1.6　二部图 ······ 16

1.7　收缩运算和子式 ······ 17

1.8　欧拉环游 ······ 20

1.9　若干线性代数知识 ······ 21

1.10　图中的其他概念 ······ 25

练习 ······ 27

注解 ······ 30

第 2 章　匹配、覆盖和填装 ······ 32

2.1　二部图中的匹配 ······ 32

2.2　一般图中的匹配 ······ 37

2.3　Erdős-Pósa 定理 ······ 41

2.4　树填装和荫度 ······ 43

2.5　路覆盖 ······ 47

练习 ······ 48

注解 ······ 51

第 3 章　连通性 ······ 53

3.1　2-连通图以及子图 ······ 53

3.2　3-连通图的结构 ······ 55

3.3 Menger 定理 ······ 60
3.4 Mader 定理 ······ 64
3.5 顶点对之间的连接 ······ 66
练习 ······ 74
注解 ······ 76
第 4 章 可平面图 ······ 79
4.1 拓扑知识准备 ······ 79
4.2 平面图 ······ 81
4.3 画法 ······ 86
4.4 可平面图: Kuratowski 定理 ······ 90
4.5 可平面性判别的代数准则 ······ 94
4.6 平面对偶性 ······ 96
练习 ······ 99
注解 ······ 102
第 5 章 着色 ······ 105
5.1 地图和可平面图的着色 ······ 106
5.2 顶点着色 ······ 107
5.3 边着色 ······ 112
5.4 列表着色 ······ 114
5.5 完美图 ······ 119
练习 ······ 126
注解 ······ 129
第 6 章 流 ······ 133
6.1 环流 ······ 133
6.2 网络中的流 ······ 135
6.3 群上的流 ······ 137
6.4 具有较小 k 值的 k-流 ······ 142
6.5 流和着色的对偶性 ······ 144
6.6 Tutte 的流猜想 ······ 147
练习 ······ 151
注解 ······ 152
第 7 章 极值图论 ······ 154
7.1 子图 ······ 155
7.2 子式 ······ 160
7.3 Hadwiger 猜想 ······ 163

7.4 Szemerédi 正则性引理 ··· 166
7.5 正则性引理的应用 ··· 172
练习 ··· 178
注解 ··· 180
第 8 章 无限图 ··· 185
8.1 基本的概念、结论和技巧 ··· 185
8.2 路、树和末端 ··· 193
8.3 齐次与通用图 ··· 202
8.4 连通度和匹配 ··· 204
8.5 递归结构 ··· 213
8.6 具有末端的图: 全貌 ··· 216
8.7 拓扑圈空间 ··· 225
8.8 无限图作为有限图的极限 ··· 228
练习 ··· 232
注解 ··· 241
第 9 章 图的 Ramsey 理论 ··· 251
9.1 Ramsey 的原始定理 ··· 251
9.2 Ramsey 数 ··· 254
9.3 导出 Ramsey 定理 ··· 257
9.4 Ramsey 性质与连通性 ··· 267
练习 ··· 269
注解 ··· 271
第 10 章 Hamilton 圈 ··· 273
10.1 充分条件 ··· 273
10.2 Hamilton 圈与度序列 ··· 277
10.3 平方图的 Hamilton 圈 ··· 279
练习 ··· 284
注解 ··· 285
第 11 章 随机图 ··· 288
11.1 随机图的概念 ··· 288
11.2 概率方法 ··· 293
11.3 几乎所有图的性质 ··· 295
11.4 阈函数与第二矩量 ··· 298
练习 ··· 305
注解 ··· 306

第 12 章 图子式、树和良拟序 ········ 308
12.1 良拟序 ········ 308
12.2 树的图子式定理 ········ 309
12.3 树分解 ········ 311
12.4 树宽 ········ 315
12.5 纠缠 ········ 320
12.6 树分解和禁用子式 ········ 328
12.7 图子式定理 ········ 332
练习 ········ 340
注解 ········ 344
附录 A 无限集 ········ 349
附录 B 曲面 ········ 353
所有练习的提示 ········ 359
第 1 章提示 ········ 359
第 2 章提示 ········ 361
第 3 章提示 ········ 362
第 4 章提示 ········ 364
第 5 章提示 ········ 366
第 6 章提示 ········ 368
第 7 章提示 ········ 369
第 8 章提示 ········ 371
第 9 章提示 ········ 378
第 10 章提示 ········ 379
第 11 章提示 ········ 380
第 12 章提示 ········ 381
索引 ········ 385
《现代数学译丛》已出版书目 ········ 394

第 1 章　基础知识

这一章将对后面用到的术语给出简要的介绍. 幸运的是, 大部分图论术语都很直观且容易记忆, 对于那些需要更多背景知识的术语, 我们会在后面适当的时候再进行介绍.

1.1 节对图论中最基本的概念给出了简洁而完整的介绍, 这些概念是围绕着图这一中心展开的, 大部分读者可能已经接触过这些概念或在阅读本书前已经有所了解. 基于此, 1.1 节将对基本的概念给出必要的解释但不赘述, 其主要的目的是把最基本的概念集于一处, 以便于将来参考和查阅. 关于多重图的各种变化, 参见 1.10 节.

从 1.2 节起, 所有的新定义都会由数个简单而基本的命题引出. 通常这些新定义和新引进的术语密切相关: 一个图的不变量问题如何影响到另一个图论问题, 尽早地熟悉这样的思考方式将有利于后面的学习.

我们用 $\mathbb{N}$ 表示包括零在内的自然数的集合. 模 n 整数集 $\mathbb{Z}/n\mathbb{Z}$ 记为 $\mathbb{Z}_n$, 其元素记作 $\bar{i} := i + n\mathbb{Z}$; 当我们把 $\mathbb{Z}_2 = \{\bar{0}, \bar{1}\}$ 看作一个域时, 也把它记作 $\mathbb{F}_2 = \{0, 1\}$. 对实数 x, 我们用 $\lfloor x \rfloor$ 表示小于或等于 x 的最大整数, 用 $\lceil x \rceil$ 表示大于或等于 x 的最小整数. 以 2 为底的对数函数记为 "log", 而自然对数函数记为 "ln". 给定集合 A, 以及它的互不相交的子集 $A_1, \cdots, A_k$, 如果对每个 i 均有 $A_i \neq \varnothing$ 并且 $\bigcup_{i=1}^{k} A_i = A$, 则称集合 $\mathcal{A} = \{A_1, \cdots, A_k\}$ 为 A 的一个**划分** (partition). 给定 A 的另一个划分 $\{A'_1, A'_2, \cdots, A'_\ell\}$, 如果每个 A'_i 都包含于某个 A_j 中, 则称 $\mathcal{A}'$ 为 $\mathcal{A}$ 的**细化** (refine). 我们用 $[A]^k$ 表示集合 A 的所有 k-元子集. 另外, 有 k 个元素的集合称为 ***k*-集** (k-set), 而 k 个元素的子集称为 ***k*-子集** (k-subset).

1.1　图

图 (graph) $G = (V, E)$ 是一个二元组 (V, E) 使得 $E \subseteq [V]^2$, 所以 E 的元素是 V 的 2-元子集. 为了避免符号上的混淆, 我们总是默认 $V \cap E = \varnothing$. 集合 V 中的元素称为图 G 的**顶点** (vertex)(或**节点** (node)、**点** (point)), 而集合 E 的元素称为**边** (edge)(或**线** (line)). 通常, 描绘一个图的方法是把顶点画成一个小圆圈, 如果相应的顶点之间有一条边, 就用一条线连接这两个小圆圈. 如何绘制这些小圆圈和连线是无关紧要的, 重要的是要正确体现哪些顶点对之间有边, 哪些顶点对之间没有边.

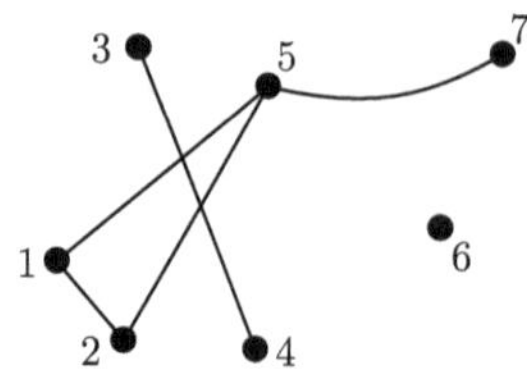

图 1.1.1　顶点集为 $V=\{1,2,\cdots,7\}$, 边集为 $E=\{\{1,2\},\{1,5\},\{2,5\},\{3,4\},\{5,7\}\}$的图

具有顶点集 V 的图亦称为 **V 上的图** (a graph on $\boldsymbol{V}$). 图 G 的顶点集记为 $V(G)$, 边集记为 $E(G)$. 这些约定俗成与这两个集合的记法是独立的：图 $H=(W,F)$ 的顶点集 W 仍记为 $V(H)$ 而不是 $W(H)$. 我们通常并不把一个图和它的顶点集或边集严格地区分开来, 比如, 我们称一个顶点 $v\in G$ (而不是 $v\in V(G)$), 一条边 $e\in G$, 等等.

一个图的顶点个数称为它的**阶** (order), 记为 $|G|$, 它的边数记为 $\|G\|$. 根据图的阶, 我们把图分为**有限的** (finite)、**无限的** (infinite) **或可数的** (countable), 等等. 除第 8 章以外, 在所有章节中除非特别说明, 我们总是假定图是有限的.

对于**空图** (empty graph) $(\varnothing,\varnothing)$, 我们简记为 $\varnothing$. 阶为 0 或 1 的图称为**平凡的** (trivial). 有时, 比如当使用归纳法时, 平凡图会很有用; 而在其他一些情形中, 它会成为无聊的反例或麻烦事. 为了避免全书通篇充斥着非平凡性条件的假定, 对于平凡图尤其是空图 $\varnothing$, 我们将省略讨论.

给定顶点 v 和边 e, 如果 $v\in e$, 则称 v 与 e **关联** (incident), 从而 e 是**在** (at) v 的边. 关联同一条边的两个顶点称为这条边的**端点** (endvertex) **或顶端** (end), 而这条边**连接** (join) 它的两个端点. 边 $\{x,y\}$ 通常记为 xy(或 yx). 如果 $x\in X$ 且 $y\in Y$, 则称边 xy 为一条 **X-Y 边** (X-Y edge); 集合 E 中所有 X-Y 边的集合, 记为 $E(X,Y)$; 而 $E(\{x\},Y)$ 和 $E(X,\{y\})$ 会简记为 $E(x,Y)$ 和 $E(X,y)$. E 中所有和顶点 v 关联的边记为 $E(v)$.

如果 $\{x,y\}$ 是 G 的一条边, 则称两个顶点 x 和 y 是**相邻的** (adjacent) **或邻点** (neighbour); 如果两条边 $e\neq f$ 有一个公共端点, 则称 e 和 f 是**相邻的**. 若 G 的所有顶点都是两两相邻的, 则称 G 是**完全的** (complete). n 个顶点的完全图记为 K^n; K^3 称为**三角形** (triangle).

互不相邻的顶点或边称为**独立顶点或独立边** (independent vertex/edge). 更正式地, 若一个顶点集或边集中没有两个元素是相邻的, 则该集合称为**独立集** (independent set); 独立的顶点集也称作**稳定集** (stable set).

设 $G=(V,E)$ 和 $G'=(V',E')$ 是两个图, 如果从 G 到 G' 的映射 $\varphi:V\to V'$ 保留顶点的关联性, 即只要 $\{x,y\}\in E$ 就有 $\{\varphi(x),\varphi(y)\}\in E'$, 那么我们称 φ 是

一个**同态** (homomorphism). 特别地, 对于 φ 的象中的每个顶点 x', 它的逆映象 $\varphi^{-1}(x')$ 是 G 中的一个独立集. 如果 φ 是一个双射, 同时它的逆 φ^{-1} 也是一个同态 (即对于任意 $x, y \in V$, 有 $xy \in E \Leftrightarrow \varphi(x)\varphi(y) \in E'$), 我们称 φ 是一个**同构** (isomorphism), 或者称 G 和 G' 是**同构的**, 并记作 $G \simeq G'$. 从 G 到自身的同构是一个**自同构** (automorphism). 通常情况下我们并不区别同构的图, 所以同构的图常记为 $G = G'$ 而不是 $G \simeq G'$. 比如, 我们会称 17 个顶点的完全图, 等等. 如果我们想强调只对给定图的同构类感兴趣, 就会非正式地称它为**抽象图** (abstract graph).

在同构意义下封闭的图族叫做**图性质** (graph property). 比如, “包含三角形”就是一个图性质: 如果 G 包含三个两两相邻的顶点, 则每个同构于 G 的图亦有此性质. 对于图上的一个映射, 如果对每个同构图它均取相同的值, 则这样的映射称为一个**图不变量** (graph invariant). 一个图的顶点数和边数就是两个简单的图不变量; 图中两两相邻的最大顶点数也是图不变量.

我们记 $G \cup G' := (V \cup V', E \cup E')$ 及 $G \cap G' := (V \cap V', E \cap E')$. 若 $G \cap G' = \varnothing$, 则称 G 和 G' 是**不交的** (disjoint); 如果 $V' \subseteq V$ 且 $E' \subseteq E$, 则称 G' 是 G 的**子图** (subgraph)(并称 G 是 G' 的**母图** (supergraph)), 记作 $G' \subseteq G$. 非正式地, 我们称 G **包含** (contain) G'. 若 $G' \subseteq G$ 且 $G' \neq G$, 则称 G' 是 G 的**真子图** (proper subgraph).

若 $G' \subseteq G$ 且 G' 包含了 E 中所有满足 $x, y \in V'$ 的边 xy, 则称 G' 是 G 的**导出子图** (induced subgraph), 或称 V' 在图 G 中**导出** (induce) **或支撑** (span) G', 并记为 $G' =: G[V']$. 因此, 对任意顶点集 $U \subseteq V$, $G[U]$ 表示定义在 U 上的图, 它的边恰好是 G 中那些两个端点均在 U 中的边. 如果 H 是 G 的子图 (不必是导出子图), 我们简记 $G[V(H)]$ 为 $G[H]$. 最后, 如果 V' 支撑 G 的所有顶点, 即 $V' = V$, 则称 G' 是 G 的一个**支撑子图** (spanning subgraph).

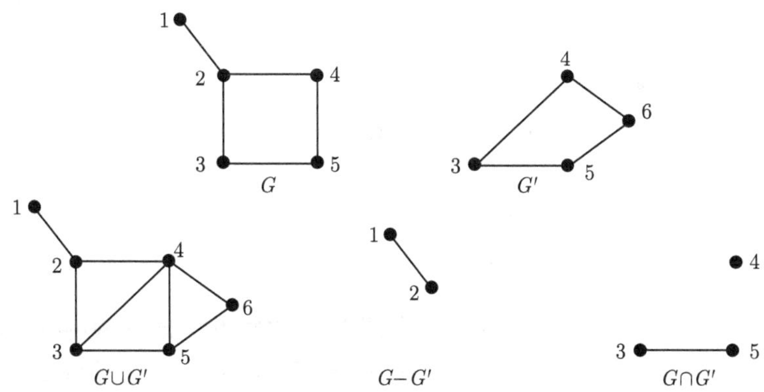

图 1.1.2 图的并、差和交; 顶点 2, 3, 4 在 $G \cup G'$ 中导出 (或支撑) 一个三角形, 但在 G 中则不导出三角形

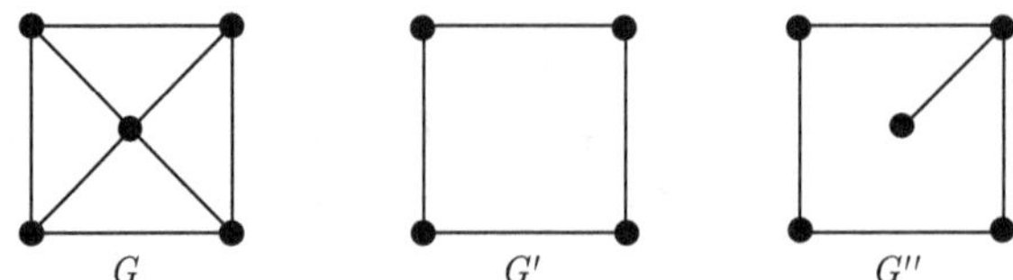

图 1.1.3　图 G 的子图 G' 和 G'': G' 是 G 的导出子图, 但 G'' 不是

设 U 是 G 的任意一个顶点集合, 我们把 $G[V\backslash U]$ 简记为 $G-U$. 换句话说, $G-U$ 是从 G 中删除 $U\cap V$ 中所有顶点以及相关联的边而得到的图. 如果 $U=\{v\}$ 是个单点集, 我们把 $G-\{v\}$ 简记为 $G-v$; 而把 $G-V(G')$ 简单地记作 $G-G'$. 对于 $[V]^2$ 的一个子集 F, 我们记 $G-F:=(V,E\backslash F)$ 和 $G+F:=(V,E\cup F)$; 同上, $G-\{e\}$ 和 $G+\{e\}$ 分别简记为 $G-e$ 和 $G+e$. 对于一个给定的图性质, 若 G 本身具有此性质, 而它的任意真子图 (V,F)(即 $F\supsetneq E$) 却不具有此性质, 则我们称 G 关于此性质是**边极大的** (edge-maximal).

更一般地, 当我们称一个图对于某性质是**极大的** (maximal) 或**极小的** (minimal), 但没有强调具体的序关系时, 我们均指子图关系. 当提到顶点集或边集的极大性或极小性时, 均指集合的包含关系.

如果 G 和 G' 是不交的, 那么 $G*G'$ 表示在 $G\cup G'$ 中连接 G 的所有顶点到 G' 的所有顶点而得到的图. 比如, $K^2*K^3=K^5$. 图 G 的**补图** (complement) $\overline{G}$ 是 V 上边集为 $[V]^2\backslash E$ 的图. 图 G 的**线图** (line graph) $L(G)$ 是 E 上的图, 它的顶点集是 E 且使得 $x,y\in E$ 是相邻的当且仅当它们作为边在 G 中是相邻的.

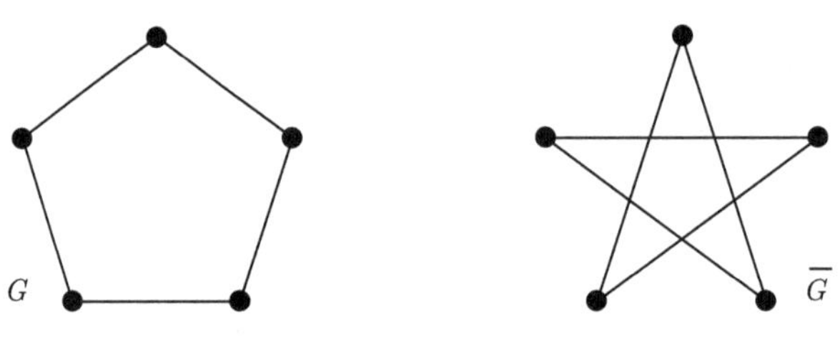

图 1.1.4　一个与其补图同构的图

1.2　顶　点　度

设 $G=(V,E)$ 是一个非空图, G 中顶点 v 的邻点集记为 $N_G(v)$, 或简记为 $N(v)$. [1]更一般地, 对于 $U\subseteq V$, U 在 $V\backslash U$ 中的邻点被称作 U 的**邻点** (neighbour), 这个顶点集记为 $N(U)$.

1 这里, 和其他地方一样, 如果不产生混淆, 我们删去代表底图的下标.

顶点 v 的**度** (degree)(**或价** (valency)) $d_G(v) = d(v)$ 是指关联 v 的边数 $|E(v)|$. 由图的定义, [2] 它等于 v 的邻点的个数. 度为 0 的顶点叫做**孤立顶点** (isolated vertex), G 的**最小度** (minimum degree) 记为 $\delta(G) := \min\{d(v) \mid v \in V\}$, 而**最大度** (maximum degree) 记为 $\Delta(G) := \max\{d(v) \mid v \in V\}$. 如果 G 的所有顶点都有相同的顶点度 k, 则称 G 是**k-正则的** (k-regular), 或简称**正则的** (regular). 3-正则图亦称为**立方图** (cubic graph).

图 G 的**平均度** (average degree) 定义为

$$d(G) := \frac{1}{|V|} \sum_{v \in V} d(v).$$

显然

$$\delta(G) \leqslant d(G) \leqslant \Delta(G).$$

顶点度是连接每个顶点的边数, 它是一个局部参数, 而平均度则是一个整体性的度量. 有时, 可以方便地把这个比率记为 $\varepsilon(G) := |E|/|V|$.

当然, d 和 ε 这两个量是密切相关的. 如果对 G 中所有顶点度求和, 那么每条边恰被计算两次, 即每个端点计算一次, 所以

$$|E| = \frac{1}{2} \sum_{v \in V} d(v) = \frac{1}{2} d(G) \cdot |V|,$$

从而有

$$\varepsilon(G) = \frac{1}{2} d(G).$$

命题 1.2.1 图中具有奇顶点度的顶点个数总是偶数.

证明 因为 $|E| = \frac{1}{2} \sum_{v \in V} d(v)$ 是一个整数, 所以 $\sum_{v \in V} d(v)$ 是偶数. □

如果一个图的最小度较大, 即每个顶点 (局部地) 关联很多边, 那么从整体上看该图也应具有同样的性质: 很多边关联一个顶点, 即 $\varepsilon(G) = \frac{1}{2} d(G) \geqslant \frac{1}{2} \delta(G)$; 但反过来, 当最小度较小时, 平均度可能较大. 然而, 具有较大度数的顶点不可能完全分散于具有较小度数的顶点之中, 正如下一个命题所示, 每个图 G 都有一个子图使得它的平均度不小于 G 的平均度, 且最小度大于其平均度的一半.

命题 1.2.2 每个至少有一条边的图 G 包含一个子图 H 满足 $\delta(H) > \varepsilon(H) \geqslant \varepsilon(G)$.

---

2 不适用于多重图, 见 1.10 节.

证明 我们用以下的方法从 G 构造 H: 将度数较小的顶点逐个删除, 直到只剩下度数较大的顶点. 那么, 在不降低 ε 的前提下, 我们可以删除具有多大 $d(v)$ 的顶点 v 呢? 显然, 最多可以删除到 $d(v)=\varepsilon$: 这是因为当顶点数减少 1 时, 边数最多减少 ε, 所以边数和顶点数之比 ε 不会减少.

严格地说, 我们按照如下所示的方法构造 G 的一个导出子图序列 $G=G_0\supseteq G_1\supseteq\cdots$: 如果 G_i 有一个顶点 v_i 满足 $d(v_i)\leqslant\varepsilon(G_i)$, 则令 $G_{i+1}:=G_i-v_i$; 否则, 结束序列的构造, 并令 $H:=G_i$. 对所有的 i, 由 v_i 的选择, 可看出 $\varepsilon(G_{i+1})\geqslant\varepsilon(G_i)$, 因此 $\varepsilon(H)\geqslant\varepsilon(G)$.

图 H 还具有什么其他性质呢? 因为 $\varepsilon(K^1)=0<\varepsilon(G)$, 所以序列中的每个图均为非平凡的, 特别地, $H\neq\varnothing$. 由 H 中不存在适合删除的顶点推得 $\delta(H)>\varepsilon(H)$. □

1.3 路 和 圈

路 (path) $P=(V,E)$ 是一个非空图, 其顶点集和边集分别为

$$V=\{x_0,x_1,\cdots,x_k\},\quad E=\{x_0x_1,x_1x_2,\cdots,x_{k-1}x_k\},$$

这里所有的 x_i 均互不相同. 顶点 x_0 和 x_k 由路 P **连接** (link), 并称它们为路的**端点** (endvertex) 或**顶端** (end); 而 $x_1,\cdots,x_{k-1}$ 称为 P 的**内部** (inner) 顶点. 一条路上的边数称为路的**长度** (length), 长度为 k 的路记为 P^k. 注意到, 我们允许 k 为零, 所以 $P^0=K^1$.

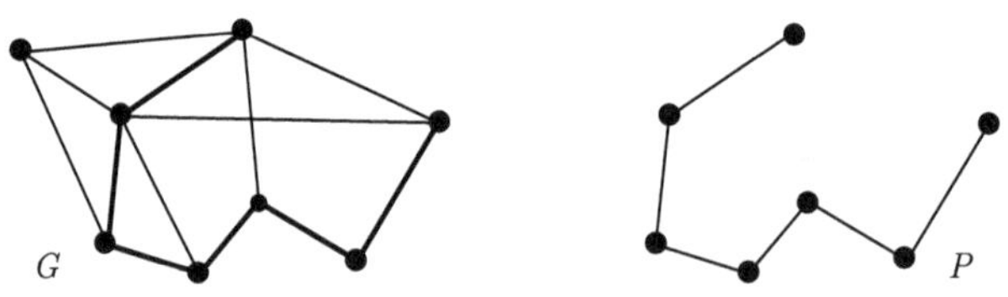

图 1.3.1 G 中的路 $P=P^6$

我们经常用顶点的自然顺序排列表示路, [3] 记为 $P=x_0x_1\cdots x_k$, 并称 P 是一条**从** (from) x_0 **到** (to) x_k 的路 (或 x_0 和 x_k **之间** (between) 的路).

3 更准确地讲, 可以用两个自然序列 $x_0\cdots x_k$ 和 $x_k\cdots x_0$ 中的任何一个来表示同一条路. 然而, 固定 $V(P)$ 两个序列中的一个会给后面的叙述带来方便: 我们可以讲 P 上具有某种性质的“第一个”顶点, 等等.

对 $0 \leqslant i \leqslant j \leqslant k$, 记 P 的各种子路如下：

$$Px_i := x_0 \cdots x_i,$$
$$x_iP := x_i \cdots x_k,$$
$$x_iPx_j := x_i \cdots x_j,$$

以及

$$\mathring{P} := x_1 \cdots x_{k-1},$$
$$P\mathring{x}_i := x_0 \cdots x_{i-1},$$
$$\mathring{x}_iP := x_{i+1} \cdots x_k,$$
$$\mathring{x}_iP\mathring{x}_j := x_{i+1} \cdots x_{j-1}.$$

我们用类似的直观方法来表示路的串联, 比如, 如果三条路的并 $Px \cup xQy \cup yR$ 还是一条路, 则可简记为 $PxQyR$.

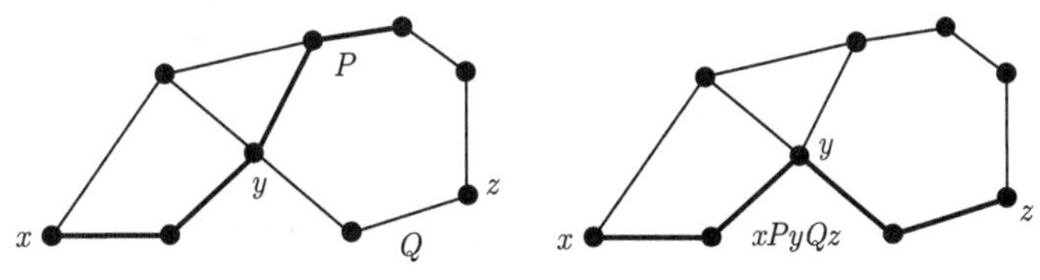

图 1.3.2 路 P, Q 和 $xPyQz$

给定顶点集 A 和 B 以及路 $P = x_0x_1 \cdots x_k$, 如果 $V(P) \cap A = \{x_0\}$ 且 $V(P) \cap B = \{x_k\}$, 则称 P 为一条 ***A*-*B* 路** (A-B path); 同前面一样, 把 $\{a\}$-B 路记作 a-B 路, 等等. 对于两条或以上的路, 如果其中任意一条路不包含另一条路的内部顶点, 则称它们是**独立路** (independent path). 例如, 两条 a-b 路是独立的当且仅当 a 和 b 是其唯一的公共顶点.

给定图 H, 如果路 P 是非平凡的且只与 H 在端点接触, 则称 P 是一条 ***H*-路** (H-path). 特别地, 任何长度为 1 的 H-路的边不可能是 H 的边.

若 $P = x_0 \cdots x_{k-1}$ 是一条路且 $k \geqslant 3$, 则称图 $C := P + x_{k-1}x_0$ 为**圈** (cycle). 与路一样, 我们经常用顶点的 (循环) 序列来表示一个圈; 上面提到的圈 C 可以表示为 $x_0x_1 \cdots x_{k-1}x_0$. 圈中的边数 (或顶点数) 称为**长度** (length), 长度为 k 的圈亦称为 ***k*-圈** (k-cycle)并记为 C^k.

图 G 中最短圈的长度叫做**围长** (girth), 记为 $g(G)$, 而 G 中最长圈的长度称为**周长** (circumference). (若 G 中不含圈, 则围长设为 ∞ 而周长为零.) 图中不在圈上但连接圈中两个顶点的边称为这个圈的**弦** (chord), 所以 G 的**导出圈** (induced cycle) 是不含弦的圈 (即 G 的导出子图是个圈, 见图 1.3.3).

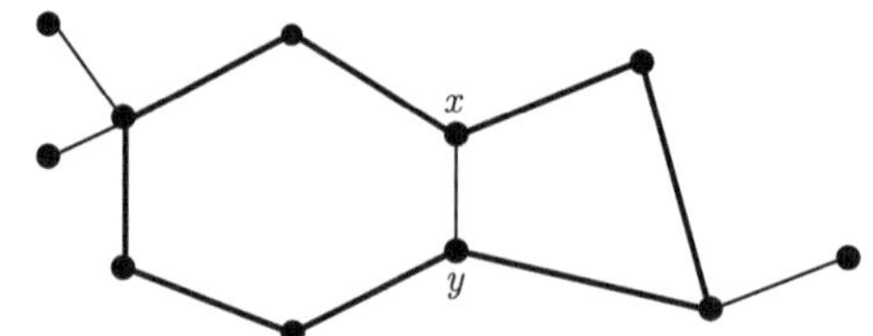

图 1.3.3　具有弦 xy 的圈 C^8 及导出圈 C^6 和 C^4

若一个图的最小度较大, 则它一定包含较长的路和圈 (也可参考练习 9).

命题 1.3.1　如果 $\delta(G) \geqslant 2$, 则图 G 包含一条长度为 $\delta(G)$ 的路和长度至少为 $\delta(G)+1$ 的圈.

证明　设 $x_0 \cdots x_k$ 为 G 的一条最长路, 那么 x_k 的所有邻点均在这条路上 (图 1.3.4), 所以 $k \geqslant d(x_k) \geqslant \delta(G)$. 如果 $i < k$ 是满足 $x_i x_k \in E(G)$ 的极小的下标, 则 $x_i \cdots x_k x_i$ 是长度至少为 $\delta(G)+1$ 的圈. □

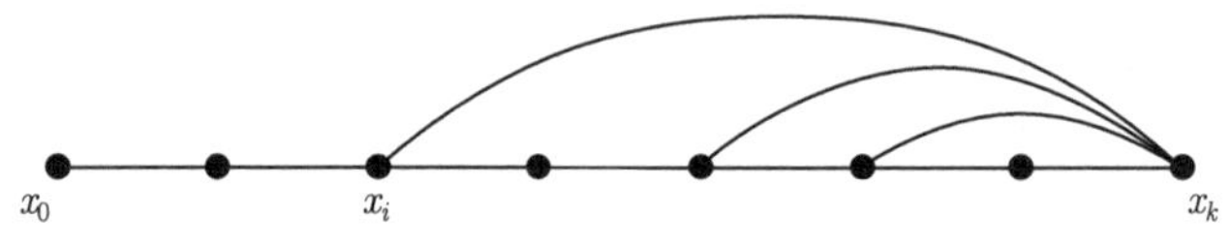

图 1.3.4　最长路 $x_0 \cdots x_k$ 和 x_k 的邻点

另一方面, 除非顶点个数是固定的, 最小度和围长并不相关: 在第 11 章中将看到, 存在具有任意大最小度和任意大围长的图.

图 G 中两个顶点 x, y 之间的**距离** (distance) $d_G(x, y)$ 定义为 G 中最短 x-y 路的长度; 如果这样的路不存在, 则令 $d(x, y) := \infty$. 图 G 中所有顶点对之间的距离最大值称为 G 的**直径** (diameter), 记为 diam G. 当然, 直径和围长是密切相关的.

命题 1.3.2　任意包含至少一个圈的图 G 满足 $g(G) \leqslant 2\operatorname{diam} G + 1$.

证明　设 C 为 G 的一个最短圈. 如果 $g(G) \geqslant 2\operatorname{diam} G + 2$, 则 C 包含两个顶点使得它们在 C 中的距离至少是 $\operatorname{diam} G + 1$. 在 G 中, 这两个顶点之间的距离更短, 而连接它们之间的最短路 P 不是 C 的子图, 所以 P 包含一条 C-路 xPy. 将 C 中两条 x-y 路中短的一条与路 xPy 连接在一起, 将形成一个比 C 更短的圈, 矛盾. □

图 G 的**中心点** (central vertex) 是指能使得它到任何其他顶点的距离尽可能小的顶点, 这个最短距离称作**半径** (radius) 并记为 $\operatorname{rad} G$. 所以, 严格地说,

$$\operatorname{rad} G = \min_{x \in V(G)} \max_{y \in V(G)} d_G(x, y).$$

作为练习, 不难验证

$$\operatorname{rad} G \leqslant \operatorname{diam} G \leqslant 2 \operatorname{rad} G.$$

若对图的阶不作任何限制, 那么直径和半径同最小度、平均度及最大度之间并不存在内在联系. 但是, 同时具有较大直径和最小度的图一定有较大的阶 (比两个参数中的单个对阶的影响更大, 参考练习 10), 而同时具有较小直径和最大度的图一定有较小的阶.

命题 1.3.3 设 G 是一个半径至多为 k 且最大度至多为 $d \geqslant 3$ 的图, 则 G 的顶点个数小于 $\frac{d}{d-2}(d-1)^k$.

证明 设 z 是 G 的一个中心点而 D_i 是 G 中到 z 的距离为 i 的顶点集, 则 $V(G) = \bigcup_{i=0}^{k} D_i$. 显然, $|D_0| = 1$ 且 $|D_1| \leqslant d$. 对每个 $i \geqslant 1$, 因为 D_{i+1} 中的每个顶点均为 D_i 中某个顶点的邻点 (为什么?), 且 D_i 的每个顶点在 D_{i+1} 中至多有 $d-1$ 个邻点 (由于它还有一个邻点在 D_{i-1} 中), 所以 $|D_{i+1}| \leqslant (d-1)|D_i|$. 对所有 $i < k$ 用归纳假设, 我们有 $|D_{i+1}| \leqslant d(d-1)^i$, 这蕴含着

$$|G| \leqslant 1 + d\sum_{i=0}^{k-1}(d-1)^i = 1 + \frac{d}{d-2}((d-1)^k - 1) < \frac{d}{d-2}(d-1)^k. \qquad \square$$

类似地, 假设 G 的最小度和围长均较大, 我们可找到 G 的阶的下界. 对 $d \in \mathbb{R}$ 和 $g \in \mathbb{N}$, 设

$$n_0(d,g) := \begin{cases} 1 + d\sum_{i=0}^{r-1}(d-1)^i, & g =: 2r+1\text{为奇数}, \\ 2\sum_{i=0}^{r-1}(d-1)^i, & g =: 2r\text{为偶数}. \end{cases}$$

不难证明, 具有最小度 δ 和围长 g 的图有至少 $n_0(\delta, g)$ 个顶点 (练习 7). 更有趣的是平均度亦有相同的界.

定理 1.3.4 (Alon, Hoory and Linial, 2002) 设 G 是一个图, 如果 $d(G) \geqslant d \geqslant 2$ 且 $g(G) \geqslant g \in \mathbb{N}$, 则 $|G| \geqslant n_0(d,g)$.

定理 1.3.4 保证了一个相对于 $|G|$ 的较短圈的存在性. 运用练习 7 中最小度的情形, 我们得到以下更一般的界:

推论 1.3.5 若 $\delta(G) \geqslant 3$, 则 $g(G) < 2\log|G|$.

证明 如果 $g := g(G)$ 是偶数, 则

$$n_0(3,g) = 2\frac{2^{g/2}-1}{2-1} = 2^{g/2} + (2^{g/2} - 2) > 2^{g/2};$$

当 g 是奇数时,

$$n_0(3,g) = 1 + 3\frac{2^{(g-1)/2}-1}{2-1} = \frac{3}{\sqrt{2}}2^{g/2} - 2 > 2^{g/2}.$$

因为 $|G| \geqslant n_0(3,g)$, 故结论成立. □

图 G 中长度为 k 的**途径** (walk) 是一个非空的顶点和边的交错序列 $v_0e_0v_1e_1 \cdots e_{k-1}v_k$, 使得对于所有 $i<k$ 均有 $e_i=\{v_i,v_{i+1}\}$. 若 $v_0=v_k$, 则称此途径是**闭的** (closed). 如果途径中的顶点互不相同, 显然我们得到 G 中的一条路. 一般地, 两个顶点之间的任意途径包含[4]这两个顶点间一条路 (如何证明?).

1.4 连 通 性

如果非空图 G 中的任意两个顶点之间均有一条路相连, 我们称 G 是**连通的** (connected). 若 $U \subseteq V(G)$ 且 $G[U]$ 是连通的, 则称 (在 G 中) U 本身是连通的.

命题 1.4.1 连通图 G 的顶点总可以排序成 $v_1,v_2,\cdots,v_n$ 使得对每个 i 均有 $G_i := G[v_1,\cdots,v_i]$ 是连通的.

证明 取任意顶点作为 v_1. 对于某个 $i<|G|$, 归纳地假设顶点 $v_1,\cdots,v_i$ 已取定, 现在来选取一个顶点 $v \in G-G_i$. 因为 G 是连通的, 所以它包含一条 v-v_1 路 P. 选取路 P 在 $G-G_i$ 中的最后一个顶点为 v_{i+1}, 则 v_{i+1} 在 G_i 中有一个邻点. 根据归纳法, 可得出每个 G_i 的连通性. □

设 $G=(V,E)$ 是一个图, 则它的极大连通子图称为**分支** (component). 显然, 分支都是导出子图且它们的顶点集划分 V. 因为连通图是非空的, 所以空图没有分支.

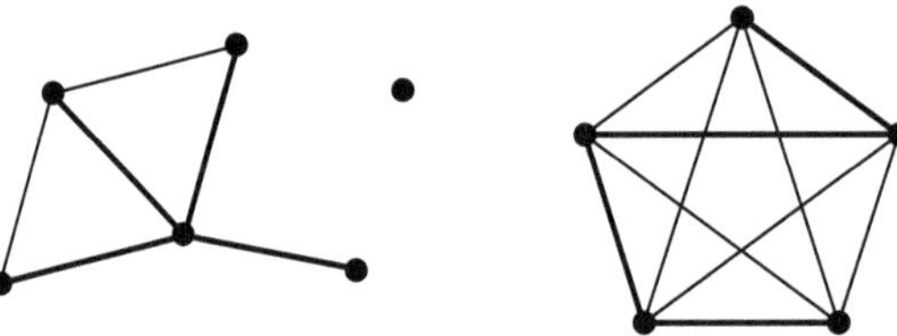

图 1.4.1 具有三个分支的图以及每个分支中的极小支撑连通子图

给定 $A,B \subseteq V$ 和 $X \subseteq V \cup E$, 如果 G 的每条 A-B 路均包含 X 中的一个顶点或一条边, 则我们称在 G 中 X **分离** (separate) 集合 A 和 B. 注意到, 这蕴含着 $A \cap B \subseteq X$. 若两个顶点 $a,b \notin X$ 且 X 分离 $\{a\},\{b\}$, 则称 X **分离**顶点 a,b; 如果 X 分离 G 中的两个顶点, 就称 X **分离** G. 顶点所形成的分离集合亦称为**分隔** (separator). 边的分离集合没有通用的名称, 但某些这样的集合会有专用名称, 例如, 1.9 节中的**割** (cut) 和**键** (bond). 如果一个顶点分离同一个分支中的两个顶点, 则称它为**割点** (cutvertex), 而**桥** (bridge) 则为分离其两个端点的边, 所以图中的桥恰为那些不在任何圈中的边.

4 只要意思清晰, 对图所定义的术语通常也适用于途径.

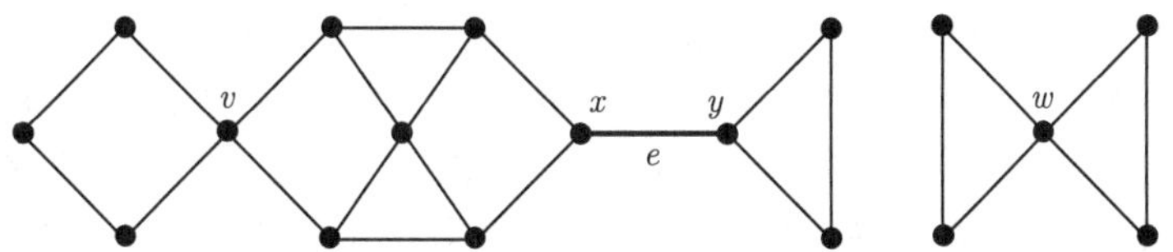

图 1.4.2 具有割点 v, x, y, w 和割边 $e = xy$ 的图

如果 $A \cup B = V$ 且 G 没有 $A\backslash B$ 和 $B\backslash A$ 之间的边, 则无序对 $\{A, B\}$ 称为 G 的**分离** (separation). 显然, 第二个条件等于说, $A \cap B$ 分离 A 和 B. 若 $A\backslash B$ 和 $B\backslash A$ 均非空, 则称这个分离是**真的** (proper), 而 $|A \cap B|$ 叫做分离 $\{A, B\}$ 的**阶** (order), 集合 A, B 叫做分离的**侧面** (side).

若 $|G| > k \in \mathbb{N}$, 且对任意满足 $|X| < k$ 的子集 $X \subseteq V$ 均有 $G - X$ 是连通的, 则称 G 是 **k-连通的** (k-connected). 换言之, G 中任意两个顶点都不能被少于 k 个其他顶点所分离. 所有 (非空) 图都是 0-连通的; 而 1-连通图恰为那些非平凡连通图. 使得 G 是 k-连通的最大整数 k 称为 G 的**连通度** (connectivity) 并记为 $\kappa(G)$. 所以, $\kappa(G) = 0$ 当且仅当 G 是不连通的或是 K^1. 对于任意 $n \geqslant 1$ 均有 $\kappa(K^n) = n - 1$.

若 $|G| > 1$ 且对任意少于 ℓ 条边的集合 $F \subseteq E$, $G - F$ 均是连通的, 则称 G 是 **ℓ-边连通的** (ℓ-edge-connected). 使得 G 为 ℓ-边连通的最大整数 ℓ 叫做 G 的**边连通度** (edge-connectivity) 并记为 $\lambda(G)$. 特别地, 若 G 是不连通的, 则 $\lambda(G) = 0$.

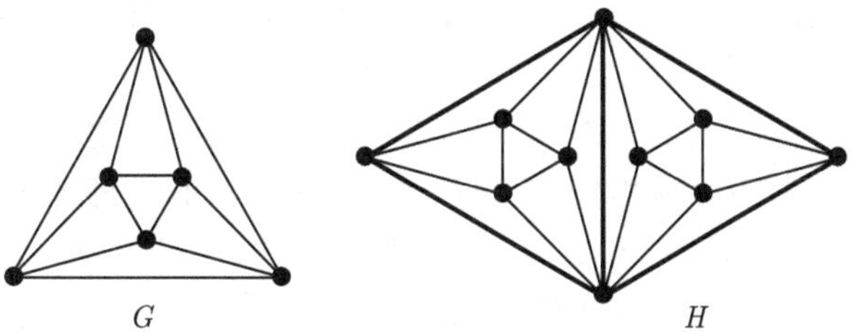

图 1.4.3 具有 $\kappa(G) = \lambda(G) = 4$ 的八面体 G 和具有 $\kappa(H) = 2$ 而 $\lambda(H) = 4$ 的图 H

命题 1.4.2 若 G 是非平凡的, 则 $\kappa(G) \leqslant \lambda(G) \leqslant \delta(G)$.

证明 因为关联一个固定顶点的所有边分离 G, 所以第二个不等式显然成立. 为证明第一个, 设 F 是包含 $\lambda(G)$ 条边的集合使得 $G - F$ 不连通. 由 λ 的定义知, 这样的集合总是存在的. 注意到, F 是 G 中的一个极小边分离集, 我们证明 $\kappa(G) \leqslant |F|$.

假设 G 包含一个顶点 v, 它不和 F 中的任何边关联. 设 C 是 $G - F$ 中包含 v 的分支, 则 C 中关联 F 的某条边的顶点会分离 v 和 $G - C$. 因为 F 中不存在两个端点均在 C 上的边 (由 F 的极小性得), 所以至多有 $|F|$ 个这样的顶点, 从而证明了 $\kappa(G) \leqslant |F|$.

其次, 假设 G 中每个顶点均关联 F 的某条边. 设 v 是任意顶点而 C 是 $G-F$ 中包含 v 的分支, 则 v 的满足 $vw \notin F$ 的邻点 w 一定属于 C 并关联 F 中不同的边 (同样由 F 的极小性得), 所以 $d_G(v) \leqslant |F|$. 由于 $N_G(v)$ 把 v 和 G 的其他顶点分离开, 这蕴含着 $\kappa(G) \leqslant |F|$, 除非不存在其他顶点, 即 $\{v\} \cup N(v) = V$. 但在这种情况下, 由 v 的任意性得, G 是完全图, 即 $\kappa(G) = \lambda(G) = |G| - 1$. □

从命题 1.4.2 可看到, 高连通度的图必有大的最小度; 但反过来, 大的最小度不一定能保证高连通度, 甚至不能确保高边连通度 (读者能否找到这样的例子呢?), 但它可保证高连通子图的存在性.

定理 1.4.3 (Mader, 1972) 设 $0 \neq k \in \mathbb{N}$. 任意满足 $d(G) \geqslant 4k$ 的图 G 均包含一个 $(k+1)$-连通的子图 H 使得 $\varepsilon(H) > \varepsilon(G) - k$.

证明 令 $\gamma := \varepsilon(G) (\geqslant 2k)$, 考虑满足以下条件的子图 $G' \subseteq G$

$$|G'| \geqslant 2k \quad \text{和} \quad \|G'\| > \gamma(|G'| - k). \tag{$*$}$$

因为 G 本身满足 $(*)$, 所以这样的 G' 一定存在. 设 H 是其中一个具有最小阶的子图.

不存在满足 $(*)$ 且正好阶为 $2k$ 的图 G', 否则这蕴含着 $\|G'\| > \gamma k \geqslant 2k^2 > \binom{|G'|}{2}$. 所以由 H 的极小性推出 $\delta(H) > \gamma$; 否则, 我们总可以去掉一个度数不超过 γ 的顶点而得到满足 $(*)$ 的子图 $G' \subsetneq H$. 特别地, 我们有 $|H| \geqslant \gamma$. 对 $(*)$ 中不等式 $\|H\| > \gamma|H| - \gamma k$ 两边除以 $|H|$, 我们得到所期待的 $\varepsilon(H) > \gamma - k$.

余下需证 H 是 $(k+1)$-连通的. 若不成立, 则 H 有一个阶不超过 k 的真分离 $\{U_1, U_2\}$, 令 $H[U_i] =: H_i$. 因为任意顶点 $v \in U_1 \setminus U_2$, 它的所有 $d(v) \geqslant \delta(H) > \gamma$ 个邻点均在 H_1 中, 所以 $|H_1| \geqslant \gamma \geqslant 2k$. 类似地, 可以得到 $|H_2| \geqslant 2k$. 根据 H 的极小性, H_1 和 H_2 均不满足 $(*)$, 所以对 $i = 1, 2$, 可以得到

$$\|H_i\| \leqslant \gamma(|H_i| - k).$$

但是

$$\begin{aligned}
\|H\| &\leqslant \|H_1\| + \|H_2\| \\
&\leqslant \gamma(|H_1| + |H_2| - 2k) \\
&\leqslant \gamma(|H| - k) \quad (\text{因为 } |H_1 \cap H_2| \leqslant k),
\end{aligned}$$

上式对于 H 和 $(*)$ 产生矛盾. □

1.5 树 和 森 林

一个**无圈** (acyclic) 图, 即不含任何圈的图, 亦称为**森林** (forest), 而连通的森

林则称为**树** (tree). (所以, 森林是分支为树的图.) 树中度为 1 的顶点称为**叶子** (leaf),[5] 而其他顶点称为**内部顶点**. 每个非平凡的树都有叶子, 比如, 最长路的端点. 这一简单的结论有时会很有用, 尤其是对树使用归纳法时: 去掉树的一个叶子, 剩下的图还是一棵树.

图 1.5.1 一棵树

定理 1.5.1 对于图 T, 下列命题是等价的:

(i) T 是一棵树;

(ii) T 中任意两个顶点被 T 的唯一一条路连接;

(iii) T 是极小连通的, 即 T 是连通的但对任意边 $e \in T$, $T - e$ 是不连通的;

(iv) T 是极大无圈的, 即 T 不包含圈但对任意两个不相邻的顶点 $x, y \in T$, $T + xy$ 包含圈. □

定理 1.5.1 可以容易地证明, 但对不熟悉树以及相关概念的人却是一道很好的练习题. 沿用 1.3 节中关于路的记号, 我们把树 T 中的两个顶点 x, y 之间的唯一路记为 xTy (见 (ii)).

定理 1.5.1 的一个常用推论是: 每个连通图均包含一棵支撑树. 要证明这个结论, 只需取定一个极小连通支撑子图, 然后运用 (iii); 或者取定一个极大无圈子图, 然后运用 (iv). 图 1.4.1 给出了具有三个分支的图及每个分支的支撑树. 当 T 是 G 的一棵支撑树时, $E(G) \setminus E(T)$ 中的边是 T 在 G 中的**弦** (chord).

推论 1.5.2 一棵树的顶点总可以被列举为 $v_1, \cdots, v_n$ 使得每个 v_i $(i \geqslant 2)$ 在 $\{v_1, \cdots, v_{i-1}\}$ 中有唯一的邻点.

证明 运用命题 1.4.1 来列举顶点, 即可得到. □

推论 1.5.3 n 个顶点的连通图是一棵树当且仅当它有 $n-1$ 条边.

证明 在推论 1.5.2 中, 对 i 用归纳法得, 由前面的 i 个顶点支撑的子图具有 $i-1$ 条边. 令 $i = n$, 我们证明了必要性. 反过来, 设 G 是任意具有 n 个顶点和

5 除非树的**根** (root)(见下页), 它的度为 1 但不称为叶子.

$n-1$ 条边的连通图, 而 G' 是 G 的一棵支撑树. 由必要性, 树 G' 有 $n-1$ 条边, 所以有 $G=G'$. □

推论 1.5.4 若 T 是一棵树, 而 G 是满足 $\delta(G)\geqslant |T|-1$ 的任意图, 则 $T\subseteq G$, 即 G 包含一个同构于 T 的子图.

证明 根据推论 1.5.2 给出的列举顺序, 我们可以归纳地找到 G 中 T 的拷贝. □

有时, 把树中的一个顶点作特别处理会方便问题的解决, 这个顶点称为树的**根** (root), 而具有固定根 r 的树叫做**有根树** (rooted tree). 我们把 $x\in rTy$ 记为 $x\leqslant y$, 从而定义了 $V(T)$ 上的一个偏序关系, 我们称它是与 T 和 r 关联的**树序** (tree-order). 这种序可看作是用"高度"来刻画的: 若 $x<y$, 则称 x 在 T 中位于 y **之下** (below), 而

$$\lceil y\rceil := \{x \mid x\leqslant y\} \quad 和 \quad \lfloor x\rfloor := \{y \mid y\geqslant x\}$$

分别称为 y 的**下闭包** (down-closure) 和 x 的**上闭包** (up-closure). 如果集合 $X\subseteq V(T)$ 等于它自身的上闭包, 即满足 $X=\lfloor X\rfloor := \bigcup_{x\in X}\lfloor x\rfloor$, 则称它在 T 中是**上闭的** (up-closed) 或是一个**上集合** (up-set); 类似地, 可以定义**下闭的** (down-closed) 或**下集合** (down-set), 等等.

注意到, T 的根是这个偏序关系中最小的元素, 叶子是极大元素, 而 T 的任意边的两个端点是可比的, 任意顶点的下闭包是一条**链** (chain), 即两两可比较的元素的集合. (如何证明呢?) 到根的距离为 k 的顶点具有**高度** (height) k, 并组成 T 的第 k **层** (level).

对包含于 G 中的有根树 T, 如果 G 中的任意 T-路的两个端点在 T 的树序中是可比的, 我们称有根树 T 在 G 中是**正规的** (normal). 若 T 支撑 G, 这等于是要求: 只要两个顶点在 G 中是相邻的, 它们在 T 中一定是可比的 (图 1.5.2).

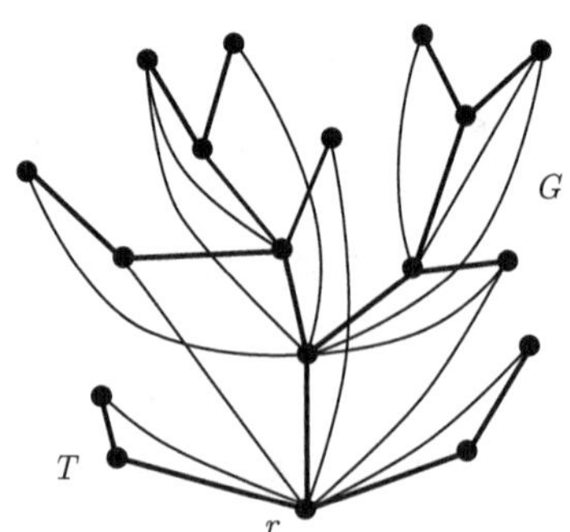

图 1.5.2 具有根 r 的正规支撑树

图 G 的正规树 T 可以成为研究 G 的结构的强有力工具, 这是因为 G 表现了

T 的分离性质:

引理 1.5.5 设 T 是 G 中的一棵正规树.

(i) 任意两个在树中不可比较的顶点 $x, y \in T$ 在 G 中被集合 $\lceil x \rceil \cap \lceil y \rceil$ 分离.

(ii) 若 $S \subseteq V(T) = V(G)$ 且 S 是下闭的, 设 x 是 $T - S$ 中的极小元, 则这些集合 $\lfloor x \rfloor$ 支撑 $G - S$ 的所有分支.

证明 (i) 设 P 是 G 中的任意 X-Y 路, 我们欲证明 P 和 $\lceil x \rceil \cap \lceil y \rceil$ 相交. 设 $t_1, \cdots, t_n$ 是 $P \cap T$ 的极小顶点序列, 它满足 $t_1 = x, t_n = y$ 且对所有 i, t_i 和 t_{i+1} 在 T 的树序中是可比的. (这样的序列总是存在的: 因为 T 是正规的, 而且每个路段 $t_i P t_{i+1}$ 要么是 T 的边, 要么是一个 T-路, 所以 $P \cap T$ 中所有顶点的集合 (根据它们在 P 中出现的自然顺序) 具有这个性质.) 在这个极小序列中, 对任何 i 不可能存在关系 $t_{i-1} < t_i > t_{i+1}$; 否则, t_{i-1} 和 t_{i+1} 是可比的, 去掉 t_i 可形成一个更短的这种序列. 所以, 对某个 $k \in \{1, \cdots, n\}$, 有

$$x = t_1 > \cdots > t_k < \cdots < t_n = y.$$

因为 $t_k \in \lceil x \rceil \cap \lceil y \rceil \cap V(P)$.

(ii) 考虑 $G - S$ 的一个分支 C, 设 x 是 C 的顶点集的极小元, 那么 $V(C)$ 没有其他的极小元 x'; 否则, x 和 x' 是不可比较的. 由 (i) 知 C 中的任意 x-x' 路包含一个处于 x 和 x' 之下的顶点, 这与它们在 $V(C)$ 中的极小性矛盾. 由于 C 的每个顶点处于 $V(C)$ 的某个极小元之上, 所以它位于 x 之上. 反过来, 每个顶点 $y \in \lfloor x \rfloor$ 属于 C 中, 这是因为 S 是下闭的, 向上的路 xTy 处于 $T - S$ 中, 从而 $V(C) = \lfloor x \rfloor$.

下一步证明 x 不仅在 $V(C)$ 中是极小的, 在 $T - S$ 中亦然. 处于 x 下面的顶点组成 T 的一个链 $\lceil t \rceil$. 因为 t 是 x 的邻点, C 作为 $G - S$ 的分支, 它的极大性蕴含着 $t \in S$, 所以 $\lceil t \rceil \subseteq S$ (因为 S 是下闭的), 从而证明了 $G - S$ 的每个分支由集合 $\lfloor x \rfloor$ 支撑着, 这里 x 是 $T - S$ 中的极小元.

反过来, 如果 x 是 $T - S$ 中的任意极小元, 显然它在所处的 $G - S$ 的分支 C 中也是极小元, 因此 $V(C) = \lfloor x \rfloor$, 即 $\lfloor x \rfloor$ 支撑这个分支. □

正规支撑树也叫做**深度优先搜索树** (depth-first search tree), 这是因为它和图的计算机搜索相关 (练习 26). 这个事实常用来证明存在性, 它也可以通过更为简洁和漂亮的归纳法来证明 (练习 25). 然而, 下面给出的构造证明很好地反映了正规树是如何揭示了主图的结构的.

命题 1.5.6 设定任意顶点为根, 每个连通图均包含一棵正规支撑树.

证明 设 G 是一个连通图, 而 T 是 G 中取任意顶点 r 为根的极大正规树, 我们需要证明 $V(T) = V(G)$.

用反证法. 设 C 是 $G - T$ 的一个分支. 因为 T 是正规的, 所以 $N(C)$ 是 T 中一个链. 设 x 是链中最大元, 而 $y \in C$ 是邻接 x 的顶点. 令 T' 是在 T 中连接 x 和

y 而得到的树, 则 T 的树序可推广到 T' 上. 下面我们证明 T' 亦为 G 中的一棵正则树, 从而得到矛盾.

设 P 为 G 中一条 T'-路. 若 P 的端点均在 T 中, 则它们在 T 的树序中 (从而也在 T' 的树序中) 是可比的, 这是因为 P 也是 T-路以及由假设知 T 在 G 中是正则的. 否则, y 是 P 的一个端点, 因此除了 P 的另一端点 z 以外, P 本身位于 C 中, 而 z 则在 $N(C)$ 中. 由 x 的选择知 $z \leqslant x$. 为了证明 y 和 z 是可比的, 我们只需要说明 $x < y$, 即 $x \in rT'y$, 而这是显然的, 因为 y 是邻接 x 的 T' 中的叶子. □

1.6 二 部 图

设 $r \geqslant 2$ 是一个整数, 对于图 $G = (V, E)$, 如果 V 可以划分为 r 个类使得任意一条边的端点都属于不同的类中 (即同一类中的顶点不相邻), 则称 G 为 **r-部图** (r-partite graph). 通常我们把 2-部图称为**二部图** (bipartite graph).

若 r-部图中, 不同类中任意两个顶点均相邻接, 则称它为**完全 r-部图** (complete r-partite graph). 所有的 r-部图被统称为**完全多部图** (complete multipartite graph). 我们把完全 r-部图 $\overline{K^{n_1}} * \cdots * \overline{K^{n_r}}$ 记为 $K_{n_1,\cdots,n_r}$; 当 $n_1 = \cdots = n_r =: s$ 时, 可简记为 K_s^r. 所以 K_s^r 是一个每个类都恰好有 s 个顶点的完全 r-部图 [6](图 1.6.1 中第二个是八面体 K_2^3, 注意这里的画法和图 1.4.3 的画法有所不同). 图类 $K_{1,n}$ 也叫做**星** (star), 其中 $K_{1,n}$ 中度数为 n 的顶点称为星的**中心** (centre).

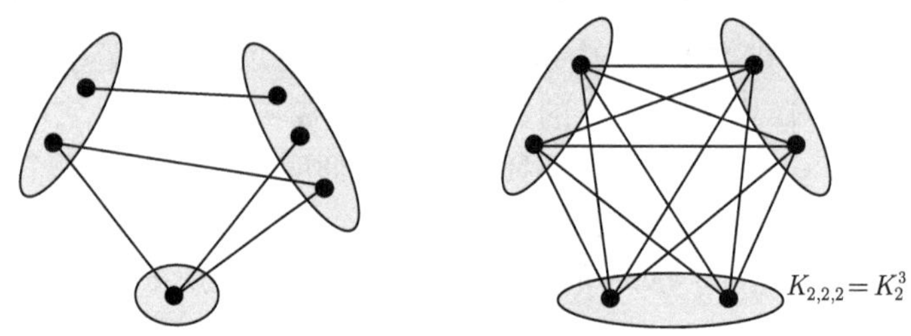

图 1.6.1 两个 3-部图

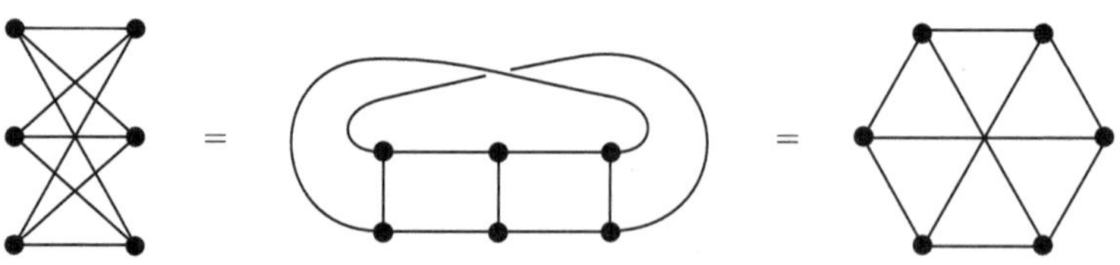

图 1.6.2 二部图 $K_{3,3} = K_3^2$ 的三种不同画法

6 注意, 把 K^r 的每个顶点用一个独立 s-集代替就得到了 K_s^r, 这里所用的符号 K_s^r 就是为了提示这一关系的.

显然, 任意二部图不能包含长度为奇数的圈, 即**奇圈** (odd cycle). 事实上, 二部图可用这个性质来刻画:

命题 1.6.1 一个图是二部图当且仅当它不包含奇圈.

证明 设 $G=(V,E)$ 是一个不含奇圈的图, 我们证明 G 是二部的. 显然, 如果图的各个分支是二部的或平凡的, 则它是二部的, 所以我们可以假设 G 是连通的. 设 T 是 G 的一棵支撑树, 并取定根 $r\in T$, 我们用 $\leqslant_T$ 来表示 V 上的树序. 对于任意顶点 $v\in V$, 唯一路 rTv 具有奇数或偶数长度; 根据奇偶性, 从而可以定义 V 上的一个划分. 下面证明 G 是具有这一划分的二部图.

设 $e=xy$ 是 G 中的任意边. 如果 $e\in T$, 比如 $x<_T y$, 则 $rTy=rTxy$, 所以 x 和 y 分属不同的划分类. 如果 $e\notin T$, 那么 $C_e:=xTy+e$ 是一个圈 (图 1.6.3). 由前面的讨论知, xTy 上的顶点交错地属于两个不同的划分类. 由假定知, C_e 是个偶圈, 所以 x 和 y 也属于不同的划分类. □

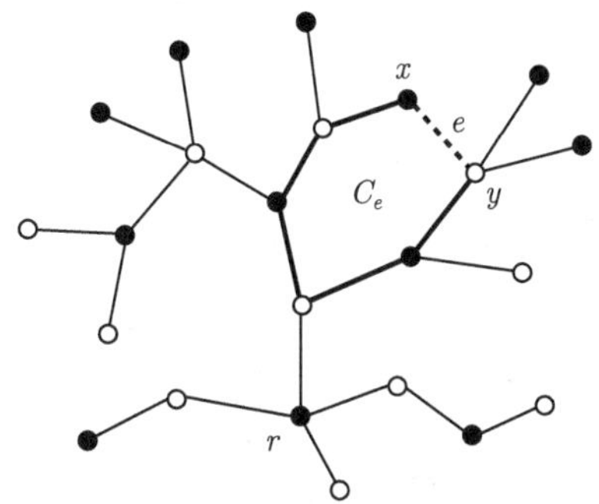

图 1.6.3 $T+e$ 中的圈 C_e

1.7 收缩运算和子式

在 1.1 节中, 我们已看到图之间的两种基本包含关系, 即“子图”关系和“导出子图”关系. 本节将会介绍另外两种关系:“子式”关系和“拓扑子式”关系. 设 X 是一个固定的图.

非正式地, 对 X 中的某些或全部边进行“细分”, 即在这些边上插入若干新的顶点, 这样所得到的图叫做 X 的**细分** (subdivision). 换句话说, 把 X 中的某些边替换成具有相同端点的路, 使得这些路的内点既不在 $V(X)$ 中, 也不在其他任何新的路上. 当 G 是 X 的细分时, 我们亦称 G 是一个 TX[7]. X 中原始顶点是 TX 的

7 这里的“T”代表“拓扑的”. 虽然, 严格地说, TX 表示整个图类, 即 X 的所有细分, 但习惯上我们用它表示这个类中的任意一个成员.

分支顶点 (branch vertices), 新的顶点叫做**细分顶点** (subdividing vertices). 注意到, 细分顶点的度总是 2, 而分支顶点保持了它在 X 中的顶点度.

如果 Y 包含 TX 作为子图, 那么 X 是 Y 的**拓扑子式** (topological minor) (图 1.7.1).

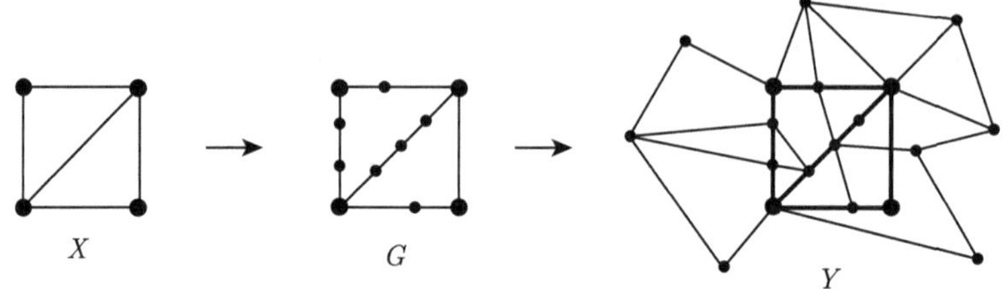

图 1.7.1　图 G 是一个 TX, 即 X 的细分. 因为 $G \subseteq Y$, 故 X 是 Y 的拓扑子式

类似地, 把 X 的每个顶点 x 由不相交的连通图 G_x 代替, X 的边 xy 由 G_x-G_y 边的非空集合代替, 所得到的图叫做 IX[8]. 更严格地讲, 如果图 G 的顶点集可以划分成连通子集 V_x 的集合 $\{V_x \mid x \in V(X)\}$ 使得不同的顶点 $x, y \in X$ 在 X 中是邻接的, 当且仅当 G 包含一条 V_x-V_y 边, 则称 G 是一个 IX; 集合 V_x 是 IX 的**分支集** (branch set). 反过来, 我们说 X 是由 G 收缩子图 G_x 而得到的, 称其为 G 的**收缩子式** (contraction minor).

若图 Y 包含 IX 子图, 则称 X 是 Y 的**子式** (minor), 而 IX 是 Y 中 X 的**模型** (model), 记作 $X \preccurlyeq Y$(图 1.7.2). 因此 X 是 Y 的子式当且仅当存在从 $V(Y)$ 的子集到 $V(X)$ 上的映射 φ 使得对每个顶点 $x \in X$, 它的原象 $\varphi^{-1}(x)$ 在 Y 中是连通的, 同时对每条边 $xx' \in X$, 存在 Y 中的一条边连接分支集合 $\varphi^{-1}(x)$ 和 $\varphi^{-1}(x')$. 如果 φ 的定义域是整个 $V(Y)$, 且只要 $x \neq x'$ 就有 $xx' \in X$ 且 Y 包含 $\varphi^{-1}(x)$ 和 $\varphi^{-1}(x)$ 之间的边 (因此 Y 是一个 IX), 则称 φ 是 Y 到 X 的**收缩** (contraction).

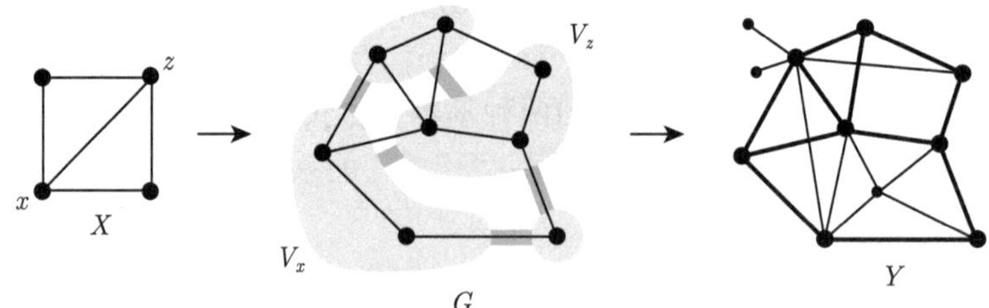

图 1.7.2　图 G 是 Y 中 X 的一个模型, 因此 X 是 Y 的一个子式

因为分支集可能是单点集, 所以图的每个子图也是它的一个子式. 在无限图中,

8 这里“I”代表“膨胀的”. 和前面一样, 严格地讲, IX 是一个图类, 它的顶点划分 $\{V_x \mid x \in V(X)\}$ 在下面给出, 我们用它表示这个类中的任意一个成员.

分支集也允许是无限的. 例如, 图 8.1.1 中的图是具有无限星形 X 的 IX.

命题 1.7.1 子式关系 $\preccurlyeq$ 和拓扑子式关系均为有限图类上的偏序关系, 即它满足自反性、反对称性及传递性. □

如果 G 是一个 IX, 那么 $P = \{V_x \mid x \in X\}$ 是 $V(G)$ 的一个划分, 对 G 的这个收缩子式, 记为 $X =: G/P$. 如果 $U = V_x$ 是唯一的非单点分支集, 则把 X 记为 $X =: G/U$, 把 U 收缩成的顶点 $x \in X$ 记为 v_U, 然后把 X 的余下部分看成 G 的导出子图. "最小"的非平凡情形是当 U 恰好包含一条边 e 的两个端点, 使得 $U = e$, 那么我们称 $X = G/e$ 是由 G **收缩边** $\boldsymbol{e}$ (contracting the edge e) 而得到的, 见图 1.7.3.

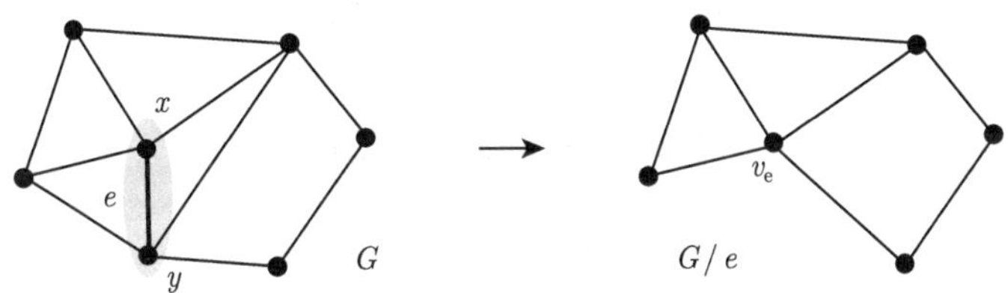

图 1.7.3 收缩边 e 的过程

因为子式关系具有传递性, 任何一系列单独顶点或单独边的删除或者收缩都产生一个子式. 反之, 一个有限图的每个子式都可以通过这种方式得到:

推论 1.7.2 设 X 和 Y 是有限图, 那么 X 是 Y 的子式当且仅当存在图 $G_0, \cdots, G_n$ 使得 $G_0 = Y$, $G_n = X$ 且每个 G_{i+1} 是由 G_i 通过删除一条边、收缩一条边或者删除一个顶点而得到的.

证明 对 $|Y| + \|Y\|$ 用归纳法. □

最后, 我们给出下面这个子式和拓扑子式之间的关系.

命题 1.7.3 (i) 每个 TX 也是一个 IX (图 1.7.4), 所以, 图的每个拓扑子式也是它的一个 (普通) 子式.

(ii) 若 $\Delta(X) \leqslant 3$, 则每个 IX 包含一个 TX, 因此, 最大度至多为 3 的子式也是一个拓扑子式. □

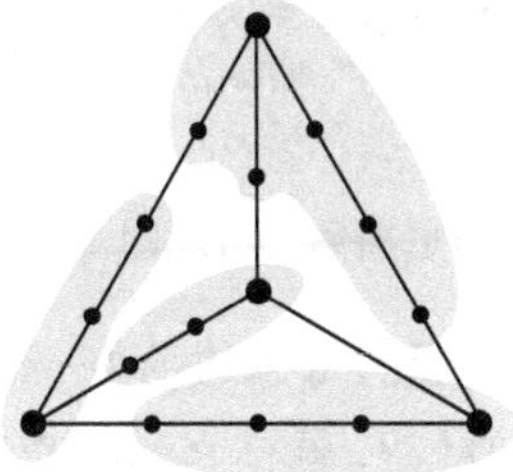

图 1.7.4 K^4 的细分可看作一个 IK^4

到这里, 我们已经介绍了图中所有的常用关系, 也可以定义什么叫做一个图嵌入另一个图中. 基本上, 图 G 在 H 中的**嵌入** (embedding) 是一个单射 $\varphi: V(G) \to V(H)$, 它保持某种我们感兴趣的图结构. 所以, φ 把 G“作为子图”嵌入到 H 中意味着 φ 保持了顶点的邻接性; “导出子图”嵌入则意味着 φ 既保持了顶点的邻接性, 也保持了非邻接性. 如果 φ 是定义在 $E(G)$ 和 $V(G)$ 上的, 并且把 G 的边 xy 映射到 H 中连接 $\varphi(x)$ 和 $\varphi(y)$ 的独立路上, 则称 G 是嵌入 H 中的“拓扑子式”. 类似地, φ 把 G 作为“子式”嵌入到 H 中是指, φ 是从 $V(G)$ 到 H 中不相交连通顶点子集 (而不是到单个顶点) 的一个映射, 使得对于 G 的任意边 xy, H 都有一条连接集合 $\varphi(x)$ 和 $\varphi(y)$ 的边. 根据研究的对象, 可以引进不同的嵌入, 比如, 可以类似地定义“作为支撑子图”“作为导出子式”等嵌入.

1.8 欧拉环游

任何数学家, 如果他有幸在 18 世纪身处东普鲁士城市柯尼斯堡 (Königsberg), 都会毫不犹豫地追随伟大数学家欧拉 (Euler), 去寻找一种往返旅行方法使得古城的每一座桥恰好被穿行一次 (图 1.8.1).

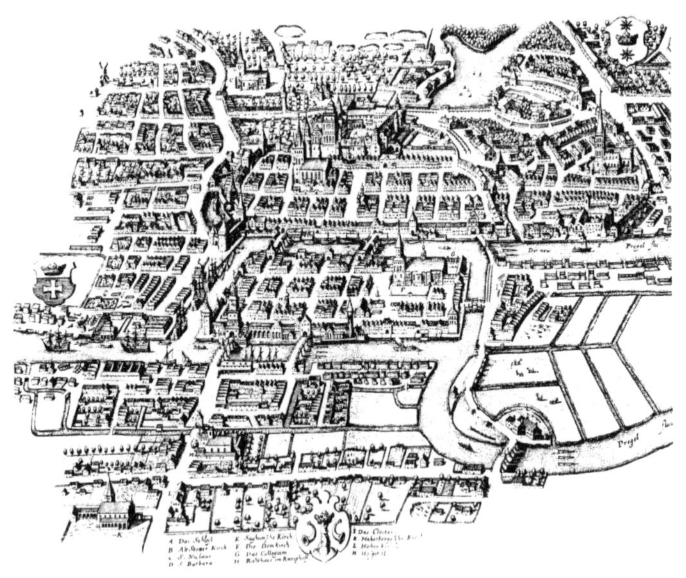

图 1.8.1　柯尼斯堡七桥地图 (约 1736 年)

由此启发, [9]我们称一个通过图的每条边恰好一次的闭途径为**欧拉环游** (Euler tour). 如果一个图包含一个欧拉环游, 就称它是**欧拉的** (Eulerian).

9 如果观察完图 1.8.2 后, 还认为这种启发太牵强, 也许图 1.10.1 中的多重图可以说服你.

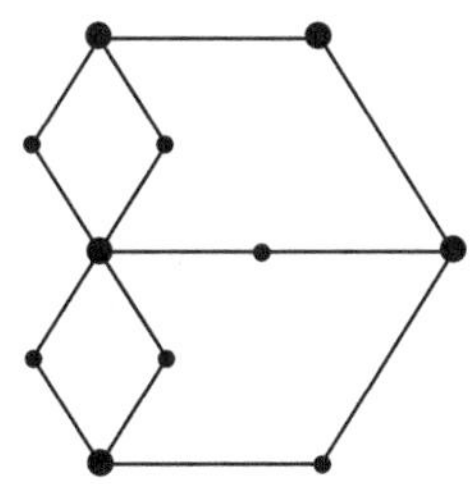

图 1.8.2 七桥问题所对应的图

定理 1.8.1 (Euler, 1736) 一个连通图是欧拉的当且仅当它的每个顶点度是偶数.

证明 度条件显然是充分的: 如果一个顶点在欧拉环游中出现 k 次 (对于起始点和终结点, 我们考虑了两次, 所以可看作 $k+1$ 次), 则它的度一定是 $2k$.

反过来, 我们对 $\|G\|$ 用归纳法, 证明顶点度均为偶数的连通图 G 一定有欧拉环游. 对于 $\|G\|=0$, 显然成立. 设 $\|G\|\geqslant 1$, 因为所有的顶点度是偶数, 所以我们可以找到一个非平凡的闭途径, 它包含每条边最多一次. (如何做到的呢?) 设 W 是最长的一条这样的闭途径, 把 W 的边集记为 F. 如果 $F=E(G)$, 那么 W 是一条欧拉环游. 否则, $G' := G-F$ 包含至少一条边.

对于每个顶点 $v\in G$, 在 F 中有偶数条边关联 v, 因此 G' 的所有顶点的度还是偶数. 因为 G 是连通的, G' 中存在一条边 e 关联 W 中的某个顶点. 由归纳假设, G' 中包含 e 的分支 C 有欧拉环游. 把这个欧拉环游嫁接到 W 上 (通过适当地重新排序), 我们得到 G 中一条更长的闭途径, 与 W 的最大性矛盾. □

1.9 若干线性代数知识

设 $G=(V,E)$ 是一个具有 n 个顶点和 m 条边的图, 这里 $V=\{v_1,\cdots,v_n\}$ 和 $E=\{e_1,\cdots,e_m\}$. 图 G 的**顶点空间** (vertex space) $\mathcal{V}(G)$ 是由所有从 V 到 $\mathbb{F}_2$ 上的函数组成的向量空间 (这里 $\mathbb{F}_2=\{0,1\}$ 是一个二元域). $\mathcal{V}(G)$ 的每个元素自然地对应于 V 的一个子集, 即具有函数值 1 的那些顶点所组成的集合, 而 V 的每个子集都由它在 $\mathcal{V}(G)$ 中的指示函数唯一地表示. 所以, 我们可以把 $\mathcal{V}(G)$ 看作由 V 的幂集构成的向量空间: 两个顶点集 $U,U'\subseteq V$ 的和 $U+U'$ 定义为它们的对称差 (为什么呢?), 且对于任意 $U\subseteq V$, 有 $U=-U$. 空 (顶点) 集 $\varnothing$ 可以看作 $\mathcal{V}(G)$ 中的零元. 因为 $\{\{v_1\},\cdots,\{v_n\}\}$ 构成 $\mathcal{V}(G)$ 的一组基 (称作**标准基** (standard basis)), 故 $\dim\mathcal{V}(G)=n$.

同样地, 从 E 到 $\mathbb{F}_2$ 的所有函数构成了 G 的**边空间** (edge space) $\mathcal{E}(G)$: E 的子集对应于它的元素, 向量加法采用对称差运算, $\varnothing\subseteq E$ 是零元, 且对任意 $F\subseteq E$ 有

$F=-F$. 同理, $\{\{e_1\},\cdots,\{e_m\}\}$ 是 $\mathcal{E}(G)$ 的**标准基** (standard basis), 故 $\dim\mathcal{E}(G)=m$. 给定边空间中的两个元素 F 和 F', 把它们看作从 E 到 $\mathbb{F}_2$ 的函数, 我们记

$$\langle F,F'\rangle := \sum_{e\in E} F(e)F'(e)\in\mathbb{F}_2.$$

上式等于零当且仅当 F 和 F' 有偶数条公共边; 特别地, 若 $F\neq\varnothing$, 则 $\langle F,F\rangle=0$. 给定 $\mathcal{E}(G)$ 的子空间 $\mathcal{F}$, 记

$$\mathcal{F}^{\perp}:=\{D\in\mathcal{E}(G)\mid 对所有\ F\in\mathcal{F}\ 满足\ \langle F,D\rangle=0\}.$$

上面的集合构成 $\mathcal{E}(G)$ 的一个子空间 (所有满足某线性方程组的向量所构成的空间. 你能找出这些线性方程吗?), 我们可以证明

$$\dim\mathcal{F}+\dim\mathcal{F}^{\perp}=m.$$

圈空间 (cycle space) $\mathcal{C}=\mathcal{C}(G)$ 是由 G 中所有圈 (更准确地说, 是所有圈的边)[10]支撑的 $\mathcal{E}(G)$ 的子空间. $\mathcal{C}(G)$ 的维数有时称为 G 的**圈数** (cyclomatic number).

$\mathcal{C}$ 的元素可以容易地由其所涉及的子图的顶点度来识别. 此外, 为了生成圈空间, 我们不需要考虑所有圈的对称差, 而只需要考虑圈的不交并即可.

命题 1.9.1 对于边集 $D\subseteq E$, 下面的命题是等价的:

(i) $D\in\mathcal{C}(G)$;

(ii) D 是 G 中若干圈 (边集) 的不交并 (可以是空的);

(iii) 图 (V,D) 的所有顶点度均为偶数.

证明 因为圈上的顶点度均为偶数, 而且对称差运算保持这一性质, 所以对生成 D 的圈的个数用归纳法可以证明蕴含关系 (i)→(iii). 蕴含关系 (iii)→(ii) 可对 $|D|$ 用归纳法来证明: 如果 $D\neq\varnothing$, 则 (V,D) 包含一个圈 C, 删除 C 的边再应用归纳假设即可. 蕴含关系 (ii)→(i) 可以由 $\mathcal{C}(G)$ 的定义直接得到. □

如果存在 V 的一个划分[11] $\{V_1,V_2\}$, 使得 $F=E(V_1,V_2)$, 那么我们称边集 F 是 G 的一个**割** (cut); F 中的边**横穿** (cross) 这个划分; 集合 V_1 和 V_2 是这个割的**侧面** (side). 前面提到, 当 $V_1=\{v\}$ 时, 这个割记为 $E(v)$. G 中的极小非空割是一个**键**.

命题 1.9.2 图 G 中的所有割和 $\varnothing$ 一起构成 $\mathcal{E}(G)$ 的一个子空间 $\mathcal{B}=\mathcal{B}(G)$, 这个空间是由形式为 $E(v)$ 的割所生成的.

---

10 为简洁起见, 我们并不特别强调边集 $F\in\mathcal{E}(G)$ 和对应的导出子图 (V,F) 之间的分别. 如果要求更准确, 比如 8.6 节, 我们会用"回路"来表示一个圈的边集.

11 在本书中, 划分集不能是空集. 所以, 只有当图不连通时, 空的边集合可以成为割集.

证明 用 $\mathcal{B}$ 由表示形式为 $E(v)$ 的割所生成的 $\mathcal{E}(G)$ 的子空间. 例如, 关于顶点划分 $\{V_1, V_2\}$, G 的所有割等于 $\sum_{v\in V_1} E(v)$, 所以属于 $\mathcal{B}$. 反过来, 每一个集合 $\sum_{u\in U} E(u) \in \mathcal{B}$ 要么是空集 (例如, 当 $U \in \{\varnothing, V\}$ 时), 要么是割 $E(U, V \setminus U)$. □

命题 1.9.2 中的空间 $\mathcal{B}$ 是 G 的一个**割空间** (cut space) 或者**键空间**. 不难从所有的割 $E(v)$ 中找到 $\mathcal{B}$ 的显式基, 从而确定它的维数 (见练习 40). 注意到, $\mathcal{B}$ 中的键就像 $\mathcal{C}$ 中的圈一样, 是空间的极小非空元素.

这里, “非空”的条件只有当 G 是非连通时才重要. 如果 G 是连通的, 则它的键恰好就是那些极小割, 它们可以很容易被识别: 连通图的割是极小的当且仅当对应的顶点划分的两侧面均导出连通子图 (练习 36). 如果 G 是非连通的, 则它的键是其分支的极小割.

类似于命题 1.9.1, 键和它的不交并可以生成割空间.

引理 1.9.3 每个割是键的不交并.

证明 设 F 是一个割, 对 F 的边数用归纳法. 对于 $F = \varnothing$, 结论是平凡的 (即零个并). 如果 $F \neq \varnothing$ 本身不是一个键, 则它严格地包含某个非空割 F', 由命题 1.9.2, $F \setminus F' = F + F'$ 是一个更小的非空割. 由归纳假设, F' 和 $F \setminus F'$ 都是键的不交并, 所以 F 也是键的不交并. □

练习 39 给出了如何构造引理 1.9.3 中键的明确方法. 在 3.1 节, 我们会给出在图的整体结构中, 圈和键所处的可能位置的更多细节 (引理 3.1.2 和引理 3.1.3).

定理 1.9.4 图的圈空间 $\mathcal{C}$ 和割空间 $\mathcal{B}$ 满足

$$\mathcal{C} = \mathcal{B}^{\perp} \quad \text{和} \quad \mathcal{B} = \mathcal{C}^{\perp}.$$

证明 给定图 $G = (V, E)$, 显然 G 的每个圈在每个割中都包含割的偶数条边, 这意味着 $\mathcal{C} \subseteq \mathcal{B}^{\perp}$ 和 $\mathcal{B} \subseteq \mathcal{C}^{\perp}$.

接下来证明 $\mathcal{B}^{\perp} \subseteq \mathcal{C}$, 由命题 1.9.1 知, 对于任意一个边集 $F \notin \mathcal{C}$, 存在一个顶点 v 关联 F 中的奇数条边. 因此, $\langle E(v), F\rangle = 1$, 故 $E(v) \in \mathcal{B}$ 蕴含着 $F \notin \mathcal{B}^{\perp}$, 这说明 $\mathcal{C} = \mathcal{B}^{\perp}$.

要证明 $\mathcal{C}^{\perp} \subseteq \mathcal{B}$, 给定 $F \in \mathcal{C}^{\perp}$, 考虑在 G 中收缩 $E \setminus F$ 中的边而得到的多重图 [12] H, 则 H 中任意圈的所有边都在 F 中. 因为 H 中的圈可以通过 $E \setminus F$ 中的边拓展成 G 的一个圈, 所以这些边的个数是偶数. 由命题 1.6.1 知, H 是个二部图, 它的二部划分导出了 V 的划分 (V_1, V_2) 使得 $E(V_1, V_2) = F$, 从而证明了 $F \in \mathcal{B}$. □

考虑一个连通图 $G = (V, E)$ 以及它的支撑树 $T \subseteq G$. 对于任意弦 $e \in E \setminus E(T)$, $T + e$ 中存在唯一圈 C_e. 这些圈 C_e 是 G 的关于 T 的**基本圈** (fundamental cyclc). 另一方面, 给定一条边 $f \in T$, 森林 $T - f$ 恰好有两个分支 (定理 1.5.1 (iii)), 这两

12 见 1.10 节, 这里的收缩可能在 F 中产生环边, 但是二部多重图不包含环边. 命题 1.6.1 的证明对多重图也成立.

个分支之间的边集合 $D_f \subseteq E$ 形成了 G 的一个键, 这个键是关于 T 的 f 的**基本割** (fundamental cut).

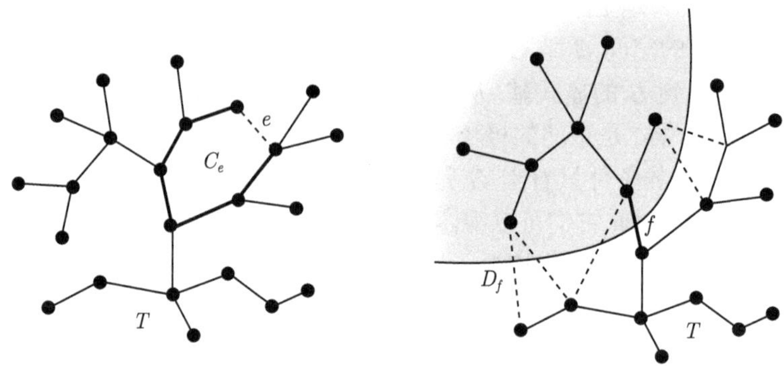

图 1.9.1 基本圈 C_e 和基本割 D_f

注意到, 对所有的边 $e \notin T$ 和 $f \in T$, $f \in C_e$ 当且仅当 $e \in D_f$. 这意味着存在某种深刻的对偶关系, 下面的定理做了进一步的揭示.

定理 1.9.5 设 G 是一个具有 n 个顶点和 m 条边的连通图, 而 $T \subseteq G$ 是它的一棵支撑树.

(i) G 的关于 T 的基本割和基本圈分别构成 $\mathcal{B}(G)$ 和 $\mathcal{C}(G)$ 的基.

(ii) 所以有, $\dim \mathcal{B}(G) = n-1$ 和 $\dim \mathcal{C}(G) = m-n+1$.

证明 (i) 注意到, 边 $f \in T$ 属于 D_f, 但不属于任何其他基本割; 而边 $e \notin T$ 属于 C_e 但不属于任何其他基本圈, 所以所有的基本圈和所有的基本割分别组成 $\mathcal{B} = \mathcal{B}(G)$ 和 $\mathcal{C} = \mathcal{C}(G)$ 中的线性独立集.

我们证明基本圈生成每一个圈 C. 由一开始的观察知, $D := C + \sum_{e \in C \setminus T} C_e$ 是 $\mathcal{C}$ 的一个元素, 它不包含 T 之外的边. 但是, 由命题 1.9.1 知, $\mathcal{C}$ 中包含在 T 中的唯一元素是 $\varnothing$, 所以 $D = \varnothing$, 从而有 $C = \sum_{e \in C \setminus T} C_e$.

类似地, 每一个割 D 是基本割的和. 确实如此, $\mathcal{B}$ 的元素 $D + \sum_{f \in D \cap T} D_f$ 不包含 T 的边, 因为 $\varnothing$ 是 $\mathcal{B}$ 中唯一和 T 不交的元素, 这意味着 $D = \sum_{f \in D \cap T} D_f$.

(ii) 由 (i) 知, 基本圈和基本割分别构成 $\mathcal{B}$ 和 $\mathcal{C}$ 的基. 由推论 1.5.3 知, 存在 $n-1$ 个基本割, 所以有 $m-n+1$ 个基本圈. □

设图 $G = (V, E)$ 的顶点集是 $V = \{v_1, \cdots, v_n\}$, 而边集是 $E = \{e_1, \cdots, e_m\}$, 则它在 $\mathbb{F}_2$ 上的**关联矩阵** (incidence matrix) $B = (b_{ij})_{n \times m}$ 定义为

$$b_{ij} := \begin{cases} 1, & v_i \in e_j, \\ 0, & \text{否则}. \end{cases}$$

依据惯例, 用 B^t 表示 B 的转置, 则 B 和 B^t 分别定义了关于标准基的线性映射

$B:\mathcal{E}(G)\to\mathcal{V}(G)$ 和 $B^t:\mathcal{V}(G)\to\mathcal{E}(G)$. 不难验证, B 把边集 $F\subset E$ 映射到关联 F 中奇数条边的顶点集上, 而 B^t 把集合 $U\subseteq V$ 映射到恰好有一个端点在 U 中的边集合上. 特别地, 我们有下面的结果.

命题 1.9.6 (i) B 的核是 $\mathcal{C}(G)$.

(ii) B^t 的象是 $\mathcal{B}(G)$. □

更多有关这方面的结果可以参见练习部分和本章末的注释.

图 G 的**邻接矩阵** (adjacency matrix) $A=(a_{ij})_{n\times n}$ 定义为

$$a_{ij}:=\begin{cases}1, & v_iv_j\in E,\\ 0, & \text{否则}.\end{cases}$$

作为一个从 $\mathcal{V}$ 到 $\mathcal{V}$ 的映射, 邻接矩阵把一个给定集合 $U\subseteq V$ 映射到在 U 中有奇数个邻点的顶点集上.

设 $D=(d_{ij})_{n\times n}$ 是一个实对角矩阵, 且满足 $d_{ii}=d(v_i)$ 及 $d_{ij}=0$ (对于 $i\neq j$). 把 A 和 B 看作实数矩阵, 最后一个命题给出了 A 和 B 之间的联系, 其证明只需使用矩阵乘法的定义就可得到.

命题 1.9.7 $BB^t=A+D$. □

读者也可以验证, 对矩阵 $A+D$ 的元素取 mod 2 后, 它作为 B 和 B^t 所合成的映射定义了从 $\mathcal{V}$ 到 $\mathcal{V}$ 的同一个映射 (练习 48).

1.10 图中的其他概念

下面再介绍几个图论的概念, 也许它们在本书中用得不多, 有些甚至从未出现, 但为了本书的完整性, 也包括在本节中.

超图 (hypergraph) 是一对不相交的集合 (V,E), 其中 E 的元素是 V 的 (具有任意基数的) 非空子集. 因此, 图是一种特殊的超图.

有向图 (directed graph or digraph) 是由一对不相交的集合 (V,E)(分别称作**顶点和边**) 以及两个映射 init: $E\to V$ 和 ter: $E\to V$ 组成的, 其中 init 把每条边 e 映到了一个**初始点** (initial vertex) $\text{init}(e)$ 上, 而 ter 把每条边 e 映到一个**终点** (terminal vertex) $\text{ter}(e)$ 上. 我们称边 e 是从 $\text{init}(e)$ **指向** (directed to) $\text{ter}(e)$ 的. 注意到, 在有向图中, 两个顶点 x 和 y 之间可以有若干条边, 这样的边称为**重边** (multiple edge); 如果边的方向相同 (例如从 x 到 y), 则称为**平行边** (parallel edge). 如果 $\text{init}(e)=\text{ter}(e)$, 则 e 叫做**环边** (loop).

对于有向图 D 和 (无向) 图 G, 如果 $V(D)=V(G)$, $E(D)=E(G)$ 且对每条边 $e=xy$ 有 $\{\text{init}(e),\text{ter}(e)\}=\{x,y\}$, 则称 D 是 G 的一个**定向** (orientation). 直观地

看, 一个**定向图** (oriented graph) 就是把一个无向图的每条边从一个端点到另一个端点给出方向而得到的图, 也可以把定向图看作没有重边和环边的有向图.

多重图 (multigraph) 是由一对不相交的集合 (V, E)(称为**顶点和边**) 以及从 E 到 $V \cup [V]^2$ 的一个映射组成的, 这里映射给每条边指定一个或两个顶点 (叫做**端点** (end)). 所以, 多重图可以有重边和环边. 我们可以把多重图看作 "忘记" 给边定向的有向图. 如果 x 和 y 是边 e 的端点, 我们还把它记为 $e = xy$, 然而 x 和 y 也许不再唯一地确定 e 了.

因此, 图是一个没有重边和环边的多重图. 令人吃惊的是, 有时证明一个关于图的定理, 对多重图来证反而会更简单. 此外, 在图论的某些领域中 (例如, 平面对偶性, 见 4.6 节和 6.5 节), 多重图会比图来得更自然, 如果坚持限制在图上反而显得不自然, 并且技巧上更复杂. 因此, 在这些情形, 我们会直接考虑多重图, 并沿用前面已引进的术语.

然而, 我们必须指出几点不同之处. 多重图中允许有长度为 1 和 2 的圈, 即环边和一对重边 (或叫做**双边** (double edge)). 一个顶点上的环边的邻点就是它自身, 并且对该顶点的度贡献了 2. 在图 1.10.1 中, 有 $d(v_e) = 6$. 在多重图 G 中, 环边和平行边的端点把这些边和 G 的其他部分分隔开来, 所以环边 e 的端点 v 是一个割点, 除非 $(\{v\}, \{e\})$ 是 G 的一个分支, 这时 $(\{v\}, \{e\})$ 是 3.1 节中的 "块". 所以具有环边的多重图一定不是 2-连通的, 而 3-连通的多重图确实是一个图.

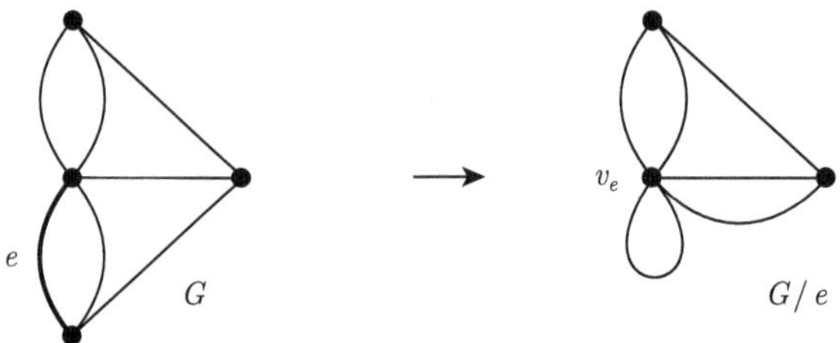

图 1.10.1　在对应于图 1.8.1 的多重图中收缩边 e

在多重图中, 边收缩要比在图中来得简单. 在多重图 $G = (V, E)$ 中, 如果把边 $e = xy$ 收缩成一个顶点 v_e, 除了 e 本身外, 我们不再需要删除别的边: 平行于 e 的边变成了在 v_e 的环边, 而边 xv 和 yv 变成了 v_e 和 v 之间的平行边 (图 1.10.1). 更准确地说, $E(G/e) = E \setminus \{e\}$, 而且只需把 G 中的关联映射 $e' \mapsto \{\text{init}(e'), \text{ter}(e')\}$ 调整成 G/e 中的新顶点集. 因此, 收缩环边和删除环边有同样的效果.

如果 v 是多重图 G 中的一个度为 2 的顶点, 则对 v 的**压缩** (suppressing) 是指删除顶点 v 并把 v 的两个邻点用边连接起来. [13] (如果两个相关联的边是同一条

13 在拓扑中, 可以把和 v 相邻的两条边合并成一条边, 使得 v 变成边的内点, 这里引入的压缩运算和拓扑中的合并运算类似.

边, 即在顶点 v 的环边, 则不需添加边而只要删去顶点 v 即可. 如果关联顶点 v 的两条边都与同一个顶点 $w \neq v$ 关联, 则添加的新边将会是在 w 的一个环边, 参照图 1.10.2.) 当 v 被压缩时, 除 v 外的所有顶点的度均不变化, 所以压缩若干个顶点后所得到的多重图与顶点压缩的顺序无关, 且得到的多重图是明确定义的.

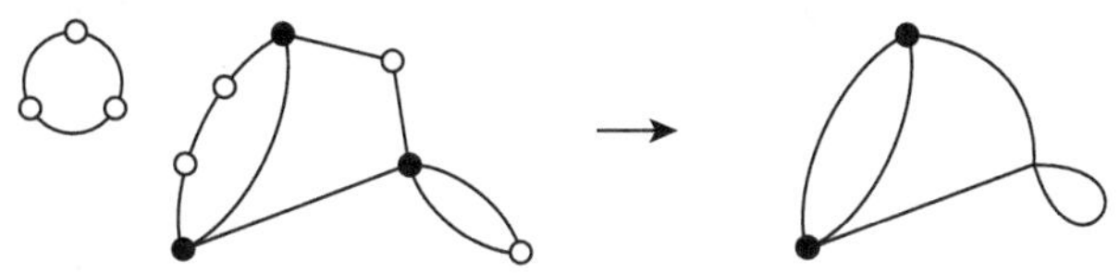

图 1.10.2　对所有的白顶点进行压缩

最后, 应当指出, 习惯于研究多重图的学者通常把它称为“图”, 在他们的术语中, 本书中的图被称作“简单图”.

练　　习

1.$^-$ 完全图 K^n 有多少条边?

2. 设 $d \in \mathbb{N}$ 和 $V := \{0,1\}^d$, 因此 V 是所有长度为 d 的 0-1 序列. 在 V 上定义一个图使得两个序列构成一条边当且仅当它们恰好有一个位置不同, 这个图被称为 ***d*-维立方体** (*d*-dimensional cube). 确定这个图的平均度、边数、直径、围长和周长.
(提示: 关于围长, 可以对 d 用归纳法.)

3. 设图 G 包含一个圈 C 且 C 包含两个顶点使得连接它们之间的路在 G 中的长度至少为 k. 证明: G 包含一个长度至少为 $\sqrt{k}$ 的圈.

4.$^-$ 命题 1.3.2 中的上界是最好的吗?

5. 设 v_0 是图 G 中的一个顶点, 令 $D_0 := \{v_0\}$. 对 $n = 1, 2, \cdots$, 归纳地定义 $D_n := N_G(D_0 \cup \cdots \cup D_{n-1})$. 证明: $D_n = \{v \mid d(v_0, v) = n\}$, 并且对所有 $n \in \mathbb{N}$, 有 $D_{n+1} \subseteq N(D_n) \subseteq D_{n-1} \cup D_{n+1}$.

6. 对于任意图 G, 证明: $\operatorname{rad} G \leqslant \operatorname{diam} G \leqslant 2 \operatorname{rad} G$.

7. 在定理 1.3.4 中把平均度条件改为最小度, 即把条件加强来证明同一个结果. 另外, 在定理 1.3.4 相同的条件下, 推出 $|G| \geqslant n_0(d/2, g)$.

8. 证明: 具有 n 个顶点且围长至少为 5 的图的最小度是 $o(n)$. 换句话说, 存在一个函数 $f : \mathbb{N} \to \mathbb{N}$ 使得当 $n \to \infty$ 时, 有 $f(n)/n \to 0$, 并且对所有这样的图 G 有 $\delta(G) \leqslant f(n)$.

9.$^+$ 证明: 每个阶至少为 3 的连通图 G 都包含一条路或一个圈, 其长度至少是 $\min\{2\delta(G), |G|\}$.

10. 证明: 具有直径 k 和最小度 d 的连通图包含至少 (大约) $kd/3$ 个顶点, 但不会包含远超过这个界的顶点数.

11.$^-$ 证明: 图的所有分支构成一个顶点划分 (换言之, 每一个顶点恰好属于其中的一个分支).

12.$^-$ 证明: 每个 2-连通图包含一个圈.

13. 对于图 $G = P^m, C^n, K^n, K_{m,n}$ 和 d-维立方体 (见练习 2), 这里 $d, m, n \geqslant 3$, 确定 $\kappa(G)$ 和 $\lambda(G)$.

14.$^-$ 是否存在一个函数 $f: \mathbb{N} \to \mathbb{N}$ 使得对于所有 $k \in \mathbb{N}$, 最小度至少为 $f(k)$ 的图一定是 k-连通的?

15.$^+$ 设 α 和 β 是取值为正整数的图不变量. 把下面两个陈述重新叙述成命题形式, 并证明它们是互相包含的:

(i) β 有一个 α 的函数作为上界;

(ii) 当取足够大的 β 时, α 被迫增大.

证明下面命题和 (i) 及 (ii) 是不等价的, 怎样进行小的修改使得它和 (i) 及 (ii) 等价?

(iii) α 有一个 β 的函数作为下界.

16.$^+$ 证明: 对任意 $k \in \mathbb{N}$, 最小度为 $2k$ 的图包含一个 $(k+1)$-边连通的子图.

17. 考虑定理 1.4.3 的证明: 根据定理中对 H 的要求, 似乎把 $(*)$ 中第二个条件改成 $\varepsilon(G') > \gamma - k$ 更自然点, 不是吗?

(i) 进行这个改动后对证明的影响: 哪一部分还成立, 哪一部分修改后还适用, 哪一部分不成立了?

(ii) 如果把形如 $m \geqslant c_k n$ 的假定换成 $m \geqslant c_k n - b_k$, 解释在证明的最后不等式部分如何可以得到矛盾.

18.$^+$ (练习 16 和练习 17 的继续) 对于每个 $k \in \mathbb{N}$, 找到一个最小的整数 $b = b(k)$ 使得每个阶为 n 且具有至少 $kn + b$ 条边的图包含一个 $(k+1)$-边连通的子图.

19. 证明定理 1.5.1.

20.$^-$ 证明: 每一个树 T 有至少 $\Delta(T)$ 个叶子.

21. 证明: 对于不具有度为 2 的顶点的树, 它的叶子顶点要多于非叶子顶点. 是否可以给出一个简短但不用归纳法的证明?

22. 设 F 和 F' 是同一个顶点集上的森林并且有 $||F|| < ||F'||$. 证明: F' 包含一条边 e 使得 $F + e$ 还是一个森林.

23. 证明: 与根树 T 相关的树序确实是 $V(T)$ 上的一个偏序. 证明本章中有关这个偏序的结论的正确性.

24. 证明: 图是 2-边连通的当且仅当它有一个**强连通** (strong connected) 定向, 即每一个顶点可以通过有向路和另一个顶点连接.

25.$^+$ 对于连通的有限图中正规支撑树的存在, 给出一个简短的归纳证明.

26.$^+$ 设 G 是一个连通图, 而 $r \in G$ 是它的一个顶点. 从 r 开始, 沿 G 的边移动到至今还没有访问过的顶点; 如果没有这样的顶点可以前行, 则沿刚走过的边向回走 (除非回到的顶点是 r, 则停止). 证明: 所有被走过的边构成 G 的以 r 为根的一棵正规树.

(这样走法所产生的树被称为**深度优先搜索树** (depth-first search tree).)

27. 设 $\mathcal{T}$ 是一个树 T 的若干子树的集合, 且 $k \in \mathbb{N}$.

(i) 证明: 如果 $\mathcal{T}$ 中的树具有两两非空交的性质, 则它的全部的交 $\bigcap \mathcal{T}$ 是非空的.

(ii) 证明: 要么 $\mathcal{T}$ 包含 k 个不相交的树, 要么 $\mathcal{T}$ 包含一个至多 $k-1$ 个顶点的集合, 它

与 $\mathcal{T}$ 中的每一棵树相交.

28. 证明：树的任一自同构有一个不动点或不动边.

29.$^-$ 正则二部图的两个顶点划分集是否总是具有相同的阶?

30.$^-$ 证明：一个图是二部的当且仅当它的每个**导出圈**是偶的.

31. 证明或反证：一个图是二部的当且仅当不存在两个相邻的顶点到任何其他顶点的距离相等.

32.$^+$ 找出一个函数 $f:\mathbb{N}\to\mathbb{N}$ 使得对于所有的 $k\in\mathbb{N}$, 每个平均度至少为 $f(k)$ 的图包含一个最小度至少为 k 的二部子图.

33. 证明：在两两不同构的有限图的集合上, 子式关系 $\preceq$ 定义了一个偏序关系. 对无限图, 是否也有相同的结论?

34.$^-$ 如果不小心, 我们可能把途径定义为顶点和边的交错序列, 比如 $v_0e_0v_1e_1\cdots e_{k-1}v_k$, 这里每条边 e_i 关联顶点 v_i 和 v_{i+1}. 基于这个定义, 说明为什么定理 1.8.1 不成立.

35. 证明或反证：每个连通图均包含一条途径, 它在每条边向每个方向恰好穿行一次.

36. 证明：一个连通图 G 的割是一个键当且仅当 $V(G)$ 对应于这个割的二部划分的每一部分在 G 中都是连通的.

37. 证明：图的圈空间分别被下面的集合所支撑:

(i) 它的所有导出圈;

(ii) 它的所有测地圈.

(如果对圈 C 的任意两个顶点, 它们在 G 中的距离总是等于它们在 C 中的距离, 则称圈 C 在 G 中是**测地的** (geodetic).)

38.$^-$ 不使用生成键 $E(v)$, 直接证明：图的所有割和空集一起组成边空间的子空间. 两个给定割之和所对应的顶点划分可以从原来两个割的顶点划分得到吗?

39. 设 F 是 G 的一个割, 对应的顶点划分是 $\{V_1,V_2\}$. 对 $i=1,2$, 令 $C_1^i,\cdots,C_{k(i)}^i$ 表示 $G[V_i]$ 的分支. 利用 C_j^i 来定义若干键使得它们的不交并恰为 F.

40. 给定图 G, 在形为 $E(v)$ 的所有割中, 找到 G 的割空间的一组基.

41. 证明或给出一个反例：图中的圈和割一起生成这个图的整个边空间.

42.$^-$ 给定图的一个固定支撑树, 证明下面关于基本圈 C_e 和基本割 D_f 之间的对偶关系：

$$e\in D_f\Leftrightarrow f\in C_e.$$

43. 证明：在连通图中, 包含每棵支撑树至少一条边的极小边集合恰好是图的键.

44. 设 F 是图 G 的一个边集合.

(i) 证明：F 可以拓展成 $\mathcal{B}(G)$ 的一个元素当且仅当它不包含奇圈.

(ii)$^+$ 证明：F 可以拓展成 $\mathcal{C}(G)$ 的一个元素当且仅当它不包含奇割.

45.$^+$ 在图 G 中, 设 a 和 b 是被 k 条边的割 F 所分离的两个顶点, 但 a 和 b 不能被少于 k 条边分离. 证明：F 不能是具有少于 k 条边的割之和.

(提示：证明不分离 a 和 b 的所有割组成 $\mathcal{B}(G)$ 的子空间. 为了证明这个结论, 定义 G 的一个依赖 a 和 b 关于割的“不变量”, 它对于和是常数, 但是它对于那些分离 a 和 b 的割以及不分离 a 和 b 的割是不同的.)

46.⁺ 证明 Gallai 定理：任意图 G 的边集合可以表示成不交并 $E(G) = C \cup D$, 这里 $C \in \mathcal{C}(G)$ 且 $D \in \mathcal{B}(G)$.

47. 证明：对于连通图, 一个顶点集包含在图的关联矩阵的象中当且仅当这个顶点集的基数是偶的.

48. (i) 给定集合 $F \subseteq E$ 和 $U \subseteq V$, 正如书中指出的那样, 通过描述 F 和 U 在 B 和 B^t 下的象来推广命题 1.9.6.

(ii) 对于取值于 $\mathbb{F}_2$ 的矩阵, 通过证明 BB^t 和 $A + D$ 定义了从 $\mathcal{V}$ 到 $\mathcal{V}$ 的相同映射, 来重新证明命题 1.9.7.

49. 设 $A = (a_{ij})_{n\times n}$ 是图 G 的邻接矩阵. 证明：对于所有的 $i, j \leqslant n$, 矩阵 $A^k = (a'_{ij})_{n\times n}$ 的元素 a'_{ij} 是 G 中从 v_i 到 v_j、长度为 k 的途径的个数.

注　　解

本书所用的大部分术语都是普遍使用的, 当然也有一些不是经常用到的, 其中的一些在第一次定义时给出了说明. 然而, 有一小部分符号和通常的表示稍有不同：给定阶的完全图、完全路、完全圈等, 通常用 K_n, P_k, C_ℓ 等来表示, 但我们使用上标而不是下标, 这样做有个好处就是不把变量 K, P, C 等固定成特别符号, 因此我们可以把分支记为 $C_1, C_2, \cdots$, 把路记为 $P_1, \cdots, P_k$, 而不需要担心造成任何混淆.

定理[14] 1.3.4 是在文章 N. Alon, S. Hoory and N. Linial, *The Moore bound for irregular graphs*, Graphs Comb. 18 (2002), 53-57 中证明的. 证明是通过计算沿着图的边的随机途径个数来实现的, 非常具有独创性.

定理 1.4.3 的主要结论, 即平均度至少为 $4k$ 的图一定包含一个 k-连通子图, 这来自 W. Mader, *Existenz n-fach zusammenhängender Teilgraphen in Graphen genügend grosser Kantendichte*, Abh. Math. Sem. Univ. Hamburg 37 (1972), 86-97.

收缩这一概念来自拓扑. 当 G 是一个 IX 时, 我们从拓扑的角度研究图, 可以从 G 重新得到 X：在每个连通图 $G[V_x]$ 中, 把它的一棵支撑树 T_x 收缩成一个顶点 x, 并删除这个过程中所产生的环边和多重边. 这一拓扑背景资料也解释了为什么在多重图中我们可以删除环边但不能"收缩"它们：收缩运算不应改变多重图的同伦类型.

要了解柯尼斯堡七桥问题的历史, 以及欧拉的原始解答, 可参考专著 N. L. Biggs, E. K. Lloyd and R. J. Wilson, *Graph Theory* 1736-1936, Oxford University Press, 1976.

1.9 节并没有对图论中的代数方法给以足够的介绍, 有关这方面的知识可参见 N. L. Biggs, *Algebraic Graph Theory* (2nd ed.), Cambridge University Press, 1993; 更

14 考虑到可读性, 每章末的注解只对定理给出参考文献, 尤其是当所涉及的文献没有包含在本章所列的专著或综述文章中时.

全面的介绍可参考 C. D. Godsil and G. F. Royle, *Algebraic Graph Theory*, Springer, 2001. 另外有关代数方法的综述文章也包含在 R. L. Graham, M. Grötschel and L. Lovász (eds.), *Handbook of Combinatorics*, North-Holland, 1995 之中, 也可以参考下面提到的 Chung 的专著.

在代数图论中, 我们通常把从顶点或定向边到实数的函数映射看作顶点空间或边空间的元素, 从而存在 2^m 个 $\mathcal{E}$ 的标准基以及 2^m 个关联矩阵, 每一个对应于某个边定向的选择. (注意, 并不存在更多的基元素, 这是因为对于同一条边 e 的一对相反的定向, 我们要求函数 ψ 满足 $\psi(e,u,v)=-\psi(e,v,u)$.) 对每个固定的定向选择, 对应的关联矩阵代表着关于 $\mathcal{E}$ 的对应的基的**边界映射** (boundary map) $\partial:\mathcal{E}\to\mathcal{V}$, 即把每个定向边 (e,u,v)(它对应于基元素) 赋值一个从 V 到 $\mathbb{R}$ 的映射, 这个映射把 v 赋值 1, u 赋值 -1, 而其他顶点赋值 0 (并且线性推广到整个 $\mathcal{E}$ 上). 类似地, 关联矩阵的转置代表着**共同边界映射** (coboundary map) $\delta:\mathrm{Hom}(\mathcal{V},\mathbb{R})\to\mathrm{Hom}(\mathcal{E},\mathbb{R})$, 即把 φ 映射到 $\varphi\circ\partial$, 所以在线性代数意义下, δ 是 ∂ 的对偶. 关联矩阵和它的转置的乘积是 $BB^t=D-A$, 即 G 的**拉普拉斯** (Laplacian) 矩阵. 注意到, 和 B 不同的是拉普拉斯矩阵与我们对 $\mathcal{E}$ 的基的选取无关, 即和一开始对定向的选择 (它确定了基) 是无关的. 拉普拉斯矩阵在代数图论及其和数学的其他分支的联系中扮演着至关重要的角色. 更多细节可参见 F. R. K. Chung, *Spectral Graph Theory*, AMS, 1997.

第 2 章　匹配、覆盖和填装

给定一个图, 如果我们希望找到它的尽可能多的独立边, 应该怎么做呢? 我们是否可以将图中所有顶点两两配对成独立边呢? 如果不行, 又如何肯定这不可能呢? 有点出乎意料的是, 这一基本问题不仅是许多应用问题的核心, 也产生了若干相当有趣的图论问题.

在图 $G=(V,E)$ 中, 独立边构成的集合 M 称为一个**匹配** (matching). 设 $U\subseteq V$, 如果 U 中的每个顶点都与 M 中的一条边相关联, 则称 M 是 U 的一个匹配, 或者说 U 中的顶点被 M **匹配** (matched), 而其他不与 M 中任何边相关联的顶点称为**非匹配** (unmatched) 顶点.

k-正则的支撑子图称为一个 **k-因子** (k-factor). 所以, 一个子图 $H\subseteq G$ 是 G 的 1-因子当且仅当 $E(H)$ 是 V 的一个匹配. 如何刻画具有 1-因子的图, 即刻画包含所有顶点的匹配, 是我们本章中前两节要讨论的主要问题.

给定图族 $\mathcal{H}$, 匹配问题的一个推广就是在已知图 G 中寻找尽可能多的顶点不相交的子图, 使得每个子图都同构于 $\mathcal{H}$ 中的一个元素, 这就是所谓的**填装** (packing) 问题, 它和**覆盖** (covering) 问题紧密相关. 覆盖问题是指在 G 中找到一个尽可能小的顶点集, 使得 G 中任意一个子图, 只要同构于 $\mathcal{H}$ 中的一个元素, 就与这个顶点集相交. 显然, 如果 $\mathcal{H}$ 中的 k 个子图可以不相交地填充到 G 中, 则任何覆盖必须包含至少 k 个顶点. 假如不存在恰好只有 k 个顶点的覆盖, 那么是否总是存在最多 $f(k)$ 个顶点的覆盖呢 (这里的 $f(k)$ 只依赖于 $\mathcal{H}$ 而不依赖于 G)? 在 2.3 节中, 我们将证明当 $\mathcal{H}$ 是一族圈时, 总存在这样一个函数 f.

在 2.4 节, 我们会考虑边的填装和覆盖: 在一个给定图中, 我们能找到多少棵边不相交的支撑树呢? 至少需要多少棵树才能覆盖图中所有的边呢? 在 2.5 节, 我们将证明一个有向图的路覆盖定理, 它蕴含着偏序上的著名 Dilworth 对偶定理.

2.1　二部图中的匹配

在这一节, 我们总是假设 $G=(V,E)$ 是一个具有二部划分 $\{A,B\}$ 的固定二部图. 设 a, a' 等表示属于 A 的顶点, 而 b, b' 等表示属于 B 的顶点.

如何找到 G 中包含尽可能多条边的匹配呢? 对于 G 的任意匹配 M, 一条关于 M 的**交错路** (alternating path) 是指 G 中一条从 A 中非匹配顶点出发, 其边在 $E\setminus M$ 和 M 中交错出现的路. 注意到, 这里的路允许是平凡的, 即只包含初始顶点.

若交错路 P 结束于 B 中一个非匹配顶点, 则称 P 为**增广路** (augmenting path)(图 2.1.1). 我们可以通过 P 将 M 扩充成一个更大的匹配: M 和 $E(P)$ 的对称差仍是一个匹配 (考虑关联一个给定顶点的边), 并且被匹配的顶点集增加了两个顶点, 即 P 的端点.

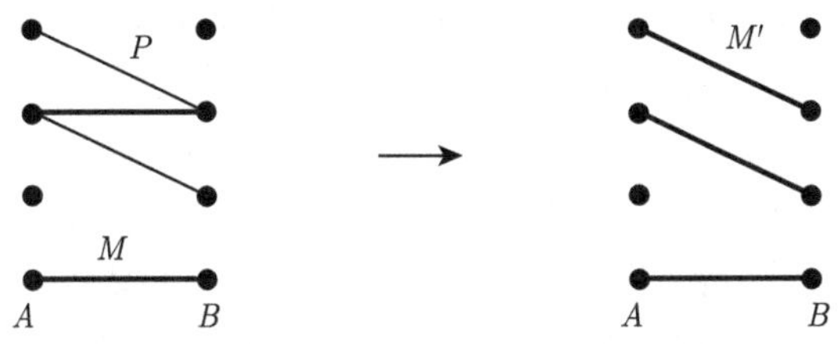

图 2.1.1 通过交错路 P 对匹配 M 进行扩充

交错路在寻找更大的匹配中发挥了重要的作用. 事实上, 从任何一个匹配开始, 通过不断地运用增广路对匹配进行改进, 直到匹配不能进行任何改进为止, 这样所得到的匹配是最优的, 即它具有最大可能的边数 (练习 1). 寻找最大匹配的算法问题最终归结为寻找增广路的问题, 这是一个非常有趣并且更容易理解的算法问题.

第一个定理通过某种对偶条件刻画了 G 中具有最大基数的匹配. 对于集合 $U \subseteq V$, 如果 G 中的每条边都与 U 中的一个顶点相关联, 则称 U 是 E 的一个 (**顶点**)**覆盖**((vertex) cover).

定理 2.1.1 (König, 1931) *G 中匹配的最大基数等于其边的顶点覆盖的最小基数.*

证明 设 M 是 G 中具有最大基数的匹配. 从 M 的每一条边中选择一个端点组成集合 U 如下: 如果存在一条交错路终止于这条边在 B 中的端点, 则选择此端点; 否则, 选择这条边在 A 中的端点 (图 2.1.2). 下面证明这 $|M|$ 个顶点构成的集合 U 覆盖 E. 由于 E 的任何一个顶点覆盖必须覆盖 M, 因此不存在少于 $|M|$ 个顶点的覆盖, 所以定理成立.

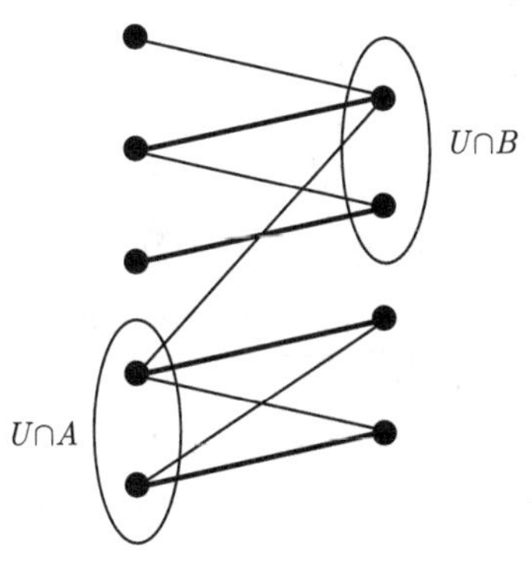

图 2.1.2 顶点覆盖 U

注意到, 如果交错路 P 的一个端点是 B 中的一个顶点 b, 那么 $b \in U$: 因为 M 是最大匹配, 而 P 不是一个增广路, 因此 b 被匹配到 A 中的某个顶点 a, 然而当构造 U 时, 考虑到边 $ab \in M$, 我们会把 b 放入 U 中.

为了证明 U 覆盖 E, 取定 E 中的任意边 ab, 如果 $a \in U$, 问题得证, 因此我们可以假定 $a \notin U$. 为了证明 $b \in U$, 只需论证存在某个交错路具有端点 b. 如果 a 不被任何顶点匹配, 则 ab 就是这样一个交错路, 否则, 对某个顶点 $b' \in B$, 我们有 $ab' \in M$. 由于 $a \notin U$, 因此存在一条交错路 P 结束于 b'. 根据 b 是否属于 P, 要么 Pb 要么 $Pb'ab$ 是一条结束于 b 的交错路. □

让我们回到原来的主题, 即寻找 1-因子存在的充分必要条件. 在二部图的情形, 我们也可以考虑更一般性的问题, 即 G 什么时候包含一个饱和 A 的匹配, 这时如果 $|A| = |B|$, 它将成为 G 的 1-因子, 这也是 G 包含 1-因子的必要条件.

存在饱和 A 的匹配的一个明显必要条件是 A 的每一个子集在 B 中都有足够多的邻点, 即对所有的 $S \subseteq A$, 有

$$|N(S)| \geqslant |S|.$$

下述的**婚姻定理** (marriage theorem) 表明, 事实上, 这个显而易见的必要条件也是充分的:

定理 2.1.2 (Hall, 1935)　*G 包含饱和 A 的匹配当且仅当, 对所有的 $S \subseteq A$ 均有 $|N(S)| \geqslant |S|$.*

我们给出三个证明, 每个具有不同的特点. [1] 在所有的证明中, 我们假定 G 满足婚姻条件, 目标是找到一个饱和 A 的匹配.

第一个证明　设 M 是 G 的任意匹配且包含一个非匹配顶点 $a \in A$, 我们证明存在一个关于 M 的增广路.

设 A' 是 A 中满足可以从 a 经过一条非平凡交错路到达的顶点的集合, 而 $B' \subseteq B$ 是这些路上所有倒数第二个顶点的集合. 这些路的最后一条边都在 M 中, 因此 $|A'| = |B'|$, 由婚姻条件知, 存在从 $S = A' \cup \{a\}$ 中的一个顶点 v 到 $B \setminus B'$ 中的一个顶点 b 的边.

因为 $v \in A' \cup \{a\}$, 所以存在一条从 a 到 v 的交错路 P. 注意到 $b \notin P$, 并且 P 在 B 中的顶点属于 B', 因此 Pvb 是一条从 a 到 b 的交错路. 如果 b 是被匹配的, 比如说 $a'b \in M$, 那么 $Pvba'$ 是一条交错路使得 b 属于 B', 但是 $b \notin B'$, 因此 b 是不被匹配的, 故 Pvb 就是要找的增广路. □

第二个证明　我们对 $|A|$ 用归纳法. 当 $|A| = 1$ 时, 结论显然成立. 假设 $|A| \geqslant 2$, 且当 $|A|$ 较小时, 婚姻条件可以保证饱和 A 的匹配的存在性.

---

1 这个定理也可以很容易地从 König 定理推出 (见练习 5).

若对每个非空子集 $S \subseteq A$ 均有 $|N(S)| \geqslant |S|+1$, 则任选一条边 $ab \in G$, 并考虑图 $G' := G - \{a,b\}$, 那么每个非空子集 $S \subseteq A \setminus \{a\}$ 都满足

$$|N_{G'}(S)| \geqslant |N_G(S)| - 1 \geqslant |S|,$$

故由归纳假设知, G' 包含 $A \setminus \{a\}$ 的一个匹配, 连同边 ab, 就得到了 G 中一个饱和 A 的匹配.

假设存在 A 的一个非空真子集 A', 使得对于 $B' := N(A')$ 有 $|B'| = |A'|$. 由归纳假设, 图 $G' := G[A' \cup B']$ 包含饱和 A' 的一个匹配. 然而 $G - G'$ 也满足婚姻条件: 对任何满足 $|N_{G-G'}(S)| < |S|$ 的集合 $S \subseteq A \setminus A'$, 有 $|N_G(S \cup A')| < |S \cup A'|$, 与假设矛盾. 同样由归纳法得, 图 $G - G'$ 包含饱和 $A \setminus A'$ 的一个匹配, 把这两个匹配放在一起从而得到了 G 中一个饱和 A 的匹配. □

在最后的证明中, 设 H 是 G 的一个满足婚姻条件且包含 A 的边极小子图. 注意到, 对每个 $a \in A$, 把 $S = \{a\}$ 代入婚姻条件可知 $d_H(a) \geqslant 1$.

第三个证明 我们证明对每个顶点 $a \in A$ 均有 $d_H(a) = 1$. 由婚姻条件, 不存在 H 的两条边在 B 中有公共顶点, 因此 H 的边构成了饱和 A 的一个匹配.

假设 a 在 H 中有两个不同的邻点 b_1 和 b_2, 由 H 的定义知, 图 $H - ab_1$ 和图 $H - ab_2$ 不满足婚姻条件. 因此, 对 $i = 1, 2$, 存在一个包含 a 的集合 $A_i \subseteq A$ 使得对 $B_i := N_{H-ab_i}(A_i)$, 有 $|A_i| > |B_i|$ (图 2.1.3). 由 $b_1 \in B_2$ 和 $b_2 \in B_1$ 知

$$\begin{aligned}
|N_H(A_1 \cap A_2 \setminus \{a\})| &\leqslant |B_1 \cap B_2| \\
&= |B_1| + |B_2| - |B_1 \cup B_2| \\
&= |B_1| + |B_2| - |N_H(A_1 \cup A_2)| \\
&\leqslant |A_1| - 1 + |A_2| - 1 - |A_1 \cup A_2| \\
&= |A_1 \cap A_2| - 2 \\
&= |A_1 \cap A_2 \setminus \{a\}| - 1.
\end{aligned}$$

所以 H 不满足婚姻条件, 与假设矛盾. □

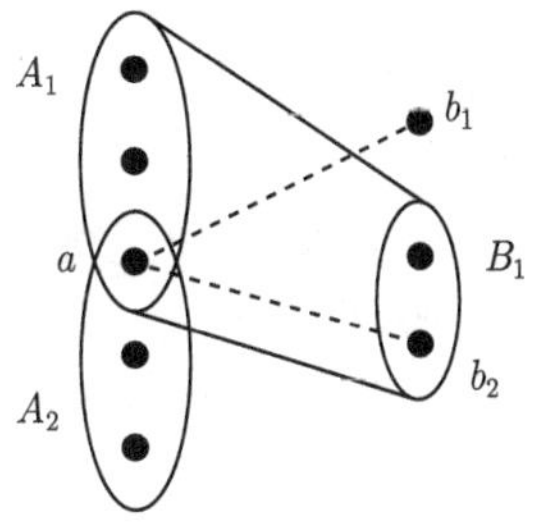

图 2.1.3 B_1 包含 b_2 但不包含 b_1

最后这个证明有一个漂亮的"对偶"命题: 对每个 $b \in B$ 均有 $d_H(b) \leqslant 1$. 细节参考练习 6 及其提示.

推论 2.1.3 每一个 k-正则二部图 ($k \geqslant 1$) 包含 1-因子.

证明 若 G 是 k-正则的, 则显然有 $|A| = |B|$; 由定理 2.1.2, 只需证明 G 包含一个饱和 A 的匹配. 对每个集合 $S \subseteq A$, 共有 $k|S|$ 条边与 $N(S)$ 相关联, 且这些边属于 G 中与 $N(S)$ 相关联的 $k|N(S)|$ 条边中的一部分, 所以 $k|S| \leqslant k|N(S)|$, 即 G 确实满足婚姻条件. □

在某些实际应用问题中, 匹配不是以图的全局性为考量来选取的, 而是通过在局部做独立的决定而由相关的顶点逐步形成的. 一个典型的情形就是顶点对于选取哪条边来匹配顶点是有优先考量的, 而不是对所有的关联边一视同仁. 这样, 若 M 是一个匹配, $e = ab$ 是一条不属于 M 的边, 且 a 和 b 都倾向于 e 胜过它们当前的匹配边 (若它们是被匹配的话), 那么 a 和 b 可能倾向包含 e 而抛弃先前的匹配边, 从而在局部上改变了 M. 因此, 匹配 M 尽管可能是最大的, 但却是不稳定的.

更正式地, 由 $E(v)$ 上的线性序 $\leqslant_v$ 所形成的序族 $(\leqslant_v)_{v \in V}$ 被称为 G 的一个**优先集** (set of preferences). 如果对每条边 $e \in E \setminus M$, 都存在一条边 $f \in M$ 使得 e 和 f 有一个公共顶点 v 且 $e <_v f$, 则称匹配 M 在 G 中是**稳定的** (stable). 下面的结果通常被称为**稳定婚姻定理** (stable marriage theorem). 关于这个定理的其他证明参见练习 16 和练习 17.

定理 2.1.4 (Gale and Shapley, 1962) 对任意给定优先集, G 都包含一个稳定匹配.

证明 对于 G 中的匹配 M 和 M' ($M' \neq M$), 如果 M 比 M' 使得 B 中的顶点更快乐, 也就是说, 对每一个顶点 b, 如果与 b 相关联的边 $f' \in M'$ 以及边 $f \in M$ 总是满足 $f' \leqslant_b f$, 那么称匹配 M 在 G 中比匹配 $M' \neq M$ **更好** (better), 我们将构造一序列越来越好的匹配. 因为这些匹配对每个顶点 b 最多增加 $d(b)$ 次快乐, 因此这个过程一定会结束.

给定一个匹配 M, 若 $e = ab \in E \setminus M$ 且以 b 为端点的边 $f \in M$ 满足 $f <_b e$, 则称顶点 $a \in A$ 对于 $b \in B$ 是**可接受的** (acceptable); 如果 a 是非匹配的, 或者它的匹配边 $f \in M$ 满足对所有使得 a 对于 b 是可接受的边 $e = ab$ 都有 $f >_a e$, 则称 $a \in A$ 与 M **相处快乐** (happy with).

从空匹配开始, 让我们构造一个匹配序列使得 A 中所有顶点是快乐的. 给定这样一个匹配 M, 考察未被匹配的但对某个 $b \in B$ 是可接受的顶点 $a \in A$ (如果不存在这样的 a, 则终止序列), 添加 $\leqslant_a$- 极大边 ab 到 M 使得 a 对于 b 是可接受的, 并从 M 中删除以 b 为端点的边.

显然, 在我们的序列中每个匹配都比前一个更好, 同时它们都使得 A 中顶点是

快乐的 (从一开始就是这样, 即 $M = \varnothing$ 时). 所以, 这个序列将继续进行下去直到终止于匹配 M, 使得 A 中没有非匹配顶点对于它在 B 中的所有邻点是可接受的. 由于 A 中每个被匹配的顶点与 M 相处是快乐的, 故这个匹配是稳定的. □

尽管婚姻定理的表述看起来比较局限, 但它在图论及其他领域中都属于应用最为广泛的图论定理之一. 然而, 将一个问题重新叙述为二部图的匹配的形式通常需要灵活掌握. 作为一个简单的例子, 我们现在用婚姻定理来推导图论中最早的结果之一, 这个结果的原始证明一点也不简单, 当然也不简短.

推论 2.1.5 (Petersen, 1891) 每个具有大于零偶数顶点度的正则图都有2-因子.

证明 设 G 是一个 $2k$-正则图 ($k \geqslant 1$), 不妨设 G 是连通的. 由定理 1.8.1 知, 图 G 包含一个欧拉环游 $v_0e_0\cdots e_{\ell-1}v_\ell$, 且 $v_\ell = v_0$. 用一对顶点 (v^-, v^+) 代替每个顶点 v, 用边 $v_i^+v_{i+1}^-$ 代替每一条边 $e_i = v_iv_{i+1}$ (图 2.1.4), 得到的二部图 G' 是 k-正则的, 故由推论 2.1.3 知, G' 有 1-因子. 将每个顶点对 (v^-, v^+) 整合成一个顶点 v, 那么 G' 的 1-因子就转化成 G 的一个 2-因子. □

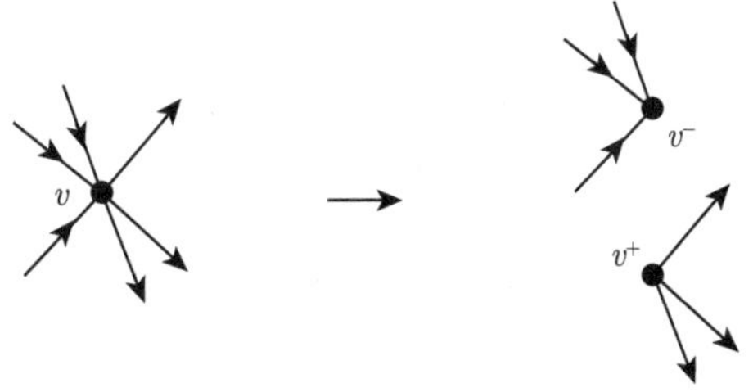

图 2.1.4 推论 2.1.5 的证明中顶点的分裂过程

2.2 一般图中的匹配

给定图 G, 我们用 $\mathcal{C}_G$ 表示它的分支的集合, 用 $q(G)$ 表示 $\mathcal{C}_G$ 中**奇分支** (odd component)(即阶为奇数的分支) 的个数. 若 G 有 1-因子, 显然对所有的 $S \subseteq V(G)$, 有

$$q(G - S) \leqslant |S|,$$

这是因为 $G - S$ 的每个奇分支都有一条因子边与 S 相连.

同时, 1-因子存在的这个明显必要条件也是充分的:

定理 2.2.1 (Tutte, 1947) 图 G 有 1-因子当且仅当对所有的 $S \subseteq V(G)$, 有 $q(G - S) \leqslant |S|$.

证明 设 $G = (V, E)$ 是不含 1-因子的图. 我们的目标是找到一个与 Tutte 条件相悖的坏集合 $S \subseteq V$.

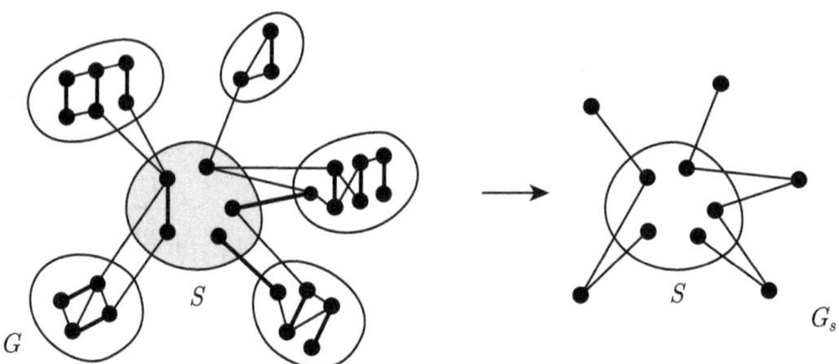

图 2.2.1　$q=3$ 时 Tutte 条件 $q(G-S)\leqslant|S|$, 以及定理 2.2.3 中的收缩图 G_S

不妨设 G 是不含 1-因子的边极大图, 即如果 G' 是由 G 通过增加边得到的图, 且 $S\subseteq V$ 对 G' 而言是个坏集合, 那么 S 对 G 也是一个坏集合: $G'-S$ 的任何奇分支都是 $G-S$ 的某些分支的并, 这些分支中总有一个仍是奇的.

那么 G 是怎样的一个图呢? 如果 G 有一个坏集合 S, 那么由它的边极大性和定理的条件不难看出:

$G-S$ 的所有分支都是完全的, 且每个顶点 $s\in S$ 与 $G-s$ 的所有顶点相邻接.　$(*)$

反过来, 如果集合 $S\subseteq V$ 满足 $(*)$, 那么集合 S 或者空集一定是坏的: 如果 S 不是坏集合, 我们可以将 $G-S$ 的奇分支与 S 中不同的顶点连接起来, 并把剩下的顶点两两配对, 除非 $|G|$ 是奇数, 而在这种情况下 $\varnothing$ 是个坏集合.

因此, 只需证明 G 有一个满足 $(*)$ 的顶点集合 S. 令 S 表示与其他每个顶点都相邻的顶点的集合. 如果这个集合 S 不满足 $(*)$, 那么存在 $G-S$ 的一个分支包含不相邻的顶点 a,a'. 令 a,b,c 依次表示该分支中一条最短 a-a' 路上的前三个顶点, 则 $ab,bc\in E$ 而 $ac\notin E$. 因为 $b\notin S$, 故存在顶点 $d\in V$ 使得 $bd\notin E$. 由 G 的极大性知, $G+ac$ 中存在 V 的一个 1-因子 M_1, $G+bd$ 中存在 V 的一个 1-因子 M_2.

令 $P=d\cdots v$ 表示 G 中一条从 d 开始的极长路, 它以 M_1 中的边为起始边, 并交替地包含 M_1 和 M_2 中的边 (图 2.2.2). 若 P 的最后一条边属于 M_1, 则 $v=b$, 因为其他情况下, P 可继续走下去, 这时, 令 $C:=P+bd$. 若 P 的最后一条边属于 M_2, 则由 P 的极大性知, 以 v 为端点的 M_1-边一定是 ac, 所以 $v\in\{a,c\}$, 这时, 令

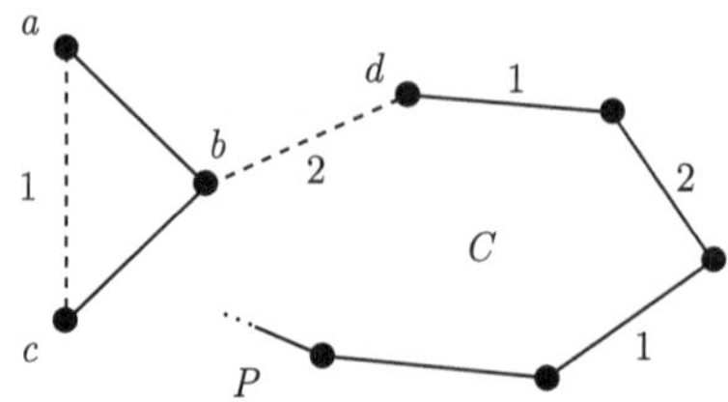

图 2.2.2　若 S 不满足 $(*)$, 导出矛盾

C 表示圈 $dPvbd$. 在每一种情况下, C 都是一个偶圈, 它的边每隔一条在 M_2 中, 且唯一不属于 E 的边是 bd. 用 $C-M_2$ 的边替换 M_2 中在 C 上的边, 我们得到了 V 的一个包含在 E 中的 1-因子, 矛盾. □

推论 2.2.2 (Petersen, 1891) 每个无桥的立方图都有 1-因子.

证明 我们证明任何一个无桥立方图 G 都满足 Tutte 条件. 给定 $S \subseteq V(G)$, 考虑 $G-S$ 的奇分支 C. 因为 G 是立方的, 所以 C 中顶点 (在 G 中的) 度数之和为奇数, 但是这个度数和中由 C 中的边产生的部分为偶数, 故 G 有奇数条 S-C 边, 从而至少有 3 条这样的边 (因为 G 不含桥). 所以 S 和 $G-S$ 之间的边的总数至少为 $3q(G-S)$. 然而, 由于 G 是立方图, 所以 S 和 $G-S$ 之间边的总数至多为 $3|S|$, 从而 $q(G-S) \leqslant |S|$, 正如所希望的那样. □

为了使匹配理论中所运用的技巧更清楚明了, 现给出 Tutte 定理的第二个证明. 事实上, 我们将证明一个更强的结果, 这个结果从匹配的角度给出了任意图上的一个有趣结构. 如果它满足 Tutte 定理的条件, 那么这个结构将立即蕴含着一个 1-因子.

非空图 $G=(V,E)$ 称为**因子临界的** (factor-critical), 如果 G 不包含 1-因子但对每个顶点 $v \in G$, 图 $G-v$ 包含 1-因子. 给定集合 $S \subseteq V$, 令 G_S 是由 G 通过把分支 $C \in \mathcal{C}_{G-S}$ 收缩成单个顶点, 并删除 S 内部的边而得到的图. (正式地, 图 G_S 的顶点集为 $S \cup \mathcal{C}_{G-S}$, 而边集为 $\{sC \mid \exists c \in C$ 使得 $sc \in E\}$, 见图 2.2.1.) 如果 (二部 [2]) 图 G_S 包含饱和 S 的一个匹配, 我们称顶点集合 S 与 $\mathcal{C}_{G-S}$ 是**可匹配的** (matchable).

定理 2.2.3 每个图 $G=(V,E)$ 都包含一个顶点集 S 满足下面两条性质:

(i) S 与 $\mathcal{C}_{G-S}$ 是可匹配的;

(ii) $G-S$ 的每个分支都是因子临界的.

给定任意这样的集合 S, 图 G 包含 1-因子当且仅当 $|S|=|\mathcal{C}_{G-S}|$.

给定任意图 G, Tutte 定理的结论很容易由这个结果推出. 事实上, 由 (i) 和 (ii), 我们可得 $|S| \leqslant |\mathcal{C}_{G-S}| = q(G-S)$(因为因子临界图一定有奇数阶), 从而 Tutte 条件 $q(G-S) \leqslant |S|$ 蕴含着 $|S|=|\mathcal{C}_{G-S}|$, 由定理 2.2.3 的最后一部分论述知 1-因子存在.

定理 2.2.3 的证明 首先注意到定理的最后部分的论断可以立即由论断 (i) 和 (ii) 推出: 若 G 有 1-因子, 则 $q(G-S) \leqslant |S|$, 从而如上述有 $|S|=|\mathcal{C}_{G-S}|$; 反过来, 如果 $|S|=|\mathcal{C}_{G-S}|$, 那么由 (i) 和 (ii) 可直接推出 1-因子的存在.

下面对 $|G|$ 用归纳法来证明满足 (i) 和 (ii) 的集合 S 的存在性. 对 $|G|=0$, 可令 $S=\varnothing$. 对给定图 G 且 $|G|>0$, 假设对包含较少顶点的图结论成立.

2 S 或 $\mathcal{C}_{G-S}$ 为空集的这两种 (允许的) 情形除外.

考虑不满足 Tutte 条件的最坏情况下的集合 $T \subseteq V$, 即

$$d(T) := d_G(T) := q(G-T) - |T|$$

是最大的, 并令 S 是满足上述条件的最大的这种集合 T. 注意到 $d(S) \geqslant d(\varnothing) \geqslant 0$.

首先证明每个分支 $C \in \mathcal{C}_{G-S} =: \mathcal{C}$ 是奇的. 如果 $|C|$ 是偶数, 任取一个顶点 $c \in C$, 考虑 $T := S \cup \{c\}$. 由于 $C - c$ 是奇数阶的, 它至少有一个奇分支, 这个分支也是 $G - T$ 的一个分支. 因此,

$$q(G-T) \geqslant q(G-S) + 1 \quad \text{且} \quad |T| = |S| + 1,$$

所以 $d(T) \geqslant d(S)$, 这与 S 的选择矛盾.

下面证明结论 (ii), 即每个 $C \in \mathcal{C}$ 是因子临界的. 假设存在 $C \in \mathcal{C}$ 和 $c \in C$ 使得 $C' := C - c$ 不含 1-因子. 由归纳假设 (以及前面所证的事实, 即对固定的 G 本定理蕴含着 Tutte 定理), 存在集合 $S' \subseteq V(C')$ 满足

$$q(C' - S') > |S'|.$$

既然 $|C|$ 是奇数, 那么 $|C'|$ 是偶数, 从而 $q(C' - S')$ 和 $|S'|$ 要么同为偶数, 要么同为奇数, 故它们不可能恰好相差 1. 因此我们可以将上面的不等式改进为

$$q(C' - S') \geqslant |S'| + 2,$$

从而 $d_{C'}(S') \geqslant 2$, 所以对于 $T := S \cup \{c\} \cup S'$, 我们有

$$d(T) \geqslant d(S) - 1 - 1 + d_{C'}(S') \geqslant d(S),$$

其中, 第一个 “-1” 来自 C 作为奇分支的减少, 第二个 “-1” 来自集合 T 包含 c. 和前面一样, 这与 S 的选择矛盾.

余下还需证明 S 与 $\mathcal{C}_{G-S}$ 匹配. 如果不成立, 则由婚姻定理知, 存在一个集合 $S' \subseteq S$ 与 $\mathcal{C}$ 中少于 $|S'|$ 个分支相连接. 由于 $\mathcal{C}$ 的其他分支也是 $G - (S \setminus S')$ 的分支, 故集合 $T = S \setminus S'$ 满足 $d(T) > d(S)$, 这与 S 的选择矛盾. □

让我们再一次考察定理 2.2.3 中的集合 S 以及 G 中的任意匹配 M. 和前面一样, 记 $\mathcal{C} := \mathcal{C}_{G-S}$, 另外 k_S 表示 M 中至少有一个端点属于 S 的边的数目, $k_{\mathcal{C}}$ 表示 M 中两个端点全在 $G - S$ 中的边的个数. 由于每个 $C \in \mathcal{C}$ 为奇数阶, 故它的顶点中至少有一个不与第二种类型的边相关联. 因此, 每个匹配 M 都满足

$$k_S \leqslant |S| \quad \text{且} \quad k_{\mathcal{C}} \leqslant \frac{1}{2}(|V| - |S| - |\mathcal{C}|). \tag{1}$$

此外, G 包含一个匹配 M_0 同时满足上述两种情况的等式: 首先根据 (i) 在 S 与 $\bigcup \mathcal{C}$ 之间选择 $|S|$ 条边, 然后用 (ii) 在每个分支 $C \in \mathcal{C}$ 中找到一个合适的且包含

$\frac{1}{2}(|C|-1)$ 条边的集合. 这样, 这个匹配 M_0 恰有

$$|M_0| = |S| + \frac{1}{2}(|V| - |S| - |\mathcal{C}|) \tag{2}$$

条边.

把 (1) 和 (2) 合起来, 我们看到每一个具有最大基数的匹配 M 使得 (1) 中的不等式取等号：由 $|M| \geqslant |M_0|$ 和 (2) 知, M 包含至少$|S| + \frac{1}{2}\big(|V| - |S| - |\mathcal{C}|\big)$ 条边, 从而 (1) 中的两个不等式都不可能是严格的. 但是, (1) 中的等式还表明 M 具有上述结构：由 $k_S = |S|$ 知, 每个顶点 $s \in S$ 是满足 $t \in G - S$ 的边 $st \in M$ 的一个端点; 由 $k_{\mathcal{C}} = \frac{1}{2}\big(|V| - |S| - |\mathcal{C}|\big)$ 知, 对每个 $C \in \mathcal{C}$, M 恰包含 C 的 $\frac{1}{2}(|C|-1)$ 条边. 最后, 因为后面提到的这些边在每个 C 中只错过了一个顶点, 那么对于不同的 s 上述的边 st 的端点 t 属于不同的分支 C 中.

注意到, 看似技术性的定理 2.2.3 隐藏了大量的结构信息：它包含了关于任意图中最大匹配的详细且本质性的描述. 关于这个结构性定理的完整描述 (它通常被称为 **Gallai-Edmonds 匹配定理** (Gallai-Edmonds matching theorem)) 的出处, 我们将在本章结尾的注解中给出.

2.3 Erdős-Pósa 定 理

在 2.1 节中, König 定理和 Hall 定理的主要魅力所在是, 只要某个很明显的障碍子图不出现, 我们想要的匹配就存在了. 例如, 在 König 定理中, 除非可用少于 k 个顶点来覆盖图中的所有边, 否则我们总可以找到 k 条独立边.

更一般地, 如果 G 是一个任意图 (不必是二部图), 而 $\mathcal{H}$ 是任意图族, 我们尝试把 $\mathcal{H}$ 中 (可能相同的) 若干图不相交地填装到 G 中. 设最多可能填装的图的个数为 k, 将 k 和 G 中可以覆盖 $\mathcal{H}$ 中的所有子图的顶点最小数 s 进行比较. 如果 s 有一个独立于 G 的、关于 k 的函数作为上界, 则称 $\mathcal{H}$ 具有 **Erdős-Pósa 性质** (Erdős-Pósa property). (所以, 严格地说, $\mathcal{H}$ 有这个性质意味着, 存在一个 $\mathbb{N} \to \mathbb{N}$ 的函数 $k \mapsto f(k)$ 使得对于每个 k 和 G, 或者 G 包含 k 个不相交子图, 都和 $\mathcal{H}$ 中的一个图同构, 或者存在一个至多有 $f(k)$ 个顶点的集合 $U \subseteq V(G)$ 使得 $G - U$ 没有子图属于 $\mathcal{H}$.)

在这一节, 我们的目标是证明 Erdős-Pósa 定理, 即所有圈组成的图族具有这样的性质：我们能够找到一个函数 f (大约是 $4k \log k$) 使得每个图或者包含 k 个不相交的圈, 或者包含一个至多有 $f(k)$ 个顶点的集合覆盖所有圈.

我们先证明立方图中一个更强的命题. 对于 $k \in \mathbb{N}$, 令

$$s_k := \begin{cases} 4kr_k, & k \geqslant 2, \\ 1, & k \leqslant 1, \end{cases} \quad \text{这里 } r_k := \log k + \log\log k + 4.$$

引理 2.3.1　*设 $k \in \mathbb{N}$, 且 H 是一个立方多重图. 若 $|H| \geqslant s_k$, 则 H 包含 k 个不相交的圈.*

证明　我们对 k 用数学归纳法. 当 $k \leqslant 1$ 时, 这个结论显然成立. 设 $k \geqslant 2$, 归纳假设命题对于 $k-1$ 成立. 设 C 是 H 中的一个最短圈.

首先证明 $H - C$ 包含一个立方多重图的细分 H' 使得 $|H'| \geqslant |H| - 2|C|$. 设 m 是 C 和 $H - C$ 之间的边数. 由于 H 是立方图且 $d(C) = 2$, 所以有 $m \leqslant |C|$. 现在我们考虑 $V(H)$ 的二部划分 $\{V_1, V_2\}$. 首先令 $V_1 := V(C)$ 并且允许 $V_2 = \varnothing$. 如果 $H[V_2]$ 有一个顶点的度数至多为 1, 那么把这个顶点移动到 V_1 中, 从而获得一个新的划分 $\{V_1, V_2\}$, 且划分的两个部分之间的边数更少. 假设存在 n 个这样的移动 (我们的假设蕴含着 $n \leqslant 3$, 但这里并不需要这个), 但没有更多的, 那么得到的划分 $\{V_1, V_2\}$ 的两个部分之间的边数至多是 $m - n$, 并且 $H[V_2]$ 至多有 $m - n$ 个顶点的度小于 3, 这是因为这些顶点都和一条横跨两部分的边关联. 由于不能把这些顶点移动到 V_1 中去, 所以这些顶点在 $H[V_2]$ 中的度数恰好为 2. 设 H' 是在 $H[V_2]$ 中压缩这些度为 2 的顶点后得到的立方多重图, 则得到所需的结果

$$|H'| \geqslant |H| - |C| - n - (m - n) \geqslant |H| - 2|C|.$$

要完成证明, 只需证明 $|H'| \geqslant s_{k-1}$. 由推论 1.3.5 知 $|C| \leqslant 2\log|H|$ (或者, 如果 $|C| = g(H) \leqslant 2$, 则 $|H| \geqslant s_k$) 以及 $|H| \geqslant s_k \geqslant 6$, 则

$$|H'| \geqslant |H| - 2|C| \geqslant |H| - 4\log|H| \geqslant s_k - 4\log s_k.$$

(在最后一个不等式中, 用到了函数 $x \mapsto x - 4\log x$ 在 $x \geqslant 6$ 时的递增性.)

接下来只需证明 $s_k - 4\log s_k \geqslant s_{k-1}$. 当 $k = 2$ 时, 显然成立, 因此我们假设 $k \geqslant 3$, 则 $r_k \leqslant 4\log k$ (这对于 $k \geqslant 4$ 时显然成立, 而对 $k = 3$ 的情形还需要若干计算), 那么

$$\begin{aligned} s_k - 4\log s_k &= 4(k-1)r_k + 4\log k + 4\log\log k + 16 - (8 + 4\log k + 4\log r_k) \\ &\geqslant s_{k-1} + 4\log\log k + 8 - 4\log(4\log k) \\ &= s_{k-1}. \end{aligned}$$

□

定理 2.3.2 (Erdős and Pósa, 1965)　*存在一个函数 $f: \mathbb{N} \to \mathbb{N}$, 使得对任意 $k \in \mathbb{N}$, 每个图或者包含 k 个不相交的圈, 或者存在一个至多有 $f(k)$ 个顶点的集合与所有圈相交.*

证明 我们证明当 $f(k) := \lfloor s_k + k - 1 \rfloor$ 时结论成立. 给定整数 k, 并设 G 是一个任意图. 不妨设 G 包含一个圈, 则它有一个极大子图 H 使得 H 中每个顶点的度数为 2 或 3. 设 U 是 H 中度数为 3 的顶点的集合.

设 $\mathcal{C}$ 是图 G 中与 U 不相交, 且与 H 恰好交于一个顶点的所有圈的集合. 设 $Z \subseteq V(H) \setminus U$ 是这些顶点的集合. 对于每个 $z \in Z$ 选出一个圈 $C_z \in \mathcal{C}$ 与 H 恰好交于 z, 设 $\mathcal{C}' := \{C_z \mid z \in Z\}$, 由 H 的极大性, $\mathcal{C}'$ 中的圈互不相交.

设 $\mathcal{D}$ 是 H 的与 Z 不相交的 2-正则分支的集合, 则 $\mathcal{C}' \cup \mathcal{D}$ 是另一个互不相交的圈集. 如果 $|\mathcal{C}' \cup \mathcal{D}| \geqslant k$, 证明完成, 否则, 可以在 $\mathcal{D}$ 中的每个圈上取一个顶点添加到 Z 中, 得到一个集合 X, 它至多有 $k-1$ 个顶点, 且与 $\mathcal{C}$ 中的所有圈以及 H 的所有 2-正则分支相交. 现在考虑 G 中任意不与 X 相交的圈. 由 H 的极大性知, 它与 H 相交, 但不是 H 的分支, 也不在 $\mathcal{C}$ 中, 而且不包含 U 外的任意两个不同顶点之间的 H-路, 从而这个圈与 U 相交.

我们已经证明 G 中的每个圈与 $X \cup U$ 相交. 由于 $|X| \leqslant k-1$, 除非 H 包含 k 个互不相交的圈, 否则我们只需证明 $|U| < s_k$. 对压缩 H 中的 2 度顶点得到的多重图运用引理 2.3.1 即可得到所要的结论. □

可以把定理 2.3.2 的证明进行修改给出一个关于填装边不交圈和用边覆盖这些圈的类似结果, 证明梗概见第 7 章的练习 22. 另外一个应用 Ramsey 定理的简单证明见第 9 章的练习 6.

在第 12 章我们将会再次见到 Erdős-Pósa 性质. 在那里, 定理 2.3.2 的一个非常重要的推广将会是图子式理论中一个令人意外的简单推论.

2.4 树填装和荫度

在这一节, 我们考虑关于边的而不是顶点的填装和覆盖. 在一个给定的连通图中, 能找到多少棵边不交的支撑树呢? 如果不要求边不相交, 至少需要多少棵树才可以覆盖给定图的所有边呢? 这两个问题已经由两个经典定理给出了答案, 但这里我们不提供两个定理的直接证明, 而是通过证明 Bowler 和 Carmesin 最近得到的一个更一般性的漂亮结果 (填装-覆盖定理), 把这两个定理作为推论导出.

为了了解树填装问题的背景, 先假设我们的图代表一个通信网络, 对任意两个顶点, 我们希望找到它们之间 k 条边不相交的路. 在下一章中, Menger 定理 (3.3.6) 将会揭示只要图是 k-边连通的, 这些路就存在, 显然这个条件也是必要的. Menger 定理是一个很好的定理, 但是它没有告诉我们怎样找到这些路; 特别是, 即使已经找到一对顶点之间的这些路, 也不一定对寻找另外一对顶点之间的路有帮助. 如果一个图有 k 棵边不交的支撑树, 那么就有 k 条这样的路, 每棵树中有一条. 只要把这些树储存在电脑中, 那么对任意给定的一对顶点就可以很快地找到 k 条边不交路.

什么时候一个图 G 有 k 棵边不交的支撑树呢? 如果有, 这个图必定是 k-边连通的. 反之, 很容易看到结论不一定成立 (如 $k = 2$ 时), 的确, 多大的边连通性蕴含 k 棵边不交支撑树的存在性并不容易看出. (但是可以参考下面的推论 2.4.2.)

我们还有另外一个必要条件: 若 G 有 k 棵边不交的支撑树, 那么把 $V(G)$ 任意地划分成 r 个部分, G 的每棵支撑树至少有 $r-1$ 条**交叉边** (cross-edge), 即那些两个端点位于不同部分中的边 (为什么?). 因此, 若 G 有 k 棵边不交的支撑树, 则它至少有 $k(r-1)$ 条交叉边. 这个条件也是充分的:

定理 2.4.1 (Nash-Williams, 1961; Tutte, 1961)　*一个多重图包含 k 棵边不交的支撑树, 当且仅当, 对顶点集的任意划分 P, 它有至少 $k(|P|-1)$ 条交叉边.*

定理 2.4.1 有一个惊人的推论: 为了确保 k 棵边不交支撑树的存在性, 只要把边连通度提高到 $2k$ 即可.

推论 2.4.2　*每个 $2k$-边连通多重图 G 有 k 棵边不交的支撑树.*

证明　在图 G 的任意顶点划分中, 每个划分类与别的类之间至少有 $2k$ 条边相连. 因此, 对于任意划分为 r 个类的划分, G 有至少 $\frac{1}{2}\sum_{i=1}^{r} 2k = kr$ 条交叉边, 由定理 2.4.1 知, 结论成立. □

注意到, 定理 2.4.1 中关于交叉边数的条件只需要对那些划分类是连通顶点集的划分 P 成立即可: 对于任何被 P 细化的划分, 如果它有足够多的边数 (即使它的划分类更多), 那么 P 也如此. 因此树填装定理说明, 只要一个多重图的收缩子式有足够多的边数来保证 k 棵边不交支撑树的存在性, 那么这个多重图本身也包含 k 棵边不交支撑树.

在 8.6 节还会见到定理 2.4.1, 在那里我们将证明它的无限形式. 无限形式并不基于普通的支撑树 (不成立), 而是使用“拓扑支撑树”: 这种支撑树是由图和它在无穷远处的末端所组成的, 这是拓扑空间中具有类似性质的结构, 由于包含无穷远处的点, 这种结构是紧致的.

其次, 我们讨论填装问题的对偶, 即覆盖问题. 为了方便讨论, 我们对填装问题重新叙述. 给定多重图 G 的若干给定子图, 如果这些子图的边集划分 $E(G)$, 称它们组成 G 的**边分解** (edge-decomposition). 因此支撑树问题可以重新叙述如下: 图 G 可以边分解成多少个连通的支撑子图呢? 因为支撑子图是连通的当且仅当它在每一个键中均有边, 所以填装问题在这个新的诠释下可以看成定理 1.5.1 和定理 1.9.4 的“对偶”: 给定图 G 可以最少边分解成多少个无圈子图 (它的补图和所有的回路相交) 呢?

给定若干个图 (不一定是 G 的子图), 如果 G 的每一条边都属于它们中的至少一个, 我们称这些图**覆盖** (cover) G 的边. 那么对偶问题变成: 对于哪个多重图 G, 我们可以用最多 k 棵树覆盖 G 的边.

一个明显的必要条件是, 每个集合 $U \subseteq V(G)$, 可导出最多 $k(|U|-1)$ 条边, 其中每棵树不超过 $|U|-1$ 条边. 也可以叙述成树填装问题的对偶形式: G 中没有一个删除子式 (子图) G' 使得 G' 的边数太大不能被 k 棵树覆盖.

和以前一样, 这个条件也是充分的.

定理 2.4.3 (Nash-Williams, 1964) 一个多重图 $G=(V,E)$ 的边可以被最多 k 棵树覆盖, 当且仅当对任意非空集合 $U \subseteq V$, 有 $\|G[U]\| \leqslant k(|U|-1)$.

覆盖图的所有边所需要的树的最少个数称为图的**荫度** (arboricity). 由定理 2.4.3 知, 图的荫度是衡量最大局部密度的一个指标: 一个图有小的荫度当且仅当它是"无处稠密"的, 也就是说, 不包含具有较大 $\varepsilon(H)$ 的子图 H.

现在终于可以叙述填装-覆盖定理了. 在 1.10 节我们曾经提到, 当构成多重图 G 的收缩子式 G/P 时, 我们保留了不同划分类之间 G 的所有边: 划分 P 的两个类 U, U' 之间的所有边成为 G/P 的平行边.

定理 2.4.4 对任意连通多重图 $G=(V,E)$ 和每个 $k \in \mathbb{N}$, 存在 V 的一个划分 P 使得具有 $U \in P$ 的每个 $G[U]$ 包含 k 条边不交的支撑树, 而且 G/P 的边可以被 k 棵支撑树覆盖.

在证明填装-覆盖定理前, 我们先推出定理 2.4.1 和定理 2.4.3.

从定理 2.4.4 证明定理 2.4.1.

假定对 $V(G)$ 的每一个划分 P, 多重图 G 都有至少 $k(|P|-1)$ 条交叉边. 设 P 是定理 2.4.4 中的划分, 同时定理保证 G/P 有 k 条支撑树覆盖它的所有边. 因为 $\|G/P\| \geqslant k(|P|-1)$, 所以这些树是边不交的. 结合由定理 2.4.4 所保证的 $G[U]$ 中的边不交支撑树, 我们得到 G 的 k 棵支撑树. □

从定理 2.4.4 证明定理 2.4.3.

假定每一个 $U \subseteq V$ 导出 G 中至多 $k(|U|-1)$ 条边. 设 C 是 G 的一个分支, 而 P 是定理 2.4.4 中提供的 $V(C)$ 的划分. 对每个 $U \in P$, $G[U]$ 中 k 棵边不交支撑树 (存在性由定理 2.2.4 保证) 的每一棵都包含 $|U|-1$ 条边, 因此 $G[U]$ 的所有边都属于这些树. 把这些树和覆盖 C/P 中边的支撑树 (存在性由定理 2.4.4 保证) 结合起来就得到 C 的 k 棵支撑数. 进一步, 这些树可以组合成覆盖 G 中所有边的 k 棵森林, 加上边后就成为我们需要的 k 棵树. □

虽然填装-覆盖定理是一个极具影响的结果, 但它的证明却出奇地短和漂亮. 作为准备, 先引进几个概念. 给定图 G 的一棵支撑树 T、一条弦 e 以及它的基本圈 C_e 上的一条边 $f \in T$, 那么 $T' = T + e - f$ 是另外一棵支撑树: 因为 T' 还是连通的, 并且和 T 拥有相同的边数, 由推论 1.5.3 知, T' 是棵支撑树. 我们称 T' 是由 T 通过把 e 交换成 f 而得到的树.

设 $\mathcal{T} = (T_1, \cdots, T_k)$ 是 G 的一族支撑树, 我们称边序列 $e_0, \cdots, e_n$ 是 $\mathcal{T}$ 起始于 e_0 的 **交换链** (exchange chain), 如果 e_n 不是这些树的边, 但对于每一个 $i < n$

存在 $j =: j(i)$ 使得 $e_i \in T_j$, 而 e_{i+1} 是 T_j 的弦并且 e_{i+1} 关于 T_j 的基本圈包含 e_i.

对于任意这样一族支撑树 $\mathcal{T}$, 我们记 $E(\mathcal{T}) := \bigcup\{E(T) \mid T \in \mathcal{T}\}$.

引理 2.4.5 如果 e_0 是 $\mathcal{T}$ 的交换链的起始边, 且属于两棵树, 则存在 G 的一个 k 棵支撑树的族 $\mathcal{T}'$ 使得 $E(\mathcal{T}) \subsetneq E(\mathcal{T}')$.

证明 我们选择 $e_0, \cdots, e_n$ 使得在所有起始于 e_0 的 $\mathcal{T}$ 的交换链中, 序列 $e_0, \cdots, e_n$ 具有最短长度, 那么不存在 e_i 可以属于任何 e_ℓ (关于 $\mathcal{T}$ 中任何树) 的基本圈, 这里 $\ell > i+1$. 否则, 可以从 e_i 直接跳到 e_ℓ 或 $e_{\ell+1}$, 从而得到更短的序列.

从 $\mathcal{T}^0 = \mathcal{T}$ 开始, 对 $i = 0, \cdots, n-1$ 归纳定义 $\mathcal{T}^{i+1}$: 对 $j = j(i)$ 用 $T_j^i + e_{i+1} - e_i =: T_j^{i+1}$ 代替 $\mathcal{T}^i = (T_1^i, \cdots, T_k^i)$ 中的树 T_j^i; 同时, 对于其他 j, 令 $T_j^{i+1} := T_j^i$. 注意到, 对 $j = j(i)$, 序列的最小性蕴含着, 如果 T_j 的边 e 属于关于 e_{i+1} 的基本圈, 那么它也在 T_j^i 中: 否则, 存在某个 $i' < i$ 使得 $e = e_{i'}$ 和 $\ell := i+1 > i'+1$ 产生矛盾. 所以, 如果 T_j^i 是 G 的一棵支撑树, 根据归纳假定, T_j^{i+1} 也是一棵支撑树.

显然, $\mathcal{T}' := (T_1^n, \cdots, T_k^n)$ 满足 $E(\mathcal{T}') = E(\mathcal{T}) \cup \{e_n\}$. □

定理 2.4.4 的证明 设 $\mathcal{T} = (T_1, \cdots, T_k)$ 是 G 的 k 棵支撑树的族, 它使得 $E(\mathcal{T})$ 极大. 设 D 是 G 中 $\mathcal{T}$ 的所有交换链的起始边的集合. 因为 $E(\mathcal{T})$ 之外的每条边形成一个单边交换链, 所以 D 包含所有不在 $E(\mathcal{T})$ 中的边. 设 P 是 V 的一个划分使得划分类恰好是 (V, D) 的分支的顶点集.

我们先证明定理中关于填装的部分, 给定 $U \in P$, 对任意 $j = 1, \cdots, k$, 设 S_j 是 $T_j[U]$ 中由 D 的边所组成的子图. 由 $\mathcal{T}$ 的极大性和引理 2.4.5 知, D 中没有边可以属于两个 T_j, 所以这些森林 S_j 是边不交的.

下一步我们证明 S_j 是连通的. 因为 D 的边组成 U 的一个连通多重图, 所以只需要证明, 对每一条边 $uu' \in D$ 且 $u, u' \in U$, 存在 S_j 中的一条 u-u' 路. 如果 uu' 属于 T_j, 这样的路在 T_j 中显然存在, 所以 S_j 也有这样的路. 如果 uu' 不属于 T_j, 则路 uT_ju' 中的任意边 e 也属于 D, 所以也属于 S_j: 如果 $e_0, \cdots, e_n$ 是具有 $e_0 = uu' \in D$ 的交换链, 由于 e 在关于 $\mathcal{T}$ 的 e_0 的基本圈上, 故 $e, e_0, \cdots e_n$ 是一条交换链, 从而 e 属于 D.

因为每个 T_j 导出 P 的划分类上的连通子图 S_j, 收缩这些 S_j 就把 T_j 变为 G/P 的支撑树 T_j'. 因为 $E \setminus E(\mathcal{T}) \subseteq D$, 所以这些 T_j' 覆盖 G/P 的所有边. □

填装-覆盖定理从本质上和树填装定理以及覆盖定理不同. 在后两个定理中, 填装或覆盖的存在性是由关于图的结构方面的结果来保证的, 即要求对所有的某种子式都满足某个数值条件: 对树填装定理是收缩子式, 而对覆盖定理是删除子式 (子图). 这种表达形式使得这两个定理更有价值: 它们用关于很多小的子图不太有价值的数据信息, 来交换一个图的更有价值的结构信息.

而填装-覆盖定理是对每一个图给出结构性的结论: 既没有数量性的假定, 也没有定性的假定.

填装-覆盖定理可以有两种不同的无限图推广, 参见第 8 章练习 18 和练习 126.

2.5 路 覆 盖

让我们再次回到二部图的 König 对偶定理, 即定理 2.1.1. 如果对图 G 的每条边给一个从 A 到 B 的定向, 那么这个定理告诉我们需要多少条边不交有向路来覆盖 G 的所有顶点: 每条有向路的长度是 0 或 1, 明显地, 在这样的"路覆盖"中, 当路的条数最少时, 就是当它包含尽可能多长度为 1 的路时; 换句话说, 当它包含最大基数的匹配时.

在这一节我们把上面的问题进行推广: 在一个给定的有向图中需要多少条有向路来覆盖它的整个顶点集? 当然, 这个问题在无向图中也可以提出. 然而, 在无向图的情况这个问题比较简单 (作为练习), 同时有向图的情形也有一个有趣的推论.

有向路 (directed path) 是一个有向图 $P \neq \varnothing$, 它的顶点 $x_0, \cdots, x_k$ 各不相同且所有边 $e_0, \cdots, e_{k-1}$ 满足 e_i 是一条由 x_i 指向 x_{i+1} 的边, 其中 $i < k$. 在这一节, **路**始终指"有向路". 上面提到的顶点 x_k 称作路 P 的**最终顶点** (last vertex), 当 $\mathcal{P}$ 是一个路的集合时, 我们把最终顶点的集合记作 $\operatorname{ter}(\mathcal{P})$. 一个有向图 G 的**路覆盖** (path cover) 是 G 中若干不相交路的集合, 它们可以覆盖 G 中所有的顶点.

定理 2.5.1 (Gallai and Milgram, 1960) *每个有向图 G 有一个路覆盖 $\mathcal{P}$ 和一个顶点独立集 $\{v_P \mid P \in \mathcal{P}\}$ 使得对每个 $P \in \mathcal{P}$, 有 $v_P \in P$.*

证明 显然, 图 G 总是有路覆盖, 例如那些平凡路. 我们通过对 $|G|$ 用归纳法来证明: 对于 G 的任意具有极小 $\operatorname{ter}(\mathcal{P})$ 的路覆盖 $\mathcal{P} = \{P_1, \cdots, P_m\}$, 存在一个顶点集 $\{v_P \mid P \in \mathcal{P}\}$ 符合要求. 对每个 i, 记 v_i 为 P_i 的最终顶点.

若 $\operatorname{ter}(\mathcal{P}) = \{v_1, \cdots, v_m\}$ 是独立的, 则无须再证, 因此不妨假设 G 有一条从 v_2 到 v_1 的边. 因为 $P_2 v_2 v_1$ 也是一条路, 由 $\operatorname{ter}(\mathcal{P})$ 的极小性知 v_1 不是 P_1 中唯一的顶点. 设 v 是 P_1 中先于 v_1 的顶点, 那么 $\mathcal{P}' := \{P_1 v, P_2, \cdots, P_m\}$ 是 $G' := G - v_1$ 的路覆盖 (图 2.5.1). 显然, 任意在 G' 中代表 $\mathcal{P}'$ 的独立集对 G 中的 $\mathcal{P}$ 也成立, 所以我们需要确定的是, 是否可以对 $\mathcal{P}'$ 使用归纳假设. 因此只需证明 $\operatorname{ter}(\mathcal{P}') = \{v, v_2, \cdots, v_m\}$ 在 G' 的所有路覆盖的最终顶点集合中是极小的.

假设 G' 有路覆盖 $\mathcal{P}''$ 且 $\operatorname{ter}(\mathcal{P}'') \subsetneq \operatorname{ter}(\mathcal{P}')$. 如果一条路 $P \in \mathcal{P}''$ 结束于 v, 我们可以把 $\mathcal{P}''$ 中的 P 用 Pvv_1 来代替, 从而得到 G 的一个路覆盖, 它的最终顶点集是 $\operatorname{ter}(P)$ 的真子集, 这与 $\mathcal{P}$ 的选取矛盾. 如果一条路 $P \in \mathcal{P}''$ 结束于 v_2 (同时不存在路结束于 v), 我们类似地把 $\mathcal{P}''$ 中的 P 由 Pv_2v_1 代替, 从而与 $\operatorname{ter}(P)$ 的极小性矛盾. 因此 $\operatorname{ter}(\mathcal{P}'') \subseteq \{v_3, \cdots, v_m\}$, 但此时 $\mathcal{P}''$ 和平凡路 $\{v_1\}$ 一起构成 G 的路覆盖, 与 $\operatorname{ter}(\mathcal{P})$ 的极小性矛盾. □

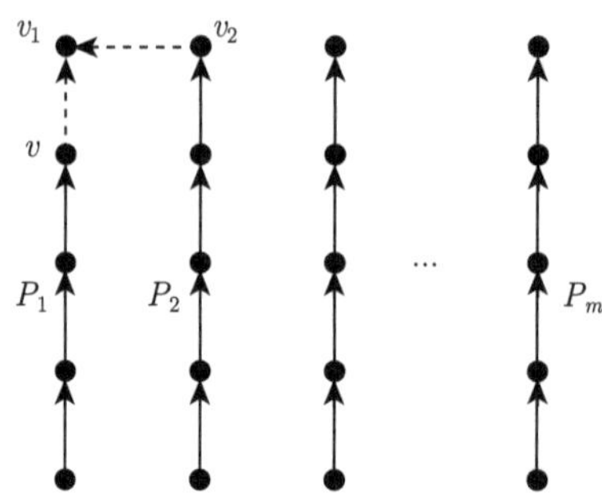

图 2.5.1　G 和 G' 的路覆盖

作为定理 2.5.1 的推论, 我们得到偏序集理论中的一个经典结果. 前面提到过, 在偏序集 $(P, \leqslant)$ 中, 如果一个子集的元素是两两可比较的, 那么它是一个**链** (chain); 如果它的元素是两两不可比较的, 称它为一个**反链** (antichain).

推论 2.5.2 (Dilworth, 1950)　*在每个有限偏序集 $(P, \leqslant)$ 中, 并集为 P 的最少链数等于 P 中反链的最大个数.*

证明　若 A 是 P 中基数最大的反链, 则显然 P 不能被少于 $|A|$ 条链覆盖. 反过来, 把定理 2.5.1 应用到顶点集为 P 的有向图上, 这里边集为 $\{(x, y) \mid x < y\}$, 则 $|A|$ 条链是足够的. □

练　　习

1. 设 M 是二部图 G 的一个匹配, 证明: 若 M 是次最优的 (即比 G 的某个匹配包含较少边), 则 G 包含一条关于 M 的增广路. 这一结论是否可以推广到非二部图的匹配上?
2. 描述一个最有效的算法, 在二部图中寻找一个具有最大基数的匹配.
3. 证明: 若在两个无限集合 A 和 B 之间存在两个单射 $A \to B$ 和 $B \to A$, 则存在一个双射 $A \to B$.
4. 两个人玩一个游戏: 在某个固定的图 G 中, 他们交替地构造一条路. 如果 $v_1 \cdots v_n$ 是到目前为止已经构造的路, 下一个游戏者就要找到一个顶点 v_{n+1} 使得 $v_1 \cdots v_{n+1}$ 还是一条路, 不能进一步延长这条路的游戏者就输掉了这局游戏. 对什么图 G, 第一个游戏者有一个必胜策略; 对什么图, 第二个游戏者必胜呢?
5. 从 König 定理推导婚姻定理.
6. 设 G 和 H 是如 Hall 定理的第三个证明中所定义的图. 证明: 对每个 $b \in B$, 总有 $d_H(b) \leqslant 1$, 并推导出婚姻定理.
7. 在婚姻定理的第一个证明中, 我们用到图是有限的这一假设吗? 如果用到, 是否可以适度调整使它对无限图也成立?
8. 设 k 是一个整数. 证明: 有限集分成若干 k-子集的任意两个划分包含一个公共代表系.
9. 设 $A_1, \cdots, A_n$ 是有限集 A 的子集, 而 $d_1, \cdots, d_n \in \mathbb{N}$. 证明: 对所有 $k \leqslant n$, 存在满足

$|D_k| = d_k$ 的不交子集 $D_k \subseteq A_k$ 当且仅当对所有 $I \subseteq \{1, \cdots, n\}$, 有

$$\left|\bigcup_{i\in I} A_i\right| \geqslant \sum_{i\in I} d_i.$$

10.$^+$ 证明: 在 n 个元素的集合 X 中, 不可能存在多于 $\binom{n}{\lfloor n/2 \rfloor}$ 个子集使得其中任何一个不包含另一个.

$\left(\text{提示: 构造 } \binom{n}{\lfloor n/2 \rfloor} \text{ 条链来覆盖 } X \text{ 的幂集格.}\right)$

11. 设 G 是一个具有二部划分 $\{A, B\}$ 的二部图. 假定 $\delta(G) \geqslant 1$, 且对每一个满足 $a \in A$ 的边 ab 有 $d(a) \geqslant d(b)$, 证明 G 包含一个饱和 A 的匹配.

12.$^-$ 找到一个二部图以及它的一个优先集使得它没有最大匹配是稳定的, 同时没有稳定匹配是最大的. 找到一个非二部图以及它的一个优先集使得这个图没有稳定匹配.

13.$^-$ 考虑稳定婚姻定理的证明中所描述的算法. 注意到, 一旦 B 中的一个顶点被匹配, 以后它始终被匹配而且随着它的匹配边的变化而变得更快乐. 另一方面, 证明: 对于 A 的一个给定顶点, 随着每一步变化 (除了它不被匹配的阶段外), 与它关联的匹配边的序列会变得更不快乐.

14. 证明: 一个给定图的所有稳定匹配覆盖相同的顶点集 (特别地, 它们的大小都相等).

15.$^+$ 证明: 在定理 2.1.4 的证明中使用的算法产生一个匹配 M 使得没有其他稳定匹配让 A 中的顶点更快乐, 或者让 B 中的顶点 (比它在 M 中) 更不快乐. 讨论快乐的情形时, 只考虑被匹配的顶点.

16.$^+$ 证明: 下面这个"明显的"算法并不一定给出二部图的稳定匹配. 从任意匹配开始, 若当前的匹配不是极大的, 则增加一条边; 如果它是极大的但不是稳定的, 则把产生不稳定性的边加进去, 同时删去当前任何与它的端点匹配的边.

17. 证明: 有限集 P 上的两个偏序 $\leqslant_1, \leqslant_2$ 的并包含一个"支配反链" A, 即集合 $A \subseteq P$ 使得 A 中的任何两个因素在 $\leqslant_1$ 或 $\leqslant_2$ 中都不相关, 同时对每一个 $x \in P$ 存在一个元素 $a \in A$ 使得 $x \leqslant_1 a$ 或者 $x \leqslant_2 a$. 推导定理 2.1.4.

18. 当 G 是森林时, 找出定理 2.2.3 中的 S.

19. 一个图 G 是 (顶点) **传递的** (transitive), 如果对任意两个顶点 $v, w \in G$ 存在 G 的一个自同构把 v 映射到 w. 利用定理 2.2.3 之后的讨论, 证明每一个偶数阶的传递连通图包含 1-因子.

20.$^+$ 证明: 图 G 包含 k 条独立边当且仅当对所有集合 $S \subseteq V(G)$ 有 $q(G-S) \leqslant |S| + |G| - 2k$.

21.$^-$ 构造不包含 1-因子的立方图.

22.$^+$ 从 Tutte 定理推出婚姻定理.

23.$^-$ 否定 König 定理 (2.1.1) 在非二部图中的类似命题, 但是证明 $\mathcal{H} = \{K^2\}$ 具有 Erdős-Pósa 性质.

24. 设 T 是一棵树, $\mathcal{T}$ 是 T 的所有子树的集合. 证明: $\mathcal{T}$ 中不交树的最大个数等于集合 X 的最小基数, 这里 X 是一个顶点集合使得 $T - X$ 不包含 $\mathcal{T}$ 中的任何一棵子树.

25. 对于立方图, 引理 2.3.1 比 Erdős-Pósa 定理要强很多. 对任意 $k \in \mathbb{N}$, 通过找到一个函数 $g : \mathbb{N} \to \mathbb{N}$ 使得每一个最小度 $\geqslant 3$ 且阶至少为 $g(k)$ 的多重图都包含 k 个不交的圈, 从而把引理 2.3.1 推广到最小度 $\geqslant 3$ 的任意多重图上; 或者证明这样的函数 g 根本不存在.
26. 给定图 G, 令 $\alpha(G)$ 表示 G 中独立顶点集的最大阶数. 证明: G 的顶点可以被最多 $\alpha(G)$ 个不交的子图覆盖, 其中每个子图同构于一个圈或 K^2 或 K^1.
27. 证明: 如果 G 有两个边不交的支撑树, 那么它就有一个连通的支撑子图使得所有顶点的度为偶数.
28. 在定理 2.4.1、定理 2.4.3 和定理 2.4.4 的证明中, 只有一个地方我们用到了图是多重图这一条件, 请指出它.
29. 从下面定理 2.4.1 的简单“证明”中找出错误. 如果一个划分至少有两个部分并且至少一个类包含多于一个元素, 则称这个划分是**非平凡的**. 我们对 $|V| + |E|$ 用归纳法来证明, 如果 V 的每个具有 r 个部分的非平凡划分都有至少 $k(r-1)$ 条交叉边, 那么 $G = (V, E)$ 包含 k 个边不交的支撑树. 如果我们允许 k 个 K^1 的拷贝作为 K^1 的一族 k 个边不交的支撑树, 那么归纳法对于 $G = K^1$ 平凡地成立. 下面考虑归纳步骤: 如果 V 的每个具有 r 个部分的非平凡划分有多于 $k(r-1)$ 条交叉边, 则删除 G 的一条边, 根据归纳法结论得证. 因此 V 有一个非平凡划分 $\{V_1, \cdots, V_r\}$ 恰好有 $k(r-1)$ 条交叉边. 假定 $|V_1| \geqslant 2$, 如果 $G' := G[V_1]$ 有 k 个不交的支撑树, 把这些树和 G/V_1 中存在的 k 个不交的支撑树 (存在性由归纳法保证) 结合起来即可. 所以我们可以假设 G' 中没有 k 个不交的支撑树, 那么由归纳法知它有一个非平凡的顶点划分 $\{V_1', \cdots, V_s'\}$ 拥有少于 $k(s-1)$ 条交叉边, 因此 $\{V_1', \cdots, V_s', V_2, \cdots, V_r\}$ 是一个具有 $r+s-1$ 个部分的非平凡划分且拥有少于 $k(r-1) + k(s-1) = k((r+s-1)-1)$ 条交叉边, 矛盾.
30. 图 G 是**平衡的** (balanced), 如果对每一个子图 $H \subseteq G$ 有 $\varepsilon(H) \leqslant \varepsilon(G)$.
    (i) 找到几类自然的平衡图.
    (ii) 证明: 平均度是平衡图荫度的上界. 那么 ε 或者 $\varepsilon + 1$ 是否是荫度的上界呢?
    (iii) 用平衡图或其他图来刻画图族 $\mathcal{G}$: 对每一个导出子图 $H \subseteq G$ 均有 $\varepsilon(H) \geqslant \varepsilon(G)$.
31. 把 König 定理和 Dilworth 定理重新叙述成为纯粹的存在形式, 而不使用不等式.
32.$^-$ 不使用对应的有向形式, 直接证明 Gallai-Milgram 定理的无向形式.
33. 由 Gallai-Milgram 定理推出婚姻定理.
34.$^-$ 证明: 至少有 $rs+1$ 个元素的偏序集要么包含长度为 $r+1$ 的链, 要么包含阶为 $s+1$ 的反链.
35. 证明下面 Dilworth 定理的对偶形式: 在每个有限偏序集 $(P, \leqslant)$ 中, 并集为 P 的反链的最小个数等于 P 中最长链的长度.
36. 从 Dilworth 定理推出 König 定理.
37. 找到一个偏序集满足它既没有无限的反链也不是有限多个链的并.

注　解

有一本非常容易阅读且内容全面的关于有限图匹配的专著: L. Lovász and M. D. Plummer, *Matching Theory*, Annals of Discrete Math. 29, North Holland, 1986. 另两个综合性的专著是 A. Schrijver, *Combinatorial Optimization*, Springer, 2003, 以及 A. Frank, *Connections in Combinatorial Optimization*, Oxford University Press, 2011. 这一章介绍的结果的参考资料都可以在这些书中找到.

如同我们在第 3 章将要看到的, König 定理 (1931) 不过是更广义的 Menger 定理 (1929) 的二部图情形. 那时候, 虽然 Hall 定理的证明出现更晚 (1935), 但是这两个定理都没有 Hall 的婚姻定理更有名. 直到今天, Hall 定理仍然是图论中应用最广泛的结果之一. 前两个证明是传统方法; 第三个证明中运用的边极小子图的方法, 可以追溯到 Rado (1967) 的文章, 我们这里的版本以及它的对偶 (练习 6) 来自 Kriesell.

更多关于稳定婚姻定理的结果, 可参见 D. Gusfield and R.W. Irving, *The Stable Marriage Problem: Structure and Algorithms*, MIT Press, 1989; 也可参考 A. Tamura, *Transformation from arbitrary matchings to stable matchings*, J. Comb. Theory A 62 (1993), 310-323. 有些特别有价值的应用罗列在网站

https://www.nobelprize.org/uploads/2018/06/advanced-economicsciences2012.pdf.

Tutte 1-因子定理的证明是基于 Lovász 于 1975 年的证明. Tutte 定理的推广 (即定理 2.2.3) 以及它之后的非正式讨论是匹配完全结构定理的简化形式, 它由 Gallai (1964) 和 Edmonds (1965) 独立完成. 关于这个定理的详细阐述和讨论, 参见 Lovász 和 Plummer 的专著.

定理 2.3.2 来自 P. Erdős and L. Pósa, *On independent circuits contained in a graph*, Canad. J. Math. 17 (1965), 347-352. 这里的证明主要源自 M. Simonovits, *A new proof and generalization of a theorem of Erdős and Pósa on graphs without $k+1$ independent circuits*, Acta Sci. Hungar 18 (1967), 191-206. 在引理 2.3.1 的证明中, 用一个不变量来限制另外一个不变量所涉及的计算是常见的证明技巧, 本书中没有强调图论的这个方向, 但它也是比较典型的方法.

对于有向图, B. Reed, N. Robertson, P. D. Seymour 和 R. Thomas 给出一个和 Erdős-Pósa 定理十分相似的结论, 见 B. Reed, N. Robertson, P. D. Seymour and R. Thomas, *Packing directed circuits*, Combinatorica 16 (1996), 535-554. 它的证明比无向的情形要困难很多, 参见 12.6 节, 特别是定理 12.6.5, 它反映出这个技巧的一个侧面.

树填装定理 (即定理 2.4.1) 由 Nash-Williams 和 Tutte 独立证明, 这两篇论文都收录在 J. London Math. Soc. 36 (1961) 中. 树覆盖定理 (即定理 2.4.3) 出自 C. St. J. A. Nash-Williams, *Decompositions of finite graphs into forests*, J. London Math. Soc. 39 (1964), 12. 填装-覆盖定理中划分的存在性由 B. Jackson and T. Jordán, *Brick partitions of graphs*, Discrete Math. 310 (2010), 270-275 第一次明确地给出了构造. 这个划分可能不唯一, 但它本身就很有价值, 更多的讨论可以参见文章本身或前面提到 Frank 的专著.

填装-覆盖定理本身以及它的证明并不依赖于经典的树填装定理或覆盖定理, 但蕴含着这两个定理, 取自 N. Bowler and J. Carmesin, *Matroid intersection, base packing and base covering for infinite matroids*, Combinatorica 35 (2015), 153-180.

人们早就了解树填装定理或覆盖定理可以自然地用拟阵来表示, 参见前面提到的 Schrijver 的专著. 然而, 直到最近对无限拟阵进行公理化 (使得系统性研究变得可能) 时, 在把关于有限拟阵中的数量化结果转化成无限拟阵的结构性结果的过程中, Bowler 和 Carmesin 发现了填装-覆盖定理. 他们文章的主要焦点是展示拟阵中填装-覆盖定理的无限形式 (即填装-覆盖猜想) 在无限拟阵理论的研究中是如何扮演着中心角色的. 这个猜想蕴含着包括无限图的 Aharoni-Berger 定理 (即定理 8.4.2, 它是图论中最深刻的定理之一) 在内的很多结果.

填装-覆盖定理可以用两种方式推广到无限图: 一种是使用普通的支撑树 (第 8 章练习 18), 另一种是使用"拓扑"支撑树 (第 8 章练习 126). Bowler 和 Carmesin 在他们的文章中也指出, 这两种无限形式的推广也是无限填装-覆盖猜想的推论, 分别对应于有限性拟阵 (finitary matroid) 和余有限性拟阵 (cofinitary matroid).

类似于推论 2.4.2, 我们可以问多大的顶点连通性可以保证 k 棵以一个给定顶点 r 为根的支撑树 $T_1, \cdots, T_k$ 的存在性, 同时满足对每个顶点 v, k 条路 vT_ir 是独立的. 例如, 如果 G 是一个圈, 那么去掉 r 的左边或右边的边得到两棵这样的支撑树. 在 A. Itai and A. Zehavi, *Three tree-paths*, J. Graph Theory 13 (1989), 175-187 中, 他们猜想 $\kappa \geqslant k$ 是充分的. 这个猜想对 $k \leqslant 4$ 时已经得到证明, 参见 S. Curran, O. Lee and X. Yu, *Chain decompositions and independent trees in* 4*-connected graphs*, Proc. 14th Ann. ACM SIAM symposium on discrete algorithms (Baltimore 2003), 186-191.

定理 2.5.1 出自 T. Gallai and A. N. Milgram, *Verallgemeinerung eines graphent heoretischen Satzes von Rédei*, Acta Sci. Math. (Szeged) 21 (1960), 181-186.

第 3 章 连 通 性

1.4 节中给出的 k-连通性的定义并不直观, 因为它没有揭示出 k-连通图的"连通特性", 而只是告诉我们需要至少 k 个顶点使图不连通. 下面的定义不仅仅蕴含了上述定义, 而且还更具有描述性: "如果一个图的任意两个顶点之间都有 k 条独立路相连, 则它是 **k-连通的** (k-connected)".

这两个定义其实是等价的, 只是同一性质的两个方面, 这是图论中的经典结果之一. 在 3.3 节, 我们将深入地研究 Menger (1927) 的这个定理.

在 3.1 节和 3.2 节, 我们讨论 2-连通图和 3-连通图的结构. 对于这些较小的 k 值, 我们可以给出一个如何构造这类图的简单的一般性描述.

在 3.4 节和 3.5 节, 我们将考察连通性中更新的, 但和标准概念同样重要的其他概念: 对 G 的子图 H, G 中 H-路的个数, 以及 G 中连接指定顶点对之间的不交路的存在性.

3.1 2-连通图以及子图

最简单的 2-连通图是圈, 其他的图都可以由一个圈通过不断地添加路而得到.

命题 3.1.1 *一个图是 2-连通的当且仅当它可以从一个圈开始, 通过在已构造的图 H 上连续地添加 H-路而构造得到* (图 3.1.1).

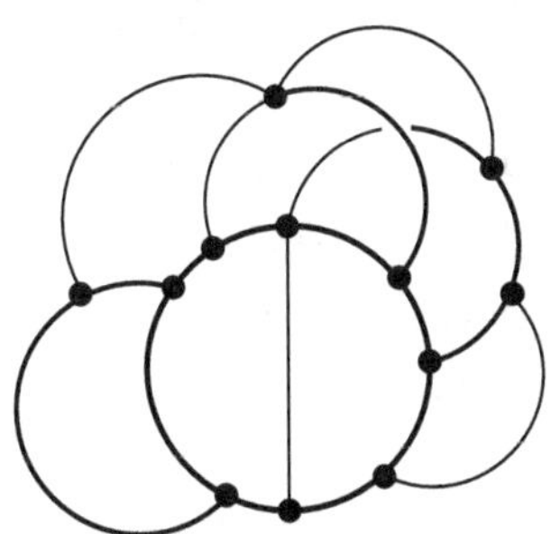

图 3.1.1 2-连通图的构造

证明 显然, 每一个按照上述方法构造出来的图都是 2-连通的.

反过来, 给定一个 2-连通图 G, 则 G 包含一个圈, 因此 G 包含一个按照上述方法构造出来的极大子图 H. 由于任意一条边 $xy \in E(G) \setminus E(H)$, 其中 $x, y \in H$,

将定义一条 H-路, 故 H 是 G 的导出子图. 这样, 若 $H \neq G$, 则由 G 的连通性知存在一条边 vw 满足 $v \in G - H$, 且 $w \in H$. 因为 G 是 2-连通的, 所以 $G - w$ 包含一条 v-H 路 P. 于是, wvP 是 G 中的一条 H-路, 且 $H \cup wvP$ 是 G 中比 H 更大的可构造子图, 这与 H 的极大性矛盾. □

正如任意一个图可以分解成极大连通子图 (即分支) 一样, 我们尝试把连通图分解成它的极大 2-连通子图, 这些子图不一定是互不相交的, 而且不一定覆盖 G 的全部. 然而, 可以很容易地把"极大 2-连通子图"这一概念弱化, 使得满足弱化条件的子图覆盖 G 的全部并且几乎是互不相交的. 这些"块"放在一起看起来像一棵树, 准确地反映了图 G 根据这些块所形成的整体结构.

严格地讲, **块** (block) 是一个不含割点[1]的极大连通子图. 因此, 图 G 的每个块或者是一个极大 2-连通子图, 或者是一个桥 (连同其端点), 或者是一个孤立顶点. 反过来, 每一个这样的子图是一个块. 由它的极大性知, G 的不同块之间至多在一个顶点处相重叠, 这个顶点就是 G 的割点. 因此, 图 G 的每一条边都属于一个唯一的块, 且 G 是它的块的并.

圈和键被看作单个块:

引理 3.1.2 设 G 是一个任意图.

(i) G 的所有圈恰好是它的所有块中的圈.

(ii) G 的所有键恰好是它的所有块中的那些极小割.

证明 (i) 图 G 的任意圈都是不含割点的连通子图, 因此它包含在某个极大的这样的子图中. 由定义, 这个子图是 G 的一个块.

(ii) 证明可以通过不断地使用下面这个观察而得到: 考虑 G 中的任意割, 设 xy 是这个割的一条边, 而 B 为包含该边的块. 根据块的定义中 B 的极大性, G 不包含 B-路. 因此, G 的每条 x-y 路都在 B 中, 故割中属于 B 的边即使在 G 中也把 x 和 y 分离. □

因为每条边属于唯一一个块, 因此"属于同一个块"是图的边集上的一个等价关系, 这个等价关系可以用其他两种有趣的形式表示出来:

引理 3.1.3 对于图 G 的不同边 e 和 f, 下面的命题是等价的:

(i) 边 e, f 属于 G 的同一个块;

(ii) 边 e, f 属于 G 的同一个圈;

(iii) 边 e, f 属于 G 的同一个键.

证明 (i) → (ii) 显然, 我们只需要证明 2-连通图的任意两个顶点 2-集合可以由两条不相交的路连接即可. 根据命题 3.1.1, [2] 这可以容易地通过归纳法得到.

1 …… 的子图, 但它可能包含 G 的割点.

2 见练习 5. 注意到, 这是 Menger 定理 (3.3.1)$k = 2$ 的情形.

(ii) → (iii) 从圈 $C \ni e, f$ 上删除边 e, f, 从而把 $V(C)$ 划分成两个连通集合, 把这个划分扩充为图 G 中包含 C 的两个顶点连通集合 (如何才能做到呢?), 那么这两个集合之间的边形成了 G 的一个包含 e, f 的键.

(iii) → (i) 由引理 3.1.2 (ii) 知, 两条边属于同一个键仅当它们属于同一个块. □

最后这个关于块的引理显示了这些块是如何形成 G 的粗略结构的. 令 A 表示 G 的割点的集合, $\mathcal{B}$ 表示它的块集合. 于是, 我们自然地得到了 $A \cup \mathcal{B}$ 上的一个二部图, 其边集为 $\{aB \mid a \in B\}$, 它叫做图 G 的**块图** (block graph), 见图 3.1.2.

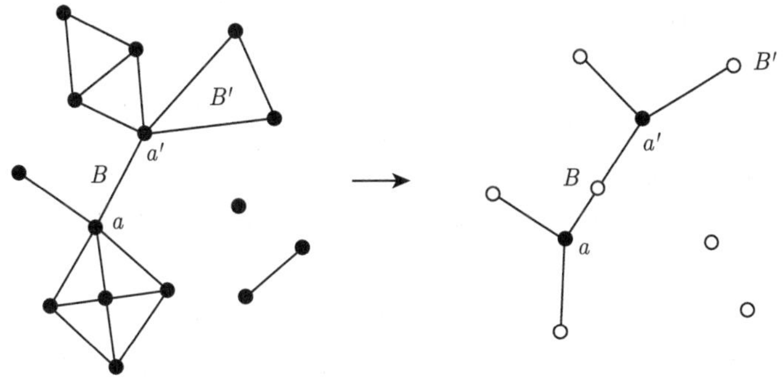

图 3.1.2 图和它的块图

引理 3.1.4 *每个连通图的块图是一棵树.* □

引理 3.1.4 可以推广到具有高连通度的图上: 每一个 $(k-1)$-连通图都有一个基本的树形分解, 它把所有"k-块"分离开来. 这个结果的准确叙述参见定理 12.3.7, 以及第 12 章的练习 17 (对 $k = 3$ 的情形).

3.2 3-连通图的结构

在这一节, 我们将描述如何从 K^4 开始, 通过一系列保持 3-连通性的基本运算而得到每个 3-连通图. 之后我们将证明 Tutte 的关于 3-连通图的圈空间的代数结构定理, 这个结果将在 4.5 节再一次发挥重要的作用.

命题 3.1.1 描述了 2-连通图是如何从一个圈出发, 通过一系列运算归纳地构造出来的. 在这个过程中, 所有构造的图都是 2-连通的, 因此通过这种方法构造得到的图都是 2-连通图. 现在我们要对 3-连通图做类似的构造, 将证明每个 3-连通的图 $G \neq K^4$ 有两种方式可以变成一个较小的 3-连通图: 删除一条边 (并压缩所产生的 2 度顶点), 或者收缩一条边. 逆转这个过程就产生了两个由 K^4 构造所有 3-连通图的不同方法.

给定图 G 及它的一条边 e, 我们用 $G \dot{-} e$ 表示在 $G-e$ 中压缩 e 的可能 2 度顶点所得到的多重图[3].

引理 3.2.1 设 e 是图 G 的一条边, 如果 $G \dot{-} e$ 是 3-连通的, 那么 G 也是.

证明 把 G 看成是 $G \dot{-} e$ 加边 e 后得到的, 我们把 $G \dot{-} e$ 的顶点叫做 G 的旧顶点, 而 G 的其他顶点叫做新顶点 (即 e 的端点). 因为 $G \dot{-} e$ 是 3-连通的且没有平行边, 所以容易看出 G 中不存在两个顶点 x_1, x_2 可以把一个新顶点和所有旧顶点分离开来. 因此, 我们只需证明 $\{x_1, x_2\}$ 不能分离两个旧顶点. 否则, 假定这些旧顶点在 $G \dot{-} e$ 中被 x_1' 和 x_2' 分离, 这里要么 $x_i' = x_i$, 要么 x_i' 是 $G \dot{-} e$ 中被 x_i 细分的边 (如果 x_i 是新顶点). 由命题 1.4.2 知, 这和我们的假定 $G \dot{-} e$ 是 3-连通的矛盾. □

引理 3.2.2 每个 3-连通图 $G \neq K^4$ 包含一条边 e 使得 $G \dot{-} e$ 也是 3-连通的.

证明 我们首先证明 G 包含一个 TK^4. 设 C 是一个最短圈, 而 $P = u \cdots v$ 是 G 的一条 C-路. 那么 $\mathring{P} \neq \varnothing$, 这是因为 C 是导出的, 因此 $G - \{u, v\}$ 包含一条 C-P 路 Q, 此时 $C \cup P \cup Q = TK^4$.

因为 $G \neq K^4$, 所以存在一个 3-连通图 $J \not\simeq G$ 使得 G 包含一个 TJ. 选择 J 使得 $\|J\|$ 最大, 因此 $H = TJ \subseteq G$ 满足 $\|H\|$ 最大. 我们将寻找一条边 e 使得 $G \dot{-} e \simeq J$.

显然 $H \neq G$. 设 $P = u \cdots v$ 是 G 中的一条 H-路, 如果可能, 选择 P 使得

$$u \text{ 和 } v \text{ 不在 } J \text{ 的同一个(细分)边上.} \qquad (*)$$

如果 P 不满足 $(*)$, 那么 $H = J$, 这是因为 G 是 3-连通的, 所以细分 J 的一条边的顶点可以由一条 H-路连接到 J 中不在同一条细分边的另外一个顶点. 根据假设, 因为 P 不满足 $(*)$, 故蕴含着 $uv \in E(J) = E(H)$. 因为 G 没有平行边, 所以 P 有一个内部顶点. 从而 $(H - uv) \cup P$ 是另外一个 TJ, 且边数比 H 多, 这与 H 的选取矛盾.

因此 P 满足 $(*)$. 压缩 $H \cup P$ 中所有 2 度顶点得到一个多重图 J' 使得 $J' \dot{-} e = J$, 这里 e 是对应于 P 的那条边. 由 $(*)$, 边 e 不和 J 中的边平行, 因此 J' 是一个图 (即不是多重图). 由引理 3.2.1, J' 是 3-连通的. 因此, 由 J 的极大性得到 $J' \simeq G$.

□

定理 3.2.3 (Tutte, 1966) 图 G 是 3-连通的当且仅当存在图序列 $G_0, \cdots, G_n$ 使得

(i) $G_0 = K^4$, $G_n = G$;

3 关于多重图中压缩顶点的正式定义见 1.10 节. 前面提到, 3-连通多重图不能有平行边. 因为平行边的出现是只有当一个顶点被压缩了, 而所产生的平行边没有删除才能发生, 所以在引理 3.2.1 中我们的假定 "$G \dot{-} e$ 是 3-连通的", 实际上蕴涵由 G 所生成的新图不能有平行边, 即事实上 $G \dot{-} e$ 是一个简单图.

(ii) 对每个 $i < n$, G_{i+1} 包含一条边 e 使得 $G_i = G_{i+1} \dot{-} e$.

进一步地, 这个序列中的每个图都是 3-连通的.

证明 如果 G 是 3-连通的, 使用引理 3.2.2 依次寻找 $G_n, \cdots, G_0$.

反过来, 如果 $G_0, \cdots, G_n$ 是任意满足 (i) 和 (ii) 的图系列, 由引理 3.2.1 知, 所有的这些图, 特别地 $G = G_n$ 是 3-连通的. □

定理 3.2.3 使得我们可以递归地构造所有的 3-连通图. 从 K^4 开始, 我们在已经构造的图上加一条与 (ii) 不矛盾的边, 这条边在两个已经存在的顶点之间, 或者在新增加的细分顶点之间 (但不在同一条边上), 或者在一个旧顶点和一个新插入的细分顶点之间.

我们现在考虑第二种方法, 即通过不断地收缩边把 3-连通图约化成 K^4. 在下面的讨论中, 我们只考虑图, 而不是多重图.

引理 3.2.4 在每个 3-连通图 $G \neq K^4$ 中, 存在一条边 e 使得 G/e 仍是 3-连通的.

证明 假设不存在这样的边 e, 那么对于每条边 $xy \in G$, 图 G/xy 包含一个至多 2 个顶点的分隔 S. 由于 $\kappa(G) \geqslant 3$, 图 G/xy 中的收缩后顶点 v_{xy} (见 1.7 节) 属于 S 且 $|S| = 2$, 即 G 有一个顶点 $z \notin \{x, y\}$ 使得 $\{v_{xy}, z\}$ 分离 G/xy. 于是, 图 G/xy 中任何两个被 $\{v_{xy}, z\}$ 所分离的顶点都在 G 中被 $T := \{x, y, z\}$ 所分离. 因为不存在 T 的真子集可以分离 G, 所以 T 中的每个顶点在 $G - T$ 的每个分支 C 中都有一个邻点.

我们选取边 xy, 顶点 z 和分支 C 使得 $|C|$ 尽可能小, 并在 C 中选取 z 的一个邻点 v (图 3.2.1). 根据假设, 图 G/zv 同样不是 3-连通的, 因此仍存在一个顶点 w 使得 $\{z, v, w\}$ 分离 G, 和前面一样, $\{z, v, w\}$ 中每个顶点在 $G - \{z, v, w\}$ 的每个分支中都有一个邻点.

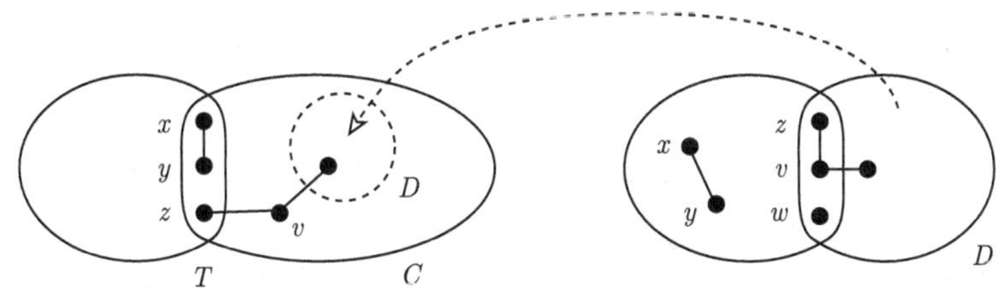

图 3.2.1 引理 3.2.4 证明中的分离顶点

由于 x 与 y 相邻, $G - \{z, v, w\}$ 有一个分支 D 使得 $D \cap \{x, y\} = \varnothing$. 因此, v 在 D 中的每个邻点也在 C 中 (因为 $v \in C$), 从而 $D \cap C \neq \varnothing$ 且由 D 的选择知 $D \subsetneqq C$, 这与 xy, z 和 C 的选择矛盾. □

定理 3.2.5 (Tutte, 1961) 图 G 是 3-连通的当且仅当存在图序列 $G_0, \cdots, G_n$

满足下面两个性质:

(i) $G_0 = K^4$ 且 $G_n = G$;

(ii) 对每个 $i < n$, G_{i+1} 包含一条边 xy, 其中 $d(x), d(y) \geqslant 3$, 使得 $G_i = G_{i+1}/xy$.

此外, 这种序列中的每个图都是 3-连通的.

证明　如果 G 是 3-连通的, 那么由引理 3.2.4 知, 存在一个满足 (i) 和 (ii) 的 3-连通图序列 $G_0, \cdots, G_n$.

反过来, 为了证明定理的最后一个结论, 设 $G_0, \cdots, G_n$ 是满足 (i) 和 (ii) 的一个图序列, 我们证明对每个 $i < n$, 如果 G_i 是 3-连通的, 那么图 G_{i+1} 也是 3-连通的. 假设这不成立, 令 S 是 G_{i+1} 中一个至多包含 2 个顶点的分隔, 而 C_1, C_2 是 $G_{i+1} - S$ 的两个分支. 由于 x 和 y 相邻, 所以可以假设 $\{x, y\} \cap V(C_1) = \varnothing$ (图 3.2.2). 那么, C_2 既不同时包含顶点 x 和 y, 也不包含顶点 $v \notin \{x, y\}$: 否则, 在 G_i 中 v_{xy} 或 v 可通过至多两个顶点从 C_1 中分离出来, 矛盾. 但是, C_2 现仅包含一个顶点, 它要么是 x 要么是 y, 但这与假设 $d(x), d(y) \geqslant 3$ 矛盾. □

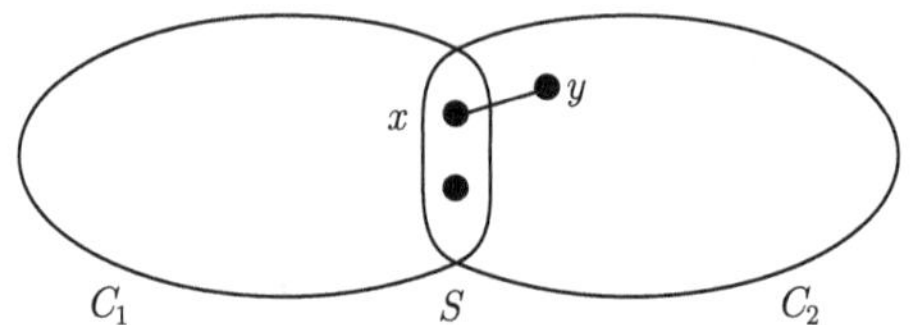

图 3.2.2　定理 3.2.5 证明中 $xy \in G_{i+1}$ 的位置

和定理 3.2.3 一样, 定理 3.2.5 使得我们可以从 K^4 开始, 通过局部的改变来递归地构造所有的 3-连通图. 给定一个已经构造好的 3-连通图, 选定任何一个顶点 v, 把该顶点分裂成两个相邻的顶点 v' 和 v'', 并随意地将它们连接到 v 以前的邻点上使得每个至少连接两个邻点. 这就是 Tutte 的**轮子定理** (wheel theorem)[4]的核心思想.

对更大的整数 k, 上面的构造不再成立: 不是每个 k-连通图都可以通过收缩一条边来得到另外一个 k-连通图的. 然而, 对每个 k 存在一个常数 n_k 使得, 每个 k-连通图通过删除或者收缩一条边而得到的图中没有小于 k 的分离集, 满足分离的两部分都有至少 n_k 个顶点. 详见本章末的注解.

定理 3.2.6 (Tutte, 1963)　3-连通图的圈空间是由它的非分离导出圈所生成的.

证明　设 G 是一个给定的 n 个顶点的图. 为了证明 G 的每个圈 C 是它的非分离导出圈的和, 我们对 $k(C) := n - b$ 用归纳法, 这里 b 表示 $G - C$ 的分支的最大顶点数 (如果存在分支), 如果 $V(C) = V(G)$, 那么 $b = 0$.

当 $k(C) = 0$ 时, 不存在圈 C, 因此归纳法的基本步骤成立. 设 C 是归纳步骤

4 形如 $C^n * K^1$ 的图称为**轮子** (wheel), 所以 K^4 是最小的轮子.

中给定的圈, 如果 C 是一个支撑圈, 那么它是两个圈 $C_1, C_2 \subseteq C+e$ 的和, 这里 e 是一条弦. 因为 $k(C_1), k(C_2) < n = k(C)$, 由归纳法得证.

其次, 假设 $G - C \neq \varnothing$, 设 B 是 $G - C$ 的一个最大分支. 假设

> $G - B$ 包含一条 C-路 $P = u \cdots v$ 使得 C 的两个 u-v 路都包含一个属于 $N(B)$ 的内点. $(*)$

那么 C 是两个包含 P 的圈 $C_1, C_2 \subseteq C \cup P$ 的和, 且对每个这样的圈 C_i, 存在 $G - C_i$ 的一个分支严格包含 B (图 3.2.3). 因此 $k(C_i) < k(C)$, 由归纳法得证.

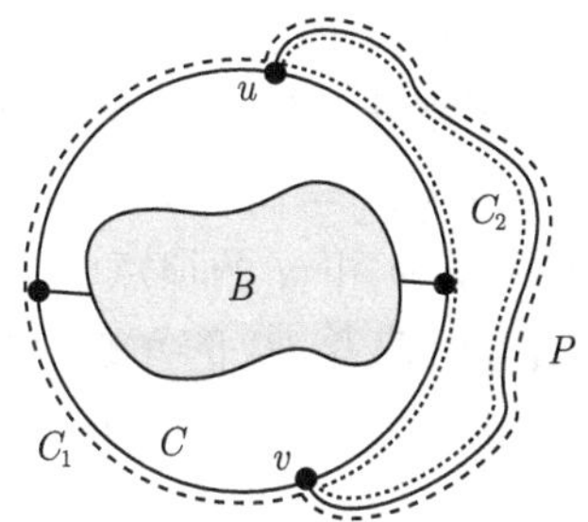

图 3.2.3　C_1 和 C_2 用虚线表示

最后, 假设 $(*)$ 不成立, 那么 C 的每个顶点都有一条边连接到 B. (事实上, 否则, C 包含一个 $N(B)$-路 $Q = x \cdots y$ 使得 $\mathring{Q} \neq \varnothing$. 因为 G 是 3-连通的, 所以 $C - Q \neq \varnothing$, 同时 $G - \{x, y\}$ 中有一个 $\mathring{Q}$-$(C - Q)$ 路. 从而, 这样的路 P 满足 $(*)$.) 由于 $V(C) = N(B)$, 故 C 的任意弦都是满足 $(*)$ 的一条路 P, 因此 C 是无弦的. 除非 C 本身是导出的且是非分离的, 那么 $G - C$ 有一个分支 $B' \neq B$. 设 $P = u \cdots v$ 是一个通过 B' 的 C-路, 且 Q 是 $G - \{u, v\}$ 中的 C-P 路, 注意到 Q 也不和 B 相交, 所以 $C \cup P \cup Q$ 包含三个圈 C_1, C_2, C_3, 它们的和是 C, 且每个避开 C 的一个顶点 (图 3.2.4). 因为 C 的每个顶点连接到 B, 所以对每个 i, $k(C_i) < k(C)$, 归纳证明完成. □

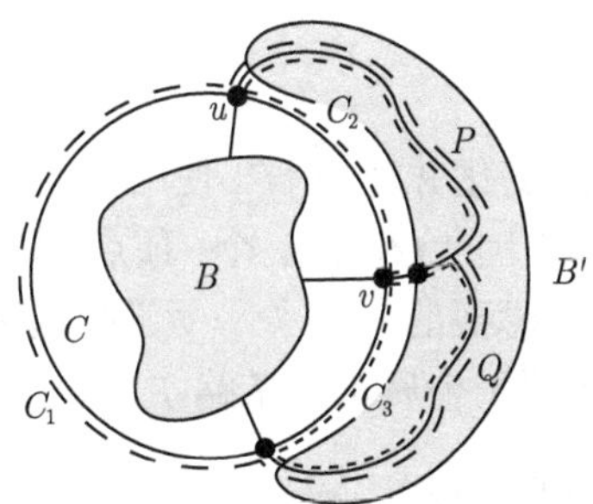

图 3.2.4　三个圈 C_1, C_2 和 C_3 一起组成 C, 同时每个圈都避开 C 上连接到 B 的一个顶点

3.3　Menger 定理

下面的定理是图论中重要的基石之一.

定理 3.3.1 (Menger, 1927)　设 $G = (V, E)$ 是一个图且 $A, B \subseteq V$. 那么, G 中分离 A 和 B 的顶点的最小数目等于 G 中互不相交的 A-B 路的最大数目.

我们给出三个证明. 给定 G, A, B 如定理所述, 用 $k = k(G, A, B)$ 表示 G 中把 A 和 B 分离所需要的最少顶点个数. 显然, 图 G 不可能包含多于 k 条不交 A-B 路, 我们的任务是证明存在 k 条这样的路.

第一个证明　对 $\|G\|$ 使用归纳法. 若 G 不含边, 则 $|A \cap B| = k$ 且存在 k 条平凡的 A-B 路. 因此, 假设 G 包含边 $e = xy$. 如果 G 没有 k 条不交的 A-B 路, 那么 G/e 也没有, 这里, 如果在 G 中 x 和 y 两顶点中至少有一个属于 A (或者 B), 我们把收缩顶点 v_e 看成 G/e 中 A (或者 B) 的元素. 由归纳假设, G/e 包含一个少于 k 个顶点的 A-B 分隔 Y, 其中顶点 v_e 一定在 Y 中, 否则, $Y \subseteq V$ 就是 G 的一个 A-B 分隔. 于是, $X := (Y \setminus \{v_e\}) \cup \{x, y\}$ 是 G 的一个恰好有 k 个顶点的 A-B 分隔.

现在考察图 $G - e$. 因为 $x, y \in X$, 所以 $G - e$ 中的每个 A-X 分隔也是 G 中的 A-B 分隔, 因此这个 A-X 分隔至少有 k 个顶点. 由归纳假设, $G - e$ 中存在 k 条不交的 A-X 路; 类似地, $G - e$ 中存在 k 条不交的 X-B 路. 由于 X 分离 A 和 B, 这两个路系统不可能在 X 外面相交, 因此它们可以合并成 k 条不交的 A-B 路. □

令 $\mathcal{P}$ 表示一个不交 A-B 路的集合, 而 $\mathcal{Q}$ 表示另外一个这样的集合. 我们说 $\mathcal{Q}$ **超过** (exceed) $\mathcal{P}$, 如果 A 中属于 $\mathcal{P}$ 的某条路上的顶点集合是 A 中属于 $\mathcal{Q}$ 的某条路上的顶点集合的真子集; 同样地, 对 B 也成立. 那么, 特别地, $|\mathcal{Q}| \geqslant |\mathcal{P}| + 1$.

第二个证明　我们证明下面这个更强的结论:

> 如果 $\mathcal{P}$ 是 G 中包含少于 k 条不交 A-B 路的集合,
> 那么 G 包含一个具有 $|\mathcal{P}| + 1$ 条不交 A-B 路的集合,
> 它超过 $\mathcal{P}$.

保持 G 和 A 不变, 我们让 B 变化并对 $|\bigcup \mathcal{P}|$ 使用归纳法. 令 R 表示一条 A-B 路, 它避开了 B 中在 $\mathcal{P}$ 的某条路上的 (少于 k 个) 顶点. 如果 R 避开 $\mathcal{P}$ 中所有的路, 那么 $\mathcal{P} \cup \{R\}$ 超过 $\mathcal{P}$, 这正是想要的. (当 $\mathcal{P} = \varnothing$ 时, 这种情况会发生, 从而开始归纳法.) 否则, 令 x 是 R 中最后一个属于某条路 $P \in \mathcal{P}$ 上的顶点 (图 3.3.1). 令

$$B' := B \cup V(xP \cup xR) \quad 和 \quad \mathcal{P}' := (\mathcal{P} \setminus \{P\}) \cup \{Px\}.$$

于是, $|\mathcal{P}'| = |\mathcal{P}|$ (但 $|\bigcup \mathcal{P}'| < |\bigcup \mathcal{P}|$) 且 $k(G, A, B') \geqslant k(G, A, B)$, 从而由归纳假设知, 存在一个超过 $\mathcal{P}'$ 的集合 $\mathcal{Q}'$, 它包含 $|\mathcal{P}'| + 1$ 条不交的 A-B 路. 从而, $\mathcal{Q}'$ 包含

一条终止于 x 的路 Q 和一条唯一的路 Q', 它的最后一个顶点 y 不是 $\mathcal{P}'$ 中某条路的最后一个顶点.

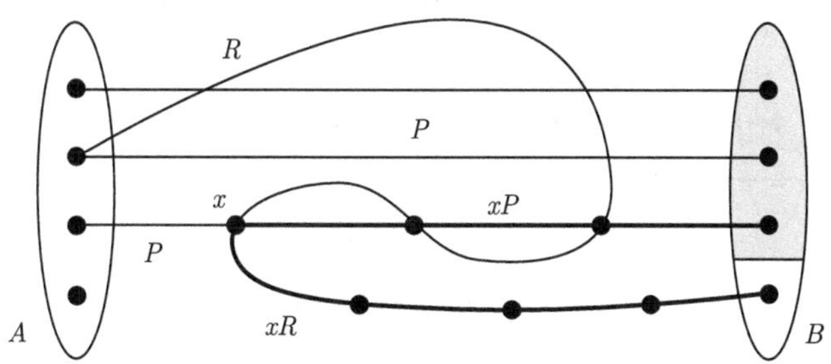

图 3.3.1 Menger 定理的第二个证明中的路

如果 $y \notin xP$, 令 $\mathcal{Q}$ 表示在 $\mathcal{Q}'$ 中通过添加 xP 到 Q, 并添加 yR 到 Q' (如果 $y \notin B$) 而得到的集合. 否则, $y \in \mathring{x}P$, 我们令 $\mathcal{Q}$ 表示在 $\mathcal{Q}'$ 中通过添加 xR 到 Q, 并添加 yP 到 Q' 所得到的集合. 正如所希望的那样, 在所有可能的情形, $\mathcal{Q}$ 都超过 $\mathcal{P}$. □

应用到二部图上, Menger 定理的特殊情形就是 König 定理 (2.1.1). 对于第三个证明, 我们将把 König 定理证明中的交错路方法应用到定理 3.3.1 这个更一般的情形中. 再次给定 G, A, B, 并令 $\mathcal{P}$ 表示 G 中不交 A-B 路的集合. 我们称一个 A-B 分隔 $X \subseteq V$ **在 $\mathcal{P}$上**, 如果它是从 $\mathcal{P}$ 的每条路上恰好选取一个顶点而组成的. 如果可以找到这样一个分隔 X, 则显然有 $k \leqslant |X| = |\mathcal{P}|$, 从而 Menger 定理得证.

令

$$V[\mathcal{P}] := \bigcup \{V(P) \mid P \in \mathcal{P}\},$$
$$E[\mathcal{P}] := \bigcup \{E(P) \mid P \in \mathcal{P}\}.$$

我们称图 G 中的途径 $W = x_0 e_0 x_1 e_1 \cdots e_{n-1} x_n$ (这里, 只要 $i \neq j$, 就有 $e_i \neq e_j$) 是关于 $\mathcal{P}$ **交替的** (alternate)(图 3.3.2), 如果它在 $A \setminus V[\mathcal{P}]$ 中开始, 并且对于所有的 $i < n$ 下面三个条件成立 (在 (iii) 中有 $e_{-1} := e_0$):

(i) 如果 $e_i = e \in E[\mathcal{P}]$, 那么 W 反向穿过 e, 即对于某个 $P \in \mathcal{P}$ 有 $x_{i+1} \in P\mathring{x}_i$;

(ii) 如果 $x_i = x_j$ $(i \neq j)$, 那么 $x_i \in V[\mathcal{P}]$;

(iii) 如果 $x_i \in V[\mathcal{P}]$, 那么 $\{e_{i-1}, e_i\} \cap E[\mathcal{P}] \neq \varnothing$.

注意到, 由 (ii) 知, 任何 $V[\mathcal{P}]$ 外面的顶点在 W 上至多出现一次. 由于 W 上的边 e_i 互不相同, (iii) 蕴含着任何顶点 $v \in V[\mathcal{P}]$ 在 W 上至多出现两次. 对于 $v \neq x_n$, 这只能以下面两种方式出现. 如果对于 $0 < i < j < n$ 有 $x_i = x_j$, 那么

$$\text{要么} \, e_{i-1}, e_j \in E[\mathcal{P}] \text{ 且 } e_i, e_{j-1} \notin E[\mathcal{P}],$$
$$\text{要么} \, e_i, e_{j-1} \in E[\mathcal{P}] \text{ 且 } e_{i-1}, e_j \notin E[\mathcal{P}].$$

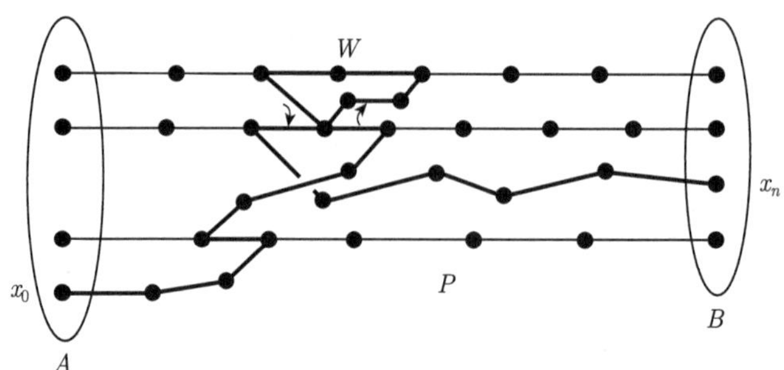

图 3.3.2　一条从 A 到 B 的交错途径

除非特别声明, 下面所使用的“交错”均是关于固定路体系 $\mathcal{P}$ 的.

下面两个引理一起组成了 Menger 定理的第三个证明. 我们用一种可以在第 8 章重新使用的方式来描述和证明它, 第 8 章将证明无限图的 Menger 定理.

引理 3.3.2　*如果一条如上所述的交错途径 W 在 $B\backslash V[\mathcal{P}]$ 中终止, 那么 G 包含一个由不交 A-B 路组成的集合, 它超过 $\mathcal{P}$.*

证明　我们可以假定 W 只有第一个顶点在 $A\setminus V[\mathcal{P}]$ 中, 并且仅有最后一个顶点在 $B\setminus V[\mathcal{P}]$ 中. 设 H 是定义在 $V(G)$ 上的图, 它的边集是 $E[\mathcal{P}]$ 与 $\{e_0,\cdots,e_{n-1}\}$ 的对称差. 在 H 中, $\mathcal{P}$ 中路的端点和 W 的端点均为度 1 (如果路或 W 是平凡的, 则度为 0), 其他顶点的度为 0 或 2.

因此, 对于每个顶点 $a\in(A\cap V[\mathcal{P}])\cup\{x_0\}$, 图 H 中包含 a 的分支是一条从 a 开始, 在 A 或 B 终止的路, 不妨设该路为 $P=v_0\cdots v_k$. 利用条件 (i) 和 (iii), 对 $i=0,\cdots,k-1$ 进行归纳, 易证 P 在 $\mathcal{P}$ 或 W 的前行方向上穿越每条边 $e_i=v_iv_{i+1}$. (准确地说, 如果 $e\in P'$, 其中 $P'\in\mathcal{P}$, 那么 $v_i\in P'\mathring{v}_{i+1}$; 如果 $e=e_j\in W$, 那么 $v_i=x_j$ 且 $v_{i+1}=x_{j+1}$.) 所以 P 是一条 A-B 路. (当 G 是无限图时, 最后这个结论使用了 W 只和 $\mathcal{P}$ 中有限条路相交这一事实, 因此 H 的每个分支是有限的.)

类似地, 对于每个顶点 $b\in(B\cap V[\mathcal{P}])\cup\{x_n\}$, 图 H 中存在一条终止于 b 的 A-B 路. 因此, 图 H 中 A-B 路的集合超过 $\mathcal{P}$. □

引理 3.3.3　*如果不存在一条如上面所述的交错途径 W 终止于 $B\setminus V[\mathcal{P}]$, 那么 G 包含一个 $\mathcal{P}$ 上的 A-B 分隔.*

证明　令

$$A_1:=A\cap V[\mathcal{P}]\quad 且\quad A_2:=A\setminus A_1$$

和

$$B_1:=B\cap V[\mathcal{P}]\quad 且\quad B_2:=B\setminus B_1.$$

对每条路 $P\in\mathcal{P}$, 让 x_P 表示 P 中位于某条交错途径上的最后一个顶点, 如果这样的顶点不存在, 则 x_P 表示 P 的第一个顶点. 我们的目标是证明

$$X := \{x_P \mid P \in \mathcal{P}\}$$

与 G 中每条 A-B 路相交, 于是, X 是 $\mathcal{P}$ 上的一个 A-B 分隔.

假设存在一条避开 X 的 A-B 路 Q. 我们知道 Q 与 $V[\mathcal{P}]$ 相交, 不然, 它会是一条终止于 B_2 的交错途径. 现在, Q 中的 A-$V[\mathcal{P}]$ 路或者是一条交错途径, 或者是仅由 $\mathcal{P}$ 中某些路的第一个顶点组成的路. 所以, Q 也与顶点集合 $V[\mathcal{P}']$ 相交, 其中

$$\mathcal{P}' := \{Px_P \mid P \in \mathcal{P}\}.$$

令 y 表示 Q 上最后一个在 $V[\mathcal{P}']$ 中的顶点, 不妨设 $y \in P \in \mathcal{P}$, 令 $x := x_P$. 因为 Q 避开 X, 所以 Q 也避开 x, 因此我们有 $y \in P\mathring{x}$. 特别地, $x = x_P$ 不是 P 的第一个顶点, 从而存在一条终止于 x 的交错途径 W. 于是, $W \cup xPyQ$ 是一条从 A_2 到 B 的途径 (图 3.3.3). 如果这条途径是交错的且终止于 B_2, 则我们得到所需要的矛盾.

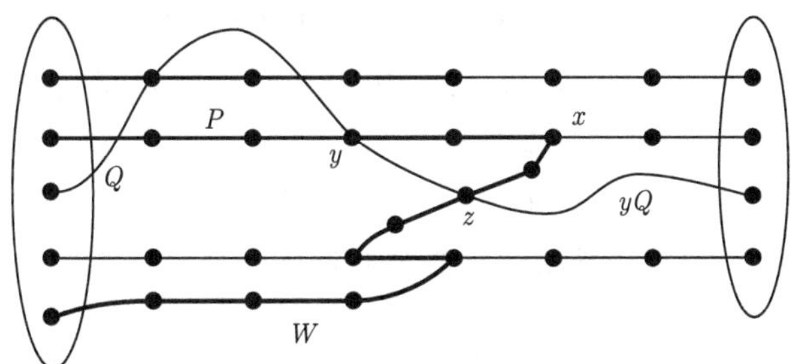

图 3.3.3 引理 3.3.3 证明中的交错途径

$W \cup xPyQ$ 怎样才可能不是交错的呢? 例如, W 可能已经使用了 xPy 的一条边, 但是, 如果 x' 是 W 上第一个在 $xP\mathring{y}$ 中的顶点, 那么 $W' := Wx'Py$ 是一条从 A_2 到 y 的交错途径. (这里 Wx' 指 W 上从最开始到 x' 首次出现处的那一段, 从那儿 W' 沿着 P 返回到 y.) 即使新的途径 $W'yQ$ 不一定是交替的 (例如, W' 仍然可能与 $\mathring{y}Q$ 相交), 但是由 $\mathcal{P}'$ 和 W 的定义, 以及 Q 上 y 的选择, 我们有

$$V(W') \cap V[\mathcal{P}] \subseteq V[\mathcal{P}'] \quad \text{且} \quad V(\mathring{y}\,Q) \cap V[\mathcal{P}'] = \varnothing.$$

这样, W' 和 $\mathring{y}Q$ 只可能在 $\mathcal{P}$ 的外部相交.

如果 W' 确实与 $\mathring{y}Q$ 相交, 令 z 表示 W' 在 $\mathring{y}Q$ 上的第一个顶点, 且记 $W'' := W'zQ$; 否则, 记 $W'' := W' \cup yQ$. 在这两种情形, W'' 是关于 $\mathcal{P}'$ 交替的, 这是因为 W' 是关于 $\mathcal{P}'$ 交替的, 且 $\mathring{y}Q$ 避开 $V[\mathcal{P}']$. (在第二种情形, 即使 y 在 W' 上出现两次, W'' 在顶点 y 处仍然满足条件 (iii), 因为此时 W'' 包含整条途径 W' 而非最开始的那一段 $W'y$.) 所以, 由 $\mathcal{P}'$ 的定义, W'' 避开 $V[\mathcal{P}] \setminus V[\mathcal{P}']$. 这样, W'' 是关于 $\mathcal{P}$ 交替的且终止于 B_2, 与假设矛盾. □

Menger 定理的第三个证明 让 $\mathcal{P}$ 包含 G 中尽可能多的不交 A-B 路, 于是, 由引理 3.3.2 知, 不存在终止于 $B \setminus V[\mathcal{P}]$ 的交错途径. 由引理 3.3.3, 这表明 G 在 $\mathcal{P}$ 上有一个 A-B 分隔 X, 从而有 $k \leqslant |X| = |\mathcal{P}|$, 正是我们想要证明的. □

如果一族 a-B 路的任意两条都仅有一个公共顶点 a, 则这族路被称为 a-B **扇** (fan).

推论 3.3.4 对 $B \subseteq V$ 及 $a \in V \setminus B$, G 中使 a 和 B 分离的顶点最小数目等于 G 中组成 a-B 扇的路的最大数目.

证明 令 $A := N_G(a)$, 对图 $G - a$ 应用定理 3.3.1 即可. □

推论 3.3.5 设 a 和 b 是图 G 中两个不同的顶点.

(i) 如果 $ab \notin E$, 则 G 中使 a 和 b 分离的顶点最小数目等于 G 中独立 a-b 路的最大数目.

(ii) G 中使 a 和 b 分离的边的最小数目等于 G 中边不交的 a-b 路的最大数目.

证明 (i) 令 $A := N_G(a)$ 和 $B := N_G(b)$, 对图 $G - \{a, b\}$ 运用定理 3.3.1 即可.

(ii) 令 $A := E(a)$ 和 $B := E(b)$, 将定理 3.3.1 应用到 G 的线图上即可. □

定理 3.3.6 (Menger 定理的整体形式)

(i) 一个图是 k-连通的当且仅当它的任意两个顶点之间都有 k 条独立路.

(ii) 一个图是 k-边连通的当且仅当它的任意两个顶点之间都有 k 条边不交的路.

证明 (i) 如果 G 中任意两个顶点之间都有 k 条独立路, 那么 $|G| > k$ 且 G 不可能被少于 k 个顶点所分离, 因此, G 是 k-连通的.

反过来, 假设 G 是 k-连通的 (并且, 包含多于 k 个顶点), 但 G 中存在顶点 a, b 不能被 k 条独立路连接. 由推论 3.3.5 (i) 知, a 和 b 是相邻的, 令 $G' := G - ab$, 则图 G' 至多包含 $k-2$ 条独立 a-b 路. 由推论 3.3.5 (i), 我们可以用至多 $k-2$ 个顶点的集合 X 在 G' 中将 a 与 b 分离. 因为 $|G| > k$, 故 G 中至少还存在另外一个顶点 $v \notin X \cup \{a, b\}$. 现在, 在 G' 中 X 将 v 和 a 或 b 分离, 这里不妨设与 a 分离. 但是, G 中分离 v 和 a 的集合 $X \cup \{b\}$ 至多有 $k-1$ 个顶点, 与 G 的 k-连通性矛盾.

(ii) 由推论 3.3.5 (ii) 直接推出. □

3.4 Mader 定 理

与 Menger 定理类似, 我们可以考虑下面这个问题: 给定一个图 G 以及一个导出子图 H, 在 G 中我们可以找到多少条独立的 H-路呢?

在本节, 我们给出 Mader 的一个深刻定理, 但不给出证明, 该定理用类似于 Menger 定理的方式解决了上述的问题. 进一步地, 定理阐述了这样一个事实: 从某些分隔的大小可以自然地产生的这样路的个数的上界, 而这个上界是可以通过选择合适的路集合而达到的.

那么这个上界会是怎样的呢? 显然, 如果 $X \subseteq V(G-H)$ 和 $F \subseteq E(G-H)$ 满足 G 中每一条 H-路都有一个顶点或一条边属于 $X \cup F$, 那么 G 不可能包含多于 $|X \cup F|$ 条独立的 H-路. 所以, 这样一个集合 $X \cup F$ 的最小基数是独立 H-路的最大数目的一个自然上界. (注意, 每一条 H-路与 $G-H$ 相交, 这是因为 H 在 G 中是导出的且 H 的边不能看成 H-路.)

与 Menger 定理比较, 这个界仍可以改进. $|X \cup F|$ 的极小性表明 F 中的边没有端点在 X 中: 否则, 分隔不需要这条边. 令 $Y := V(G-H) \setminus X$, 并用 $\mathcal{C}_F$ 表示图 (Y, F) 的分支的集合. 由于每条避免 X 的 H-路都包含 F 的一条边, 故对某个 $C \in \mathcal{C}_F$ 它包含至少两个 ∂C 中的顶点, 其中 ∂C 表示 C 中有一个邻点属于 $G-X-C$ 的顶点集合 (图 3.4.1). 因此, G 中独立 H-路的数目具有上界

$$M_G(H) := \min\left(|X| + \sum_{C \in \mathcal{C}_F} \left\lfloor \frac{1}{2}|\partial C| \right\rfloor\right),$$

其中, 最小遍取所有上面讨论的 X 和 F: $X \subseteq V(G-H)$ 且 $F \subseteq E(G-H-X)$ 使得 G 中每条 H-路都有一个顶点或一条边属于 $X \cup F$.

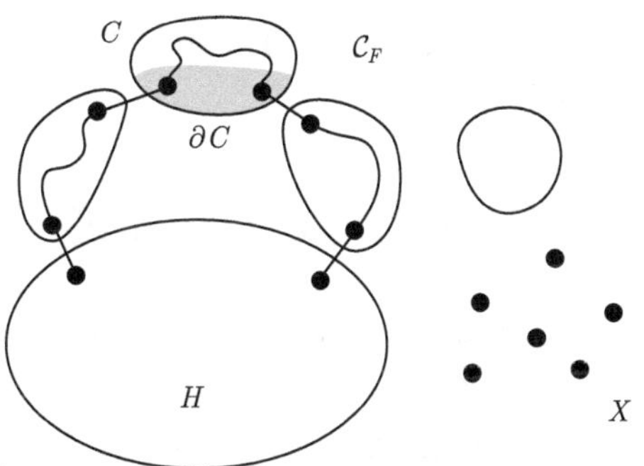

图 3.4.1 $G-X$ 中的一条 H-路

Mader 定理指出这个上界总可以通过某个独立 H-路的集合达到:

定理 3.4.1 (Mader, 1978) 给定图 G 及它的一个导出子图 H, G 中总存在 $M_G(H)$ 条独立的 H-路.

为了直接得到类似于 Menger 定理的顶点和边版本, 我们考虑上述问题中当 F 或 X 是空集这两种特殊情形. 给定一个导出子图 $H \subseteq G$, 用 $\kappa_H(G)$ 表示与 G 中的每条 H-路都相交的顶点集合 $X \subseteq V(G-H)$ 的最小基数. 类似地, 用 $\lambda_H(G)$ 表示与 G 中的每条 H-路都相交的边集合 $F \subseteq E(G)$ 的最小基数.

推论 3.4.2　给定图 G 及它的一个导出子图 H, G 中存在至少 $\frac{1}{2}\kappa_H(G)$ 条独立的 H-路和至少 $\frac{1}{2}\lambda_H(G)$ 条边不交的 H-路.

证明　要证明第一个结论, 令 k 表示 G 中独立 H-路的最大数目. 由定理 3.4.1 知, 存在集合 $X \subseteq V(G-H)$ 以及 $F \subseteq E(G-H-X)$ 满足

$$k = |X| + \sum_{C \in \mathcal{C}_F} \left\lfloor \frac{1}{2}|\partial C| \right\rfloor,$$

使得 G 中每一条 H-路都有一个顶点在 X 中或一条边在 F 中. 对每个具有 $\partial C \neq \varnothing$ 的 $C \in \mathcal{C}_F$, 任选一个顶点 $v \in \partial C$ 并令 $Y_C := \partial C \setminus \{v\}$, 如果 $\partial C = \varnothing$, 则令 $Y_C := \varnothing$. 那么, 对所有的 $C \in \mathcal{C}_F$, 有 $\left\lfloor \frac{1}{2}|\partial C| \right\rfloor \geqslant \frac{1}{2}|Y_C|$. 此外, 对 $Y := \bigcup_{C \in \mathcal{C}_F} Y_C$, 每条 H-路都有一个顶点在 $X \cup Y$ 中. 因此

$$k \geqslant |X| + \sum_{C \in \mathcal{C}_F} \frac{1}{2}|Y_C| \geqslant \frac{1}{2}|X \cup Y| \geqslant \frac{1}{2}\kappa_H(G),$$

这正是我们想证明的.

考虑图 G 的线图, 由第一个结论知第二个结论成立 (练习 25).　□

令人惊讶的是, 推论 3.4.2 中的界 (作为一般的界) 是最好的, 即我们可以找到具体的 G 和 H, 使得 G 不包含多于 $\frac{1}{2}\kappa_H(G)$ 条独立的 H-路或多于 $\frac{1}{2}\lambda_H(G)$ 条边不交的 H-路 (练习 26 和练习 27).

3.5　顶点对之间的连接

设 G 是一个图, $X \subseteq V(G)$ 是一个顶点集, 我们称 X 在 G 中是**连接的** (linked), 如果在 X 中无论如何选取不同的顶点 $s_1, \cdots, s_\ell, t_1, \cdots, t_\ell$, 总能在 G 中找到不相交的路 $P_1, \cdots, P_\ell$ 使得每条路 P_i 连接 s_i 到 t_i, 并且没有内部顶点属于 X. 因此, 与 Menger 定理不同, 我们不仅寻找两个顶点集之间的不相交路, 还要求每条路都连接一对特定的端点.

如果 $|G| \geqslant 2k$ 且每一个包含至多 $2k$ 个顶点的集合 X 在 G 中是连接的, 那么 G 是 ***k*-连接的** (k-linked). 显然, 这等价于要求 $|G| \geqslant 2k$ 并且任意选择恰好 $2k$ 个不同顶点 $s_1, \cdots, s_k, t_1, \cdots, t_k$, 那么总存在不相交的路 $P_i = s_i \cdots t_i$ (我们总可以通过添加虚拟顶点使得 X 的阶数成为 $2k$). 实际上, 后者更容易证明, 因为我们无须担心 X 中的内部顶点.

显然, 每个 k-连接图是 k-连通的, 但是逆命题远不成立: k-连接性显然是一个比 k-连通性要强很多的性质. 本节将证明, 对某个函数 $f : \mathbb{N} \longrightarrow \mathbb{N}$, 通过假设图是

$f(k)$-连通的, 我们可以保证图是 k-连接的. 首先借用第 7 章的一个引理, 对“这样的函数 f 一定存在”这一命题给出一个漂亮且简单的证明. 在本节的剩余部分, 我们将证明 f 甚至可以是线性的.

简洁证明的基本思路如下：如果能够证明 G 包含一个大的完全图的细分 K, 那么可以用 Menger 定理把 X 中的顶点不相交地连接到 K 的分支顶点, 然后希望通过 K 的细分边将它们按照要求两两配对. 当然, 这就要求路在到达 K 的分支顶点以前不能使用太多的细分边.

引理意味着, 足够大的连通度确实可以保证这样一个完全拓扑子式 K 的存在, 证明将在 7.2 节中给出, 在那里我们也会考虑若干类似结果. 由定理 1.4.3, 只需假定 G 有大的平均度就可以了：

引理 3.5.1 *存在一个函数 $h:\mathbb{N}\longrightarrow\mathbb{N}$ 使得对所有 $r\in\mathbb{N}$, 每个平均度至少为 $h(r)$ 的图都包含一个拓扑子式 K^r.*

定理 3.5.2 (Jung, 1970; Larman and Mani, 1970) *存在一个函数 $f:\mathbb{N}\longrightarrow\mathbb{N}$ 使得对所有的 $k\in\mathbb{N}$, 每个 $f(k)$-连通的图是 k-连接的.*

证明 设 h 是引理 3.5.1 中的函数, 我们证明定理对 $f(k)=h(3k)+2k$ 成立. 设 G 是一个 $f(k)$-连通的图, 那么 $d(G)\geqslant\delta(G)\geqslant\kappa(G)\geqslant h(3k)$; 设 K 是如引理 3.5.1 中所述的 G 的一个 TK^{3k}, 并令 U 表示其分支顶点的集合.

为了证明 G 是 k-连接的, 先给定不同的顶点 $s_1,\cdots,s_k$ 和 $t_1,\cdots,t_k$, 由 $f(k)$ 的定义, 我们有 $\kappa(G)\geqslant 2k$. 所以, 由 Menger 定理 (3.3.1) 知, G 包含不交路 $P_1,\cdots,P_k,Q_1,\cdots,Q_k$ 使得每条 P_i 从 s_i 开始, 每条 Q_i 从 t_i 开始, 并且所有的路都终止于 U, 但内部顶点都不属于 U. 选定这些路的集合 $\mathcal{P}$ 使得它们在 $E(K)$ 外面的总边数尽可能小.

令 $u_1,\cdots,u_k$ 表示 U 中不是 $\mathcal{P}$ 中某条路的终点的 k 个顶点. 对每个 $i=1,\cdots,k$, 令 L_i 表示 K 中的 U-路 (即 K^{3k} 的细分边), 它从 u_i 开始到 P_i 在 U 中的终点处终止; 并令 v_i 表示 L_i 中第一个属于某条路 $P\in\mathcal{P}$ 的顶点. 由 $\mathcal{P}$ 的定义, P 在 $E(K)$ 外部的边数不超过 $Pv_iL_iu_i$ 在 $E(K)$ 外部的边数, 所以 $v_iP=v_iL_i$, 因此 $P=P_i$ (图 3.5.1). 类似地, 如果 M_i 表示 K 中从 u_i 开始到 Q_i 在 U 中的终点处终止的 U-路, w_i 表示 M_i 中第一个属于 $\mathcal{P}$ 中某条路的顶点, 那么这条路就是 Q_i. 从

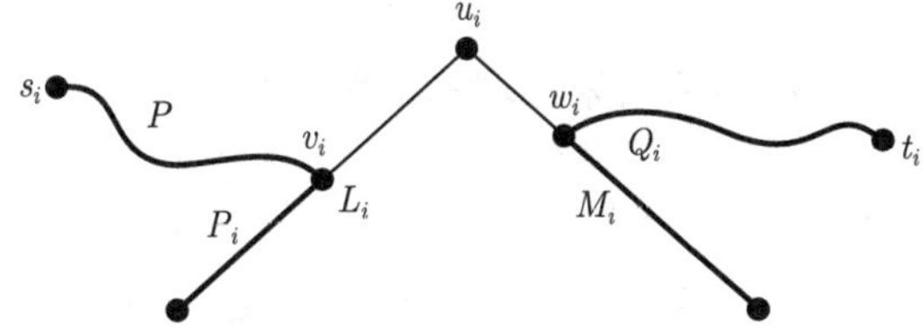

图 3.5.1 构造一条经过 u_i 的 s_i-t_i 路

而, 路 $s_iP_iv_iL_iu_iM_iw_iQ_it_i$ 对不同的 i 是不相交的, 所以 G 是 k-连接的. □

引理 3.5.1 中的 h (将在命题 7.2.2 的证明中给出) 是关于 r 的一个指数函数, 所以只提供了定理 3.5.2 的函数 $f(k)$ 的一个指数上界. 因为 $2\varepsilon(G) \geqslant \delta(G) \geqslant \kappa(G)$, 下面的结果意味着函数 f 有个线性界 $f(k) = 16k$:

定理 3.5.3 (Thomas and Wollan, 2005) 设 G 是一个图, 且 $k \in \mathbb{N}$. 如果 G 是 $2k$-连通的且 $\varepsilon(G) \geqslant 8k$, 那么 G 是 k-连接的.

证明定理 3.5.3 前, 我们先给出一个引理.

引理 3.5.4 每个满足 $\delta(G) \geqslant 8k \geqslant |H|/2$ 的图 H 包含一个 k-连接的子图.

证明 如果 H 本身是 k-连接的, 那么结论显然成立, 故假设 H 不是 k-连接的, 那么可以找到一个集合 X, 它包含 $2k$ 个顶点 $s_1, \cdots, s_k, t_1, \cdots, t_k$, 而这些顶点不能由 H 中不相交的路 $P_i = s_i \cdots t_i$ 连接. 令 $\mathcal{P}$ 表示包含尽可能多这样路的集合, 它们的内部顶点不在 X 中并且每条路的长度至多为 7. 如果有若干个这样的集合 $\mathcal{P}$, 我们就选择一个满足 $|\bigcup\mathcal{P}|$ 最小的 $\mathcal{P}$. 不妨设 $\mathcal{P}$ 不包含从 s_1 到 t_1 的路. 令 J 表示 H 中由 X 以及 $\mathcal{P}$ 中所有路的顶点一起导出的子图, 记 $K := H - J$.

注意到每个顶点 $v \in K$ 在任意给定的路 $P_i \in \mathcal{P}$ 上至多有 3 个邻点: 如果它有 4 个邻点, 那么用路 uvw 代替路段 uP_iw (即 P_i 中第一个和最后一个邻点之间的路段), 将使得 $|\bigcup\mathcal{P}|$ 减小, 这与 $\mathcal{P}$ 的选择矛盾. 因此对所有的 $i = 1, \cdots, k$, v 在 J 中最多有 3 个邻点, 即在 J 中最多有 $3k$ 个邻点. 由假设 $\delta(H) \geqslant 8k$ 以及 $|H| \leqslant 16k$ 和 $|X| = 2k$, 我们可以推出

$$\delta(K) \geqslant 5k \quad 且 \quad |K| \leqslant 14k. \tag{1}$$

下一个目标是证明 K 是不连通的. 由于 $\mathcal{P}$ 中每条路至多有八个顶点, 故有 $|J - \{s_1, t_1\}| \leqslant 8(k-1)$. 因此, s_1 在 K 中有一个邻点 s, 而 t_1 在 K 中有一个邻点 t. 令 $S := \{s' \in K \mid d_K(s, s') \leqslant 2\}$ 和 $T := \{t' \in K \mid d_K(t, t') \leqslant 2\}$. 因为 $H - \bigcup\mathcal{P}$ 不包含长度至多为 7 的 s_1-t_1 路, 故有 $S \cap T = \varnothing$, 因此在 K 中没有 S-T 边. 要证明 K 是不连通的, 只需证明 $V(K) = S \cup T$. 对任意顶点 $v \in K - (S \cup T)$, 集合 $N_K(s)$, $N_K(t)$ 和 $N_K(v)$ 是互不相交的且每个集合的基数至少为 $5k$, 这与 (1) 矛盾.

所以 K 是不连通的; 令 C 表示它的较小分支. 由 (1) 知

$$2\delta(C) \geqslant 2\delta(K) \geqslant 7k + 3k \geqslant \frac{1}{2}|K| + 3k \geqslant |C| + 3k. \tag{2}$$

我们通过证明 C 是 k-连接的来结束定理的证明. 因为 $\delta(C) \geqslant 5k$, 故有 $|C| \geqslant 2k$. 设 Y 是 C 中至多有 $2k$ 个顶点的集合. 由 (2) 知, Y 中任意两个顶点都至少有 $3k$ 个公共的邻点, 且这些公共邻点中至少有 k 个在 Y 的外部. 因此, 通过那些内部顶点均在 Y 的外部的长为 2 的路, 我们可以归纳地连接 Y 中任意 $\ell \leqslant k$ 对想要连接的顶点. □

在证明定理 3.5.3 之前, 我们先看一下证明的主要思想. 为了证明 G 是 k-连接的, 给定包含 $2k$ 个顶点的集合 X, 证明 X 在 G 中是连接的. 在理想的情况, 我们希望利用引理 3.5.4 在 G 中某处找到一个连接子图 L, 然后由 Menger 定理 (3.3.1) 并通过假设 $\kappa(G) \geqslant 2k$ 得到 $|X|$ 条不交的 X-L 路. 从而, 通过这些路和 L 得到 X 是连接的, 完成证明.

不幸的是, 我们不能期望找到一个子图 H 使得 $\delta(H) \geqslant 8k$ 同时 $|H| \leqslant 16k$ (在这种情况, 利用引理 3.5.4 可找到 L), 参考推论 11.2.3. 然而, 找到一个包含这样子图的子式 $H \preccurlyeq G$ 却并不困难 (第 7 章练习 21), 甚至可以使 X 的顶点属于 H 的不同分支集合中. 于是可以把 X 看成 $V(H)$ 的子集, 从而引理 3.5.4 给出了 H 的一个连接子图 L. 现在, 唯一的问题是 H 不再是 $2k$-连通的, 即假设条件 $\kappa(G) \geqslant 2k$ 不能确保我们可以利用 H 中 $|X|$ 条不交路将 X 连接到 L.

接下来是证明中的巧妙之处: 它将假设条件 $\kappa \geqslant 2k$ 放宽成一个可以传递到 H 上的较弱假设. 这个较弱假设是: 如果我们可以用少于 $|X|$ 个顶点把 X 从 G (或 H) 的另外部分分离出来, 那么这个另外部分一定是"轻的": 粗略地说, ε 自身的值一定不超过 $8k$. 如果不能用 $|X|$ 条不交路把 X 连接到 L, 那么 H 包含一个分离 $\{A, B\}$ 使得 $X \subseteq A$, $L \subseteq B$ 且 $|A \cap B| < |X|$, 所以我们知道 ε 在 $H[A]$ 上仍然至少为 $8k$, 这是因为 H 的 B-部分是"轻的".

现在, 证明的思路是继续在 $H' := H[A]$ 上用归纳法. 因为 ε 仅仅在 H' 上较大并不足够, 因此这里仍需要一些技巧: 进一步要求, 对 H' 的每个满足 $X \subseteq A'$ 的低阶分离 (A', B'), B' 的部分是"轻的"; 这并不一定成立, 但是如果它不成立, 那么我们将可以在 $H'[B']$ 上使用归纳法来证明"$A' \cap B'$ 在 $H'[B']$ 中是连接的", 使用这个事实来证明 X 在 H 中是连接的.

给定 $k \in \mathbb{N}$, 图 G 以及 $A, B, X \subseteq V(G)$. 如果 $\{A, B\}$ 是 G 的一个真分离, 其阶至多为 $|X|$ 且 $X \subseteq A$, 则称有序对 (A, B) 为 G 的一个 **X-分离** (X-separation). 如果 $|A \cap B| < |X|$, 则称它是一个**小的 X-分离** (small X-separation); 如果 $A \cap B$ 在 $G[B]$ 中是连接的, 则称这个 X-分离是**连接的** (linked).

我们称集合 $U \subseteq V(G)$ 在 G 中是**轻的** (light), 如果 $\|U\|^+ \leqslant 8k|U|$, 其中 $\|U\|^+$ 代表至少有一个端点在 U 中的 G 的边的条数. 如果一个顶点集合不是轻的, 就称它是**重的** (heavy).

定理 3.5.3 的证明 给定 $k \in \mathbb{N}$, 我们证明下述命题:

> 设 $G = (V, E)$ 是一个图, $X \subseteq V(G)$ 是一个最多包含 $2k$ 个顶点的集合. 如果 $V \setminus X$ 是重的, 且对每一个小的 X-分离 (A, B), 集合 $B \setminus A$ 是轻的, 那么 X 在 G 中是连接的. $(*)$

要证明 $(*)$ 蕴含着本定理, 假设 $\kappa(G) \geqslant 2k$ 且 $\varepsilon(G) \geqslant 8k$, 设 X 是恰好包含 $2k$ 个

顶点的集合, 那么 G 中没有小的 X-分离, 并且 $V \setminus X$ 是重的, 这是因为

$$\|V \setminus X\|^+ \geqslant \|G\| - \binom{2k}{2} > 8k|V| - 16k^2 = 8k|V \setminus X|.$$

由 $(*)$ 知, X 在 G 中是连接的, 从而证明了 G 是 k-连接的.

对 $|G|$ 用归纳法来证明 $(*)$, 并且对于 $|G|$ 的每个值, 对 $\|V \setminus X\|^+$ 用归纳法. 如果 $|G| = 1$, 那么 X 在 G 中是连接的. 在归纳步骤中, 给定 G 和 X 如 $(*)$ 中所述. 先证明下列命题:

我们可以假设 G 没有连接的 X-分离. (1)

我们用反证法证明 (1), 假设 G 有一个连接的 X-分离 (A, B). 选择一个 X-分离使得 A 达到极小, 并且令 $S := A \cap B$.

首先考虑 $|S| = |X|$ 的情形, 如果 $G[A]$ 包含 $|X|$ 条不交的 X-S 路, 因为 (A, B) 是连接的, 那么 X 在 G 中是连接的, 所以完成 $(*)$ 的证明; 否则, 由 Menger 定理 (3.3.1), $G[A]$ 有一个小的 X-分离 (A', B') 使得 $B' \supseteq S$. 如果选择一个具有最小阶 (即 $|A' \cap B'|$ 最小) 的分离, 又由 Menger 定理知, 我们可以在 $G[B']$ 中用 $|A' \cap B'|$ 条不交的路将 $A' \cap B'$ 连接到 S. 那么, $(A', B' \cup B)$ 是 G 的一个连接的 X-分离, 又与 (A, B) 的选择矛盾.

所以 $|S| < |X|$. 设 G' 是由 $G[A]$ 通过添加 S 中所有缺失的边而得到的图, 它使得 $G'[S]$ 是 G' 的一个完全子图. 因为 (A, B) 是一个小的 X-分离, $(*)$ 中的假设表明 $B \setminus A$ 在 G 中是轻的. 因此, G' 是由 G 通过删除 X 外部的 $|B \setminus A|$ 个顶点和至多 $8k|B \setminus A|$ 条边, 并可能添加若干边而得到的图. 因为 $V \setminus X$ 在 G 中是重的, 这蕴含着

$A \setminus X$ 在 G' 中是重的.

为了能够对 G' 应用归纳假设, 我们接下来证明对于 G' 的每个小 X-分离 (A', B'), 集合 $B' \setminus A'$ 在 G' 中是轻的; 否则, 选择一个使得 B' 极小的反例 (A', B'). 因为 $G'[S]$ 是完全的, 所以有 $S \subseteq A'$ 或 $S \subseteq B'$.

如果 $S \subseteq A'$, 那么 $B' \cap B \subseteq S \subseteq A'$, 所以 $(A' \cup B, B')$ 是 G 的一个小 X-分离. 此外,

$$B' \setminus (A' \cup B) = B' \setminus A',$$

且在 S 上 $G' - E$ 中没有边与这个集合相关联 (图 3.5.2). 因此, 由 (A', B') 的选择知, 关于“这个集合在 G' 是重的”这一假设蕴含着它在 G 中也是重的. 因为 $(A' \cup B, B')$ 是 G 的一个小 X-分离, 这与 $(*)$ 中的假设矛盾.

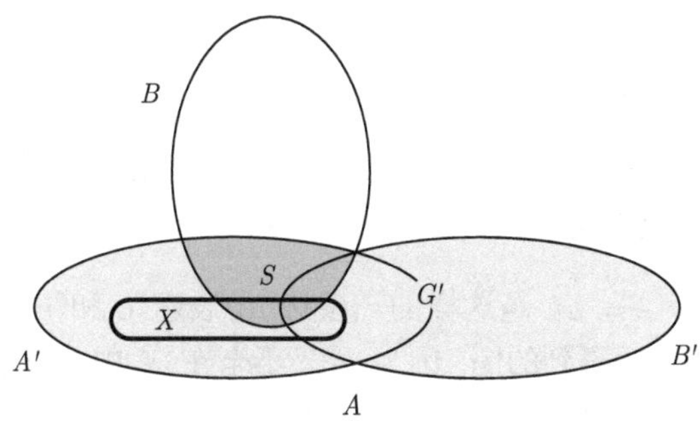

图 3.5.2 如果 $S \subseteq A'$, 那么 $(A' \cup B, B')$ 是 G 的一个 X-分离

因此 $S \subseteq B'$. 由 (A', B') 的选择知, 图 $G'' := G'[B']$ 对 $X'' := A' \cap B'$ 满足 $(*)$ 中的假设. 实际上, $B' \setminus X'' = B' \setminus A'$ 是重的, 由 B' 的极小性知, G'' 的任何小 X''-分离 (A'', B'') 使得 $B'' \setminus A''$ 是轻的, 这是因为 $(A' \cup A'', B'')$ 是 G' 的小 X-分离, 且 $B'' \setminus A'' = B'' \setminus (A' \cup A'')$.

由归纳假设知, X'' 在 G'' 中是连接的. 但是, X'' 在 $G[B' \cup B]$ 中也是连接的: 因为 S 在 $G[B]$ 中是连接的, 我们只需在 G' 的定义中用通过 B 的不交路替代 S 上添加的所有边 (图 3.5.3) 即可. 但是现在 $(A', B' \cup B)$ 是 G 的一个连接的 X-分离, 该分离与 (A, B) 的选择中 A 的极小性相悖.

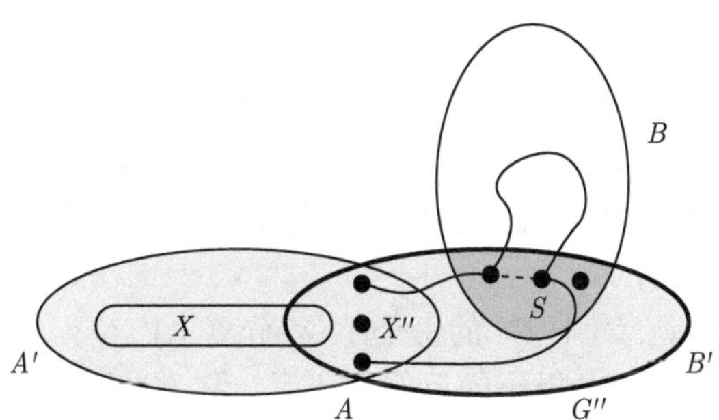

图 3.5.3 如果 $S \subseteq B'$, 那么 $(A', B' \cup B)$ 在 G 中是连接的

这样, 我们就证明了 G' 关于 X 满足 $(*)$ 中的假设. 由于 $\{A, B\}$ 是一个真分离, 故 G' 中的顶点比 G 中的少, 因此由归纳假设, X 在 G' 中是连接的. 和前面一样, 用通过 B 的路替代 S 上 $G' - E$ 的边, 可以将 G' 中 X 的任何连接关系转变成 G 中的连接关系, 从而 $(*)$ 得证, 即证明了 (1).

下一个目标是, 利用归纳假设来证明可以假设 G 不仅具有大的平均度, 还具有大的最小度. 为了证明 X 在 G 中是连接的, 令 $s_1, \cdots, s_\ell, t_1, \cdots, t_\ell$ 表示 X 中的不同顶点, 我们希望可以用不交路 $P_i = s_i \cdots t_i$ 连接它们. 在 G 中添加那些不在 X 的边 (边 $s_i t_i$ 除外), 因为路 P_i 的内部顶点不允许在 X 中, 这些新边既不影响 $(*)$

的假设也不影响 $(*)$ 的结论.

这个修改后, 我们可以证明下述结论:

$$\text{我们可以假设任何两个不同时属于 } X \text{ 的相邻顶点 } u,v \text{ 至少有 } 8k-1 \text{ 个公共邻点.} \tag{2}$$

为了证明 (2), 令 $e = uv$ 是这样的一条边, n 表示 u 和 v 的公共邻点的个数, $G' := G/e$ 表示收缩 e 后得到的图. 因为 u, v 不全在 X 中, 我们也可以把 X 看成 $V' := V(G')$ 的一个子集, 如果 $X \cap \{u,v\} \neq \varnothing$, 用 X 中的 u 或 v 代替收缩顶点 v_e. 我们的目标是证明, 如果 (2) 的结论 $n \geqslant 8k-1$ 成立, 那么 G' 已经满足 $(*)$ 中的假设. 于是, 由归纳假设, X 在 G' 中是连接的, 从而 G' 中存在想要的路 $P_1, \cdots, P_\ell$. 如果其中一条路包括 v_e, 用 u 或 v 或 uv 代替 v_e, 将该路转化成 G 中的一条路, $(*)$ 的证明完成.

为了证明 G' 满足关于 X 的 $(*)$ 中的假设, 我们首先证明 $V' \setminus X$ 是重的. 由于 $V \setminus X$ 是重的且 $|V' \setminus X| = |V \setminus X| - 1$, 因此只需证明 e 的收缩会损失至多 $8k$ 条与 X 外部的一个顶点相关联的边即可. 如果 u 和 v 都在 X 的外部, 那么损失的这样边的条数仅为 $n+1$: 与 u 和 v 的每一个公共邻点相关联的边以及 e. 但是, 如果 $u \in X$, 那么 $v \notin X$, 我们损失了 G 中所有的 $X-v$ 边 xv, 这里 $x \neq u$: 虽然把 xv 算入 $\|V \setminus X\|^+$ 中, 但边 xv_e 在 $G'[X]$ 中, 且它没有算入 $\|V' \setminus X\|^+$ 中. 如果 x 不是 u 和 v 的公共邻点, 那么这是一个额外的损失. 但是 u 与除了最多一个顶点外的每个 $x \in X \setminus \{u\}$ 相邻 (由关于 $G[X]$ 的假设知), 所以除了至多一个顶点以外的每个这样的 x 实际上是 u 和 v 的公共邻点. 这样总共减少了至多 $n+2$ 条边. 除非 $n \geqslant 8k-1$ (这将对 u 和 v 直接证明 (2)), 这意味着我们损失了至多 $8k$ 条边, 从而证明了 $V' \setminus X$ 是重的.

剩下需要证明的是, 对于 G' 的每个小 X-分离 (A', B'), 集合 $B' \setminus A'$ 是轻的. 设 (A', B') 是一个使得 B' 极小的反例. 于是, 像 (1) 的证明一样, $G'[B']$ 关于 $X' := A' \cap B'$ 满足 $(*)$ 中的条件. 由归纳假设知 X' 在 $G'[B']$ 中是连接的. 设 A 和 B 是由 A' 和 B' 通过用 u 和 v 替换 v_e 而得到的 (如果有必要的话), 且令 $X'' := A \cap B$. 我们将证明 G 的分离 (A, B) 与假设 (1) 矛盾.

分别考虑 v_e 的两个可能位置. 如果 v_e 属于 $A' \setminus B'$ 或者 $B' \setminus A'$, 则 $u, v \in A \setminus B$ 或者 $u, v \in B \setminus A$. 因为 $X'' = X'$ 在 $G'[B']$ 中是连接的, 所以它在 $G[B]$ 中也是连接的: 如果 v_e 在关于 X' 的连接路上, 那么只需要用 u 或 v 或 uv 替换它, 这和 (1) 矛盾. 另外一种可能是 $v_e \in X'$. 我们证明 $G[B]$ 关于 X'' 满足 $(*)$ 的假设, 因此由归纳法 X'' 在 $G[B]$ 中是连接的, 这又和 (1) 矛盾. 因为 (A', B') 是一个小 X-分离, 所以

$$|X''| \leqslant |X'| + 1 \leqslant |X| \leqslant 2k.$$

此外, $B\setminus X''=B'\setminus A'$ 在 G 中是重的, 这是因为由 (A',B') 的选择知它在 G' 中是重的. 现在考虑 $G[B]$ 的一个小 X''-分离 (A'',B''), 因为 $|X''|\leqslant|X|$, 于是 $(A\cup A'',B'')$ 是 G 的一个小 X-分离. 因此, 由 $(*)$ 中的假设知 $B''\setminus A''=B''\setminus(A\cup A'')$ 是轻的. 因此 $G[B]$ 确实满足 $(*)$ 中关于 X'' 的前提条件, (2) 的证明完成.

通过收缩一条边, 我们刚刚用归纳法证明了可以假设 $V\setminus X$ 中的顶点具有大的度. 通过删除一条边, 我们再次使用归纳法证明这些度不能太大. 因为当 $V=X$ 时 $(*)$ 成立, 所以可以假设 $V\setminus X\neq\varnothing$; 令 d^* 表示 $V\setminus X$ 的顶点在 G 中的最小度. 下面证明

$$\text{我们可以假设}\quad 8k\leqslant d^*\leqslant 16k-1. \tag{3}$$

如果假设 G 在 X 外部没有孤立顶点 (显然, 根据归纳法我们可以这样假设), 则 (3) 中的下界可以由 (2) 推出. 对于上界, 让我们先看看如果删除一条边 e (它的端点 u 和 v 不同时在 X 中) 之后会发生什么情况. 如果 $G-e$ 关于 X 满足 $(*)$ 中的假设, 那么由归纳法知 X 在 $G-e$ 中是连接的, 所以在 G 中也是连接的; 如果不满足, 那么或者 $V\setminus X$ 在 $G-e$ 中是轻的, 或者 $G-e$ 包含一个小 X-分离 (A,B) 使得 $B\setminus A$ 是重的. 如果后者发生, 那么 e 一定是一条 $(A\setminus B)$-$(B\setminus A)$ 边：否则, (A,B) 也将是 G 的一个小 X-分离, 并且 $B\setminus A$ 在 G 中也是重的, 与 $(*)$ 中的假设矛盾. 但是, 如果 e 是这样的一条边, 那么 u 和 v 的任意公共邻点都属于 $A\cap B$, 从而存在少于 $|X|\leqslant 2k$ 个这样的邻点, 这与 (2) 矛盾.

所以 $V\setminus X$ 在 $G-e$ 中一定是轻的. 对于 G, 这蕴含着

$$\|V\setminus X\|^+\leqslant 8k|V\setminus X|+1. \tag{4}$$

为了证明上式蕴含着想要的 d^* 的上界, 我们估计一下顶点 $x\in X$ 连接到 $V\setminus X$ 的边的条数 $f(x)$. 一定存在至少一条这样的边, 不妨记为 xy, 因为否则 $(X,V\setminus\{x\})$ 会是 G 的一个小 X-分离, 与 $(*)$ 中的假设矛盾. 但是这样的话, 由 (2) 知, x 和 y 具有至少 $8k-1$ 个公共邻点, 其中至多有 $2k-1$ 个属于 X, 所以 $f(x)\geqslant 6k$. 因为

$$2\|V\setminus X\|^+=\sum_{v\in V\setminus X}d_G(v)+\sum_{x\in X}f(x),$$

$d^*\geqslant 16k$ 的假设于是将蕴含着

$$2(8k|V\setminus X|+1)\underset{(4)}{\geqslant}2\|V\setminus X\|^+\geqslant 16k|V\setminus X|+6k|X|,$$

导出 $2\geqslant 6k|X|$ 的矛盾, 所以我们完成了 (3) 的证明.

为了完成 $(*)$ 的证明, 选择一个度为 d^* 的顶点 $v_0\in V\setminus X$, 并考虑 G 中由 v_0 及其邻集导出的子图 H. 由 (2), 我们有 $\delta(H)\geqslant 8k$; 进一步地, 由 (3) 和 v_0 的选

择, 有 $|H| \leqslant 16k$. 于是, 由引理 3.5.4, H 包含一个 k-连接的子图; 令 L 是它的顶点集. 由 "k-连接" 的定义, 有 $|L| \geqslant 2k \geqslant |X|$. 如果 G 包含 $|X|$ 条不交的 X-L 路, 正如想要的那样, X 在 G 中是连接的; 如果不包含, 那么 G 有一个小 X-分离 (A, B) 满足 $L \subseteq B$. 假如选择具有最小阶的 (A, B), 则由 Menger 定理 (3.3.1), $G[B]$ 包含 $|A \cap B|$ 条不交的 $(A \cap B)$-L 路. 但是如此的话, (A, B) 会是一个连接的 X-分离, 与 (1) 矛盾. □

练　　习

在前三个练习中, 设 G 是包含顶点 a 和 b 的图, $X \subseteq V(G) \setminus \{a, b\}$ 是 G 的一个 a-b 分隔.

1.⁻ 证明: X 是一个极小的 a-b 分隔当且仅当 X 中的每个顶点在 $G - X$ 的包含 a 的分支 C_a 中有一个邻点, 并在 $G - X$ 的包含 b 的分支 C_b 中也有一个邻点.

2.⁻ (继续上题)

设 $X' \subseteq V(G) \setminus \{a, b\}$ 是另外一个 a-b 分隔, 相应地定义 C'_a 和 C'_b. 证明

$$Y_a := (X \cap C'_a) \cup (X \cap X') \cup (X' \cap C_a)$$

和

$$Y_b := (X \cap C'_b) \cup (X \cap X') \cup (X' \cap C_b)$$

均把 a 和 b 分离 (图 3.6.1).

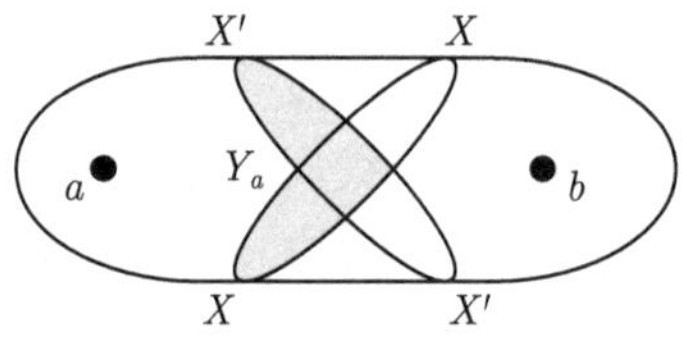

图 3.6.1　练习 2 中的分隔

3. (继续上题)

如果 X 和 X' 都是极小的 a-b 分隔, 那么 Y_a 和 Y_b 也是吗? 如果 $|X|$ 和 $|X'|$ 是关于 a-b 分隔最小的, 那么 $|Y_a|$ 和 $|Y_b|$ 也是最小的吗?

4. 设 X 和 X' 是 G 的极小分隔使得 X 至少和 $G - X'$ 的两个分支相交. 证明 X' 和 $G - X$ 的每个分支相交, 且 X 和 $G - X'$ 的每个分支相交.

5.⁻ 由命题 3.1.1 推导 Menger 定理 (3.3.1) 中 $k = 2$ 的情形.

6.⁻ 在块的正式定义给出后, 证明块的基本性质.

7. 证明: 任意连通图的块图是一棵树.

8.⁻ 设 G 是一个 k-连通图, 而 xy 是 G 的一条边. 证明: G/xy 是 k-连通的当且仅当 $G - \{x, y\}$ 是 $(k-1)$-连通的.

9. (i) 设 e 是 2-连通图 $G \neq K^3$ 的一条边. 证明: $G-e$ 或者 G/e 也是 2-连通的.
(ii) 是否每一个 2-连通图 $G \neq K^3$ 都包含一条边 f 使得 G/f 还是 2-连通图的.

10.$^+$ 设 e 是 3-连通图 $G \neq K^4$ 的一条边. 证明: $G \dot{-} e$ 或者 G/e 也是 3-连通的.

11. 不使用定理 3.2.6 证明 3-连通图的每条边都在一个非分离的导出圈上.

12. 基于引理 3.2.2, 给出定理 3.2.6 一个归纳证明 (允许使用前面的练习).

13.$^+$ 基于引理 3.2.4, 给出定理 3.2.6 一个归纳证明.

14.$^+$ 证明: 每个具有 $\kappa(G)=2$ 的传递图 G 是一个圈.

15.$^-$ 在 Menger 定理的第一个证明中, 如果只有当 A 在 G 中同时包含 e 的两个端点时, 我们才把 G/e 中的收缩顶点 v_e 放在 A 中 (对 B 做同样处理), 那么证明在哪个地方开始出现问题?

16. 当我们试图证明一个未知的蕴含关系 $a \Rightarrow b$ 时, 可以通过考虑某个显然蕴含 b 的结论 c, 然后证明 $a \Rightarrow c \Rightarrow b$, 但是这样的尝试可能存在风险: 如果 c 太强了, 即使 $a \Rightarrow b$ 成立, 那么 $a \Rightarrow c$ 也可能不成立. 可是, 在 Menger 定理的第一个证明中, 我们正是这样做的: 首先证明了一个看起来很强的结论, 给定 G, A, B 和 G 的任意一条边 e, 我们可以收缩或者删除 e 而不减少 $k(G,A,B)$, 从而由归纳法得到 k 条不相交 A-B 路的存在性. 你是否从证明的一开始就确定这样的思路不会出现风险呢?

17. (i) 找出下面 Menger 定理 (3.3.1) 的"简短证明"中的错误: 设 X 是一个最小的 A-B 分隔. 用 G_A 表示由 X 导出的 G 的子图以及 $G-X$ 中与 A 相交的那些分支; 类似地定义 G_B. 由 X 的极小性, 在 G_A 中不可能存在少于 $|X|$ 个顶点的 A-X 分隔, 所以由归纳法知 G_A 包含 k 条互不相交的 A-X 路; 类似地, G_B 包含 k 条互不相交的 X-B 路. 这些路结合在一起形成了 G 中所需要的 A-B 路.
(ii) 通过考虑 A 和 B 外面的顶点或边, 来弥补 (i) 中证明的缺陷.

18. 对 $\|G\|$ 使用归纳法证明 Menger 定理, 如下: 给定一条边 $e=xy$, 考虑 $G-e$ 的一个最小 A-B 分隔 S. 证明归纳假设蕴含着 G 的一个解, 除非 $S\cup\{x\}$ 和 $S\cup\{y\}$ 都是 G 中的最小 A-B 分隔. 然后说明如果这两个分隔都不被取作前一个练习中的 X 就给出了一个有效的证明, 那么只剩下一个简单情形需要处理.

19. 给出推论 3.3.5 (ii) 的证明细节.

20.$^-$ 证明: 给定图 G 的两个互不相交的顶点集 A, B, 那么分离 A, B 的最小边数等于 G 中边不交 A-B 路的最大个数.

21. 设 $k \geqslant 2$. 证明: 每个至少有 $2k$ 个顶点的 k-连通图包含一个长度至少为 $2k$ 的圈.

22. 设 $k \geqslant 2$. 证明: k-连通图中任意的 k 个顶点位于一个公共圈上.

23. 找到平面上的一个子集 D 以及两个无限子集 $A, B \subseteq D$, 使得对于每个有限集 $X \subseteq D$ 存在 $D \setminus X$ 中的一个 A-B 弧但 D 不包含不交 A-B 弧的无限集合.

24.$^+$ 给定图 $G=(V,E)$ 的一族不相交顶点集 $\mathcal{S}$, 如果 G 中一条路连接 $\mathcal{S}$ 中不同的集合, 并且没有内部顶点属于 $S := \bigcup \mathcal{S}$, 则称这条路是 *$\mathcal{S}$-路*. 证明 Mader 定理的如下版本和定理 3.4.1 等价: G 中不相交 $\mathcal{S}$-路的最大个数等于 $|V_0| + \sum_{i=1}^{r} \left\lfloor \frac{1}{2}|\partial V_i| \right\rfloor$ 的最小取值, 这里和式遍取 V 的所有满足以下条件的顶点划分 $\{V_0, \cdots, V_r\}$: $G-V_0$ 中的每个 $\mathcal{S}$-路有

一条边的两个端点都在某个 V_i 中; 而 ∂V_i 表示 V_i 的顶点集, 它要么在 S 中, 要么包含 $V_0 \cup V_i$ 以外的邻点.

25. 从推论 3.4.2 中关于顶点的结论来推导关于边的结论.
(提示: 令 h 是 H 的一个顶点, 而 $e \in E(G) \setminus E(H)$ 是关联 h 的一条边. 设 G' 是由 H 和线图 $L(G)$ 的不交并, 通过添加所有的边 he 而得到的图. 考虑图 G' 中的 H-路.)

26.$^-$ 设 G 是由图 $H = \overline{K^{2m+1}}$ 和 k 个 K^{2m+1}的不交拷贝的并组成的, 并添加连接 H 和每个 K^{2m+1} 之间双射的边. 证明: G 包含最多 $km = \dfrac{1}{2}\kappa_G(H)$ 个独立的 H-路.

27. 找到一个二部图 G, 它的二部划分集分别是 A 和 B 使得对 $H := G[A]$, G 中最多有 $\dfrac{1}{2}\lambda_G(H)$ 条边不交的 H-路.

28.$^+$ 从 Mader 定理推导 Tutte 的 1-因子定理 (2.2.1).
(提示: 从给定的图 G, 对每个顶点 $v \in G$ 添加一个新的顶点 v', 并连接 v 和 v', 从而扩展成图 G'. 选取 $H \subseteq G'$ 使得 G 的 1-因子对应于 G' 中足够大的独立 H-路的集合.)

29.$^-$ 证明: $2k$-边连通图在以下意义下是 **k-边连接的**: 对所有不同的顶点 $s_1, \cdots, s_k, t_1, \cdots, t_k$, 存在边不相交路 $P_i = s_i \cdots t_i$ $(i = 1, \cdots, k)$.

30.$^-$ 证明: k-连接的图是 $(2k-1)$-连通的. 它是 $2k$-连通的吗?

31. 对每个 $k \in \mathbb{N}$, 寻找尽可能大的 $\ell = \ell(k)$ 使得不是每个 ℓ-连通图都是 k-连接的.

32. 证明: 如果 G 是 k-连接的, 且 $s_1, s_2, \cdots, s_k, t_1, t_2, \cdots, t_k$ 不必是不相同的顶点, 但对于所有的 i 有 $s_i \neq t_i$, 那么对 $i = 1, \cdots, k$, G 包含独立路 $P_i = s_i \cdots t_i$.

33. 仔细检查定理 3.5.3 的证明过程, 观察 $\|V \setminus X\|^+$ 的使用. 如果用 $\|G[V \setminus X]\|$ 代替, 那么证明在什么地方会出错呢? 哪个论证会更简单些呢?

34. 应用定理 3.5.3 来证明, 引理 3.5.1 中的函数 h 可以选成 $h(r) = cr^2$, 这里 $c \in \mathbb{N}$.

注 解

尽管可以毫无疑问地说连通性定理属于图论中最自然也最实用的结果之一, 但是还没有关于这一专题的著作. 目前为止, 内容最丰富的文献是 A. Schrijver, *Combinatorial Optimization*, Springer, 2003, 以及 A. Frank, *Connections in Combinatorial Optimization*, Oxford University Press, 2011. 相关的图论专题在以下专著中有所涉及: B. Bollobás, *Extremal Graph Theory*, Academic Press, 1978; R. Halin, *Graphentheorie*, Wissenschaftliche Buchgesellschaft, 1980, 以及 A. Frank 在 *Handbook of Combinatorics* (R. L. Graham, M. Grötschel and L. Lovász, eds.), North-Holland, 1995 中所撰写的相关章节. 一篇专门讨论极小 k-连通图的技巧和结果的综述文章 (见下面) 由 W. Mader, *On vertices of degree n in minimally n-connected graphs and digraphs* 给出, 该论文被收录于 *Paul Erdős is* 80 (D. Miklós, V. T. Sós and T. Szönyi, eds.), Vol. 2, Proc. Colloq. Math. Soc. János Bolyai, Budapest, 1996.

定理 3.2.3 通常归功于 Barnette 和 Grünbaum(1969), 也可以在 W. T. Tutte, *Connectivity in Graphs*, Oxford University Press, 1966 中找到. Tutte 的**轮子定理**是在 W. T. Tutte, *A theory of* 3-*connected graphs*, Nederl. Akad. Wet. Proc. Ser. A 64 (1961), 441-455 中证明的, 它和我们的定理 3.2.5 有如下不同: 在简化步骤中作为收缩一条边的替代方法, 轮子定理里允许删除边. 然而, 对于那些收缩的边, 要求它们不能属于任何三角形. 因此, 构造所有 3-连通图的初始集合是所有的轮子, 而不仅仅是 K^4.

Tutte 轮子定理已经被推广到任何不是 K^4 的 3-连通图 H 上: 从任意的 3-连通图 $G \succcurlyeq H$ (H 不是轮子) 开始, 我们可以一步一步地收缩或者删除边得到 H, 而每一步仍然保持图是 3-连通的. (和 Tutte 定理一样, 不允许收缩在三角形中的边.) 这个结果来自 S. Negami, *A characterization of* 3-*connected graphs containing a given graph*, J. Combin. Theory, Ser. B 32 (1982), 69-74. 这也可以由 Seymour 关于拟阵分解的早期定理得到, 有时候它也称为 Seymour 关于 3-连通图的**拆分定理** (splitter theorem).

在定理 3.2.5 后面所提到的事实 (即每个 k-连通图通过删除或者收缩一条边而得到的图中没有小于 k 的分离集, 使得分离的两部分都是有界的) 可以从文章 J. Geelen, B. Gerards, N. Robertson and G. Whittle, *On the excluded minors for the matroids of branch-width k*, J. Comb. Theory B 88 (2003), 261-265 的引理 3.1 推出.

定理 3.2.6 的证明来源于 W. T. Tutte, *How to draw a graph*, Proc. Lond. Math. Soc. 13 (1963), 743-767. 另外的证明见练习 12 和练习 13.

本章中没有涉及的有关连通性的研究是关于**极小** k-连通图, 即那些只要删除一条边就会丧失其 k-连通性的图. 和所有的 k-连通图一样, 这些图的最小度至少为 k, 且由 Halin 的重要结果 (1969) 可知, 它们的最小度恰为 k. 度数小的顶点的存在性在关于 k-连通图的归纳证明中特别有用. Halin 定理是一系列关于极小 k-连通图的越来越成熟的研究的出发点, 参看上面所提到的 Bollobás 和 Halin 的书, 尤其是 Mader 的综述.

Menger 定理首先发表于 Menger 的文章 *Zur allgemeinen Kurventheorie*, Fundamenta Math. 10 (1927), 96-115, 它可能是图论中应用最广的经典结果. 我们的第一个证明来源于 Halin 的书. 第二个证明来源于 T. Böhme, F. Göring and J. Harant, *Menger's theorem*, J. Graph Theory 37 (2001), 35-36. 第三个证明来源于 T. Ghünwald (即后来的 Gallai), *Ein neuer Beweis eines Mengerschen Satzes*, J. London Math. Soc. 13 (1938), 188-192. 第四个证明的梗概见练习 18, 在第 6 章我们将给出第五个证明, 它是网络流理论中一个定理的应用 (第 6 章, 练习 3). Menger 定理的整体形式 (定理 3.3.6) 首先由 Whitney (1932) 提出并证明. Menger 定理的拓扑

推广形式在 20 世纪 30 年代就得到了, 参见 C. Thomassen and A. Vella, *Graph-like continua and Menger's theorem*, Combinatorica 28 (2008), 595-623.

Mader 定理 (3.4.1) 取自 W. Mader, *Über die Maximalzahl kreuzungsfreier H-Wege*, Arch. Math. 31 (1978), 387-402. 容易看出书中给出的形式和原来的定理是等价的. 已知关于它的最简短的证明在 Schrijver 的书中给出. 该定理可看成 Menger 定理和 Tutte 1-因子定理的一种共同的推广 (练习 28).

定理 3.5.3 来自 R. Thomas and P. Wollan, *An improved linear edge bound for graph linkages*, European J. Combin. 26 (2005), 309-324, 他们用引理 3.5.4 的一种更深刻的形式证明了: 每个 $2k$-连通图只要满足 $\varepsilon \geqslant 5k$ 就一定是 k-连接的, 并且, 对那些具有足够大围长的图而言, 关于 ε 的条件可以完全丢掉: 如 W. Mader, *Topological subgraphs in graphs of large girth*, Combinatorica 18 (1998), 405-412 中所证明的那样, 这样的图只要是 $2k$-连通的就是 k-连接的, 并且结论是最好的. (Mader 假设了围长的下界依赖于 k, 但这是不必要的, 参看 D. Kühn and D. Osthus, *Topological minors in graphs of large girth*, J. Combin. Theory Ser. B 86 (2002), 364-380.) 事实上, 对每个 $s \in \mathbb{N}$, 存在一个 k_s 使得如果 $G \not\supseteq K_{s,s}$ 且 $\kappa(G) \geqslant 2k \geqslant k_s$, 那么 G 是 k-连接的, 参看 D. Kühn and D. Osthus, *Complete minors in $K_{s,s}$-free graphs*, Combinatorica 25 (2005), 49-64.

第4章 可平面图

在纸上画一个图时, 自然地, 我们总是想尽量地画得清楚些. 一个明显的减少混乱的画法是避免相交. 例如, 可以试问, 画图时能否把任意两条边只相交于端点, 而不相交于任何其他点.

用这种方式画出的图就称作**平面图** (plane graph); 能够以这种方式画出的抽象图称作**可平面图** (planar graph). 在这一章, 我们研究平面图和可平面图, 以及这二者之间的关系: 如何把一个抽象可平面图用完全不同方式画出来. 4.1 节收集了一些基本的拓扑结果, 这样我们就可以在后面准确地证明所有结论而没有太多技术性的困难. 4.2 节开始研究平面图的一些构造性质. 4.3 节探讨同一个图的两种画法之间的不同. 这一节的主要结果是, 在某种很强的但自然的拓扑意义下, 3-连通可平面图本质上只有一种画法. 接下来的两节, 我们致力于证明所有经典的可平面刻画, 这些条件告诉我们何时一个抽象图是可平面的. 我们以**平面对偶性** (plane duality) 来结束这一章, 平面对偶性这个概念和代数、着色, 以及图的流性质之间有着迷人的联系 (见 1.9 节和 6.5 节).

对于图的画法, 传统的方法是用欧拉平面上的点来表示顶点, 而用这些点之间的曲线来表示边, 且不同的曲线只在共同的端点相交. 为了避免不必要的拓扑复杂化, 接下来, 我们只考虑曲线是分段直线的情形, 不难证明任意画法都能以这种直线方式代替, 所以这两个画法是同一件事.

4.1 拓扑知识准备

本节简要地回忆一些基础的拓扑概念和以后需要的一些事实. 到目前为止, 所有这些事实都有简单易懂的证明 (证明的来源可参考注解部分). 由于那些证明不涉及图理论, 所以这里不再重复: 我们的真正目的只是收集那些需要的结论, 而不给出证明. 接下来, 所有的证明都从这些定义和事实推出 (这些证明往往由几何直观所启发, 但并不依赖它们), 所以现在给出的准备会帮助我们把证明中那些基础性的拓扑讨论降到最低.

在欧氏平面中, 一个**直线段** (straight line segment) 是在 $\mathbb{R}^2$ 中, 对不同的点 $p, q \in \mathbb{R}^2$, 具有形式 $\{p + \lambda(q - p) \mid 0 \leqslant \lambda \leqslant 1\}$ 的子集. 一个**多边形** (polygon) 是 $\mathbb{R}^2$ 的子集, 它是有限多个直线段的并集, 且与单位圆 S^1 同构 (S^1 为 $\mathbb{R}^2$ 中与原点距离为 1 的点集). 这里, 和稍后一样, 我们总是假设拓扑空间的任意子集都拥有

子空间拓扑. 一个**多边形弧** (polygonal arc) 是 $\mathbb{R}^2$ 的子集, 它是有限多个直线段的并, 而且与闭单位区间 $[0,1]$ 同构. 在这个同构下, 0 和 1 的象是多边形弧的**端点** (endpoint), **弧连接** (link) 两个端点, 且弧处于两个端点**之间** (between). 在这一章, 我们把多边形弧简称为**弧** (arc). 如果 P 是 x 和 y 之间的弧, 称点集 $P \setminus \{x, y\}$ 为 P 的**内部** (interior), 并记为 $\mathring{P}$. 作为 $[0,1]$ 的连续映象, 弧以及弧的有限交是紧致的, 所以在 $\mathbb{R}^2$ 中是闭的, 因此它们的补在 $\mathbb{R}^2$ 中是开的.

设 $O \subseteq \mathbb{R}^2$ 是一个开集. 两个点在 O 中由一个弧相连定义了 O 上的一个等价关系, 相应的等价类也是开的, 它们是 O 的**区域** (region). 闭集合 $X \subseteq \mathbb{R}^2$ **分离** (separate) O 的区域 O', 如果 $O' \setminus X$ 包含多于一个区域; 集合 $X \subseteq \mathbb{R}^2$ 的**前沿** (frontier) 是指所有的点 $y \in \mathbb{R}^2$ 所组成的集合 Y, 这里 y 的每个邻集和 X 及 $\mathbb{R}^2 \setminus X$ 都相交. 注意到, 如果 X 是开的, 那么它的前沿包含在 $\mathbb{R}^2 \setminus X$ 中.

设 X 是点和弧的有限并, $\mathbb{R}^2 \setminus X$ 的区域 O 的前沿有两个重要的性质. 第一个是关于可连接性的: 如果 $x \in X$ 在 O 的前沿上, 那么 x 可以和 O 中的某个点由一条直线段连接, 其中直线段的内部完全在 O 的内部. 作为一个推论, O 的前沿上的任意两个点可以由一条完全处于 O 中的弧线连接 (为什么呢?). 第二个关于 O 的前沿的重要性质是, 它把 O 和 $\mathbb{R}^2$ 的其他部分分离开来. 确实, 如果 $\varphi : [0,1] \to P \subseteq \mathbb{R}^2$ 是连续的, 其中 $\varphi(0) \in O$ 和 $\varphi(1) \notin O$, 那么 P 和 O 的前沿至少交于点 $\varphi(y)$, 其中 $y := \inf\{x \mid \varphi(x) \notin O\}$, 这是 P 在 $\mathbb{R}^2 \setminus O$ 中的**第一个点** (first point).

定理 4.1.1 (多边形的 Jordan 曲线定理)　*对每个多边形 $P \subseteq \mathbb{R}^2$, 集合 $\mathbb{R}^2 \setminus P$ 恰好有两个区域. 每个区域由整个多边形 P 作为它的前沿.*

有了定理 4.1.1 的帮助, 不难证明下面的引理.

引理 4.1.2　*设 P_1, P_2, P_3 是三条弧, 具有相同的两个端点但是其余部分不相交.*

(i) $\mathbb{R}^2 \setminus (P_1 \cup P_2 \cup P_3)$ 恰好有三个区域, 其前沿为 $P_1 \cup P_2$, $P_2 \cup P_3$ 和 $P_1 \cup P_3$.

(ii) 如果 P 是 $\mathring{P}_1$ 中的一个点和 $\mathring{P}_3$ 中一个点之间的弧 (图 4.1.1), 并且它的内部位于包含 $\mathring{P}_2$ 的区域 $\mathbb{R}^2 \setminus (P_1 \cup P_3)$ 中, 那么 $\mathring{P} \cap \mathring{P}_2 \neq \varnothing$.

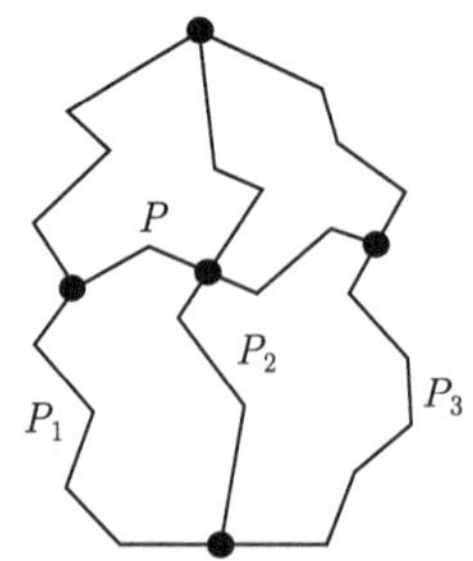

图 4.1.1　引理 4.1.2 (ii) 中的弧

下一个引理阐述了一条弧不能分离平面, 这补充了 Jordan 曲线定理. 为了后面更方便的应用, 我们把它稍作推广:

引理 4.1.3 设 $X_1, X_2 \subseteq \mathbb{R}^2$ 是不相交的集合, 且 X_1, X_2 都是有限多个点和弧的并集. 设 P 是 X_1 中一个点和 X_2 中一个点之间的弧, 它的内部位于 $\mathbb{R}^2 \setminus (X_1 \cup X_2)$ 的区域 O 中, 那么 $O \setminus P$ 是 $\mathbb{R}^2 \setminus (X_1 \cup P \cup X_2)$ 的区域.

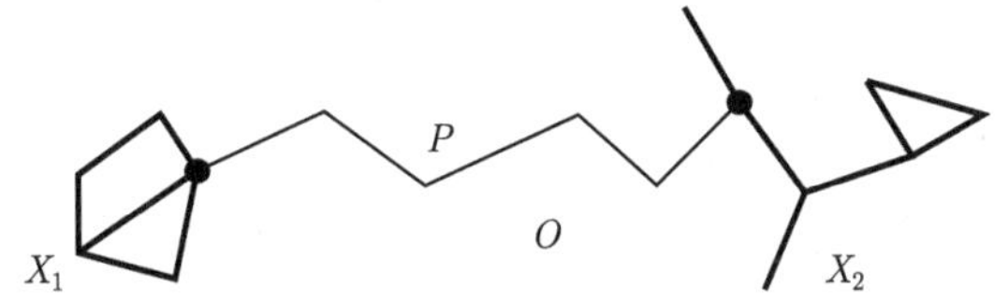

图 4.1.2 P 不能分离 $\mathbb{R}^2 \setminus (X_1 \cup X_2)$ 的区域 O

下面仍需介绍一些术语和事实, 只有在 4.3 节中考虑图画法的等价性时, 这些术语和事实才会被用到.

同往常一样, 用 S^n 来记 n-维球面, 即 $\mathbb{R}^{n+1}$ 中和原点的距离为 1 的点集. 2-维球面减掉它的"北极点" $(0,0,1)$ 后和平面同胚, 让我们选定一个这样的同胚 $\pi : S^2 \setminus \{(0,0,1)\} \to \mathbb{R}^2$ (比如, 球极平面映射). 若 $P \subseteq \mathbb{R}^2$ 是一个多边形, 而 O 是 $\mathbb{R}^2 \setminus P$ 的有界区域, 称 $C := \pi^{-1}(P)$ 是 S^2 上的一个**圈** (circle), 而集合 $\pi^{-1}(O)$ 和 $S^2 \setminus \pi^{-1}(P \cup O)$ 是 $C \setminus S^2$ 的**区域** (region).

我们最后的工具是 Jordan 和 Schoenflies 定理, 为了应用方便对它稍作调整:

定理 4.1.4 设 $\varphi : C_1 \to C_2$ 是 S^2 中两个圈的同胚, 令 O_1 是 $S^2 \setminus C_1$ 的区域, 而 O_2 是 $S^2 \setminus C_2$ 的区域. 那么, φ 可以拓广为从 $C_1 \cup O_1$ 到 $C_2 \cup O_2$ 的一个同胚.

4.2 平 面 图

平面图 (plane graph) 是具有下列性质的有限集合对 (V, E)(这里 V 中的元素仍然叫做**顶点** (vertex), E 中的元素仍叫做**边** (edge)):

(i) $V \subseteq \mathbb{R}^2$;

(ii) 每条边是两个顶点之间的弧;

(iii) 不同的边有不同的端点集合;

(iv) 一条边的内部不包含顶点和任何其他边的点.

平面图 (V, E) 很自然地定义了 V 上的一个图 G. 在不引起混淆的情况下, 我们还用抽象图 G 表示平面图 (V, E), 或者表示点集 $V \cup \bigcup E$; 类似地, 通常的符号也将被用到与抽象图相对的平面边、子图等等. [1]

1 然而, 我们还将继续用 $\setminus$ 表示点集的差而用 $-$ 表示图的差, 这样可以有助于区分这两个符号.

当 G 是平面图时, 我们称 $\mathbb{R}^2 \setminus G$ 的区域为 G 的**面** (face), 它是 $\mathbb{R}^2$ 的开子集, 因此它的前沿在 G 中. 因为 G 是有界的, 也就是说, G 位于某个足够大的圆盘 D 之中, 所以它的面恰好有一个是无界的, 即包含 $\mathbb{R}^2 \setminus D$ 的面, 这个面叫做 G 的**外部面** (outer face), 其余的面叫做**内部面** (inner face), 我们把 G 的面的集合记作 $F(G)$.

平面图的面和它的子图有着明显的联系:

引理 4.2.1　*设 G 是平面图, $f \in F(G)$ 是一个面, 且 $H \subseteq G$ 是一个子图.*

(i) H 有一个包含 f 的面 f'.

(ii) 如果 f 的前沿位于 H 中, 那么 $f' = f$.

证明　(i) 显然, 在 f 中等价的点, 在 $\mathbb{R}^2 \setminus H$ 中也是等价的, 让 f' 表示 $\mathbb{R}^2 \setminus H$ 中包含它们的等价类.

(ii) 4.1 节中提到, f 和 $f' \setminus f$ 之间的任何弧与 f 的前沿 X 相交. 如果 $f' \setminus f \neq \varnothing$, 那么存在一条在 f' 中的弧, 它在 X 中的点不处于 H 中. 因此 $X \nsubseteq H$. □

在这一节, 我们希望为平面图的 (简单但) 准确的介绍打好基础, 所以让我们再次回到平面的初等拓扑邻域, 并证明一些看起来十分明显的结论: [2] 平面图 G 的面的前沿总是 G 的子图, 而不能是, 例如, 半条边.

下面的引理对这一事实, 以及两个类似的“明显”平面性质, 给出了严格的叙述.

引理 4.2.2　*设 G 是一个平面图, 且 e 是 G 的边.*

(i) 如果 X 是 G 的一个面的前沿, 那么或者 $e \subseteq X$, 或者 $X \cap \mathring{e} = \varnothing$.

(ii) 如果 e 位于一个圈 $C \subseteq G$ 上, 那么 e 位于 G 的恰好两个面的前沿上, 且这两个前沿包含在 C 的两个不同的面中.

(iii) 如果 e 不属于任何圈, 那么 e 恰好位于 G 的一个面的前沿上.

证明　我们把这三个结论一起证明. 首先, 考虑一个点 $x_0 \in \mathring{e}$, 根据 e 是否位于 G 的圈中, 证明 x_0 位于恰好两个面上, 或者一个面的前沿上. 然后证明 $\mathring{e}$ 的每个其他点位于与 x_0 相同面的前沿上. 那么 e 的端点也会位于这些面的前沿上, 这是由于 e 的端点的每个邻集也是 e 的内部点的邻集.

因为 $G \setminus \mathring{e}$ 是紧致的, 所以在每个点 $x \in \mathring{e}$ 的周围可以找到一个开圆盘 D_x, 它只和包含 x 的 (一个或两个) 直线段相交.

我们从一条直线段 $S \subseteq e$ 中选取一个内部点 x_0, 那么 $D_{x_0} \cap G = D_{x_0} \cap S$, 所以 $D_{x_0} \setminus G$ 是两个开的半圆盘的并. 既然这些半圆盘不和 G 相交, 那么它们每个都位于 G 的一个面中. 记这些面为 f_1 和 f_2, 那么它们是 G 中包含 x_0 在其前沿上可能的面, 而且它们可能重合 (图 4.2.1).

2 注意到, 即使最好的直觉也需要是“准确的”, 也就是说, 和技术性定义所蕴含的相吻合, 以便使得这些定义能够准确地表达直觉的意向. 基于基本拓扑中定义的复杂性, 不可以把这些当作是理所当然的.

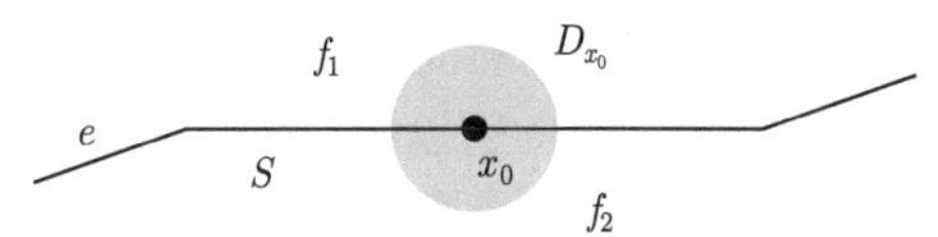

图 4.2.1 引理 4.2.2 的证明中 G 的两个面 f_1 和 f_2

如果 e 位于一个圈 $C \subseteq G$ 中, 那么 D_{x_0} 和 C 的两个面都相交 (定理 4.1.1). 由引理 4.2.1, 因为 f_1 和 f_2 都包含在 C 的面中, 所以这说明 $f_1 \neq f_2$. 如果 e 不位于任何圈中, 那么 e 是一个桥, 如同在引理 4.1.3 中一样, 所以连接两个不相交的点集 X_1, X_2, 而且 $X_1 \cup X_2 = G\backslash \mathring{e}$. 明显地, $f_1 \cup \mathring{e} \cup f_2$ 是 $G-e$ 的面 f 的子集. 由引理 4.1.3 知, $f\backslash \mathring{e}$ 是 G 的一个面. 而 f 的定义蕴含着 $f_1, f_2 \subseteq f\backslash \mathring{e}$. 由于 f_1 和 f_2 也是 G 的面, 所以 $f_1 = f\backslash \mathring{e} = f_2$.

现在考虑任意其他的点 $x_1 \in \mathring{e}$. 设 P 是从 x_0 到包含在 e 中的 x_1 的弧. 由于 P 是紧致的, 所以有限多个圆盘 D_x (这里 $x \in P$) 覆盖 P. 让我们根据这些圆盘的中心在 P 上的自然顺序排列为 $D_0, \cdots, D_n$, 必要的话, 增加 D_{x_0} 或 D_{x_1}, 我们可以假设 $D_0 = D_{x_0}$ 及 $D_n = D_{x_1}$. 对 n 用归纳法, 可以很容易地证明, 每个点 $y \in D_n \setminus e$ 可以由 $(D_0 \cup \cdots \cup D_n) \setminus e$ 的内部的一条弧连接到点 $z \in D_0 \setminus e$ (图 4.2.2), 那么 y 和 z 在 $\mathbb{R}^2 \setminus G$ 中是等价的. 因此 $D_n \setminus e$ 中的每个点位于 f_1 或 f_2 中, 那么 x_1 不能位于 G 的任何其他面的前沿上. 由于 $D_0 \setminus e$ 的两个圆盘都能以这种方式 (交换 D_0 和 D_n 的作用) 连接到 $D_n \setminus e$, 因此 x_1 同时位于 f_1 和 f_2 的前沿上. □

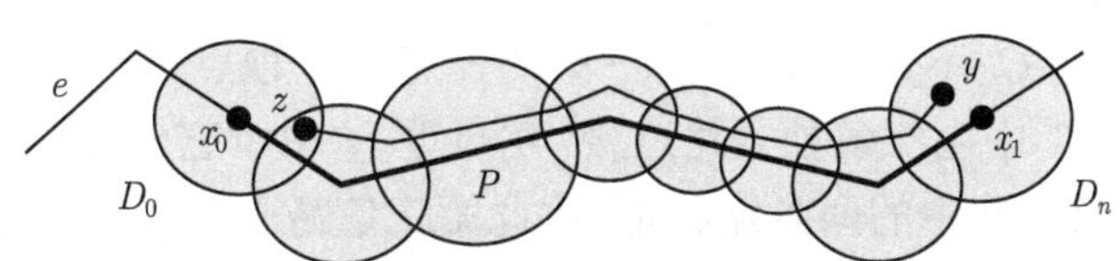

图 4.2.2 一条与 P 靠近的从 y 到 D_0 的弧

推论 4.2.3 *一个面的前沿总是一个子图的点集合.* □

如果 G 的子图上的点集是面 f 的前沿, 那么我们说这个子图**界定** (bound) 面 f, 并称它是**边界** (boundary), 记为 $G[f]$, 我们说面和它边界上的顶点和边**相关联** (incident). 由引理 4.2.1 (ii), G 的每个面也是它的边界的面, 我们将会在后面的证明中频繁地使用这个事实.

命题 4.2.4 *一个平面森林恰好只有一个面.*

证明 对边数用归纳法并使用引理 4.1.3 即可. □

除了一个例外, 平面图的不同面都有不同的边界.

引理 4.2.5 *如果平面图的不同面都具有相同的边界, 那么这个图一定是个圈.*

证明 设 G 是一个平面图, 且令 $H \subseteq G$ 是 G 的不同面 f_1, f_2 的边界. 由于 f_1 和 f_2 也是 H 的面, 命题 4.2.4 蕴含着 H 包含一个圈 C. 由引理 4.2.2 (ii) 知, f_1 和

f_2 包含在 C 的不同面中. 因为 f_1 和 f_2 都把 H 作为边界, 这表明 $H = C$: H 的任何其他顶点或边将位于 C 的一个面中, 所以不会位于另一个面的边界上. 因此 f_1 和 f_2 是 C 的不同的面. 由于 C 只有两个面, 故 $f_1 \cup C \cup f_2 = \mathbb{R}^2$, 因此 $G = C$. □

命题 4.2.6 *在 2-连通平面图中, 每个面都被一个圈界定.*

证明 设 f 是 2-连通平面图 G 的一个面. 对 $\|G\|$ 用归纳法来证明 $G[f]$ 是一个圈. 如果 G 本身是一个圈, 由定理 4.1.1, 结论成立, 因此假设 G 不是一个圈.

由命题 3.1.1, 存在一个 2-连通平面图 $H \subseteq G$ 和一个平面 H-路 P, 使得 $G = H \cup P$. P 的内部位于 H 的一个面 f' 中, 由归纳假设, H 被一个圈 C 界定.

若 $G[f] \subseteq H$, 则 f 也是 H 的一个面 (引理 4.2.1(ii)), 由归纳假设, 定理得证; 如果 $G[f] \nsubseteq H$, 则 $G[f]$ 与 $P \setminus H$ 相交, 故 $f \subseteq f'$, 且 $G[f] \subseteq C \cup P$ (为什么?). 由引理 4.2.1 (ii) 知 f 是 $C \cup P$ 的面, 所以被一个圈界定 (引理 4.1.2 (i)). □

在 3-连通图中, 我们可以通过纯组合的语言, 从其他圈中识别出面的边界.

命题 4.2.7 *3-连通平面图中的面边界恰好就是它的所有非分离导出圈.*

证明 设 G 是一个 3-连通平面图, 且 $C \subseteq G$. 如果 C 是一个非分离导出圈, 那么由 Jordan 曲线定理知, 它的两个面不能都包含 $G \setminus C$ 的点, 所以它界定 G 的一个面.

反之, 假设 C 界定一个面 f. 由命题 4.2.6 知, C 是一个圈. 如果 C 有一条弦 $e = xy$, 由于 G 是 3-连通的, 因此 $C - \{x, y\}$ 的分支由 G 中的 C-路连接. 这条路和 e 都穿越 C 的另一个面 (不是 f), 但不相交, 这和引理 4.1.2 (ii) 矛盾.

我们仍需证明 C 不分离 $G - C$ 中的任意两个顶点 x, y. 由 Menger 定理 (3.3.6), x 和 y 在 G 中由三条独立路连接. 明显地, f 位于它们并的面中, 且由引理 4.1.2 (i), 这个面只被其中的两条路界定, 因此第三条路避开 f 和它的边界 C. □

平面图 G 被称作**极大平面图** (maximal plane), 或简称**极大的** (maximal), 如果不能添加一条新边形成平面图 $G' \supsetneq G$, 且 $V(G') = V(G)$. 如果 G 的每个面 (包含外部面) 都被三角形界定, 我们称 G 是**平面三角剖分** (plane triangulation).

命题 4.2.8 *一个阶至少为 3 的平面图是极大平面图当且仅当它是一个平面三角剖分.*

证明 设 G 是一个阶至少为 3 的平面图. 容易看出, 如果 G 的每个面被一个三角形界定, 那么 G 是极大平面图. 的确, 任何添加的边 e 的内部位于 G 的一个面中, 且它的端点在这个面的边界上, 因此这些端点在 G 中已经相邻, 故 $G \cup e$ 不能满足平面图定义的条件 (iii).

反之, 假设 G 是极大平面图且 $f \in F(G)$ 是一个面, 记 $H := G[f]$. 由于 G 作为平面图是极大的, 所以 $G[H]$ 是完全的: H 的任意两个在 G 中不相邻的顶点可以经过 f 的弧来连接, 从而把 G 扩展成一个更大的平面图. 因此, 对于某个 n, $G[H] = K^n$, 虽然我们并不知道 $G[H]$ 的哪条边在 H 中.

首先证明 H 包含一个圈. 否则, $G \setminus H \neq \varnothing$: 如果 $n \geqslant 3$, 根据 $G \supseteq K^n$; 否则, 根据 $|G| \geqslant 3$. 另一方面, 由命题 4.2.4, 有 $f \cup H = \mathbb{R}^2$, 因此 $G = H$, 矛盾.

由于 H 包含一个圈, 因此只需证明 $n \leqslant 3$, 则 $H = K^3$, 得证. 假设 $n \geqslant 4$, 令 $C = v_1v_2v_3v_4v_1$ 是 $G[H](=K^n)$ 中的一个圈. 由 $C \subseteq G$, 面 f 包含在 C 的面 f_C 中, 设 f'_C 是 C 的另一个面. 由于顶点 v_1 和 v_3 在 f 的边界上, 它们能够由内部在 f_C 中且避开 G 的弧连接. 因此由引理 4.1.2 (ii) 知, $G[H]$ 的平面边 v_2v_4 穿越了 f'_C, 而不是 f_C (图 4.2.3). 类似地, 由于 $v_2, v_4 \in G[f]$, 边 v_1v_3 穿越 f'_C. 但是边 v_1v_3 和 v_2v_4 是不相交的, 这和引理 4.1.2 (ii) 矛盾. □

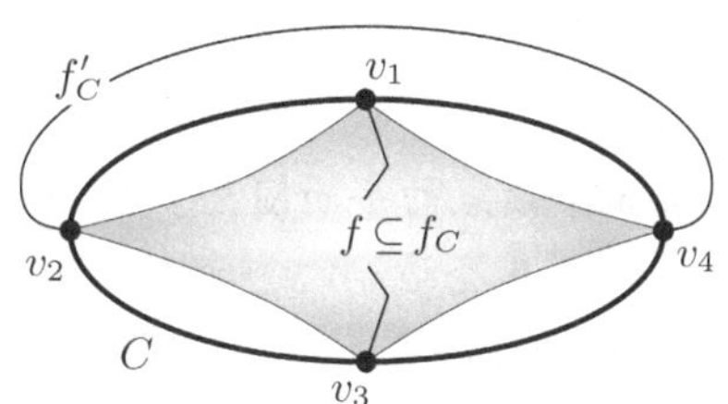

图 4.2.3 G 的边 v_2v_4 穿越面 f'_C

下面这个关于平面的经典 Euler 结果 (1752) (这里仅叙述它的最简单形式) 显示了图论和拓扑拥有共同的起源. 这个定理把平面图中顶点数、边数和面数联系起来: 取定适当的正负号后, 这些个数加起来总是 2. Euler 定理的广义形式指出, 对可以适当地嵌入到其他曲面上的图也有同样的结果: 这个和总是一个固定的数目, 它只依赖于曲面, 而不依赖图, 且这个数目对不同的 (闭的可定向) 曲面而不同. 因此, 对于任何两个这样的曲面, 通过一个嵌入到这两个曲面中的图的简单算术不变量, 可以把它们区别开来! [3]

下面我们证明 Euler 定理的最简单形式.

定理 4.2.9 (Euler 公式) 设 G 是一个连通平面图, 具有 n 个顶点、m 条边及 ℓ 个面, 那么

$$n - m + \ell = 2.$$

证明 固定 n 且对 m 运用归纳法. 对于 $m \leqslant n-1$, G 是一棵树且 $m = n-1$ (为什么呢?), 那么根据命题 4.2.4, 结论成立.

其次, 令 $m \geqslant n$, 则 G 有一条边 e 位于一个圈上. 令 $G' := G - e$, 由引理 4.2.2 (ii), e 恰好位于 G 的两个面 f_1, f_2 的边界上, 且由于 $\mathring{e}$ 中的点在 $\mathbb{R}^2 \setminus G'$ 中都是等

3 图和曲面之间的这个基本联系是著名的 Robertson-Seymour 图子式定理的证明的核心部分, 参见 12.7 节.

价的, 所以存在 G' 的一个面 f_e 包含 $\mathring{e}$. 我们证明

$$F(G) \setminus \{f_1, f_2\} = F(G') \setminus \{f_e\}, \tag{$*$}$$

那么 G' 恰好比 G 少一个面和一条边, 因此根据对 G' 的归纳假设, 结论成立.

对 $(*)$ 的证明, 首先给定 $f \in F(G) \setminus \{f_1, f_2\}$, 由引理 4.2.2 (i), 有 $G[f] \subseteq G \setminus \mathring{e} = G'$, 因此由引理 4.2.1 (ii) 知 $f \in F(G')$. 明显地, $f \neq f_e$, 从而证明了 $(*)$ 的一个方向的包含关系.

反过来, 考虑任何面 $f' \in F(G') \setminus \{f_e\}$. 显然, $f' \neq f_1, f_2$ 且 $f' \cap \mathring{e} = \varnothing$. 因此 f' 的每两个点均位于 $\mathbb{R}^2 \setminus G$ 中且都等价, 所以 G 有一个包含 f' 的面 f. 然而, 由引理 4.2.1 (i), f 处于 G' 的一个面 f'' 中. 因此 $f' \subseteq f \subseteq f''$, 且由于 f 和 f'' 都是 G' 的面, 所以有 $f' = f = f''$. □

推论 4.2.10　具有 $n \geqslant 3$ 个顶点的平面图至多有 $3n-6$ 条边. 每个具有 n 个顶点的平面三角剖分恰好有 $3n-6$ 条边.

证明　由命题 4.2.8 知, 我们只需证明第二个结论. 在平面三角剖分 G 中, 每个面的边界恰好包含三条边, 且每个边恰好位于两个面的边界上 (引理 4.2.2). 在 $E(G) \cup F(G)$ 上具有边集 $\{ef \mid e \subseteq G[f]\}$ 的二部图恰好有 $2|E(G)| = 3|F(G)|$ 条边. 由这个等式, 在 Euler 公式中, 我们可以用 $2m/3$ 代替 ℓ, 因此得到 $m = 3n-6$. □

Euler 公式在证明某个图不是平面图时十分有用. 例如, 图 K^5 有 $10 > 3 \cdot 5 - 6$ 条边, 多于推论 4.2.10 所允许的边数, 所以 K^5 不是一个平面图. 同样地, $K_{3,3}$ 也不是一个平面图: 因为 $K_{3,3}$ 是 2-边连通的但不包含三角形, 所以平面图 $K_{3,3}$ 的每个面被长度 $\geqslant 4$ 的圈界定 (命题 4.2.6). 正如推论 4.2.10 的证明一样, 这意味着 $2m \geqslant 4\ell$, 代入 Euler 公式中, 就得到 $m \leqslant 2n-4$, 但是 $K_{3,3}$ 有 $9 > 2 \cdot 6 - 4$ 条边.

明显地, 和 K^5 和 $K_{3,3}$ 一样, 它们的细分也不是平面图.

推论 4.2.11　任何平面图均不包含 K^5 或 $K_{3,3}$ 作为它的拓扑子式. □

令人惊奇的是, 平面图的这个简单性质把它和所有其他图区分开来: 在 4.4 节我们会证明, 任意图可以画在一个平面上当且仅当它没有 K^5 或 $K_{3,3}$ 作为 (拓扑) 子式.

4.3 画　法

一个 (抽象) 图 G 在平面上的嵌入, 或称**平面嵌入** (planar embedding), 是 G 和一个平面图 H 之间的一个同构, 其中 H 叫做 G 的**画法** (drawing). 在这一节, 我们研究一个图的两个平面嵌入之间的不同之处.

对可平面图 G, 如何评估它的两种嵌入 $\rho: G \to H$ 和 $\rho': G \to H'$ 之间的相似度呢? 一个明显方法是, 把 H 和 H' 看作抽象图, 考虑它们之间的标准同构映射

$\sigma := \rho' \circ \rho^{-1}$, 看看在平面中, 这个同构遵守或保持了多少关于它们位置的信息. 比如, 如果 σ 由一个简单的平面旋转导出, 我们就不能把 ρ 和 ρ' 看成 G 的真正不同画法.

首先考虑任意一个在平面图 $H = (V, E)$ 和 $H' = (V', E')$ 之间的抽象同构 $\sigma : V \to V'$, 它们的面集合分别是 $F(H) =: F$ 和 $F(H') =: F'$, 我们尝试衡量 σ 遵守或保持 H 和 H' 作为平面图的特征的程度. 接下来, 我们提出了三个逐步降低严谨程度 (但增加可操作的程度) 的标准, 然后证明对于大多数图这三个标准是一致的. 特别地, 应用前面考虑过的同构 $\sigma = \rho' \circ \rho^{-1}$, 这三个标准将显示, 从本质上讲, 3-连通图只有一种画法.

衡量抽象同构 σ 保持 H 和 H' 的平面特征的第一个标准可能是最自然的一个了. 直观上, 如果 σ 是由平面 $\mathbb{R}^2$ 到自身的同胚导出的, 我们称它是"拓扑的". 然而, 为了避免让 H 和 H' 的外部面具有特殊地位, 选择 4.1 节中的同胚 $\pi : S^2 \setminus \{(0,0,1)\} \to \mathbb{R}^2$ 来绕开这个问题: 如果存在一个同胚 $\varphi : S^2 \to S^2$ 使得 $\psi := \pi \circ \varphi \circ \pi^{-1}$ 在 $V \cup E$ 上导出 σ, 则称 σ 是平面图 H 和 H' 之间的**拓扑同构** (topological isomorphism). (更准确地说, 我们要求 ψ 在 V 上与 σ 一致, 且它把每个平面边 $xy \in H$ 映射到平面边 $\sigma(x)\sigma(y) \in H'$. 除非 φ 固定了点 $(0,0,1)$, 否则映射 ψ 在 $\pi(\varphi^{-1}(0,0,1))$ 上无定义.)

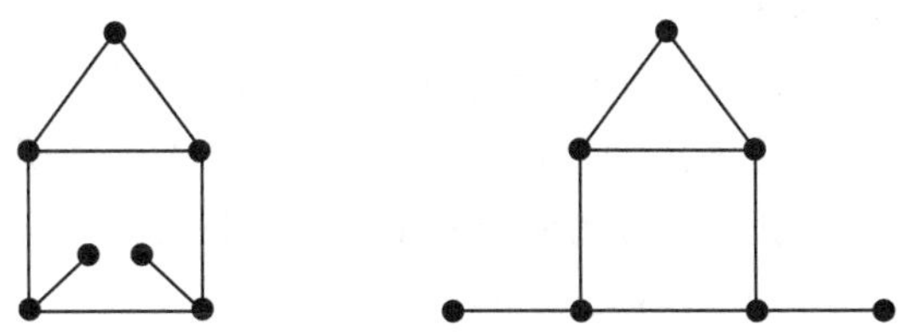

图 4.3.1 一个图的两个非拓扑同构的画法 (为什么不同构呢?)

可以证明, 在拓扑同构意义下, 内部面和外部面的确没有什么分别: 如果我们选取 φ 为 S^2 上的旋转, 它把 H 的某个内部面的一个点的 π^{-1}-象映射到 S^2 的北极点 $(0,0,1)$ 上, 那么 ψ 把这个面的其余部分映射到 $\psi(H)$ 的外部面. (为了保证 $\psi(H)$ 的边还是分段直线的, 可以适当地调整 φ.)

若 σ 是如上所述的拓扑同构, 除了可能的一对点外 (在此处 ψ 或 ψ^{-1} 未定义), 那么 ψ 把 H 的面映射到 H' 的面上 (证明?). 用这种方法, σ 自然地扩展为双射 $\sigma : V \cup E \cup F \to V' \cup E' \cup F'$, 它保持了顶点、边和面的关联性.

让我们把拓扑同构的最后这个性质选作第二个标准, 来考察平面图之间的抽象同构如何保持平面中位置的关联性: 称 σ 是平面图 H 和 H' 之间的**组合同构** (combinatorial isomorphism), 如果它能扩展成一个双射 $\sigma : V \cup E \cup F \to V' \cup E' \cup F'$,

使得它不仅保持顶点与边的关联性, 也保持顶点和边与面的关联性. (严格地说, 一个顶点或边 $x \in H$ 位于一个面 $f \in F$ 的边界上当且仅当 $\sigma(x)$ 位于面 $\sigma(f)$ 的边界上.)

图 4.3.2　一个图的两种画法, 它是组合同构的但不是拓扑同构的 (为什么呢?)

若 σ 是平面图 H 和 H' 的组合同构, 那么它把 H 的面的边界映射到 H' 的面的边界上, 我们把这个性质选定为第三个标准. 如果平面图 H 和 H' 满足

$$\{\sigma(H[f]) \mid f \in F\} = \{H'[f'] \mid f' \in F'\},$$

则称 σ 是平面图 H 和 H' 的**图论同构** (graph theoretical isomorphism). 因此, 我们不再记录哪个面是被一个已知子图所界定的: 我们保留的唯一信息是一个子图是否界定一个面, 并且要求 σ 把子图相互映射. 乍一看, 第三个标准也许没有前面两个自然, 然而它有其应用上的优势, 因为形式上较弱的条件更容易验证. 此外, 它在多数情况下和其他两个标准是等价的.

正如我们已经看到的, 两个平面图之间的每个拓扑同构也是组合的, 且每个组合同构也是图论同构的. 下面定理显示了, 对于大多数图, 逆命题也成立:

定理 4.3.1　(i) *两个平面图之间的每个图论同构也是组合的; 它扩展到面的双射是唯一的当且仅当这个图不是一个圈.*

(ii) *两个 2-连通平面图之间的每个组合同构也是拓扑的.*

证明　设 $H = (V, E)$ 和 $H' = (V', E')$ 是两个平面图, 令 $F(H) =: F$ 和 $F(H') =: F'$, 并设 $\sigma : V \to V'$ 是对应抽象图之间的同构. 通过令 $\sigma(xy) := \sigma(x)\sigma(y)$, 把 σ 扩展成从 $V \cup E$ 到 $V' \cup E'$ 的一个映射.

(i) 如果 H 是圈, 由 Jordan 曲线定理知结论成立. 现在假设 H 不是圈, 令 $\mathcal{B}$ 和 $\mathcal{B}'$ 分别是 H 和 H' 的面边界的集合, 若 σ 是一个图论同构, 那么映射 $B \mapsto \sigma(B)$ 是 $\mathcal{B}$ 和 $\mathcal{B}'$ 之间的双射. 由引理 4.2.5 知, 映射 $f \mapsto H[f]$ 是 F 和 $\mathcal{B}$ 之间的双射; 对 F' 和 $\mathcal{B}'$, 也有类似的结论. 这三个双射的复合是 F 和 F' 之间的双射, 这里我们选取 $\sigma : F \to F'$. 根据构造, σ 到 $V \cup E \cup F$ 上的这个扩展保持了关联性 (且是具有这个性质唯一的一个), 所以 σ 的确是一个组合同构.

(ii) 假设 H 是 2-连通的, 而 σ 是一个组合同构. 我们要构造一个同胚 $\varphi : S^2 \to S^2$, 使得对每个顶点或平面边 $x \in H$, $\pi^{-1}(x)$ 映射到 $\pi^{-1}(\sigma(x))$. 由于 σ 是一个组

合同构, 因此 $\tilde{\sigma}:\pi^{-1}\circ\sigma\circ\pi$ 是一个双射, 它保持了从 $\tilde{H}:=\pi^{-1}(H)$ 的顶点、边和面 [4] 到 $\tilde{H}':=\pi^{-1}(H')$ 的顶点、边和面的关联关系.

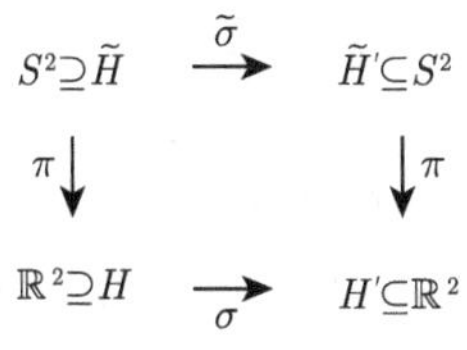

图 4.3.3 通过 σ 来定义 $\tilde{\sigma}$

我们分三步来构造 φ. 第一步, 在 $\tilde{H}$ 的顶点集上定义 φ: 对所有的 $x\in V(\tilde{H})$, 令 $\varphi(x):=\tilde{\sigma}(x)$, 这是 $V(\tilde{H})$ 和 $V(\tilde{H}')$ 之间的一个平凡同胚.

第二步, 把 φ 扩展成 $\tilde{H}$ 和 $\tilde{H}'$ 之间的同胚使得它导出 $V(\tilde{H})\cup E(\tilde{H})$ 上的 $\tilde{\sigma}$. 我们可以一条边一条边进行: 通过把 x 映射到 $\varphi(x)$ 并把 y 映射到 $\varphi(y)$ 的同胚, 从而 $\tilde{H}$ 的每条边 xy 都和 $\tilde{H}'$ 的边 $\tilde{\sigma}(xy)=\varphi(x)\varphi(y)$ 同胚. 对 $\tilde{H}$ 的每条边取一个同胚, 所有这些同胚的并就成为 $\tilde{H}$ 和 $\tilde{H}'$ 之间的同胚映射, 这正是我们寻找的 φ 扩展到 $\tilde{H}$ 上的同胚: 我们只需验证在顶点处的连续性 (这里边同胚在顶点处重叠), 而这根据我们的假设 (即两个图和它们各自的边都具有 $\mathbb{R}^3$ 中的拓扑子空间) 可以立即得到.

第三步, 扩展同胚 $\varphi:\tilde{H}\to\tilde{H}'$ 到整个 S^2 上, 这可以通过类似于第二步的方法 (这里, 我们一个面一个面的) 来完成. 由命题 4.2.6, 所有 $\tilde{H}$ 和 $\tilde{H}'$ 中的面边界是圈. 如果 f 是 $\tilde{H}$ 的一个面且 C 是边界, 那么 $\tilde{\sigma}(C):=\bigcup\{\tilde{\sigma}(e)\mid e\in E(C)\}$ 界定 $\tilde{H}'$ 的面 $\tilde{\sigma}(f)$. 由定理 4.1.4, 我们可以把目前为止定义的同胚 $\varphi:C\to\tilde{\sigma}(C)$ 扩展成从 $C\bigcup f$ 到 $\tilde{\sigma}(C)\cup\tilde{\sigma}(f)$ 的同胚. 最后, 对 $\tilde{H}$ 的每个面 f 取一个同胚, 则所有这些同胚的并就是我们想要的同胚 $\varphi:S^2\to S^2$; 同前面一样, 连续性很容易得到验证. □

让我们回到原来的目标, 即平面嵌入的等价定义. 一个图 G 的两个平面嵌入 ρ,ρ' 是**拓扑等价的** (topologically equivalent)(相应地, **组合等价的** (combinatorially equivalent)), 如果 $\rho'\circ\rho^{-1}$ 是 $\rho(G)$ 和 $\rho'(G)$ 之间的拓扑 (相应地, 组合) 同构. 如果 G 是 2-连通的, 根据定理 4.3.1, 这两个定义是一致的, 因此我们可以简单地称**等价嵌入** (equivalent embedding). 显然, 对任何一个给定图, 这确实是它的平面嵌入集合上的一个等价关系.

注意到, G 的两个不等价嵌入的画法也可能是拓扑同构的 (练习 14): 因为对

4 $\tilde{H}$ 和 $\tilde{H}'$ 的"顶点、边和面", 是指在映射 π^{-1} 下, H 和 H' 的顶点、边和面的象 (对外部面的情形, 再加上 $(0,0,1)$), 这些集合记作 $V(\tilde{H})$, $E(\tilde{H})$, $F(\tilde{H})$ 和 $V(\tilde{H}')$, $E(\tilde{H}')$, $F(\tilde{H}')$, 且关联关系是从 H 和 H' 继承过来的.

于两个嵌入的等价, 我们不光要求存在它们的象之间的 (拓扑或组合) 同构, 也要求典型同构 $\rho' \circ \rho^{-1}$ 是拓扑的或组合的.

即使在这个强条件下, 3-连通图在等价意义下也只有一个嵌入.

定理 4.3.2 (Whitney, 1933)　*3-连通图的任何两个平面嵌入是等价的.*

证明　设 G 是 3-连通图, 它有两个平面嵌入 $\rho: G \to H$ 和 $\rho': G \to H'$. 由定理 4.3.1, 只需证明 $\rho' \circ \rho^{-1}$ 是一个图论同构即可, 也就是说, 对每个子图 $C \subseteq G$, $\rho(C)$ 界定 H 的一个面当且仅当 $\rho'(C)$ 界定了 H' 的一个面. 由命题 4.2.7, 马上可以得到要证的结论. □

4.4　可平面图: Kuratowski 定理

如果一个图可以嵌入到平面上 (即它和一个平面图同构), 就称它为**可平面的** (planar). 一个可平面图是**极大的** (maximal) , 或**极大可平面的** (maximally planar), 如果它是可平面的但不能通过增加边 (但不增加顶点) 扩充成更大的可平面图.

极大可平面图画在纸上后显然是极大平面图; 然而, 反之并不明显: 当我们开始画一个可平面图时, 有没有可能半途上就得到了一个极大的平面真子图而停下来呢? 我们的第一个命题说明, 这永远不会发生, 也就是说, 一个平面图不会仅仅因为画的不恰当而不是极大平面图.

命题 4.4.1　(i) *每个极大平面图是极大可平面的.*

(ii) *具有 $n \geqslant 3$ 个顶点的可平面图是极大可平面的当且仅当它有 $3n-6$ 条边.*

证明　运用命题 4.2.8 和推论 4.2.10 即可. □

哪些图是可平面的呢? 从推论 4.2.11 知道, 可平面图不能包含 K^5 或 $K_{3,3}$ 作为拓扑子式. 在这一节, 我们的目标是证明一个惊人的逆命题, 即 Kuratowski 的经典定理: 不包含拓扑子式 K^5 或 $K_{3,3}$ 的图是可平面的.

在证明 Kuratowski 定理之前, 我们注意到对这个定理只需考虑通常的子式即可, 而不需要考虑拓扑子式.

引理 4.4.2　*一个图包含 K^5 或 $K_{3,3}$ 子式当且仅当它包含 K^5 或 $K_{3,3}$ 拓扑子式.*

证明　由命题 1.7.3 知, 我们只需证明每个包含 K^5 子式的图 G 要么包含 K^5 作为拓扑子式, 要么包含 $K_{3,3}$ 作为子式. 因此, 假设 $G \succcurlyeq K^5$, 且令 K 是 G 中 K^5 的极小模型, 从而 K 的每个分支集合导出 K 中的一棵树, 并且在任意 K 的两个分支集合中恰好有一条边. 如果选取由分支集合 V_x 导出的树, 且添加四条边把它和其他分支集合连接, 就得到另一棵树 T_x. 由 K 的极小性, 树 T_x 恰好有 4 个叶子, 即 V_x 在其他分支集合中的 4 个邻点 (图 4.4.1).

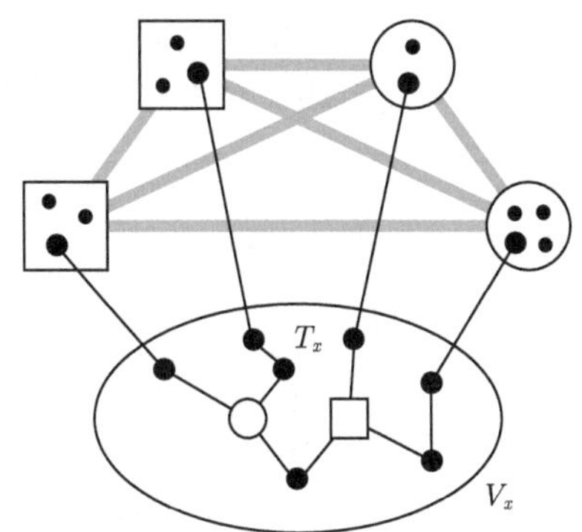

图 4.4.1 每个 IK^5 包含一个 TK^5 或 $IK_{3,3}$

若五棵树 T_x 中的每棵都是 $TK_{1,4}$, 那么 K 是一个 TK^5, 结束. 若 T_x 中有一棵不是 $TK_{1,4}$, 那么它恰好有两个度数为 3 的顶点, 将 V_x 收缩到这两个顶点, 而其他每个分支集合收缩成一个单独顶点, 我们得到一个 6 个顶点的图, 它包含 $K_{3,3}$. 因此, $G \succcurlyeq K_{3,3}$, 定理得证. □

我们首先对 3-连通图证明 Kuratowski 定理, 这是整个证明的中心, 从它一般情形可以容易推出.

引理 4.4.3 每个不包含 K^5 或 $K_{3,3}$ 子式的 3-连通图 G 是可平面的.

证明 对 $|G|$ 使用归纳法. 当 $|G| = 4$ 时, 有 $G = K^4$, 所以结论成立. 现在令 $|G| > 4$, 且假设结论对于较小的图成立. 由引理 3.2.4, G 包含边 xy 使得 G/xy 还是 3-连通的. 由于子式关系是传递的, 故 G/xy 也不包含 K^5 或 $K_{3,3}$ 子式, 由归纳假设知, G/xy 有一个平面画法 $\tilde{G}$. 设 f 是 $\tilde{G} - v_{xy}$ 的包含点 v_{xy} 的面, 且令 C 是 f 的边界. 设 $X := N_G(x) \setminus \{y\}$ 和 $Y := N_G(y) \setminus \{x\}$, 因为 $v_{xy} \in f$, 所以 $X \cup Y \subseteq V(C)$. 明显地,

$$\tilde{G}' := \tilde{G} - \{v_{xy}v \mid v \in Y \setminus X\}$$

可以看作 $G - y$ 的画法, 其中顶点 x 由点 v_{xy} 表示 (图 4.4.2). 我们的目的是把 y 添加到这个画法中, 从而得到 G 的一个画法.

由于 $\tilde{G}$ 是 3-连通的, 故 $\tilde{G} - v_{xy}$ 是 2-连通的, 所以 C 是一个圈 (命题 4.2.6). 令 $x_1, \cdots, x_k$ 是把 X 中的顶点沿着这个圈给出的顺序, 并且设 $P_i = x_i \cdots x_{i+1}$ 是 C 上两顶点之间的 X-路 ($i = 1, \cdots, k$ 且 $x_{k+1} := x_1$). 我们证明, 对于某个 i 有 $Y \subseteq V(P_i)$; 否则, 如果对某个 i, y 有一个邻点 $y' \in \mathring{P}_i$, 那么它也有另外一个邻点 $y'' \in C - P_i$, 并且这些邻点在 C 中被 $x' := x_i$ 和 $x'' := x_{i+1}$ 分离. 如果 $Y \subseteq X$ 且 $|Y \cap X| \leqslant 2$, 则 y 在 C 上恰好有两个邻点 y', y'', 但它们不在同一个 P_i 中, 故 y' 和 y'' 在 C 上被两个顶点 $x', x'' \in X$ 所分离. 在其中任一情形, x, y', y'' 和 y, x', x'' 是

G 中一个 $TK_{3,3}$ 的分支顶点, 矛盾. 余下的唯一情形是 x 和 y 在 C 上有三个共同邻点, 那么这些顶点和 x 以及 y 一起形成一个 TK^5, 也产生矛盾.

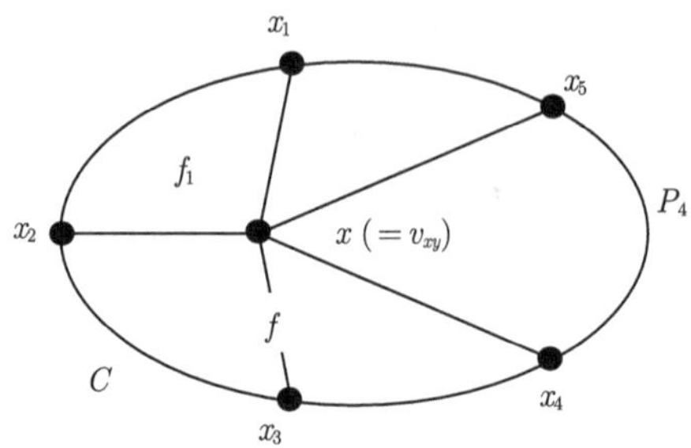

图 4.4.2　$\tilde{G}'$ 作为 $G-y$ 的一种画法: 顶点 x 由点 v_{xy} 代表

现在固定 i, 使得 $Y \subseteq P_i$. 集合 $C \setminus P_i$ 包含在圈 $C_i := xx_iP_ix_{i+1}x$ 的两个面的一个中, 用 f_i 记 C_i 的另一个面. 由于 f_i 包含 f 的点 (在 x 附近) 但不包含它的边界 C 上的点, 所以有 $f_i \subseteq f$. 此外, 满足 $j \notin \{i, i+1\}$ 的平面边 xx_j 和 C_i 只相交于顶点 x, 并且在 $C \setminus P_i$ 中终止于面 f_i 的外面, 所以 f_i 不和这些边中的任何一个相交. 因此 $f_i \subseteq \mathbb{R}^2 \setminus \tilde{G}'$, 也就是说, f_i 包含在 (因此等于) $\tilde{G}'$ 的一个面中. 所以通过在 f_i 中安置 y 以及它的关联边把 $\tilde{G}'$ 的一个画法扩展到 G 上. □

比较 Kuratowski 定理的其他证明, 上面的证明有很多吸引人的特点, 比如它可以容易地调整成为一个画法, 在这种画法下每个内部面是凸的 (作为练习). 特别地, 每条边可以画成直线. 注意到, 3-连通性是必要的: 2-连通可平面图不一定有使得所有内部面是凸的画法 (能找到这样的例子吗?), 尽管它总是有一个直线的画法 (练习 15).

原则上, 把一般的 Kuratowski 定理简化到 3-连通情形并不难, 这可以通过对由归纳假设得到的局部画法进行巧妙地处理和结合而实现. 比如, 如果 $\kappa(G)=2$, 那么 G 可以表示为 $G=G_1\cup G_2$, 且 $V(G_1\cap G_2)=\{x,y\}$, 进一步地, 如果 G 没有 TK^5 或 $TK_{3,3}$ 子图, 那么 G_1+xy 或 G_2+xy 也不包含这样的子图, 我们可以尝试将这些图的画法结合而得到 $G+xy$ 的一个画法. (若 xy 已经是 G 的一条边, 同样地也可以这样处理 G_1 和 G_2.) 对于 $\kappa(G)\leqslant 1$, 情况变得更简单了. 然而, 即使假设所有出现的平面边都是直的, 这些几何操作也需要一些繁琐的转化和缩放.

作为另外的选择, 下面给出更具有独创性的组合方法. 为了证明给定的图 $G \not\supseteq TK^5, TK_{3,3}$ 是可平面的, 首先向 G 中添加边直到它变成边极大的, 并且不包含 TK^5 或 $TK_{3,3}$. 在引理 4.4.5 中, 我们证明了这样可以使图成为 3-连通的, 由引理 4.4.3 知它是可平面的.

对引理 4.4.5 的证明, 我们还需要另一个引理. 这里, 我们把它叙述的更有一般性, 以便在第 7 章里还可以再用. 在这里的应用中, 令 $\mathcal{X} := \{K^5, K_{3,3}\}$.

引理 4.4.4 设 $\mathcal{X}$ 是 3-连通图的集合, G 是具有真分离 $\{V_1, V_2\}$ 的图, 且 $\kappa(G) \leqslant 2$. 如果 G 不包含 $\mathcal{X}$ 中的任何拓扑子式, 且它是边极大的, 那么 $G_1 := G[V_1]$ 和 $G_2 := G[V_2]$ 也是如此, 并且 $G_1 \cap G_2 = K^2$.

证明 首先注意到每个顶点 $v \in S := V_1 \cap V_2$ 在 $G_i - S$ $(i = 1, 2)$ 的每个分支中有一个邻点; 否则, $S \setminus \{v\}$ 会分离 G, 和 $|S| = \kappa(G)$ 矛盾. 由 G 的极大性, 每条添加到 G 的边 e 位于 $TX \subseteq G + e$ 中, 其中 $X \in \mathcal{X}$. 对于下面考虑的所有 e 的选取, X 的 3-连通性蕴含着这个 TX 的分支顶点都位于同一个 V_i 中, 不妨设它为 V_1. (e 的位置对于 V_1 和 V_2 来说总是对称的, 所以这个假设不失一般性.) 从而 TX 和 V_2 至多交于一条路 P, 这里 P 对应于 X 的一条边.

若 $S = \varnothing$, 通过选取 e 使得一个端点在 V_1 中而另一个在 V_2 中, 我们马上得到矛盾. 若 $S = \{v\}$ 是一个单独顶点, 令 e 连接 v 在 $V_1 \setminus S$ 中的一个邻点 v_1 到 v 在 $V_2 - S$ 中的一个邻点 v_2 (图 4.4.3), 则 P 包含 v 和边 $e = v_1v_2$. 用边 vv_1 代替路段 vPv_2v_1, 我们得到 $G_1 \subseteq G$ 中的一个 TX, 矛盾.

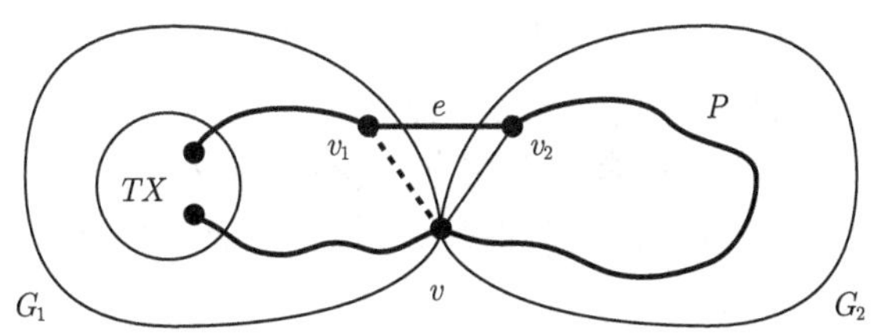

图 4.4.3 如果 $G + e$ 包含一个 TX, 则 G_1 或 G_2 也包含

所以 $|S| = 2$, 令 $S = \{x, y\}$. 若 $xy \notin G$, 令 $e := xy$, 且在产生的 TX 中将 e 替换成一个通过 G_2 的 x-y 路, 这在 G 中产生了一个 TX, 矛盾. 因此 $xy \in G$, 且 $G[S] = K^2$.

剩下需证明的是 G_1 和 G_2 不包含 $\mathcal{X}$ 中的任何拓扑子式, 且是边极大的. 设 e' 是 G_1 中的额外边, 如果必要的话, 将 xPy 替换为边 xy, 我们得到一个 TX, 它或者在 $G_1 + e'$ 中 (即说明 G_1 是边极大的, 这正是我们想要的), 或者在 G_2 中 (这与 $G_2 \subseteq G$ 矛盾). □

引理 4.4.5 若 $|G| \geqslant 4$, 且 G 是关于 $TK^5, TK_{3,3} \not\subseteq G$ 边极大的, 那么 G 是 3-连通的.

证明 对 $|G|$ 运用归纳法. 若 $|G| = 4$, 则 $G = K^4$, 结论成立. 现在令 $|G| > 4$, 且设 G 是不包含 TK^5 或 $TK_{3,3}$ 的边极大图. 假设 $\kappa(G) \leqslant 2$, 如同引理 4.4.4 中那样选取 G_1 和 G_2. 对于 $\mathcal{X} := \{K^5, K_{3,3}\}$, 引理指出 $G_1 \cap G_2$ 是 K^2, 不妨设它的顶点是 x, y, 并且 G_1 和 G_2 均为不包含 TK^5 或 $TK_{3,3}$ 的边极大图. 由归纳假设, G_1

和 G_2 要么是三角形, 要么是 3-连通的. 因为即使把 TK^5 或 $TK_{3,3}$ 作为通常的子式, G_1 和 G_2 也不包含它们 (引理 4.4.2), 所以由引理 4.4.3 知 G_1 和 G_2 是可平面的. 对每个 $i=1,2$, 分别选取 G_i 的一个画法, 并选择一个面 f_i 使得边 xy 在它的边界上, 以及一个顶点 $z_i \neq x,y$ 在 f_i 的边界上. 设 K 是抽象图 $G+z_1z_2$ 中的 TK^5 或 $TK_{3,3}$ (图 4.4.4).

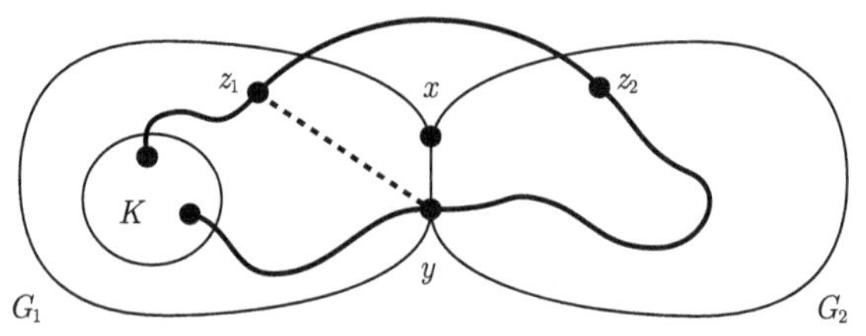

图 4.4.4 在 $G+z_1z_2$ 中的一个 TK^5 或 $TK_{3,3}$

如果 K 的所有分支顶点都位于同一个 G_i 中, 那么 G_i+xz_i 或者 G_i+yz_i (或者 G_i 本身, 如果 z_i 已经分别地和 x 或 y 相邻) 包含一个 TK^5 或 $TK_{3,3}$, 这和推论 4.2.11 矛盾, 这是因为由 z_i 的选取知这些图是可平面的. 由于 $G+z_1z_2$ 不包含 (G_1-G_2) 和 (G_2-G_1) 之间的四条独立路, 因此这两个子图不能都包含 TK^5 的一个分支顶点, 且不能都包含 $TK_{3,3}$ 的两个分支顶点. 所以 K 是一个 $TK_{3,3}$, 它仅在 G_2-G_1 或 G_1-G_2 的一个中有分支顶点 v (不妨设 v 在 G_2-G_1 中). 然而, 由 z_1 的选取, 图 $G_1+v+\{vx,vy,vz_1\}$ 也是可平面的且包含 $TK_{3,3}$, 这和推论 4.2.11 矛盾. □

定理 4.4.6 (Kuratowski, 1930; Wagner, 1937) *对于图 G, 下面的命题是等价的.*

(i) *G 是可平面的;*

(ii) *G 不包含 K^5 或 $K_{3,3}$ 作为子式;*

(iii) *G 不包含 K^5 或 $K_{3,3}$ 作为拓扑子式.*

证明 由推论 4.2.11、引理 4.4.2、引理 4.4.3 和引理 4.4.5 推出. □

推论 4.4.7 *每个具有至少四个顶点的极大可平面图是 3-连通的.*

证明 使用引理 4.4.5 以及定理 4.4.6 即得. □

4.5 可平面性判别的代数准则

平面图 G 的最显著特征之一是它的**面圈** (facial cycles), 即界定一个面的圈. 如果 G 是 2-连通的, 它可以由面圈覆盖, 从这种意义上说这些圈形成一个“大”集合. 事实上, 面圈的集合生成整个圈空间, 即 G 中的每个圈都可以容易地看成面圈的和 (见下面的讨论), 所以面圈的集合确实很大. 另一方面, 因为每条边至多处于两个面圈中, 所以它只是“稀疏地”覆盖 G. 在这一节, 我们的第一个目标是证明这样一个较大并稀疏地摊开的圈族的存在性不仅是平面性的显著特征, 也是平面性的中心所在, 因为它刻画了平面性.

设 $G = (V, E)$ 是个任意图, 我们称它的边空间 $\mathcal{E}(G)$ 的子集 $\mathcal{F}$ 是**稀疏的** (sparse), 如果 G 的每条边至多位于 $\mathcal{F}$ 的两个集合中. 例如, 割空间 $\mathcal{C}^*(G)$ 有个稀疏的基: 根据命题 1.9.2, 它由给定顶点 v 所关联的所有边形成的割 $E(v)$ 组成, 并且只有当 $v = x$ 或 $v = y$ 时, 边 $xy \in G$ 属于 $E(v)$.

定理 4.5.1 (MacLane, 1937) *一个图是可平面的当且仅当它的圈空间有一个稀疏基.*

证明 当图的阶至多为 2 时, 这个结论平凡地成立, 因此我们考虑阶至少是 3 的图 G. 若 $\kappa(G) \leqslant 1$, 那么 G 是两个真导出子图 G_1, G_2 的并, 且具有 $|G_1 \cap G_2| \leqslant 1$. 所以 $\mathcal{C}(G)$ 是 $\mathcal{C}(G_1)$ 和 $\mathcal{C}(G_2)$ 的直和, 因此它有一个稀疏基当且仅当 $\mathcal{C}(G_1)$ 和 $\mathcal{C}(G_2)$ 都有稀疏基 (证明?). 进一步地, G 是可平面的当且仅当 G_1 和 G_2 也是: 这由 Kuratowski 定理立即得出, 也可由简单的几何方法得出. 所以关于 G 的命题可以由关于 G_1 和 G_2 的命题归纳地得到. 在证明的余下部分, 我们将假设 G 是 2-连通的.

首先假设 G 是可平面的并取定它的一种画法. 由命题 4.2.6, G 的面边界是圈, 所以它们是 $\mathcal{C}(G)$ 的元素. 我们将会证明面边界生成 G 的所有圈, 那么, 由引理 4.2.2, $\mathcal{C}(G)$ 有一个稀疏基. 设 $C \subseteq G$ 是任意一个圈, 而 f 是其内部面. 由引理 4.2.2, 每条满足 $\mathring{e} \subseteq f$ 的边 e 恰好位于两个满足 $f' \subseteq f$ 的面边界 $G[f']$ 上, 且 C 的每条边恰好属于一个这样的面边界. 因此, 所有这些面边界在 $\mathcal{C}(G)$ 中的和恰好是 C.

反过来, 设 $\{C_1, \cdots, C_k\}$ 是 $\mathcal{C}(G)$ 的一个稀疏基, 那么对每条边 $e \in G$, $\mathcal{C}(G-e)$ 也有一个稀疏基. 确实, 若 e 只属于这些集合中的一个 C_i (不妨设它为 C_1), 那么 $\{C_2, \cdots, C_k\}$ 是 $\mathcal{C}(G-e)$ 的稀疏基; 若 e 位于两个 C_i 中 (不妨设 C_1 和 C_2), 那么 $\{C_1 + C_2, C_3, \cdots, C_k\}$ 也是一个稀疏基. (注意到, 由命题 1.9.1, 这两个基的确是 $\mathcal{C}(G-e)$ 的导出子集.) 因此 G 的每个子图有一个具有稀疏基的圈空间. 为了证明 G 是可平面的, 只需说明 K^5 和 $K_{3,3}$ 的圈空间 (因此它们的细分也如此) 不包含稀疏基: 因此 G 不能包含 TK^5 或 $TK_{3,3}$, 由 Kuratowski 定理, G 是可平面的.

首先考虑 K^5. 由定理 1.9.5, $\dim \mathcal{C}(K^5) = 6$. 令 $\mathcal{B} = \{C_1, \cdots, C_6\}$ 是一个稀疏基, 且令 $C_0 := C_1 + \cdots + C_6$. 由于 $\mathcal{B}$ 是线性无关的, 因此集合 $C_0, \cdots, C_6$ 都不是空集, 所以它们中每个都至少包含三条边 (参见命题 1.9.1). 进一步地, 由于 C_0 的每条边只位于 $C_1, \cdots, C_6$ 中的一个, 所以集合 $\{C_0, \cdots, C_6\}$ 仍然是稀疏的. 但是,

这意味着 K^5 应该有比它本身更多的边, 也就是说, 我们得到矛盾

$$21 = 7 \cdot 3 \leqslant |C_0| + \cdots + |C_6| \leqslant 2\|K^5\| = 20.$$

对 $K_{3,3}$, 定理 1.9.5 给出 $\dim \mathcal{C}(K_{3,3}) = 4$. 设 $\mathcal{B} = \{C_1, \cdots, C_4\}$ 是一个稀疏基, 令 $C_0 := C_1 + \cdots + C_4$. 由于 $K_{3,3}$ 的围长是 4, 因此每个 C_i 包含至少四条边, 所以我们得到矛盾

$$20 = 5 \cdot 4 \leqslant |C_0| + \cdots + |C_4| \leqslant 2\|K_{3,3}\| = 18.$$

□

对于 MacLane 定理的充分性, 练习 30 给出了一个构造证明, 这个证明显示了, 在必要性的证明中所选取的生成集合 (即面边界的集合) 在下面意义下是典型的: 给定 2-连通可平面图 G 的任意圈集合 $\mathcal{D}$, 如果 $\mathcal{D}$ 生成 $\mathcal{C}(G)$ 并且 G 的每个边恰好处于其中两个圈上, 那么存在 G 的一个画法使得 $\mathcal{D}$ 中的圈恰好是所有的面边界.

关于圈空间中生成集合的 MacLane 定理和 Tutte 定理 (3.2.6) 是两个非常抽象且并不直观的结果, 它们一起组成了 3-连通图的一个非常具体的平面性刻画, 这是平面图理论中鲜为人知的漂亮结果之一:

定理 4.5.2 (Kelmans, 1978)　一个 3-连通图是可平面的当且仅当每条边位于至多两个 (或者等价地说, 恰好两个) 非分离导出圈上.

证明　必要性由命题 4.2.7 和引理 4.2.2 (“恰好两个”的情形还需要命题 4.2.6) 导出; 充分性由定理 3.2.6 和定理 4.5.1 得到. □

作为本节的结束, 我们给出平面性的一个非同寻常的刻画. 集合 P 上偏序 $\leqslant$ 的**线性拓展** (linear extension) 是指 P 上的一个全序 $\leqslant'$, 它把 $\leqslant$ 作为 P^2 的子集来包含. 所以, 对于 P 中任意的 $p \leqslant q$, $p \leqslant' q$ 依然成立; 而对于不可比的元素 $p, q \in P$, 有 $p <' q$ 或者 $p >' q$. 偏序集 $(P, \leqslant)$ 的**维数** (poset dimension) 定义为 P 上满足交恰好是 $\leqslant$ 的线性拓展 $\leqslant'$ 的最小个数. 因此, 对于不可比的元素 $p, q \in P$, 一定存在一个线性拓展 $\leqslant'$ 使得有 $p <' q$ 和另外一个线性拓展 $\leqslant''$ 使得有 $p >'' q$.

对每一个图 $G = (V, E)$, 可以定义一个对应的**关联偏序集** (incidence poset), 即偏序集 $(V \cup E, \leqslant)$ 使得 $v < e$ 当且仅当 v 是一个顶点, 而 e 是关联 v 的一条边. (因此, 作为一个关系, $<$ 和 $\in$ 是相同的.)

定理 4.5.3 (Schnyder, 1989)　一个图是可平面的当且仅当它的关联偏序集的维数小于等于 3.

4.6　平面对偶性

在这一节, 我们运用 MacLane 定理来揭示另外一个平面性和代数结构之间的联系, 即如下定义的平面对偶性和圈空间与割空间的对偶性 (在 1.9 节和 2.4 节中有所提及) 之间的联系.

平面多重图 (plane multigraph) 是一个有限集合对 (分别表示顶点集和边集) $G=(V,E)$, 它满足下列条件:

(i) $V\subseteq\mathbb{R}^2$;

(ii) 每条边要么是两个顶点之间的弧, 要么是恰好包含一个顶点 (即它的端点) 的多边形;

(iii) 除了它自己的端点, 一条边不包含顶点或其他边的点.

我们可以把平面图中定义的术语自由地转移到平面多重图上. 注意到, 如同在抽象多重图中一样, 环和双边都看作是圈.

考虑图 4.6.1 中的平面多重图 G, 在 G 的每个面的内部放置一个新顶点, 并把这些新的顶点连接起来形成另一个平面多重图 G^* 如下: 对于 G 的每条边 e, 把和 e 关联的两个面中的新顶点用边 e^* 连接 (e^* 穿过 e), 如果 e 只和一个面关联, 我们在这个面的新顶点添加一个环 e^*, 并和 e 交叉. 以这种方式构造的平面多重图 G^* 在下面的意义下和 G 对偶: 若我们对 G^* 进行和上面相同的操作, 所得到的平面多重图和 G 非常相似. 实际上, G 本身可以通过这种方法从 G^* 重新得到.

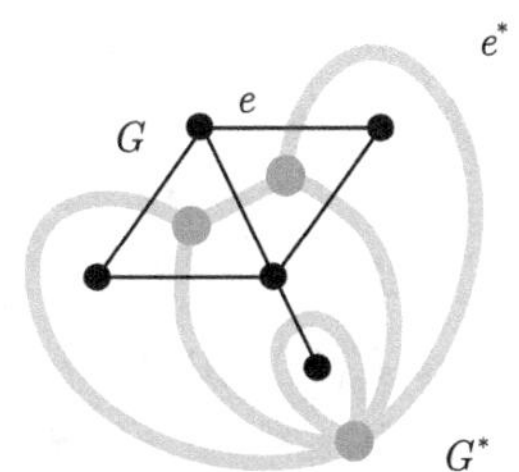

图 4.6.1 一个平面图和它的对偶

为了更准确地表达这个运算, 设 $G=(V,E)$ 和 (V^*,E^*) 是任意两个平面多重图, 令 $F(G)=:F$ 和 $F((V^*,E^*))=:F^*$. 我们称 (V^*,E^*) 是 G 的**平面对偶** (plane dual), 并记为 $(V^*,E^*)=:G^*$, 如果存在双射

$$F\to V^* \qquad E\to E^* \qquad V\to F^*$$

$$f\mapsto v^*(f) \qquad e\mapsto e^* \qquad v\mapsto f^*(v)$$

满足下面条件:

(i) 对所有 $f\in F$ 有 $v^*(f)\in f$;

(ii) 对所有 $e\in E$, $|e^*\cap G|=|\mathring{e}^*\cap\mathring{e}|=|e\cap G^*|=1$, 且对每个 e 和 e^*, 这个交点是一条直线段的内部点;

(iii) 对所有 $v\in V$, 有 $v\in f^*(v)$.

每个连通平面多重图都有平面对偶. 确实, 为了满足条件 (i), 我们可以首先从 G 的面 f 中选取点 $v^*(f)$ 作为 G^* 的顶点, 然后根据 (ii) 的要求用独立弧连接这些顶点, 其次使用 G 的连通性证明的确存在满足 (iii) 的双射 $V \to F^*$ (练习 35).

如果 G_1^* 和 G_2^* 是 G 的两个平面对偶, 那么显然 $G_1^* \simeq G_2^*$. 事实上, 可以证明自然的双射 $v_1^*(f) \mapsto v_2^*(f)$ 是 G_1^* 和 G_2^* 之间的拓扑同构. 在这种意义下, 平面对偶是唯一的, 所以可以称 G^* 是 G 的平面对偶.

最后, G 反过来也是 G^* 的平面对偶. 确实, 由 G^* 的定义中双射的逆映射可以得到: 对 $f^*(v) \in F^*$ 和 $v^*(f) \in V^*$, 令 $v^*(f^*(v)) := v$ 及 $f^*(v^*(f)) := f$, 我们看到关于 G^* 的条件 (i) 和 (iii), 变成了 G 的 (iii) 和 (i); 而条件 (ii) 在 G 和 G^* 中是对称的. 容易看出, 对偶图是连通的 (练习 34), 因此这个对称性蕴含着连通性也是 G 有对偶的必要条件.

也许平面对偶性最有趣的地方是, 它从几何上把两类边集, 即圈和键, 联系了起来, 前面我们已经看到了它们是如何代数地联系起来的 (定理 1.9.4).

命题 4.6.1 对任意连通平面多重图 G, 集合 $E \subseteq E(G)$ 是 G 中一个圈的边集当且仅当 $E^* := \{e^* \mid e \in E\}$ 是 G^* 的键.

证明 由 G^* 定义中的条件 (i) 和 (ii) 知, G^* 的两个顶点 $v^*(f_1)$ 和 $v^*(f_2)$ 属于 $G^* - E^*$ 的同一个分支当且仅当 f_1 和 f_2 位于 $\mathbb{R}^2 \setminus \bigcup E$ 的同一个区域中: $G^* - E^*$ 中的每个 $v^*(f_1)$-$v^*(f_2)$ 路是 $\mathbb{R}^2 \setminus \bigcup E$ 中 f_1 和 f_2 之间的弧; 反过来, 每条这样的 (具有 $P \cap V(G) = \varnothing$) 弧 P 定义了 $G^* - E^*$ 中 $v^*(f_1)$ 和 $v^*(f_2)$ 之间的一个途径.

如果 $C \subseteq G$ 是一个圈, 且 $E = E(C)$, 由 Jordan 曲线定理和上面的对应关系, $G^* - E^*$ 恰好有两个分支, 所以 E^* 是 G^* 的一个键, 即一个极小非空割.

反过来, 如果 $E \subseteq E(G)$ 使得 E^* 是 G^* 中的割, 由命题 4.2.4 和上面的对应关系, 则 E 包含一个圈 $C \subseteq G$ 的边. 若 E^* 是个键, 那么 E 不能包含任何其他边 (根据前面证明的蕴含关系), 故 $E = E(C)$. □

命题 4.6.1 指出如何把平面对偶性推广到抽象多重图上. [5] 如果 $E(G^*) = E(G)$, 并且 G^* 的键恰好是 G 的圈的边集合, 则称多重图 G^* 是多重图 G 的**抽象对偶** (abstract dual). (现在 G 或 G^* 不一定是连通的.)

圈和键之间的对应关系可以扩展到它们生成的空间上:

命题 4.6.2 如果 G^* 是 G 的抽象对偶, 那么 G^* 的割空间是 G 的圈空间, 也就是说

$$\mathcal{C}^*(G^*) = \mathcal{C}(G).$$

证明 由于 G 的圈恰好是 G^* 的键, 所以它们在 $\mathcal{E}(G) = \mathcal{E}(G^*)$ 中生成的子

---

5 下面, 我们会用到前面几章的几个引理, 这些引理是对图叙述的, 但推广到多重图的证明并没有什么变化.

空间 $\mathcal{C}(G)$ 和由 G^* 的键生成的子空间是相同的. 由引理 1.9.3 可知, 这就是空间 $\mathcal{C}^*(G^*)$. □

根据定理 1.9.4, 命题 4.6.2 蕴含着, 若 G^* 是 G 的抽象对偶, 那么 G 也是 G^* 的抽象对偶. 可以证明, 如果 G 是 3-连通的, 则 G^* (在添加若干独立顶点后, 以及同构意义下) 是唯一的. 由引理 3.1.3 知, $E(G)=E(G^*)$ 的非空子集是 G 的一个块的边集当且仅当它是 G^* 的一个块的边集. 由引理 3.1.2, 这蕴含着 G^* 的块是 G 的块的对偶.

尽管抽象对偶的概念来自平面对偶的推广, 但反之亦然. 由定理 1.9.4 知, 图的圈和键形成了自然的、相关的边集. 因此, 下面问题的提出也不是不可想象的：对于某些图, 一些边集组成的族之间的正交性也许可以给出足够多类似的相交规律, 使得某个族在一个图中组成圈的集合, 在另一个图中变成键的集合; 反之亦然. 也就是说, 我们问哪些图可以把它的整个边集变成一个新的顶点集, 在重新定义关联关系后, 使得用来形成圈的那些边恰好变成键 (且反之亦然)? 寻找这样一类图是一个不容易达到的目标, 更不用说像所有可平面图这样一个庞大且自然的图类.

作为经典平面图理论的精粹之一, 现在我们证明可平面图恰好是可以实现这个目标的图类, 所以存在抽象对偶成为一个新的平面性准则. 反之, 这个定理也可以理解为存在抽象对偶这一基本性质的拓扑刻画:

定理 4.6.3 (Whitney, 1932)　*一个图是可平面的当且仅当它有一个抽象对偶.*

证明　设 G 是一个可平面图, 我们考虑它的任意一种画法. 这个画法的每个分支 C 有一个平面对偶 C^*. 把这些 C^* 看作抽象多重图, 并设 G^* 是它们的不交并, 那么 G^* 的键恰好是 C^* 的所有键, 由命题 4.6.1 知, 这些极小割对应于 G 中的圈.

反之, 假设 G 有抽象对偶 G^*. 为了证明 G 是可平面的, 根据定理 4.5.1 和命题 4.6.2, 我们只需证明 $\mathcal{C}^*(G^*)$ 有一个稀疏基. 由命题 1.9.2 知, 它的确有. □

抽象图和平面图的对偶理论都可以推广到无限图. 由于这些图可以有无限键, 所以它们的对偶必然有“无限圈”. 这样的概念的确存在, 且非常引人入胜：它们是由图和它的*末端*所组成的空间中的拓扑圈, 见 8.6 节.

练　习

1.　证明：每个图都可以嵌入到 $\mathbb{R}^3$ 中使得所有边是直线.

2.$^-$　由引理 4.1.2 直接证明 $K_{3,3}$ 不是可平面的.

3.　这里给出“每个阶数 $\geqslant 4$ 的极大平面图都是最小度为 3 的平面三角剖分”的归纳“证明”: 归纳法由 K^4 开始. 在归纳推导过程中, 考虑任意阶为 $n\geqslant 4$ 的极大平面图 G, 以及通过所有可能的方法在 G 中添加新的顶点 v 而得到的阶为 $n+1$ 的极大平面图 G'.

无论是怎样得到 G', v 一定位于 G 的一个面中, 由归纳假设, 这个面的边界是一个三角形. 因为 G' 是极大可平面的, 所以 v 一定连接这个三角形的三个顶点. 显然, G' 是另外一个三角剖分, 并且有 $\delta(G') = d(v) = 3$.

(i)$^-$ 找出“证明”中的错误.

(ii) 找到一个反例, 并解释“证明”忽略了什么.

4. 证明: 每个可平面图是三个森林的并.

5. 古希腊人特别喜欢每个面的边界长度都相同的正则平面图.

   (i) 设顶点度为 $d \geqslant 3$ 而圈长记为 ℓ, 证明只存在有限多个具有参数 (d, ℓ) 的古希腊人喜欢的图. 你能对这样图的个数给出一个上界吗?

   (ii)$^+$ 证明: 在拓扑同构意义下, 只存在有限多个这样的平面图.

6. **富勒烯** (fullerene) 是完全由碳原子组成的分子, 它是一个立方平面图, 所有的面都是五边形或六边形. 因为碳原子可以形成双键, 证明原则上每一个这样的图可以通过 (4-价) 碳原子实现.

7. 足球由五边形和六边形 (但不一定是正则形) 缝合而成, 使得缝合线形成一个三正则可平面图. 那么, 足球有多少个五边形呢?

8.$^-$ (继续练习 6 和练习 7)

   如果富勒烯包含相邻的五边形, 就会变得不稳定. 证明: 稳定的富勒烯包含至少 60 个碳原子.

9. 设 G 是阶为 n 的图, 它可以嵌入到 Euler 示性数为 χ 的曲面中, 但不能嵌入到具有更大 Euler 示性数的简单曲面中, 证明 G 最多有 $3n - 3\chi$ 条边.

   (提示: 可以使用已知的事实: 如此嵌入的图的每个面是一个拓扑圆盘, 这样的嵌入满足广义 Euler 公式, $n - m + \ell = \chi$.)

10. 对可平面图, 找到关于 3-连通图圈空间的 Tutte 定理 (3.2.6) 的一个直接证明.

11.$^-$ 证明: 图 4.3.1 中的两个平面图不是组合同构的 (从而也不是拓扑同构的).

12. 证明: 图 4.3.2 中的两个图是组合同构的, 但不是拓扑同构的.

13.$^-$ 证明: 关于平面嵌入的等价定义确实定义了一个等价关系.

14. 找到一个 2-连通可平面图, 它的所有画法都是拓扑同构的, 但它的平面嵌入不都是等价的.

15.$^+$ 证明: 每个平面图都组合同构于一个所有边是直线的平面图.

   (提示: 给定平面三角剖分, 归纳地构造一个图论意义下的同构平面图使得它的边都是直线. 为了有助于归纳证明, 对内部面需要增加什么性质?)

   对下面两个练习, 不要使用 Kuratowski 定理.

16. 证明: 可平面图的每个子式是可平面的. 从而推导, 图是可平面的当且仅当它是一个网格的子式. (网格在 12.4 节中定义.)

17. (i) 证明: 原则上, 可平面图可以像 Kuratowski 定理那样进行刻画, 也就是说, 存在图集合 $\mathcal{X}$ 使得图 G 是可平面的当且仅当 G 没有子式属于 $\mathcal{X}$.

   (ii) 是否每一个图性质都可以用这种方式刻画呢? 如果不是, 哪些可以呢?

18. 是否每个可平面图都有一个画法使得所有内部面都是凸的?

19. 修改引理 4.4.3 的证明使得所有内部面都是凸的.

20. 是否每个极小非可平面图 G (即非可平面图 G, 但它的所有真子图都是平面的) 都包含一条边 e 使得 $G-e$ 是极大可平面的? 如果我们关于子式而不是子图定义“极小”, 结论会改变吗?

21. 证明：在阶至少为 6 的极大可平面图上增加一条新边同时产生 TK^5 子图和 $TK_{3,3}$ 子图.

22. 通过巧妙地处理平面图 (即避免使用引理 4.4.5), 从 3-连通的情形来证明广义 Kuratowski 定理.

(不要把它当成初等拓扑练习来做. 对证明中的拓扑部分, 给出大体的描述即可.)

23.⁻ 如果图有一个画法使得每个顶点都位于外部面的边界上, 则称它是**外可平面图** (outer-planar graph). 证明：一个图是外可平面的当且仅当它不包含 K^4 或 $K_{2,3}$ 作为子式.

24. 证明：2-连通平面图是二部的当且仅当每一个面被一个偶圈界定.

25. 设 $G=G_1\cup G_2$, 且 $|G_1\cap G_2|\leqslant 1$. 证明：如果 $\mathcal{C}(G_1)$ 和 $\mathcal{C}(G_2)$ 都有稀疏基, 则 $\mathcal{C}(G)$ 也有.

26. 在一个 2-连通平面图的所有面边界中, 找到一个圈空间基.

27. 证明：阶为 n 的 3-连通图包含至少 $n/2$ 个外围圈. 这个下界是紧的吗?

28.⁺ 对 2-连通平面图, 给出 Euler 公式的一个代数证明, 基本思路如下：类似于给定图的顶点空间 $\mathcal{V}$ 和边空间 $\mathcal{E}$, 定义 ($\mathbb{F}_2$ 上的) **面空间** (face space) $\mathcal{F}$. 用明显的方式定义**边界映射** (boundary map) $\mathcal{F}\to\mathcal{E}\to\mathcal{V}$, 首先确定在单个面或边上 (即在 $\mathcal{F}$ 和 $\mathcal{E}$ 的标准基上) 的映射, 然后把这些映射线性地推广到整个 $\mathcal{F}$ 和 $\mathcal{E}$ 上. 确定这些同胚的核和象, 然后从这些空间 $\mathcal{F},\mathcal{E}$ 和 $\mathcal{V}$ 的维数导出 Euler 公式.

给定图 G 的子图族, 如果 G 的每条边都恰好属于其中两个子图, 我们称这个子图族是 G 的**双覆盖** (double cover). 一个由圈组成的双覆盖叫做**双圈覆盖** (cycle double cover).

29. 设 G 是一个 2-连通图, 它的圈空间由圈的稀疏集合 $\mathcal{B}$ 生成. 根据 MacLane 定理, G 中存在一个由生成 $\mathcal{C}(G)$ 的圈组成的双覆盖, 即 G 的任意画法中的那些圈边界. 直接证明 (即不使用 MacLane 定理) $\mathcal{B}$ 可以拓广成为 G 的双圈覆盖 $\mathcal{D}$.

30.⁺ (为拓扑学者准备的) 构造性地证明 MacLane 定理中的如下非平凡蕴含关系：假定给定图 G 是 2-连通的, 根据上一个练习, 所以具有一个由生成 $\mathcal{C}(G)$ 的圈组成的双覆盖 $\mathcal{D}$. 对这些圈 C 的每一个, 取定一个圆盘并把它的边界和 C 重合.

(i) 证明：得到的空间是一个曲面, 即没有边界的紧致 2-流形.

(ii) 使用定理 1.9.5 证明这个曲面的 Euler 示性数至少是 2. (这意味着它一定是球面, 我们可以假定这是已知的.)

31. 从上面两个练习推导, 给定 2-连通可平面图 G 和 $\mathcal{C}(G)$ 的由圈组成的稀疏基 $\mathcal{B}$, 存在 G 的一个画法使得 $\mathcal{B}$ 中的圈恰好是内部面的边界.

32.⁺ 设 C 是平面中的一条闭曲线, 在平面的任意给定点, 它与本身最多相交一次, 并且每个这样的自交都是真交叉 (proper crossing). 如果可以把这些交叉安排成从上穿过和从下穿过, 使得沿着这个曲线前行时从上穿过和从下穿过交错出现, 那么我们称 C 是**交错的** (alternating).

(i) 证明每个这样的曲线都是交错的, 或找到一个反例.

(ii) 如果 (i) 中的曲线不是闭的, 结论会改变吗?

33.$^-$ 平面上树的平面对偶是什么呢?

34.$^-$ 证明: 平面多重图的平面对偶总是连通的.

35.$^+$ 证明: 连通平面多重图有一个平面对偶.

36. 证明: 平面多重图的任何两个平面对偶是组合同构的.

37. 设 G^* 是 G 的抽象对偶, 而 $e = e^*$ 是一条边. 证明下面两个结果:

(i) G^*/e^* 是 $G - e$ 的抽象对偶;

(ii)$^+$ $G^* - e^*$ 是 G/e 的抽象对偶.

38. 找到一个连通图使得它有两个非同构的抽象对偶. 是否能找到 2-连通的例子呢?

39. 设 G, G^* 是对偶平面图. 证明下面的结论:

(i) 如果 G 是 2-连通的, 则 G^* 也是 2-连通的;

(ii) 如果 G 是 3-连通的, 则 G^* 也是 3-连通的;

(iii) 如果 G 是 4-连通的, 则 G^* 不一定是 4-连通的.

40. 对命题 4.6.2 后面的结论给出详细的证明, 除了关于 G^* 的唯一性部分 (这将在练习 41 (ii) 中证明).

41. 设 $G^* = (V^*, E^*)$ 是连通多重图 $G = (V, E)$ 的连通抽象对偶. G 是否有一个画法使得它的平面对偶同构于 G^*? (甚至是"典型"同构? 在什么意义下呢?)

(i) 对 2-连通图 G, 使用练习 30 中的方法证明这一结论.

(ii) 证明 3-连通图的抽象对偶是唯一的. (这个结论的准确含义是什么呢? 给出唯一性的定义使得它比"在同构意义下"更强.)

(iii) 对于一般性结论给出反例.

42. 对于具有相同边集的连通多重图 $G = (V, E)$ 和 $G' = (V', E)$, 证明下面的命题是等价的:

(i) G 和 G' 相互是抽象对偶;

(ii) 给定任意集合 $F \subseteq E$, 多重图 (V, F) 是一棵树当且仅当 $(V', E \setminus F)$ 是一棵树.

注 解

一本全面介绍图嵌入到曲面 (包括平面) 的专著是: B. Mohar and C. Thomassen, *Graphs on Surfaces*, Johns Hopkins University Press, 2001. 4.1 节中所引用的结果的证明, 包括这一章的所有参考文献, 都包括在这本专著中. 关于 Jordan 曲线定理 (无论关于多边形的版本还是它的推广) 的很好总结可见 J. Stillwell, *Classical Topology and Combinatorial Group Theory*, Springer, 1980.

推论 4.2.10 的简短证明运用了一个技巧, 应该得到特别注意: 在文中用到了所谓的成对**双重计数**, 具体例子包括, 二部图的边可以通过从左边或从右边计算它的度数和而依次得到. 双重计数是组合数学中广泛运用的技巧, 且在本书后面的部分有更多的应用.

4.3 节的内容通常不包括在初等图论教程中, 这一章其余的部分可以和这一节独立地阅读. 然而, 绝不能把 4.3 节的结果看成无关紧要的. 从某种角度看, 它成为它自身成功的牺牲品: 对于可平面问题, 从拓扑背景转换到组合背景所发展起来的拓扑技巧使得对于大多数平面性理论变得不可缺少.

在原来的版本中, Kuratowski 定理只对拓扑子式进行叙述, 对于广义子式的版本是由 Wagner 在 1937 年增加的. 我们对于 3-连通情形的证明 (引理 4.4.3) 是一个证明的弱化, 这个证明由 C. Thomassen, *Planarity and duality of finite and infinite graphs*, J. Combin. Theory B 29 (1980), 244-271 给出, 它给出一个画法使得所有内部面是凸的 (练习 19). 关于 3-连通可平面图中这样的"凸"画法的存在性, 已经由 Steinitz (1922) 的定理保证: 这些图恰好是 3-维凸多面体的 1-维骨架. 也可以见 W. T. Tutte, *How to draw a graph*, Proc. London Math. Soc. 13 (1963), 743-767.

我们可以容易地看到: 给一个极大可平面图 (阶数至少是 6) 添加边, 不只是生成拓扑的 K^5 或 $K_{3,3}$, 而且两者都有. 在 7.3 节我们将看到, 更一般地, 每个具有 n 个顶点和多于 $3n-6$ 条边的图都包含一个 TK^5, 除了一个很容易描述的特例类外, 也包含 $TK_{3,3}$ (第 7 章练习 25).

定理 4.5.2 作为"Tutte 可平面准则"而被人们熟知, 因为它可由 Tutte 1963 的定理 3.2.6 以及更早的平面性准则 (即 MacLane 定理 (4.5.1)) 而得出. 然而, Tutte 本人似乎并没有意识到这点. 定理 4.5.2 在 20 世纪 70 年代后期才首先被注意到, 通过证明定理 3.2.6 和定理 4.5.1, A. K. Kelmans, *The concept of a vertex in a matriod, the non-separating cycles in a graph and a new criterion for graph planarity, in* Algebraic Methods in Graph Theory, Vol. 1, Conf. Szeged 1978, *Colloq. Math. Soc. János Bolyai* 25 (1981) 345-388 独立地证明了定理 4.5.2. Kelmans 也重新证明了定理 3.2.6 (没有意识到 Tutte 的证明), 且注意到它可以和 MacLane 准则结合起来给出定理 4.5.2 的证明.

定理 4.5.3 源于 W. Schnyder, *Planar graphs and poset dimension*, Order (1989), 323-343. 对它的另外一个证明和相关参考文献, 参见 F. Barrera-Cruz and P. Haxell, *A note on Schnyder's theorem*, Order 28 (2011), 221-226 (arXiv:1606.08943).

对抽象有限图 (以及更广义的概念), 圈-键对偶关系的合适理论框架是拟阵理论, 参见 J. G. Oxley, *Matroid Theory*, Oxford University Press, 1992 和 H. Bruhn and R. Diestel, *Infinite matroids in graphs*, Discrete Math. (2011), 1461-1471 (arXiv: 1011.4749). 而关于无限拟阵的公理系统, 参见 H. Bruhn, R. Diestel, M. Kriesell, R. Pendavingh and P. Wollan, *Axioms for infinite matroids*, Adv. Math. 239 (2013), 18-46 (arXiv:1003.3919). 对于无限图中对偶的讨论 (不使用拟阵), 下面两篇文章

有所论述：H. Bruhn and R. Diestel, *Duality in infinite graphs*, Comb. Probab. Comput. 15 (2006), 75-90 和 R. Diestel and J. Pott, *Dual trees must share their ends* (arXiv:1106.1324).

第5章　着　色

在一张世界地图上，需要用几种颜色去给每个国家着色，使得任何两个相邻国家的颜色不同呢？国会需要召开一系列会议，每个委员会开一天会，并且部分委员在多个委员会任职，那么我们需要多少天才能安排完所有的会议日程呢？根据每个老师给每个班级上课的时数，我们怎样才能排出一个使用尽可能少的天数的课时表呢？

图 $G=(V,E)$ 的一个**顶点着色** (vertex colouring) 定义为映射 $c:V\longrightarrow S$，使得任意两个相邻的顶点 v 和 w 均有 $c(v)\neq c(w)$. 我们称 S 里的元素为可用**颜色** (colours). 我们对 S 的兴趣所在是它的基数：通常，我们试图找出最小的整数 k，使得 G 有一个 **k-着色** (k-colouring)，即一个顶点着色 $c:V\longrightarrow\{1,\cdots,k\}$，这个 k 就叫做图 G 的 (**顶点**) **色数** ((vertex-) chromatic number)，表示为 $\chi(G)$. 若 $\chi(G)=k$，称图 G 是 **k-色的** (k-chromatic)；如果 $\chi(G)\leqslant k$，则称图 G 是 **k-可着色的** (k-colourable).

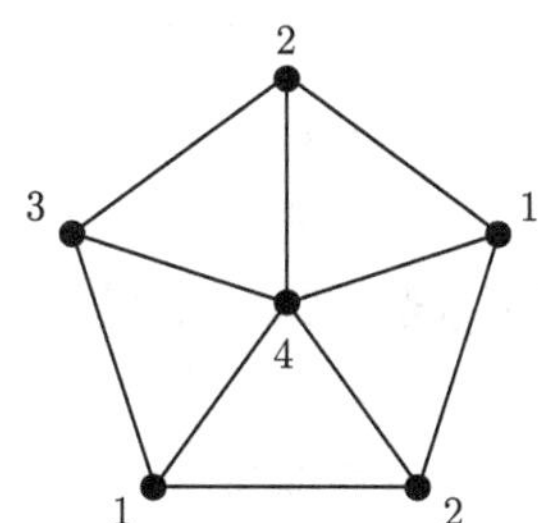

图 5.0.1　顶点着色 $V\longrightarrow\{1,\cdots,4\}$

注意到，图 G 的 k-着色其实就是把 $V(G)$ 划分成 k 个独立集，这里每个独立集被称为一个**色类** (colour class). 例如，非平凡的 2-可着色图恰好是一个二部图. 从历史的角度来讲，着色的术语来自我们上面提到的地图着色问题，从而它引导出决定可平面图的最大色数问题. 委员会时间表问题也可以叙述成一个顶点着色问题. (如何叙述呢?)

图 $G=(V,E)$ 的一个**边着色** (edge colouring) 是一个映射 $c:E\longrightarrow S$，使得任意两条相邻的边 e 和 f，满足 $c(e)\neq c(f)$. 边着色 $c:E\longrightarrow\{1,\cdots,k\}$ 称为图 G 的一个 **k-边着色**(k-edge-colouring)，所用的最小整数 k 叫做 G 的**边色数** (edge-chromatic number)，也称为**色指数** (chromatic index)，记作 $\chi'(G)$. 前面提到的第三

个应用问题可以叙述成一个二部多重图的边着色问题. (如何叙述呢?)

显然, 图 G 的每个边着色对应于其线图 $L(G)$ 的一个顶点着色; 反之亦然. 特别地, $\chi'(G) = \chi(L(G))$. 因此如何找到一个好的边着色, 可以看作更一般的顶点着色问题在这类特殊图中的限制形式. 我们将看到, 上述两种着色问题之间的关系, 从已知的结果中可以看出, 它们有着显著的差异: 对于 χ, 我们仅有粗略的估计, 而其对应的 χ' 我们知道它只能取 Δ 和 $\Delta + 1$ 中间的一个.

5.1 地图和可平面图的着色

如果有人声称图论中的某个问题被外界所熟悉, 那一定是指下面的**四色定理** (four colour theorem) (这个定理蕴含着: 每个地图最多只需四种颜色来着色):

定理 5.1.1 (四色定理) *每个可平面图是 4-可着色的.*

关于四色定理证明的一些讨论和其历史, 可以参考这一章最后的注解. 在这里, 我们证明下面较弱的形式.

定理 5.1.2 (五色定理) *每个可平面图是 5-可着色的.*

证明 设 G 是一个有 $n \geqslant 6$ 个顶点和 m 条边的平面图. 我们归纳地假设, 每个具有少于 n 个顶点的平面图均是 5-可着色的. 由推论 4.2.10, 有

$$d(G) = \frac{2m}{n} \leqslant \frac{2(3n-6)}{n} < 6.$$

设 $v \in G$ 是顶点度不大于 5 的顶点. 由归纳假设知, 图 $H := G - v$ 存在一个顶点着色 $V(H) \longrightarrow \{1, \cdots, 5\}$. 如果 v 的邻点最多用了 4 种颜色, 那么 c 可以扩充为图 G 的一个 5-着色. 所以我们可以假设顶点 v 恰有 5 个邻点, 且每个邻点着有不同的颜色.

设 D 是一个足够小的包含 v 的开圆盘, 使得它只与关联 v 的五条边的直线段相交. 我们按照这些线段在 D 中的循环位置列举为 $s_1, \cdots, s_5$, 并且假设 vv_i 是包含 s_i 的边 ($i = 1, \cdots, 5$, 见图 5.1.1). 不失一般性, 我们可以假设对于每个 i, 有 $c(v_i) = i$.

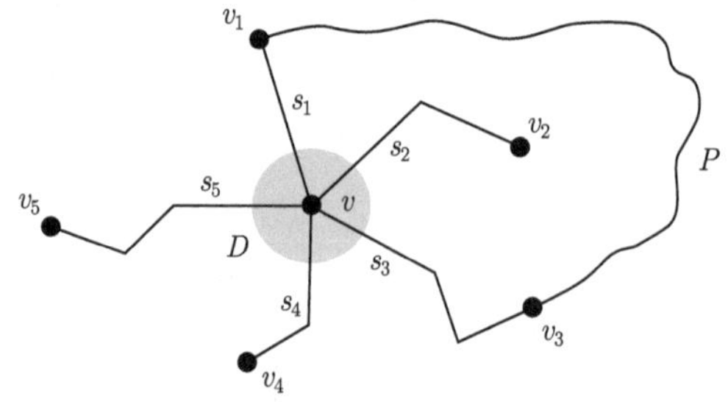

图 5.1.1 五色定理的证明

首先证明每条 v_1-v_3 路 $P \subseteq H - \{v_2, v_4\}$ 在 H 中把 v_2 和 v_4 分开. 显然, 这个结论成立当且仅当在 G 中的圈 $C := vv_1Pv_3v$ 把 v_2 和 v_4 分开, 我们可通过说明 v_2 和 v_4 在 C 的不同面中来证明这个结论.

我们在 D 中分别选取 s_2 和 s_4 的内点 x_2 和 x_4, 那么在 $D \backslash (s_1 \cup s_3) \subseteq \mathbb{R}^2 \backslash C$ 中, 每一个点都可以通过一条多边弧连接到 x_2 或 x_4. 这说明 x_2 和 x_4 (因此 v_2 和 v_4 也是一样) 在 C 的不同面中, 否则, D 只与 C 的两个面中的一个相交, 这与 v 属于这两个面的边界这一事实矛盾 (定理 4.1.1).

给定 $i, j \in \{1, \cdots, 5\}$, 设 $H_{i,j}$ 是由着色 i 和 j 的顶点所导出的 H 的子图. 我们可以假设 $H_{1,3}$ 中包含 v_1 的分支 C_1 也包含 v_3. 如果把 C_1 中所有着色 1 和 3 的顶点交换颜色, 我们就得到了 H 的另一个 5-着色. 如果 $v_3 \notin C_1$, 那么在这个新着色中, v_1 和 v_3 都着色 3, 这时我们可以给 v 着色 1. 因此, $H_{1,3}$ 包含一条 v_1-v_3 路 P. 上面已经证明, 在 H 中 P 把 v_2 和 v_4 分开. 因为 $P \cap H_{2,4} = \varnothing$, 这意味着 v_2 和 v_4 属于 $H_{2,4}$ 的不同分支. 在包含 v_2 的那个分支里, 交换颜色 2 和 4, 因此把 v_2 重新着色为 4. 现在 v 就没有着色 2 的邻点, 我们可以给它着此色了. □

作为上面两个著名定理的背景, 我们给出另一个著名的结果.

定理 5.1.3 (Grötzsch, 1959) *每个不包含三角形的可平面图是 3-可着色的.*

5.2 顶点着色

给定一个图, 我们怎样来决定它的色数呢? 怎样才能找到一个使用尽可能少颜色的顶点着色呢? 色数与图的其他不变量 (例如平均度、连通度或者围长) 的关系是怎样的呢?

从色数的定义, 我们可以直接得到下面这个上界.

命题 5.2.1 *每个具有 m 条边的图满足*

$$\chi(G) \leqslant \frac{1}{2} + \sqrt{2m + \frac{1}{4}}.$$

证明 设 c 是图 G 中一个具有 $k = \chi(G)$ 种颜色的顶点着色, 那么在 G 的每两个色类之间都至少存在一条边, 否则, 我们可以把这两个色类着同一种颜色. 因此 $m \geqslant \frac{1}{2}k(k-1)$. 从这个不等式中解出 k, 就得到了我们想要的结论. □

一个明显的不用太多颜色来着色图的方法是下面的**贪婪算法** (greedy algorithm): 从图 G 的一个固定顶点序列 $v_1, \cdots, v_n$ 开始, 依次考虑顶点, 给每个顶点 v_i 着第一个可用的颜色, 比如, 在 $v_1, \cdots, v_{i-1}$ 中, 找到 v_i 的邻点中还未用过的最小正整数来给顶点 v_i 着色. 用这种方法, 永远不会使用多于 $\Delta(G) + 1$ 种颜色, 即使对选择不当的序列 $v_1, \cdots, v_n$ 也是一样. 如果 G 是完全图或者奇圈, 那么这是最好可能的.

一般而言, 即使是对于贪婪着色, 这个上界 $\Delta+1$ 仍然是很大. 事实上, 用上面的算法对顶点 v_i 着色时, 我们只需要 $d_{G[v_1,\cdots,v_i]}(v_i)+1$ 种颜色, 而不是 $d_G(v_i)+1$ 种颜色, 就可以进行下去. 注意到, 这个时候, 对于 $j>i$, 算法忽略了 v_i 的邻点 v_j, 因此对于大多数图而言, 有着很大的空间去改进 $\Delta+1$ 这个上界, 这可以通过选择一个特别有利的顶点顺序来开始着色：先选择那些顶点度比较大的顶点 (这时大部分邻点被忽略), 最后选择那些顶点度比较小的顶点. 局部来看, 如果 v_i 是 $G[v_1,\cdots,v_i]$ 中度数最小的顶点, 则我们需要的 $d_{G[v_1,\cdots,v_i]}(v_i)+1$ 种颜色也是最少的, 这可以容易地实现, 只需要首先选取具有 $d(v_n)=\delta(G)$ 的顶点 v_n, 然后再取图 $G-v_n$ 中度数最小的顶点作为 v_{n-1}, 依次进行下去.

找个最小的 k 使得图 G 有这样一个顶点序列, 使得它的每个顶点只有少于 k 个邻点排在它前面, 这个 k 就叫做 G 的**着色数** (colouring number), 记为 $\mathrm{col}(G)$. 我们上面刚刚讨论的序列表明 $\mathrm{col}(G)\leqslant\max_{H\subseteq G}\delta(H)+1$. 但是对于 $H\subseteq G$, 因为在 H 的任意序列中, 最后的那个顶点的"向后度数"就是它在 H 中的原来度数, 它至少为 $\delta(H)$, 所以显然有 $\mathrm{col}(G)\geqslant\mathrm{col}(H)$ 和 $\mathrm{col}(H)\geqslant\delta(H)+1$. 因此我们证明了下面的结论.

命题 5.2.2　*每个图 G 满足*

$$\chi(G)\leqslant\mathrm{col}(G)=\max\{\delta(H)\mid H\subseteq G\}+1. \qquad \square$$

一个图的着色数与它的荫度有密切关系, 参考定理 2.4.3 后的解释.

命题 5.2.2 显示, 每个 k-色的图都包含一个最小度至少为 $k-1$ 的子图. 事实上, 它有一个 k-色的这种子图.

引理 5.2.3　*每个 k-色的图都包含一个最小度至少为 $k-1$ 的 k-色子图.*

证明　给定图 G 且 $\chi(G)=k$, 设 $H\subseteq G$ 是满足 $\chi(H)=k$ 极小的. 如果 H 包含一个顶点 v 使得 $d_H(v)\leqslant k-2$, 则可以把 $H-v$ 的 $(k-1)$-着色拓广成 H 的一个 $(k-1)$-着色, 与 H 的选取矛盾. $\square$

我们已经看到, 对每个满足 $\chi(G)\leqslant\Delta(G)+1$ 的图 G, 等号在完全图和奇圈时成立. 对于其他情况, 这个一般的界可以作少许的改进.

定理 5.2.4 (Brooks, 1941)　*设 G 是一个连通图. 如果 G 既不是完全图, 也不是奇圈, 那么*

$$\chi(G)\leqslant\Delta(G).$$

证明　我们对 $|G|$ 使用归纳法. 如果 $\Delta(G)\leqslant 2$, 那么 G 是一条路或一个圈, 结论显然成立. 因此假设 $\Delta:=\Delta(G)\geqslant 3$, 并且结论对于顶点数较小的图都成立. 假设 $\chi(G)>\Delta$.

设 v 是 G 的一个顶点, 令 $H:=G-v$, 由归纳假设知, $\chi(H)\leqslant\Delta$, 并且对 H 的每个分支 H' 有 $\chi(H')\leqslant\Delta(H')\leqslant\Delta$, 除非 H' 是完全图或是奇圈, 在这种情况下,

有 $\chi(H') = \Delta(H') + 1 \leqslant \Delta$, 这是因为 H' 的每个顶点在 H' 中都具有最大度, 并且这样一个顶点和 v 在 G 中也是相邻的.

因为 H 可以 Δ-着色但 G 不能, 所以我们有下面的结论:

*H 的每个 Δ-着色, 在 v 的邻点使用了所有的颜色 $1, \cdots, \Delta$.
特别地, $d(v) = \Delta$.* (1)

给定 H 的任何一个 Δ-着色, 我们用 v_i 表示 v 的着色 i 的邻点 $(i = 1, \cdots, \Delta)$. 对 $i \neq j$, 用 $H_{i,j}$ 表示由着色 i 或 j 的顶点所导出的 H 的子图.

对于所有 $i \neq j$, 顶点 v_i 和 v_j 在 $H_{i,j}$ 的同一个分支 $C_{i,j}$ 中. (2)

否则, 我们可以在其中的一个分支中交换 i 和 j 的颜色, 从而 v_i 和 v_j 可以着同一种颜色, 与 (1) 矛盾.

$C_{i,j}$ 总是一条 v_i-v_j 路. (3)

确实, 令 P 是 $C_{i,j}$ 中一条 v_i-v_j 路, 因为 $d_H(v_i) \leqslant \Delta - 1$, 所以 v_i 的所有邻点着两两不同的颜色, 否则, 我们可以重新给 v_i 着色, 与 (1) 矛盾. 因此, P 上 v_i 的邻点也是它在 $C_{i,j}$ 上的唯一邻点; 对 v_j 有同样的结论. 所以, 若 $C_{i,j} \neq P$, 那么在 H 中 P 包含一个内部顶点, 它有三个着同样颜色的邻点. 让 u 是 P 上第一个这样的顶点 (图 5.2.1), 因为 u 的邻点至多用了 $\Delta - 2$ 种颜色, 所以我们可以重新给 u 着色. 但这使得 $P\mathring{u}$ 成了 $H_{i,j}$ 中的一个分支, 与 (2) 矛盾.

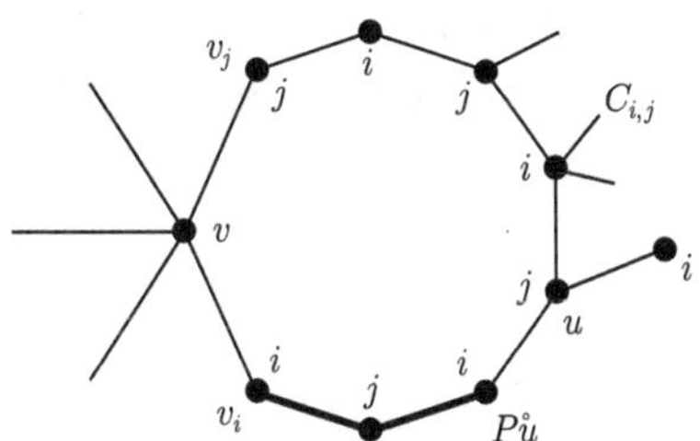

图 5.2.1 Brooks 定理中 (3) 的证明

对不同的 i, j, k, 路 $C_{i,j}$ 和路 $C_{i,k}$ 只在 v_i 相交. (4)

这是因为, 如果 $v_i \neq u \in C_{i,j} \cap C_{i,k}$, 那么 u 分别有两个着 j 的邻点和两个着 k 的邻点, 因此我们可以重新给 u 着色. 在新的着色中, v_i 和 v_j 在 $H_{i,j}$ 的不同分支中, 与 (2) 矛盾.

现在, 这个定理的证明可以容易地得到. 如果 v 的邻点是两两相邻的, 那么在 $N(v) \cup \{v\}$ 中的每个顶点都已经有 Δ 个邻点了, 所以 $G = G[N(v) \cup \{v\}] = K^{\Delta+1}$.

因为 G 是完全图, 结论成立. 所以我们可以假设 $v_1v_2 \notin G$, 这里 $v_1, \cdots, v_\Delta$ 来自 H 的某个固定 Δ-着色 c. 设 $u \neq v_2$ 是 v_1 在路 $C_{1,2}$ 上的邻点, 那么 $c(u) = 2$. 交换 $C_{1,3}$ 中颜色 1 和 3, 我们得到 H 的一个新着色 c', 设 v_i', $H_{i,j}'$ 和 $C_{i,j}'$ 等是关于 c' 的类似记号. 因为 $c'(u) = c(u) = 2$, 所以作为 $v_1 = v_3'$ 的邻点, u 现在属于 $C_{2,3}'$. 然而由 (4) 关于 c 知, 路 $\mathring{v}_1C_{1,2}$ 保留它原来的着色, 所以 $u \in \mathring{v}_1C_{1,2} \subseteq C_{1,2}'$. 因此 $u \in C_{2,3}' \cap C_{1,2}'$, 这与关于 c' 的 (4) 矛盾. □

目前为止, 我们得到若干高连通度的必要条件, 多数以 χ 的上界形式出现. 比如, 如果 $\chi(G) \geqslant k$, 则有 $\Delta \geqslant k$ (除非 G 是完全图或者奇圈), 同时 G 包含一个最小度至少为 $k-1$ 的子图. 然而, 除了少数情况, 例如当 $G = K_{n,n}$ 时, 对所有 $k \leqslant n$ 条件成立, 并且有 $\chi(G) = 2$, 这些条件作为充分条件是远远不够的.

我们希望找到 $\chi \geqslant k$ 成立的若干充分条件. 如果这些条件可以容易得到验证, 那么它们就成为有用的指标, 来说明为什么一个给定图不能用更少的颜色来着色. 如果这些条件也是充分的, 就可以解释为什么某些图具有高色数. 正如 Hall 定理中的婚姻条件一样, 它可以解释为什么二部图中某些匹配不存在: 违反婚姻条件明显地造成图中不能有这样的匹配, 并且这样的匹配不存在一定会违反婚姻条件.

例如, 我们可以尝试去决定图类 $\mathcal{X}_k$: 不能被少于 k 种颜色着色的 $\subseteq$-极小图. 容易验证 (参见引理 12.6.1), 一个给定图 G 满足 $\chi(G) \geqslant k$ 当且仅当它有一个子图属于 $\mathcal{X}_k$ (正如 Kuratowski 平面性定理中的特别子式或者特别拓扑子式一样). 因此, 包含 $\mathcal{X}_k$ 中的图成为衡量 $\chi \geqslant k$ 的一个指标, 这种指标解释了上面讨论的现象.

那么在任意 k-着色的图中是否可以容易地找到这些指标呢, 或者至少可以简单地验证呢? 也就是说, 是否可以容易地验证一个给定图 $X \in \mathcal{X}_k$ 确实属于 $\mathcal{X}_k$ 呢, 或者, 验证 $\chi(X) \geqslant k$ 是否成立呢? 稍后我们会讨论这个问题.

$\chi(G) \geqslant k$ 成立的一个显然充分条件是 $K^k \subseteq G$, 但这个条件不是必要的: 如定理 5.2.5 所示, k-色的图都不一定包含三角形. 所以, 虽然我们知道 K^k 一定在 $\mathcal{X}_k$ 中, 但它不一定是唯一的元素. 反过来, 引理 5.2.3 蕴含着 $\mathcal{X}_k$ 中所有的图的最小度至少是 $k-1$, 然而不是所有具有最小度至少 $k-1$ 的图都在 $\mathcal{X}_k$ 中, 这是因为这样的图不一定满足 $\chi \geqslant k$.

下面的 Erdős 定理蕴含着, $\mathcal{X}_k$ 不能是有限集. 事实上, 它蕴含着对于整数 k, 不存在由满足 $\chi(X) \geqslant 3$ 的图 X 所组成的有限集合 $\mathcal{X}$ 使得每一个 k-色的图都包含 $\mathcal{X}$ 中的一个子图.

定理 5.2.5 (Erdős, 1959) *对于每个整数 k, 存在一个图 G 具有围长 $g(G) > k$ 并且色数 $\chi(G) > k$.*

定理 5.2.5 是用随机图方法证明的, 而非构造性证明, 我们将在 11.2 节见到这个证明. 直接构造一个具有较大色数和较大围长的图并不容易, 练习 24 对一个最简单的情形给出了构造.

Erdős 定理给我们的信息是, 与原来的期望正好相反, 大的色数以一个纯粹的整体性质出现: 局部而言, 一个顶点周围, 围长较大的图看起来像一棵树, 特别地, 它是 2-可着色的. 但是, 是什么原因使得大的色数成为一个整体现象仍然是一个谜.

尽管如此, 存在一个简单但不简短的程序来构造出所有的色数至少为 k 的图. 对于每个 $k \in \mathbb{N}$, 我们下面递归地定义一类 **k-可构造图** (k-constructible graph).

(i) K^k 是 k-可构造的.

(ii) 如果 G 是 k-可构造的, 并且两个顶点 $x, y \in V(G)$ 是不相邻的, 那么 $(G + xy)/xy$ 也是 k-可构造的.

(iii) 如果 G_1 和 G_2 都是 k-可构造的, 并且存在 x, y_1 和 y_2 使得 $G_1 \cap G_2 = \{x\}$, $xy_1 \in E(G_1)$ 以及 $xy_2 \in E(G_2)$, 那么 $(G_1 \cup G_2) - xy_1 - xy_2 + y_1y_2$ 也是 k-可构造的 (图 5.2.2).

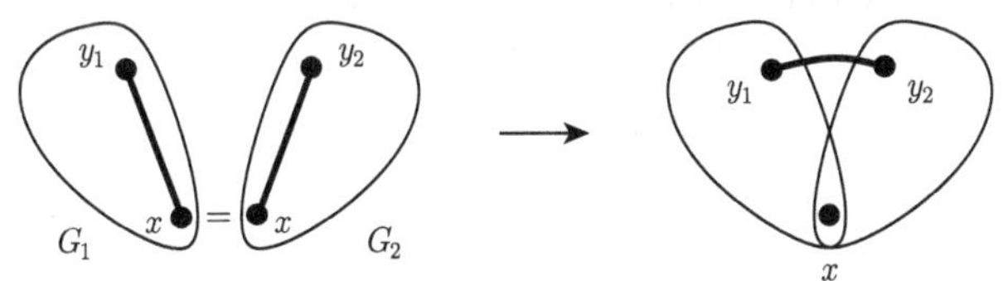

图 5.2.2 (iii): Hajós 构造

可以容易地归纳验证: 所有的 k-可构造图是至少 k-色的, 所以它的母图也如此. 例如, (ii) 中的图 $(G + xy)/xy$ 的任意着色都导出了 G 的一个着色, 根据归纳假设, 这种着色用了至少 k 种颜色. 类似地, 对于 (iii) 中构造的图的任何一个着色, 顶点 y_1 和 y_2 不会都和 x 着相同的颜色, 所以这个着色导出了 G_1 或 G_2 的一个着色, 因此至少用了 k 种颜色.

值得注意的是, 逆命题也成立.

定理 5.2.6 (Hajós, 1961) 设 G 是一个图, $k \in \mathbb{N}$, 则 $\chi(G) \geqslant k$ 当且仅当 G 包含一个 k-可构造子图.

证明 设 G 是一个具有 $\chi(G) \geqslant k$ 的图, 证明 G 包含一个 k-可构造子图. 假设不成立, 那么 $k \geqslant 3$. 如果需要的话, 我们在图 G 上加一些边, 使得图 G 没有 k-可构造子图并且它是边极大的. 这时对于任何 r, 图 G 都不是完全 r-部图, 否则, $\chi(G) \geqslant k$ 意味着 $r \geqslant k$, 从而 G 将包含一个 k-可构造的子图 K^k.

因为 G 不是一个完全多部图, 所以“非相邻性”不是 $V(G)$ 上的一个等价关系, 故存在顶点 y_1, x 和 y_2 使得 $y_1x, xy_2 \notin E(G)$ 但是 $y_1y_2 \in E(G)$. 因为 G 是不包含 k-可构造子图的边极大的图, 所以每条边 xy_i 属于图 $G + xy_i$ $(i = 1, 2)$ 的某个 k-可构造子图 H_i 中.

设 H_2' 是包含 x 和 $H_2 - H_1$ 中的顶点, 并和 G 的其他部分不相交的一个 H_2

的同构拷贝, 而且存在一个从 H_2 到 H_2' 的同构映射 $v \mapsto v'$ 把 $H_2 \cap H_2'$ 中的顶点逐点固定. 因此 $H_1 \cap H_2' = \{x\}$, 所以根据 (iii),

$$H := (H_1 \cup H_2') - xy_1 - xy_2' + y_1y_2'$$

是 k-可构造的. 我们把 H 中的每个顶点 $v' \in H_2' - G$ 依次和它的同构顶点 v 进行重合, 每次重合一个. 因为 vv' 不是 H 中的边, 所以上述每次操作相当于 (ii) 中的一次构造. 最终, 我们得到图

$$(H_1 \cup H_2) - xy_1 - xy_2 + y_1y_2 \subseteq G,$$

这就是我们需要的 G 的 k-可构造子图. □

Hajós 定理是否解决了关于大色数图的 Kuratowski 类型的问题呢, 即是否可以找到一类色数至少为 k 的图, 使得每个色数至少为 k 的图都包含这个类的一个子图? 形式上讲, 它解决了这个问题, 尽管它使用了严格包含 $\mathcal{X}_k$ 的无限刻画类 (即 k-可构造图的集合). 然而, 和 Kuratowski 定理对于平面图的刻画不一样, 至少 Hajós 定理没有清晰地给出色数小于 k 的图的一个"好的刻画": 可以证明, 验证一个给定的 k-可构造图确实是 k-可构造的, 和证明色数 $\geqslant k$ 的图确实需要至少 k 种颜色一样困难. 具体细节见本章末的注解.

5.3 边 着 色

显然, 每个图 G 均有 $\chi'(G) \geqslant \Delta(G)$. 对于二部图, 等号成立.

命题 5.3.1 (König, 1916) *每个二部图 G 满足 $\chi'(G) = \Delta(G)$.*

证明 我们对 $\|G\|$ 使用归纳法. 当 $\|G\| = 0$ 时, 结论显然成立. 现在假设 $\|G\| \geqslant 1$, 并且对边数少于 $\|G\|$ 的图此结论成立. 令 $\Delta := \Delta(G)$, 取定边 $xy \in G$, 由归纳假设, 图 $G - xy$ 存在一个 Δ-边着色. 我们称着色 α 的边为 **α-边** (α-edge), 等等.

在图 $G - xy$ 中, 顶点 x 和 y 都最多与 $\Delta - 1$ 条边关联, 所以存在 $\alpha, \beta \in \{1, \cdots, \Delta\}$ 使得 x 不与 α-边关联而 y 不与 β-边关联. 如果 $\alpha = \beta$, 我们就可以给边 xy 着这种颜色, 结束, 所以我们可以假设 $\alpha \neq \beta$, 并且 x 与一条 β-边关联.

我们从 x 出发把这条边延伸成一条极大的途径 W, 它的边以 β 和 α 交错出现. 因为这种途径中的顶点不会出现两次 (为什么呢?), 所以 W 总是存在的并且是一条路. 此外, W 中不会包含 y, 否则, 它将在顶点 y 以 α-边结束 (由 β 的选择), 并且是条偶数长的路, 所以 $W + xy$ 在 G 中将是一个奇圈 (参考命题 1.6.1). 现在对 W 上的边重新着色, 把 α 换成 β. 由 α 的选择以及 W 的极大性知, $G - xy$ 中相邻的边仍然着不同的颜色. 因此我们在 $G - xy$ 中找到了一个 Δ-边着色, 并且 x

和 y 都不与 β-边关联. 通过给 xy 着 β 颜色, 我们就把这个着色扩充成 G 的一个 Δ-边着色. □

定理 5.3.2 (Vizing, 1964) *每个图 G 满足*

$$\Delta(G) \leqslant \chi'(G) \leqslant \Delta(G)+1.$$

证明 对第二部分不等式, 我们对 $\|G\|$ 用归纳法. 当 $\|G\|=0$ 时, 结论显然成立. 对于归纳步骤, 给定具有 $\Delta := \Delta(G) > 0$ 的图 $G=(V,E)$, 假设对于边数少于 $\|G\|$ 的图结论成立. 为了方便, 我们用"着色"来简称"$(\Delta+1)$-边着色".

对于每条边 $e \in G$, 由归纳假设知, $G-e$ 存在一个着色. 在这样的着色中, 给定顶点 v 所关联的边至多用了 $d(v) \leqslant \Delta$ 种颜色, 所以某个颜色 $\beta \in \{1,\cdots,\Delta+1\}$ 在顶点 v 不出现. 对于任意另外一种颜色 α, 存在唯一的以 v 为起点的极大途径 (可能是平凡的), 它的边被 α 和 β 交替着色. 这个途径是一条路, 我们称它为*以 v 为起点的 α/β-路*.

假设 G 没有着色, 那么下面结论成立:

给定 $xy \in E$ 以及 $G-xy$ 的任何着色, 使得在顶点 x 不出现颜色 α, 且在顶点 y 不出现颜色 β, 那么以 y 为起点的 α/β-路终止于 x. (∗)

否则, 我们沿着这条路互换颜色 α 和 β, 并给 xy 着色 α, 就得到 G 的一个着色, 矛盾.

设边 $xy_0 \in G$, 根据归纳假设, $G_0 := G - xy_0$ 有着色 c_0. 假设在这个着色中, 颜色 α 不在顶点 x 出现. 此外, 设 $y_0, y_1, \cdots, y_k$ 是在 G 中 x 的不同邻点的极大序列, 使得在 c_0 中, 对每个 $i<k$, 颜色 $c_0(xy_{i+1})$ 不出现在顶点 y_i. 对每个图 $G_i := G - xy_i$ 定义一个颜色 c_i 如下:

$$c_i(e) := \begin{cases} c_0(xy_{j+1}), & e = xy_j, \text{这里 } j \in \{0,\cdots,i-1\}, \\ c_0(e), & \text{否则}. \end{cases}$$

注意到, 在这些着色中, 在顶点 x 不出现的颜色和在 c_0 中是一样的.

现在设在 c_0 中 β 颜色不出现在顶点 y_k. 根据 (∗), 在 G_k 中, 从 y_k 出发的 α/β-路 P (关于 c_k 的) 终止于 x, 并且边 yx 着色 β (因为 α 不出现在 x). 因为 y 不能被当作 y_{k+1}, 根据序列 $y_0,\cdots,y_k$ 的极大性, 所以对某个 i $(0 \leqslant i < k)$ 有 $y=y_i$ (图 5.3.1). 由 c_k 的定义, 有 $\beta = c_k(xy_i) = c_0(xy_{i+1})$. 根据 y_{i+1} 的选择, 在 c_0 中 β 不出现在顶点 y_i, 因此在 c_i 中也如此. 因为 $\mathring{P}_x$ 中的边在 c_i 和 c_k 中着相同的颜色, 所以在 G_i 中, 从 y_i 出发的 α/β-路 P' 开始于 y_iPy_k. 但是在 c_0 中, 与 y_k 关联

的边都不着色 β, 因此在 c_i 中也是如此. 从而 P' 终止于 y_k, 与 $(*)$ 矛盾. □

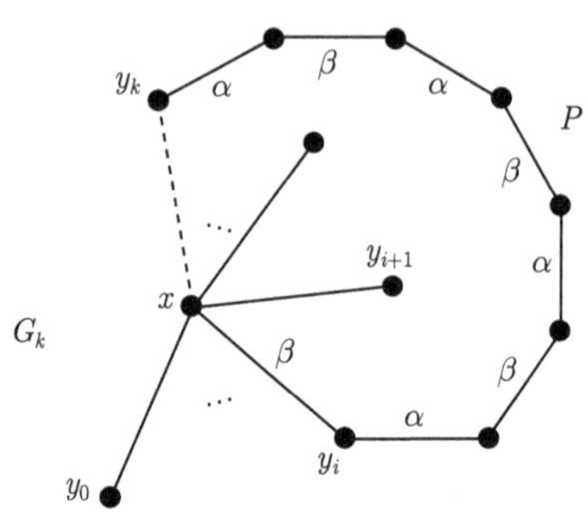

图 5.3.1　在 $G_k = G - xy_k$ 中的 α/β-路 P

根据边色数, Vizing 定理把有限图划分成两类: 满足 $\chi' = \Delta$ 的图称作**第一类** (class 1), 而那些满足 $\chi' = \Delta + 1$ 的图称为**第二类** (class 2). 因为找不到容易验证的"指标"来确认图是第二类的, 所有不存在一个好刻画来区分这两类图.

最近的一个新结果显示, 具有大的偶数阶数和大的顶点度的正则图属于第一类.

定理 5.3.3 (Csaba, Kühn, Lo, Osthus, Treglown, 2016)　*存在 $n_0 \in \mathbb{N}$ 使得, 对所有的偶数 $n \geqslant n_0$ 和 $d \geqslant n/2$, 每一个阶为 n 的 d-正则图 G 满足 $\chi'(G) = \Delta(G)$.*

5.4　列 表 着 色

在这一节, 我们来讨论着色概念的一个近期推广, 以及到目前为止的研究成果. 乍看起来, 这个推广可能有点牵强, 但事实上它却提供了图的经典 (顶点和边) 色数同其他一些不变量之间的根本联系.

给定图 $G = (V, E)$, 对 G 的每个顶点给定一列可以选用的颜色, 什么情况下可以给 G 着色 (在通常意义下) 使得每个顶点的着色都选自于给定的列表? 正式地, 设 $(S_v)_{v \in V}$ 是一族集合, 若 G 的顶点着色 c 使得对所有顶点 $v \in G$ 有 $c(v) \in S_v$, 则我们称 c 是**使用列表 S_v 的着色** (colouring from the list S_v). 对每个顶点 v, 设集合族 $(S_v)_{v \in V}$ 满足 $|S_v| = k$, 如果对每个这样的集合族 $(S_v)_{v \in V}$, G 中都存在使用列表 S_v 的顶点着色, 那么称 G 为 **k-可列表着色的** (k-list-colourable) 或 **k-可选的** (k-choosable). 使得图 G 是 k-可列表着色的最小整数 k 叫做 G 的**列表色数** (list-chromatic number) 或**选择数** (choice number) $\mathrm{ch}(G)$.

边的列表着色可以类似地定义. 如果对任何一族大小为 k 的列表, 图 G 都有使用这个列表的边着色, 那么这样最小的整数 k 就叫做 G 的**列表着色指数** (list-chromatic index) $\mathrm{ch}'(G)$. 正式地, 我们令 $\mathrm{ch}'(G) := \mathrm{ch}(L(G))$, 这里 $L(G)$ 是图 G 的线图.

原则上, 要证明一个给定的图是 k-可选的要比证明它是 k-可着色的要难很多: 后者仅仅是前者的一个特殊情形, 只要取所有的列表均为 $\{1, \cdots, k\}$ 即可. 因此对所有的图, 均有

$$\mathrm{ch}(G) \geqslant \chi(G) \quad \text{以及} \quad \mathrm{ch}'(G) \geqslant \chi'(G).$$

尽管有这些不等式, 但很多已知的色数的上界对选择数也是成立的, Brooks 定理和命题 5.2.2 都是这样的例子. 特别地, 有较大选择数的图也包含具有较大最小度的子图. 另一方面, 可以比较容易地构造这两个不变量相差甚远的图 (练习 28). 综合上述讨论, 这两个事实说明我们离彻底了解色数的一般上界还相差很远.

下面的定理表明, 在与其他一些不变量的关系方面, 选择数与色数是完全不同的. 前面提到, 存在具有任意大最小度的 2-着色图, 比如 $K_{n,n}$, 然而在具有较大 δ, ε 或 κ 的情况下, 选择数被强迫变大.

定理 5.4.1 (Alon, 1993) *存在一个函数 $f : \mathbb{N} \to \mathbb{N}$, 使得对给定的整数 k, 所有平均度 $d(G) \geqslant f(k)$ 的图都满足 $\mathrm{ch}(G) \geqslant k$.*

这个定理的证明用到了第 11 章中介绍的概率方法.

尽管命题 $\mathrm{ch}(G) \leqslant k$ 严格地讲比命题 $\chi(G) \leqslant k$ 要强, 但它们都可以比较容易地证明. 一个漂亮的例子是五色定理的列表形式: 每个可平面图是 5-可选的. 它的证明不依赖五色定理 (甚至没有用到 Euler 公式. 注意到, 五色定理前面的证明是基于这个公式的). 因此, 五色定理可以作为一个推论得到, 而这里的证明非常不同.

定理 5.4.2 (Thomassen, 1994) *每个可平面图是 5-可选的.*

证明 对顶点个数至少为 3 的所有平面图 G, 我们将证明下面的结论:

假设 G 的每个内部面的边界是一个三角形, 而外部面的边界是一个圈 $C = v_1 \cdots v_k v_1$. 进一步地, 假设顶点 v_1 已经被着色 1, v_2 着色 2. 最后假设 C 上的其他顶点都包含至少有 3 种可选颜色的列表, 而 $G - C$ 上其他顶点都包含至少有 5 种可选颜色的列表. 那么对这些给定的颜色列表, v_1 和 v_2 的着色可以扩充为 G 的一个着色. (∗)

首先, 我们证明命题 (∗) 蕴含着定理的结论. 给定任意一个平面图, 它的每个顶点具有 5 种颜色的列表, 给图加边直到变成一个极大的平面图 G. 由命题 4.2.8 知, G 是一个平面三角剖分, 设 $v_1v_2v_3v_1$ 是它的外部面的边界. 我们用它们的列表中的颜色给顶点 v_1 和 v_2 着 (不同的) 颜色, 并从给定的列表中, 根据 (∗) 把这个着色扩充为 G 的一个着色.

现在, 我们通过对 $|G|$ 使用归纳法来证明 (∗). 如果 $|G| = 3$, 那么 $G = C$, 这个结论平凡地成立. 现在假设 $|G| \geqslant 4$, 并且对顶点数少的图 (∗) 都成立. 如果 C 有

弦 vw, 那么 vw 属于唯一的两个圈 $C_1, C_2 \subseteq C + vw$, 其中 $v_1v_2 \in C_1$ 和 $v_1v_2 \notin C_2$. 对于 $i = 1, 2$, 设 G_i 是由 C_i 上的顶点及它内部的顶点 (图 5.4.1) 所生成的 G 的子图. 首先在 G_1 上用归纳法, 这时候 v 和 w 已着色, 然后再对 G_2 用归纳法就得到所需要的 G 的着色.

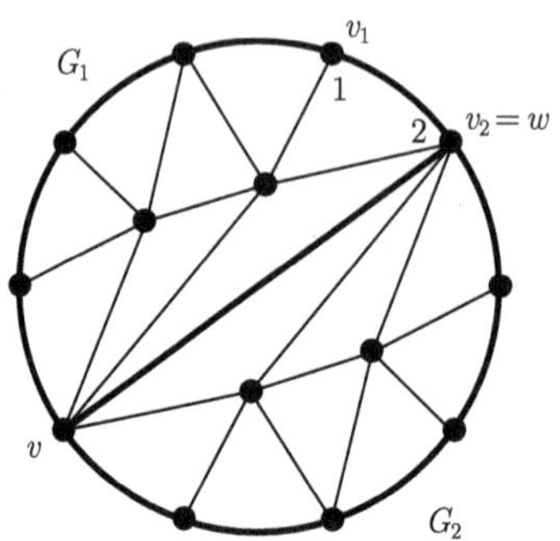

图 5.4.1 归纳步骤中有弦 vw 的情况, 这里 $w = v_2$

如果 C 没有弦, 那么令 $v_1, u_1 \cdots, u_m, v_{k-1}$ 是 v_k 的邻点, 它们在 v_k 的周围按照自然循环顺序排列 [1]. 由 C 的定义, 所有这些邻点 u_i 都在 C 的内部面中 (图 5.4.2). 因为 C 的内部面是以三角形为边界的, 所以 $P := v_1u_1 \cdots u_mv_{k-1}$ 是 G 中的一条路, 而 $C' := P \cup (C - v_k)$ 是一个圈.

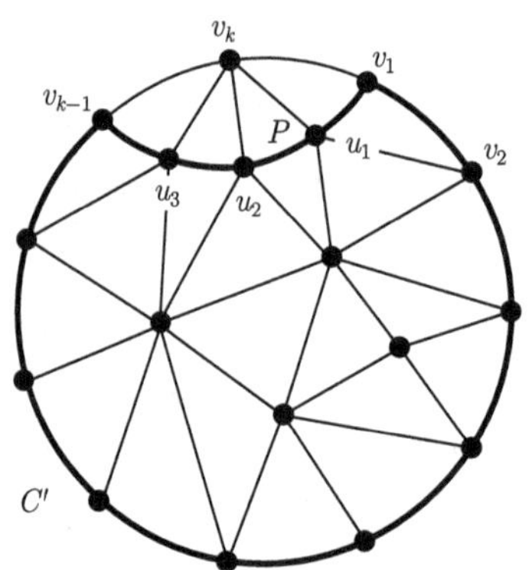

图 5.4.2 归纳步骤中无弦的情况

我们现在从 v_k 的列表中选取两种不同的颜色 $j, \ell \neq 1$, 并在所有的 u_i 的列表中删去这两种颜色, 那么 C' 上每个顶点的列表仍然至少有 3 种颜色, 所以根据归纳假设, 我们可以给 C' 和它的内部, 也就是图 $G - v_k$ 着色. 由于 j, ℓ 中至少有一种颜色没有被 v_{k-1} 使用, 所以可以给 v_k 着此色. □

和很多归纳证明一样, 上述证明的关键是精妙地把要证明的结论适当加强了;

1 就像在五色定理的第一个证明中一样.

和一般的着色比较, 它通过可以给不同的顶点赋予不同长度的列表, 从而极大地帮助了寻找一个合适的加强结论, 因此可以把着色问题调整得更适合于图的结构. 这表明在处理其他未解决的着色问题中, 或许直接考虑对应的列表着色问题更有利, 例如, 我们用证明 $\mathrm{ch}(G) \leqslant k$ 来代替证明结论 $\chi(G) \leqslant k$. 不幸的是, 这种想法不能用来处理四色定理: 通常来讲, 可平面图不是 4-可选的.

正如前面提到的那样, 一个图的色数和选择数可能会相差很大. 然而奇怪的是, 对于边着色, 却没有一个例子显示类似的现象. 事实上, 猜想是这种现象不存在.

列表着色猜想 每个图都有 $\mathrm{ch}'(G) = \chi'(G)$.

我们将证明列表着色猜想对二部图是成立的. 作为证明工具, 将用到 1.10 节中定义的图定向. 如果 D 是一个有向图而 $v \in V(D)$, 我们用 $N^+(v)$ 表示 D 中顶点 w 的集合, 使得 D 中包含一条从 v 到 w 的有向边, 且 $d^+(v)$ 表示这个集合的阶数.

为了了解定向是如何应用到着色问题中, 我们来回顾一下 5.2 节中的贪婪算法, 它按照事先固定好的排序 $(v_1, \cdots, v_n)$, 使用最小可用的颜色依次给 G 的顶点着色. 如果给每条边 v_iv_j "向后" 定向, 即当 $i < j$ 时, 由 v_j 指向 v_i, 这样的排序就给出了 G 的一个定向. 所以在决定 v_j 的颜色时, 算法只考虑 v_j 的那些已着色的邻点, 即在 v_j 存在有向边指向的那些顶点. 特别地, 如果对所有的顶点 v, 有 $d^+(v) < k$, 那么这个算法最多只使用 k 种颜色.

如果把这个事实的证明重新 (相当笨拙地) 叙述成对 k 的归纳论证, 那么着色 1 的顶点集合 U 有如下基本性质: $G - U$ 中的每个顶点都有一条指向 U 的边, 这就保证了每个顶点 $v \in G - U$, 有 $d^+_{G-U}(v) < d^+_G(v)$, 所以由归纳假设, 我们可以用剩下的 $k-1$ 种颜色给 $G - U$ 着色.

下面的引理把上面的这些观察推广到了列表着色, 也推广到 G 的定向 D, 这里 D 不一定从一个顶点排序得到, 但可以包含一些定向圈. 设 $U \subseteq V(D)$ 是一个独立集, 如果对每个顶点 $v \in D - U$, 在 D 中都有一条由 v 指向 U 的边, 那么 U 就叫做 D 的**核** (kernel). 注意到, 一个非空有向图的核也是非空的.

引理 5.4.3 *设 H 是一个图, 而 $(S_v)_{v \in V(H)}$ 是 H 的一族列表, 如果 H 有个定向 D, 使得对于每个 v 有 $d^+(v) < |S_v|$, 并且 D 的每个导出子图都有核, 那么 H 可以使用 S_v 中的列表进行着色.*

证明 我们对 $|H|$ 使用归纳法. 对 $|H| = 0$, 选空着色. 在归纳步骤中, 令 $|H| > 0$. 设 α 是 S_v 的某个列表中的颜色, 而 D 是图 H 的一个定向, 那些具有 $\alpha \in S_v$ 的顶点 v 支撑 D 的一个非空子图 D'. 由假设, D' 有个非空核 U.

我们给 U 中的顶点着色 α, 并将 α 从 D' 的其他顶点所对应的列表中删去. 由于这些顶点中的每一个都有条边指向 U, 所以对每个顶点 $v \in D - U$ 的修正过的 S'_v 仍然在 $D - U$ 中满足 $d^+(v) < |S'_v|$. 又因为 $D - U$ 是 $H - U$ 的一个定向, 所

以根据归纳假设, 我们可以用这些列表给 $H-U$ 着色. 因为这里的每个列表不包含 α, 所以它可以把着色 $U\to\{\alpha\}$ 扩充为所需要的 H 的一个列表着色. □

在证明列表着色猜想对二部图成立时, 我们将只对那些列表长度均为 k 的着色应用引理 5.4.3. 然而, 注意到, 保持列表的长度的变化对证明引理自身是必要的: 在要求列表长度相同的条件下, 简单的归纳论证不能完成.

定理 5.4.4 (Galvin, 1995)　每个二部图 G 满足 $\mathrm{ch}'(G)=\chi'(G)$.

证明　记 $G=:(X\cup Y,E)$, 这里 $\{X,Y\}$ 是图 G 的顶点二部划分. 如果 G 的两条边在 X 中共用一个端点, 就称它们**在 X 相遇** (meet in X); 对 Y 也类似地定义. 设 $\chi'(G)=:k$, 且 c 是 G 的一个 k-边着色.

显然, $\mathrm{ch}'(G)\geqslant k$, 所以只需证明 $\mathrm{ch}'(G)\leqslant k$. 我们的计划是用引理 5.4.3 来证明 G 的线图 H 是 k-可选的. 为了应用这个引理, 需要找到 H 的一个定向 D, 使得对 H 中的每个顶点 e 有 $d^+(e)<k$, 并且 D 的每个导出子图都有一个核. 为了定义 D, 我们考虑两条相邻的边 $e,e'\in E$, 不妨设 $c(e)<c(e')$. 如果 e 和 e' 在 X 中相遇, 那么把边 $ee'\in H$ 定向为从 e' 指向 e; 如果 e 和 e' 在 Y 中相遇, 那么其定向为从 e 指向 e' (图 5.4.3).

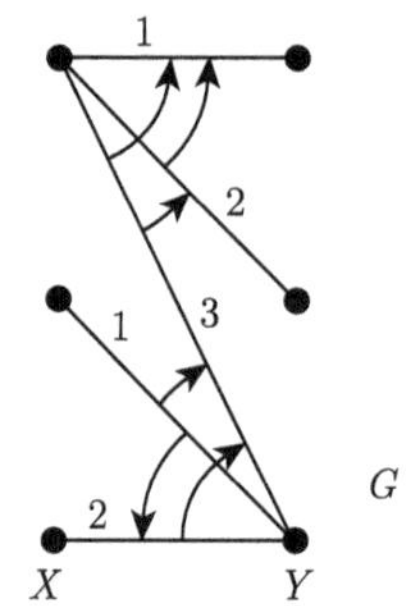

图 5.4.3　给 G 的线图定向

对给定的边 $e\in E=V(D)$, 我们计算 $d^+(e)$. 如果 $c(e)=i$, 那么与 e 在 X 中相遇的每条边 $e'\in N^+(e)$ 所用的颜色在 $\{1,\cdots,i-1\}$ 中, 而与 e 在 Y 中相遇的每条边 $e'\in N^+(e)$ 所用的颜色在 $\{i+1,\cdots,k\}$ 中. 对 e 的任意两个邻点 e', 如果它们要么都与 e 在 X 中相遇, 要么都与 e 在 Y 中相遇, 那么它们一定是相邻的 (因此着色不一样), 所以蕴含着 $d^+(e)<k$.

我们还需要证明 D 的每一个导出子图 D' 是有核的. 然而, 在图 G 中, 如果将 D 中的定向看成一个优先顺序, 那么所要的结论可以由稳定婚姻定理 (2.1.4) 马上得到. 事实上, 给定一个顶点 $v\in X\cup Y$ 和在 v 的边 $e,e'\in V(D')$, 如果在 H 中边 ee' 在 D 中是由 e 指向 e' 的, 我们就记成 $e<_v e'$, 那么图 $(X\cup Y,V(D'))$ 中关于这个优先顺序的任何稳定匹配都是 D' 的核. □

通过命题 5.3.1, 我们得到二部图列表着色指数的准确值.

推论 5.4.5 每个二部图 G 满足 $\mathrm{ch}'(G) = \Delta(G)$. □

5.5 完 美 图

在 5.2 节谈到, 大的色数可以以一个纯粹的整体现象出现: 即使一个图的围长很大, 即从局部看像棵树, 它的色数仍然可以任意大. 因为这种“整体的依赖性”很难处理, 所以人们对在什么情况下这种现象不会出现感兴趣, 例如找到导致它的色数比较大的局部因素.

在给出准确的解释之前, 我们先定义图 G 的两个新参数: 使得 $K^r \subseteq G$ 的最大整数 r 叫做 G 的**团数** (clique number) $\omega(G)$; 使得 $\overline{K^r} \subseteq G$(导出地) 的最大整数 r 叫做 G 的**独立数** (independence number) $\alpha(G)$. 显然, $\alpha(G) = \omega(\overline{G})$, $\omega(G) = \alpha(\overline{G})$.

如果一个图 G 的任意导出子图 $H \subseteq G$ 都满足 $\chi(H) = \omega(H)$, 那么就称它是一个**完美图** (perfect graph), 也就是说, 子图 H 着色所需要的平凡下界 $\omega(H)$ 总是足够来给 H 的顶点着色. 因此, 即使一般而言, 证明 $\chi(G) > k$ 这一结论往往会比较困难, 但是当给定图 G 是完美图时, 只需要找到某个 K^{k+1} 子图作为 k 种颜色是不够的“证据”.

乍看起来, 对完美图结构的要求似乎是有点牵强附会: 虽然它在导出子图关系下是封闭的 (如果仅仅从定义来看), 但是它在一般子图或母图关系下不是封闭的, 更不用说子式关系了 (找出例子?). 然而, 完美性在图论中却是一个重要的概念: 若干重要的图类是完美的 (似乎是偶然的) 这一事实, 也可以作为它的重要性的一个表面的理由[2].

那么哪些图才是完美的呢? 例如, 二部图是完美的. 不太明显的例子是二部图的补图, 这个事实与 König 定理 (2.1.1) 是等价的 (练习 39). 所谓的**可比图** (comparability graphs) 是完美的, **区间图** (interval graphs) 也是完美的 (练习 4.2), 这两类图在一些应用中经常出现.

为了对至少一个这样的例子作详细的研究, 我们这里证明弦图是完美的. 如果图的每个长度至少为 4 的圈都包含弦, 它就叫做**弦图** (chordal graphs) 或**三角化图** (triangulated graphs), 也就是说, 它不包含除了三角形以外的导出圈.

为了证明弦图是完美的, 我们首先来刻画它的结构. 如果图 G 的导出子图 G_1, G_2 和 S 满足 $G = G_1 \cup G_2$ 和 $S = G_1 \cap G_2$, 那么就说 G 是由 G_1 和 G_2 沿着 S **粘贴** (pasting) 起来的.

2 完美图拥有对偶性质, 这个性质和最优化及算法复杂性理论有着密切的联系, 但是还远远没有被全面地发现. 定理 5.5.6 只是冰山一角, 更多内容, 读者可以参考注解中 Lovász 的综述文章.

命题 5.5.1 一个图是弦图当且仅当它可以从一个完全图开始, 通过沿着完全子图递归地粘贴弦图而得到.

证明 如果 G 是沿着一个完全子图把两个弦图 G_1 和 G_2 粘贴而得到的, 那么 G 显然也是弦图: G 中任何导出圈要么在 G_1 中, 要么在 G_2 中, 因此由假设, 这些圈是三角形. 由于完全图是弦图, 故定理中构造出来的图都是弦图.

反过来, 设 G 是弦图. 我们对 $|G|$ 使用归纳法证明: 弦图 G 可以像上面描述的那样构造出来. 如果 G 是完全的, 结论显然成立. 因此假设 G 不是完全的, 特别地设 $|G| > 1$, 并且所有顶点数少于 $|G|$ 的图都可以像上面叙述的那样构造出来. 假设 $a, b \in G$ 是两个不相邻的顶点, 且 $X \subseteq V(G)\setminus\{a, b\}$ 是一个极小的 a-b 分隔. 记 C 是 $G - X$ 中包含 a 的一个分支, $G_1 := G[V(C) \cup X]$ 和 $G_2 := G - C$, 那么 G 是由 G_1 和 G_2 沿着 $S := G[X]$ 粘贴起来的.

因为 G_1 和 G_2 是弦图 (它们是 G 的导出子图), 由归纳假设知, 它们是可以构造出来的, 所以我们只需要证明 S 是完全的即可. 假设 $s, t \in S$ 是不相邻的, 由 $X = V(S)$ 作为 a-b 分隔的极小性知, s 和 t 在 C 中都有邻点. 因此在 G_1 中有条从 s 到 t 的 X-路, 设 P_1 是一条这样的最短路. 类似地, G_2 中有一条从 s 到 t 的最短 X-路 P_2. 但是 $P_1 \cup P_2$ 是条不含弦的长度 $\geqslant 4$ 的圈 (图 5.5.1), 与我们的假设 G 是弦图矛盾. □

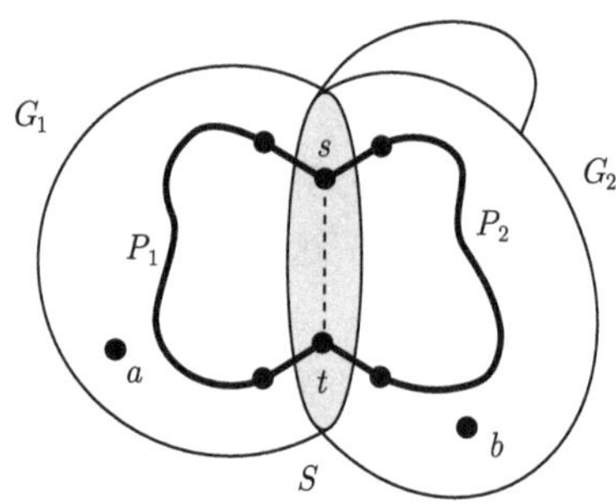

图 5.5.1 如果 G_1 和 G_2 都是弦图, 那么 G 也是

命题 5.5.2 每个弦图是完美的.

证明 因为完全图是完美的, 所以由命题 5.5.1, 我们只需要证明任何由两个完美图 G_1 和 G_2 沿着一个完全子图 S 粘贴而得到的图 G 仍然是一个完美图. 设 $H \subseteq G$ 是一个导出子图, 我们证明 $\chi(H) \leqslant \omega(H)$.

设 $H_i := H \cap G_i$ $(i = 1, 2)$, 且 $T := H \cap S$, 那么 T 是完全的, 且 H 是由 H_1 和 H_2 沿着 T 粘贴得到的. 作为 G_i 的导出子图, 每个 H_i 能够用 $\omega(H_i)$ 种颜色着色. 因为 T 是完全的, 从而可以一一地着色, 所以 H_1 的一个着色和 H_2 的一个着色可以结合成 H 的一个着色, 这个着色用了 $\max\{\omega(H_1), \omega(H_2)\} \leqslant \omega(H)$ 种颜色, 如果

需要的话, 可以在其中的一个 H_i 中置换颜色. □

由定义, 完美图的每个导出子图仍然是完美的, 因此完美这个性质可以通过一系列禁用导出子图来刻画: 存在一个非完美图的集合 $\mathcal{H}$, 使得任何一个图是完美的当且仅当它不包含一个导出子图与 $\mathcal{H}$ 中的某个元素同构. (例如, 我们可以选择 $\mathcal{H}$ 是所有顶点属于 $\mathbb{N}$ 的非完美图的集合.)

自然地, 我们希望 $\mathcal{H}$ 越小越好. 作为图论中最深刻的结果之一, 可以证明 $\mathcal{H}$ 中只需要包含两类图, 即长度 $\geqslant 5$ 的奇圈和它的补图. (它们都是非完美的, 参考下面的定理 5.5.4.) 这一结果就是 Berge 1963 年提出的著名**强完美图猜想** (strong perfect graph conjecture), 这个猜想 40 年后才被解决:

定理 5.5.3 (Chudnovsky, Robertson, Seymour and Thomas, 2006) *一个图 G 是完美的当且仅当 G 和 $\overline{G}$ 中都不包含长度至少为 5 的圈作为它的一个导出子图.*

在完美图的研究中, 我们通常把 G 中长度至少为 5 的导出圈称作 G 的洞 (hole), 而 $\overline{G}$ 的洞称作 G 的*反洞* (antihole), 因此强完美图定理可以叙述成, 图是完美的当且仅当它既没有洞也没有反洞.

强完美图定理的证明比较长且技巧性较强, 要完全搞清楚并不容易. 为了对完美性这个概念有更多的了解, 我们给出上面这个定理的最重要推论 (即**完美图定理** (perfect graph theorem), 它原来被称作 Berge **弱完美图猜想** (weak perfect graph conjecture)) 的两个直接的证明.

定理 5.5.4 (Lovász, 1972) *一个图是完美的当且仅当它的补图也是完美的.*

我们给出的定理 5.5.4 的第一个证明是 Lovász 的原始证明, 这个证明在清晰程度上以及所传达的关于这个问题的"感觉"上, 仍然是无人超越的. 第二个证明是 Gasparian (1996) 给出的, 它是 Lovász 的另外一个定理 (定理 5.5.6) 的漂亮线性代数证明, 容易看出定理 5.5.6 蕴含着定理 5.5.4.

作为定理 5.5.4 的第一个证明的准备, 我们给出一个引理. 设 G 是一个图, 顶点 $x \in G$, 且 G' 是通过在 G 外添加一个顶点 x', 并将它与 x 以及 x 的所有邻点连接而得到的图. 我们称 G' 是从 G 通过**扩展** (expanding) 顶点 x 到一条边 xx' 而得到的图 (图 5.5.2).

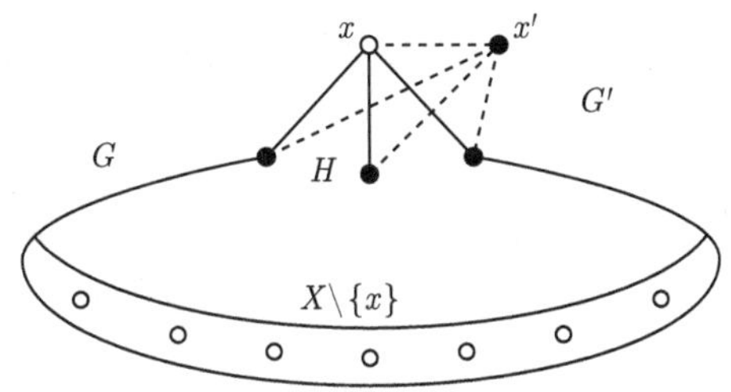

图 5.5.2 在引理 5.5.5 的证明中扩展顶点 x

引理 5.5.5 一个完美图通过扩展一个顶点而得到的图仍然是完美的.

证明 我们对所考虑的完美图的顶点个数进行归纳. 扩展 K^1 的顶点得到 K^2, 它是完美的. 在归纳的过程中, 设 G 是一个非平凡完美图, 并设 G' 是从 G 通过扩展顶点 $x \in G$ 成为边 xx' 而得到的图. 为了证明 G' 是完美的, 我们只需要证明 $\chi(G') \leqslant \omega(G')$: G' 的每个真导出子图 H 或者与 G 的一个导出子图同构, 或者是从 G 的一个真导出子图通过扩展 x 而得到的. 对于任何一种情况, 根据定理的条件和归纳假设知, H 是完美的, 并且因此可以用 $\omega(H)$ 种颜色着色.

设 $\omega(G) =: \omega$, 那么 $\omega(G') \in \{\omega, \omega+1\}$. 如果 $\omega(G') = \omega+1$, 就有

$$\chi(G') \leqslant \chi(G) + 1 = \omega + 1 = \omega(G'),$$

证明结束. 所以我们假设 $\omega(G') = \omega$, 那么 x 不属于任何 $K^\omega \subseteq G$ 中, 否则, 加上 x', 就在 G' 中产生一个 $K^{\omega+1}$. 我们用 ω 种颜色给 G 着色, 因为每个 $K^\omega \subseteq G$ 都和 x 的着色类 X 相交, 但不和 x 本身相交, 所以图 $H := G - (X \setminus \{x\})$ 的团数 $\omega(H) < \omega$ (图 5.5.2). 由于 G 是完美的, 因此我们可以给 H 着 $\omega - 1$ 种颜色. 现在 X 是独立的, 所以 $(X \setminus \{x\}) \cup \{x'\} = V(G' - H)$ 也是独立的. 因此我们可以把 H 上的 $(\omega-1)$-着色扩充成 G' 上的一个 ω-着色, 也就证明了所需要的 $\chi(G') \leqslant \omega = \omega(G')$. □

定理 5.5.4 的证明 对 $|G|$ 使用归纳法, 我们证明任何一个完美图 $G = (V, E)$ 的补图 $\overline{G}$ 也是完美的. 当 $|G| = 1$ 时, 结论显然成立, 故在归纳的过程中, 假设 $|G| \geqslant 2$. 设 $\mathcal{K}$ 是图 G 的所有完全子图的顶点集合. 记 $\alpha(G) =: \alpha$, $\mathcal{A}$ 是 G 中所有满足 $|A| = \alpha$ 的独立集 A 的集合.

$\overline{G}$ 的每个真导出子图是 G 的一个真导出子图的补, 由归纳假设知, 它是完美的. 因此要证 $\overline{G}$ 是完美的, 只需证明 $\chi(\overline{G}) \leqslant \omega(\overline{G})$ $(= \alpha)$. 对于这个结论, 我们要找到一个集合 $K \in \mathcal{K}$, 使得对任何 $A \in \mathcal{A}$ 有 $K \cap A \neq \varnothing$, 那么

$$\omega(\overline{G} - K) = \alpha(G - K) < \alpha = \omega(\overline{G}),$$

所以根据归纳假设, 有

$$\chi(\overline{G}) \leqslant \chi(\overline{G} - K) + 1 = \omega(\overline{G} - K) + 1 \leqslant \omega(\overline{G}),$$

这正是我们所需要的.

假设不存在这样的 K, 那么对于每个 $K \in \mathcal{K}$, 存在一个满足 $K \cap A_K = \varnothing$ 的集合 $A_K \in \mathcal{A}$. 我们把图 G 中的每个顶点 x 用一个完全图 G_x 代替, 这个完全图的顶点数为

$$k(x) := |\{K \in \mathcal{K} \mid x \in A_K\}|,$$

当 x 和 y 在 G 中相邻时, 就把 G_x 中所有的顶点和 G_y 中所有的顶点相连. 因此我们得到一个顶点集为 $\bigcup_{x\in V} V(G_x)$ 的图 G'. 在图 G' 中, 两个顶点 $v \in G_x$ 和 $w \in G_y$ 相邻当且仅当 $x = y$ 或者 $xy \in E$. 更进一步地, G' 可以通过对图 $G[\{x \in V \mid k(x) > 0\}]$ 反复地进行顶点扩展而得到的. 作为图 G 的一个导出子图, 由假设知, $G[\{x \in V \mid k(x) > 0\}]$ 是完美的, 所以由引理 5.5.5 知 G' 是完美的. 特别地,

$$\chi(G') \leqslant \omega(G'). \tag{1}$$

为了得到和 (1) 的矛盾, 现在我们依次计算 $\omega(G')$ 和 $\chi(G')$ 的准确值. 由 G' 的构造知, G' 的每个极大完全子图都具有 $G'[\bigcup_{x\in X} G_x]$ 这样的形式, 这里 X 是 $\mathcal{K}$ 中的某个集合, 所以存在一个集合 $X \in \mathcal{K}$ 使得

$$\begin{aligned}\omega(G') &= \sum_{x\in X} k(x) \\ &= |\{(x, K) \mid x \in X, K \in \mathcal{K}, x \in A_K\}| \\ &= \sum_{K\in \mathcal{K}} |X \cap A_K| \\ &\leqslant |\mathcal{K}| - 1,\end{aligned} \tag{2}$$

由于对所有的 K, 有 $|X \cap A_K| \leqslant 1$ (因为 A_K 是独立的, 但 $G[X]$ 是完全的), 且 $|X \cap A_X| = 0$ (由 A_X 的选择), 因此可以推出上面不等式的最后一步. 另一方面,

$$\begin{aligned}|G'| &= \sum_{x\in V} k(x) \\ &= |\{(x, K) \mid x \in V, K \in \mathcal{K}, x \in A_K\}| \\ &= \sum_{K\in \mathcal{K}} |A_K| \\ &= |\mathcal{K}| \cdot \alpha.\end{aligned}$$

由 G' 的构造, 有 $\alpha(G') \leqslant \alpha$, 这蕴含着

$$\chi(G') \geqslant \frac{|G'|}{\alpha(G')} \geqslant \frac{|G'|}{\alpha} = |\mathcal{K}|. \tag{3}$$

结合 (2) 和 (3), 我们得到

$$\chi(G') \geqslant |\mathcal{K}| > |\mathcal{K}| - 1 \geqslant \omega(G'),$$

与 (1) 矛盾. □

乍一看, 定理 5.5.4 的证明很神奇: 它从一个动机不明的关于扩展顶点的引理开始, 把问题转化到用这种扩展方法构造出来的一个奇怪的图 G' 上去, 然后进行一些双重计算就完成了证明. 然而, 读完证明后, 我们对它的理解就会更深刻一点.

一开始这个证明是非常自然的, 直到我们假定对每个 $K \in \mathcal{K}$ 都存在一个 $A_K \in \mathcal{A}$ 使得 $K \cap A_K = \varnothing$. 为了证明这与我们的假设 (即 G 是完美的) 矛盾, 下一步将证明, 由所有的 A_K 导出的子图 $\widetilde{G}$ 具有太大的色数, 以至于大于它的团数. 像通常一样, 当我们想找到色数的下界时, 可以转而寻找 $|\widetilde{G}|/\alpha$ 的下界, 也就是去证明它是大于 $\omega(\widetilde{G})$ 的.

但是, $|\widetilde{G}|/\alpha$ 的界是否能反映 $\chi(\widetilde{G})$ 的真正值呢? 在一个特殊情形, 它是如此的: 如果集合 A_K 恰好是互不相交的, 那么有 $|\widetilde{G}| = |\mathcal{K}| \cdot \alpha$ 和 $\chi(\widetilde{G}) = |\mathcal{K}|$, 这里 A_K 是着色类. 因为 $\widetilde{G}$ 的每个完全子图都和 $A_{K'}$ 相交最多一次, 并且和 A_K 不相交, 因此有 $\omega(\widetilde{G}) < |\mathcal{K}| = \chi(\widetilde{G})$, 从而得到想要的矛盾.

当然, 这些集合 A_K 通常不是互不相交的, 但我们可以使得它们如此: 把每个顶点 x 用 $k(x)$ 个顶点代替, 这里 $k(x)$ 是包含 x 的 A_K 的个数! 这就是为什么构造 G' 的原因. 我们剩下需要做的是, 恰当地给出 G' 的边集合使得它是完美的 (假设 G 是完美的), 这就直接地指向了顶点扩展的定义和引理 5.5.5.

由于在下面的关于完美性的刻画中, G 和 $\overline{G}$ 是对称的, 所以它显然蕴含着定理 5.5.4. 因为定理 5.5.6 的证明也是来自第一原则 [3], 因此我们得到了定理 5.5.4 的第二个独立证明.

定理 5.5.6 (Lovász, 1972) 一个图 G 是完美的当且仅当对所有的导出子图 $H \subseteq G$, 有

$$|H| \leqslant \alpha(H) \cdot \omega(H). \tag{$*$}$$

证明 我们记 $V(G) =: \{v_1, \cdots, v_n\}$, $\alpha := \alpha(G)$ 和 $\omega := \omega(G)$. $(*)$ 式的必要性是显然的: 如果 G 是完美的, 那么 G 的每个导出子图 H 可以划分成至多 $\omega(H)$ 个着色类, 使得每个着色类至多包含 $\alpha(H)$ 个顶点, 从而得到 $(*)$ 式.

为了证明充分性, 我们对 $n = |G|$ 用归纳法. 假设 G 的每个导出子图 H 都满足 $(*)$ 式, 但是 G 不是完美的. 由归纳假设, G 的每个真导出子图是完美的. 因此, 每个非空独立集 $U \subseteq V(G)$ 都满足

$$\chi(G - U) = \omega(G - U) = \omega. \tag{1}$$

实际上, 第一个等式由 $G - U$ 的完美性可直接得到. 第二个也简单:"$\leqslant$"部分是显然的, 而 $\chi(G - U) < \omega$ 将意味着 $\chi(G) \leqslant \omega$, 所以 G 就是完美的, 与我们的假设矛盾.

让我们把 (1) 式应用到单顶点集 $U = \{u\}$ 上, 并考虑 $G - u$ 的一个 ω-着色. 设

---

3 译者注: 这里指亚里士多德的第一原则 (或第一性原理), 可以解释为只使用最基本的公理事实或假设. 本书多次提到.

K 是 G 中任意一个 K^ω 的顶点集. 显然

$$\text{如果 } u \notin K, \text{ 那么 } K \text{ 与 } G-u \text{ 中每个着色类相交；} \tag{2}$$

$$\text{如果 } u \in K, \text{ 那么 } K \text{ 与除一个外的所有 } G-u \text{ 的着色类相交.} \tag{3}$$

设 $A_0 = \{u_1, \cdots, u_\alpha\}$ 是 G 中基数为 α 的独立集, 而 $A_1, \cdots, A_\omega$ 是 $G-u_1$ 的一个 ω-着色的所有着色类, $A_{\omega+1}, \cdots, A_{2\omega}$ 是 $G-u_2$ 的一个 ω-着色的着色类, 等等; 从而这总共给出了 G 的 $\alpha\omega+1$ 个独立集 $A_0, A_1, \cdots, A_{\alpha\omega}$. 对每个 $i = 0, \cdots, \alpha\omega$, 由 (1) 式知, 存在一个 $K^\omega \subseteq G - A_i$, 我们记它的顶点集为 K_i.

注意到, 如果 K 是 G 的任意一个 K^ω 的顶点集, 那么

$$\text{存在唯一的 } i \in \{0, \cdots, \alpha\omega\} \text{ 使得 } K \cap A_i = \varnothing. \tag{4}$$

确实, 如果 $K \cap A_0 = \varnothing$, 那么由 A_i 的定义和 (2) 式, 对所有的 $i \neq 0$, 有 $K \cap A_i \neq \varnothing$. 类似地, 如果 $K \cap A_0 \neq \varnothing$, 那么 $|K \cap A_0| = 1$, 所以恰好有一个 $i \neq 0$ 使得 $K \cap A_i = \varnothing$: 把 (3) 式运用到这个唯一的顶点 $u \in K \cap A_0$ 上, 把 (2) 式运用到所有其他顶点 $u \in A_0$ 上.

设 J 是一个主对角线全为零, 其他元素均为 1 的 $(\alpha\omega+1) \times (\alpha\omega+1)$ 实矩阵, 而 $A = (a_{ij})$ 是一个 $(\alpha\omega+1) \times n$ 的实矩阵, 它的行是集合 A_i 与 $V(G)$ 的关联向量, 即如果 $v_j \in A_i$, 则 $a_{ij} = 1$; 否则, $a_{ij} = 0$. 类似地, 设 B 是 $n \times (\alpha\omega+1)$ 的实矩阵, 它的列是集合 K_i 与 $V(G)$ 的关联向量. 由 K_i 的选择, 对所有的 i, 有 $|A_i \cap K_i| = 0$, 同时, 根据 (4) 式, 当 $i \neq j$ 时, 有 $A_i \cap K_j \neq \varnothing$, 从而 $|A_i \cap K_j| = 1$. 因此,

$$AB = J.$$

因为 J 是非奇异的, 这就意味着 A 的秩为 $\alpha\omega+1$. 特别地, $n \geqslant \alpha\omega+1$, 对于图 $H := G$, 这就与 $(*)$ 式矛盾. □

根据定理 5.2.5, 我们不能通过让图的色数足够大来保证 K^r 子图的存在, 即使对 $r=3$ 也做不到. 然而, 对具有某种特殊性质的图是可以做到的, 因此这些性质就变得重要了, 因为没有它们就不能保证 K^r 子图的存在性. 例如, 虽然不包含奇洞或反洞的图看起来像一个奇怪的图类, 但是从强完美图定理知, 这个集合中具有色数 k 的图一定包含 K^r 子图, 因此这类图就有意思了: 这个类中的图只要有大的色数就一定有一个局部结构 (例如 K^r).

更一般地, 如果存在一个函数 $f: \mathbb{N} \to \mathbb{N}$ 使得对 $\mathcal{G}$ 中的每个图 $G \not\supseteq K^r$, 有 $\chi(G) \leqslant f(r)$, 那么我们称图族 $\mathcal{G}$ 是 **χ-有界的** (χ-bounded). 对这种图, 只要 χ 比 $f(r)$ 大, 就可以保证 K^r 子图的存在.

定理 5.5.7 ((i) Scott and Seymour, 2014; (ii) Chudnovsky, Scott and Seymour, 2015)

(i) 不包含奇洞的图是 χ-有界的, 这里 $f(r) = 2^{2^{r+1}}$.

(ii) 对每个整数 ℓ, 不包含长度 $> \ell$ 洞的图是 χ-有界的.

从这个定理, 我们自然会问, 把这两个条件结合起来会得到什么结果: 给定 ℓ, 不包含长度 $> \ell$ 的奇洞的图是否还是 χ-有界的? 这正是原来 Gýarfás 提出的猜想, 是它启发了定理 5.5.7.

练 习

1.$^-$ 说明四色定理确实能解决本章第一段落中描述的地图着色问题. 反过来, 是否每个地图的 4-着色蕴含着四色定理呢?

2.$^-$ 证明: 对于上面提到的地图着色问题, 只需要考虑所有点都最多位于三个国家的边界上的地图就可以了. 这个假定会如何影响四色定理的证明呢?

3.$^-$ 尝试把五色定理的证明修改成一个四色定理的证明: 像在五色定理的证明中一样定义 v 和 H, 归纳地假定 H 有 4-着色; 然后继续这个证明. 证明在什么地方过不去呢?

4. 用一个图的每个块的色数来计算这个图的色数.

5. 对每个 $n > 1$, 找到一个具有 $2n$ 个顶点的二部图, 使得它的顶点排序在贪婪算法中使用 n 种颜色而不是 2 种颜色.

6. 从如下角度来考虑图的顶点着色问题: 首先找一个极大顶点独立集, 并给这个集合着色 1; 然后再在剩下的图中找一个极大独立集, 并把顶点着色 2, 依此类推. 比较一下这个算法和贪婪算法, 哪个更好呢?

7. 证明: 命题 5.2.2 中的界至少和命题 5.2.1 中的一样紧.

8. 一个 k-着色图是**临界的** (critical), 如果对任意的顶点 $v \in G$, 都有 $\chi(G - v) < k$. 确定所有的临界 3-色图.

9.$^+$ 证明: 每个临界 k-色图是 $(k-1)$-边连通的.

10. 用严格的语言叙述并证明: 增大的平均顶点度可能增大着色数 (colouring number), 但不一定增大色数 (chromatic number).

11. 我们用 $\mathrm{col}'(G)$ 表示用贪婪算法对图 G 的顶点给出一个恰当排序所使用的最少颜色数目. 是否每个图 G 均满足 $\mathrm{col}'(G) = \mathrm{col}(G)$ 或者 $\mathrm{col}'(G) = \chi(G)$? 如果是的, 哪些图满足哪一个关系呢?

12. 对所有 $k \in \mathbb{N}$, 找到一个函数 f 使得每个荫度至少为 $f(k)$ 的图的着色数至少为 k, 以及一个函数 g 使得每个着色数至少为 $g(k)$ 的图的荫度至少为 k.

13. 给定 $k \in \mathbb{N}$, 找到一个常数 $c_k > 0$ 使得任意充分大并满足 $\alpha(G) \leqslant k$ 的图都包含一个长度至少为 $c_k|G|$ 的圈.

14.$^-$ 找到一个图 G 使得 Brooks 定理中得到的 $\chi(G)$ 的界比命题 5.2.2 中的界要弱很多.

15.$^+$ 说明, 为了证明 Brooks 定理对图 $G=(V,E)$ 成立, 我们可以假设 $\kappa(G)\geqslant 2$ 和 $\delta(G)\geqslant 3$. 然后在这两个假设下证明该定理, 但首先证明如下两个引理.

(i) 设 $v_1,\cdots,v_n$ 是 V 的一个排序. 如果每个顶点 v_i $(i<n)$ 都有一个邻点 v_j $(j>i)$, 同时 $v_1v_n, v_2v_n \in E$ 但 $v_1v_2 \notin E$, 则贪婪算法最多需要 $\Delta(G)$ 种颜色.

(ii) 如果 G 不是完全图, 那么存在一个顶点 v_n 以及它的两个非邻接的邻点 v_1, v_2 使得这三个顶点不分离 G.

16.$^+$ 证明如下结论对于图 G 是等价的.

(i) $\chi(G)\leqslant k$;

(ii) G 有一个定向使得不存在长度为 k 的有向路;

(iii) G 有一个无圈定向 (即不包含有向圈的定向).

17. 给定图 G 和 $k\in\mathbb{N}$, 令 $P_G(k)$ 表示顶点着色 $V(G)\to\{1,\cdots,k\}$ 的数目. 证明: P_G 是 k 的多项式, 它的次数为 $n:=|G|$, 并且 k^n 的系数为 1, k^{n-1} 的系数为 $-\|G\|$. (P_G 称为 G 的**色多项式** (chromatical polynomial).)

(提示: 对 $\|G\|$ 使用归纳法.)

18.$^+$ 确定所有满足 $P_G(k)=k(k-1)^{n-1}$ 的图 G. (像上面的练习一样, 令 $n:=|G|$, 而 P_G 表示 G 的色多项式.)

19. 证明: 对每个 $k\in\mathbb{N}$, 存在 k-色图的一个唯一 $\subseteq$-极小的 “Kuratowski 族” $\mathcal{X}_k$ 使得每一个 k-色图在 $\mathcal{X}_k$ 中有一个子图, 但对于 $k\geqslant 3$ 这个图族 $\mathcal{X}_k$ 一定不是有限的.

20. 在 “k-可构造图” 的定义中, 把 (ii) 和 (iii) 分别换成如下的:

(ii)$'$ k-可构造图的任意母图也是 k-可构造的;

(iii)$'$ 设 x, y_1, y_2 是图 G 的不同顶点, 且 $y_1y_2\in E(G)$. 如果 $G+xy_1$ 和 $G+xy_2$ 都是 k-可构造的, 则 G 也是 k-可构造的.

证明在新定义下, 图 G 是 k-可构造的当且仅当它的色数至少为 k.

21.$^-$ 考虑元素均取自于 $\{1,\cdots,n\}$ 的 $n\times n$-矩阵, 如果 $\{1,\cdots,n\}$ 中的每个元素都在每一行和每一列中恰好出现一次, 则称这个矩阵为**拉丁方** (Latin square). 把拉丁方的构造问题重新描述为一个着色问题.

22. 不使用命题 5.3.1, 证明对任意 k-正则二部图 G 均有 $\chi'(G)=k$.

23. 运用上一题中的结论来证明命题 5.3.1.

24.$^+$ 对于任意 $k\in\mathbb{N}$, 构造一个不含三角形的 k-色图.

25.$^-$ 设 G 是一个图, 而 $k\in\mathbb{N}$.

(i) 证明: G 是色数最多为 k 的图当且仅当存在一个从 G 到 K^k 的同态.

(ii) 证明: G 是一个二部图当且仅当存在一个从 G 到 K^2 或者到一个偶圈的同态.

(iii) 是否存在从 C^{17} 到 C^7, 从 C^7 到 C^{17}, 从 C^{16} 到 C^7, 从 C^{17} 到 C^6 的同态?

26. 证明具有大的围长且不包含一个给定子式的图在以下的意义下是 “几乎二部的”: 设 H 是一个固定图, 而 C 是一个固定奇圈, 使用定理 7.2.6 来证明, 如果 G 是一个具有充分大围长的图 (只依赖于 H 和 C) 且不包含 H 作为子式, 那么存在一个从 G 到 C 的同态.

27.$^-$ 不使用定理 5.4.2, 证明每一个平面图都是 6-列表可着色的.

28. 对任意整数 k, 找到一个 2-着色图, 使得它的选择数至少为 k.

29.$^-$ 找到一个用 $\chi'(G)$ 表示的 $\text{ch}'(G)$ 的一般上界.

30. 比较一个图的选择数和它的着色数, 哪个更大? 是否能证明类似于定理 5.4.1 的关于着色数的结果?

31.$^+$ 证明 K_r^2 的选择数是 r.

32. 图 $G = (V, E)$ 的**全色数** (total chromatic number) $\chi''(G)$ 是给图 G 的顶点和边同时着色, 使得 $V \cup E$ 中的相邻或者相关联的元素都染不同颜色所需要颜色的最少数目. **全着色猜想** (total colouring conjecture): $\chi''(G) \leqslant \Delta(G) + 2$. 证明列表色数给出了全色数的一个上界, 并且利用这个界从列表着色猜想来推导全着色猜想的一个弱化形式.

33.$^-$ 每个定向图都有核吗? 如果没有, 是不是每个图都有一个定向使得它的定向图的任意导出子图都有核呢? 如果没有, 是不是每个图都有一个定向, 使得这个定向图有核呢?

34.$^+$ 证明: 任意一个不含奇有向圈的有向图都有一个核.

35. 证明: 每个可平面二部图都是 3-列表可着色的.
(提示: 运用上一个练习和引理 5.4.3.)

36.$^-$ 证明: 图的完美性对于删去边或收缩边都不是封闭的.

37.$^-$ 从强完美图定理推导定理 5.5.6.

38. 设 $\mathcal{H}_1$ 和 $\mathcal{H}_2$ 是两类非完美图的集合, 它们关于下面性质而言都是极小的: 一个图是完美的当且仅当它不包含属于 $\mathcal{H}_i$ $(i = 1, 2)$ 的导出子图. $\mathcal{H}_1$ 和 $\mathcal{H}_2$ 在同构意义下包含相同的图吗?

39. 运用 König 定理 (2.1.1) 来证明任意二部图的补图都是完美图.

40. 利用本章的结果, 对如下 König 定理 (即定理 2.1.1 的对偶) 给出一个简洁的证明: 在任意不含孤立顶点的二部图中, 覆盖所有顶点的最少边数等于最大独立集的顶点个数.

41. 一个图被称为**可比图** (comparability graph), 如果存在顶点集上的一个偏序使得任意两个顶点相邻当且仅当它们是可比较的. 证明: 任意可比图是完美的.

42. 一个图被称为**区间图** (interval graph), 如果存在一个由实数区间组成的集合 $\{I_v \mid v \in V(G)\}$, 使得 $I_u \cap I_v \neq \varnothing$ 当且仅当 $uv \in E(G)$.
(i) 证明: 每个区间图都有弦.
(ii) 证明: 每个区间图的补图都是可比图.
(反过来, 如果一个弦图的补图是可比图, 那么这个弦图是区间图, 这是由 Gilmore 和 Hoffman (1964) 证明的.)

43. 证明: 对任意线图 H, 都有 $\chi(H) \in \{\omega(H), \omega(H) + 1\}$.

44.$^+$ 刻画那些线图是完美图的图.

45. 证明: 图 G 是完美的当且仅当, G 的任意非空导出子图 H 都包含一个独立集 $A \subseteq V(H)$ 使得 $\omega(H - A) < \omega(H)$.

46. 在定理 5.5.4 的证明中, 如果我们让 $\mathcal{K}$ 只包括在 G 中导出完全图的顶点集的极大集, 证明还成立吗? 只包括导出 K^ω 的顶点集呢?

47.$^+$ 考虑有如下性质的图 G: 它的任意导出子图 H 满足 H 的每个极大完全子图和 H 中的每个极大独立集都相交.

(i) 证明: 这样的图 G 是完美的.

(ii) 证明: 这类图 G 恰好是不包含 P^3 的导出拷贝的那些图.

48.$^+$ 证明: 在每个完美图 G 中, 我们能找到一个由独立顶点集构成的集合 $\mathcal{A}$, 以及一个由完全子图的顶点集构成的集合 $\mathcal{O}$ 使得 $\bigcup \mathcal{A} = V(G) = \bigcup \mathcal{O}$, 并且 $\mathcal{A}$ 中的每个集合和 $\mathcal{O}$ 中的每个集合都相交.

(提示: 使用引理 5.5.5.)

49.$^+$ 设 G 是一个完美图, 和在定理 5.5.4 的证明过程中一样, 把 G 的每个顶点 x 用一个完美图 G_x (不一定是完全图) 来代替. 证明所得到的图 G' 同样是完美的.

注 解

包括图的所有着色问题的权威参考书是 T. R. Jensen and B. Toft, *Graph Coloring Problems*, Wiley, 1995, 它先对这个领域的最重要结果以及重要的研究课题进行了简单的综述, 然后详细地描述了超过 200 个关于着色的公开问题, 以及这些问题的背景介绍和参考文献. 下面的大多数注解在这本书里都被全面地讨论过, 并且这一章的所有参考文献都能在那里找到. 有一本专门论述边着色的著作: L. M. Favrholdt, D. Scheide, M. Stiebitz and B. Toft, *Graph Edge Coloring: Vizing's Theorem and Goldberg's Conjecture*, Wiley, 2012.

四色问题, 即每个地图是否能被四种颜色着色, 使得相邻的两个国家着有不同的颜色, 首先是由 Francis Guthrie 在 1852 年明确提出的, 他把这个问题交给他的哥哥 Frederick, 那时候 Frederick 是剑桥大学的数学本科生. Cayley 在 1878 年在伦敦数学学会上介绍了这个问题, 它才第一次被大众所了解. 一年后, Kempe 给出了一个错误的证明, Heawood 在 1890 年把 Kempe 的证明修改后得到了五色定理的证明. 1880 年, Tait 声称给出了四色猜想的“进一步证明”, 但并没有发表, 详见第 10 章的注解.

四色定理的第一个被普遍认可的证明是在 1977 年由 Appel 和 Haken 给出的. 这个证明的基本思路可以追溯到最早的 Kempe 的论文, 这个想法也被 Birkhoff 和 Heesch 做了很大的改进. 粗略地讲, 它第一步证明了每个平面三角剖分图必定包含 1482 个“不可避免的构图”中的一个; 在第二步, 利用计算机去证明每个这样的构图是“可约简的”, 也就是说, 任何一个包含这样构图的平面三角剖分图, 都可以通过把若干个小的平面三角剖分图的 4-着色拼凑而得到它的 4-着色. 这两步合在一起就相当于归纳地证明了, 所有平面三角剖分图是可以 4-着色的, 因此每个平面图也是 4-着色的.

Appel 和 Haken 的证明也受到了一些批评, 并不仅仅因为他们运用了计算机作为辅助工具. 作为回应, 他们给出了一个长达 741 页的算法证明, 回应了各种的批评也纠正了一些错误 (比如, 添加了更多的“不可避免的构图”): K. Appel and W. Haken, *Every Planar Map is Four Colorable*, American Mathematical Society, 1989. 基于同样的想法 (特别地, 需要运用计算机解决同一类问题) 的一个简洁很多, 且更容易验证其理论部分和计算机部分的正确性的证明由 N. Robertson, D. Sanders, P. D. Seymour and R. Thomas, *The-four-colour theorem*, J. Combin. Theory B 70 (1997), 2-44 给出.

Grötzsch 定理的一个相对比较短的证明见 C. Thomassen, *A short list color proof of Grötzsch's theorem*, J. Combin. Theory B 88 (2003), 189-192. 比平面图更一般的曲面上图的着色问题, 在这一章没有涉及, 但它确实是着色理论中一个重要且有趣的分支, 见 B. Mohar and C. Thomassen, *Graphs on Surfaces*, Johns Hopkins University Press, 2001.

引理 5.2.3 中具有 $\delta(H) \geqslant k-1$ 的 k-色子图 H 通常不能取为 $\delta(H)=k-1$, 见 Jensen 和 Toft 的专著的第五章. 结合定理 1.4.3, 引理 5.2.3 蕴含着具有大色数的图包含高连通子图, 其中有些子图本身也有大的色数. 这个结果来源于 N. Alon, D. Kleitman, M. Saks, P. Seymour and C. Thomassen, *Subgraphs of large connectivity and chromatic number in graphs of large chromatic number*, J. Graph Theory 11 (1987), 367-371.

练习 15 中叙述的 Brooks 定理的证明来源于 Lovász (1973), 其思想是在一个仔细选择的顶点排序上使用贪婪算法. Lovász (1968) 也是第一个构造具有任意大围长和任意大色数的图的人, 而 Erdős 早十年在*Graph theory and probability*, Can. J. Math. 11 (1959), 34-38 中用随机方法证明了这类图的存在性. 另一个构造性的证明见 J. Nešetřil and V. Rödl, *Sparse Ramsey graphs*, Combinatorica 4 (1984), 71-78.

在 A. Urquhart, *The graph constructions of Hajós and Ore*, J. Graph Theory 26 (1997), 211-215 中, Urquhart 证明了色数至少为 k 的图不仅包含一个 k-可构造图 (正如 Hajós 定理一样), 而且事实上它们本身就是 k-可构造的. 注意到, 在构造一个给定图的过程中, 所构造的图的阶会根据每一步所用的规则不同而变大或变小, 这意味着我们不能构造一个给定的图所需要的步骤的明确上界, 事实上这样的界还不存在. 特别地, Hajós 定理没有给“具有色数至少为 k”这一性质提供一个有界长度的“指标”, 和 Kuratowski 定理不同, 从复杂性理论的角度讲, 它并不是一个“好的刻画”. (详见 12.7 节, 第 10 章的注解以及第 12 章注解的最后部分.)

证明一个图具有大色数的代数工具是分别由 Kleitman 和 Lovász (1982), Alon 和 Tarsi (1992)(见下面引用的 Alon 的文章) 以及 Babson 和 Kozlov (2007) 发展得到的.

定理 5.3.3 取自 B. Csaba, D. Kühn, A. Lo, D. Osthus and A. Treglown, *Proof of the 1-factorization and Hamilton decomposition conjectures*, Memoirs of the AMS, AMS, Book 244, 2016.

列表着色首先由 Vizing 在 1976 年提出. Vizing 证明了若干结果, 并证明了 Brooks 定理的列表着色的等价形式. Voigt (1993) 构造了一个包含 238 个顶点的非 4-可选的平面图, 因此, Thomassen 给出的列表形式的五色定理是最好的. Alon 写了一篇具有启发性的关于列表色数的综述文章, 这篇文章把列表色数与经典的图不变量联系起来 (也包括定理 5.4.1 的证明), 见 N. Alon, *Restricted colorings of graphs*, in (K. Walker, ed.) *Surveys in Combinatorics*, LMS Lecture Notes 187, Cambridge University Press, 1993. 列表着色猜想和 Galvin 给出的对二部图情形的证明原来都是针对多重图的. Kahn (1994) 证明了这个猜想是渐近成立的: 任意给定一个 $\epsilon > 0$, 每个有充分大最大度的图 G 都满足 $\mathrm{ch}'(G) \leqslant (1+\epsilon)\Delta(G)$.

在 1965 年左右, Vizing 和 Behzad 分别地提出了全着色猜想 (见练习 32), 详见 Jensen 和 Toft 的专著.

有关完美图的基本理论和它的应用的初等介绍见 M. C. Golumbic, *Algorithmic Graph Theory and Perfect Graphs*, Academic Press, 1980. 一个更全面的综述见 A. Schrijver, *Combinatorial optimization*, Springer 2003. J. Ramirez-Alfonsin and B. Reed, *Perfect Graphs*, Wiley, 2001 对完美图从不同的角度进行了综述. 完美图定理 (5.5.4) 的第一个证明来自 Lovász 在有关完美图的综述文章 (L.W. Beineke and R. J. Wilson, eds.) *Selected Topics in Graph Theory* 2, Academic Press, 1983 中的证明. 第二个证明, 也就是定理 5.5.6 的证明, 来自 G. S. Gasparian, *Minimal imperfect graphs: a simple approach*, Combinatorica 16 (1996), 209-212.

定理 5.5.3 是在 M. Chudnovsky, N. Robertson, P. Seymour and R. Thomas, *The strong perfect graph theorem*, Ann. Math. 164 (2006), 51-229 (arXiv:math/0212070) 中证明的. N. Trotignon 在他的 2013 年综述文章 (arXiv:1301.5149) 中, 对这个证明进行了清晰的解释, 同时也简明扼要地对 Lovász 的 (弱) 完美图猜想的证明进行了介绍. 在文章 M. Chudnovsky, G. Cornuejols, X. Liu, P. Seymour and K. Vušković, *Recognizing Berge graphs*, Combinatorics 25 (2005), 143-186 中, 他们构造了一个 $O(n^9)$ 的算法来测试奇洞和奇反洞的存在, 因此由完美图的定理可以判断一个图是否是完美图.

定理 5.5.7 中的 χ-有界性是受 Gýarfás 猜想启发的, 这个猜想的出处是: A. Gyárfás, *Problems from the world surrounding perfect graphs*, Proceedings of the International Conference on Combinatorial Analysis and its Applications (Pokrzywna, 1985), Zastos. Mat. 19 (1987), 413-441. 定理 5.5.7 中的 (i) 由 A. Scott and P. D. Seymour (arXiv:1410.4118) 得到, 而 (ii) 是由这两位作者以及 M. Chudnovsky 一起

得到的 (arXiv:1506.02232).

强完美图定理的证明使得这个领域的专家失去了一个高于一切的目标. 从此, 对于禁用某个或若干个固定的导出子图所衍生的图结构 (正如强完美图定理那样) 的研究, 变成了更广泛的研究课题. 现在研究的中心课题是 Erdős-Hajnal 猜想, 即不包含某个固定导出子图的图一定含有一个更大的顶点集, 它要么是个独立集要么导出一个完全子图. 这个猜想的严谨叙述可参见 9.1 节.

第 6 章　流

将图看作一个网络：它的边上负载着某种流，如水流、电流、数据流或其他类似的流. 那么，我们应如何准确地建立这一模型呢?

首先，需要知道通过每条边 $e = xy$ 的流量及流向. 在模型中，我们给顶点对 (x,y) 赋值一个正整数 k，来表示存在 k 个单位的流从 x 经过 e 流向 y; 或者给 (x,y) 赋值 $-k$ 来表示 e 上有 k 个单位相反方向的流，即从 y 流向 x. 对于这样的赋值 $f: V^2 \to \mathbb{Z}$，以及 G 中任意两个相邻的顶点 x 和 y，有 $f(x,y) = -f(y,x)$.

通常情况下，在网络中，流只从少数几个节点流入或流出，而在所有其他节点，流入总量与流出总量相等. 在我们的模型中，这意味着在大多数节点 x，函数 f 满足 **Kirchhoff 定律** (Kirchhoff's law)

$$\sum_{y \in N(x)} f(x,y) = 0.$$

在这一章，我们将满足以上两个性质的任意映射 $f: V^2 \to \mathbb{Z}$ 称为图 G 上的一个"流". 有时，会用其他群取代 $\mathbb{Z}$，通常我们考虑的图都是多重图.[1] 事实上，"流"的理论不仅对现实中的流模型行之有效，而且它与图论的其他部分有着一些深刻和令人惊讶的联系，尤其是与连通性和着色问题.

6.1　环　　流

令 $G = (V,E)$ 是一个 (无向) 多重图，G 的每条边 $e = xy$ 有两个**方向** (direction) (x,y) 和 (y,x). (如果 e 是一个环边，这两个方向是一样的，所以环边只有一个方向.) 一条边和它的一个方向所组成的三元组 (e,x,y) 叫做一个**定向边** (oriented edge). 对应于 e 的定向边是它的**定向** (orientation)，记为 $\vec{e}$ 和 $\overleftarrow{e}$，所以 $\{\vec{e}, \overleftarrow{e}\} = \{(e,x,y),(e,y,x)\}$，但通常不知道哪一个是哪一个. 我们把所有定向边的集合记为

$$\vec{E} := \{(e,x,y) \mid e \in E; x,y \in V; e = xy\}.$$

我们把 $\vec{E}$ 中的元素表示为 $\vec{e}$, $\overleftarrow{e}$, 等等，即使还没有定义边 e，而"e"用来表示它对应的无向边.

1 为保持一致性，对某些命题，我们只对简单图 (即没有环边和多重边) 进行叙述，因为其证明依赖于书中前面证明的关于简单图的结论，然而这些命题对多重图也是成立的.

对于任意定向边的集合 $\vec{F} \subseteq \vec{E}$, 令

$$\overleftarrow{F} := \{\overleftarrow{e} \mid \vec{e} \in \vec{F}\}.$$

注意到 $\vec{E}$ 本身是对称的: $\overleftarrow{E} = \vec{E}$. 对任意两个顶点集 $X, Y \subseteq V$ (不一定不相交) 和 $\vec{F} \subseteq \vec{E}$, 定义

$$\vec{F}(X,Y) := \{(e,x,y) \in \vec{F} \mid x \in X; y \in Y; x \neq y\},$$

将 $\vec{F}(\{x\},Y)$ 简写为 $\vec{F}(x,Y)$, 并且记

$$\vec{F}(x) := \vec{F}(x,V) = \vec{F}(\{x\},\overline{\{x\}}).$$

这里, $\overline{X}$ 表示顶点集 $X \subseteq V$ 的补 $V \setminus X$. 注意, 在 $\vec{F}(X,Y)$ 和 $\vec{F}(x)$ 的定义中, 不考虑在顶点 $x \in X \cap Y$ 处的环边.

设 H 是加法意义下具有零元 0 的阿贝尔半群.[2] 给定顶点集 $X, Y \subseteq V$ (不一定是不相交的) 和函数 $f : \vec{E} \to H$, 令

$$f(X,Y) := \sum_{\vec{e} \in \vec{E}(X,Y)} f(\vec{e}). \tag{1}$$

同样地, 将 $f(\{x\},Y)$ 记作 $f(x,Y)$, 等等.

从现在开始, 我们假设 H 是一个阿贝尔群. 若 f 满足下面两个条件:

(F1) 对任意具有 $x \neq y$ 的 $(e,x,y) \in \vec{E}$, 有 $f(e,x,y) = -f(e,y,x)$;

(F2) 对任意 $v \in V$, 有 $f(v,V) = 0$.

则称 f 是图 G 上的一个 (取值自 H 的) **环流** (circulation).

如果 f 满足 (F1), 则对所有的 $X \subseteq V$, 有

$$f(X,X) = 0.$$

如果 f 满足 (F2), 则

$$F(X,V) = \sum_{x \in X} f(x,V) = 0.$$

从这两个基本性质不难看出, 在环流中, 穿过任意一个割的净流量为零.

命题 6.1.1 如果 f 是一个环流, 那么对任意集合 $X \subseteq V$, 有 $f(X,\overline{X}) = 0$.

证明 $f(X,\overline{X}) = f(X,V) - f(X,X) = 0 - 0 = 0$. □

由于桥本身就是割, 故命题 6.1.1 蕴含着桥上的环流总是零.

推论 6.1.2 如果 f 是一个环流且 $e = xy$ 是 G 中一个桥, 则 $f(e,x,y) = 0$.

2 本章并不包含群论知识. 对于 H, 这里所考虑的半群只包括自然数、整数、实数、循环群 $\mathbb{Z}_k$ 以及它们的乘积 $\mathbb{Z}_k \times \mathbb{Z}_m$.

6.2 网络中的流

这一节我们将简要地介绍一些网络流理论, 它是目前匹配和连通性领域中的标准证明技巧. 通过例子, 我们来证明这一理论中的经典结果, 即由 Ford 和 Fulkson 得到的**最大流最小割定理** (max-flow min-cut theorem). 只用这一定理便可毫不费劲地得到 Menger 定理 (练习 3), 由此可见该方法的巨大威力.

考虑一个具有初始点 s 和终点 t 的网络模型, 这里通过任意两个节点的连线上的流量不大于该连线的固定容量. 我们的目的是确定该网络中从 s 流向 t 的最大净流量. 由于各种原因, 这将同时取决于网络的结构以及它的连接之间的各种容量, 而这个最大净流量具体是多少, 则正是我们想要找出的.

令 $G=(V,E)$ 为多重图, $s,t\in V$ 为两个固定顶点, 且 $c:\overrightarrow{E}\to\mathbb{N}$ 为一个映射. 我们称 c 为 G 上的一个**容量函数** (capacity), 而称四元组 $N:=(G,s,t,c)$ 为一个**网络** (network). 注意到, c 对一条边的两个方向是单独定义的. 如果一个函数 $f:\overrightarrow{E}\to\mathbb{R}$ 满足以下三个条件 (图 6.2.1), 就称它为 N 上的一个**流** (flow):

(F1) 对满足 $x\neq y$ 的所有 $(e,x,y)\in\overrightarrow{E}$, 有 $f(e,x,y)=-f(e,y,x)$;

(F2′) 对所有 $v\in V\setminus\{s,t\}$, 有 $f(v,V)=0$;

(F3) 对所有 $\overrightarrow{e}\in\overrightarrow{E}$, 有 $f(\overrightarrow{e})\leqslant c(\overrightarrow{e})$.

若 f 的所有取值均为整数, 我们称 f 是**整数的** (integral).

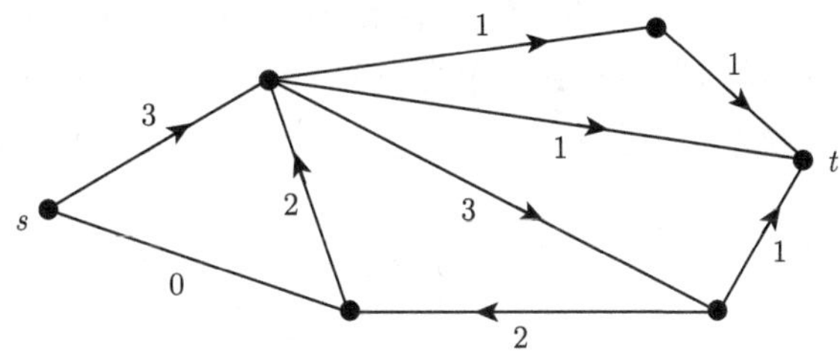

图 6.2.1 网络流的简单记法: 所有的赋值均表示在给定方向上的流量 (容量没有显示)

设 f 是 N 中的一个流. 若 $S\subseteq V$ 满足 $s\in S$ 和 $t\in\overline{S}$, 则称集合对 $(S,\overline{S})$ 是 ***N* 中的一个割** (cut in N), 而 $c(S,\overline{S})$ 是这个割的**容量** (capacity).[3]

由于现在 f 只需满足 (F2′) 而不必满足 (F2), 那么不必要求所有的 $X\subseteq V$ 满足 $f(X,\overline{X})=0$ (如命题 6.1.1 中所叙述的那样). 然而, 所有割的取值是相同的:

命题 6.2.1 *N 中任意割 $(S,\overline{S})$ 满足 $f(S,\overline{S})=f(s,V)$.*

3 数值 $c(S,\overline{S})$ 在 6.1 节的 (1) 中定义.

证明　同命题 6.1.1 的证明一样, 我们有

$$\begin{aligned} f(S,\overline{S}) &= f(S,V) - f(S,S) \\ &\underset{(\text{F1})}{=} f(s,V) + \sum_{v\in S\setminus\{s\}} f(v,V) - 0 \\ &\underset{(\text{F2}')}{=} f(s,V). \end{aligned}$$

□

命题 6.2.1 中所有 $f(S,\overline{S})$ 的公共值被称为 f 的**总流量** (total value), 并记为 $|f|$.[4]　图 6.2.1 中所示的流的总流量为 3.

根据 (F3), 对 N 中的每个割 $(S,\overline{S})$, 有

$$|f| = f(S,\overline{S}) \leqslant c(S,\overline{S}).$$

因此 N 中一个流的总流量绝不会超过一个割的最小容量. 下面的**最大流最小割** (max-flow min-cut) 定理表明, 这一上界总能在某个流上达到:

定理 6.2.2 (Ford and Fulkerson, 1956)　*在每个网络中, 流的最大总流量等于割的最小容量.*

证明　令 $N = (G,s,t,c)$ 为一个网络, 且 $G =: (V,E)$. 我们将定义 N 中的一个整数流序列 $f_0, f_1, f_2, \cdots$, 使得总流量是严格递增的, 即

$$|f_0| < |f_1| < |f_2| < \cdots.$$

显然, 整数流的总流量之和仍然为整数, 因此事实上对所有 n 有 $|f_{n+1}| \geqslant |f_n| + 1$. 因为所有这些值被 N 中任意割的容量所限制, 所以我们的序列总会终止于某个流 f_n. 与这个流相对应, 我们将会找到一个容量为 $c_n = |f_n|$ 的割. 由于任何流的总流量不会超过 c_n, 且任意割的容量不会少于 $|f_n|$, 所以这个数值正是定理中提到的最大值和最小值.

对 f_0 和所有 $\vec{e} \in \vec{E}$, 令 $f_0(\vec{e}) := 0$. 在 N 中对某个 $n \in \mathbb{N}$ 已经定义了整数流 f_n 后, 我们用 S_n 来表示所有顶点 v 的集合, 这里 v 使得 G 包含一条 s-v 途径 $x_0e_0\cdots e_{\ell-1}x_\ell$ 且满足对所有 $i < \ell$ 有

$$f_n(\vec{e_i}) < c(\vec{e_i}),$$

其中 $\vec{e_i} := (e_i, x_i, x_{i+1})$(当然, $x_0 = s$ 且 $x_\ell = v$).

若 $t \in S_n$, 令 $W = x_0e_0\cdots e_{\ell-1}x_\ell$ 为相应的 s-t 途径. 不失一般性地, 假定 W 中不重复任何顶点. 令

$$\epsilon := \min\{c(\vec{e_i}) - f_n(\vec{e_i}) \mid i < \ell\},$$

4 因此, 严格讲, $|f|$ 可以是负值. 但在实际应用中, 我们可以通过交换 s, t 来改变 $|f|$ 的正负号.

则 $\epsilon > 0$. 又因为根据假设 f_n(如 c) 为整数, 所以 ϵ 是一个整数. 令

$$f_{n+1}: \overrightarrow{e} \mapsto \begin{cases} f_n(\overrightarrow{e}) + \epsilon, & \overrightarrow{e} = \overrightarrow{e}_i,\ i = 0, \cdots, \ell - 1, \\ f_n(\overrightarrow{e}) - \epsilon, & \overrightarrow{e} = \overleftarrow{e}_i,\ i = 0, \cdots, \ell - 1, \\ f_n(\overrightarrow{e}), & \overrightarrow{e} \notin W. \end{cases}$$

直观上看, f_{n+1} 是 f_n 沿 W 从 s 向 t 多发送了 ϵ 个单位的流而得到的 (图 6.2.2).

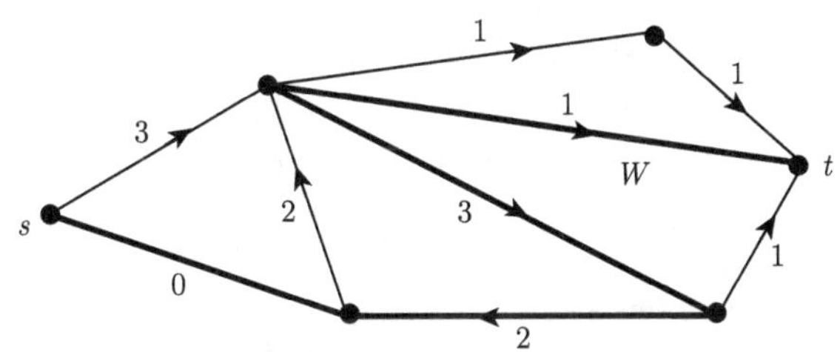

图 6.2.2 对于常数流 $f_n = 0$ 和 $c = 3$, 具有增量 $\epsilon = 2$ 的“增广路” W

显然, f_{n+1} 也是 N 中的一个整数流. 我们计算一下它的总流值 $|f_{n+1}| = f_{n+1}(s, V)$. 由于 W 仅包含顶点 s 一次, $\overrightarrow{e_0}$ 是唯一满足其 f-值改变过并使得 $x = s$ 且 $y \in V$ 的三元组 (e, x, y). 这个值 (从而 $f_{n+1}(s, V)$ 的值) 增大了. 因此, $|f_{n+1}| > |f_n|$, 即所要证的.

若 $t \notin S_n$, 则 $(S_n, \overline{S_n})$ 是 N 中的一个割. 对 f_n 使用 (F3) 并根据 S_n 的定义, 故对所有 $\overrightarrow{e} \in \overrightarrow{E}(S_n, \overline{S_n})$, 有

$$f_n(\overrightarrow{e}) = c(\overrightarrow{e}),$$

因此

$$|f_n| = f_n(S_n, \overline{S_n}) = c(S_n, \overline{S_n})$$

即所要证的. □

因为定理 6.2.2 的证明中所构造的流是整数的, 我们同时还证明了以下结论:

推论 6.2.3 每个 (具有整数容量函数的) 网络都包含一个最大总流量为整数的流. □

6.3 群上的流

设 $G = (V, E)$ 是一个多重图. 若 f 和 g 是 G 的取值于同一个阿贝尔群 H 上的两个环流, 那么 $(f+g): \overrightarrow{e} \mapsto f(\overrightarrow{e}) + g(\overrightarrow{e})$ 和 $-f: \overrightarrow{e} \mapsto -f(\overrightarrow{e})$ 也是环流. 于是 G 上取值于 H 的环流很自然地构成了一个群.

在我们所用的术语中,[5] **H-流** (H-flow) 是指一个处处非零 (即对所有的 $\vec{e} \in \vec{E}$ 有 $f(\vec{e}) \neq 0$) 的环流 $f : \vec{E} \to H$. 注意到, G 上 H-流的集合在加法意义下并不封闭: 如果在某条边 $\vec{e}$ 上两个 H-流相加为零, 则它们的和不再是一个 H-流. 根据推论 6.1.2, 包含 H-流的图不可能有桥.

对有限群 H 来说, G 上 H-流的数目, 尤其是它们的存在性, 令人非常吃惊地只取决于 H 的阶数, 而不取决于 H 本身:

定理 6.3.1 (Tutte, 1954) *对每个多重图 G, 存在一个多项式 P 使得对任意有限阿贝尔群 H, G 上 H-流的数目是 $P(|H|-1)$.*

证明 令 $G =: (V, E)$, 对 $m := |E|$ 使用归纳法. 我们先假定 G 的所有边均为环边. 那么, 给定任意有限阿贝尔群 H, 每个映射 $\vec{E} \to H \setminus \{0\}$ 是 G 上的一个 H-流. 因为当所有边为环边时有 $|\vec{E}| = |E|$, 所以存在 $(|H|-1)^m$ 个这样的映射, 且 $P := x^m$ 是即为所需要的多项式.

现在假设存在一条边 $e_0 = xy \in E$ 不是环边, 令 $\vec{e_0} := (e_0, x, y)$ 且 $E' := E \setminus \{e_0\}$. 考虑多重图

$$G_1 := G - e_0 \quad \text{和} \quad G_2 := G/e_0.$$

根据归纳假设, 存在多项式 P_i $(i = 1, 2)$, 使得对于任意有限阿贝尔群 H 和 $k := |H| - 1$, G_i 上的 H-流的数目为 $P_i(k)$. 我们将证明 G 上 H-流的数目等于 $P_2(k) - P_1(k)$, 则 $P := P_2 - P_1$ 是要找的多项式.

设 H 已给定, 并记 G 上全体 H-流的集合为 F. 我们将尝试证明

$$|F| = P_2(k) - P_1(k). \tag{1}$$

G_1 上的 H-流恰好是那些仅在 e_0 流量为零, 而在其他所有边上流量非零的 G 的 H-环流限制在 $\vec{E'}$ 上所得到的, 我们记 G 上这样的环流所构成的集合为 F_1, 则

$$|F_1| = P_1(k).$$

类似地, 我们的目标是证明 G_2 上的 H-流一一对应于那些仅可能在 e_0 上流量为零的 G 上的 H-环流, 那么 G 上这样的环流构成的集合 F_2 满足

$$|F_2| = P_2(k),$$

且 F_2 是 F_1 和 F 的不交并. 这就验证了 (1), 进而证明了定理.

在 G_2 中, 令 $v_0 := v_{e_0}$ 为 e_0 收缩后的顶点 (图 6.3.1, 收缩见 1.10 节). 我们要在 F_2 和由 G_2 上的 H-流组成的集合之间找一个双射 $f \mapsto g$. 给定 f, 设 g 为 f 在

5 为了避免在每个"H-流"前加上"处处非零"的麻烦, 我们这里所用的术语和规范的稍有不同, 见注解中的脚注.

$\overrightarrow{E'} \setminus \overrightarrow{E'}(y,x)$ 上的限制, (由于 x-y 边 $e \in \overrightarrow{E'}$ 在 G_2 中变成了环边, 所以它们在 G_2 中只有一个定向 (e, v_0, v_0), 我们取 $f(e,x,y)$ 作为它的 g-值.) 那么 g 确实是 G_2 上的 H-流. 注意到, 根据命题 6.1.1, 取 $X := \{x,y\}$, 则 (F2) 对 G 在 v_0 成立.

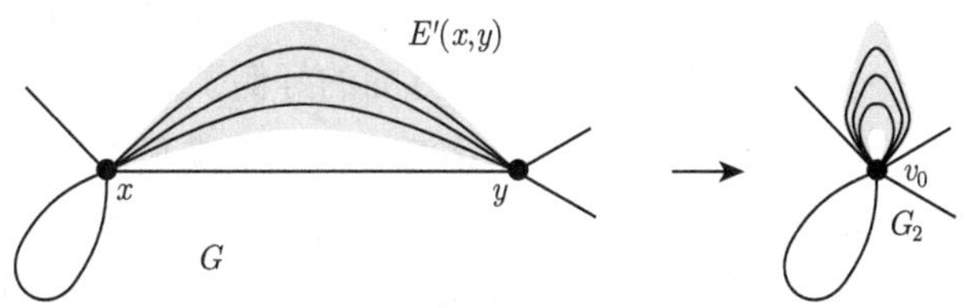

图 6.3.1 收缩边 e_0 的结果

剩下的就是证明映射 $f \mapsto g$ 是双射. 如果已给定 G_2 上的 H-流 g, 而且我们想找到一个满足 $f \mapsto g$ 的 $f \in F_2$, 则对所有 $\vec{e} \in \overrightarrow{E'} \setminus \overrightarrow{E'}(y,x)$, 由于 $f(\vec{e}) = g(\vec{e})$, 故 $f(\vec{e})$ 已确定. 根据 (F1), 对所有 $\vec{e} \in \overrightarrow{E'}(y,x)$, 从而有 $f(\vec{e}) = -f(\overleftarrow{e})$. 这样, 映射 $f \mapsto g$ 是双射当且仅当对于给定的 g, 总存在唯一的方法来定义 $f(\overrightarrow{e_0})$ 和 $f(\overleftarrow{e_0})$ 余下的值, 使得 f 对 e_0 满足 (F1), 对 x 和 y 满足 (F2).

现在, $f(\overrightarrow{e_0})$ 的取值可根据在 x 的 (F2) 以及与 x 关联的边 e 上已知的值 $f(\vec{e})$ 来确定, 而 $f(\overleftarrow{e_0})$ 的取值可根据在 y 的 (F2) 以及与 y 关联的边 e 上已知的值 $f(\vec{e})$ 来确定. 的确, 假设

$$h := \sum_{\vec{e} \in \overrightarrow{E'}(x,y)} f(\vec{e}) \quad \left(= \sum_{e \in E'(x,y)} g(e, v_0, v_0) \right)$$

和 $V' := V \setminus \{x,y\}$, 那么 (F2) 对 f 成立当且仅当

$$0 = f(x,V) = f(\overrightarrow{e_0}) + h + f(x,V'),$$

以及

$$0 = f(y,V) = f(\overleftarrow{e_0}) - h + f(y,V'),$$

亦即, 当且仅当我们取

$$f(\overrightarrow{e_0}) := -f(x,V') - h \quad \text{且} \quad f(\overleftarrow{e_0}) := -f(y,V') + h.$$

幸运的是, 这样定义的 $f(\overrightarrow{e_0})$ 和 $f(\overleftarrow{e_0})$ 对 f 同样满足 (F1), 这是因为对 g 在 v_0 应用 (F2), 有

$$f(\overrightarrow{e_0}) + f(\overleftarrow{e_0}) = -f(x,V') - f(y,V') = -g(v_0,V') = 0. \qquad \square$$

定理 6.3.1 中的多项式被称为 G 的**流多项式** (flow polynomial).

推论 6.3.2　如果 H 和 H' 是两个具有相同阶的有限阿贝尔群, 那么 G 有 H-流当且仅当 G 有 H'-流. □

推论 6.3.2 对代数流理论来说有深刻的影响: 它表明在 H-流的存在性证明中, 关键难点不涉及群理论的本质. 另一方面, 允许选择一个方便好用的群将会很有用. 对此, 在命题 6.4.5 中, 我们将会看到一个这方面的好例子.

设 $k \geqslant 1$ 为整数, 而 $G = (V, E)$ 为多重图, G 上满足对所有 $\vec{e} \in \vec{E}$ 均有 $0 < |f(\vec{e})| < k$ 的 $\mathbb{Z}$-流 f 被称为 ***k*-流** (k-flow). 显然, 对所有 $\ell > k$, 任意 k-流也是 ℓ-流. 所以我们会问, 使得 G 有一个 k-流的最小整数 k 是多少呢 (假设这样的 k 存在)? 我们称这样的最小的 k 为 G 的**流数** (flow number), 并记为 $\varphi(G)$, 若对任意 k, G 中不存在 k-流, 我们令 $\varphi(G) := \infty$.

确定流数的问题很快就涉及图论中一些最深刻的未解决的公开问题, 我们将在本章晚些时候对这些问题进行讨论. 然而, 首先还是让我们来看看 k-流与 H-流的更广义概念之间的联系.

k-流与 $\mathbb{Z}_k$-流之间存在着十分紧密的联系. 让 σ_k 表示从 $\mathbb{Z}$ 到 $\mathbb{Z}_k$ 的自然同态 $i \mapsto \bar{i}$. 通过结合 σ_k, 每个 k-流定义了一个 $\mathbb{Z}_k$-流. 正如下面的定理所示, 逆命题也成立: 从 G 上每个 $\mathbb{Z}_k$-流, 我们可以构造 G 上的一个 k-流. 考虑到推论 6.3.2, 这意味着对任意的群 H, H-流的存在性问题可归结为相应的 k-流问题.

定理 6.3.3 (Tutte, 1950)　一个多重图包含 k-流当且仅当它包含 $\mathbb{Z}_k$-流.

证明　令 g 是多重图 $G = (V, E)$ 上的一个 $\mathbb{Z}_k$-流, 我们来构造 G 上一个 k-流 f. 不失一般性, 假定 G 不包含环边. 设 F 是所有这样的函数 $f : \vec{E} \mapsto \mathbb{Z}$ 的集合: 它满足 (F1), 而对所有 $\vec{e} \in \vec{E}$ 有 $|f(\vec{e})| < k$, 且 $\sigma_k \circ f = g$. 注意到, 同 g 一样, 任意 $f \in F$ 是处处非零的.

先证明 $F \neq \varnothing$. 因为我们能将每个值 $g(\vec{e}) \in \mathbb{Z}_k$ 用 $\bar{i}$ ($|i| < k$) 表示出来, 从而令 $f(\vec{e}) := i$, 所以显然存在一个映射 $f : \vec{E} \to \mathbb{Z}$ 使得对所有 $\vec{e} \in \vec{E}$ 有 $|f(\vec{e})| < k$ 且 $\sigma_k \circ f = g$. 对每条边 $e \in E$, 选取两个定向中的一个, 并记为 $\vec{e}$. 这样, 对每个 $e \in E$, 我们可以通过设定 $f'(\vec{e}) := f(\vec{e})$ 和 $f'(\overleftarrow{e}) := -f(\overleftarrow{e})$ 来定义 $f' : \vec{E} \to \mathbb{Z}$. 因此 f' 是满足 (F1) 的函数且取值在所需的范围之内. 剩下的就是证明 $\sigma_k \circ f'$ 和 g 不仅在选定的定向 $\vec{e}$ 上, 而且在相反方向 $\overleftarrow{e}$ 上也是一致的. 因为 σ_k 是一个同态, 所以这确实成立:

$$(\sigma_k \circ f')(\overleftarrow{e}) = \sigma_k(-f(\vec{e})) = -(\sigma_k \circ f)(\vec{e}) = -g(\vec{e}) = g(\overleftarrow{e}).$$

因此 $f' \in F$, 故 F 的确是非空的.

我们的目标是找到满足 Kirchhoff 定律 (F2) 的 $f \in F$, 因此是一个 k-流. 作为

候选对象, 考虑这样的 $f \in F$ 使得和式

$$K(f) := \sum_{x \in V} |f(x,V)|$$

与 Kirchhoff 定律的偏差具有最小的可能值. 我们将证明 $K(f) = 0$, 那么显然, 对每个 x 有 $f(x,V) = 0$, 即所要证明的.

假设 $K(f) \neq 0$. 因为 f 满足 (F1), 且因此有 $\sum_{x \in V} f(x,V) = f(V,V) = 0$, 所以存在一个顶点 x 满足

$$f(x,V) > 0. \tag{1}$$

设 $X \subseteq V$ 为所有 x' 的集合, 这里 G 包含一条从 x 到 x' 的途径 $x_0e_0 \cdots e_{\ell-1}x_\ell$ 使得对所有 $i < \ell$ 有 $f(e_i, x_i, x_{i+1}) > 0$. 进一步地, 设 $X' := X \setminus \{x\}$.

我们先证明 X' 包含顶点 x' 使得 $f(x',V) < 0$. 根据 X 的定义, 对所有满足 $x' \in X$ 和 $y \in \overline{X}$ 的边 $e = x'y$, 有 $f(e,x',y) \leqslant 0$. 特别地, 此式对 $x' = x$ 也成立. 因此, (1) 蕴含着 $f(x,X') > 0$. 这样, 根据 (F1), 有 $f(X',x) < 0$, 以及 $f(X',X') = 0$. 因此

$$\sum_{x' \in X'} f(x',V) = f(X',V) = f(X',\overline{X}) + f(X',x) + f(X',X') < 0.$$

故某个 $x' \in X'$ 一定满足

$$f(x',V) < 0. \tag{2}$$

由于 $x' \in X$, 所以存在一条 x-x' 途径 $W = x_0e_0 \cdots e_{\ell-1}x_\ell$ 使得对所有 $i < \ell$ 有 $f(e_i, x_i, x_{i+1}) > 0$. 现在我们通过沿着 W 向回发送一些流来修改 f, 设 $f' : \overrightarrow{E} \to \mathbb{Z}$ 由下式给出

$$f' : \overrightarrow{e} \mapsto \begin{cases} f(\overrightarrow{e}) + k, & \overrightarrow{e} = (e_i, x_i, x_{i+1}),\ i = 0, \cdots, \ell - 1, \\ f(\overrightarrow{e}) - k, & \overrightarrow{e} = (e_i, x_{i+1}, x_i),\ i = 0, \cdots, \ell - 1, \\ f(\overrightarrow{e}), & \overrightarrow{e} \notin W. \end{cases}$$

由 W 的定义, 对所有的 $\overrightarrow{e} \in \overrightarrow{E}$, 有 $|f'(\overrightarrow{e})| < k$. 因此, 同 f 一样, f' 位于 F 中.

对 f 的修改会对 K 有什么影响呢? 同 W 外部的顶点一样, 在 W 的所有内部顶点 v, 它与 Kirchhoff 定律的偏差保持不变:

$$\text{对所有的 } v \in V \setminus \{x, x'\},\ f'(v,V) = f(v,V). \tag{3}$$

另一方面, 对 x 和 x', 有

$$f'(x,V) = f(x,V) - k \quad \text{以及} \quad f'(x',V) = f(x',V) + k. \tag{4}$$

因为 g 是一个 $\mathbb{Z}_k$-流, 所以

$$\sigma_k(f(x,V)) = g(x,V) = \overline{0} \in \mathbb{Z}_k$$

且

$$\sigma_k(f(x',V)) = g(x',V) = \overline{0} \in \mathbb{Z}_k,$$

因此 $f(x,V)$ 和 $f(x',V)$ 都是 k 的倍数. 所以由 (1) 和 (2) 知 $f(x,V) \geqslant k$ 和 $f(x',V) \leqslant -k$, 但如此 (4) 就蕴含着

$$|f'(x,V)| < |f(x,V)| \quad 且 \quad |f'(x',V)| < |f(x',V)|.$$

结合 (3), 可得 $K(f') < K(f)$, 这与 f 的选取矛盾.

因此正如所述, $K(f) = 0$, 即 f 的确是一个 k-流. □

由于两个取值在 $\mathbb{Z}_k$ 中的环流之和也是一个环流, 所以 $\mathbb{Z}_k$-流通常比 k-流更容易构造 (通过累加若干合适的部分流而得到). 因此, 在确定某个给定图是否包含 k-流时, 定理 6.3.3 可能会非常有用. 在下一节, 我们将会看到很多这样的例子.

尽管定理 6.3.3 可以告诉我们一个给定的多重图是否包含一个 k-流 (假设我们知道关于 $k-1$ 的流多项式的取值), 但它并不能告诉我们这种流的个数. 根据 Kochol 近期得到的结果, 这个数目也是 k 的多项式, 它的上界和下界可以被流多项式对应的值所界定. 详细内容参见本章后面的注解.

6.4　具有较小 k 值的 k-流

平凡地, 一个图有 1-流 (空集) 当且仅当它不含边. 在这一节, 作为简单的例子, 我们会收集若干关于图包含 2-, 3-, 或 4-流的充分条件. 更多例子可在练习中找到.

命题 6.4.1　一个图有 2-流当且仅当它的所有度数为偶数.

证明　根据定理 6.3.3, 图 $G = (V,E)$ 有 2-流当且仅当它有 $\mathbb{Z}_2$-流, 即当且仅当取值为 $\overline{1}$ 的常值映射 $\overrightarrow{E} \to \mathbb{Z}_2$ 满足 (F2), 这一条件成立当且仅当所有度数为偶数. □

在本章余下部分, 若一个图的所有顶点度数为偶数, 我们就称它是**偶的** (even).

命题 6.4.2　一个三正则图有 3-流当且仅当它是二部图.

证明　设 $G = (V,E)$ 是一个三正则图. 我们首先假定 G 有一个 3-流, 因此也有一个 $\mathbb{Z}_3$-流 f. 我们证明 G 中任意一个圈 $C = x_0 \cdots x_\ell x_0$ 的长度为偶数 (参考命题 1.6.1). 考虑 C 上两条连续边, 比如 $e_{i-1} := x_{i-1}x_i$ 和 $e_i := x_i x_{i+1}$. 如果 f 把 C 中的前向边赋相同的值, 即如果 $f(e_{i-1}, x_{i-1}, x_i) = f(e_i, x_i, x_{i+1})$, 那么与 x_i 关联的第三条边的任意非零赋值都不能使 f 在 x_i 满足 (F2). 因此, f 给 C 上的边交错地赋值 $\overline{1}$ 和 $\overline{2}$. 特别地, C 的长度为偶数.

反过来, 令 G 是一个二部图, 其顶点划分为 $\{X,Y\}$. 因为 G 是三正则的, 故对所有的边 $e=xy$ $(x\in X, y\in Y)$, 取 $f(e,x,y):=\overline{1}$ 和 $f(e,y,x):=\overline{2}$ 而定义的映射 $\overrightarrow{E}\to\mathbb{Z}_3$ 是 G 上的 $\mathbb{Z}_3$-流. 那么, 根据定理 6.3.3, G 有一个 3-流. □

完全图 K^n 的流数是多少呢? 对奇数 $n>1$, 由命题 6.4.1 我们有 $\varphi(K^n)=2$. 此外, $\varphi(K^2)=\infty$, $\varphi(K^4)=4$, 这些都可以很容易地由命题 6.4.2 和命题 6.4.5 直接得到. 有趣的是, K^4 是唯一一个流数为 4 的完全图:

命题 6.4.3　对所有偶数 $n>4$, $\varphi(K^n)=3$.

证明　命题 6.4.1 蕴含着对所有偶数 n, $\varphi(K^n)\geqslant 3$. 我们对 n 用归纳法来证明具有偶数 $n>4$ 的图 $G=K^n$ 都有一个 3-流.

作为归纳法的开始, 考虑 $n=6$, 则 G 是三个边不交图 G_1,G_2,G_3 的并, 其中 $G_1,G_2=K^3$ 而 $G_3=K_{3,3}$. 显然, G_1 和 G_2 都有 2-流, 而由命题 6.4.2 知, G_3 有 3-流, 那么这些流的并是 G 上的一个 3-流.

现在令 $n>6$, 并假设结论对 $n-2$ 成立. 显然, G 是 K^{n-2} 和图 $G'=(V',E')$ 的边不交的并, 其中 $G'=\overline{K^{n-2}}*K^2$. 根据归纳假设, K^{n-2} 有 3-流. 由定理 6.3.3, 我们只需要找到 G' 上的一个 $\mathbb{Z}_3$-流即可. 对 $\overline{K^{n-2}}\subseteq G$ 中的每个顶点 z, 令 f_z 是三角形 $zxyz\subseteq G'$ 上的一个 $\mathbb{Z}_3$-流, 其中 $e=xy$ 是 K^2 在 G 中的边. 令 $f:\overrightarrow{E'}\to\mathbb{Z}_3$ 是这些流之和. 显然, 除了 (e,x,y) 和 (e,y,x) 之外, f 处处非零. 若 $f(e,x,y)\neq\overline{0}$, 则 f 即为所需的 G' 上的 $\mathbb{Z}_3$-流; 若 $f(e,x,y)=\overline{0}$, 则 $f+f_z$ (对任意 z) 是 G' 上的 $\mathbb{Z}_3$-流. □

命题 6.4.4　每个 4-边连通图有 4-流.

证明　设 G 是一个 4-边连通图, 由推论 2.4.2, G 有两棵边不交的支撑树 T_i $(i=1,2)$. 对每条边 $e\notin T_i$, 令 $C_{i,e}$ 是包含 e 的关于 T_i 的基本圈, 而 $f_{i,e}$ 是围绕 $C_{i,e}$ 取值 $\overline{i}$ 的 $\mathbb{Z}_4$-流, 更准确地说, 是一个在 $C_{i,e}$ 的边上取值为 $\overline{i}$ 或 $-\overline{i}$, 而在其他边上为零的 $\overrightarrow{E}\to\mathbb{Z}_4$ 环流.

令 $f_1:=\sum_{e\notin T_1}f_{1,e}$. 因为每个 $e\notin T_1$ 位于唯一的圈 $C_{1,e'}$ (即对 $e=e'$) 中, 所以 f_1 在 T_1 之外只取值 $\overline{1}$ 或 $-\overline{1}$ $(=\overline{3})$. 记

$$F:=\{e\in E(T_1)\mid f_1(e)=\overline{0}\},$$

且 $f_2:=\sum_{e\in F}f_{2,e}$. 同上面一样, 对所有 $e\in F$ 有 $f_2(e)=\overline{2}=-\overline{2}$. 那么 $f:=f_1+f_2$ 是两个在 $\mathbb{Z}_4$ 上取值的环流之和, 因此本身也是 $\mathbb{Z}_4$ 上的环流. 此外, f 是处处非零的: 在 F 的边上, 它取值 $\overline{2}$; 在 T_1-F 的边上它与 f_1 取值相同 (因此, 根据 F 的选取, 它是非零的); 而在 T_1 之外的所有边上, 它取值为 $\overline{1}$ 或 $\overline{3}$. 因此, f 是 G 上的 $\mathbb{Z}_4$-流, 根据定理 6.3.3, 论断成立. □

下面的命题描述了一类含 4-流的图, 它可以用包含 2-流的图来刻画. 给定整数 $m,n\geqslant 2$, 我们用 $\mathbb{Z}_m\times\mathbb{Z}_n$ 表示元素为 (a,b), 这里 $a\in\mathbb{Z}_m$ 和 $b\in\mathbb{Z}_n$, 且运算为

$(a,b)+(a',b') := (a+a',b+b')$ 的群.

命题 6.4.5 (i) 一个图有 4-流当且仅当它是两个偶图的并;

(ii) 一个三正则图有 4-流当且仅当它是 3-边可着色的.

证明 由推理 6.3.2 和定理 6.3.3, 一个图有 4-流当且仅当它有 $\mathbb{Z}_2^2$-流, 这里 $\mathbb{Z}_2^2 := \mathbb{Z}_2 \times \mathbb{Z}_2$. 因此结论 (i) 可由命题 6.4.1 直接推得.

(ii) 设 $G=(V,E)$ 是一个三正则图. 我们首先假定 G 有一个 $\mathbb{Z}_2^2$-流 f, 并定义了一个边着色 $E \to \mathbb{Z}_2^2 \setminus \{0\}$. 因为对所有的 $a \in \mathbb{Z}_2^2$, 有 $a=-a$, 所以对每个 $\vec{e} \in \vec{E}$, 有 $f(\vec{e}) = f(\overleftarrow{e})$, 用颜色 $f(\vec{e})$ 给边 e 着色. 如果两条有公共端点 v 的边着色相同, 则 f 在这两条边上的值加起来会为零. 根据 (F2), f 将会给在 v 的第三边赋值为零, 由于这和 f 的定义矛盾, 所以我们的边着色是正确的.

反过来, 因为 $\mathbb{Z}_2^2$ 的三个非零元之和为零, 对所有的 $\vec{e} \in \vec{E}$, 令 $f(\vec{e}) = f(\overleftarrow{e}) = c(e)$, 所以每个 3-边着色 $c: E \to \mathbb{Z}_2^2 \setminus \{0\}$ 都定义了 G 上的一个 $\mathbb{Z}_2^2$-流. □

推论 6.4.6 每个三正则 3-边可着色的图不包含桥. □

6.5 流和着色的对偶性

在这一节, 我们将会看到流与着色之间有着惊人的联系: 平面多重图上的每个 k-顶点着色导出该图对偶上的一个 k-流, 反之亦然. 因此, 对任意图 (不一定是平面的), k-流的研究成为我们所熟悉的平面上的地图着色问题的自然推广.

设 $G=(V,E)$, 而 $G^*=(V^*,E^*)$ 是它的对偶平面多重图 (这意味着 G 和 G^* 都是连通的, 见 4.6 节). 为简单起见, 假设 G 和 G^* 都不含桥或环边, 且都是非平凡的. 对边集 $F \subseteq E$, 我们记

$$F^* := \{e^* \in E^* \mid e \in F\}.$$

反过来, 给定一个子集 E^*, 可以立即将它写成 F^* 的形式, 所以我们通过双射 $e \mapsto e^*$ 来隐含地定义 $F \subseteq E$.

假设给定 G^* 上的一个环流 g, 如何利用 G 和 G^* 之间的对偶关系来从 g 中获得一些有关 G 的信息呢? 所有环流所具有的最一般性质就是命题 6.1.1, 即对所有 $X \subseteq V^*$, $g(X,\overline{X})=0$. 由命题 4.6.1, G^* 中的键 $E^*(X,\overline{X})$ 正好对应于 G 中的圈. 因此, 如果取映射 $e \mapsto e^*$ 和 g 的合成 f, 并将它们在 G 中一个圈边上的值相加, 那么这个和应该也为零. 我们的第一个目标是把这个结果正式地叙述并进行证明.

当然, 技术上还有一个障碍: 因为关于 g 的论证不是在 E^* 中而是在 $\vec{E^*}$ 中, 所以我们不能和上面那样简单地定义 f: 首先得将 $\vec{E}$ 到 $\vec{E^*}$ 的双射 $e \mapsto e^*$ 细化, 即对每个 $\vec{e} \in \vec{E}$ 指定 e^* 的两个方向中的一个, 这将会是第一个引理的目的之所在. 在此之后, 我们要证明 f 在 G 中任意一个圈上的和都为零.

如果 $C = v_0 \cdots v_{\ell-1} v_0$ 是一个圈, 其边为 $e_i = v_i v_{i+1}$ (且 $v_\ell := v_0$), 那么我们称

$$\overrightarrow{C} := \{(e_i, v_i, v_{i+1}) \mid i < \ell\}$$

为**有定向的圈** (cycle with orientation). 注意到, $\overrightarrow{C}$ 的定义依赖于所选取的用来表示 C 的顶点的标号: 每个圈都有两个定向. 当然, 反过来, C 也能从集合 $\overrightarrow{C}$ 重新构造. 因此, 在应用中我们可以自由地使用 C, 尽管严格地讲, 只有当 $\overrightarrow{C}$ 已被定义后才可以这样做.

引理 6.5.1 存在一个从 $\overrightarrow{E}$ 到 $\overrightarrow{E^*}$ 的双射 $^*: \overrightarrow{e} \mapsto \overrightarrow{e}^*$ 具有以下性质:

(i) $\overrightarrow{e}^*$ 的底边总是 e^*, 即 $\overrightarrow{e}^*$ 是 e^* 的两个方向 $\overrightarrow{e^*}$ 和 $\overleftarrow{e^*}$ 中的一个;

(ii) 若 $C \subseteq G$ 是一个圈, $F := E(C)$, 且 $X \subseteq V^*$ 满足 $F^* = E^*(X, \overline{X})$, 则存在 C 的一个定向 $\overrightarrow{C}$ 使得 $\{\overrightarrow{e}^* \mid \overrightarrow{e} \in \overrightarrow{C}\} = \overrightarrow{E^*}(X, \overline{X})$.

引理 6.5.1 的证明并不是完全平凡的: 它建立在所谓的平面**可定向性** (orientability) 的基础上, 我们这里不能把它给出, 但这个引理的结论从直观上看还是可以理解的. 的确, 如果按顺时针方向旋转 e 和它的端点到 e^* (图 6.5.1) 来对边 $e = vw$ 和 $e^* = xy$ 定义赋值 $(e, v, w) \mapsto (e, v, w)^* \in \{(e^*, x, y), (e^*, y, x)\}$, 则得到的映射 $\overrightarrow{e} \mapsto \overrightarrow{e}^*$ 就满足引理中的两个结论.

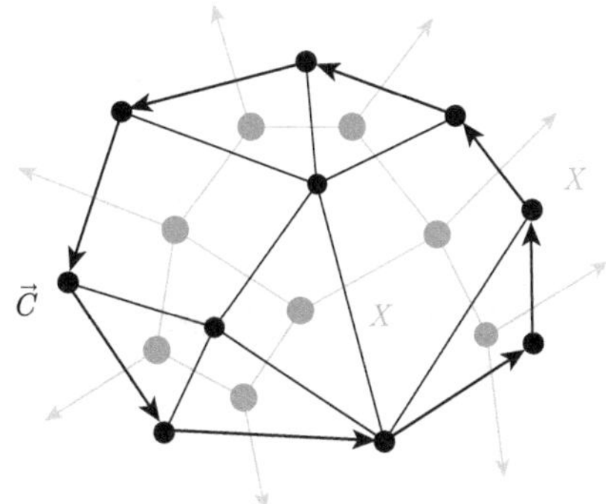

图 6.5.1 定向圈和割的对偶性

考虑引理 6.5.1 中给出的一个固定双射 *, 给定一个阿贝尔群 H, 设 $f : \overrightarrow{E} \to H$ 和 $g : \overrightarrow{E^*} \to H$ 是两个映射, 使得对所有的 $\overrightarrow{e} \in \overrightarrow{E}$, 有

$$f(\overrightarrow{e}) = g(\overrightarrow{e}^*).$$

对 $\overrightarrow{F} \subseteq \overrightarrow{E}$, 令

$$f(\overrightarrow{F}) := \sum_{\overrightarrow{e} \in \overrightarrow{F}} f(\overrightarrow{e}).$$

引理 6.5.2 (i) 映射 g 满足 (F1) 当且仅当 f 满足 (F1);

(ii) 映射 g 是 G^* 的一个环流当且仅当 f 满足 (F1) 且对每个有定向的圈 $\vec{C}$, 有 $f(\vec{C})=0$.

证明 结论 (i) 由引理 6.5.1 (i) 和 $\vec{e} \mapsto \vec{e}^*$ 是双射这一事实可得.

对 (ii) 的必要性部分, 我们假设 g 是 G^* 上的一个环流, 并考虑某个给定定向的圈 $C \subseteq G$. 设 $F := E(C)$, 由命题 4.6.1 知, F^* 是 G^* 中的极小割, 即对某个适当的 $X \subseteq V^*$, 有 $F^* = E^*(X, \overline{X})$. 根据 f 和 g 的定义, 对 C 的两个定向 $\vec{C}$ 中的一个, 由引理 6.5.1 (ii) 和命题 6.1.1 得

$$f(\vec{C}) = \sum_{\vec{e} \in \vec{C}} f(\vec{e}) = \sum_{\vec{d} \in \vec{E^*}(X,\overline{X})} g(\vec{d}) = g(X, \overline{X}) = 0.$$

从而, 根据 $f(\overleftarrow{C}) = -f(\vec{C})$, 对于给定的 C 的定向, 对应的值也一定为零.

对于充分性部分, 根据 (i) 只需证明 g 满足 (F2). 给定 $v \in V^*$, 由引理 1.9.3, 割集 $E^*(v)$ 是键 $D^* = E^*(X, \overline{X})$ 的不交并, 这里我们选取 X 使得 $v \in X$. 因为这些键中的每一条边和 v 关联, 所以对定向边关系 $\vec{E^*}(X, \overline{X}) \subseteq \vec{E^*}(v)$ 也成立.

由命题 4.6.1, 每个集合 $D \subseteq E$ 是 G 中一个圈 C 的边集. 根据引理 6.5.1 (ii), C 有一个定向 $\vec{C}$ 使得

$$\{\vec{e}^* \mid \vec{e} \in \vec{C}\} = \vec{E^*}(X, \overline{X}).$$

因此由 f 和 g 的定义, 有 $g(X, \overline{X}) = f(\vec{C}) = 0$, 从而得到所需的结果

$$g(v, V^*) = \sum_X g(X, \overline{X}) = 0. \qquad \square$$

在引理 6.5.2 的帮助下, 我们现在可以对平面多重图证明着色-流对偶定理. 设 $P = v_0 \cdots v_\ell$ 是一条路, 它的边为 $e_i = v_i v_{i+1} (i < \ell)$, 那么我们记 (取决于 P 上顶点的标号)

$$\vec{P} := \{(e_i, v_i, v_{i+1}) \mid i < \ell\},$$

并称 $\vec{P}$ 是一条 $v_0 \to v_\ell$ **路** ($v_0 \to v_\ell$ path). 同样地, P 可由 $\vec{P}$ 间接地给出.

定理 6.5.3 (Tutte, 1954) 对每个平面多重图 G 和它的对偶 G^*, 有

$$\chi(G) = \varphi(G^*).$$

证明 设 $G =: (V, E)$ 且 $G^* =: (V^*, E^*)$. 对 $|G| \in \{1, 2\}$, 结论容易验证. 因此我们假定 $|G| \geqslant 3$, 并对 G 中桥的个数用归纳法. 若 $e \in G$ 是一个桥, 则 e^* 是一个环边, 且 $G^* - e^*$ 是 G/e 的平面对偶 (为什么呢?). 因此, 根据归纳假设得

$$\chi(G) = \chi(G/e) = \varphi(G^* - e^*) = \varphi(G^*),$$

这里, 由假设 $|G| \geqslant 3$ 以及 G 不只包含 e 这一条边, 我们推出第一个和最后一个等式.

因此, 剩下的工作就是检验归纳的初始情形: 假定 G 没有桥. 如果 G 包含环边, 则 G^* 包含桥, 根据惯例, $\chi(G) = \infty = \varphi(G^*)$. 所以可以假定 G 不包含环边, 那么 $\chi(G)$ 是有限的, 我们将证明对给定的 $k \geqslant 2$, G 是 k-可着色的当且仅当 G^* 有 k-流. 由于 G (因此 G^* 也一样) 既不包含环边也不包含桥, 我们可以对 G 和 G^* 运用引理 6.5.1 和引理 6.5.2. 设 $\vec{e} \mapsto \vec{e}^*$ 是由引理 6.5.1 得到的 $\vec{E}$ 和 $\vec{E^*}$ 之间的双射.

首先假定 G^* 有 k-流, 则 G^* 也包含一个 $\mathbb{Z}_k$-流 g. 同前面一样, 设 $f : \vec{E} \to \mathbb{Z}_k$ 是由 $f(\vec{e}) := g(\vec{e}^*)$ 定义的, 我们将利用 f 来定义 G 的一个顶点着色 $c : V \to \mathbb{Z}_k$.

设 T 是 G 的一棵根为 r 的正规支撑树. 令 $c(r) := \bar{0}$, 对其他顶点 $v \in V$, 令 $c(v) := f(\vec{P})$, 这里 $\vec{P}$ 是 T 中的 $r \to v$ 路. 为了验证这是一个正常着色, 考虑边 $e = vw \in E$, 因为 T 是正规的, 我们可以假定在 T 的树序中 $v < w$. 如果 e 是 T 中的一条边, 则根据 c 的定义, 有 $c(w) - c(v) = f(e, v, w)$, 由于 g (因此 f) 是处处非零的, 所以 $c(v) \neq c(w)$. 如果 $e \notin T$, 让 $\vec{P}$ 表示 T 中的 $v \to w$ 路, 根据引理 6.5.2 (ii) 有

$$c(w) - c(v) = f(\vec{P}) = -f(e, w, v) \neq \bar{0}.$$

反过来, 我们假设 G 有一个 k-着色 c. 用

$$f(e, v, w) := c(w) - c(v)$$

来定义 $f : \vec{E} \to \mathbb{Z}$, 并用 $g(\vec{e}^*) := f(\vec{e})$ 来定义 $g : \vec{E}^* \to \mathbb{Z}$. 显然, f 满足 (F1) 且取值于 $\{\pm 1, \cdots, \pm(k-1)\}$, 因此, 根据引理 6.5.2 (i), 相同的结论对 g 也成立. 由 f 的定义, 对每个有定向的圈 $\vec{C}$ 进一步地有 $f(\vec{C}) = 0$. 所以根据引理 6.5.2 (ii), g 是一个 k-流. □

6.6 Tutte 的流猜想

我们如何确定一个图的流数呢? 更准确地说, 是否每个 (无桥) 图都有一个流数, 即对某个 k, 存在一个 k-流呢? 流数是否如色数一样可以任意大呢? 对给定 k, 我们能否刻画具有 k-流的图呢?

对这四个问题, 在这一节将回答第二个和第三个: 我们证明每个无桥图都有一个 6-流. 特别地, 一个图有流数当且仅当它不包含桥. 关于刻画有 k-流的图这一问题, 对 $k = 3, 4, 5$ 仍然没有解决, 它的部分答案在下面三个 Tutte 猜想中有所提示, Tutte 是研究图上代数流理论的创始人.

最早且最著名的 Tutte 猜想是他的 **5-流猜想**(5-flow conjecture):

五流猜想(Tutte 1954) *每个无桥的多重图包含 5-流.*

哪些图有 4-流呢? 根据命题 6.4.4, 4-边连通图是其中一个. 另一方面, Petersen 图 (图 6.6.1) 就是一个无桥, 也不含 4-流的例子: 因为它是三正则的但不是 3-边可着色的, 根据命题 6.4.5 (ii), 它不可能有 4-流.

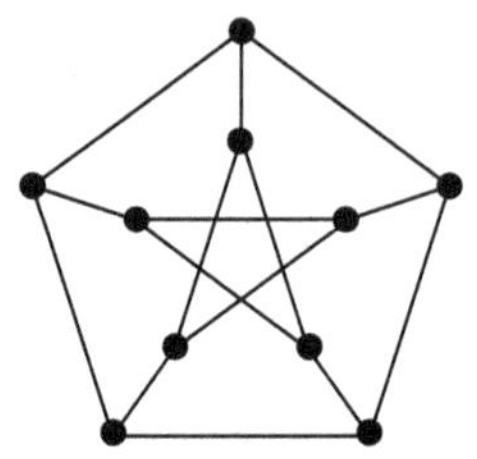

图 6.6.1 Petersen 图

Tutte 的 **4-流猜想** (4-flow conjecture) 指出: Petersen 图一定会出现在每个不含 4-流的图中.

四流猜想(Tutte 1966) *每个不包含 Petersen 图作为子式的无桥多重图包含 4-流.*

根据命题 1.7.3, 在 4-流猜想中我们可以用"拓扑子式"代替"子式".

即使 4-流猜想成立, 也不是最好的结果: 比如 K^{11} 包含 Petersen 图作为子式但却包含 4-流, 甚至 2-流. 对较稀疏的图, 这个猜想会显得更自然; 对三正则图的证明由 Robertson, Sanders, Seymour 和 Thomas 在 1998 年公布.

不包含 4-流 (等价地, 不包含 3-边着色) 的三正则无桥图或多重图被称为一个**斯纳克** (snark). 三正则图的 4-流猜想表明, 每个斯纳克包含 Petersen 图作为子式, 在这个意义下, Petersen 图因此被证明是最小的斯纳克. 斯纳克组成了四色定理和 5-流猜想最难的核心部分: 四色定理等价于每个斯纳克都不是平面的这一命题 (留作练习), 并且不难将 5-流猜想转化为斯纳克的情形.[6] 然而, 尽管斯纳克组成了一个非常特别的图族, 但是前面所提到的每个问题却没有因为这一转化而变得更容易.[7]

三流猜想(Tutte, 1972) *每个不包含由恰好一条边或三条边所构成的割的多重图包含 3-流.*

同样地, 3-流猜想也不是最好可能的: 很容易构造一个包含三边割且有 3-流的图 (作为练习).

6 同样的情形也适用于著名的**双圈覆盖猜想** (cycle double cover conjecture), 见练习 17.

7 斯纳克的难以琢磨很早以前就被数学家们所熟悉, 见 Lewis Carroll, *The hunting of the Snark*, Macmillan, 1876.

由对偶定理 (6.5.3), 对平面图, 所有三个流猜想都是正确的, 因此它也启发了我们把 3-流猜想转化为 Grötzsch 定理 (5.1.3), 把 4-流猜想转化为四色定理 (因为 Petersen 图不是可平面的, 所以它不是一个可平面图的子式), 把 5-流猜想转化为五色定理.

在本节末, 我们以这一章的主要结果来结束:

定理 6.6.1 (Seymour, 1981) 每个无桥图都包含 6-流.

证明 设 $G=(V,E)$ 是一个无桥图. 因为 G 的连通分支上的 6-流可累加成 G 上的 6-流, 所以我们可假定 G 是连通的, 由于 G 不包含桥, 故它是 2-边连通的. 注意到, 在 2-边连通图中, 任意两个顶点都位于某个偶连通子图中, 例如, 由 Menger 定理 (3.3.6 (ii)) 知, 连接两个顶点的两条边不交的路的并就是这样一个偶连通子图. 我们将反复运用这一事实.

我们将构造 G 的一个互不相交的偶连通子图的序列 $H_0,\cdots,H_n$ 以及它们之间的非空边集序列 $F_1,\cdots,F_n$. 每个集合 F_i 只包含 H_i 和 $H_0\cup\cdots\cup H_{i-1}$ 之间的一条或两条边. 我们记 $H_i=:(V_i,E_i)$,

$$H^i:=(H_0\cup\cdots\cup H_i)+(F_1\cup\cdots\cup F_i)$$

且 $H^i=:(V^i,E^i)$. 注意到, 每个 $H^i=(H^{i-1}\cup H_i)+F_i$ 是连通的 (对 i 用归纳法). 由命题 6.4.1 (或直接由命题 1.2.1) 知, H_i 是偶的这一假设蕴含着 H_i 不包含桥.

我们在 G 中选取任意一个 K^1 作为 H_0. 现在假设对某个 $i>0$, $H_0,\cdots,H_{i-1}$ 和 $F_1,\cdots,F_{i-1}$ 都已经定义. 如果 $V^{i-1}=V$, 就终止构造并令 $i-1=:n$, 否则, 我们令 $X_i\subseteq\overline{V^{i-1}}$ 是满足 $X_i\neq\varnothing$ 和

$$|E(X_i,\overline{V^{i-1}}\setminus X_i)|\leqslant 1 \tag{1}$$

的极小集 (图 6.6.2), 这样的 X_i 的确存在, 这是因为 $\overline{V^{i-1}}$ 就是一个这样的集合. 由于 G 是 2-边连通的, (1) 意味着 $E(X_i,V^{i-1})\neq\varnothing$. 由 X_i 的极小性, 图 $G[X_i]$ 是连通的且不包含桥, 即它是 2-边连通的或是 K^1. 从 $E(X_i,V^{i-1})$ 中选取一条或两条边作为 F_i 的元素 (若有可能选两条的话, 就选两条). 选取包含 F_i 中边在 X_i 中的端点的 $G[X_i]$ 的任意偶连通子图作为 H_i.

当构造完成时, 我们设 $H^n=:H$ 且 $E':=E\setminus E(H)$. 根据 n 的定义, H 是 G 的一个连通支撑子图.

用"逆向"归纳法, 我们定义 G 上一个取值于 $\mathbb{Z}_3$ 的环流序列 $f_n,\cdots,f_0$. 对每条边 $e\in E'$, 设 $\overrightarrow{C_e}$ 是 $H+e$ 中包含 e 的一个 (有定向的) 圈, 而 f_e 是沿着 $\overrightarrow{C_e}$ 的一个具有正值的流. 准确地说, 设 f_e 是 G 上的一个环流 $\overrightarrow{E}\to\mathbb{Z}_3$ 使得 $f_e^{-1}(\overline{0})=\overrightarrow{E}\setminus(\overrightarrow{C_e}\cup\overleftarrow{C_e})$. 设 f_n 是所有这些 f_e 之和. 由于每个 $e'\in E'$ 位于恰好一个圈 C_e 上 (换言之, 在 $C_{e'}$ 上), 因此对所有 $\vec{e}\in\overrightarrow{E'}$, 有 $f_n(\vec{e})\neq\overline{0}$.

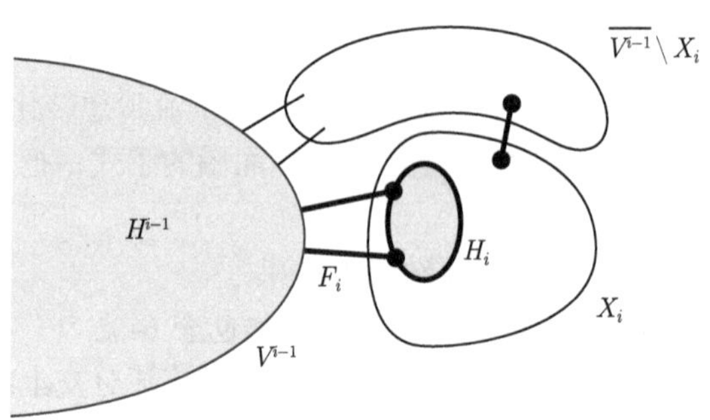

图 6.6.2　构造 H_i 和 F_i

现在假设对某个 $i \leqslant n$, 环流 $f_n, \cdots, f_i$ 已定义, 且对所有 $\overrightarrow{e} \in \overrightarrow{E'} \cup \bigcup_{j>i} \overrightarrow{F_j}$ 有

$$f_i(\overrightarrow{e}) \neq \overline{0}, \tag{2}$$

其中 $\overrightarrow{F_j} := \{\overrightarrow{e} \in \overrightarrow{E} \mid e \in F_j\}$. 我们的目的是定义 f_{i-1} 使得 (2) 对 $i-1$ 也成立.

首先考虑 $|F_i| = 1$ 的情形, 不妨设 $F_i = \{e\}$, 那么我们令 $f_{i-1} := f_i$, 因此需要证明 f_i 在 e (的两个定向) 上是非零的. 根据 F_i 的选取, $|F_i| = 1$ 的假设意味着, 除了 e 之外, G 不包含任何其他 X_i-V^{i-1} 边. 由于 G 是 2-边连通的, 因此它至少包含 X_i 与 $\overline{V^{i-1}} \setminus X_i$ 之间的一条边 e'. 进一步地, 由 (1), 恰好只有一条这样的边. 我们证明 f_i 在 e' 上是非零的. 因为 $\{e, e'\}$ 是 G 中的一个割, 由命题 6.1.1, 这意味着 f_i 在 e 上也是非零的.

要证明 f_i 在 e' 上是非零的, 我们利用 (2) 证明 $e' \in E' \cup \bigcup_{j>i} F_j$, 即 e' 不包含在任何 H_k 或 $j \leqslant i$ 的 F_j 中. 由于 e' 的两个端点均在 $\overline{V^{i-1}}$ 中, 它显然不会位于任何 $j \leqslant i$ 的 F_j 中以及任何 $k < i$ 的 H_k 中. 但是每个满足 $k \geqslant i$ 的 H_k 都是 $G[\overline{V^{i-1}}]$ 的子图. 由于 e' 是 $G[\overline{V^{i-1}}]$ 的桥而 H_k 不包含桥, 这意味着 $e' \notin H_k$. 因此, f_{i-1} 在所考虑的情形中对 $i-1$ 的确满足 (2).

剩下的就是考虑 $|F_i| = 2$ 的情形, 不妨设 $F_i = \{e_1, e_2\}$. 由于 H_i 和 H^{i-1} 均是连通的, 我们可以找到 $H^i = (H_i \cup H^{i-1}) + F_i$ 中包含 e_1, e_2 的一个圈 C. 如果 f_i 在这两条边上均非零, 我们再次令 $f_{i-1} := f_i$. 否则, 不失一般性, 存在 e_1 和 e_2 的定向 $\overrightarrow{e_1}$ 和 $\overrightarrow{e_1}$ 使得 $f_i(\overrightarrow{e_1}) = \overline{0}$ 且 $f_i(\overrightarrow{e_2}) \in \{\overline{0}, \overline{1}\}$. 设 $\overrightarrow{C}$ 是 C 的定向使得 $\overrightarrow{e_2} \in \overrightarrow{C}$, 令 g 是沿着 $\overrightarrow{C}$ 取值 $\overline{1}$ 的流 (准确地说, 令 $g : \overrightarrow{E} \to \mathbb{Z}_3$ 是 G 上的一个环流使得 $g(\overrightarrow{e_2}) = \overline{1}$ 且 $g^{-1}(\overline{0}) = \overrightarrow{E} \setminus (\overrightarrow{C} \cup \overleftarrow{C})$). 然后令 $f_{i-1} := f_i + g$. 根据 $\overrightarrow{e_1}$ 和 $\overrightarrow{e_2}$ 定向的选取, f_{i-1} 在两条边上都是非零的. 由于在所有 $\overrightarrow{E'} \cup \bigcup_{j>i} \overrightarrow{F_j}$ 的边上 f_{i-1} 与 f_i 取值相同且 (2) 对 i 成立, 因此 (2) 对 $i-1$ 也成立.

最后, f_0 成为 G 上取值于 $\mathbb{Z}_3$ 的环流, 且除了可能在 $H_0 \cup \cdots \cup H_n$ 上为零外, 在其他边上处处非零. 然而根据命题 6.4.1, $H_0 \cup \cdots \cup H_n$ 有 $\mathbb{Z}_2$-流, 所以一起形成了 G 的一个 $(\mathbb{Z}_3 \times \mathbb{Z}_2)$-流. 由推论 6.3.2 和定理 6.3.3 知, G 包含 6-流. □

练　　习

1.$^-$　对 $|S|$ 用归纳证明命题 6.2.1.

2.　(i)$^-$ 给定 $n \in \mathbb{N}$, 给下面的网络寻找一个容量函数, 使得在最大流最小割定理的证明中得到的算法, 如果这些增广路的选取不理想的话, 需要多于 n 条增广路 W.

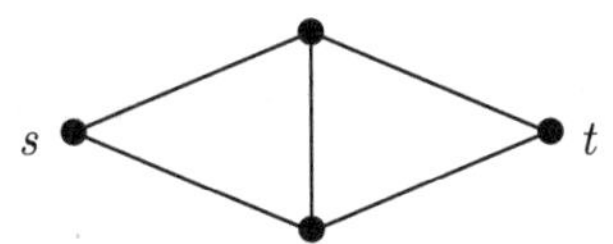

(ii)$^+$ 证明: 如果选取所有增广路尽可能短, 那么所需增广路的个数被这个网络节点个数的函数所限定.

3.$^+$　由最大流最小割定理推导 Menger 定理 (3.3.5).

(提示：边的形式容易证明. 对于顶点的形式, 构造一个适当的辅助图, 然后应用边的形式.)

4.$^-$　令 $f : \overrightarrow{E} \to H$ 是 G 上的一个环流, 且 $g : H \to H'$ 是一个群同态. 证明：$g \circ f$ 是 G 上的环流. 如果 f 是一个 H-流, 那么 $g \circ f$ 是一个 H'-流吗?

5.　把图上取值于 $\mathbb{Z}_2$ 的环流所组成的群看成 $\mathbb{Z}_2$ 上的向量空间, 找到 1.9 节中的一个空间与这个空间之间的一个同构, 并给出这个显式同构.

6.　设 H 是一个可交换群, $G = (V, E)$ 是一个连通图, 且 T 是一棵支撑树, f 是从 $E \setminus E(T)$ 的边定向到 H 的一个映射并满足 (F1), 证明 f 可以唯一地推广到 G 的在 H 中取值的环流上.

7.　(继续)

设 $\mathcal{V}_H = \mathcal{V}_H(G)$ 是所有 $V \to H$ 映射所组成的群, 而 $\mathcal{E}_H = \mathcal{E}_H(G)$ 是所有满足 (F1) 的 $\overrightarrow{E} \to H$ 映射所组成的群, 两个群都使用逐点加法. 每个 $\varphi \in \mathcal{V}_H$ 通过 $\psi(e, x, y) := \varphi(y) - \varphi(x)$ 来定义 $\psi \in \mathcal{E}_H$.

(i) 证明：这些 ψ 组成 $\mathcal{E}_H$ 的一个子群 $\mathcal{B}_H = \mathcal{B}(G)$ 并且满足 $\mathcal{B}_H = \{\psi \in \mathcal{E}_H \mid$ 对每个定向圈 $C \subseteq G$, 有 $\psi(\overrightarrow{C}) = 0\}$, 这里 $\psi(\overrightarrow{C}) := \sum_{\overrightarrow{e} \in \overrightarrow{C}} \psi(\overrightarrow{e})$.

(ii) 证明：每个满足 (F1) 的 $\overrightarrow{E} \to H$ 映射可以唯一地推广成 $\mathcal{B}_H$ 的一个映射.

8.$^+$　(继续)

设 $\mathcal{C}_H$ 是 G 上取值于 H 的所有环流所组成的群.

(i) 证明：$\mathcal{E}_H / \mathcal{B}_H$ 同构于 $\mathcal{C}_H$.

(ii) 证明：$\mathcal{E}_H / \mathcal{C}_H$ 同构于 $\mathcal{B}_H$.

9.$^-$　给定 $k \geqslant 1$, 证明一个图包含 k-流当且仅当它的每个块包含 k-流.

10.$^-$　对任意一个多重图 G 和 G 的一条边 e, 证明 $\varphi(G/e) \leqslant \varphi(G)$. 这是否意味着, 对每个 k, 所有具有 k-流的多重图类在子式意义下是封闭的呢?

11.$^-$　不利用书上的结果, 直接计算 K^4 的流数.

对下面三个练习, 不使用六流定理 (6.6.1).

12. 证明: 对每个无桥多重图 G, 有 $\varphi(G) < \infty$.

13. 设 G 是一个有 n 个顶点和 m 条边的无桥连通图. 通过考虑 G 的一棵正规支撑树来证明 $\varphi(G) \leqslant m - n + 2$.

14. 假设图 G 有 m 棵支撑树, 使得 G 中没有一条边位于所有这些支撑树中. 证明 $\varphi(G) \leqslant 2^m$.

15. 证明: 每个 4-边连通的图有 4-流.

16. 证明每个具有哈密顿圈的图包含 4-流. (G 的一个**哈密顿圈** (Hamilton cycle) 是 G 中一个包含所有顶点的圈.)

17. 给定图 G 的一族子图 (不一定两两不同), 如果 G 中每条边恰好位于其中两个子图中, 就称这个子图族是 G 的一个**双覆盖** (double cover). **双圈覆盖猜想** (cycle double cover conjecture) 指出: 每个无桥多重图都有一个双圈覆盖. 对包含 4-流的图证明该猜想成立.

18.$^-$ 确定 $C^5 * K^1$ (即包含 5 根辐条的轮子) 的流数.

19. 找到一个无桥图 G 和 $H = G - e$ 使得 $2 < \varphi(G) < \varphi(H)$.

20. 不使用定理 6.3.3 证明命题 6.4.1.

21.$^+$ 证明: 一个平面三角剖分图是 3-可着色的当且仅当它的所有顶点度均是偶数.

22. 证明: 对平面多重图来说, 三流猜想等价于 Grötzsch 定理 (5.1.3).

23. (i)$^-$ 证明四色定理和平面斯纳克的不存在性是等价的, 即每个无桥三正则平面多重图包含 4-流.

    (ii) 在 (i) 中的“无桥”能否换成“3-连通”呢?

24.$^+$ 证明图 $G = (V, E)$ 有一个 k-流当且仅当它具有一个定向 D, 使得对每个 $X \subseteq V$, 该定向在 $E(X, \overline{X})$ 中至少有 $1/k$ 的边从 X 指向 $\overline{X}$.

25.$^-$ 将 6-流定理 (6.6.1) 推广到多重图.

注　解

网络流理论是图论的一个应用, 在过去几十年中, 它对图论的发展产生了重大而持久的影响. Menger 定理可以容易地从最大流最小割定理 (练习 3) 推出, 正如这个事实所显示的那样, 图与网络之间的相互作用可以向两个不同的方向发展: 在连通性、匹配和随机图这些分支中的“纯粹”结果在网络流中得到应用的同时, 网络流的直观性也促进了证明技巧的发展, 而这又反过来推动了理论上的进步.

网络流方面的经典参考书是 L. R. Ford and D. R. Fulkerson, *Flows in Networks*, Princeton University Press, 1962. 更新且更综合的著作见 R. K. Ahuja, T. L. Magnanti and J. B. Orlin, *Network Flows*, Prentice-Hall, 1993, 以及*Handbook of Combinatorics* (R. L. Graham, M. Grötschel and L. Lovász, eds), North-Holland, 1995 中 A. Frank 所撰写的章节, 并且 A. Schrijver, *Combinatorial Optimization*, Springer,

2003. 图论算法的初等介绍见 A. Gibbons, *Algorithmic Graph Theory*, Cambridge University Press, 1985.

如果把最大流问题重新叙述成线性规划的形式, 就能从线性规划对偶理论得到最大流最小割定理, 见 A. Schrijver, *Theory of Integer and Linear Programming*, Wiley, 1986.

群上的流和 k-流的更多代数理论主要由 Tutte 发展起来, 他在其专著 W. T. Tutte, *Graph Theory*, Addison-Wesley, 1984 中给出了全面的介绍. 多重图中 k-流的个数是 k 的多项式, 而这个值被流多项式的相应的值所界定, 这一事实由 M. Kochol, *Polynomials associated with nowhere-zero*[8] *lows*, J. Combin. Theory B 84 (2002), 260-269 给出.

Tutte 的流猜想在 F. Jaeger 的综述文章 *Nowhere-zero flow problems*, in (L. W. Beineke and R. J. Wilson, eds.) *Selected Topics in Graph Theory 3*, Academic Press, 1988 中有所阐述. 对流猜想, 还可参考 T. R. Jensen and B. Toft, *Graph Coloring Problems*, Wiley, 1995. Seymour 的六流定理的证明出自 P. D. Seymour, *Nowhere-zero 6-flows*, J. Combin. Theory B 30 (1981), 130-135. 这篇文章也指出了 Tutte 的五流猜想可以如何转化为斯纳克. 在 1998 年, Robertson, Sanders, Seymour 和 Thomas 宣布解决了三正则图的四流猜想, 但证明还没有完全写完. C. Thomassen, *The weak 3-flow conjecture and the weak circular flow conjecture*, J. Comb. Theory B 102 (2012), 521-529 证明了每个具有充分大边连通度 k 的图有 3-流. Thomassen 的证明蕴含着 $k=8$, 后来被改进成 $k=6$.

最后, Tutte 还发现了与图相关的 2-变量多项式, 这是色多项式和流多项式的推广, 但我们对这个所谓的 **Tutte 多项式** (Tutte polynomial) 知之甚少, 犹如冰山之一角: 它与多个领域, 比如纽结理论以及统计物理, 有着深刻的联系, 但还远远没有被完全了解, 见 D. J. A. Welsh, *Complexity: Knots, Colourings and Counting* (LMS Lecture Notes 186), Cambridge University Press, 1993.

---

8 在文献中, 经常使用的术语"流"正是我们这里的"环流", 也就是说, 除非特别指出, 流不需要是处处非零的.

第7章 极值图论

本章我们研究图的整体参数 (如边密度或色数) 对局部结构的影响. 例如, 对给定的整数 r, 多少条边可以保证 n 个顶点的图无论边怎么放置都必须包含一个 K^r 子图? 多少条边可以保证至少包含一个 K^r 子式? 是否充分大的平均度或者色数可以保证其中一个子结构出现?

这种类型的问题是图论中非常自然的问题, 已经得到了一些深刻且有趣的结果. 这类问题统称为**极值图论** (extremal graph theory).

极图问题从这种意义上说自然地分为下面两类: 如果寻找图的整体条件来确保一个图 G 包含某个图 H 作为它的子式 (或者拓扑子式), 那么我们只需把 $\|G\|$ 提高到 $|G|$ 的某个线性函数值之上, 即使得 $\varepsilon(G)$ 足够大. 到底 ε 的值需要多大才能够确保想要的子式或者拓扑子式的存在, 这将是 7.2 节讨论的主题. 如果一个图的边数是它的顶点数的线性函数, 那么称这个图是**稀疏的** (sparse)[1], 因此 7.2 节将致力于"稀疏极值图论".

确保 H 子式存在的一个特别有趣的方式是假设 $\chi(G)$ 是大的. 回忆一下, 如果 $\chi(G) \geqslant k+1$, 那么 G 包含一个子图 G' 满足 $2\varepsilon(G') \geqslant \delta(G') \geqslant k$ (引理 5.2.3). 现在的问题是大的 χ 是否只能通过 ε 间接地影响 H 子式的存在, 或者是否 $\chi \geqslant k+1$ 这一假设可以迫使图包含比假设 $2\varepsilon \geqslant k$ 更大的子式. 在 7.3 节中我们将看到 Hadwiger 猜想, 它断言 χ 有这样的特性. 这个猜想可以看作四色定理的推广, 也被很多学者认为是图论中最具挑战性的公开问题.

另一方面, 给定图 H, 如果要问什么样的整体条件可以蕴含子图 H 的存在性, 那么提高不变量 ε 或者 χ 的值并没有什么帮助, 更不用说第 1 章中所讨论的其他不变量, 这是因为只要 H 包含圈, 就存在具有任意大色数的图不包含 H 作为子图 (定理 5.2.5). 实际上, 除非 H 是二部图, 如果函数 f 使得具有 $f(n)$ 条边和 n 个顶点的图一定包含一个子图 H, 那么 f 必须是随着 n 二次增长的 (为什么?).

边数是它的顶点数的二次函数的图叫做**稠密图** (dense graph); 图 G 实际包含的边数和潜在边数的比值 $\|G\| \Big/ \dbinom{|G|}{2}$ 叫做 G 的**边稠密度** (edge density). 究竟需要多大的边稠密度才可以迫使图包含某个给定子图这一问题是极图问题的原型, 这是本章的第一个主题 (7.1 节). 试图总结"稠密极值图论"这一广泛研究领域, 不如把精力集中在最重要的两个结果: 我们首先证明 Turán 的关于 $H = K^r$ 的经典极

---

1 严格地说, 稀疏或稠密的概念只对一族阶趋向无穷的图所定义, 而不是对一个具体图定义.

值图论定理——这个结果作为一个范例启发了无数关于其他图 H 的类似定理; 然后陈述 Erdős-Stone 的重要定理, 它一次性地给出了关于所有 H 的准确渐近信息.

尽管 Erdős-Stone 定理可以用初等方法证明, 但是我们将利用证明这个定理的机会来展示一个强大的现代证明技巧, 即 Szemerédi **正则性引理**, 近年来它已经极大地改变了极值图论的研究, 我们会在 7.4 节叙述和证明这个引理. 在 7.5 节, 我们总结了一下应用正则性引理的一般方法, 并对 Erdős-Stone 定理的证明进行演示. 正则性引理的另外一个应用在 9.2 节中给出.

7.1 子　图

设 H 是一个图且 $|H| \geqslant n$. 需要多少条边, 使得无论如何放置这些边, 所得到的 n 个顶点的图都包含子图 H? 或者问题可以重新表述为: 一个 n 个顶点的图, 如果它不包含 H 作为子图, 那么它最多可能的边数是多少呢? 这样的图的外部特征是怎么样呢? 这样的图会是唯一的吗?

n 个顶点的图 $G \not\supseteq H$, 如果它包含最多可能的边数, 就称它关于 n 和 H 是**极值的** (extremal), 它的边数记作 $\mathrm{ex}(n, H)$. 显然, 任何关于某个 n 和 H 是极值的图 G, 也是关于 $H \not\subseteq G$ 边极大的. 反过来, 边极大性并不蕴含极值性: G 完全可能是关于 $H \not\subseteq G$ 边极大的, 然而边数却少于 $\mathrm{ex}(n, H)$ (图 7.1.1).

图 7.1.1　两个关于 $P^3 \not\subseteq G$ 边极大的图, 右边的图是极值的吗?

作为一种特殊情形, 我们考虑 $H = K^r$ $(r > 1)$ 时的问题. 经过短暂的思考, 我们就可以想到作为极值图的明显选择: 所有的 $(r-1)$-部完全图是不包含 K^r 的边极大图, 但是在这些图中, 边数最多的是哪一个呢? 显然, 是那些划分集的阶尽可能接近的图, 即它们每部分的元素个数相差至多为 1: 如果 V_1, V_2 是两个划分集并满足 $|V_1| - |V_2| \geqslant 2$, 则我们可以通过从 V_1 中移动一个顶点到 V_2 中来增加 $(r-1)$-部完全图的边数.

唯一的具有 $n \geqslant r-1$ 个顶点的 $(r-1)$-部完全图, 使得它的划分集之间大小差别至多为 1 的图, 我们称它为 **Turán 图** (Turán graph), 并用 $T^{r-1}(n)$ 来表示它, 用 $t_{r-1}(n)$ 来表示它的边数 (图 7.1.2). 对于 $n < r-1$, 形式上将继续使用这些定义, 但和以往的术语不同的是, 我们将允许划分集为空. 显然, 对所有的 $n \leqslant r-1$ 有 $T^{r-1}(n) = K^n$.

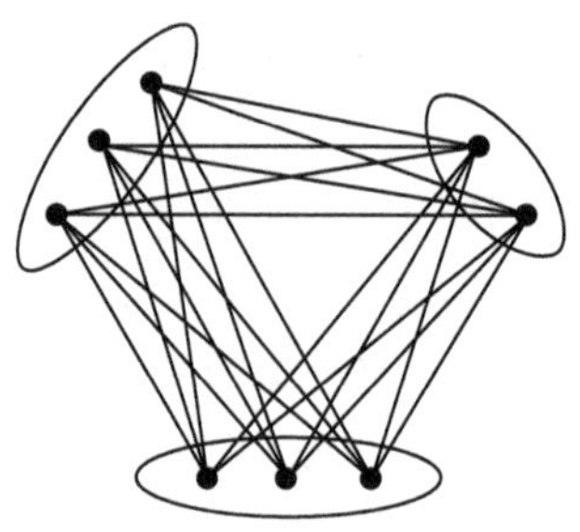

图 7.1.2　Turán 图 $T^3(8)$

下面的定理表明 $T^{r-1}(n)$ 关于 n 和 K^r 确实是极值的, 而且是唯一的. 特别地, $\mathrm{ex}(n, K^r) = t_{r-1}(n)$.

定理 7.1.1 (Turán, 1941)　对所有整数 r, n 且 $r > 1$, 每个顶点数为 n 且边数为 $\mathrm{ex}(n, K^r)$ 的图 $G \not\supseteq K^r$ 是 $T^{r-1}(n)$.

我们给出两个证明, 一个使用归纳法, 而另一个则使用一个简短而直接的局部论证.

第一个证明　我们对 n 用归纳法. 当 $n \leqslant r-1$ 时, 有 $G = K^n = T^{r-1}(n)$. 在归纳步骤中, 令 $n \geqslant r$.

因为 G 是一个不包含子图 K^r 的边极大图, 所以 G 有一个子图 $K = K^{r-1}$. 由归纳假设, $G - K$ 至多有 $t_{r-1}(n-r+1)$ 条边, 且 $G - K$ 的每个顶点在 K 中至多有 $r-2$ 个邻点. 因此,

$$\|G\| \leqslant t_{r-1}(n-r+1) + (n-r+1)(r-2) + \binom{r-1}{2} = t_{r-1}(n), \tag{1}$$

右边的等式可由 Turán 图 $T^{r-1}(n)$ 得到 (图 7.1.3).

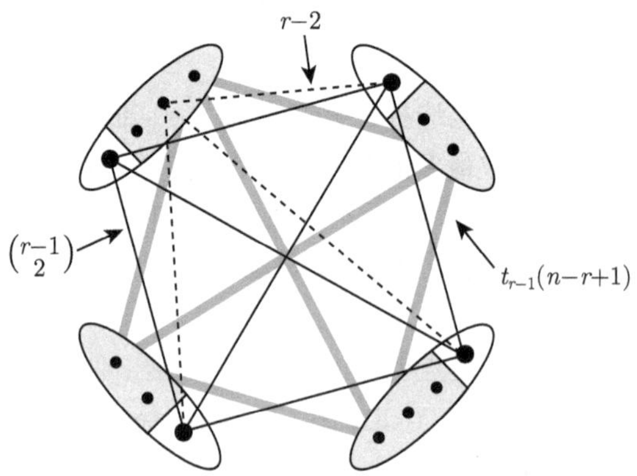

图 7.1.3　对于 $r = 5$ 和 $n = 14$, (1) 中的等式

因为关于 K^r 图 G 是极值的 (并且 $T^{r-1}(n) \not\supseteq K^r$), 所以我们在 (1) 中取等式. 因此 $G-K$ 中每个顶点在 K 中恰好有 $r-2$ 个邻点——正如 K 中的顶点 $x_1,\cdots,x_{r-1}$ 那样. 对每个 $i=1,\cdots,r-1$, 令

$$V_i := \{v \in V(G) \mid vx_i \notin E(G)\}$$

是 G 在 K 中有 $r-2$ 个邻点, 但这些邻点不包括 x_i 的所有顶点的集合. 因为 $K^r \not\subseteq G$, 所以每个集合 V_i 是独立的, 并且它们划分 $V(G)$. 因此, G 是 $(r-1)$-部的. 因为 $T^{r-1}(n)$ 是唯一的有 n 个顶点且边数最多的 $(r-1)$-部图, 由 G 的极值性假设得到 $G=T^{r-1}(n)$. □

在以上 Turán 定理的证明中, 推导的过程写得很紧凑, 技巧性很强, 看起来有点神奇. 然而, 仔细地观察一下, 就可以看出它是怎样从一开始的想法自然地进化而来的: 为了在 G 中确定 $T^{r-1}(n)$ 结构, 我们使用子图 $K \simeq K^{r-1}$ 作为它的种子. 一旦固定了 K, 我们思考 G 的余下部分怎样和 K 连接, 然后注意到对每个 $v \in G-K$ 存在一个顶点 $x \in K$ 使得 $vx \notin E(G)$. 下一步, 看看 $G-K$ 的内部结构, 由归纳假设, 我们知道它的最多可能的边数是 $t_{r-1}(n-r+1)$, 而且只有当 $G-K \simeq T^{r-1}(n-r+1)$ 时才能达到. 但是, 我们并不知道 $G-K$ 确实有这么多条边: 事实上, 我们只知道 G (不一定是 $G-K$) 在不包含 K^r 子图的条件下具有尽可能多的边, 让 $G-K$ 拥有一个 $T^{r-1}(n-r+1)$ 结构可能妨碍我们得到 $G-K$ 和 K 之间我们所期待的边数. 事实上, 这个冲突并不会发生. 因为, 如果通过扩充 K 的 $r-1$ 顶点作为 $T^{r-1}(n)$ 的 $r-1$ 个顶点族来构造图 G, 那么我们可以让 $G-K$ 拥有这个结构的同时拥有 $G-K$ 和 K 之间的理论最大边数 (所有的边, 除了前面提到的必须不连接的顶点对 $\{v,x\}$). 由于这是唯一可以保证两个要求同时成立的方法, 所以 $T^{r-1}(n)$ 是 n 个顶点不包含 K^r 的唯一极图.

在 Turán 定理的第二个证明中, 我们将使用一个称为**顶点复制** (vertex duplication) 的运算. **复制** (duplicate) 一个顶点 $v \in G$, 是指在 G 上添加一个新顶点 v', 并且将它只和 v 的邻点相连 (但不和 v 本身相连).

第二个证明 我们已经看到, 在所有 n 个顶点的 k-部完全图中, Turán 图 $T^k(n)$ 的边数最多, 并且它们的度数表明 $T^{r-1}(n)$ 比任何 $T^k(n)$ (这里 $k<r-1$) 的边数要多, 所以只需证明 G 是完全多部图即可.

如果 G 不是完全多部图, 那么非邻接性不是 $V(G)$ 上的一个等价关系, 于是存在顶点 y_1, x, y_2 使得 y_1x, $xy_2 \notin E(G)$, 但是 $y_1y_2 \in E(G)$. 如果 $d(y_1)>d(x)$, 则删去 x 并复制 y_1 会产生另一个比 G 边数多且不包含 K^r 的图, 这与 G 的选取矛盾, 故 $d(y_1) \leqslant d(x)$; 类似地, $d(y_2) \leqslant d(x)$. 但同时删去 y_1 和 y_2, 并且将 x 复制两次, 就会产生一个边数比 G 多但不包含 K^r 的图, 再次与 G 的选取矛盾. □

Turán 图 $T^{r-1}(n)$ 是稠密的, 在数量级上它大约有 n^2 条边. 更确切地说, 对每

个 n 和 r, 我们有

$$t_{r-1}(n) \leqslant \frac{1}{2}n^2\frac{r-2}{r-1},$$

当 $r-1$ 整除 n 时, 等式成立 (练习 7). 因此, 值得注意的是, 只需再多 ϵn^2 条边 (对于任何固定的 $\epsilon > 0$ 和大的 n) 就不仅存在一个 K^r 子图 (正如 Turán 定理那样), 而且对于任意给定的整数 s, 也包含一个 K^r_s——这个图包含大量的 K^r 子图.

定理 7.1.2 (Erdős and Stone, 1946) *对所有的整数 $r \geqslant 2$ 和 $s \geqslant 1$ 及每个 $\epsilon > 0$, 存在一个整数 n_0 使得每个顶点数为 $n \geqslant n_0$, 边数至少为*

$$t_{r-1}(n) + \epsilon n^2$$

的图包含子图 K^r_s.

作为如何运用正则性引理的一个实例, Erdős-Stone 定理的证明将在 7.5 节中给出, 但是也可以直接证明这个定理, 见注解中的参考文献.

Erdős-Stone 定理不仅本身有趣, 它还有一个非常有趣的推论. 事实上, 正是这个完全出乎意料的推论确立了这个定理在稠密图极值理论中作为一种元定理 (meta-theorem) 的地位, 并使之闻名于世.

给定一个图 H 和一个整数 n, 考虑 $h_n := \mathrm{ex}(n,H)\Big/\binom{n}{2}$: 不包含 H 的拷贝的 n 个顶点图的最大边密度. 那么, 这个重要的密度是否基本上只是 H 的函数, 使得当 $n \longrightarrow \infty$ 时 h_n 收敛呢? 定理 7.1.2 回答了这个问题并给出了更多细节: h_n 的极限是由 H 的一个不变量 (即它的色数) 的非常简单的函数决定的.

推论 7.1.3 *对每个至少有一条边的图 H, 有*

$$\lim_{n\to\infty} \mathrm{ex}(n,H)\binom{n}{2}^{-1} = \frac{\chi(H)-2}{\chi(H)-1}.$$

为了证明推论 7.1.3, 我们需要一个引理来说明 $t_{r-1}(n)$ 不会和它在 $r-1$ 整除 n 时 (见前面) 取得的值偏差太多, 因此 $t_{r-1}(n)\Big/\binom{n}{2}$ 也收敛. 引理的证明作为一个有提示的简单练习 (练习 8) 留给读者.

引理 7.1.4

$$\lim_{n\to\infty} t_{r-1}(n)\binom{n}{2}^{-1} = \frac{r-2}{r-1}.$$ □

推论 7.1.3 的证明 令 $r := \chi(H)$. 因为 H 不能用 $r-1$ 种颜色着色, 所以对所有 $n \in \mathbb{N}$, 我们有 $H \not\subseteq T^{r-1}(n)$, 因此

$$t_{r-1}(n) \leqslant \mathrm{ex}(n,H).$$

另一方面, 对所有充分大的 s 均有 $H \subseteq K_s^r$, 所以对所有那些 s, 有

$$\mathrm{ex}(n,H) \leqslant \mathrm{ex}(n,K_s^r).$$

让我们固定一个这样的 s, 对每个 $\epsilon > 0$, 定理 7.1.2 蕴含着最终 (即对足够大的 n)

$$\mathrm{ex}(n,K_r^s) < t_{r-1}(n) + \epsilon n^2$$

成立. 所以对大的 n, 有

$$\begin{aligned} t_{r-1}(n)\Big/\binom{n}{2} &\leqslant \mathrm{ex}(n,H)\Big/\binom{n}{2} \\ &\leqslant \mathrm{ex}(n,K_s^r)\Big/\binom{n}{2} \\ &< t_{r-1}(n)\Big/\binom{n}{2} + \epsilon n^2\Big/\binom{n}{2} \\ &= t_{r-1}(n)\Big/\binom{n}{2} + 2\epsilon\Big/\left(1-\frac{1}{n}\right) \\ &\leqslant t_{r-1}(n)\Big/\binom{n}{2} + 4\epsilon \quad (\text{假定 } n \geqslant 2). \end{aligned}$$

因此, 由于 $t_{r-1}(n)\Big/\binom{n}{2}$ 收敛于 $\dfrac{r-2}{r-1}$ (引理 7.1.4), 所以 $\mathrm{ex}(n,H)\Big/\binom{n}{2}$ 也收敛于 $\dfrac{r-2}{r-1}$. □

对二部图 H, 推论 7.1.3 表明远比 $\binom{n}{2}$ 少的边数就足够保证子图 H 的存在. 从而, 对依赖于 r 的合适常数 c_1, c_2, 有

$$c_1 n^{2-\frac{2}{r+1}} \leqslant \mathrm{ex}(n,K_{r,r}) \leqslant c_2 n^{2-\frac{1}{r}},$$

下界是由随机图[2]得到的, 上界的计算方法见练习 12. 如果 H 是一个森林, 只要 $\varepsilon(G)$ 足够大就有 $H \subseteq G$, 所以 $\mathrm{ex}(n,H)$ 关于 n 至多是线性的 (练习 14). 在 1963 年 Erdős 和 Sós 提出了一个猜想: 对任意具有边数 $k \geqslant 2$ 的树 T, $\mathrm{ex}(n,T) \leqslant \frac{1}{2}(k-1)n$. 作为对所有 n 的一般界, 对每棵树 T, 这是最好的 (练习 15—练习 17).

一个相关的但是相当不同的问题是, 是否较大的 ε 或者 χ 能保证一个图 G 包含一棵给定的树作为它的导出子图. 当然, 为了使这个问题有意义, 我们需要增加一些额外的假设——例如, 不让 G 只是一个大的完全图. 最弱的并有意义的假设是要求 G 的团数是有界的 (即对某个固定的整数 r, $G \not\supseteq K^r$). 然而大的平均度仍旧不能保证导出子图 T 的存在 (例如考虑完全二部图), 但是大的色数也许可以: 根据 Gyárfás (1975) 的著名猜想, 对每个 $r \in \mathbb{N}$ 和每棵树 T, 存在一个整数 $k = k(T,r)$, 使得每个满足 $\chi(G) \geqslant k$ 和 $\omega(G) < r$ 的图 G 包含 T 作为一个导出子图.

2 见 11 章.

7.2　子　　式

在本节和下一节, 我们探讨多大程度上对图的不变量 (例如平均度、色数, 或者围长) 的假设可以保证这个图包含一个给定图作为子式或拓扑子式.

作为第一个问题, 考虑一个类似于 Turán 定理的结果: n 阶图需要多少条边才能保证它包含一个 K^r 子式或拓扑子式? 对于 K^r 子图问题, 我们需要至少 $\frac{1}{2}\frac{r-2}{r-1}n^2$ 条边; 对 K^r 子式问题, 所需要的边数大约是关于 n 的线性函数: 只需要假定图有足够大的平均度 (依赖于 r) 就可以.

命题 7.2.1　对任意 $r \in \mathbb{N}$, 每个平均度至少为 2^{r-2} 的图都包含一个 K^r 子式.

证明　对 r 使用归纳法. 当 $r \leqslant 2$ 时, 命题平凡成立. 在归纳步骤, 设 $r \geqslant 3$ 且 G 是任意一个平均度至少为 2^{r-2} 的图, 那么 $\varepsilon(G) \geqslant 2^{r-3}$, 设 H 是 G 中满足 $\varepsilon(H) \geqslant 2^{r-3}$ 的极小子式. 任选一个顶点 $x \in H$, 由 H 的极小性, x 不是孤立顶点, 而且 x 的每个邻点 y 和 x 有至少 2^{r-3} 个公共邻点, 否则, 收缩边 xy 将会减少一个顶点和至多 2^{r-3} 条边, 从而得到一个更小的子式 H', 且 $\varepsilon(H') \geqslant 2^{r-3}$. 由 x 的邻点集合在 H 中导出的子图的最小度至少为 2^{r-3}, 因此由归纳假设知它包含一个 K^{r-1} 子式, 把它和 x 放在一起就构成了我们所需要的 G 的 K^r 子式. □

在命题 7.2.1 中, 对 r 使用归纳法, 我们需要平均顶点度 2^{r-2} 来保证 K^r 子式的存在性, 但保证拓扑 K^r 子式的存在性要更难一点: 我们需先固定分支顶点, 再归纳地构造它的细分边, 这需要平均顶点度至少为 $2^{\binom{r}{2}}$. 除了这点外, 证明的思路是相同的:

命题 7.2.2　对任意 $r \geqslant 2$, 每个平均度至少为 $2^{\binom{r}{2}}$ 的图都包含拓扑 K^r 子式.

证明　对 $r = 2$ 命题显然成立, 故假设 $r \geqslant 3$. 我们对 m 用归纳法, 这里 $m = r, \cdots, \binom{r}{2}$, 证明每个具有平均度 $d(G) \geqslant 2^m$ 的图 G 都包含有 r 个顶点和 m 条边的拓扑子式 X.

如果 $m = r$, 由命题 1.2.2 和命题 1.3.1 知, G 包含一条长度至少为 $\varepsilon(G) + 1 \geqslant 2^{r-1} + 1 \geqslant r + 1$ 的圈, 令 $X = C^r$ 得到结论.

现在设 $r < m \leqslant \binom{r}{2}$, 并假定结论对小的 m 成立. 给定满足 $d(G) \geqslant 2^m$ 的图 G, 有 $\varepsilon(G) \geqslant 2^{m-1}$. 由于 G 有一个分支 C 满足 $\varepsilon(C) \geqslant \varepsilon(G)$, 所以我们可以假设 G 是连通的. 考虑极大的集合 $U \subseteq V(G)$ 使得 U 在 G 中是连通的, 同时 $\varepsilon(G/U) \geqslant 2^{m-1}$. 这样的集合 U 是存在的, 因为取 $|U| = 1$, 那么 G 本身可以看成 G/U. 由于 G 是连通的, 因此 $N(U) \neq \varnothing$.

设 $H := G[N(U)]$. 如果 H 有一个顶点度为 $d_H(v) < 2^{m-1}$ 的顶点 v, 那么我们可以把它加到 U 中, 这与 U 的极大性矛盾: 当在 G/U 中收缩边 vv_U 时, 我们失去一个顶点以及 $d_H(v)+1 \leqslant 2^{m-1}$ 条边, 因此还有 $\varepsilon \geqslant 2^{m-1}$, 所以 $d(H) \geqslant \delta(H) \geqslant 2^{m-1}$. 由归纳假设, H 包含一个 TY 满足 $|Y| = r$ 和 $||Y|| = m-1$. 设 x, y 是这个 TY 的两个分支顶点并且 x, y 在 Y 中不相邻. 因为 x 和 y 属于 $N(U)$, 同时 U 在 G 中是连通的, 所以 G 包含一条内部顶点属于 U 的 x-y 路. 把这条路加到 TY 上, 我们就得到了期望的 TX. □

在 3.5 节, 我们使用了命题 7.2.2 (在那里被称作引理 3.5.1) 中的 TK^r 来证明: 具有足够大连通度 $f(k)$ 的图是 k-连接的. 后来, 在定理 3.5.3 中看到, 连通度可以降低到 $2k$, 只要加上平均度至少为 $16k$ 就可以保证同一结论.

反过来, 更进一步地使用定理 3.5.3, 我们可以把命题 7.2.2 中的界从指数减少成二次, 并且在不考虑乘法常数的意义下这个界是最好的 (练习 24):

定理 7.2.3 *存在一个常数 $c \in \mathbb{R}$, 使得对每个 $r \in \mathbb{N}$, 平均度 $d(G) \geqslant cr^2$ 的图 G 都包含 K^r 作为拓扑子式.*

证明 我们证明 $c = 10$ 时定理成立. 设 G 是一个满足 $d(G) \geqslant 10r^2$ 的图. 由定理 1.4.3 在 $k := r^2$ 时的情形知, G 包含一个子图 H, 使得 $\kappa(H) \geqslant r^2$ 和 $\varepsilon(H) > \varepsilon(G) - r^2 \geqslant 4r^2$. 为了在 H 中找到一个 TK^r, 我们首先挑选 H 的 r 个顶点作为分支顶点, 并记这 r 个顶点的集合为 X; 然后选取集合 Y, 它是由 H 中 X 的 $r(r-1)$ 个邻点组成的, 其中 X 的每个顶点有 $r-1$ 个邻点在 Y 中. 这些顶点被限定为初始细分顶点. 我们总共有 r^2 个顶点, 由于 $\delta(H) \geqslant \kappa(H) \geqslant r^2$, 它们可以被选为互不相同的.

现在剩下的工作是, 通过 $H' := H - X$ 中对应于 K^r 的边不交路成对地连接 Y 中的顶点. 如果 Y 在 H' 中是连接的, 这可以实现. 更一般地, 通过验证 H' 满足定理 3.5.3 在 $k = \frac{1}{2}r(r-1)$ 时的条件, 证明 H' 是 $\frac{1}{2}r(r-1)$-连接的. 首先, 我们有 $\kappa(H') \geqslant \kappa(H) - r \geqslant r(r-1) = 2k$, 因为 H' 是由 H 通过删除至多 $r|H|$ 条边 (以及某些顶点) 而得到的, 我们也有 $\varepsilon(H') \geqslant \varepsilon(H) - r \geqslant 4r(r-1) = 8k$. □

对较小的 r, 我们可以设法确定 n 阶图包含 TK^r 子图所需的确切边数. 当 $r = 4$ 时, 这个值是 $2n-2$ (见推论 7.3.2). 当 $r = 5$ 时, 平面三角剖分蕴含着一个下界 $3n-5$ (推论 4.2.10). 反过来, $3n-5$ 条边确实足以保证 TK^5 的存在性 (而不仅仅是存在 TK^5 或 $TK_{3,3}$, 如推论 4.2.10 和 Kuratowski 定理所揭示的那样), 这已经是一个非常难证明的定理 (Mader, 1998).

保证 K^r 子式存在性所需要的平均度比保证 TK^r 存在性所需要的要小, 其准确值已经确定. 关于 c 的取值可参见下面定理后面的注释.

定理 7.2.4 (Kostochka, 1982) *存在一个常数 $c \in \mathbb{R}$, 使得对每个 $r \in \mathbb{N}$, 每个*

平均度 $d(G) \geqslant cr\sqrt{\log r}$ 的图 G 包含子式 K^r. 作为 r 的函数, 如果不考虑常数 c, 这个界是最好的.

这个定理较容易的必要部分, 即为保证 K^r 子式存在所需的平均度是 $cr\sqrt{\log r}$ 这一事实, 可以由随机图 (见第 11 章) 得出. 反过来, 证明这个平均度条件是充分的, 可以使用与定理 3.5.3 的证明类似的方法得到.

我们选择不证明定理 7.2.4, 而是在本节的剩余部分讨论如何保证子式存在性的另一个引人注目的方向: 在一个图中, 我们可以通过增加它的围长 (只要不仅仅通过细分图的边) 来迫使图包含 K^r 子式. 乍一看, 这也许近乎荒谬. 但是, 如果我们不尝试直接得到 K^r 子式, 而是试着得到一个仅仅有较大的最小度或者平均度的子式 (由定理 7.2.4 知这足够了), 那么这个问题看起来会更加可信. 因为如果一个图的围长 g 很大, 那么以 x 为中心的球 $\{v \mid d(x,v) < \lfloor g/2 \rfloor\}$ 会导出一个有较多叶子的树, 每个叶子除了有一条关联边在这棵树上, 其余的关联边都不在这棵树上. 收缩足够多这样的不相交树, 我们希望得到一个有较大平均度的子式, 从而我们将有一个较大的完全子式.

下面的引理实现了这个想法.

引理 7.2.5 设 $d, k \in \mathbb{N}$, 其中 $d \geqslant 3$, 而 G 是一个最小度 $\delta(G) \geqslant d$ 和围长 $g(G) \geqslant 8k+3$ 的图, 那么 G 有一个子式 H, 它的最小度 $\delta(H) \geqslant d(d-1)^k$.

证明 设 $X \subseteq V(G)$ 是一个对于所有互异的 $x, y \in X$ 满足 $d(x,y) > 2k$ 的极大集合. 对每一个 $x \in X$, 令 $T_x^0 := \{x\}$. 给定 $i < 2k$, 假设我们已经定义了不交的树 $T_x^i \subseteq G$ (对每个 $x \in X$ 定义一个), 这些树的顶点恰好是 G 中距离 X 至多为 i 的顶点. 连接每一个与 X 距离为 $i+1$ 的顶点到一个距离为 i 的邻点, 我们得到一个类似的不交树 T_x^{i+1} 的集合. 因为 G 的每个顶点与 X 的距离至多为 $2k$ (由 X 的极大性知), 用这样的方法得到的树集合 $T_x := T_x^{2k}$ 划分 G 的顶点集. 设 H 是由收缩 G 中每棵树 T_x 而得到的子式.

要证明 $\delta(H) \geqslant d(d-1)^k$, 首先注意到, 因为 $\operatorname{diam}(T_x) \leqslant 4k$ 以及 $g(G) > 4k+1$, 所以 T_x 实际上是 G 的导出子图. 类似地, 在 G 中任意两棵树 T_x, T_y 之间, 至多有一条边: 若有两条这样的边, 加上连接在 T_x 和 T_y 中的端点的路, 将形成一个长度至多为 $8k+2 < g(G)$ 的圈. 因此所有离开 T_x 的边在收缩中都被保留了下来.

有多少条这样的边呢? 注意到, 对每一个顶点 $u \in T_x^{k-1}$, 它的所有 $d_G(u) \geqslant d$ 个邻点 v 也在 T_x 中: 因为对每个其他顶点 $y \in X$, 有 $d(v,x) \leqslant k$ 和 $d(x,y) > 2k$, 因此 $d(v,y) > k \geqslant d(v,x)$, 所以当那些树被定义时, v 被加到 T_x 上而不是 T_y 上. 因此, T_x^k, 当然 T_x 也一样, 包含至少 $d(d-1)^{k-1}$ 个叶子. 但是, T_x 的每个叶子至少向 T_x 外连 $d-1$ 条边, 所以 T_x 向其他树 T_y 连了至少 $d(d-1)^k$ 条边. □

结合引理 7.2.5, 定理 7.2.4 蕴含着下面的结果.

定理 7.2.6 (Thomassen, 1983) 存在一个函数 $f: \mathbb{N} \longrightarrow \mathbb{N}$ 使得每个最小度至

少为 3、围长至少为 $f(r)$ 的图, 对所有 $r \in \mathbb{N}$, 都包含一个 K^r 子式.

证明 我们证明对某个常数 $c \in \mathbb{R}$, 当 $f(r) := 8\log r + 4\log\log r + c$ 时, 定理成立. 设 $k = k(r) \in \mathbb{N}$ 是满足 $3 \cdot 2^k \geqslant c' r\sqrt{\log r}$ 的极小整数, 这里 $c' \in \mathbb{R}$ 是定理 7.2.4 中的常数. 那么对一个合适的常数 $c \in \mathbb{R}$, 我们有 $8k + 3 \leqslant 8\log r + 4\log\log r + c$, 再由引理 7.2.5 及定理 7.2.4, 得证. □

大的围长也能被用来保证一个拓扑 K^r 子式的存在性. 我们现在需要一些度至少为 $r-1$ 的顶点作为分支顶点, 但是, 如果假设最小度为 $r-1$ 来保证这些, 我们甚至可以用一个独立于 r 的围长的界得到拓扑 K^r 子式.

定理 7.2.7 (Kühn and Osthus, 2002) *存在一个常数 g, 使得每个满足 $\delta(G) \geqslant r-1$ 和 $g(G) \geqslant g$ 的图 G 都有 $G \supseteq TK^r$.*

7.3 Hadwiger 猜想

正如我们在 7.2 节中看到的那样, 平均度 $cr\sqrt{\log r}$ 足以保证任意图包含一个 K^r 子式, 并且平均度 cr^2 可保证任意图包含一个拓扑 K^r 子式. 如果我们将上述的"平均度"改为"色数", 那么在几乎相同的常数 c 下, 这两个结果依然成立: 这是因为每个色数为 k 的图有一个平均度至少为 $k-1$ 的子图 (引理 5.2.3).

虽然上述两个函数, $cr\sqrt{\log r}$ 和 cr^2, 是关于"平均度"最好的 (如果忽略常数 c 的因素), 但是问题是, 将条件改为"色数"后, 它们是否仍然是最好的, 或者是否对某个低增长的函数也会成立. 隐藏在这个问题背后的有关增长率的问题, 是关于不变量 χ 的一个根本性的问题: 这个不变量是否可以通过确保某个具体的子结构的存在性来对图产生某种直接的结构性影响呢? 或者它的影响不比在某处包含许多边这个"非结构"性质的影响大? 哪个平凡地成立呢?

一般子式或拓扑子式都不是这个问题的答案. 然而, 对一般子式, 下面的 Hadwiger 猜想给出了一个肯定的回答.

猜想(Hadwiger, 1943) *对每个整数 $r > 0$ 和每个图 G, 下面的蕴含关系成立:*

$$\chi(G) \geqslant r \Rightarrow G \succeq K^r.$$

Hadwiger 猜想对 $r \leqslant 2$ 是平凡的, 对 $r = 3$ 和 $r = 4$ 也很容易证明 (留作练习), 当 $r = 5$ 和 $r = 6$ 时, 它与四色定理等价. 当 $r \geqslant 7$ 时, 这个猜想还没解决, 但是对线图 (练习 34) 和围长较大的图 (练习 32, 也可以参见推论 7.3.9), 它是成立的. 如果将 Hadwiger 猜想改述为 $G \succeq K^{\chi(G)}$, 那么它对几乎所有图 [3] 都成立. 一般情况下, 猜想对 $r+1$ 成立可以推出猜想对 r 也成立 (留作练习).

3 关于"几乎所有"的定义, 见 11 章.

对任意固定的 r, Hadwiger 猜想等价于下述结论: 每个不包含 K^r 子式的图有一个 $(r-1)$-着色. 在这个新的表述下, 猜想揭示了不包含 K^r 子式的图的可能特征: 对这种图的非常细致的结构描述, 会帮助我们决定它是否可以被 $(r-1)$-着色.

以 $r=3$ 为例, 不包含 K^r 子式的图恰好是森林 (为什么呢?), 它们确实是 2-可着色的. 当 $r=4$ 时, 不包含 K^r 子式的图也有一个简单的结构刻画.

命题 7.3.1 具有至少 3 个顶点, 且不包含 K^4 子式的图是边极大的当且仅当它可以从三角形开始通过沿 K^2 粘贴[4]来递归地构造.

证明 首先回忆一下, 因为 $\Delta(K^4)=3$, 故每个 IK^4 包含一个 TK^4 (命题 1.7.3), 因此不包含 K^4 子式的图就是那些不包含拓扑 K^4 子式的图. 按照上述方法构造出来的图, 它是不包含 K_4 子式的边极大图的证明, 我们留给读者作为一个简单的练习. 为了推导 Hadwiger 猜想对 $r=4$ 成立, 我们只需要它的必要性, 通过对 $|G|$ 用归纳法来证明.

设 G 是一个给定的不包含 K^4 子式的边极大图. 如果 $|G|=3$, 则 G 本身是一个三角形. 在归纳步骤令 $|G|\geqslant 4$, 则 G 不是完全的. 设 $S\subseteq V(G)$ 是一个阶为 $\kappa(G)$ 的分隔, C_1 和 C_2 是 $G-S$ 的两个不同分支. 因为 S 是一个极小分隔, 所以 S 中的每个顶点在 C_1 和 C_2 中均有邻点. 如果 $|S|\geqslant 3$, 这蕴含着在顶点 $v_1\in C_1$ 和顶点 $v_2\in C_2$ 之间, 图 G 有 3 条独立路 P_1, P_2, P_3. 因为 $\kappa(G)=|S|\geqslant 3$, 所以 $G-\{v_1,v_2\}$ 是连通的, 并且包含一条介于两个不同 P_i 之间的 (最短) 路 P, 于是 $P\cup P_1\cup P_2\cup P_3$ 是一个 TK^4, 矛盾.

因此 $\kappa(G)\leqslant 2$, 由引理 4.4.4[5]和归纳假设, 结论成立. □

命题 7.3.1 的一个有趣推论是, 所有不包含 K^4 子式的边极大图有相同的边数, 因此都是"极值的".

推论 7.3.2 每个不包含 K^4 子式的边极大图 G 有 $2|G|-3$ 条边.

证明 对 $|G|$ 用归纳法. □

推论 7.3.3 当 $r=4$ 时, Hadwiger 猜想成立.

证明 如果 G 可由 G_1 和 G_2 通过沿着一个完全图粘贴而得到, 则 $\chi(G)=\max\{\chi(G_1),\chi(G_2)\}$ (见命题 5.5.2 的证明). 所以, 根据对 $|G|$ 的归纳, 命题 7.3.1 蕴含着不包含 K^4 子式的所有边极大图 (因此所有不包含 K^4 子式的图) 是 3-可着色的. □

推论 7.3.3 也有一个简单直接的证明 (练习 33).

根据四色定理, $r=5$ 时的 Hadwiger 猜想可以从下面的不包含 K^5 子式的图的结构定理得到, 正如由命题 7.3.1 得到 Hadwiger 猜想对 $r=4$ 成立一样. 定理 7.3.4 的证明与命题 7.3.1 的证明类似, 但是要长很多. 因此, 在这里我们只给出定理, 而

4 正式的定义见 5.5 节.

5 这个引理的证明是初等的, 不需要第 4 章的余下部分也可理解.

不予证明.

定理 7.3.4 (Wagner, 1937) 设 G 是一个不包含 K^5 子式的边极大图. 如果 $|G| \geqslant 4$, 则 G 可以由平面三角剖分图和图 W (图 7.3.1) 的拷贝沿三角形和 K^2 递归地粘贴构造而成.

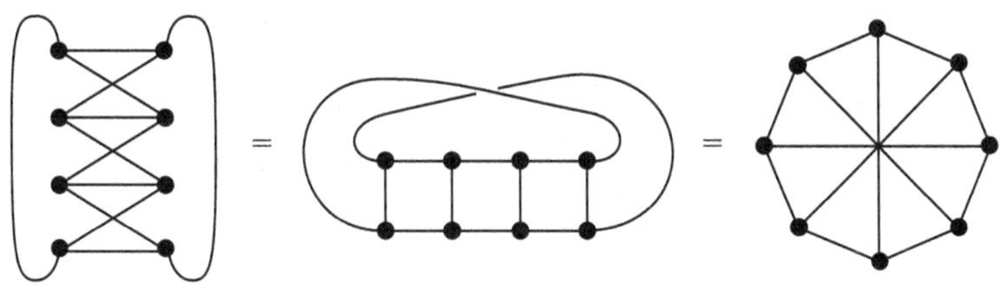

图 7.3.1 Wagner 图 W 的三种不同表示

应用推论 4.2.10, 经过简单计算可以找到定理 7.3.4 构造的图中哪个具有最多边, 从而发现这些不包含 K^5 子式的极图与不包含 $\{IK^5, IK_{3,3}\}$ 的极图 (即极大平面图) 相比, 前者的边数并不比后者多.

推论 7.3.5 具有 n 个顶点但不包含 K^5 子式的图至多有 $3n-6$ 条边. □

由于 $\chi(W) = 3$, 所以定理 7.3.4 和四色定理蕴含着 Hadwiger 猜想对 $r = 5$ 成立.

推论 7.3.6 当 $r = 5$ 时, Hadwiger 猜想成立. □

Hadwiger 猜想当 $r = 6$ 时比 $r = 5$ 的情形要困难很多, 同样它也依赖于四色定理. 不使用四色定理的证明显示, 任意极小阶的反例都是通过在一个可平面图上增加一个顶点而得到, 但是由四色定理知它根本不是一个反例.

定理 7.3.7 (Robertson, Seymour and Thomas, 1993) 当 $r = 6$ 时, Hadwiger 猜想成立.

前面提到过, Hadwiger 猜想带来的挑战是, 需要设计一个可以更好利用 $\chi \geqslant r$ 这一假设的证明技巧, 而不仅仅使用在一个合适子图中 $\delta \geqslant r-1$ 的推论, 而我们知道这个合适子图不能保证一个 K^r 子式 (定理 7.2.4). 迄今为止, 这样的技巧还没有找到.

如果我们决定仅使用 $\delta \geqslant r-1$, 那么需要寻找什么样的额外假设才能使它包含一个 K^r 子式呢? 定理 7.2.7 表明, 一个大围长的假设具有这个效果, 也可以参考练习 32. 事实上, 一个更弱的假设就足够了: 对任意固定的 $s \in \mathbb{N}$ 和所有足够大的仅依赖于 s 的 d, 可以证明对于比 d 大得多的 r, 平均度至少为 d 的图 $G \not\supseteq K_{s,s}$ 包含一个 K^r 子式. 对 Hadwiger 猜想, 这可以推出下面定理:

定理 7.3.8 (Kühn and Osthus, 2005) 对每个整数 s, 存在一个整数 r_s, 使得对所有图 $G \not\supseteq K_{s,s}$ 以及 $r \geqslant r_s$, Hadwiger 猜想成立.

色数至少为 r 的图包含 K^r 作为一个拓扑子式, 这是 Hadwiger 猜想的加强形式, 即著名的 **Hajós 猜想** (Hajós conjecture). 在一般情况下它是不成立的, 但是, 定理 7.2.7 蕴含着它对具有较大围长的图成立.

推论 7.3.9 *存在一个常数 g, 使得所有围长至少为 g 的图满足下面的蕴含关系*

$$\chi(G) \geqslant r \Rightarrow \text{对所有的 } r, \text{有 } G \supseteq TK^r.$$

证明 设 g 是定理 7.2.7 中的常数, 如果 $\chi(G) \geqslant r$, 则由引理 5.2.3 知, G 有一个最小度 $\delta(H) \geqslant r-1$ 的子图 H. 因为 $g(H) \geqslant g(G) \geqslant g$, 所以定理 7.2.7 蕴含着 $G \supseteq H \supseteq TK^r$. □

7.4 Szemerédi 正则性引理

40 多年前, 在证明整数算术级数的一个定理时, Szemerédi 发展了一个研究图论的工具, 近年来, 这个工具已经成为研究极值图论的不二选择, 它被称作**正则性引理** (regularity lemma) . 粗略地说, 这个引理告诉我们, 所有的图都能被随机图以下列方式逼近: 每个图可以被分成若干个相等部分, 使得它的大部分边分布在不同的部分之间, 并且任何两部分之间的边分布得相当均匀——正如我们对随机生成的图所期望的那样.

为了准确地表达正则性引理, 我们需要一些定义. 令 $G=(V,E)$ 是一个图, $X,Y \subseteq V$ 是不相交的集合, 我们用 $\|X,Y\|$ 表示 G 中 X-Y 边的个数, 并称

$$d(X,Y) := \frac{\|X,Y\|}{|X||Y|}$$

是顶点集对 (X,Y) 的**密度** (density). (这是一个介于 0 和 1 之间的实数.) 给定某个 $\epsilon>0$, 我们称不交集合 $A,B \subseteq V$ 构成的顶点集对 (A,B) 是 **ϵ-正则的** (ϵ-regular), 如果对所有满足 $|X| \geqslant \epsilon|A|$ 和 $|Y| \geqslant \epsilon|B|$ 的 $X \subseteq A$ 和 $Y \subseteq B$, 有

$$|d(X,Y)-d(A,B)| \leqslant \epsilon.$$

因此, ϵ-正则对中的边分布相当均匀, 并且我们开始取的 ϵ 越小, 它就越均匀.

考虑 V 的一个划分 $\{V_0,V_1,\cdots,V_k\}$, 这里 V_0 被挑出作为一个**例外集** (exceptional set). (这个例外集 V_0 可以为空.[6]) 我们称 G 的如此划分是一个 **ϵ-正则划分** (ϵ-regular partition) , 如果它满足下面的三个条件:

(i) $|V_0| \leqslant \epsilon|V|$;

(ii) $|V_1|=\cdots=|V_k|$;

6 所以, 即使按通常划分集都非空的原则来说, V_0 也是一个例外.

(iii) 除了至多 ϵk^2 个顶点集对 (V_i, V_j) $(1 \leqslant i < j \leqslant k)$, 其他顶点集对都是 ϵ-正则的.

例外集 V_0 的角色仅仅是为了方便: 它使得要求其他划分集都有相同的阶成为可能. 因为条件 (iii) 只对集合 $V_1, \cdots, V_k$ 产生影响, 我们可以将 V_0 看成一个箱子: 当我们评估这个划分的正则性时, 箱子中的顶点可以被忽略, 但是它仅包含很少这样的顶点.

定理 7.4.1 (正则性引理) 对每个 $\epsilon > 0$ 和每个整数 $m \geqslant 1$, 存在整数 M 使得每个阶至少为 m 的图拥有一个 ϵ-正则划分 $\{V_0, V_1, \cdots, V_k\}$, 且满足 $m \leqslant k \leqslant M$.

所以正则性引理表明, 给定任意 $\epsilon > 0$, 每个图存在一个 ϵ-正则划分, 且划分中集合的个数是有界的. 划分中集合的个数的上界 M 保证了, 大的图的划分集合也是大的. 注意到, 当划分集合是单点集时, ϵ-正则性是平凡的; 而当划分集合较大时, ϵ-正则性是一个很强的性质. 引理也允许我们确定划分集合数目的下界 m, 它可以被用来增加分布在不同划分集合之间的边数 (即由正则性引理决定的边) 相对于划分集合内部的边数 (对于这部分我们一无所知) 的比例, 更多细节参见练习 38.

注意到, 正则性引理现在的形式是为稠密图[7]而设计的; 对稀疏图, 因为所有集合对的密度 (从而它们之间的差异) 趋于零 (练习 39), 所以引理变得平凡.

在本节余下的部分, 我们给出正则性引理的证明. 虽然证明并不难, 但是第一次接触正则性引理的读者可能更急于领略这个引理的代表性应用, 而不是它的证明技巧. 对于这样的读者, 我们欢迎你现在就跳到 7.5 节的开头部分, 等有空时再回来读这个证明.

对实数 $\mu_1, \cdots, \mu_k > 0$ 和 $e_1, \cdots, e_k \geqslant 0$, 我们将需要下面的不等式:

$$\sum \frac{e_i^2}{\mu_i} \geqslant \frac{\left(\sum e_i\right)^2}{\sum \mu_i}. \tag{1}$$

令 $a_i := \sqrt{\mu_i}$ 和 $b_i := e_i/\sqrt{\mu_i}$, 上式可由 Cauchy-Schwarz 不等式 $\sum a_i^2 \sum b_i^2 \geqslant \left(\sum a_i b_i\right)^2$ 得到.

设 $G = (V, E)$ 是一个图且 $n := |V|$. 对于不交集合 $A, B \subseteq V$, 定义

$$q(A, B) := \frac{|A||B|}{n^2} d^2(A, B) = \frac{\|A, B\|^2}{|A||B|n^2}.$$

对 A 的划分 $\mathcal{A}$ 和 B 的划分 $\mathcal{B}$, 令

$$q(\mathcal{A}, \mathcal{B}) := \sum_{A' \in \mathcal{A};\, B' \in \mathcal{B}} q(A', B'),$$

7 后来也出现了适用于稀疏图的正则性引理, 见注解.

并且对 V 的一个划分 $\mathcal{P}=\{C_1,\cdots,C_k\}$, 令

$$q(\mathcal{P}):=\sum_{i<j}q(C_i,C_j).$$

然而, 如果 $\mathcal{P}=\{C_0,C_1,\cdots,C_k\}$ 是 V 的一个划分, C_0 是它的例外集, 我们将 C_0 看成孤立顶点的集合, 并且定义

$$q(\mathcal{P}):=q(\tilde{\mathcal{P}}),$$

这里 $\tilde{\mathcal{P}}:=\{C_1,\cdots,C_k\}\cup\{\{v\}\mid v\in C_0\}$.

函数 $q(\mathcal{P})$ 在正则性引理的证明中扮演了一个极为关键的角色. 一方面, 它衡量划分 $\mathcal{P}$ 的正则性: 如果 $\mathcal{P}$ 有太多非正则的顶点集对 (A,B), 我们可以取出违反正则性的子集中的对 (X,Y), 并且将顶点集 X 和 Y 放进它们自己的划分集中; 就如我们将要证明的那样, 这将细分 $\mathcal{P}$, 得到一个新的划分, 新划分的 q 值远大于原来划分的 q 值. 这里, "远大于" 意味着 $q(\mathcal{P})$ 的增长是有下界的, 这个界是仅依赖于 ϵ 的常数. 另一方面,

$$\begin{aligned}q(\mathcal{P})&=\sum_{i<j}q(C_i,C_j)\\&=\sum_{i<j}\frac{|C_i||C_j|}{n^2}d^2(C_i,C_j)\\&\leqslant\frac{1}{n^2}\sum_{i<j}|C_i||C_j|\\&\leqslant 1.\end{aligned}$$

所以 $q(\mathcal{P})$ 增加一个常数的次数也被一个常数所限制, 换句话说, 经过某个有界次数的细分, 我们的划分将是 ϵ-正则的! 为完成正则性引理的证明, 我们接下来需要做的是注意到, 如果一开始将 V 划分成 m 个集合, 那么最后一次划分所包含的集合个数是多少, 并选择这个集合个数作为我们希望得到的上界 M.

让我们给出严格的证明. 首先证明, 当细分一个划分时, q 值不会降低:

引理 7.4.2　(i) 设 $C,D\subseteq V$ 是不交的集合. 若 $\mathcal{C}$ 是 C 的一个划分, $\mathcal{D}$ 是 D 的一个划分, 则 $q(\mathcal{C},\mathcal{D})\geqslant q(C,D)$.

(ii) 若 $\mathcal{P},\mathcal{P}'$ 是 V 的划分, 且 $\mathcal{P}'$ 是 $\mathcal{P}$ 的细分, 则 $q(\mathcal{P}')\geqslant q(\mathcal{P})$.

证明　(i) 设 $\mathcal{C}=:\{C_1,\cdots,C_k\}$, $\mathcal{D}=:\{D_1,\cdots,D_\ell\}$, 则

$$\begin{aligned}q(\mathcal{C},\mathcal{D})&=\sum_{i,j}q(C_i,D_j)\\&=\frac{1}{n^2}\sum_{i,j}\frac{\|C_i,D_j\|^2}{|C_i||D_j|}\end{aligned}$$

$$\underset{(1)}{\geqslant} \frac{1}{n^2} \frac{\left(\sum_{i,j} \|C_i, D_j\|\right)^2}{\sum_{i,j} |C_i||D_j|}$$
$$= \frac{1}{n^2} \frac{\|C, D\|^2}{\left(\sum_i |C_i|\right)\left(\sum_j |D_j|\right)}$$
$$= q(C, D).$$

(ii) 设 $\mathcal{P} := \{C_1, \cdots, C_k\}$, 且对 $i = 1, \cdots, k$, 令 $\mathcal{C}_i$ 是由 $\mathcal{P}'$ 导出的 C_i 的划分, 因为 $q(\mathcal{P}') = \sum_i q(\mathcal{C}_i) + \sum_{i<j} q(\mathcal{C}_i, \mathcal{C}_j)$, 故

$$q(\mathcal{P}) = \sum_{i<j} q(C_i, C_j)$$
$$\underset{(i)}{\leqslant} \sum_{i<j} q(\mathcal{C}_i, \mathcal{C}_j)$$
$$\leqslant q(\mathcal{P}'). \qquad \square$$

接下来, 我们证明通过对一个划分的一个非正则顶点集对的细分, 可将 q 值提高少许, 因为我们这里只处理一对集合, 所以增加量仍然小于任意常数.

引理 7.4.3 设 $\epsilon > 0$, 且 $C, D \subseteq V$ 是不交的集合. 若 (C, D) 不是 ϵ-正则的, 则存在 C 的划分 $\mathcal{C} = \{C_1, C_2\}$ 和 D 的划分 $\mathcal{D} = \{D_1, D_2\}$ 使得

$$q(\mathcal{C}, \mathcal{D}) \geqslant q(C, D) + \epsilon^4 \frac{|C||D|}{n^2}.$$

证明 假设 (C, D) 不是 ϵ-正则的, 则存在集合 $C_1 \subseteq C$ 和 $D_1 \subseteq D$, 其中 $|C_1| \geqslant \epsilon|C|$, $|D_1| \geqslant \epsilon|D|$, 使得对于 $\eta := d(C_1, D_1) - d(C, D)$ 有

$$|\eta| > \epsilon. \tag{2}$$

令 $\mathcal{C} := \{C_1, C_2\}$ 和 $\mathcal{D} := \{D_1, D_2\}$, 这里 $C_2 := C \backslash C_1$, $D_2 := D \backslash D_1$.

下面我们证明 $\mathcal{C}$ 和 $\mathcal{D}$ 满足引理的结论. 记 $c_i := |C_i|$, $d_i := |D_i|$, $e_{i,j} := \|C_i, D_j\|$, $c := |C|$, $d := |D|$ 以及 $e := \|C, D\|$. 如引理 7.4.2 的证明一样, 有

$$q(\mathcal{C}, \mathcal{D}) = \frac{1}{n^2} \sum_{i,j} \frac{e_{ij}^2}{c_i d_j}$$
$$= \frac{1}{n^2} \left(\frac{e_{11}^2}{c_1 d_1} + \sum_{i+j>2} \frac{e_{ij}^2}{c_i d_j} \right)$$
$$\underset{(1)}{\geqslant} \frac{1}{n^2} \left(\frac{e_{11}^2}{c_1 d_1} + \frac{(e - e_{11})^2}{cd - c_1 d_1} \right).$$

由 η 的定义, 我们有 $e_{11} = c_1d_1e/cd + \eta c_1d_1$. 另外, 由 C_1 和 D_1 的选择知, $c_1 \geqslant \epsilon c$ 且 $d_1 \geqslant \epsilon d$, 所以

$$\begin{aligned}
n^2q(\mathcal{C},\mathcal{D}) &\geqslant \frac{1}{c_1d_1}\left(\frac{c_1d_1e}{cd}+\eta c_1d_1\right)^2 + \frac{1}{cd-c_1d_1}\left(\frac{cd-c_1d_1}{cd}e-\eta c_1d_1\right)^2 \\
&= \frac{c_1d_1e^2}{c^2d^2} + \frac{2e\eta c_1d_1}{cd} + \eta^2c_1d_1 + \frac{cd-c_1d_1}{c^2d^2}e^2 - \frac{2e\eta c_1d_1}{cd} + \frac{\eta^2c_1^2d_1^2}{cd-c_1d_1} \\
&\geqslant \frac{e^2}{cd} + \eta^2c_1d_1 \\
&\underset{(2)}{\geqslant} \frac{e^2}{cd} + \epsilon^4cd. \qquad \square
\end{aligned}$$

最后, 我们将证明, 如果一个划分有若干非正则的划分集合对, 以至于它不满足 ϵ-正则划分的定义, 则同时划分所有这些对将导致 q 增加一个常数.

引理 7.4.4 设 $0 < \epsilon \leqslant 1/4$, $\mathcal{P} = \{C_0, C_1, \cdots, C_k\}$ 是 V 的一个划分, 其中它的例外集 C_0 的阶满足 $|C_0| \leqslant \epsilon n$, 并且 $|C_1| = \cdots = |C_k| =: c$. 若 $\mathcal{P}$ 不是 ϵ-正则的, 则存在一个 V 的划分 $\mathcal{P}' = \{C_0', C_1', \cdots, C_\ell'\}$, 这里例外集 C_0' 满足 $|C_0'| \leqslant |C_0| + n/2^k$ 且 $k \leqslant \ell \leqslant k4^{k+1}$, 而所有其他集合 C_i' 有相同的阶, 并且要么 $\mathcal{P}'$ 是 ϵ-正则的, 要么有

$$q(\mathcal{P}') \geqslant q(\mathcal{P}) + \epsilon^5/2.$$

证明 对所有 $1 \leqslant i < j \leqslant k$, 我们如下定义 C_i 的一个划分 $\mathcal{C}_{ij}$ 和 C_j 的一个划分 $\mathcal{C}_{ji}$: 如果集合对 (C_i, C_j) 是 ϵ-正则的, 令 $\mathcal{C}_{ij} := \{C_i\}$ 以及 $\mathcal{C}_{ji} := \{C_j\}$, 否则, 由引理 7.4.3 知, 存在 C_i 的划分 $\mathcal{C}_{ij}$ 和 C_j 的划分 $\mathcal{C}_{ji}$, 使得 $|\mathcal{C}_{ij}| = |\mathcal{C}_{ji}| = 2$ 以及

$$q(\mathcal{C}_{ij}, \mathcal{C}_{ji}) \geqslant q(C_i, C_j) + \epsilon^4\frac{|C_i||C_j|}{n^2} = q(C_i, C_j) + \frac{\epsilon^4c^2}{n^2}. \tag{3}$$

对每个 $i = 1, \cdots, k$, 令 $\mathcal{C}_i$ 表示 C_i 的唯一极小划分, 它细分每个划分 $\mathcal{C}_{ij}$ $(j \neq i)$. (换句话说, 只要 C_i 中的两个元素位于 $\mathcal{C}_{ij}$ (对每个 $j \neq i$) 的相同划分集合中, 我们就把这两个元素看作等价的, 那么 $\mathcal{C}_i$ 是等价类的集合.) 因此, $|\mathcal{C}_i| \leqslant 2^{k-1}$. 现在考虑 V 的划分

$$\mathcal{C} := \{C_0\} \cup \bigcup_{i=1}^{k} \mathcal{C}_i,$$

这里 C_0 是例外集, 则 $\mathcal{C}$ 细分 $\mathcal{P}$, 并且 $|\mathcal{C} \setminus \{C_0\}| \leqslant k2^{k-1}$, 所以

$$k \leqslant |\mathcal{C}| \leqslant k2^k. \tag{4}$$

令 $\mathcal{C}_0 := \{\{v\} \mid v \in C_0\}$. 如果 $\mathcal{P}$ 不是 ϵ-正则的, 则多于 ϵk^2 个对 (C_i, C_j) $(1 \leqslant i < j \leqslant k)$ 的划分 $\mathcal{C}_{ij}$ 是非平凡的. 因此, 由具有例外集的划分上 q 的定义和引理 7.4.2 (i), 有

$$\begin{aligned} q(\mathcal{C}) &= \sum_{1\leqslant i<j} q(\mathcal{C}_i, \mathcal{C}_j) + \sum_{1\leqslant i} q(\mathcal{C}_0, \mathcal{C}_i) + \sum_{0\leqslant i} q(\mathcal{C}_i) \\ &\geqslant \sum_{1\leqslant i<j} q(\mathcal{C}_{ij}, \mathcal{C}_{ji}) + \sum_{1\leqslant i} q(\mathcal{C}_0, \{C_i\}) + q(\mathcal{C}_0) \\ &\underset{(3)}{\geqslant} \sum_{1\leqslant i<j} q(C_i, C_j) + \epsilon k^2 \frac{\epsilon^4 c^2}{n^2} + \sum_{1\leqslant i} q(\mathcal{C}_0, \{C_i\}) + q(\mathcal{C}_0) \\ &= q(\mathcal{P}) + \epsilon^5 \left(\frac{kc}{n}\right)^2 \\ &\geqslant q(\mathcal{P}) + \epsilon^5/2. \end{aligned}$$

$\left(\text{对最后一个不等式, 因为已知 } |C_0| \leqslant \epsilon n \leqslant \frac{1}{4}n, \text{ 所以 } kc \geqslant \frac{3}{4}n.\right)$

为了将 $\mathcal{C}$ 变成我们想要的划分 $\mathcal{P}'$, 剩下的工作就是将它的集合分成元素个数相等的块, 这些块足够小, 使得剩下的顶点可以放到例外集中, 并且使得例外集不太大.

如果 $c < 4^k$, 则由 $C_0' := C_0$ 和单点集 $\{v\}$(对每个 $v \in V \setminus C_0$) 所组成的 ϵ-正则划分 $\mathcal{P}'$ 就是我们所期望的划分, 因为存在 ℓ 个这样的单点集, 且 $k \leqslant \ell = kc < k4^k$.

如果 $c \geqslant 4^k$, 设 $C_1', \cdots, C_\ell'$ 是阶为 $d := \lfloor c/4^k \rfloor \geqslant 1$ 的不交集的极大族, 使得每个 C_i' 被包含在某个 $C \in \mathcal{C} \backslash \{C_0\}$ 中, 同时, 令 $C_0' := V \setminus \bigcup C_i'$, 则 $\mathcal{P}' = \{C_0', C_1', \cdots, C_\ell'\}$ 确实是 V 的一个划分. 此外, $\tilde{\mathcal{P}}'$ 细分 $\tilde{\mathcal{C}}$, 所以由引理 7.4.2 (ii) 知

$$q(\mathcal{P}') \geqslant q(\mathcal{C}) \geqslant q(\mathcal{P}) + \frac{\epsilon^5}{2}.$$

因为每个集合 $C_i' \neq C_0'$ 也被包含在 $C_1, \cdots, C_k$ 中的一个, 然而最多有 $c/d \leqslant 4^{k+1}$ 个集合 C_i' 包含在同一个 C_j 中 (由 d 的选择), 我们也得到需要的 $k \leqslant \ell \leqslant k4^{k+1}$. 最后, 在选取过集合 $C_1', \cdots, C_\ell'$ 之后, $\mathcal{C}$ 的每个集合 $C \neq C_0$ 中剩下至多 d 个顶点, 所以

$$\begin{aligned} |C_0'| &\leqslant |C_0| + d|\mathcal{C}| \\ &\underset{(4)}{\leqslant} |C_0| + \frac{c}{4^k} k 2^k \\ &= |C_0| + ck/2^k \\ &\leqslant |C_0| + n/2^k. \end{aligned}$$

□

现在, 通过反复应用引理 7.4.4, 我们可得到正则性引理的证明.

定理 7.4.1 的证明　给定 $\epsilon > 0$ 和 $m \geqslant 1$, 不失一般性地假设 $\epsilon \leqslant 1/4$. 令 $s := 2/\epsilon^5$, 则 s 是在图的一个划分上反复运用引理 7.4.4 直至这个划分变成 ϵ-正则的次数的上界. 注意到, 对所有划分 $\mathcal{P}$, 有 $q(\mathcal{P}) \leqslant 1$.

为了 (反复) 应用引理 7.4.4, 一个具有 $|C_1| = \cdots = |C_k|$ 的划分 $\{C_0, C_1, \cdots, C_k\}$ 必须形式上满足: 它的例外集的阶 $|C_0|$ 一定不能超过 ϵn. 然而, 在引理 7.4.4 的每次应用中, 例外集最多能增加 $n/2^k$. (更准确地说, 最多增加 $n/2^\ell$, 这里 ℓ 是当前划分中其他集合的个数, 但是, 由引理 7.4.4 知 $\ell \geqslant k$, 所以 $n/2^k$ 当然是这个增长的上界.) 因此我们想从一个足够大的 k 开始, 使得即便是 s 个 $n/2^k$ 的增加加在一起也至多是 $\frac{1}{2}\epsilon n$; 同时, 保证 n 足够大, 使得对任何 $|C_0|$ 的初值 (这里 $|C_0| < k$), 我们有 $|C_0| \leqslant \frac{1}{2}\epsilon n$. (如果初始划分中有 k 个非例外集合 $C_1, \cdots, C_k$, 我们应该允许一个初值至多为 k 的 C_0, 以便得到 $|C_1| = \cdots = |C_k|$.)

所以, 令 $k \geqslant m$ 足够大, 使得 $2^{k-1} \geqslant s/\epsilon$, 则 $s/2^k \leqslant \epsilon/2$. 因此, 只要 $k/n \leqslant \epsilon/2$, 即对所有的 $n \geqslant 2k/\epsilon$, 则我们有

$$k + \frac{s}{2^k} n \leqslant \epsilon n. \tag{5}$$

现在让我们选择 M: 这个 M 应该是反复应用引理 7.4.4 至多 s 次后的 (非例外) 划分集合的个数的上界, 其中在每次重复中, 集合的个数可以从它的当前取值 r 至多增长到 $r4^{r+1}$. 所以, 令 f 是函数 $x \mapsto x4^{x+1}$, $M := \max\{f^s(k), 2k/\epsilon\}$, 其中第二项 $2k/\epsilon$ 保证了任何 $n \geqslant M$ 是足够大, 从而能够满足 (5) 式.

最后我们要说明的是, 每个阶至少为 m 的图 $G = (V, E)$ 有一个 ϵ-正则划分 $\{V_0, V_1, \cdots, V_{k'}\}$, 且 $m \leqslant k' \leqslant M$. 设 G 是一个给定的图, 且 $n := |G|$. 如果 $n \leqslant M$, 我们将 G 分成 $k' := n$ 个单点集, 选取 $V_0 := \varnothing$ 以及 $|V_1| = \cdots = |V_{k'}| = 1$. 显然, G 的这个划分是 ϵ-正则的. 现在假设 $n > M$. 令 $C_0 \subseteq V$ 是使得 $k =: k'$ 整除 $|V \backslash C_0|$ 的极小集合, 且令 $\{C_1, \cdots, C_k\}$ 是任何将 $V \backslash C_0$ 分成元素个数相同的集合的划分, 则 $|C_0| < k$, 进一步地, 由 (5) 式得 $|C_0| \leqslant \epsilon n$. 我们从 $\{C_0, C_1, \cdots, C_k\}$ 开始, 反复应用引理 7.4.4, 直到得到的 G 的划分是 ϵ-正则的. 在最多 s 次重复后, 我们会得到这个结果, 这是因为由 (5) 式, 划分中的例外集始终不超过 ϵn, 所以引理 7.4.4 确实可以反复应用不超过 s 次 (s 是可以运用次数的最大理论值). □

7.5　正则性引理的应用

这节的目的是为了展示正则性引理在 (稠密) 极值图论中的一些典型应用. 假设我们试图证明一个图 G 的某个边密度可以保证给定子图 H 的存在性, 并且 G 有一个 ϵ-正则划分. 那么对于划分集合的大部分顶点集对 (V_i, V_j), 我们知道 V_i 和

V_j 之间的边分布相当均匀; 然而, 它们的密度也许依赖这个顶点集对的选择. 因为 G 有许多边, 这个密度不可能对大部分的顶点集对是特别小的: 其中相当大比例的顶点集对将具有某个正密度. 此外, 如果 G 是大的, 那么也有很多顶点集对是大的, 这是因为划分集合的个数是有界的, 而且集合的阶相同. 但是, 任何两部分顶点数相同的足够大的二部图, 具有固定的正边密度 (不管多么小) 和均匀的边分布, 将包含任意给定的二部子图,[8]这个结论将在下文中给出准确地描述. 把 H 写成二部子图的并 (例如取 H 的某个顶点着色的着色类的一对着色所导出的子图作为一个二部子图), 我们就得到了 $H \subseteq G$.

这些想法将在下面的引理 7.5.2 中具体给出. 然后, 我们将使用这个结果和正则性引理证明 7.1 节中的 Erdős-Stone 定理; 另一个应用将在后面定理 9.2.2 的证明中给出. 在这一节的结束部分, 我们对已经看到的正则性引理的应用, 做一个非正式的回顾, 总结一下在类似的应用中可以学到什么东西. 特别地, 我们考虑相关的不同参数是怎样相互依赖的, 以及怎样选取它们的顺序, 才可以使用正则性引理.

首先注意到, 任意顶点集对 (A,B) 的 ϵ-正则性蕴含着一个简单推理: 对任何不太小的子集 $Y \subseteq B$, A 的大多数顶点在 Y 中大约有我们所期望的那么多个邻点.

引理 7.5.1 设 (A,B) 是一个 ϵ-正则对, 其密度为 d, 且 $Y \subseteq B$ 的阶满足 $|Y| \geqslant \epsilon|B|$, 则 A 中除了少于 $\epsilon|A|$ 个顶点外, 其余每个顶点在 Y 中有至少 $(d-\epsilon)|Y|$ 个邻点.

证明 设 $X \subseteq A$ 是一个在 Y 中邻点少于 $(d-\epsilon)|Y|$ 个的顶点集, 则 $\|X,Y\| < |X|(d-\epsilon)|Y|$, 故

$$d(X,Y) = \frac{\|X,Y\|}{|X||Y|} < d - \epsilon = d(A,B) - \epsilon.$$

因为 (A,B) 是 ϵ-正则的, 并且 $|Y| \geqslant \epsilon|B|$, 从而可推出 $|X| < \epsilon|A|$. □

设 G 是一个有 ϵ-正则划分 $\{V_0, V_1, \cdots, V_k\}$ 的图, 其中例外集是 V_0 且 $|V_1| = \cdots = |V_k| =: \ell$. 给定 $d \in [0,1]$, 令 R 是一个顶点集为 $\{V_1, \cdots, V_k\}$ 的图, 它的两个顶点 V_i, V_j 是相邻的当且仅当它们在 G 中形成一个密度 $\geqslant d$ 的 ϵ-正则对. 我们称 R 是一个参数为 ϵ, ℓ 和 d 的**正则性图** (regularity graph). 给定 $s \in \mathbb{N}$, 现在将 R 的每个顶点 V_i 替换成 s 个顶点的集合 V_i^s, 将每条边替换成对应的 s-集合之间的完全二部图, 并把得到的图记为 R_s. (例如, 对 $R = K^r$, 我们有 $R_s = K^r_s$.)

下面的引理说明, 若 $d > 0$, ϵ 足够小, 且 V_i 足够大, 则 R_s 的子图也能在 G 中找到. 事实上, ϵ 和 ℓ 的值仅依赖于 (d 以及) 这个子图的最大度.

引理 7.5.2 对任意 $d \in (0,1]$ 和 $\Delta \geqslant 1$, 存在 $\epsilon_0 > 0$ 满足下列性质: 若 G 是任意图, H 是满足 $\Delta(H) \leqslant \Delta$ 的图, $s \in \mathbb{N}$, 且 R 是具有参数 $\epsilon \leqslant \epsilon_0$, $\ell \geqslant 2s/d^{\Delta}$ 和 d

8 熟悉随机图的读者可以发现, 与命题 11.3.1 相比, 这个陈述更好用.

的任意正则性图, 则

$$H \subseteq R_s \Rightarrow H \subseteq G.$$

证明 给定 d 和 Δ, 选择 $\epsilon_0 > 0$ 足够小使得 $\epsilon_0 < d$ 并且

$$(d-\epsilon_0)^{\Delta} - \Delta\epsilon_0 \geqslant \frac{1}{2}d^{\Delta}. \tag{1}$$

这样的选择是可能的, 因为当 $\epsilon \to 0$ 时, $(d-\epsilon)^{\Delta} - \Delta\epsilon \to d^{\Delta}$. 设 G, H, s 和 R 如定理中所述, 而 $\{V_0, V_1, \cdots V_k\}$ 是 G 的 ϵ-正则划分, 它生成 R, 因此, $\epsilon \leqslant \epsilon_0$, $V(R) = \{V_1, \cdots, V_k\}$ 且 $|V_1| = \cdots = |V_k| = \ell \geqslant 2s/d^{\Delta}$. 我们假设 H 是 R_s 的一个子图 (而不仅仅同构于它), 它的顶点是 $u_1, \cdots, u_h$. 每个顶点 u_i 位于 R_s 的 s-集 V_j^s 中的一个, 这定义了一个映射 $\sigma: i \mapsto j$. 我们的目标是定义一个 H 的嵌入 $u_i \mapsto v_i \in V_{\sigma(i)}$ 作为 G 的子图, 因此, $v_1, \cdots, v_h$ 将是不同的, 并且只要 u_iu_j 是 H 的一条边, v_iv_j 就是 G 的一条边.

我们的计划是归纳地选取顶点 $v_1, \cdots, v_h$. 贯穿整个归纳过程, 我们将给每个 u_i 分配一个"目标集合" $Y_i \subseteq V_{\sigma(i)}$, 它包含所有仍然可以成为 v_i 的候选顶点. 一开始, Y_i 是整个集合 $V_{\sigma(i)}$, 随着嵌入的进行, Y_i 将变得越来越小 (直到它变成 $\{v_i\}$, 这时 v_i 被选中): 只要选中一个顶点 v_j 满足 $j < i$ 和 $u_ju_i \in E(H)$, 我们就去掉所有 Y_i 中与 v_j 不邻接的那些顶点. 因此集合 Y_i 的变化如下:

$$V_{\sigma(i)} = Y_i^0 \supseteq \cdots \supseteq Y_i^i = \{v_i\},$$

这里, Y_i^j 表示在定义了 v_j 和去掉 Y_i^{j-1} 中相应顶点之后得到的 Y_i 的版本.

为了使这个想法实现, 我们需要确保目标集 Y_i 不会变的太小. 当嵌入一个顶点 u_j 时, 考虑所有满足 $u_ju_i \in E(H)$ 的指标 $i > j$, 存在至多 Δ 个这样的 i. 对每个这样的 i, 我们希望挑选 v_j 使得

$$Y_i^j = N(v_j) \cap Y_i^{j-1} \tag{2}$$

仍旧是相对较大的: 比 Y_i^{j-1} 最多小一个常数因子 (比如因子 $(d-\epsilon)$). 这是可以实现的: 在引理 7.5.1 中, 令 $A = V_{\sigma(j)}, B = V_{\sigma(i)}$ 和 $Y = Y_i^{j-1}$, 若 Y_i^{j-1} 的阶仍旧至少为 $\epsilon\ell$ (归纳法可以保证), 则在 v_j 的选择中, 除了最多 $\epsilon\ell$ 个外, 其他将使得 (2) 中那样的新集合 Y_i^j 满足

$$|Y_i^j| \geqslant (d-\epsilon)|Y_i^{j-1}|. \tag{3}$$

对 i 的所有相关值, 同时地排除那些关于 v_j 的坏选择, 我们发现除了 $V_{\sigma(j)}$ 中 (特别地, $Y_j^{j-1} \subseteq V_{\sigma(j)}$ 中) v_j 的最多 $\Delta\epsilon\ell$ 个选择外, 其他的对所有的 i 满足 (3) 式.

剩下要证明的是, 上面考虑过的作为引理 7.5.1 中 Y 的集合 Y_i^{j-1}, 它的阶永远不会降到 $\epsilon\ell$ 以下, 并且当挑选 $v_j \in Y_j^{j-1}$ 时, 至少有 s 个合适的候选者, 这是因为,

在 u_j 之前, 作为 $V_{\sigma(j)}$ 的一个象, 至多 $s-1$ 个顶点 u 被给出, 然后我们可以选择不同于这些的顶点作为 v_j.

但是, 所有的这些都可以从 ϵ_0 的选取中得到的. 事实上, 初始目标集 Y_i^0 的阶为 ℓ, 并且当某个满足 $j<i$ 和 $u_ju_i \in E(H)$ 的 v_j 被定义后, 每个 Y_i 被收缩了 $(d-\epsilon)$ 倍, 这种收缩至多发生 Δ 次. 因此, 对所有的 $j \leqslant i$, 有

$$|Y_i^{j-1}| - \Delta\epsilon\ell \underset{(3)}{\geqslant} (d-\epsilon)^{\Delta}\ell - \Delta\epsilon\ell \geqslant (d-\epsilon_0)^{\Delta}\ell - \Delta\epsilon_0\ell \underset{(1)}{\geqslant} \frac{1}{2}d^{\Delta}\ell \geqslant s.$$

特别地, 我们得到了想要的 $|Y_i^{j-1}| \geqslant \epsilon\ell$ 以及 $|Y_j^{j-1}| - \Delta\epsilon\ell \geqslant s$. □

现在我们已准备好, 可以证明 Erdős-Stone 定理了.

定理 7.1.2 的证明 按定理的要求, 令 $r \geqslant 2$ 及 $s \geqslant 1$. 对 $s=1$, 结论可由 Turán 定理直接得到, 所以我们假设 $s \geqslant 2$. 设 $\gamma > 0$ 是给定的, 这个 γ 将扮演定理中 ϵ 的角色. 若任何满足 $|G| =: n$ 的图 G 有

$$\|G\| \geqslant t_{r-1}(n) + \gamma n^2$$

条边, 则 $\gamma < 1$. 我们需要证明, 若 n 是足够大的话, 则 $K_s^r \subseteq G$.

我们的计划是使用正则性引理证明 G 有一个密度足够大的正则性图 R, 由 Turán 定理, 它包含一个 K^r, 从而 R_s 包含一个 K_s^r, 所以我们希望使用引理 7.5.2 得到 $K_s^r \subseteq G$.

输入 $d := \gamma$ 和 $\Delta := \Delta(K_s^r)$, 则引理 7.5.2 返回一个 $\epsilon_0 > 0$. 为了应用正则性引理, 令 $m > 1/\gamma$ 并且选择 $\epsilon > 0$ 足够小使得 $\epsilon \leqslant \epsilon_0$, 以及

$$\epsilon < \gamma/2 < 1, \tag{1}$$

且

$$\delta := 2\gamma - \epsilon^2 - 4\epsilon - d - \frac{1}{m} > 0,$$

上式是可实现的, 因为 $2\gamma - d - \dfrac{1}{m} > 0$. 输入 ϵ 和 m 时, 正则性引理返回一个整数 M. 假设

$$n \geqslant \frac{2Ms}{d^{\Delta}(1-\epsilon)}.$$

因为这个值至少为 m, 所以正则性引理为我们提供了 G 的一个 ϵ-正则划分 $\{V_0, V_1, \cdots, V_k\}$, 这里 $m \leqslant k \leqslant M$. 设 $|V_1| = \cdots = |V_k| =: \ell$, 则

$$n \geqslant k\ell, \tag{2}$$

并且, 由 n 的选择得

$$\ell = \frac{n - |V_0|}{k} \geqslant \frac{n - \epsilon n}{M} = n\frac{1-\epsilon}{M} \geqslant \frac{2s}{d^{\Delta}}.$$

设 R 是 G 的正则性图, 它的参数 ϵ, ℓ, d 对应与上述划分, 则如果 $K^r \subseteq R$ (因此 $K_s^r \subseteq R_s$), 由引理 7.5.2 可以得出 $K_s^r \subseteq G$.

我们的计划是应用 Turán 定理证明 $K^r \subseteq R$, 因此需要检验 R 是否有足够多的边, 即是否有足够多的 ϵ-正则对 (V_i, V_j) 具有密度至少为 d. 这可以从 G 至少有 $t_{r-1}(n) + \gamma n^2$ 条边的假设得到, 或者说, 边密度大约为 $\frac{r-2}{r-1} + 2\gamma$: 这远大于 Turán 图 $T^{r-1}(k)$ 的近似密度 $\frac{r-2}{r-1}$, 因此也远大于任何 G 能够从 $t_{r-1}(k)$ 个稠密对所导出的密度, 即便所有的这些对的密度为 1.

下面让我们更准确地估计 $\|R\|$. G 有多少条边位于 ϵ-正则对以外呢? V_0 中至多有 $\binom{|V_0|}{2}$ 条边, 且由 ϵ-正则的定义中的条件 (i), 这些边最多为 $\frac{1}{2}(\epsilon n)^2$ 条. 另外, 至多有 $|V_0| k\ell \leqslant \epsilon n^2$ 条边连接 V_0 与其他划分集; 有至多 ϵk^2 个其他的非 ϵ-正则对 (V_i, V_j), 每个至多包含 ℓ^2 条边, 故总共至多有 $\epsilon k^2 \ell^2$ 条边; 每个密度不够大 $(< d)$ 的 ϵ-正则对包含最多 $d\ell^2$ 条边, 总共至多有 $\frac{1}{2}k^2 d\ell^2$ 条边; 最后, 划分集 $V_1, \cdots, V_k$ 的每个的内部包含至多 $\binom{\ell}{2}$ 条边, 共计 $\frac{1}{2}\ell^2 k$ 条边. 所有其他 G 中的边位于密度至少为 d 的 ϵ-正则对中, 所以这些边贡献了 R 中的边. 因为每条 R 中的边对应 G 中至多 ℓ^2 条边, 因此, 我们有

$$\|G\| \leqslant \frac{1}{2}\epsilon^2 n^2 + \epsilon n^2 + \epsilon k^2 \ell^2 + \frac{1}{2}k^2 d\ell^2 + \frac{1}{2}\ell^2 k + \|R\|\ell^2.$$

所以, 对所有足够大的 n, 有

$$\begin{aligned}
\|R\| &\geqslant \frac{1}{2}k^2 \frac{\|G\| - \frac{1}{2}\epsilon^2 n^2 - \epsilon n^2 - \epsilon k^2 \ell^2 - \frac{1}{2}dk^2\ell^2 - \frac{1}{2}k\ell^2}{\frac{1}{2}k^2\ell^2} \\
&\underset{(1,2)}{\geqslant} \frac{1}{2}k^2 \left(\frac{t_{r-1}(n) + \gamma n^2 - \frac{1}{2}\epsilon^2 n^2 - \epsilon n^2}{n^2/2} - 2\epsilon - d - \frac{1}{k} \right) \\
&\geqslant \frac{1}{2}k^2 \left(\frac{t_{r-1}(n)}{n^2/2} + 2\gamma - \epsilon^2 - 4\epsilon - d - \frac{1}{m} \right) \\
&= \frac{1}{2}k^2 \left(t_{r-1}(n) \binom{n}{2}^{-1} \left(1 - \frac{1}{n}\right) + \delta \right) \\
&> \frac{1}{2}k^2 \frac{r-2}{r-1} \\
&\geqslant t_{r-1}(k).
\end{aligned}$$

(由引理 7.1.4 可得上述的严格不等式.) 因此, 由定理 7.1.1 有 $K^r \subseteq R$, 证毕. □

看过正则性引理的一个典型应用的全部细节后, 现在让我们回过头来尝试从糠中把小麦分离出来: 主要的思想是什么, 各种参数是如何相互依赖的, 它们被选择的顺序是怎样的?

我们的任务是说明, 倘若 G 足够大, 对于 n 个顶点的图, 如果它不生成一个 K^r 就必然包含子图 K_s^r, 那么有 γn^2 条多余的边, 使得这些边不能属于这个图. 我们的计划是通过使用引理 7.5.2 来达到这个目的, 这要求输入两个参数: d 和 Δ. 因为希望在 G 中找到一个 $H = K_s^r$ 的拷贝, 很明显, 必须选定 $\Delta := \Delta(K_s^r)$. 我们将稍后回到怎样选择 d 的问题上来.

给定 d 和 Δ, 引理 7.5.2 告诉我们选择多小的 ϵ 才能使得正则性引理为我们提供一个合适的划分. 正则性引理也要求输入一个划分类数目的下界 m, 我们将在下面讨论这个 m 和 d.

现在剩下的就是选择足够大的 G 使得划分类的阶至少为 $2s/d^\Delta$, 这是引理 7.5.2 要求的条件之一. (这里的 s 依赖于我们希望嵌入的图 H, $s := |H|$ 将肯定足够大. 在我们的情形, 使用 $H = K_s^r$ 中的 s.) 对 G 多大才是“足够大”, 可以直接由正则性引理提供的划分类的个数的上界 M 得出: 粗略地说, 不考虑 V_0, $|G| \geqslant 2Ms/d^\Delta$ 的假设就足够了.

迄今为止, 每一步都很直接明了, 都是此类正则性引理的任何应用中的标准步骤, 下面才是有趣的部分, 它是这个证明的特别所在: 注意到, 只要 d 足够小, γn^2 条“多余的边”迫使划分集产生一个“新的稠密的 ϵ-正则对”, 总共产生了多于 $t_{r-1}(k)$ 个稠密的 ϵ-正则对 (这里“稠密”意味着“密度至少为 d”), 因此, 迫使 R 包含一个 K^r 并且因此 R_s 包含一个 K_s^r.

让我们检验一下为什么会是这样的. 假设有至多 $t_{r-1}(k)$ 个稠密的 ϵ-正则对, 在这些正则对中, 即使使用那些达到最多边数 (即 ℓ^2 条边, 这里 ℓ 仍然表示划分集中除 V_0 外的所有集合的公共阶数, 所以 $k\ell$ 几乎等于 n) 的对, G 也只有至多

$$\frac{1}{2}k^2\frac{r-2}{r-1}\ell^2 \leqslant \frac{1}{2}n^2\frac{r-2}{r-1}$$

条边. 因此, 我们有几乎恰好 γn^2 条边剩下来需要安置在图中别的地方: 或者置于密度小于 d 的 ϵ-正则对中, 或者以某种特别的方式, 即置于非正则对中, 或一个划分集内, 或有一个端点在 V_0 中. 现在在低密度 ϵ-正则对中的边数少于

$$\frac{1}{2}k^2 d\ell^2 \leqslant \frac{1}{2}dn^2,$$

因此, 如果 $d \leqslant \gamma$, 那么它少于额外边数的一半. 另外一半, 即剩下的 $\frac{1}{2}\gamma n^2$ 条边, 倘若选择 m 足够大以及 ϵ 足够小 (给出 ϵ 的另外一个上界), 这些边就太多了, 不能以特别的方式安置. 剩下的工作是计算可行的 m 和 ϵ, 这是一个常规问题.

练 习

1.$^-$ 证明: $K_{1,3}$ 在不包含 P^3 的条件下是极值的.

2.$^-$ 给定 $k>0$, 确定色数最多为 k 的极图.

3.$^-$ 是否存在一个图, 它是关于不包含 K^3 子式是边极大的, 但不是极值的?

4. 对所有 $r,n\in\mathbb{N}$, 确定 $\mathrm{ex}(n,K_{1,r})$ 的值.

5.$^+$ 给定 $k>0$, 确定不包含 k 条边匹配的所有极图.
(提示: 利用定理 2.2.3 和第 2 章练习 20.)

6. 不使用 Turán 定理, 证明阶为 $n>1$ 且无三角形的图的最大边数是 $\lfloor n^2/4\rfloor$.

7. 证明不等式:

$$t_{r-1}(n)\leqslant\frac{1}{2}n^2\frac{r-2}{r-1},$$

当 $r-1$ 整除 n 时, 等式成立.

8. 证明: 当 $n\to\infty$ 时, $t_{r-1}(n)\bigg/\binom{n}{2}$ 收敛于 $(r-2)/(r-1)$.

$\left(提示: t_{r-1}\left((r-1)\left\lfloor\frac{n}{r-1}\right\rfloor\right)\leqslant t_{r-1}(n)\leqslant t_{r-1}\left((r-1)\left\lceil\frac{n}{r-1}\right\rceil\right).\right)$

9. 设 c 是一个常数, 是否每个具有 $c|G|$ 条边的充分大的图 G 一定包含 100 个独立顶点?

10. 证明: 从 $K_{m,n}$ 中删去最多 $(m-s)(n-t)/s$ 条边并不会破坏所有的 $K_{s,t}$ 子图.

11. 对 $0<s\leqslant t\leqslant n$, 考虑两个部分的阶均为 n 且不包含 $K_{s,t}$ 的二部图, 令 $z(n,s,t)$ 表示这类图的最大边数. 证明: $2\mathrm{ex}(n,K_{s,t})\leqslant z(n,s,t)\leqslant \mathrm{ex}(2n,K_{s,t})$.

12.$^+$ 设 r 是满足 $1\leqslant r\leqslant n$ 的整数, 且 G 表示二划分为 $\{A,B\}$ 的二部图, 这里 $|A|=|B|=n$. 假定 $K_{r,r}\not\subseteq G$, 证明

$$\sum_{x\in A}\binom{d(x)}{r}\leqslant(r-1)\binom{n}{r}.$$

运用上一个练习, 导出 $\mathrm{ex}(n,K_{r,r})\leqslant cn^{2-1/r}$, 这里常数 c 只依赖于 r.

13. 一个无限图 G 的**上密度** (upper density) 定义为当 $n\to\infty$ 时, 它的 (有限) n-子图的最大边密度的上极限 (lim sup).

(i) 证明: 对每个 $r\in\mathbb{N}$, 任何上密度 $>\dfrac{r-2}{r-1}$ 的无限图包含一个 K_s^r 子图 (对每个 $s\in\mathbb{N}$).

(ii) 论证无限图的上密度只能取可数多个值: $0,1,\frac{1}{2},\frac{2}{3},\frac{3}{4},\cdots$.

14. 给定一棵树 T, 找到 $\mathrm{ex}(n,T)$ 的一个上界使得它关于 n 是线性的且不依赖于 T 的结构, 即只依赖于 $|T|$.

15. 证明: Erdős-Sós 猜想是最好可能的, 即对每个 k 和无限多个 n, 存在一个具有 n 个顶点的图, 它有 $\frac{1}{2}(k-1)n$ 条边, 但不包含具有 k 条边的树.

16.$^-$ 对于给定树是星形时, 证明 Erdős-Sós 猜想.

17. 对于给定树是路时, 证明 Erdős-Sós 猜想.

(提示: 利用第 1 章练习 9.)

18. 如果我们避免选择某棵树作为导出子图, 是否可以通过增大平均度数来迫使色数增大? 更准确地说, 对于哪些树 T, 存在一个函数 $f:\mathbb{N}\to\mathbb{N}$ 使得对每个 $k\in\mathbb{N}$, 平均度至少为 $f(k)$ 的任意图, 要么它的色数至少是 k, 要么包含一个 T 的导出拷贝.

19. 给定两个图不变量 i_1 和 i_2, 如果让 $i_1(G)$ 足够大可以迫使 i_2 在 G 的某个子图上取任意大的值, 那么我们记 $i_1\leqslant i_2$. (严格地说, 若存在一个函数 $f:\mathbb{N}\to\mathbb{N}$ 使得, 任意给定 $k\in\mathbb{N}$, 每个满足 $i_1(G)\geqslant f(k)$ 的图 G 都包含一个子图 H 使得 $i_2(H)\geqslant k$, 则记 $i_1\leqslant i_2$.) 若同时有 $i_1\leqslant i_2$ 和 $i_1\geqslant i_2$, 则记 $i_1\sim i_2$. 证明这是关于图不变量的一个等价关系, 并对以下不变量用 $<$ 划分成等价类: 最小度、平均度、连通度、荫度、色数、着色数、选择数、$\max\{r\mid K^r\subseteq G\}$、$\max\{r\mid TK^r\subseteq G\}$、$\max\{r\mid K^r\preceq G\}$、$\min\max d^+(v)$, 这里最大是对图的所有顶点 v 遍取, 而最小是对它的所有可能的定向遍取.

20.$^+$ 使用第一准则 (first principles), 而不用平均度或最小度的论证方式, 来证明: 存在一个函数 $f:\mathbb{N}\to\mathbb{N}$ 使得每一个色数至少为 $f(r)$ 的图都包含 K^r 子式.

(提示: 对 r 用归纳法. 对归纳步骤 $(r-1)\to r$, 尝试寻找一个连通集合 U, 它的邻点导出一个子图使得这个子图需要足够多种颜色从而可以收缩成 K^{r-1}. 若不存在这样的 U, 则证明给定的图可以用少于假定的颜色数进行着色.)

21. 给定图 G 且 $\varepsilon(G)\geqslant k\in\mathbb{N}$, 找到一个子式 $H\preceq G$ 使得 $\delta(H)\geqslant k\geqslant |H|/2$.

22.$^+$ 寻找一个常数 c 使得任意具有 n 个顶点和至少 $n+2k(\log k+\log\log k+c)$ 条边的图包含 k 个边不相交的圈 (对所有 $k\in\mathbb{N}$). 推导边形式的 Erdős-Pósa 定理 (2.3.2).

(提示: 假定 $\delta\geqslant 3$, 删去一个短圈上的边并使用归纳法, 其中的计算部分与引理 2.3.1 的证明类似.)

23. 利用第 3 章的练习 30, 简化定理 7.2.3 的证明.

24.$^+$ 证明: 对所有偶数 r, 引理 3.5.1 中的任意函数 h 均满足不等式 $h(r)>\dfrac{1}{8}r^2$. 因此不考虑常数 c, 定理 7.2.3 是最好可能的.

25. 刻画具有 n 个顶点和大于 $3n-6$ 条边, 且不包含 $TK_{3,3}$ 的图. 特别地, 确定 $\mathrm{ex}(n,TK_{3,3})$ 的值.

(提示: 由 Wagner 定理知, 每一个边极大的且不包含 $K_{3,3}$ 子式的图可以递归地由若干个极大可平面图和几个 K^5 的拷贝沿着 K^2 粘贴而得到.)

26.$^-$ 从 Hadwiger 猜想 $r=5$ 的情形推导四色定理.

27.$^-$ 证明 Hadwiger 猜想 $r+1$ 的情形蕴含着 r 的情形.

28.$^-$ 利用已知的结果, 证明下面减弱了的 Hadwiger 猜想: 对于任意给定的 $\epsilon>0$, 只有 r 足够大, 每个色数至少为 $r^{1+\epsilon}$ 的图包含一个 K^r 子式.

29.$^-$ 证明: 命题 7.3.1 中构造的每一个图都是不包含 K^4 子式的边极大图.

30. 证明蕴含关系 $\delta(G)\geqslant 3\Rightarrow G\supseteq TK^4$.

(提示: 允许使用 7.3 节的任何结果.)

31. 如果一个多重图可以从 K^2 开始, 通过两个运算——细分和边加倍——而递归地构造得到, 则称它是**系列平行的** (series-parallel). 证明: 一个 2-连通多重图是系列平行的当且仅当它不包含 (拓扑) K^4 子式.

32. 不使用定理 7.3.8 证明: 对于所有围长至少为 11 且 r 充分大的图, Hadwiger 猜想成立. 不使用推论 7.3.9 证明: 存在常数 $g \in \mathbb{N}$ 使得所有围长至少为 g 的图, Hadwiger 猜想成立 (无论 r 取何值).

33.$^+$ 利用第一性原理, 证明 Hadwiger 猜想 $r = 4$ 的情形成立.

34.$^+$ 证明 Hadwiger 猜想对所有线图成立.

35. 证明推论 7.3.5.

36.$^-$ 在 ϵ-正则对的定义中, 为什么要求 $|X| \geqslant \epsilon|A|$ 和 $|Y| \geqslant \epsilon|B|$ 呢?

37.$^-$ 证明: 图 G 的 ϵ-正则对也是 $\overline{G}$ 的 ϵ-正则对.

38. 设有限集合 V 划分成 k 个顶点个数相同的子集合. 证明: 对于 V 上的完全图, 不同划分集合之间的边数大约是划分集合内部所有边数的 $k-1$ 倍. 解释如何利用这个结果导出 Erdős-Stone 定理的证明中 $m := 1/\gamma$ 的选择.

39. (i) 给定 $\epsilon > 0$ 和 $m \geqslant 1$, 假定正则性引理对于所有阶至少为某个整数 $n = n(\epsilon, m)$ 的图成立, 证明正则性引理对所有图成立.

    (ii) 证明正则性引理对于稀疏图成立, 这里的稀疏图是指阶为 n 的图 G_n, 它满足对于 G_n 的每一个系列 $(G_n)_{n\in\mathbb{N}}$, 当 $n \to \infty$ 时, 有 $\|G_n\|/n^2 \to 0$.

注 解

关于极值图论 (从非常广义的角度看) 方面的结果和公开问题, 最常用的参考资料仍然是 B. Bollobás, *Extremal Graph Theory*, Academic Press, 1978. 这本书的部分更新由同一作者在 *Handbook of Combinatorics* (R. L. Graham, M. Grötschel and L. Lovász, eds.), North-Holland, 1995 相关的章节中给出. 一个比 7.1 节更简略的关于极值图论的启蒙性综述见 M. Simonovits 在 *Selected Topics in Graph Theory* 2 (L.W. Beineke and R. J. Wilson, eds.), Academic Press, 1983 中的文章, 这篇文章讨论了若干问题, 但特别关注了 Turán 图的重要性. 同一作者更近期的综述收集在 *The Mathematics of Paul Erdős*, Vol. 2 (R. L. Graham and J. Nešetřil, eds.), Springer, 1996.

Turán 定理不仅仅只是众多极值结果中的一个, 它实际上孕育了整个研究方向. 这里, Turán 定理的第一个证明基本是原来的证明, 第二个是由 Brandt 修改 Zykov 的证明.

Turán 定理被推广成下面的形式: 对某个固定的 $r \geqslant 3$, 我们想构造一个具有至少 γn^2 条边的 n 阶图, 这里 $\frac{1}{2}\frac{r-2}{r-1} < \gamma < \frac{1}{2}$, 使得它包含最少可能的 K^r 子图. 对固定的 γ, 团密度定理 (clique density theorem) 告诉我们, 得到这种结构的最好渐近方法是组成一个完全多重图, 其中所有的类都有相同阶数, 除了其中的一个阶数可能小点. 有多少个类与 γ 有关, 但与 n 无关: 例如在 Turán 定理中, 对 $\gamma = \frac{1}{2}\frac{s-1}{s}$,

s 个类总是给出大约 γn^2 条边. 团密度定理曾经是 Lovász 和 Simonovits 在 1983 提出的一个猜想, 最后由 C. Reiher 对所有 r 给出了证明, 见 C. Reiher, *The clique density theorem*, Ann. Math. 184 (2016), 683-707, arXiv:1212.2454.

这里所叙述的 Erdős-Stone 的定理是原来定理的简化形式, 它的直接证明 (即不使用正则性引理) 见 L. Lovász, *Combinatorial Problems and Exercises* (2nd ed.), North-Holland, 1993. 这个定理最重要的应用, 即推论 7.1.3, 由 Erdős 和 Simonovits (1966) 在 20 年后给出.

关于 $\mathrm{ex}(n, K_{r,r})$ 的上下界, 人们普遍认为已知的上界在数量级上是正确的. 对于大部分不处于对角线上的完全二部图, 这个界的验证来自 J. Kollár, L. Rónyai and T. Szabó, *Norm-graphs and bipartite Turán numbers*, Combinatorica 16 (1996), 399-406, 他们证明了当 $s > r!$ 时 $\mathrm{ex}(n, K_{r,s}) \geqslant c_r n^{2-\frac{1}{r}}$.

关于 Erdős-Sós 猜想的细节, 包括对 k 值较大时的近似解, 可在下面提到的 Komlós 和 Simonovits 的综述文章中找到. 树 T 是路的情形 (练习 17) 由 Erdős 和 Gallai 在 1959 年解决. 正是这个结果结合另一个简单的极端情形 (即星形, 见练习 16) 启发了这个广义的猜想. 在 2009 年, Ajtai, Komlós, Simonovits 和 Szemerédi 宣布他们对大的图解决了这个猜想, 但是具体的证明还没有发表.

Erdos-Sós 猜想指出, 平均度大于 $k-1$ 的图包含每个 k 条边的树. Loebl, Komlós 和 Sós 给出了这个猜想的一个"中间"版本, 似乎要容易点: 如果图中至少半数顶点的度大于 $k-1$, 那么它包含每个 k 条边的树. 这个猜想的逼近形式已经由 Hladký, Komlós, Piguet, Simonovis, Stein 和 Szemerédi 解决 (arXiv:1408.3870).

定理 7.2.3 的证明分别来自 B. Bollobás and A. G. Thomason, *Proof of a conjecture of Mader, Erdős and Hajnal on topological complete subgraphs*, Europ. J. Combinatorics 19 (1998), 883-887, 以及 J. Komlós and E. Szemerédi, *Topological cliques in graphs II*, Comb. Probab. Comput. 5 (1996), 79-90. 对于较大的图 G, 第二篇文章的作者把定理中的常数 c 减少到约 $\frac{1}{2}$, 这与练习 24 中的下界 $\frac{1}{8}$ 已相差不远.

定理 7.2.4 首先由 Kostochka 在 1982 年证明, 其后 Thomason 在 1984 年得到了一个更好的常数. 有关这些早期证明的参考文献和证明的中心思想, 见 A. G. Thomason, *The extremal function for complete minors*, J. Combin. Theory B 81 (2001), 318-338, 在这篇文章中, 对于大的 r, Thomason 确定了定理 7.2.4 中常数 c 的渐近最小可能的值, 这可以表达为 $c = \alpha + o(1)$, 这里 $\alpha = 0.53131\cdots$ 是一个显式常数而 $o(1)$ 是一个 r 的函数, 当 $r \to \infty$ 时这个函数趋向零.

令人惊奇的是, 保证阶为 r 的非完全子式 H 存在的平均度数仍然是 $cr\sqrt{\log r}$, 这里 $c = \alpha\gamma(H) + o(1)$, γ 是从 H 到 $[0,1]$ 的图不变量满足: 对稠密图 H, γ 不能逼

近于 0; 而 $o(1)$ 是 $|H|$ 的函数, 当 $|H| \to \infty$ 时, 它趋向于 0. 详见 J. S. Myers and A. G. Thomason, *The extremal function for noncomplete minors*, Combinatorica 25 (2005), 725-753.

因为定理 7.2.4 是最好可能的, 所以不存在常数 c 使得所有平均度至少为 cr 的图包含 K^r 子式. 然而, 把条件加强成 $\kappa \geqslant cr$ 就可以保证所有足够大的图包含 K^r 子式, 这出自 T. Böhme, K. Kawarabayashi, J. Maharry and B. Mohar, *Linear connectivity forces large complete bipartite minors*, J. Combin. Theory B 99 (2009), 557-582. 他们的证明依赖于具有大的树宽度但不包含给定子式的图的结构定理, 而这个定理的证明随后由 R. Diestel, K. Kawarabayashi, Th. Müller and P. Wollan, *On the excluded minor structure theorem for graphs of large tree-width*, J. Comb. Theory B 102 (2012), 1189-1210, arXiv:0919.0946 给出. 一个简单直接并且不使用这个结构定理的证明见 J. O. Fröhlich and Th. Müller, *Linear connectivity forces large complete bipartite minors: an alternative approach*, J. Comb. Theory B 101 (2011), 502-508, arXiv:0906.2568.

Thomassen 在 1983 年发现了, 足够大的围长可以保证包含具有任意大最小度的子式, 从而包含大的完全子式. 相关的文献可以从 W. Mader, *Topological subgraphs in graphs of large girth*, Combinatorica 18 (1998), 405-412 中找到, 我们的引理 7.2.5 也出自这篇文章. 关于围长为 $8k+3$ 的假定, 可以减弱成大约 $4k$, 见 D. Kühn and D. Osthus, *Minors in graphs of large girth*, Random Struct. Alg. 22 (2003), 213-225, 这篇文章也猜想 $4k$ 是最好可能的.

定理 7.2.7 的原始参考文献可以在 D. Kühn and D. Osthus, *Improved bounds for topological cliques in graphs of large girth*, SIAM J. Discrete Math. 20 (2006), 62-78 中找到, 对 $g \leqslant 27$, 他们又重新证明了自己的定理, 也可参见 Kühn and D. Osthus, *Subdivisions of K_{r+2} in graphs of average degree at least $r+\epsilon$ and large but constant girth*, Comb. Probab. Comput. 13 (2004), 361-371.

Hadwiger 猜想 $r=4$ 情形的证明 (见练习 33 及提示) 是由 Hadwiger 本人在 1943 年给出的, 包含在原猜想的同一篇文章中. 和 Hadwiger 猜想一样, Hajós 猜想对具有大的围长的图已经证明成立 (推论 7.3.9), 对线图也成立, 见 C. Thomassen, *Hajós conjecture for line graphs*, J. Comb. Theorey B 97 (2007), 156-157. Hajós 猜想不成立的反例早在 1979 年由 Catlin 给出, 稍后 Erdős 和 Fajtlowicz 证明了 Hajós 猜想对"几乎所有图"都不成立, 而 Bollobás, Catlin 和 Erdős 证明了 Hadwiger 猜想对"几乎所有图"都成 (见第 11 章). Wagner 定理 (7.3.4)(Hadwiger 猜想 $r=5$ 的情形是它的推论) 的证明可在 Bollobás 的 *Extremal Graph Theory* 一书中找到, 也可以参考 Halin, *Graphentheorie* (2nd ed.), Wissenschaftliche Buchgesellschaft, 1989. Hadwiger 猜想 $r=6$ 的情形也得到了证明, 见 N. Robertson, P. D. Seymour and R.

Thomas, *Hadwiger's conjecture for K_6-free graphs*, Combinatorica 13 (1993), 279-361.

对无限图, Hadwiger 猜想的下列弱化形式成立: 每个具有色数 $\alpha \geqslant \aleph_0$ 的图都包含每个 K_β $(\beta < \alpha)$ 作为子式, 进一步地, 也作为拓扑子式. 这是由 Halin 证明的, 见 R. Halin, *Unterteilungen vollständiger Graphen in Graphen mit unendlicher chromatischer Zahl*, Abh. Math. Sem. Univ. Hamburg 31 (1967), 156-165. 对 $\alpha = \aleph_0$ 的情形就是第 8 章的练习 14; 对 $\alpha > \aleph_0$ 的情形的证明包括在 R. Diestel, *Graph Decompositions*, Oxford University Press, 1990 中.

关于图中不包含某个给定图作为子式或拓扑子式的研究有漫长的历史, 最早的研究也许是 Wagner 1935 年的博士学位论文, 他尝试通过对不含 K^5 子式的图进行分类, 来"去拓扑化"四色问题, 他希望能够抽象地证明所有这种图都是 4-可着色的. 因为不含 K^5 子式的图包括平面图, 所以这样就可以证明四色猜想而并不涉及任何拓扑. 定理 7.3.4 作为 Wagner 努力的成果离理想的目标有一定的距离: 虽然他在结构上对不含 K^5 子式的图成功地进行了分类, 但是平面性作为分类标准之一还是重新出现在分类中. 从这点上看, 把 Wagner 的 K^5 定理和其他类似的分类定理相比还是有益的, 例如, 有关 K^4 的类似结果 (命题 7.3.1), 其中图被分解成若干个部分, 每个部分是有限个不可约图的集合中的一个. 关于更多这样的分类定理, 可参见 R. Diestel, *Graph Decompositions*, Oxford University Press, 1990.

尽管 Wagner 的 K^5 结构定理没有解决四色问题, 但这个结构定理是少数几个对图论的发展产生如此深远影响的结果之一. 这里只指出两点: 它启发 Hadwiger 提出了他的著名猜想, 并激发了 Robertson 和 Seymour 有关子式理论 (见第 12 章) 的工作, 特别是树分解的概念以及不包含 K^n 子式的结构定理 (12.6.6). Wagner 本人在 1964 年对 Hadwiger 猜想进行了回应, 证明为了确保存在一个 K^5 子式, 只需要把图的色数提高到某个只依赖于 r 的值即可 (练习 20). 这个定理和关于拓扑子式的相应定理 (由 Dirac 和 Jung 独立地证明) 一起催生了, 多大的平均度足以保证想要的子式存在这一问题. Mader 首先对这个问题进行了研究, 他对命题 7.2.1 和命题 7.2.2 富有创新性的证明是其 1967 年博士学位论文的一部分.

Kühn 和 Osthus 证明了, 若一个图的平均度 $r \geqslant r_s$ 且不包含 $K_{s,s}$ 子图, 则它包含 K^p 子式, 这里 $p = \lfloor r^{1+\frac{1}{2(s-1)}}/(\log r)^3 \rfloor$, 这个定理出自 D. Kühn and D. Osthus, *Complete minors in $K_{s,s}$-free graphs*, Combinatorica 25 (2005) 49-64, 定理 7.3.8 是这个定理的推论. 上面结果的进一步改进由 M. Krivelevich and B. Sudakov, *Minors in expanding graphs*, Geom. Funct. Anal. 19 (2009), 294-331, arXiv:0707.0133 完成.

如同 Gyárfás 猜想一样, 我们也可以问增加怎样的关于大的平均度数的假设可以保证图包含给定图 H 的导出细分. 对于任意 H, 这个问题的答案见 D. Kühn and D. Osthus, *Induced subdivisions in $K_{s,s}$-free graphs of large average degree*, Combinatorica 24 (2004) 287-304, 他们证明了对任意 $r, s \in \mathbb{N}$, 存在 $d \in \mathbb{N}$ 使得每个图 G 若

满足 $G \not\supseteq K_{s,s}$ 和 $d(G) \geqslant d$ 都包含 TK^r 作为它的导出子图.

Gyárfás 猜想, 即如果图不包含一个固定树作为导出子图, 那么它的色数可以被团数所界定, 还没有被解决. 然而, 不包含一个固定树的所有导出细分却可以得到猜想中的结论, 这出自 A. D. Scott, *Induced trees in graphs of large chromatic number*, J Graph Theory 24 (1997), 297-311. 另一方面, 排除一个固定图 H 的所有细分并不能保证团数可以限制图的色数, 见 J. Kozik et al, *Triangle-free intersection graphs of line segments with large chromatic number*, J. Comb. Theory B 105 (2014), 6-10.

正则性引理由 Szemerédi 得到, 见 E. Szemerédi, *Regular partitions of graphs*, Colloques Internationaux CNRS 260—Problèmes Combinatoires et Théorie des Graphes, Orsay (1976), 399-401, 本书中的描述来自 Scott (私人通信). 关于正则性引理和它的应用的全面综述见 J. Komlós and M. Simonovits 在 (D. Miklós, V.T. Sós and T. Szőnyi, eds.) *Paul Erdős is 80*, Vol. 2, Proc. Colloq. Math. Soc. János Bolyai (1996) 中的文章, 正则性图的概念和引理 7.5.2 亦取自于这篇文章. 正则性引理对于稀疏图的形式出自 A. D. Scott, *Szemerédi's regularity lemma for matrices and sparse graphs*, Comb. Probab. Comput. 20 (2011), 455-466. 引理的叙述还是一样的, 只是对 ϵ-正则对的定义进行了适当的修正, 现在 ϵ-正则对依赖于所考虑的图 G: 设 $p := \|G\| \Big/ \binom{|G|}{2}$, 给定 G 的顶点不交集合对 (A, B), 如果对所有满足 $|X| \geqslant \epsilon|A|$ 和 $|Y| \geqslant \epsilon|B|$ 的子集 $X \subseteq A$ 和 $Y \subseteq B$, 都有 $|d(X,Y) - d(A,B)| \leqslant \epsilon p$, 那么称 (A, B) 是 ϵ-**正则的**.

第 8 章 无 限 图

无限图的研究是图论中十分具有魅力的一个分支，但却时常被忽视. 这一章的目的是对它给出一个简介，首先介绍比较初等的，然后逐步地向不同方向展开，来展示它在各个方面的深度和广度. 我们的主题是突出当图是无限图时所出现的典型现象，并且展示它是如何引导出一些深刻而迷人的问题的.

最典型的现象往往在图"刚刚"变成无限图的时候就已经出现了，即当图只有可数多个顶点且在每个顶点仅有有限多条边时. 这一现象并不奇怪：毕竟图的一些最基本的结构，例如路，本质上是可数的. 那些只对不可数图成立的有趣性质之所以成立，往往不是与图而是与集合密切相关的，这类问题属于**组合集合论** (combinatorial set theory) 的研究范畴，也是一个很迷人的领域，但不是这一章的主题. 我们所考虑的问题都是关于可数图的有趣性质，集合论方面的问题不会涉及.

除了那些描述的性质在有限图中没有对应的术语外，这里所用的术语和有限图的术语是相同的. 一个重要的例子是，图中无限路在无限远处的行为，我们用术语**末端** (end) 来定义. 图的末端可以看作若干无限路在无限远处收敛的极限点. 为了严格地描述这种收敛性，我们需要使用定义在图和末端上的自然拓扑. 因此在 8.6—8.8 节，我们需要熟悉点集拓扑中的基本概念，相关定义的复习会在它们出现时给出.

8.1 基本的概念、结论和技巧

在这一节，我们将简单地介绍图论里经常出现的无限性方面的内容. [1]

在给出少数几个定义后，我们首先看一看无限集上的一些明显性质，并了解它们如何在图中应用；然后举例说明在无限图论中如何运用三个最基本且常见的工具：Zorn 引理、超限归纳法和所谓的"紧致性". 在这一节的结束，我们将对末端给出一个组合定义，关于它的拓扑含义将在 8.6 节中讨论.

如果一个图的所有顶点的度数都是有限的，就称它是**局部有限的** (locally finite). 一个具有以下形式的无限图 (V, E),

$$V = \{x_0, x_1, x_2, \cdots\}, \quad E = \{x_0x_1, x_1x_2, x_2x_3, \cdots\}$$

1 在这一介绍性的章节中，我们有意地使用非正式的叙述方式，以便突出思想而不是概念，而且这些概念本来也不属于图论. 关于无限集和数的基本定义，在本书末的附录 A 中，我们会给出更正式的回顾.

被称为**射线** (ray); 一条**双射线** (double ray) 是以下形式的无限图 (V, E),

$$V = \{\cdots, x_{-1}, x_0, x_1, \cdots\}, \quad E = \{\cdots, x_{-1}x_0, x_0x_1, x_1x_2, \cdots\}.$$

在以上两个情况中, 总是假设 x_n 是不同的. 因此, 在同构意义下, 只存在一条射线和一条双射线, 后者是唯一的无限 2-正则连通图. 在无限图中, 有限路、射线和双射线都被称作**路** (path).

一条射线或双射线的子射线叫做**尾巴** (tail). 严格地讲, 每一个射线都有无限多个尾巴, 但是任何两个的差别只在于初始的有限长的一段. 把射线 R 和无限多个互不相交的有限路结合起来, 使得每条有限路的第一个顶点在 R 上 (没有其他顶点属于 R), 那么这个图叫做**梳** (comb). 这些路上最后一个顶点叫做梳的**梳齿** (teeth), 而 R 是它的**梳背** (spine). (我们也允许路是平凡的, 这时, 它的唯一顶点在 R 上, 而且也被称为梳齿, 见图 8.1.1.)

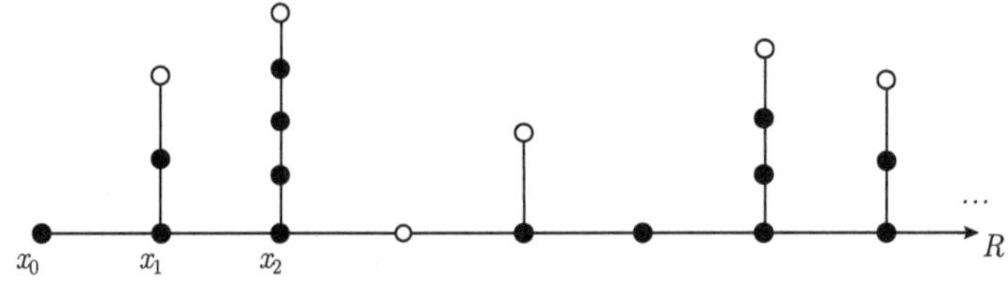

图 8.1.1 梳背为 $R = x_0x_1\cdots$, 梳齿为白色顶点的梳

下面我们来看一下无限集的一些基本性质, 并看它们在图的某些典型论证中是如何使用的.

无限集去掉一个有限子集后仍然是无限的. (1)

当无限集在问题中充当着“供给”角色时, 为了使得迭代过程能够继续下去, 这个简单的性质就变得非常有用了. 例如, 我们要证明, 如果图 G 是无限连通的 (也就是说, 对每个 $k \in \mathbb{N}$, G 是 k-连通的), 那么 G 包含一个 $K^{\aleph_0}$ (即阶为 $|\mathbb{N}|$ 的完全图) 的细分. 在构造无限序列[2]的过程中, 我们把 $K^{\aleph_0}$ 嵌入到 G 中作为一个拓扑子式: 首先列举出它的顶点, 在每一步我们于 G 中嵌入下一个顶点, 并避免前面已经使用过的顶点, 把新的顶点和它前面的邻点的象用 G 中的路连接起来. 其中的要点是每条新路只需要避免有限多个前面用过的顶点, 而这不成问题, 因为去掉任何有限的顶点集合仍能保持 G 是无限连通的.

如果 G 也是可数的, 那么我们能否在 G 中找到一个 $TK^{\aleph_0}$ 作为它的支撑子图呢? 尽管像上面那样把 $K^{\aleph_0}$ 拓扑地嵌入到 G 中需要无限多步, 但这并不能保证构造的 $TK^{\aleph_0}$ 使用了 G 的所有顶点. 但确保这个条件并不难: 因为在选择 $K^{\aleph_0}$ 的每

2 我们专为使用自然数集合作为指标的序列来保留术语“无限序列”. (用良序集的语言说: 它是阶为 ω 的序列.)

个新顶点的象的时候是自由的, 所以可以从 $V(G)$ 的某个固定列举中选取下一个没有用过的顶点. 用这种方法, G 的每个顶点最终都被选择了, 除非在此之前, 它已经作为 $TK^{\aleph_0}$ 中一条路上的细分顶点出现过.

可数多个可数集合的并仍然是可数的. (2)

这个事实有两种不同的运用方法: 一方面它说明可数个集合的并还是个"小"集合; 另一方面, 也可以有目的地把一个可数集合写成无限个互不相交的无限子集的并. 对后面这类应用的例子, 让我们来证明一个无限边连通的可数图包含无限多个边不交的支撑树 (注意到, 逆命题显然成立). 窍门是在步骤的无限序列中, 同时构造这些树: 首先运用 (2) 把 $\mathbb{N}$ 划分成无限多个无限子集 N_i ($i \in \mathbb{N}$), 然后在第 n 步, 我们找出哪个 N_i 包含 n, 并在第 i 个树 T_i 上加上顶点 v. 像前面一样, 我们在 $V(G)$ 的某个固定列举中选择没有在 T_i 中出现的极小 v, 并通过一条避免有限多条已用边的路把 v 连到 T_i 上.

显然, 一个可数集合不能有不可数多个互不相交的子集. 然而,

一个可数集合可以有不可数多个子集, 它们两两的交都是有限的. (3)

这是可数集的一个重要性质, 是对不成熟的猜想构造反例的一个很好来源. 不参考图 8.1.4, 你能证明这一事实吗?

在处理无限集时, 另外一个常见的陷阱是, 假设无限集 (或不可数集) 的一个无限嵌套序列 $A_0 \supseteq A_1 \supseteq \cdots$ 的交一定还是无限的 (或不可数的). 但这不一定成立, 事实上它可能是空的. (能否找出一个例子?)

在讨论常用的无限证明技巧前, 让我们看一看另外一类构造. 我们经常需要构造一个图 G, 它具有某种局部性质, 这种性质更多地与 G 的有限子图有关, 而不是和 G 本身有关. 尝试对这个问题进行严格的叙述, 不如考虑一个例子: 给定两个大的整数 k 和 g, 构造一个 k-连通而且围长至少为 g 的图 G. [3]

我们从长度为 g 的圈 (记它为 G_0) 开始, 这个图有合适的围长但不是 k-连通的. 为了纠正这个缺陷, 把 G_0 的每对顶点用 k 条新的独立路连接起来, 让所有这些路是内部不交的. 如果我们选择的这些路足够长, 那么得到的图 G_1 的围长还是 g, 而且 G_0 的任何两个顶点都不能被少于 k 个其他顶点所分离. 当然, G_1 也不是 k-连通的. 然而, 我们可以对 G_1 的每对顶点重复这个构造, 把 G_1 拓展成 G_2, 等等. 极限图 $G = \bigcup_{n\in\mathbb{N}} G_n$ 的围长还是 g, 否则, 短圈会出现于这个过程中的某个 G_n 中, 矛盾. 和所有的 G_n 不同, 极限图是 k-连通的: 因为任何两个顶点包含于某个共同的 G_n 中, 它们不能被少于 k 个 G_{n+1} 中的其他顶点 (更不用说 G 中的顶点) 所分离.

3 存在有限多个这样的图, 但构造起来比较困难, 在 11.2 节我们将运用随机方法证明它的存在性.

在无限组合论中, 有几个经常用到的基本证明技巧, 而最常见的两个就是 Zorn 引理的运用和超限归纳法. 我们通过一个简单的例子来说明它们的应用, 这也许胜于对它们进行正式的描述. [4]

命题 8.1.1 *每个连通图都包含一棵支撑树.*

第一个证明 (通过 Zorn 引理) 给定连通图 G, 考虑所有树 $T \subseteq G$ 的集合, 集合中按照子图的关系排序. 因为 G 是连通的, 所以任何一棵极大树包含 G 的所有顶点, 也就是说, 是 G 的一棵支撑树.

为了证明极大树的存在, 我们需要证明这些树的任何一个链 $\mathcal{C}$ 都有上界, 即存在一棵树 $T^* \subseteq G$, 它包含 $\mathcal{C}$ 中每棵树作为子图. 我们断言 $T^* := \bigcup \mathcal{C}$ 就是一棵这样的树.

为了证明 T^* 是连通的, 设 $u, v \in T^*$ 是任意两个顶点, 那么在 $\mathcal{C}$ 中存在包含 u 的树 T_u 和包含 v 的树 T_v, 其中一个是另一个的子图, 不妨设 $T_u \subseteq T_v$, 那么 T_v 包含一条从 u 到 v 的路, 这条路也包含在 T^* 中.

下一步证明 T^* 是无圈的. 假设它包含一个圈 C, 那么 C 中的每条边都在 $\mathcal{C}$ 的某个树中, 这些树就形成了 $\mathcal{C}$ 的一个有限链, 它有一个极大元素 T, 从而 $C \subseteq T$, 矛盾. □

超限归纳法和递归方法, 分别与有限归纳证明和构造方法非常类似. 基本上是一步接一步地做下去, 在每一步可以把前面已经证明或构造了的作为已知. 唯一不同的是, 这里进行了任何无限多步后还可以"重新开始". 严格地讲, 就是在计算步骤数时, 我们使用序数而不是自然数, 见附录 A.

如同在有限图中一样, 通常一步一步地去构造想要的对象 (例如一棵支撑树) 会更直观, 这比一开始取定某个未知的"极大"对象, 然后再证明它具有需要的性质更好. 更重要的是, 一步接一步的构造方法, 几乎总是寻找所要的对象的最好方法: 只有后来, 当你充分理解了它的构造后, 才能想出一个归纳顺序 (使得它的链有上界), 在这个顺序中想要的目标作为它的极大元出现. 因此, 尽管 Zorn 引理有时可以提供一个漂亮的方法来总结构造证明, 但它一般不能代替通过超限归纳法所得到的深刻理解——正如, 在有限情形中, 我们偏爱漂亮的直接证明, 但这也不能代替更通俗的算法处理.

命题 8.1.1 的第二个证明以典型的方式阐明了超限归纳法的构造和证明的不同: 我们递归地定义越来越大的子图 $T_\alpha \subseteq G$, 在第 α 步, 证明 T_α 是一棵树. 假定对所有的 $\beta < \alpha$, 子图 T_β 已经定义, 同时还需要假设它们是嵌套树, 然后运用这些假定来定义 T_α. 所以, 嵌套树这一事实需要在递归定义进行的同时进行证明, "恰好"在需要使用之前来证明.

4 在附录 A 中, 对这两个方法给出了简单的介绍, 以便读者有足够的信心在实战中运用它们.

第二个证明 (通过超限归纳法) 设 G 是一个连通图. 我们递归地定义树 $T_\alpha \subseteq G$ 使得

$$\text{对所有的 } \beta < \alpha, \text{有 } T_\beta \subseteq T_\alpha. \qquad (*_\alpha)$$

设 T_0 只包含一个孤立顶点. 给定极限序数 $\alpha > 0$, 令 $T_\alpha := \bigcup_{\beta<\alpha} T_\beta$. 因为 T_β 是满足 $(*_\beta)$ 的树, 新的 T_α 也是一棵树 (和第一个证明一样), 显然它满足 $(*_\alpha)$.

给定后继 $\alpha = \beta + 1$, 先看 $G - T_\beta = \varnothing$ 是否成立. 如果成立, 则 T_β 是一棵支撑树, 我们可以终止递归; 如果不成立, 则 $G - T_\beta$ 包含一个顶点 v_α, 它通过边 e_α 和 T_β 中的一个顶点邻接. 那么, 在 T_β 上添加 v_α 和 e_α 所得到的 T_α 是满足 $(*_\alpha)$ 的树.

剩下需要证明的是, 这个递归确实终止. 否则, 如果对所有 $\beta < \gamma$, $v_{\beta+1}$ 已经定义, 那么 $\beta \mapsto v_{\beta+1}$ 是一个单射, 所以 $|\gamma| \leqslant |G|$, 然而这不可能对所有的序数 γ 都成立, 例如, 当 γ 代表 $V(G)$ 的幂集的良序时, 这就不成立. □

为什么这些证明看起来是如此自然流畅呢? 原因就是这里的禁用子结构是圈, 它是有限的, 所以不能在极限步骤意外地出现. 另一方面, 如果我们想构造一个没有射线 (即不包含任何射线) 的支撑树, 那么当 α 取极限值时, 部分有限树 T_β 的边可能组合成 $T_\alpha = \bigcup_{\beta<\alpha} T_\beta$ 中的一条射线. 事实上, 在大多数超限构造中, 这都是个挑战: 在后继步骤中需要做出一个正确选择, 以确保在极限时也存在所需要的结构.

我们的第三个基本证明技巧似乎有点神秘, 它被称为**紧致性** (compactness)(原因见下面的解释). 在某些标准的情形, 它为正确的选择提供了一个形式上的方法. 标准的情形是指达到极限时没有意外现象出现, 然而和圈的生成不同, 有的选择现在看起来不错, 但在有限步后, 可能走到一条死胡同.

举个例子, 设图 G 的所有有限子图都是 k-可着色的, 那么自然地想去构造一个 G 的 k-着色, 作为它的有限子图 k-着色的极限. 现在每个有限子图可以有若干 k-着色, 我们选择哪个 k-着色有关系吗? 显然有关系, 当 $G' \subseteq G''$ 是两个有限子图时, u, v 是 G' 中的两个顶点并在 G'' 的任意 k-着色里着相同的颜色 (因此在 G 的任何 k-着色中颜色也是一样), 在 G' 的每个着色中, 我们不能给它们着不同的颜色, 即使这样的着色存在. 然而, 如果通过某种方法给 G 的所有有限子图着上相容的颜色, 那么将自动地得到 G 的所有顶点的一个着色.

所有的紧致性证明的处理方法都和这个十分类似: 我们希望解决一个关于无限结构的问题, 并且知道如何解决所有有限子结构的情形, "紧致性"使得我们可以结合这些部分解答得到整个问题的答案, 如果这些部分解答是互相协调的话.

对于可数结构, 所有这些关于有限解的选择、不成功尝试、兼容性的要求, 以及如何组合成整体答案, 都可以通过一个图看清楚而且相当直观.

引理 8.1.2 (König 无限引理) 设 $V_0, V_1, \cdots$ 是一个互不相交的非空有限集合

的无限序列，而 G 是这些集合并上的一个图. 对 $n \geqslant 1$, 假设 V_n 中的每个顶点 v 有个邻点 $f(v)$ 在 V_{n-1} 中, 那么 G 包含一条射线 $v_0v_1\cdots$ 使得对所有的 n, 都有 $v_n \in V_n$.

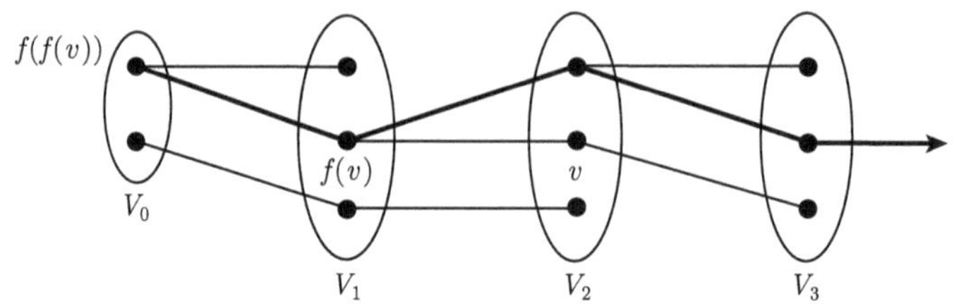

图 8.1.2 König 无限引理

证明 设 $\mathcal{P}$ 是结束于 V_0 并且形如 $vf(v)f(f(v))\cdots$ 的所有有限路的集合. 因为 V_0 是有限的, 而 $\mathcal{P}$ 是无限的, 所以 $\mathcal{P}$ 中有无限多个路结束于同一个顶点 $v_0 \in V_0$; 在这些路中, 由于 V_1 是有限的, 因此其中有无限多条路的倒数第二个顶点是同一个顶点 $v_1 \in V_1$; 在这些路中, 又有无限多条在 V_2 中使用相同的顶点 v_2, 等等. 虽然一步步地下去, 所考虑的路集合在减少, 但在任何有限步后, 它仍然是无限的, 所以对每个 $n \in \mathbb{N}$, 我们可以定义 v_n. 由定义, 每个顶点 v_n 都和某个路中的顶点 v_{n-1} 相连接, 所以 $v_0v_1\cdots$ 确实是一条射线. □

下面的"紧致性定理"是图论中第一次出现的此类定理, 它回答了前面提到的着色问题:

定理 8.1.3 (de Bruijn and Erdős, 1951) *设 $G=(V,E)$ 是一个图, 且 $k \in \mathbb{N}$. 如果 G 的每个有限子图的色数最多为 k, 那么 G 的色数也最多为 k.*

第一个证明 (G 是可数的, 通过无限引理证明) 设 $v_0, v_1, \cdots$ 是 V 的一个列举, 且 $G_n := G[v_0,\cdots,v_n]$. 对颜色集合 $\{1,\cdots,k\}$, 记 V_n 是 G_n 中使用颜色 $\{1,\cdots,k\}$ 所得到的所有 k-着色的集合. 在 $\bigcup_{n\in\mathbb{N}} V_n$ 上定义一个新的图, 它的边集是所有的 cc', 这里 $c \in V_n$ 而 $c' \in V_{n-1}$ 是把 c 限制在 $\{v_0,\cdots,v_{n-1}\}$ 上的着色. 设 $c_0c_1\cdots$ 是这个图的一条射线, 使得对所有的 n 有 $c_n \in V_n$, 那么 $c := \bigcup_{n\in\mathbb{N}} c_n$ 就是 G 使用颜色 $\{1,\cdots,k\}$ 的一个着色. □

正如从上个证明中看到的那样, 无限引理的运用依赖于"可数图可以被一个有限子图的嵌套序列来穷举"这一事实. 附录 A 给出了无限引理的另一个版本, 它适用于任意图, 并且不要求这些有限子图被序列化地排列. 这个广义版本依然十分直观, 并且可以方便地运用到很多不同情形, 包括定理 8.1.3 的证明.

紧致性证明的本质是, 我们可以经常把问题更直接地转换成用集合和函数表达的形式, 而更少地使用图的术语. 附录 A 中的**紧致性原理** (compactness principle) 就是这样一个版本, 它特别好用. 下面我们给出定理 8.1.3 的另外一个证明来展示如何应用它.

第二个证明 (对任意图, 通过紧致性原理证明)　设 $X := V$ 和 $S := \{1, \cdots, k\}$, 而 $\mathcal{F}$ 表示 V 的所有有限子集的集合. 对每个 $Y \in \mathcal{F}$, 设 $\mathcal{A}(Y)$ 是 $G[Y]$ 的 k-着色的集合. 为了证明定理 8.1.3, 我们只需找到一个从 V 到 $\{1, \cdots, k\}$ 的函数, 它在每个有限子图 $G[Y]$ 上导出一个 k-着色, 因为显然这样的函数是 G 的一个 k-着色.

根据紧致性原理, 只需证明对任意给定有限集合 $\mathcal{Y} \subseteq \mathcal{F}$, 可以找到一个从 V 到 $\{1, \cdots, k\}$ 的函数, 它在每一个 $G[Y]$ 上导出一个着色 (这里 $Y \in \mathcal{Y}$), 然而这显然成立: 只需取定有限图 $G[\bigcup \mathcal{Y}]$ 的一个 k-着色, 然后把它任意地拓展到 V 的其他部分即可. □

定理 8.1.3 的最后一个证明直接和拓扑中定义的紧致性有关. 前面提到, 如果拓扑空间的闭集具有"有限交性质"(即对闭集的集合 $\mathcal{A}$, 只要 $\mathcal{A}$ 的任意有限个子集有非空交, 则 $\mathcal{A}$ 的所有集合的交 $\bigcap \mathcal{A}$ 也是非空的), 那么这个空间是**紧致的** (compact). 由点集拓扑学的 Tychonoff 定理知, 在通常的乘积拓扑里, 任何紧致空间的乘积仍然是紧致的.

第三个证明 (对任意图 G, 通过 Tychonoff 定理证明)　考虑 $|V|$ 个有限集 $\{1, \cdots, k\}$ 的乘积空间

$$X := \prod_V \{1, \cdots, k\} = \{1, \cdots, k\}^V$$

所形成的离散拓扑. 由 Tychonoff 定理知, 这是一个紧致空间. 它的基本开集具有形式

$$O_h := \{f \in X \mid f|_U = h\},$$

这里 h 是从有限集 $U \subseteq V$ 到 $\{1, \cdots, k\}$ 的一个映射.

对每个有限集 $U \subseteq V$, 设 A_U 是所有 $f \in X$ 的集合, 其中 f 在 U 的限制是图 $G[U]$ 的一个 k-着色. 这些集合 A_U 是闭的 (也是开的, 为什么?), 设 $\mathcal{U}$ 是一个有限集合, 它的元素是 V 的有限子集, 那么 $\bigcap_{U \in \mathcal{U}} A_U \neq \varnothing$, 这是因为 $G[\bigcup \mathcal{U}]$ 有一个 k-着色, 由集合 A_U 的有限交性质知, 它们的全部交也是非空的, 并且这个交中的每个元素都是 G 的一个 k-着色. □

尽管这三个紧致性证明形式上不一样, 但是在细节上对它们进行比较是有益的, 检验一下每个证明中的要求是如何在另一个证明中反映出来的 (见练习 16).

前面已经提到, 紧致性证明的标准用法是把有限图中的定理推广到无限图, 或者反过来. 但并不总是像上面那样简单直接, 我们经常需要对命题进行稍微的修改才能适用紧致性的论证.

举个例子 (更多的见练习 17—练习 28), 让我们来证明下面这个著名猜想的局部有限形式. 给定一个图的顶点二部划分, 如果每个顶点在另一个部分的邻点

数至少和在自身部分的邻点数一样多, 那么我们称这个二部划分是**不友好的** (unfriendly). 显然, 每个有限图有一个不友好的划分: 只要选择使得这两部分之间的边最多的划分即可. 另一个极端的情形是, 可以通过集合论的方法来证明不可数的图不一定存在这样的划分. 然而令人费解的是, 对于可数的情形仍然没有解决.

不友好划分猜想 *每个可数图都有一个不友好的顶点集划分.*

对可数局部有限图的证明 设 $G=(V,E)$ 是一个局部有限的无限图, 它的顶点可以列举为 $v_0, v_1, \cdots$. 对每个 $n\in\mathbb{N}$, 把 $V_n := \{v_0,\cdots,v_n\}$ 划分为两个集合 U_n 和 W_n, 使得任何满足 $N_G(v)\subseteq V_n$ 的顶点 $v\in V_n$ 在另一部分的邻点至少与在自身部分的邻点数一样多, 记 $\mathcal{V}_n$ 是这样的划分的集合. 因为这个猜想对有限图成立, 所以 $\mathcal{V}_n$ 是非空的. 对所有的 $n\geqslant 1$, 每个 $(U_n,W_n)\in\mathcal{V}_n$ 导出 V_{n-1} 的一个划分 (U_{n-1},W_{n-1}), 它属于 $\mathcal{V}_{n-1}$ 中. 由无限引理, 存在一个划分 $(U_n,W_n)\in\mathcal{V}_n$ 的无限序列, 对每个 $n\in\mathbb{N}$ 有一个划分, 使得每个是由下一个导出的, 那么 $(\bigcup_{n\in\mathbb{N}}U_n, \bigcup_{n\in\mathbb{N}}W_n)$ 就是 G 的一个不友好划分. □

使得这个证明成为可能的诀窍是, 对 V_n 的划分, 把那些没有边连到 V_n 外的顶点放在恰当的位置: 为了确保从 $\mathcal{V}_n$ 的划分能导出 $\mathcal{V}_{n-1}$ 的划分, 这个弱化是必要的; 根据局部有限性, 由于每个顶点最终都有这个性质 (对足够大的 n), 所以这个弱化的假设足以保证极限划分是不友好的.

作为这一节的结束, 让我们考虑一个在无限图理论中重要, 而有限图中没有的概念——末端. 图 G 的**末端** (end)[5] 是指 G 的射线的一个等价类, 这里我们称两条射线是等价的, 如果对每个有限集合 $S\subseteq V(G)$, 两条射线在 $G-S$ 的同一个分支里都有一个尾巴. 注意, 这确实是一个等价关系: 因为 S 是有限的, 所以对每条射线仅有一个这样的分支. 如果两个射线是等价的, 它们才能被无限多个互不相交的路连接起来: 只需归纳地选择这些路, 把 S 取作最初的有限多条路的顶点集合的并, 然后去寻找下一个路. G 的末端集合记作 $\Omega(G)$. 我们用 $G=(V,E,\Omega)$ 表示具有顶点集 V、边集 E 和末端集合 Ω 的图 G.

举个例子, 让我们决定图 8.1.3 中的 2-道路无限梯的末端. 在这个图中, 每条射线要么包含左边无限远顶点, 要么包含右边无限远顶点, 但不同时包含两者. 这两类射线显然均为等价类, 所以这个梯恰有两个末端. (在图 8.1.3 中, 末端被表示为两个孤立的黑点, 一个在左边, 另一个在右边.)

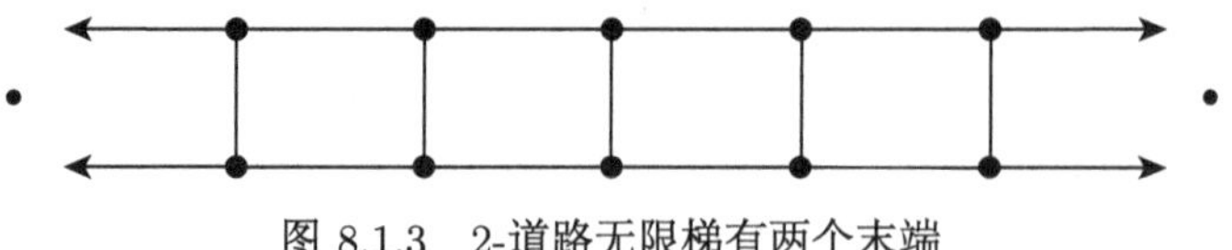

图 8.1.3 2-道路无限梯有两个末端

5 译者注: 此处原文加注解释"end"在有限图和无限图中的不同用法. 因为中文翻译中, 有限图边的"end"译作"端点", 而无限图的"end"译作"末端", 没有混淆的可能, 所以删除此注.

树的末端特别简单：树的两条射线是等价的当且仅当它们共享一个尾巴；对每个固定的顶点 v，每个末端恰好包含一个以 v 为始点的射线. 即使一个局部有限的树也可能有不可数多个末端. 最早的例子 (见练习 37) 是**二叉树** (binary tree) T_2，它是每个顶点恰好有两个上邻点的有根树. T_2 的顶点集合经常被取成有限 0-1 序列的集合 (空序列作为根)，正如图 8.1.4 中所显示的那样. 从而 T_2 的末端在一个双射下，对应着以 $\varnothing$ 为始点的射线，因此也对应着无限的 0-1 序列.

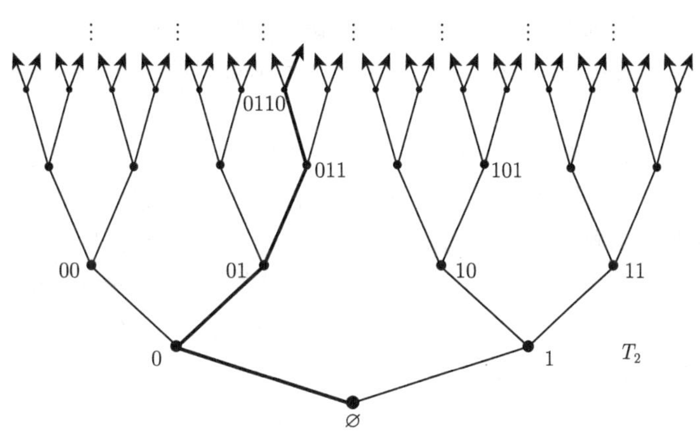

图 8.1.4　二叉树 T_2 有连续统多个末端，每个对应于一个无限的 0-1 序列

这些例子表明图的末端可以看作射线“在无穷远处收敛的点”，我们将在 8.5 节正式定义它，那里我们定义图上的一个自然拓扑和它的末端，使得射线确实收敛到它们各自的末端.

在末端中不交射线的最多条数是这个末端的 (**组合**) **顶点度数** ((combinatorial) vertex-degree)，末端中边不交射线的最多条数是这个末端的 (**组合**) **边度数** ((combinatorial) edge-degree). 这些最大值确实是可以达到的：对于每个整数 k，如果一个末端包含 k 条 (边) 不交射线的集合，那么它也包含 (边) 不交射线的无限集合 (练习 43). 因此在 $\mathbb{N} \cup \{\infty\}$ 中，每个末端有一个顶点度数和边度数.

8.2　路、树和末端

无限连通图的无限性包含两方面根本不同的性质：其一是“长度”，用射线来表示；其二是“宽度”，用无限度数来局部地表示. 无限引理告诉我们这两种性质的一个一定出现：

命题 8.2.1　每个无限连通图包含一个具有无限度数的顶点或一条射线.

证明　设 G 是一个无限连通图，其所有顶点的度数均为有限. 设 v_0 是一个顶点，对每个 $n \in \mathbb{N}$，令 V_n 为与 v_0 距离为 n 的顶点集. 对 n 进行归纳可证明，集

合 V_n 为有限集, 所以 $V_{n+1} \neq \varnothing$ (因为 G 是无限且连通的). 进一步地, 顶点 $v \in V_{n+1}$ 在任意一条最短 v-v_0 路上的邻点都包含在 V_n 中. 由引理 8.1.2, G 包含一条射线. □

如果能获得更多有关这条射线或具有无限度数的顶点在 G 中位置的详细信息, 将会对以后的研究有用. 从下面的引理可以看到, 它们离任意给定的无限顶点集“很近”.

引理 8.2.2 (星-梳引理) 设 U 为连通图 G 的一个顶点无限集, 则 G 要么包含一个梳, 它的梳齿均在 U 中, 要么包含一个无限星图的细分, 其所有叶子点均在 U 中.

证明 我们首先考虑一族满足下列性质的树 T: 树 T 的每条边都属于 T 中某条连接 U 中两个顶点的路上. 由于 G 是连通的, 所以它包含一条连接 U 中两个顶点的路. 因此这条路是满足性质的一棵树 $T \subseteq G$, 故这个族非空. 由 Zorn 引理, 存在一棵满足这个性质的极大树 T^*. 因为 U 是无限的且 G 是连通的, 故 T^* 是无限的. 如果 T^* 包含一个无限度的顶点, 则它包含所要的星图的细分.

现在假设 T^* 是局部有限的, 则 T^* 包含一条射线 R (命题 8.2.1). 我们构造 T^* 中不交的 R-U 路序列 $P_1, P_2, \cdots$. 对某个 n, 在选定了所有 $i < n$ 的 P_i 后, 选择 $v \in R$ 使得 vR 与这些路 P_i 均不相交. vR 的首条边位于连接 U 的两个顶点且包含在 T^* 中的一条路 P 上. 我们将 P 看作沿着 R 的相同方向通过这条边, 选择 P 为极小的, 则 vP 具有形式 $vRwP$, 这里 $P_n := wP$ 是一条 R-U 路, 同时对所有 $i < n$, 有 $P_n \cap P_i = \varnothing$, 这是因为 $P_i \cup Rw \cup P_n$ 不包含圈. □

在局部有限图中, 我们将会经常用到引理 8.2.2, 因为对这种情形我们总可以得到一个梳图.

回顾一下, 一棵有根树 $T \subseteq G$ 在 G 中是**正规的** (normal), 如果 G 中每条 T-路的端点在 T 的树序下是可比的. 若 T 是一棵支撑树, 则唯一的 T-路是 G 中那些不属于 T 的边.

正规支撑树或许是无限图理论中最为重要的一个结构性工具. 正如在有限图中一样, 它展示了所支撑的母图的分离性质. [6] 此外, 它的**正规射线** (normal ray), 即那些从根出发的射线, 反映了它的末端结构:

引理 8.2.3 若 T 为 G 中一棵正规支撑树, 则 G 中每个末端恰好包含 T 的一条正规射线.

证明 设 $\omega \in \Omega(G)$ 已给定. 在 T 中运用星-梳引理, 这里 U 取为任意射线 $R \in \omega$ 的顶点集. 如果由引理得到的是一个星图的细分, 其中所有叶子顶点位于 U 中, 而中心为 z, 则 z 在 T 中的有限下闭包 $\lceil z \rceil$ 在 G 中成对地分离 U 中无限多个

6 引理 1.5.5 对无限图也成立, 证明过程也相同.

顶点 $u > z$ (引理 1.5.5), 这与 U 的选取矛盾.

因此 T 包含一个所有梳齿在 R 中的梳, 令 $R' \subseteq T$ 是它的梳背. 由于 T 中每条射线都有递增的尾巴 (练习 4), 因此我们可以假定 R' 是一条正规射线. 因 R' 和 R 等价, 故它位于 ω 中.

反过来, T 中不同的正规射线在 G 中被它们最大的公用顶点的 (有限) 下闭包所分离 (引理 1.5.5), 故它们不可能属于 G 的同一个末端. □

并非所有连通图都有一棵正规支撑树, 例如, 不可数完全图就没有 (为什么呢?). 研究包含正规支撑树的图的完全刻画的工作还没有完成, 并时常会带来一些惊喜.[7] 其中最为有用的充分条件之一就是该图不含 $TK^{\aleph_0}$, 见定理 12.6.9. 对我们来说, 以下结果就足够了:

定理 8.2.4 (Jung, 1967) 每个可数的连通图包含一棵正规支撑树.

证明 定理的证明可从命题 1.5.6 的证明推出, 我们只指出它们之间不同的地方. 从单个顶点开始, 我们在 G 中构造一个由有限正规树组成的无限序列 $T_0 \subseteq T_1 \subseteq \cdots$, 所有这些树均有相同根, 它们的并 T 也将会是一棵正规支撑树.

为了保证 T 支撑 G, 我们固定 $V(G)$ 的一个排列 $v_0, v_1, \cdots$, 并使 T_n 包含 v_n. 显然, T 是一棵树 (因为 T 中任意圈都会包含在某个 T_n 中, 且 T 中任意两个顶点属于某个共同 T_n, 并能在其中被连接起来), 并且 T 的树序导出 T_n 的树序. 最后, T 是正规的, 这是因为属于 G 但不属于 T 中的任意边的端点包含在某个 T_n 中: 由于 T_n 是正规的, 这两个顶点在其中是可比的, 故在 T 中也是可比的.

剩下的就是说明如何从 T_n 来构造 T_{n+1}. 若 $v_{n+1} \in T_n$, 令 $T_{n+1} := T_n$. 否则, 设 C 为 $G - T_n$ 中包含 v_{n+1} 的分支, 而 x 是链 $N(C)$ 在 T_n 中的最大元, 设 T_{n+1} 是 T_n 和满足 $\mathring{P} \subseteq C$ 的 x-v_{n+1} 路 P 的并, 则 $G - T_{n+1}$ 的任意新分支 $C' \subseteq C$ 在 T_{n+1} 中的邻集也是 T_{n+1} 的链, 故 T_{n+1} 同样也是正规的. □

对于那些在无限情形中存在但在有限情况中没有对应形式的性质, 最根本的问题之一就是“存在任意多个”是否在某种意义上蕴含着“存在无限多个”. 假设对每个 $k \in \mathbb{N}$, 我们都能在某个给定图 G 中找到 k 条不交的射线, 那么 G 是否包含一个由不交射线组成的无限集呢?

对 (任意固定长度的) 有限路来说, 上面问题的答案显然是肯定的, 因为一条有限路 P 绝不可能出现在多于 $|P|$ 条不交的其他路上. 然而, 一条选取得不好的射线却可能与无限条其他射线相交, 从而使得它们不能被选入同一个不交集中. 因此, 我们不能贪心地收集不交的射线, 而应该很小心地构造这些射线, 并且同时地构造出所有射线.

下面定理的证明是展示构造涉及无限多步的一个极好例子, 其最终目标仅在极

7 其中之一就是定理 8.6.2, 更多信息见本章后的注解.

限步骤出现. 构造过程的每一步都涉及 Menger 定理 (3.3.1) 的非平凡应用.

定理 8.2.5 (Halin, 1965) (i) 如果, 对每个 $k \in \mathbb{N}$, 无限图 G 包含 k 条不相交射线, 则 G 包含无限多条不相交射线.

(ii) 如果, 对每个 $k \in \mathbb{N}$, 无限图 G 包含 k 条边不交射线, 则 G 包含无限多条边不交射线.

证明 (i) 用 ω 步归纳地构造出不相交射线的无限系统. 在 n 步之后, 我们会找到 n 条不相交的射线 $R_1^n, \cdots, R_n^n$, 并且选取这些射线的初始段 $R_i^n x_i^n$; 在第 $n+1$ 步, 选取射线 $R_1^{n+1}, \cdots, R_{n+1}^{n+1}$ 来延伸这些初始段, 亦即, 使得对 $i = 1, \cdots, n$, $R_i^n x_i^n$ 是包含于 $R_i^{n+1} x_i^{n+1}$ 中的子初始段. 那么, 显然图 $R_i^* := \bigcup_{n \in \mathbb{N}} R_i^n x_i^n$ 就构成 G 中不相交射线的无限族 $(R_i^*)_{i \in \mathbb{N}}$.

对 $n = 0$, 空射线集就是所需要的. 所以我们假设 $R_1^n, \cdots, R_n^n$ 已选定, 下面说明第 $n+1$ 步. 为简洁起见, 记 $R_i^n =: R_i$ 且 $x_i^n =: x_i$. 令 $\mathcal{R}$ 为任意 $|R_1 x_1 \cup \cdots \cup R_n x_n| + n^2 + 1$ 条射线的集合 (根据假设, 它是存在的). 如果 $\mathcal{R}$ 中的射线和路 $R_1 x_1, \cdots, R_n x_n$ 中任意一条相交, 就把它立即删掉, 那么 $\mathcal{R}$ 仍包含至少 $n^2 + 1$ 条射线.

一开始, 我们尽可能多地重复以下步骤: 如果存在一个 $i \in \{1, \cdots, n\}$ 使得 R_i^{n+1} 尚未定义且 $\mathring{x}_i R_i$ 与目前的 $\mathcal{R}$ 中至多 n 条射线相交, 那么就从 $\mathcal{R}$ 中删掉这些射线, 令 $R_i^{n+1} := R_i$, 并在 R_i 上选取 x_i 的后继顶点作为 x_i^{n+1}. 在尽可能多地重复这一步骤后, 我们用 I 来表示使得 R_i^{n+1} 尚未定义的 $i \in \{1, \cdots, n\}$ 的集合, 并令 $|I| =: m$, 则 $\mathcal{R}$ 仍包含至少 $n^2 + 1 - (n-m)n \geqslant m^2 + 1$ 条射线, 而每个 R_i $(i \in I)$ 与 $\mathcal{R}$ 中多于 $n \geqslant m$ 条射线相交. 令 z_i 是与之相交的第 m 条射线上的第一个顶点, 则 $Z := \bigcup_{i \in I} x_i R_i z_i$ 至多与 $\mathcal{R}$ 中 m^2 条射线相交. 我们将所有的其他射线从 $\mathcal{R}$ 中删除, 并选其中之一作为 R_{n+1}^{n+1} (x_{n+1}^{n+1} 可任意选).

在剩下的每条射线 $R \in \mathcal{R}$ 上, 我们把 R 在 Z 中最后一个顶点后面的顶点记为 $y = y(R)$, 并令 $Y := \{y(R) \mid R \in \mathcal{R}\}$. 设 H 是 Z 和所有路 Ry $(R \in \mathcal{R})$ 的并, 则在 H 中不可能用少于 m 个顶点将 $X := \{x_i \mid i \in I\}$ 与 Y 分离, 这是因为它会漏掉两条射线, 一条是 m 条射线 R_i $(i \in I)$ 中的一个, 另一条是 $\mathcal{R}$ 中与这个 $x_i R_i z_i$ 相交的 m 条射线中的一个. 故由 Menger 定理 (3.3.1) 知, H 中存在 m 条不相交的 X-Y 路 $P_i = x_i \cdots y_i$ $(i \in I)$. 对每个 $i \in I$, 令 R_i' 表示 $\mathcal{R}$ 中包含顶点 y_i 的射线, 选取射线 $R_i x_i P_i y_i R_i'$ 作为 R_i^{n+1}, 并令 $x_i^{n+1} := y_i$.

(ii) 可类似地证明, 见练习 42 以及提示. □

除了射线外, 定理 8.2.5 能否推广到其他图上呢? 给定图之间的关系 $\leqslant$ (例如子图关系 $\subseteq$, 或子式关系 $\preceq$), 我们称一个图 H 是**普遍存在的** (ubiquitous), 如果 $nH \leqslant G$ 对所有 $n \in \mathbb{N}$ 成立就蕴含着 $\aleph_0 H \leqslant G$, 这里 nH 表示 H 的 n 个拷贝的不交并. 普遍存在性看起来与第 12 章中讨论的良拟序问题密切相关. 对所有标准的图顺序, 总可以找到非普遍存在图, 见练习 46, 它是一个在子图关系下, 局部有限图不是普遍存在图的例子.

普遍存在猜想 (Andreae, 2002) *每个局部有限连通图关于子式关系是普遍存在的.*

同定理 8.2.5 一样, 可以证明一个末端包含无限多条不相交射线, 只要其中不相交射线的个数不被限定为有限, 类似的结论对边不交射线也成立 (练习 43). 因此, 正如已阐述的那样, 在末端的顶点度数和边度数的定义中提到的最大值是存在的. 具有无限度数的末端被称为**厚的** (thick); 具有有限度数的末端称为**薄的** (thin).

举个例子, $\mathbb{N}\times\mathbb{N}$ **网格** (grid), 即定义在 $\mathbb{N}^2$ 上的图, 它的两个顶点 (n,m) 和 (n',m') 是相邻的当且仅当 $|n-n'|+|m-m'|=1$, 它只有一个末端, 并且是厚的. 事实上, $\mathbb{N}\times\mathbb{N}$ 网格从某种意义上是厚末端的基本原型: 每个有厚末端的图都包含它作为子式. 这是 Halin 得到的另一经典结果, 我们将在本节剩下篇幅证明这个结论.

由于一些技术原因, 我们将对六边形网格而不是正方形网格来证明 Halin 定理. 一开始可能感觉不好处理, 但它的优势在于我们可以找到它作为拓扑子式而不是通常子式 (命题 1.7.3), 这会对处理问题用所帮助. 我们将定义六边形网格 H^∞ 使得它是 $\mathbb{N}\times\mathbb{N}$ 网格的子图; 反过来, 容易地看到, $\mathbb{N}\times\mathbb{N}$ 网格是 H^∞ 的子式 (参考第 12 章练习 57).

为了定义**六边形四分网格** (hexagonal quarter grid) H^∞, 我们从 $\mathbb{N}\times\mathbb{N}$ 网格 H 中删去顶点 $(0,0)$, 以及具有 $n>m$ 的顶点 (n,m) 和所有 n 与 m 具有相同奇偶性的边 $(n,m)(n+1,m)$(图 8.2.1). 因此, H^∞ 由**垂直射线** (vertical ray)

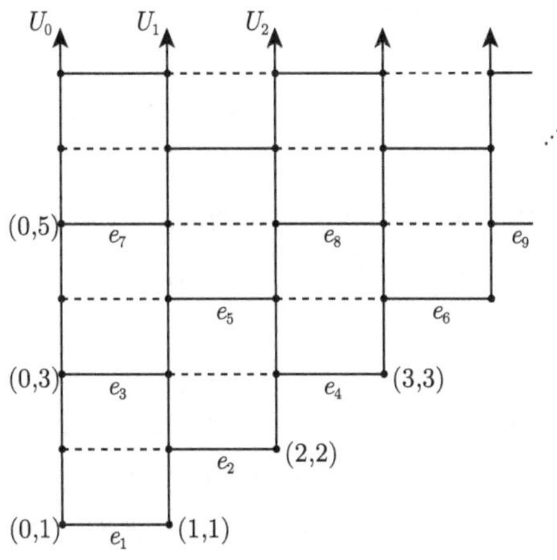

图 8.2.1 六角四分网格 H^∞

$$U_0 := H[\{(0,m) \mid 1 \leqslant m\}],$$
$$U_n := H[\{(n,m) \mid n \leqslant m\}] \quad (n \geqslant 1),$$

以及这些射线之间的**水平边** (horizontal edge)

$$E := \{(n,m)(n+1,m) \mid n \not\equiv m \pmod 2\}$$

组成. 为了把这些边列举成类似于 $e_1, e_2, \cdots$ 的形式, 我们将它们按双词典序排列: 如果 $m < m'$, 或者 $m = m'$ 且 $n < n'$, 那么边 $(n,m)(n+1,m)$ 在边 $(n',m')(n'+1,m')$ 之前 (图 8.2.1).

定理 8.2.6 (Halin, 1965) 只要图包含一个厚末端, 则它一定包含一个 TH^∞ 子图, 其射线均属于该末端.

证明 给定两个由有限或无限路组成的无限集 $\mathcal{P}$ 和 $\mathcal{P}'$, 若 $\mathcal{P}'$ 由 $\mathcal{P}$ 中路的末尾段所组成, 就记作 $\mathcal{P} \geqslant \mathcal{P}'$. (因此, 如果 $\mathcal{P}$ 是一个射线的集合, 那么 $\mathcal{P}'$ 也是.)

令 G 为具有厚末端 ω 的任意图, 我们的任务是在 ω 中寻找不相交的射线使得它们在所需的网格中充当“垂直”(细分的) 射线 U_n 的角色, 并将它们用合适的不相交“水平”路连接起来. 我们从构造射线序列 $R_0, R_1, \cdots$(稍后将从中选取一些尾巴 R_n' 作为“垂直射线”) 开始, 并结合位于 R_n 和 (满足 $p(n) < n$ 的适当的) $R_{p(n)}$ 之间的路系统 $\mathcal{P}_n$ (稍后将从它们中选取“水平路”). 我们的目标是在未用过的射线“供应集” $\mathcal{R}_0 \geqslant \mathcal{R}_1 \geqslant \cdots$ 中寻找 R_n. 在完成 n 步构造后, 我们将得到子图 $H_n := \bigcup_{i=0}^n (R_i \cup \bigcup \mathcal{P}_i)$.

我们会从 ω 的不相交射线中的任意无限集 $\mathcal{R}$ 入手, 根据 ω 是厚末端的假设, 这样的集合是存在的. 选取 $R_0 \in \mathcal{R}$, 令 $\mathcal{P}_0 := \varnothing$ 以及 $\mathcal{R}_0 := \mathcal{R} \setminus \{R_0\}$, 在构造第 $n \geqslant 1$ 步时, 我们的选择满足以下所有条件:

(1) 与 H_{n-1} 不相交的射线 $R_n \in \omega$;

(2) 一个整数 $p(n) < n$;

(3) 由不相交的 R_n-$R_{p(n)}$ 路所组成的无限集合 $\mathcal{P}_n$, 这里的 R_n-$R_{p(n)}$ 路避开所有其他 R_i;

(4) 由 $G - H_n$ 中不相交射线组成的无限集合 $\mathcal{R}_n \leqslant \mathcal{R}_{n-1}$.

给定 $n \geqslant 1$, 作为 R_n 的第一个选择, 考虑 $\mathcal{R}_{n-1}$ 中的任意射线 R. 在 (4) 中取 n 为较小的值, 我们得到 $R \in \omega$ (由于 $\mathcal{R}_{n-1} \leqslant \cdots \leqslant \mathcal{R}_0 \subseteq \mathcal{R}$) 和 $R \cap H_{n-1} = \varnothing$, 这满足 (1) 中对 R_n 的要求.

其次, 寻找和 R 一起组成 R_n 的集合 $\mathcal{P}_n$ 和 $p(n)$, 因为 H_{n-1} 包含 $R_0 \in \omega$, 所以存在 G 中不交的 R-H_{n-1} 路的无限集 $\mathcal{P}$. 如果 $\mathcal{P}$ 包含一个全部结束于同一个 R_i $(i < n)$ 的路的无限集, 那么从 $\mathcal{P}$ 中删除所有其他路; 否则, $\mathcal{P}$ 包含一个路的无限集, 其中所有的路都结束于 $\mathcal{P}_i$ $(i < n)$ 的一条路的内部顶点, 我们沿着 $\mathcal{P}_i$ 的这条

路延伸直到 R_i, 然后从 $\mathcal{P}$ 中删除所有其他路. 在这两种情况, 都令 $p(n) := i$, 从而满足 (2) 并找到不交 R-$R_{p(n)}$ 路的无限集 $\mathcal{P}$, 这些路都避免所有其他的 R_i $(i < n)$.

为了后面的应用, 我们记

$$\text{$\mathcal{P}$ 中的每条路是由一条 R-H_{n-1} 路紧跟着一条 H_{n-1} 中的(可能平凡的) 路所组成.} \tag{$*$}$$

为什么不能把 R 选作 R_n 并把 $\mathcal{P}$ 选作 $\mathcal{P}_n$ 呢? 其原因是条件 (4): 如果 $\mathcal{P}$ 和 $\mathcal{R}_{n-1}$ 中, 除了有限多条射线外的, 所有其他射线相交无限多次, 那么就找不到射线的无限集 $\mathcal{R}_n \leqslant \mathcal{R}_{n-1}$ 避开 $\mathcal{P}$.

如果这种情况发生, 我们唯一的选择是利用必要性的优势以及 $\mathcal{P}$ 和 $\mathcal{R}_{n-1}$ 之间大量的交集, 重新构造完全不同的 R_n, $\mathcal{P}_n$ 和 $\mathcal{R}_n$. 这需要进一步的准备, 根据目前得到的结果, 我们可以作以下的假定:

$$\text{如果 $R' \in \mathcal{R}_{n-1}$ 并且 $\mathcal{P}' \leqslant \mathcal{P}$ 是 R'-$R_{p(n)}$ 路组成的无限集, 则存在一条 $\mathcal{R}_{n-1}$ 中的射线 $R'' \neq R'$ 与 $\mathcal{P}'$ 相交无限次.} \tag{$**$}$$

因为, 如果 $(**)$ 不成立, 我们可以选取 R' 作为 R_n 并选取 $\mathcal{P}'$ 作为 $\mathcal{P}_n$, 并从 $\mathcal{R}_{n-1}$ 的每条射线 $R'' \neq R'$ 中选取一个避开 $\mathcal{P}'$ 的尾巴来组成 $\mathcal{R}_n$, 从而使得对 n 条件 (1)—(4) 均满足.

把 $\mathcal{P}$ 中的路根据它在 $\mathcal{R}$ 中起始顶点的自然顺序线性排列, 这将会在每个 $\mathcal{P}' \leqslant \mathcal{P}$ 上导出一个序. 如果对某条射线 R', $\mathcal{P}'$ 是 R'-$R_{p(n)}$ 路的集合, 而且这个序在 $\mathcal{P}'$ 的路上前面几个顶点导出的序与 R' 上这些顶点的自然顺序一致, 我们就称 $\mathcal{P}'$ 的这样一个序是与 R' **一致的** (compatible).

一开始令 $R =: R^0_{n-1}$ 和 $\mathcal{P} =: \mathcal{P}^0$, 我们构造两个序列 $R^0_{n-1}, R^1_{n-1}, \cdots$ 和 $\mathcal{P}^0 \geqslant \mathcal{P}^1 \geqslant \cdots$ 使得每个 R^k_{n-1} 是 $\mathcal{R}_{n-1}$ 中一条射线的尾巴, 而每个 $\mathcal{P}^k$ 是一个 R^k_{n-1}-$R_{p(n)}$ 路的无限集, 并且它的序与 R^k_{n-1} 的序一致. 按照这一顺序, 记 $\mathcal{P}^k$ 中第一条路为 P_k, 其在 R^k_{n-1} 上的起始顶点记为 v_k, $\mathcal{P}^{k-1}$ 中包含 P_k (若 $k \geqslant 1$) 的路记为 P^-_k(图 8.2.2). 对 $k \geqslant 1$, 为了定义 R^k_{n-1} 和 $\mathcal{P}^k$, 我们对 $R' \supseteq R^{k-1}_{n-1}$ 和 $\mathcal{P}' = \mathcal{P}^{k-1}$ 运用 $(**)$ 来找到 $\mathcal{R}_{n-1}$ 中的一条射线 $R'' \not\supseteq R^{k-1}_{n-1}$, 它与 $\mathcal{P}^{k-1}$ 相交无限次. 令 R^k_{n-1} 是 R'' 的一个尾巴, 它避开了 $\mathcal{P}$ 中包含 $P_0, \cdots, P_{k-1}$ 的有限多条路. 设 P^-_k 是 $\mathcal{P}^{k-1}$ 中的一条与 R^k_{n-1} 相交的路, 并设 v 为它在 R^k_{n-1} 上的"最高"顶点, 即 R^k_{n-1} 在 $V(P^-_k)$ 中的最后一个顶点. 用 R^k_{n-1} 的尾巴 vR^k_{n-1} 代替 R^k_{n-1}, 那么我们可以安排 P^-_k 只有顶点 v 属于 R^k_{n-1}, 从而 $P_k := vP^-_k$ 是起点为 $v_k = v$ 的一条 R^k_{n-1}-$R_{p(n)}$ 路. 现在我们可以选取一个由 R^k_{n-1}-$R_{p(n)}$ 路组成的无限集 $\mathcal{P}^k \leqslant \mathcal{P}^{k-1}$, 这些路与 R^k_{n-1} 是一致的且包含 P_k 作为它的第一条路.

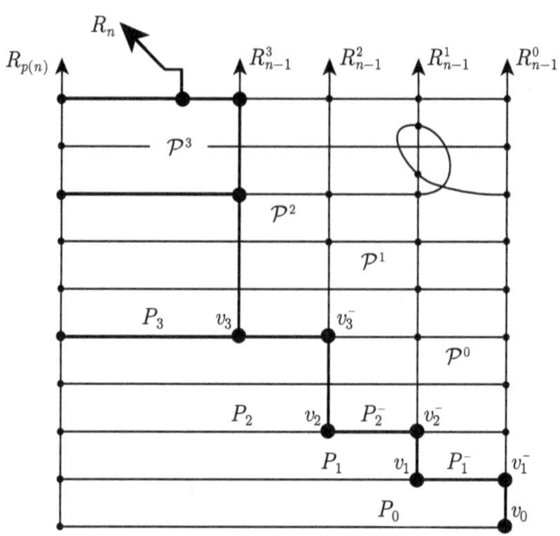

图 8.2.2 从条件 (∗∗) 构造的 R_n

注意到, P_k 不可能是任何 P_i $(i < k)$ 的子路, 这是因为 P_k 包含 $v_k \in R^k_{n-1}$ 而 $R^k_{n-1} \cap P_i = \varnothing$. 由于 $\mathcal{P}^k \leqslant \mathcal{P}^i$, 这意味着 P_k 和 P_i 是 $\mathcal{P}$ 中不交路的子路. 类似地, 对 $i < k$, 射线 R^k_{n-1} 和 R^i_{n-1} 不可能成为 $\mathcal{R}_{n-1}$ 中同一个射线的尾巴, 从而成为 $\mathcal{R}_{n-1}$ 中不交射线的尾巴, 这是因为 $\bigcup \mathcal{P}^k$ 和 R^k_{n-1} 相交无穷次但避开 R^i_{n-1}. (确实, 由定义知 R^k_{n-1} 和 R^{k-1}_{n-1} 不相交, 所以 $\mathcal{P}^k$ 中的路是 $\mathcal{P}^{k-1} \leqslant \mathcal{P}^i$ 中路的最后路段, $\mathcal{P}^i$ 中的路只与 R^i_{n-1} 相交于它们的第一个顶点.)

对每个 k, 设 v^-_{k+1} 表示 P^-_{k+1} 在 R^k_{n-1} 上的起始顶点, 并令 $R^k_n := \mathring{v}^-_{k+1} R^k_{n-1}$, 则可令

$$
\begin{aligned}
R_n &:= v_0 R^0_{n-1} v^-_1 P^-_1 v_1 R^1_{n-1} v^-_2 P^-_2 v_2 R^2_{n-1} \cdots ,\\
\mathcal{P}_n &:= \{P_0, P_1, P_2, \cdots\},\\
\mathcal{R}_n &:= \{R^k_n \mid k \in \mathbb{N}\}.
\end{aligned}
$$

为了验证 R_n 确实是一个射线, 需要检验组成它的若干子路段只在它们的连接处相交. 我们已经注意到, 对于不同的 k, 路 P^-_k 是 $\mathcal{P}$ 中不交路的最后路段, 而射线 R^k_{n-1} 是 $\mathcal{R}_{n-1}$ 中不交射线的尾巴. 进一步地, 由定义知每个 R^k_{n-1} 避开 $\mathcal{P}$ 中包含 $P_0, \cdots, P_{k-1}$ 的路. 同时, 因为 P^-_{k+1} 处于 $\mathcal{P}^k$ 中, 所以每个 P^-_{k+1} 避开了满足 $i < k$ 的射线 R^i_{n-1}, 它的路是 $\mathcal{P}^i$ 中 R^i_{n-1}-$R_{p(n)}$ 路的最后路段的真子路段. 因此, 余下需要验证的是, 对每个 k, R_n 的路段 $v_k R^k_{n-1} v^-_{k+1}$ 与前一个路段 $v^-_k P^-_k v_k$ 只相交于 v_k, 而与下一个路段 $v^-_{k+1} P^-_{k+1} v_{k+1}$ 只相交于 v^-_{k+1}. 第一个结论由 R^k_{n-1} 的定义得到, 而第二个结论由 P^-_{k+1} 的选取所蕴含.

基于相同的理由, 每个 P_k 只与 R_n 相交于 v_k (因此 $\mathcal{P}_n$ 确实是 R_n-$R_{p(n)}$ 路的集合), 而 $\mathcal{R}_n$ 中的路既不与 R_n 相交也不与 $\mathcal{P}_n$ 中的路相交, 所以 $\mathcal{R}_n$ 满足 (4), 而 $\mathcal{P}_n$ 满足 (3). 要记得, 对于每个小于 n 而不等于 $p(n)$ 的 i, $\mathcal{P} \geqslant \mathcal{P}_n$ 中的路都避开 R_i .

剩下需要验证的是 (1). 因为 $\mathcal{P}_n$ 是 R_n 的路的集合并且与 $R_{p(n)}$ 不相交, 且由 (1) 有 $R_{p(n)} \in \omega$, 所以 $R_n \in \omega$. 要证明 $R_n \cap H_{n-1} = \varnothing$, 记得前面提到 R_n 的“垂直”路段处于 $\mathcal{R}_{n-1}$ 的射线中, 故由 (4) 知它们和 H_{n-1} 不交; 而 R_n 的“水平”路段可以和 H_{n-1} 相交, 但只发生在当这路段和它的最后顶点 v_k 相交时 (由 (*) 得). 但是, v_k 也处于一个垂直路段上, 所以不在 H_{n-1} 中, 因此 $R_n \cap H_{n-1} = \varnothing$, 得证.

下面我们利用射线 R_n 和路系统 $\mathcal{P}_n$ 来构造所需要的网格. 通过把每个 n 连接 $p(n)$ 定义了 $\mathbb{N}$ 上的一棵树. 把无限引理 (8.1.2) 运用到从 0 开始不同距离的顶点族, 可以找到具有顶点 $n_0 < n_1 < \cdots$ 的一条射线 $n_0 n_1 \cdots$, 或者 (如果这些族中的一个是无限的) 可以找到一个顶点 n_0 具有无限多个比 n_0 大的邻点 $n_1, n_2, \cdots$. 我们依次处理这两种情形. 为了简化记号, 假定对所有 i 有 $n_i = i$. (换句话说, 不考虑任何具有 $n \notin \{n_0, n_1, \cdots\}$ 的 R_n.)

在第一种情形, 每个 $\mathcal{P}_n$ 是不交 R_n-R_{n-1} 路构成的无限集. 我们的目标是选择与垂直射线 $U_n \subseteq H^\infty$ 相对应的射线 R_n 的尾巴 R'_n, 以及与 H^∞ 的水平边 $e_1, e_2, \cdots$ 对应的 R'_n 之间的路 $S_1, S_2, \cdots$. 我们将会归纳地寻找路 $S_1, S_2, \cdots$, 并在寻找的过程中选择需要的 R'_n (但也是按照 n 增加的顺序, 从 $R'_0 := R_0$ 开始). 在每步构造中, 我们将只选取有限多个 S_k 和有限多个 R'_n.

令 k 和 n 是使得 S_k 和 R'_n 尚未定义的最小值. 我们将描述如何选取 S_k 以及 R'_n (若 S_k 的定义需要 R'_n 的话). 设 i 是使得在 H^∞ 中 e_k 连接 U_{i-1} 和 U_i. 若 $i = n$, 令 R'_n 为 R_n 的尾巴并避开有限条路 $S_1, \cdots, S_{k-1}$; 否则, R'_i 和 R'_{i-1} 已被定义. 现在选择 R'_{i-1} 和 R'_i 之间“足够高的” $S_k \in \mathcal{P}_i$ 以便反映 e_k 在 H^∞ 中所处的位置, 同时避开 $S_1 \cup \cdots \cup S_{k-1}$, 那么 S_k 也会避开所有已定义的其他 R'_j: 若 $j < i$, 由 (3) 知对 i 成立; 若 $j > i$, 则由 (1) 知对 j 成立. 由于每个 R'_n 都被如此选取以避开所有先前定义的 S_k, 并且每个 S_k 都避开了所有先前定义的 R'_j (R'_{i-1} 和 R'_i 除外), 所以除了对所要求的关联关系, R'_n 和 S_k 对所有 $n, k \in \mathbb{N}$ 都是两两不交的. 因此我们的构造产生了想要的 H^∞ 的细分.

在第二种情形, 每个 $\mathcal{P}_n$ 是不交 R_n-R_0 路组成的集合. 对于 H^∞ 的垂直射线, 我们只使用 R_n $(n \geqslant 1)$, 这是因为需要 R_0 来处理水平路. 更准确地说, 对于 $n \geqslant 1$, 和前面一样, 我们归纳地选择射线 $R'_n \subseteq R_n$, 以及它们之间的路 S_k, 除非 S_k 由三部分组成: $\mathcal{P}_{i-1}$ 中的一个初始路段, 紧接着是 R_0 上的中间路段, 以及 $\mathcal{P}_i$ 中的一个最后路段. 这样的 S_k 可以重新找到, 因为在构造的每一步只有 R_0 的有限部分被用过. □

8.3　齐次与通用图

与有限图不同, 无限图提供了一种可能性: 我们可以只用一个样本图来表示整个图性质 $\mathcal{P}$, 即给定某个固定基数, 单个图包含了性质 $\mathcal{P}$ 中的所有图. 这样的图称为对这一性质是"通用的".

更准确地说, 如果 $\leqslant$ 表示一个图关系 (如子式、拓扑子式、子图, 或同构意义下的导出子图关系), 我们称一个可数图 G^* 在 $\mathcal{P}$ 中 (对 $\leqslant$) 是**通用的** (universal), 如果 $G^* \in \mathcal{P}$ 且对每个可数图 $G \in \mathcal{P}$, 有 $G \leqslant G^*$.

是否存在一个图在*所有*可数图的集合中都是通用的呢? 假设一个图 R 具有以下性质:

如果 U 和 W 是 R 中不相交的有限顶点集, 那么就存在一个顶点 $v \in R - U - W$, 使得它在 R 中与 U 的所有顶点邻接, 但不与 W 中的任何顶点邻接.　　(∗)

则 R 是通用的, 即使对图关系中最强的关系 (即导出子图关系) 也如此. 的确, 为了把一个给定的可数图 G 嵌入到 R 中, 我们只需要将它的顶点 $v_1, v_2, \cdots$ 归纳地映射到 R 中, 确保 v_n 映射到一个顶点 $v \in R$, 而该顶点与 v_n 在 $G[v_1, \cdots, v_n]$ 中的所有邻点的象都邻接, 与 v_n 在 $G[v_1, \cdots, v_n]$ 中的所有非邻点的象均不邻接. 显然, 这样的映射是 G 和它的象所导出的 R 的子图之间的一个同构.

定理 8.3.1 (Erdős and Rényi, 1963)　*存在唯一可数图 R 满足性质 (∗).*

证明　为了证明存在性, 我们归纳地构造满足性质 (∗) 的图 R. 令 $R_0 := K^1$. 对所有 $n \in \mathbb{N}$, 令 R_{n+1} 是由 R_n 对每个集合 $U \subseteq V(R_n)$ 添加一个新顶点 v, 并将它与 U 中的所有顶点连接, 与 U 之外任意顶点均不连接而得到的图. (特别地, 新添加的这些顶点构成了 R_{n+1} 中的一个独立集.) 显然, $R := \bigcup_{n\in\mathbb{N}} R_n$ 具有性质 (∗).

为了证明唯一性, 设 $R = (V, E)$ 和 $R' = (V', E')$ 是满足性质 (∗) 的两个图, 每个都给定了固定的顶点列举. 我们通过无限步构造一个双射 $\varphi : V \to V'$, 在每一步对一个新顶点 $v \in V$ 定义 $\varphi(v)$.

在每一奇数步, 我们考察 V 的列举中第一个使得 $\varphi(v)$ 尚未定义的顶点 v. 令 U 是 v 在 R 中已经定义了 $\varphi(u)$ 的那些邻点 u 所组成的集合, 那么这个集合是有限的. 对 R' 应用 (∗), 找到 φ 的象 (它是一个有限集) 之外的顶点 $v' \in V'$ 使得 v' 在 R' 中与 $\varphi(U)$ 中的所有顶点邻接, 但与 φ 的象中的任何其他顶点不邻接. 令 $\varphi(v) := v'$.

在定义过程的每一偶数步, 我们交换 R 和 R' 的角色进行相同的操作: 考察 V' 的列举中第一个还不在 φ 的象中的顶点 v', 在已定义 φ (对应地, φ^{-1}) 的顶点中, 取定新顶点 v 使得它和 v' 有同样的邻接性和非邻接性, 并令 $\varphi(v) = v'$.

根据 v 和 v' 的最小选择性, 这个双射在所有 V 和所有 V' 中均有定义, 它显然是一个同构. □

定理 8.3.1 中的图 R 通常被称为 **Rado 图** (Rado graph), 是以 Richard Rado 的名字命名的, 因为他给出了最早的显式定义之一. 在上面唯一性部分的证明中, 我们在交错步骤中构造双射的方法称作**往返** (back and forth) 技巧.

Rado 图 R 在另外一个 (令人着迷的) 方面也是唯一的. 我们将在 11.3 节看到更多的相关结果. 但是, 可以简单地归纳为: 给定某个正概率 $p \in (0,1)$, 如果顶点对成为边的 (独立且固定的) 概率为 p, 就生成了一个可数无限随机图, 那么概率为 1 的图具有性质 $(*)$, 故它与 R 是同构的! 在无限图的背景下, Rado 图也被称为 (可数无限) **随机图** (random graph).

正如我们对随机图所期望的那样, Rado 图表现出了高度的一致性. 一方面是它对微小变动的弹性: 删掉有限个顶点或边, 或作类似的局部变化, 它保持"不变"而只是生成 R 的另一个拷贝 (练习 50).

然而, 它下面的这个一致性, 还是让人吃惊: 无论我们把 R 的顶点集如何划分成两个部分, 其中至少一个部分会导出 R 的另一个同构拷贝. 除了一些平凡的情形, Rado 图是唯一满足这一性质的可数图, 因此从另一个角度看它也是唯一的.

命题 8.3.2 Rado 图是除了 $K^{\aleph_0}$ 和 $\overline{K^{\aleph_0}}$ 外唯一的可数图 G, 使得无论将 $V(G)$ 如何划分成两个部分, 总有一个部分导出 G 的一个同构拷贝.

证明 我们首先证明 Rado 图 R 具有这一划分性质. 令 $\{V_1, V_2\}$ 为 $V(R)$ 的一个划分. 若 $(*)$ 对 $R[V_1]$ 和 $R[V_2]$ 均不成立, 比如分别对集合 U_1, W_1 和 U_2, W_2 不成立, 则在 R 中对 $U = U_1 \cup U_2$ 和 $W = W_1 \cup W_2$, $(*)$ 也不成立, 矛盾.

为证明唯一性, 令 $G = (V, E)$ 为满足划分性质的可数图, 设 V_1 是它的孤立顶点集, V_2 是剩下顶点的集合. 如果 $V_1 \neq \varnothing$, 则 $G \not\simeq G[V_2]$, 这是因为 G 包含孤立顶点而 $G[V_2]$ 不包含. 因此, $G = G[V_1] \simeq \overline{K^{\aleph_0}}$. 类似地, 如果 G 有一个顶点与所有其他顶点邻接, 则 $G = K^{\aleph_0}$.

现在假设 G 不包含孤立顶点, 也不存在一个顶点与其他所有顶点邻接. 如果 G 不是 Rado 图, 则存在集合 U, W 使得在 G 中 $(*)$ 不成立, 选择 U, W 使得 $|U \cup W|$ 最小. 先假设 $U \neq \varnothing$, 并取 $u \in U$. 令 V_1 由 u 和 $U \cup W$ 之外所有不与 u 邻接的顶点组成, 令 V_2 是所有剩下顶点的集合. 因为 u 在 $G[V_1]$ 中是孤立顶点, 我们有 $G \not\simeq G[V_1]$, 因此 $G \simeq G[V_2]$. 根据 $|U \cup W|$ 的最小性, 存在顶点 $v \in G[V_2] - U - W$ 与 $U \setminus \{u\}$ 中每个顶点邻接, 而与 W 中任何顶点都不邻接. 但是 v 也与 u 邻接, 因为 v 位于 V_2 中, 因此 U, W 和 v 对 G 满足 $(*)$, 与假设矛盾.

最后, 假定 $U = \varnothing$, 则 $W \neq \varnothing$. 取 $w \in W$ 并考虑 V 的划分 $\{V_1, V_2\}$, 这里 V_1 由 w 以及 w 在 W 之外的邻点组成. 同前面一样, $G \not\simeq G[V_1]$, 因此 $G \simeq G[V_2]$. 所以 U 和 $W \setminus \{w\}$ (不妨设 $v \in V_2 \setminus W$) 在 $G[V_2]$ 中满足 $(*)$, 这样 U, W, v 在 G 中满

足 (∗). □

表现 Rado 图结构的高度一致性的另一个标志是, 它具有大的自同构群. 比如, 很容易可以看到 R 是**顶点可传递的** (vertex-transitive): 给定任意两个顶点 x 和 y, 存在 R 的一个自同构将 x 映射到 y.

事实上, 还有更多的信息: 利用往复技巧, 我们可以容易地证明 Rado 图是**齐次的** (homogeneous), 即任意两个有限导出子图之间的任意同构可以拓广成整个图族的同构 (练习 51).

还有哪些可数图也是齐次的呢? 完全图 $K^{\aleph_0}$ 和它的补图显然是这样的例子. 此外, 对每个整数 $r \geqslant 3$, 存在一个齐次的不含 K^r 子图的图 R^r, 它的构造如下: 令 $R_0^r := K^1$, 对 R_n^r 的每个导出子图 $H \not\supseteq K^{r-1}$, 设 R_{n+1}^r 是连接新顶点 v_H 和 H 中所有顶点得到的图, 故可令 $R^r := \bigcup_{n\in\mathbb{N}} R_n^r$. 显然, 因为 R_{n+1}^r 的所有新顶点 v_H 是独立的, 如果 R_n^r 不包含 K^r, 则 R_{n+1}^r 也不包含 K^r, 所以对 n 归纳可得 $R^r \not\supseteq K^r$. 正如 Rado 图一样, 在不包含 K^r 子图的图中, R^r 是通用的, 从定理 8.3.1 证明中的往返论证可以容易看出, R^r 是齐次的.

根据下面由 Lachlan 和 Woodrow 得到的深刻定理, 我们看到目前为止所得到的可数齐次图基本上囊括了所有这类图:

定理 8.3.3 (Lachlan and Woodrow, 1980)　*每个可数无限齐次图属于以下之一:*

- *同阶完全图的不交并, 或这种图的补图;*
- *对某个 $r \geqslant 3$, 图 R^r 或者其补图;*
- *Rado 图 R.*

作为本节的结束, 我们回到最初讨论的问题: 对哪些图性质, 存在一个图是关于该性质通用的? 对这一问题的大多数研究都从一种更一般的理论模型角度来表述, 因此研究都是基于所有图关系中最强的一个, 即导出子图关系. 因此, 这些结果大多数是否定的, 参见本章末的注解.

从图论的角度看, 在较弱的子图关系下 (甚至拓扑子式或子式关系下) 寻找通用图看来更有希望. 比如, 尽管对子图或导出子图关系不存在通用平面图, 但在子式关系下却存在这样的图:

定理 8.3.4 (Diestel and Kühn, 1999)　*在子式关系下存在一个通用平面图.*

到现在为止, 该定理是这种类型中唯一的一个, 但是应该可以找到更多. 比如, 对哪些图 X, 在 $\mathrm{Forb}_{\preccurlyeq}(X) = \{G \mid X \not\preccurlyeq G\}$ 中存在一个子式关系下的通用图?

8.4　连通度和匹配

在这一节, 我们研究 Menger 定理以及第 2 章中若干匹配定理的无限形式. 这方面的研究是无限图论中最成熟的领域之一, 并有若干深刻的结果, 其中尤其突出的是 Menger 定理的无限形式, 这原来是 Erdős 几十年前的一个猜想, 最近才被 Aharoni 和 Berger 证明. 在随后若干年里, 人们利用该定理证明中衍生出的技巧得到了这一方向中的大部分结果.

我们将对可数图证明这个定理, 这会占用本节的大部分篇幅. 虽然可数图的情形相对简单, 但所用的技巧也为一般定理的证明提供了很好的思路. 本节的最后, 我们将对无限匹配定理以及由它的证明思路所衍生出的一个猜想作全面的介绍.

我们回忆一下 Menger 定理的最简单形式: 设 A 和 B 是一个有限图 G 的两个顶点集合 (不一定是不相交的), 且 $k = k(G, A, B)$ 表示 G 中分离 A 和 B 所需要的最少顶点个数, 那么 G 包含 k 条不相交的 A-B 路. (显然, G 不可能包含更多条这种路.) 当 G 是无限图而 k 是有限时, 相同的结果也成立, 而且可以从有限情形容易地推出:

命题 8.4.1 设 G 是一个任意图, $k \in \mathbb{N}$, 且 A, B 是 G 的两个顶点集合使得 A, B 能被 k 个但不能被少于 k 个顶点分离, 那么 G 包含 k 条不相交的 A-B 路.

证明 根据假定, 每个由不相交 A-B 路组成的集合的基数至多为 k. 选择一个具有最大基数的此类集合, 记为 $\mathcal{P}$. 假设 $|\mathcal{P}| < k$, 令 X 是在 $\mathcal{P}$ 的每条路上选一个顶点所构成的顶点集, 那么不存在这样的集合 X 分离 A 和 B. 对每个 X, 设 P_X 是一条避开 X 的 A-B 路, 而 H 是 $\bigcup \mathcal{P}$ 和所有这种路 P_X 的并, 这是一个有限图. 在这个图中, 不存在分离 A 和 B 的阶为 $|\mathcal{P}|$ 的顶点集合. 因此由 Menger 定理 (3.3.1), $H \subseteq G$ 包含多于 $|\mathcal{P}|$ 条从 A 到 B 的路, 这与 $\mathcal{P}$ 的选择矛盾. □

当 k 是无限时, 上面的命题马上变成了一个平凡结果. 实际上, 令 $\mathcal{P}$ 是 G 中任意不相交 A-B 路的极大集, 那么所有这些路的并将分离 A 和 B, 所以 $\mathcal{P}$ 一定是无限的. 但是此时这个并集的基数不大于 $|\mathcal{P}|$. 所以, 正如我们所期望的那样, $\mathcal{P}$ 包含 $|\mathcal{P}| = |\bigcup \mathcal{P}| \geqslant k$ 条不相交 A-B 路.

当然, 这不过是玩了一个无限基数算术的游戏: 从数字上看, 虽然 $\mathcal{P}$ 中路的所有内点组成的 A-B 分离集不大于 $|\mathcal{P}|$, 但它使用了远多于必要的顶点个数来分离 A 和 B. 换句话说, 当路径体系和分离集都是无限的时候, 为了从很多的分离集中仔细地分辨出"小的"分离集, 分离集的基数就不再是一种行之有效的工具了.

为了克服这个困难, Erdős 对 Menger 定理给出了一种变形, 这种变形对于有限图等价于标准的 Menger 定理. 前面提到, 如果 A-B 分离集 X 是由 $\mathcal{P}$ 中每条路上恰好一个顶点组成的, 那么 X 称为位于一个不相交 A-B 路的集合 $\mathcal{P}$ 上. 下面的定理, 曾被称为 **Erdős-Menger 猜想** (Erdős-Menger conjecture) , 对无限连通度和匹配理论的发展有很大的影响:

定理 8.4.2 (Aharoni and Berger, 2009) 设 G 是任意一个图, 而 $A, B \subseteq V(G)$, 则 G 包含一个不相交 A-B 路的集合 $\mathcal{P}$ 和一个位于 $\mathcal{P}$ 上的 A-B 分离集.

下面的几页我们会给出当 G 是可数图时定理 8.4.2 的证明.

在我们对 Menger 定理的有限情形所给出的三个证明中, 只有最后一个证明有可能适用于无限的情形, 而其他的证明需要对 $|\mathcal{P}|$ 或者 $|G|+\|G\|$ 运用归纳法, 可是现在这两个参数均可能是无限的. 但第三个证明看上去更有希望: 引理 3.3.2 和引理 3.3.3 提供了一种方法, 使得要么能在一个给定的 A-B 路体系中寻找分离集, 要么可以构造另一个 A-B 路体系, 它覆盖更多 A 和 B 中顶点.

引理 3.3.2 和引理 3.3.3 (其证明也适用于无限图) 为证明定理 8.4.2 奠定了基础. 然而, 我们不能只是无限次地运用这些引理. 实际上, 虽然使用引理 3.3.2 任意有限次后能产生另一个不相交 A-B 路体系, 但是重复操作无限次后我们也许得不到任何结果: 在修改路的过程中, 每条边可能被无限次连续地添加到路上或从路上删除, 这样的话, 我们不能定义 A-B 路的"极限体系". 因此, 需要采用另外一种方法: 从 A 开始, 同时生成尽可能多的指向 B 的不交路.

为了更准确地表述, 我们引进一些术语. 给定集合 $X\subseteq V(G)$, 记 $G_{X\to B}$ 是由 X 以及 $G-X$ 中与 B 相交的所有分支所导出的 G 的子图.

设 $\mathcal{W}=(W_a\,|\,a\in A)$ 是一族不交的路, 其中每个 W_a 从 a 起始. 如果 $\mathcal{W}$ 中路的终点集合 Z 可以分离 G 中的 A 和 B, 那么我们称 $\mathcal{W}$ 是 G 中的一个 $\boldsymbol{A\to B}$ **波** ($A\to B$ wave). (注意, $\mathcal{W}$ 可能包含若干没有终点的无限路.) 有时, 我们希望考虑 G 的那些包含 A 但不包含整个 B 的子图中的 $A\to B$ 波. 基于这个原因, 我们并不正式地要求 $B\subseteq V(G)$.

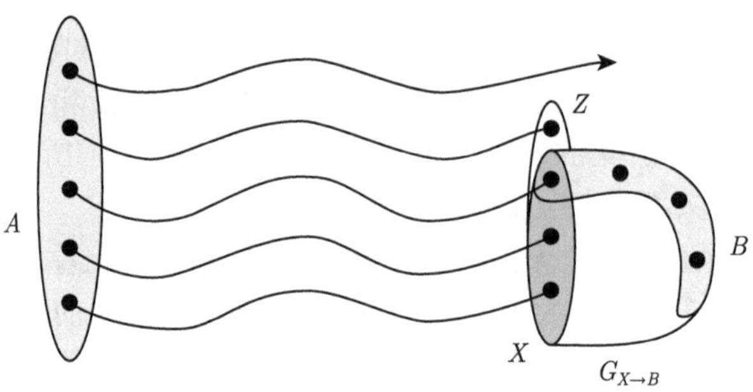

图 8.4.1 边界为 X 的小 $A\to B$ 波 $\mathcal{W}$

当 $\mathcal{W}$ 是一个波时, 设 $X\subseteq Z$ 是要么属于 B 要么存在一个邻点在 $G_{Z\to B}-Z$ 中的 Z 的顶点集, 那么 X 是 G 中的一个极小 A-B 分离集. 注意到, $z\in Z$ 包含在 X 中当且仅当它能通过一条不包含除 z 外的任何 $\mathcal{W}$ 中的顶点的路连接到 B. 我们称 X 为 $\mathcal{W}$ 的**边界** (boundary) , 边界为 X 的波 $\mathcal{W}$ 通常简记为 $(\mathcal{W},X)$. 如果 $\mathcal{W}$ 中的所有路均有限并且 $X=Z$, 我们称 $\mathcal{W}$ 为**大波** (large wave), 否则称它为**小波** (small wave). 我们称 $\mathcal{W}$ 是**真波** (proper wave), 如果 $\mathcal{W}$ 中至少一条路是非平凡的, 或者如果它的所有路是平凡的但它的边界是 A 的真子集. 例如, 每个小波是真

的. 注意到, 即使某种 $A \to B$ 波总是存在 (例如, 单点路族 $(\{a\}|a \in A)$), 但 G 不一定有真 $A \to B$ 波. (例如, 如果 A 是 $G = K^{10}$ 中的两个顶点, 而 B 包含另外三个顶点, 则不存在真 $A \to B$ 波.)

如果 $(\mathcal{U}, X)$ 是 G 中的一个 $A \to B$ 波, $(\mathcal{V}, Y)$ 是 $G_{X \to B}$ 中的一个 $X \to B$ 波, 那么通过把 $\mathcal{V}$ 中的路添加到结束于 X 的 $\mathcal{U}$ 中的路而得到的族 $\mathcal{W} = \mathcal{U} + \mathcal{V}$ 显然是 G 中以 Y 为边界的 $A \to B$ 波. 注意到, $\mathcal{W}$ 是大波当且仅当 $\mathcal{V}$ 和 $\mathcal{U}$ 均是大波. 在下面的意义下, $\mathcal{W}$ 是比 $\mathcal{U}$ 大的波.

给定两个路系统 $\mathcal{U} = (U_a \mid a \in A)$ 和 $\mathcal{W} = (W_a \mid a \in A)$, 如果对每个 $a \in A$ 有 $U_a \subseteq W_a$, 则我们记 $\mathcal{U} \leqslant \mathcal{W}$. 设 $\mathcal{W}^i = (W_a^i \mid a \in A)$, 在这种序下, 给定一个波的链 $(\mathcal{W}^i, X^i)_{i \in I}$, 令 $W_a^* := \bigcup_{i \in I} W_a^i$, 我们定义 $\mathcal{W}^* = (W_a^* \mid a \in A)$, 那么 $\mathcal{W}^*$ 是一个 $A \to B$ 波: 任意 A-B 路是有限的但与每个 X^i 均相交, 所以对随意大的 $(\mathcal{W}^i, X^i)$ 至少它的一个顶点在 X^i 中, 因此是 $\mathcal{W}^*$ 中一条路的最后顶点. 明显地, 对所有的 $i \in I$, $\mathcal{W}^i \leqslant \mathcal{W}^*$, 我们称 $\mathcal{W}^*$ 是波 $\mathcal{W}^i$ 的**极限** (limit).

因为 $A \to B$ 波的每个链被它的极限波从上方界定, 所以 Zorn 引理蕴含着 G 有一个极大的 $A \to B$ 波 $\mathcal{W}$. 令 X 是它的边界, 这个波 $(\mathcal{W}, X)$ 成为我们证明定理 8.4.2 的第一步: 如果现在能在 $G_{X \to B}$ 中找到连接 B 与 X 中所有顶点的不交路, 那么对于那些结束于 X 的 $\mathcal{W}$ 中的路前面的那些路, X 是这些路的一个 A-B 分离集.

根据 $\mathcal{W}$ 的极大性, $G_{X \to B}$ 中不存在真 $X \to B$ 波. 就我们的证明而言, 只需要证明下面的结论就足够了 (下面把 X 重新命名为 A):

引理 8.4.3 *如果 G 没有真 $A \to B$ 波, 则 G 包含一个连接 A 中所有顶点到 B 的不交 A-B 路的集合.*

我们证明引理 8.4.3 的方法是通过列举 $A := \{a_1, a_2, \cdots\}$ 中的顶点, 并对 $n = 1, 2, \cdots$ 分别寻找所需的 A-B 路 $P_n = a_n \cdots b_n$. 因为引理 8.4.3 的前提是 G 没有真 $A \to B$ 波, 所以我们希望选择 P_1 使得 $G - P_1$ 没有真 $(A \setminus \{a_1\}) \to B$ 波: 这使得 $G - P_1$ 恢复同样的前提, 运用同样的方法我们能继续在 $G - P_1$ 中寻找 P_2.

然而, 我们可能找不到上面提到的 P_1, 但可以做到几乎一样好: 构造 P_1 使得删除它 (以及若干 A 以外的顶点) 后所余下的图有一个较大的极大 $(A \setminus \{a_1\}) \to B$ 波 $(\mathcal{W}, A')$. 然后, 我们把这个波中的路 $W_n = a_n \cdots a_n'$ $(n \geqslant 2)$ 标记为路 P_n 的初始段. 由 $\mathcal{W}$ 的极大性, 在 $G_{A' \to B}$ 中没有真 $A' \to B$ 波. 换句话说, 我们已经把 $G_{A' \to B}$ 恢复到原来的前提, 并且找到一条 A'-B 路 $P_2' = a_2' \cdots b_2$. 因此 $P_2 := a_2 W_2 a_2' P_2'$ 是引理 8.4.3 中的第二条路, 我们可以继续在 $G_{A' \to B}$ 中归纳地进行.

给定 G 中的顶点集 $\hat{A}$, 我们称顶点 $a \notin \hat{A}$ 对于 $(G, \hat{A}, B)$ 是**可连接的** (linkable), 如果 $G - \hat{A}$ 包含一条 a-B 路 P 和一个顶点集 $X \supseteq V(P)$ 使得 $G - X$ 有一个较大的极大 $\hat{A} \to B$ 波. (第一个需要考虑的这样的 a 是 a_1, 而 $\hat{A}$ 是集合 $\{a_2, a_3, \cdots\}$).

引理 8.4.4 设 $a^* \in A$ 且 $\hat{A} := A \setminus \{a^*\}$, 假设 G 没有真 $A \to B$ 波, 那么 a^* 对于 $(G, \hat{A}, B)$ 是可连接的.

引理 8.4.3 的证明 (假设引理 8.4.4 成立) 设 G 满足引理 8.4.3 的条件, 即 G 没有真 $A \to B$ 波. 我们构造 G 的子图 $G_1, G_2, \cdots$ 满足下面的命题 (图 8.4.2):

> G_n 包含一个由不同顶点组成的集合 $A^n = \{a_n^n,\ a_{n+1}^n,\ a_{n+2}^n,\ \cdots\}$ 使得 G_n 没有真 $A^n \to B$ 波. G 中存在以 a_i 为起点的不相交路 $P_i\ (i < n)$ 和 $W_i^n\ (i \geqslant n)$. P_i 和 G_n 不相交, 并终止于 B; W_i^n 以 a_i^n 为终点, 并且除 a_i^n 外和 G_n 不相交. $(*)$

显然, 路 $P_1, P_2, \cdots$ 将满足引理 8.4.3.

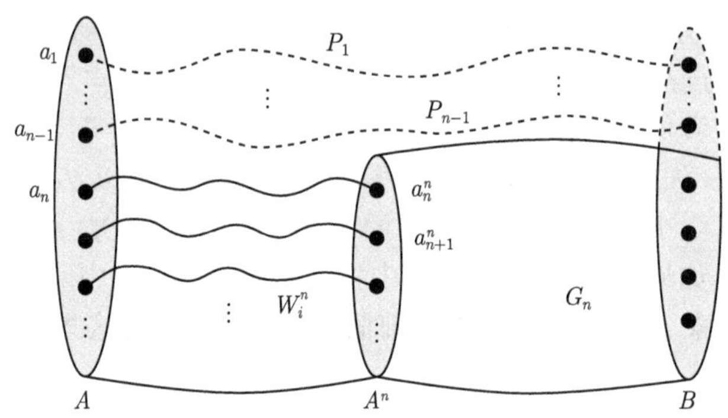

图 8.4.2 G_n 没有真 $A^n \to B$ 波

对所有的 $i \geqslant 1$, 令 $G_1 := G$, $a_i^1 := a_i$ 和 $W_i^1 := \{a_i\}$. 我们假设 G 不包含真 $A \to B$ 波, 所以当 $n = 1$ 时这些定义满足 $(*)$ 式. 现在假设对 n, $(*)$ 式成立. 令 $\hat{A}^n := A^n \setminus \{a_n^n\}$, 对 G_n 运用引理 8.4.4, 我们能在 $G_n - \hat{A}^n$ 中找到一条 a_n^n-B 路 P 和一个集合 $X_n \supseteq V(P)$ 使得 $G_n - X_n$ 有一个较大的极大 $\hat{A}^n \to B$ 波 $(\mathcal{W}, A^{n+1})$. 用 P_n 表示路 $W_n^n \cup P$, 对 $i \geqslant n+1$, 设 W_i^{n+1} 是由路 W_i^n 从顶点 a_i^n 起连接 $\mathcal{W}$ 中的路而得到的, 并称它的最后一个顶点为 a_i^{n+1}. 根据 $\mathcal{W}$ 的极大性, 在 $G_{n+1} := (G_n - X_n)_{A^{n+1} \to B}$ 中不存在真 $A^{n+1} \to B$ 波, 所以对 $n+1$ $(*)$ 式也成立. □

为了证明定理 8.4.2, 现在只需要证明引理 8.4.4. 为了这个引理的证明, 我们需要另一个引理:

引理 8.4.5 设 x 是 $G - A$ 的一个顶点. 如果 G 没有真 $A \to B$ 波但 $G - x$ 有, 那么在 $G - x$ 中每个 $A \to B$ 波是大的.

证明 假设 $G - x$ 中有一个小的 $A \to B$ 波 $(\mathcal{W}, X)$. 令 $B' := X \cup \{x\}$, 并且令 $\mathcal{P}$ 表示 $\mathcal{W}$ 中 A-X 路的集合 (图 8.4.3). 如果 G 包含一个 $\mathcal{P}$ 上的 A-B' 分离集 S, 那么在 $\mathcal{W}$ 中把每个 $P \in \mathcal{P}$ 用结束于 S 的初始段来替代, 就得到了 G 中的一个

小 (因此也是真的) $A \to B$ 波, 这与假设不存在这种波矛盾. 因此, 由引理 3.3.3 和引理 3.3.2, G 包含一个超越 $\mathcal{P}$ 的不交 A-B' 路集合 $\mathcal{P}'$. 这些路的终点的集合包含 X 作为真子集, 所以一定是 $B' = X \cup \{x\}$ 中的所有顶点. 但是 B' 在 G 中分离 A 和 B, 所以我们可以通过添加那些没有被覆盖的 A 的顶点作为孤立路, 将 $\mathcal{P}'$ 转变成 G 中的一个 $A \to B$ 波. 因为 x 在 $\mathcal{P}'$ 中但不在 A 中, 这是一个真波, 但根据假设此波不存在. □

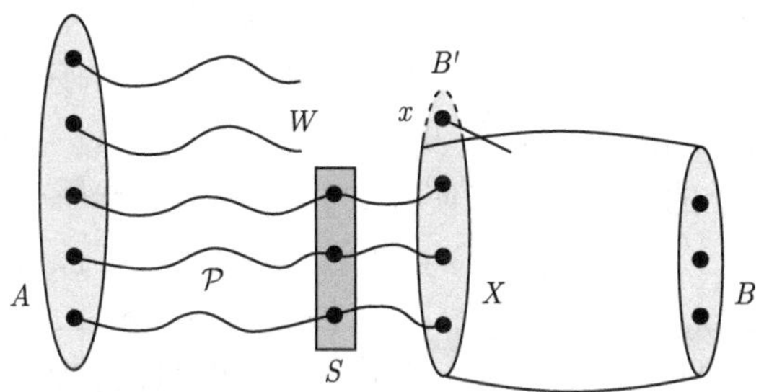

图 8.4.3 $G - x$ 中 的一个小 $A \to B$ 波

引理 8.4.4 的证明 我们在 $G - (\hat{A} \cup B)$ 中归纳地构造树 $T_0 \subseteq T_1 \subseteq \cdots$ 以及 G 中的路体系 $\mathcal{W}_0 \leqslant \mathcal{W}_1 \leqslant \cdots$, 使得每个 $\mathcal{W}_n$ 是 $G - T_n$ 中一个大的极大 $\hat{A} \to B$ 波.

令 $\mathcal{W}_0 := (\{a\} \mid a \in \hat{A})$. 显然, $\mathcal{W}_0$ 是 $G - a^*$ 的一个 $\hat{A} \to B$ 波, 同时它也是大波并是极大的: 否则, $G - a^*$ 有一个真 $\hat{A} \to B$ 波, 将平凡路 $\{a^*\}$ 加到此波上就变成一个真 $A \to B$ 波 (但由假设它不存在). 如果 $a^* \in B$, $\mathcal{W}_0$ 的存在性蕴含着 a^* 对于 $(G, \hat{A}, B)$ 是可连接的, 所以可以假设 $a^* \notin B$, 那么 $T_0 := \{a^*\}$ 和 $\mathcal{W}_0$ 正是我们想要的.

现在假设已经定义了 T_n 与 $\mathcal{W}_n$, 令 A_n 表示 $\mathcal{W}_n$ 中路的最后顶点的集合. 因为 $\mathcal{W}_n$ 是大的, 所以 A_n 是它的边界, 又因为 $\mathcal{W}_n$ 是极大的, 所以 $G_n := (G - T_n)_{A_n \to B}$ 没有真 $A_n \to B$ 波 (图 8.4.4).

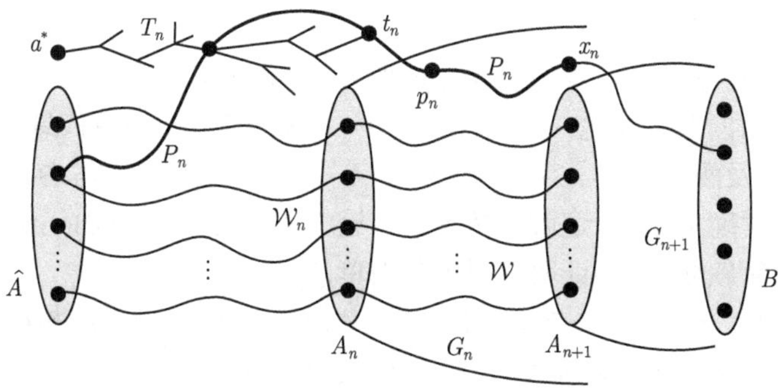

图 8.4.4 因为 $\mathcal{W}_n$ 是极大的, 所以 G_n 没有真 $A_n \to B$ 波

注意到, A_n 在 G 中不能分离 A 和 B, 否则, $\mathcal{W}_n \cup \{a^*\}$ 就是 G 中一个小 $A \to B$ 波, 但它不存在. 由于 $(\mathcal{W}_n, A_n)$ 是 $G - T_n$ 的一个波, 因此 $G - A_n$ 包含一条和 T_n 相交的 A-B 路 P. 令 P_n 是一条这样的路 P, 我们选择 P_n 使得它在 T_n 中的最后顶点 t_n 之后的顶点 p_n 在 $V(G)$ 的某个固定枚举中是极小的. 根据 G_n 的定义, $p_nP_n \subseteq G_n - A_n$.

现在, $P'_n = a^*T_nt_nP_n$ 是 $G - \hat{A} - A_n$ 中的一条 a^*-B 路. 如果 $G_n - p_nP_n$ 没有真 $A_n \to B$ 波, 那么 $\mathcal{W}_n$ 不仅在 $G - T_n$ 中, 而且在 $G - T_n - p_nP_n$ 中也是一个大的波且是极大的, 同时对于 $(G, \hat{A}, B)$, a^* 是可连接的 (只需取 a^*-B 路 P'_n 和 $X = V(T_n \cup p_nP_n)$). 因此我们可以假设 $G_n - p_nP_n$ 有真 $A_n \to B$ 波.

令 x_n 是 p_nP_n 上的第一个顶点使得 $G_n - p_nP_nx_n$ 有一个真 $A_n \to B$ 波, 那么 $G'_n := G_n - p_nP_n\mathring{x}_n$ 没有真 $A_n \to B$ 波, 但是 $G'_n - x_n$ 有, 根据引理 8.4.5, $G'_n - x_n = G_n - p_nP_nx_n$ 中的每个 $A_n \to B$ 波是大的. 令 $\mathcal{W}$ 是一个极大的这样的波, 记 $\mathcal{W}_{n+1} := \mathcal{W}_n + \mathcal{W}$, $T_{n+1} := T_n \cup t_nP_nx_n$, 那么 $\mathcal{W}_{n+1}$ 是 $G - T_{n+1}$ 中的一个大的极大 $\hat{A} \to B$ 波. 如果 $x_n \in B$, 那么 T_{n+1} 包含一条连接 a^* 到 B 的路, 并关于 $\mathcal{W}_{n+1}$ 和 $X = V(T_{n+1})$ 满足引理. 给定 $T_{n+1} \subseteq G - (\hat{A} \cup B)$, 我们可以假设 $x_n \notin B$.

令 $T^* := \bigcup_{n \in \mathbb{N}} T_n$, 那么 $\mathcal{W}_n$ 是 $G - T^*$ 中的 $\hat{A} \to B$ 波, 令 $(\mathcal{W}^*, A^*)$ 是这些波的极限. 我们的目标是证明 A^* 不仅在 $G - T^*$ 中, 也在 G 中分离 A 和 B: 那么 $(\mathcal{W}^* \cup \{a^*\},\ A^*)$ 是 G 中的一个小 $A \to B$ 波, 从而产生矛盾.

假设 $G - A^*$ 中存在一条 A-B 路 Q. 令 t 是它在 T^* 中的最后一个顶点. 因为 T^* 不与 B 相交, 所以在 Q 上存在一个紧随 t 的顶点 p. 又因为 T^* 包含每个 p_n 但不包含 p, 所以路 $P = a^*T^*tQ$ 一定不会选作 P_n. 现在让 n 充分大使得 $t \in T_n$, 并且在固定的 $V(G)$ 的列举中 p 超过 p_n. (因为 $p_n \in T_{n+1} - T_n$, 所以 p_n 是相互不同的.) 因此, P 不能被选择作为 P_n 这一事实意味着它在 T_n 外的部分 pQ 与 A_n 相交, 不妨设交点为 q. 由 Q 的选择知 $q \notin A^*$. 令 W 是 $\mathcal{W}_n$ 中连接 $\hat{A}$ 到 q 的路, 这条路同样避免 A^*. 但是这样的话, WqQ 在 $G - T^*$ 中包含一条避开 A^* 的 $\hat{A}$-B 路, 这与 A^* 的定义矛盾. □

至此, 对于可数的 G , 我们完成了定理 8.4.2 的证明.

现在转向对匹配的讨论, 让我们从一个 (本质上无限) 简单问题开始. 给定两个集合 A, B 以及两个单射 $A \to B$ 和 $B \to A$, 是否一定存在 A 与 B 之间的一个双射? 这样的双射确实存在, 这就是初等集合论中著名的 Cantor-Bernstein 定理. 用匹配的语言重新叙述, 它的证明变得十分简单:

命题 8.4.6　设 G 是一个二部图, 其二部划分为 $\{A, B\}$. 如果 G 包含一个饱和 A 的匹配和一个饱和 B 的匹配, 那么 G 包含 1-因子.

证明　令 H 是一个 $V(G)$ 上的多重图, 它的边集是两个匹配的不交并. (那么, 任何同时在两个匹配中的边是 H 中的重边.) H 中每个顶点的度是 1 或 2. 事实上, 容易看出 H 的每个分支是一个偶圈或一个无限路. 在每个分支中, 每隔一条边取一条边, 我们得到了 G 的一个 1-因子. □

在非二部图中, 用不交的 A-B 路集合代替匹配所对应的路问题就不那么简单了. 对于 G 中的一个路集合 $\mathcal{P}$ 和顶点集 U, 如果 U 中的每个顶点都是 $\mathcal{P}$ 中一条路的端点, 则称 $\mathcal{P}$ **覆盖** (cover) U.

定理 8.4.7 (Pym, 1969) *设 G 是一个图, 而 $A, B \subseteq V(G)$. 假设 G 包含两个不交 A-B 路的集合, 其中一个覆盖 A 而另一个覆盖 B, 那么 G 就包含一个不交 A-B 路的集合, 它覆盖 $A \cup B$.*

练习 64 给出了证明定理 8.4.7 的若干提示.

下面让我们看一看有限图中的典型匹配定理——König 定理、Hall 定理、Tutte 定理、Gallai-Edmonds 定理——怎样推广到无限图中. 对于局部有限图, 通过紧致性可以把它们直接推广, 参看练习 24—练习 27. 对任意基数的图, 也有一些令人满意的推广, 它们的证明形成一个连贯的理论体系并且更加深刻, 这里只能罗列一些相关结果并指出它们之间的联系. 正如 Menger 定理一样, 这些推广后的命题本身也很有趣: 对于给定的有限形式的结果, 找到一个“正确”的叙述来表达无限形式的定理绝不是一件容易的事, 大部分需要相当长的时间才发展成为理论.

让我们从二部图入手, 下面的定理是对 König 定理 (2.1.1) 进行 Erdős-Menger 型的推广, 它是定理 8.4.2 的一个推论:

定理 8.4.8 (Aharoni, 1984) *每个二部图包含一个匹配 M 以及边集的顶点覆盖, 使得这个覆盖是由 M 的每条边中恰好一个端点组成.*

婚姻定理 (2.1.2) 的无限形式是怎样的呢? 有限定理指出, 只要第一个划分类中的每个子集 S 在第二个划分类中有足够多的邻点, 就存在一个匹配. 但在无限图中我们怎么衡量“足够多”呢? 正如 Menger 定理一样, 仅仅比较基数是不够的 (练习 25).

然而, 有一种简洁的方法来重新叙述有限图的婚姻条件而不需使用基数. 对于分别属于每个二部划分的顶点子集 X 和 Y, 如果由 X 和 Y 所生成的子图包含饱和 X 的一个匹配, 就称 X **可匹配** (matchable) 到子集 Y. 如果 S 关于 $|S| > |N(S)|$ 是极小的, 根据婚姻定理, S 比 $N(S)$ “大”, 这是因为 S 不能匹配到 $N(S)$ 但 $N(S)$ 可以匹配到 S. (实际上, 根据 S 的极小性和婚姻定理, 任何满足 $|S'| = |S| - 1$ 的 $S' \subseteq S$ 都可以匹配到 $N(S)$. 因为 $|S'| = |S| - 1 \geqslant |N(S)|$, 所以这个匹配覆盖 $N(S)$.) 因此, 如果一个 S 阻碍形成完美匹配的原因是 $|S| > |N(S)|$, 那么就有一个 S 比 $N(S)$ 大, 因为, S 不可匹配到 $N(S)$ 但是 $N(S)$ 可匹配到 S.

按这种方式重新叙述婚姻条件就产生了 Hall 定理的一个无限版本, 它由定理 8.4.8 得到, 正如婚姻定理是从 König 定理得到的一样:

推论 8.4.9 *顶点划分为 $\{A, B\}$ 的二部图包含一个饱和 A 的匹配, 除非存在*

一个集合 $S \subseteq A$ 使得 S 不能匹配到 $N(S)$ 但 $N(S)$ 可匹配到 S.

证明 如定理 8.4.8 中一样, 考虑一个匹配 M 和一个覆盖 U, 那么通过 M 的边, $U \cap B \supseteq N(A \setminus U)$ 是可匹配到 $A \setminus U$ 的. 并且, 如果 $A \setminus U$ 可匹配到 $N(A \setminus U)$, 那么这个匹配和 M 中那些关联 $A \cap U$ 的边一起就组成了一个饱和 A 的匹配. □

回到有限图, 推论 8.4.9 蕴含着婚姻定理: 如果 $N(S)$ 可匹配到 S, 但反过来不成立, 那么很明显 $|S| > |N(S)|$. 类似地, 推论 8.4.9 的有限形式蕴含着下面这个充分条件, 它是关于饱和 A 的匹配存在的有限情形:

定理 8.4.10 (Milner and Shelah, 1974) *在顶点划分为 $\{A, B\}$ 的二部图中, 如果对每个 $a \in A$ 有 $d(a) \geqslant 1$, 同时对每个具有 $a \in A$ 的边 ab 有 $d(a) \geqslant d(b)$, 则这个二部图包含一个饱和 A 的匹配.*

现在让我们考虑非二部图. 如果一个有限图包含 1-因子, 那么被任何部分匹配 (即不覆盖所有顶点的匹配) 覆盖的顶点集总可以通过一条增广路得到扩充, 这里的增广路指一条起点和终点不被匹配的交错路 (见第 2 章练习 1). 在无限图中, 我们不再坚持要求增广路是有限的, 只要增广路有起点就可以. 对任意未匹配的顶点 v, 从 1-因子 (假设存在) 的一条关联 v 的边开始, 我们同样地能找到一条唯一的极大交错路, 它要么是一条射线, 要么结束于另一个未匹配的顶点. 像有限图一样, 沿着这条路交换边, 我们可以改进现有的匹配, 从而增加已匹配的顶点集合.

所以, 一个不可扩部分匹配的存在是 1-因子存在性的一个明显障碍. 下面的定理说明它是唯一可能的障碍:

定理 8.4.11 (Steffens, 1977) *可数图包含 1-因子当且仅当对每个部分匹配都存在一条增广路.*

和它的有限形式不同, 定理 8.4.11 的证明并不简单平凡:"盲目地"扩充一个给定匹配不一定在有限步内产生一个明确定义的匹配, 这是因为一条给定边可能无限多次地加入或离开 (在哪种情况下, 它的极限没有定义? 给出一个例子). 因此, 我们不能简单地利用归纳推理找到一个所需要的 1-因子.

事实上, 定理 8.4.11 不能推广到不可数图 (练习 67). 然而, 从不可扩展的部分匹配的障碍, 我们能导出一个可以推广的 Tutte 型条件. 考虑图 G 中的一个顶点集 S, 我们记 $\mathcal{C}'_{G-S}$ 为 $G - S$ 中临界因子分支的集合, 而 G'_S 为具有顶点集 $S \cup \mathcal{C}'_{G-S}$ 和边集 $\{sC \mid \exists\, c \in C : sc \in E(G)\}$ 的二部图.

定理 8.4.12 (Aharoni, 1988) *图 G 包含 1-因子当且仅当对每个顶点集 $S \subseteq V(G)$, 集合 $\mathcal{C}'_{G-S}$ 在 G'_S 中可匹配到 S.*

应用到有限图, 定理 8.4.12 蕴含着 Tutte 的 1-因子定理 (2.2.1): 如果 $\mathcal{C}'_{G-S}$ 在 G'_S 中不可匹配到 S, 那么根据婚姻定理, 存在 S 的一个子集 S' 在 $\mathcal{C}'_{G-S}$ 中连接到多于 $|S'|$ 个分支, 这些分支也是 $G - S'$ 的分支, 并且由于它们是因子临界的, 所以这些分支是奇的.

定理 8.4.8 和定理 8.4.12 也蕴含着 Gallai-Edmonds 定理 (2.2.3) 的一个无限版本：

推论 8.4.13 *每个图 $G=(V,E)$ 在 G'_S 中包含一个可匹配到 $\mathcal{C}'_{G-S}$ 的顶点集 S 并且使得每个不在 $\mathcal{C}'_{G-S}$ 中的 $G-S$ 的分支有 1-因子. 给定任意这样的集合 S, 图 G 包含 1-因子当且仅当在 G'_S 中 $\mathcal{C}'_{G-S}$ 可匹配到 S.*

证明 设 $S \subseteq V$, 且 M 是 G'_S 中饱和 S 的一个匹配. 对于集合对 (S,M) 和另外一个这样的集合对 (S',M'), 如果

$$S \subseteq S' \subseteq V \setminus \cup\{V(C) \mid C \in \mathcal{C}'_{G-S}\},$$

以及 $M \subseteq M'$, 则记 $(S,M) \leqslant (S',M')$. 因为对任意这样的 S 和 S' 有 $\mathcal{C}'_{G-S} \subseteq \mathcal{C}'_{G-S'}$, 所以 Zorn 引理蕴含着存在一个极大的这样的集合对 (S,M).

对命题的第一部分, 我们需要证明：每个不在 $\mathcal{C}'_{G-S}$ 中的 $G-S$ 的分支 C 包含 1-因子; 否则, 根据定理 8.4.12, 存在一个集合 $T \subseteq V(C)$ 使得在 C'_T 中 $\mathcal{C}'_{C-T}$ 不能匹配到 T. 由推论 8.4.9, 这意味着 $\mathcal{C}'_{C-T}$ 在 C'_T 中有一个子集 $\mathcal{C}$ 不能匹配到它邻点的集合 $T' \subseteq T$, 尽管 T' 可匹配到 $\mathcal{C}$. 令 M' 是这样的一个匹配, 则 $(S,M) < (S \cup T', M \cup M')$, 与 (S, M) 的极大性矛盾.

对于命题的第二部分, 只有充分性是非平凡的. 现在我们假设在 G'_S 中 $\mathcal{C}'_{G-S}$ 可匹配到 S, 反之亦然 (根据 S 的选择), 所以命题 8.4.6 蕴含着 G'_S 有 1-因子. 从每个分支 $C \in \mathcal{C}'_{G-S}$ 中选取一个顶点 x_C 并保持 $G-S$ 的其他分支不变, 就定义了 G 中 S 的一个匹配. 对每个 $C \in \mathcal{C}'_{G-S}$, 向这个匹配中添加 $C - x_C$ 的一个 1-因子以及 $G-S$ 的每个其他分支的一个 1-因子, 我们得到了 G 中的一个 1-因子. □

无限匹配理论也许看起来相当成熟和完整, 但是对类似于 Erdős-Menger 类型的离散结构, 还有很多令人着迷的未解决问题, 例如关于偏序集或者超图, 我们以这个方向的一个图的公开问题作为结束本节.

如果无限图 G 的每个导出子图 $H \subseteq G$ 有一个阶为 $\chi(H)$ 的完全子图 K, 则称 G 是**完美的** (perfect); 如果对于 H 的某个 $\chi(H)$-着色, 总可以选择 K 使得它与每个着色类相交, 则称 G 是**强完美的** (strongly perfect)；(练习 69 给出了一个完美图但非强完美的例子.) 如果每个导出子图 $H \subseteq G$ 的色数至多是它完全子图阶的上确界, 则称 G 是**弱完美的** (weakly perfect).

猜想 (Aharoni and Korman, 1993) *每个没有无限独立顶点集的弱完美图是强完美的.*

8.5 递归结构

在这一节, 我们介绍另外一个在无限图论中经常使用的工具：递归地定义一族

图, 以便之后可以使用 (超限) 归纳法来证明关于图的命题. 我们不尝试对这种技巧进行系统性的处理, 而是给出两个例子, 更多的例子可以在后面的练习中找到.

第一个例子非常简单: 通过递归地剪掉叶子和孤立顶点, 它描述了一棵树的结构. 设 T 是一棵任意树, 它具有一个根以及对应顶点上的树序. 我们依据序数递归地给 T 的顶点标号如下: 给定一个序数 α, 假设对每个 $\beta < \alpha$, 我们已经决定了 T 的哪个顶点标号 β, 设 T_α 表示 T 的未被标号的顶点所导出的子图. 如果 T_α 的顶点 t 满足其上闭包 $\lfloor t \rfloor_{T_\alpha} = \lfloor t \rfloor_T \cap T_\alpha$ 在 T_α 是一条链, 我们就给这样的 t 标号 α. 第一个不被用来给任何顶点标号的 α 出现时, 这个递归就停止. 对这个 α, 我们记 $T_\alpha =: T^*$.

对每个 α, 被标 α 的顶点在 T_α 中形成一个上集: 如果 $\lfloor t \rfloor_{T_\alpha}$ 是一条链, 则对每个 $t' \in \lfloor t \rfloor_{T_\alpha}$, $\lfloor t' \rfloor_{T_\alpha}$ 也是一条链. 因此, 每个 T_α 是 T 中的一个下集 (对 α 用归纳法), 因此它也是连通的. 所以 T_α 是一棵树, 并且被标号为 α 的顶点的集合在 T_α 中导出路的不交并.

如果 T 的每个顶点都能以这种方式标号, 即 $T^* = \varnothing$, 那么称 T 是**递归可修剪的** (recursively prunable). 因此, 通过逐一地删除这些链并对它们进行论证, 我们可以证明关于 T 的命题, 或者关于包含 T 作为一棵正规支撑树的图的命题. 下面的命题表明, 递归可修剪树形成了一个具有结构特征的自然图类.

命题 8.5.1 *一棵根树是递归可修剪的当且仅当它不包含无限二叉树 T_2 的细分作为一个子图.*

证明 设 T 是一棵任意有根树. 假设 T 不是递归可修剪的, 也就是说, $T^* \neq \varnothing$. 由于递归结束时, T^* 的顶点没有被标号, 所以每个 $t \in T^*$ 有 T^* 的两个不可比较顶点在 t 的上面. 因为 T^* 是连通的, 沿着 T_2 的层次, 在 T^* 中不难归纳地找到 T_2 的一个细分.

反过来, 假设 T 包含 T_2 的一个细分 T'. 我们下面会看到在 T 中 T' 可以被选择为“向上的”, 也就是说, 存在一种选择树序的方法使得 T 在它的顶点上导出的树序与由 T_2 导出的树序是一致的; 否则, T' 的每个顶点在 T' 中有两个不可比较的顶点在它之上 (在两个树序中均如此). 因此, 不存在极小的序数 α 使得 T' 的一个顶点标为 α, 所以 T' 的所有顶点都没有标号, 故 $\varnothing \neq T' \subseteq T^*$, 矛盾.

剩下我们需要证明, 确实能以这种方式选择 T'. 设 T' 是 T 中 T_2 的任意细分, 且 u 是 T' 的顶点中关于 T 的树序极小的. 对树 $\lfloor u \rfloor_{T'}$ 的层次使用归纳法可证, $\leqslant_{T'}$ 和 $\leqslant_T$ 在 $\lfloor u \rfloor_{T'}$ 上是一致的: 顶点 $t \in \lfloor u \rfloor_{T'}$ 在 T' 中的任何上邻点在 T 中一定位于 t 之上, 这是因为 t 在 T 中的唯一下邻点要么不在 T' 中 (如果 $t = u$), 要么它也是 T' 中 t 的唯一下邻点 (根据归纳法). 在 $\lfloor u \rfloor_{T'}$ 中选取 T' 的任意分支顶点 v, 则 $\lfloor v \rfloor_{T'}$ 是 T 中所期望的 T_2 的一个细分. □

上面讨论的递归修剪方法的魅力所在是, 它以一种自动排列的顺序删除了给定树中的“杂乱部分”：我们不需知道它们的位置，只要给定的树包含一棵“干净的”可以不断产生分支的子树，那么递归过程就会发现它.

可以从另外一个角度来看递归修剪方法，我们可以把有根路 (即路具有第一个顶点，我们把它取作根) 看成最基本的根树，称它为**秩为 0 的根树** (rooted trees of rank 0). 我们可以归纳地定义具有更高秩的根树：如果根树不具有小于 α 的秩 β，但可以去掉一条从根开始的路使得产生的每个分支在导出的树序下具有某个小于 α 的秩，那么我们称这棵根树是**秩为 α 的根树** (rooted trees of rank α). 因此，通过这种秩方法赋予了的根树恰好是递归可修剪树，并且秩 $\leqslant \alpha$ 的根树恰好是那些标号不超过 α 的递归可修剪树 (练习 71).

现在我们把相同的想法应用到不是树的图上. 设所有的有限图的**秩为 0** (rank 0). 给定一个序数 $\alpha > 0$，我们给图 G 的秩赋值为 α (rank α)，如果 G 还没有被赋予秩 $\beta < \alpha$，并且 G 包含一个有限顶点集 U 使得 $G - U$ 的每个分支有某个秩 $< \alpha$.

当不相交的图 G_i 有秩 $\alpha_i < \alpha$ 时，显然它们的并的秩至多是 α. 如果这个并是有限的，它的秩为 $\max_i \alpha_i$. 对 α 使用归纳法，可以证明秩为 α 的图的子图的秩至多是 α. 反过来，连接有限多个新的顶点到一个图上 (无论如何连接) 都不改变它的秩.

并非每一个图都有秩. 确实，射线就不可能有秩，这是因为删除它的任何有限多个顶点总留下一个还是射线的分支. 因为有秩的图的子图也有秩，这意味着只有不包含射线的图才有秩，而且这些图确实有秩：

引理 8.5.2 *一个图有秩当且仅当它没有射线.*

证明 考虑一个没有秩的图，那么它的一个分支没有秩，记为 C_0. 设 v_0 是 C_0 的一个顶点，那么 $C_0 - v_0$ 有一个分支 C_1 没有秩；设 v_1 是 v_0 在 C_1 中的一个邻点，归纳地进行下去，我们就找到了 G 中的一条射线 $v_0, v_1, \cdots$. □

根据引理 8.5.2，称上面定义的排序为**无射线图中的排序** (ranking of rayless graph). 作为这个排序的一个应用，我们现在对无射线图证明 8.1 节的不友好划分猜想.

定理 8.5.3 *每个可数的无射线图 G 有一个不友好划分.*

证明 为了方便正式符号的表达，把集合 V 的划分看成一个映射 $\pi : V \to \{0,1\}$. 我们对 G 的秩使用归纳法. 当这个秩是 0 时，那么 G 是有限的，并且通过使得划分之间的边数最大化就得到了一个不友好划分. 现在设 G 的秩 $\alpha > 0$，并且假设该定理对具有较小秩的图是成立的.

设 U 是 G 的一个有限顶点集，使得 $G - U$ 的每个分支 $C_0, C_1, \cdots$ 的秩 $< \alpha$. 我们把 U 划分成三个集合：在 G 中顶点度是有限的那些顶点的集合 U_0；在某一个 C_n 中有无限多个邻点的顶点的集合 U_1；具有无限度但在每个 C_n 中仅有有限多个邻点的顶点的集合 U_2.

对每个 $n \in \mathbb{N}$, 令 $G_n := G[U \cup V(C_0) \cup \cdots \cup V(C_n)]$, 这是一个具有秩 $\alpha_n < \alpha$ 的图, 因此根据归纳假设, 它有一个不友好划分 π_n, 每个这样的 π_n 导出 U 的一个划分. 令 π_U 是被无限多个 π_n 导出的 U 的一个划分, 这里设 n 组成序列 $n_0 < n_1 \cdots$. 选择足够大的 n_0 使得 G_{n_0} 包含 U_0 中顶点的所有邻点; 对所有 $i > 0$, 选择其他 n_i 足够大使得 U_2 中的每个顶点在 $G_{n_i} - G_{n_{i-1}}$ 中的邻点多于在 $G_{n_{i-1}}$ 中的邻点. 令 π 是 G 的一个划分, 它被定义为: 对所有 $v \in G_{n_i} - G_{n_{i-1}}$ 和所有 i, 令 $\pi(v) := \pi_{n_i}(v)$, 这里 $G_{n_{-1}} := \varnothing$. 注意到 $\pi|_U = \pi_{n_0}|_U = \pi_U$.

让我们证明 π 是不友好的, 需要验证每个顶点**对 π 是满意的** (happy with π), 也就是说, 在 π 下每个顶点在对面中的邻点至少和在它本身中的邻点一样多. [8] 为了证明一个顶点 $v \in G - U$ 对 π 是满意的, 设 i 是极小的指标使得 $v \in G_{n_i}$, 根据假设 v 对 π_{n_i} 是满意的. 由于 v 和它在 G 中的邻点都位于 $U \cup V(G_{n_i} - G_{n_{i-1}})$ 中, 并且在这个集合上 π 与 π_{n_i} 是一致的, 所以 v 对 π 也是满意的. U_0 中的顶点对 π 是满意的, 这是因为它们对 π_{n_0} 是满意的, 并且 π 在 U_0 以及它的所有邻点上与 π_{n_0} 是一致的. U_1 中的顶点也是满意的: 确实, 每个顶点 $u \in U_1$ 在某个 C_n 中有无限多个邻点, 所以属于某个 $G_{n_i} - G_{n_{i-1}}$ (这里 i 是满足这个性质的最小值). 因此 u 在 π_{n_i} 下有无限多个对面的邻点属于 G_{n_i}, 所以也属于 $G_{n_i} - G_{n_{i-1}}$. 因为 π_{n_i} 和 π 在 U 和 $G_{n_i} - G_{n_{i-1}}$ 上都是一致的, 所以顶点 u 在 π 下也有无限多个对面的邻点. 最后, U_2 中的顶点对每个 π_{n_i} 是满意的: 根据 n_i 的选择, 在 π_{n_i} 下至少一个对面的邻点一定位于 $G_{n_i} - G_{n_{i-1}}$ 中. 由于 π_{n_i} 和 π 在 U_2 以及 $G_{n_i} - G_{n_{i-1}}$ 上是一致的, 所以这蕴含着每个 $u \in U_2$ 在 π 下至少有一个对面的邻点在每个 $G_{n_i} - G_{n_{i-1}}$ 中. 因此, u 在 π 下有无限多个对面的邻点, 显然 u 是满意的. □

8.6 具有末端的图: 全貌

在这节中, 我们将对无限图的整体结构进行更深入的了解, 尤其是对局部有限图, 它可以通过研究其末端来实现. 这个结构本质上是拓扑的, 因为拓扑最适合于直观地表达收敛的特点. [9]

我们的第一个目标就是对"图的末端是它的射线在无穷远处收敛的点"这一直观想法进行准确的描述. 为了做到这一点, 我们将根据图 $G = (V, E, \Omega)$ 和它的末端来定义一个拓扑空间 $|G|$. [10] 通过考虑这个空间中路、圈以及支撑树的拓扑形式, 我们可以把有限图论中某些结果推广到无限图, 而之前我们得不到这些结果所

8 这样的划分只是传统上被叫做"不友好的", 实际上我们的顶点喜欢它.

9 这里只需要点集拓扑学, 更多的内容见练习.

10 $|G|$ 这一符号来源于拓扑学, 和代表 G 的阶的符号相同. 因为不太可能产生混淆, 所以两个符号都保留.

对应的无限形式 (参看注解中更多例子). 因此, 无限图的末端不仅是一个奇妙的新现象, 而且它成为整个理论的有机部分, 没有它就不能很好地理解无限图.

为了正式地构造空间 $|G|$, 由集合 $V \cup \Omega$ 开始. 对每条边 $e = uv$, 添加连续统多个点的集合 $\mathring{e} = (u, v)$, 使得这些 $\mathring{e}$ 彼此不相交并且与 $V \cup \Omega$ 也不相交. 对每个 e, 我们在 $\mathring{e}$ 与实区间 $(0,1)$ 之间选择某个固定的双射, 并且将这个双射拓展成 $[u,v] := \{u\} \cup \mathring{e} \cup \{v\}$ 与 $[0,1]$ 之间的双射. 这个双射在 $[u,v]$ 上定义了一个度量, 我们称 $[u,v]$ 为具有**内部点** (inner points) $x \in \mathring{e}$ 的**拓扑边** (topological edge). 给定任意 $F \subseteq E$, 记 $\mathring{F} := \cup\{\mathring{e} \mid e \in F\}$. 当我们谈到"图" $H \subseteq G$ 时, 通常指它所对应的点集 $V(H) \cup \mathring{E}(H)$.

因此, 我们已经定义了 $|G|$ 的点集, 让我们选择开集的一个基来定义它的拓扑. 对每条边 uv, 根据 (u,v) 和 $(0,1)$ 之间的固定双射, $(0,1)$ 的开集所对应的 (u,v) 的子集定义为开集: 对每个顶点 u 和 $\epsilon > 0$, 我们把"围绕 u 半径为 ϵ 的开星"当作开集, 也就是说, 根据从 $[0,1]$ 继承来的度量对每条边独立衡量, 在边 $[u,v]$ 上与 u 距离小于 ϵ 的所有点的集合定义为开集. 最后, 对每个末端 ω 和每个有限集 $S \subseteq V$, 存在 $G - S$ 的唯一分支 $C(S,\omega)$, 它包含结束于 ω 的所有射线. 令 $\Omega(S,\omega) := \{\omega' \in \Omega \mid C(S,\omega') = C(S,\omega)\}$. 对每个 $\epsilon > 0$, 记 $\mathring{E}_\epsilon(S,\omega)$ 为终点在 $C(S,\omega)$ 中距离小于 ϵ 的 S-$C(S,\omega)$ 边的所有内点的集合. 那么具有下面形式的所有集合定义为开集:

$$\hat{C}_\epsilon(S,\omega) := C(S,\omega) \cup \Omega(S,\omega) \cup \mathring{E}_\epsilon(S,\omega).$$

这就完成了 $|G|$ 的定义, 它的开集为上面我们明确地定义为开的那些集合的并.

集合 $X \subseteq |G|$ 的**闭包** (closure) 记作 $\overline{X}$. 例如, $\overline{V} = V \cup \Omega$ (因为任意末端的每个邻点包含一个顶点), 而一条射线的闭包是加入它的末端后而得到的. 更一般地, 梳齿的集合的闭包包含唯一的末端, 即梳背的末端; 反过来, 如果 $U \subseteq V$ 且 $R \in \omega \in \Omega \cap \overline{U}$, 那么存在一个以 R 为梳背, 梳齿在 U 中的梳 (练习 77). 特别地, 上面所考虑的子图 $C(S,\omega)$ 的闭包是集合 $C(S,\omega) \cup \Omega(S,\omega)$.

我们感兴趣的 $|G|$ 的子空间 X 通常是 G 的子图 H 的闭包, 即若 $H = (U, D)$, 子空间 X 具有形式 $X = \overline{U} \cup \mathring{D}$. 我们把 U 记作 $V(X)$ 而 D 记作 $E(X)$, 并把这样的子空间叫做**标准子空间** (standard subspace) . 这样的 X 也记作 $\overline{H}$; 如果 H 没有孤立顶点, X 还可以记作 $\overline{D}$, 并且我们称 X 被 H **所支撑** (spanned by). 注意, X 中的末端总是 G 的末端, 但不是 H 的末端. 特别地, 这些末端不需要有 H 中的射线.

根据定义, $|G|$ 总是 Hausdorff 的, 确实, 我们可以证明它是正则的. 当 G 是连通的且局部有限时, $|G|$ 也是紧致的: [11]

11 拓扑学家称 $|G|$ 是 G 的 Freudenthal 紧致化.

命题 8.6.1　如果 G 是连通的且是局部有限的，那么 $|G|$ 是紧致的 Hausdorff 空间.

证明　令 $\mathcal{O}$ 是 $|G|$ 的一个开覆盖，我们证明 $\mathcal{O}$ 有一个有限子覆盖. 取定顶点 $v_0 \in G$, 记 D_n 为距离 v_0 为 n 的顶点 (有限) 集合, 并令 $S_n := D_0 \cup \cdots \cup D_{n-1}$. 对每个 $v \in D_n$, 用 $C(v)$ 表示 $G - S_n$ 中包含 v 的分支, 并令 $\hat{C}(v)$ 是它的闭包加上 $C(v)$-S_n 边的所有内点, 那么 $G[S_n]$ 和这些 $\hat{C}(v)$ 一起形成 $|G|$ 的一个划分.

我们希望证明对某个 n, 每个具有 $v \in D_n$ 的集合 $\hat{C}(v)$ 包含在某个 $O(v) \in \mathcal{O}$ 中. 因为如此的话, 我们就能得到 $\mathcal{O}$ 的关于 $G[S_n]$ (注意, $G[S_n]$ 是紧致的, 它是边和顶点的有限并) 的一个有限子覆盖, 然后加上这些有限多个集合 $O(v)$ 就得到我们所需要的 $|G|$ 的有限子覆盖.

假设不存在这样的 n, 那么对每个 n, 如果顶点 $v \in D_n$ 使得 $\mathcal{O}$ 中没有集合包含 $\hat{C}(v)$, 那么所有这样的顶点 v 所组成的集合 V_n 是非空的. 此外, 对 $v \in V_n$ 的每个邻点 $u \in D_{n-1}$, 因为 $S_{n-1} \subseteq S_n$, 我们有 $C(v) \subseteq C(u)$, 因此 $u \in V_{n-1}$. 用 $f(v)$ 表示这样的顶点 u. 由无限性引理 (8.1.2), 存在一条射线 $R = v_0v_1\cdots$ 使得对所有的 n 满足 $v_n \in V_n$. 设 ω 是它的末端且 $O \in \mathcal{O}$ 包含 ω, 因为 O 是开的, 所以它包含 ω 的一个基本开邻集: 存在一个有限集合 $S \subseteq V$ 和 $\epsilon > 0$ 使得 $\hat{C}_\epsilon(S,\omega) \subseteq O$. 现在选择足够大的 n 使得 S_n 包含 S 以及它的所有邻点, 那么 $C(v_n)$ 包含在 $G - S$ 的一个分支内. 由于 $C(v_n)$ 包含射线 $v_nR \in \omega$, 这个分支一定是 $C(S,\omega)$. 因此

$$\hat{C}(v_n) \subseteq \hat{C}_\epsilon(S,\omega) \subseteq O \in \mathcal{O},$$

与 $v_n \in V_n$ 这一事实矛盾. □

如果 G 包含一个无限度的顶点, 那么 $|G|$ 不是紧致的 (为什么呢?), 但是 $\Omega \subseteq |G|$ 可以是紧致的, 对它是紧致的情形, 参见练习 85.

还有哪些关于空间 $|G|$ 的一般性结论呢? 例如, 它是可度量化的吗? 实际上, 利用 G 的正规支撑树 T, 在 $|G|$ 上定义一个导出它拓扑的度量并不困难. 然而, 不是每一个连通图都有正规支撑树的, 并且利用图论方法决定哪些图有这样的树也并不容易. 但令人吃惊的是, 可以根据 $|G|$ 上定义的度量来推导出正规支撑树的存在性. 所以, 只要 $|G|$ 是可度量化的, 就可以用一个自然的方法把度量构造出来:

定理 8.6.2　对于连通图 G, 下面的结论是等价的:

(i) 空间 $|G|$ 是可度量化的;

(ii) G 包含正规支撑树;

(iii) G 的所有子式有可数的着色数.

定理 8.6.2 中 (i) 和 (ii) 的等价性证明见练习 41 和练习 86. 关于 (iii) 的更多讨论见注解.

我们的下一个目标是回顾并重新定义在拓扑意义下的路、连通性、圈和支撑树. 通过把 G 在图论中的概念替换成对应 $|G|$ 中的拓扑概念, 我们可以把有限图中关于路、圈以及支撑树的若干定理推广到局部有限图上, 但这些结论在一般无限图中是不成立的. 作为一个例子, 我们把 Nash-Williams 和 Tutte 的树填装定理 (2.4.1) 进行推广, 更多的讨论见注解.

设 X 是一个任意 Hausdorff 空间 (稍后, 这将是 $|G|$ 的一个子空间), 如果 X 不是两个不交的非空开子集的并, [12] 我们就称 X 是 **(拓扑) 连通的** ((topologically) connected). 注意到, 连通空间的连续映象是连通的. 例如, 因为实数区间 $[0,1]$ 是连通的, [13] 所以它在 X 中的连续映象也是连通的.

实区间 $[0,1]$ 在 X 中的一个同胚象是 X 中的一个**弧** (arc), 它**连接** (link) 0 和 1 的象, 这两个象叫做它的**端点** (endpoint). G 的每条有限路定义了 $|G|$ 的一条弧. 类似地, 每条射线定义了一条连接它的起点和终点的弧, 而 G 的双射线连同它尾巴的两个末端组成了 $|G|$ 的一条弧 (如果这两个末端不同的话).

考虑 $|G|$ 的一个标准子空间 X, 如果整数 k 使得 X 包含 k 条弧, 并且这些弧除了把 ω 作为公共端点外在其他点不相交, 那么 k 的上确界 (事实上最大值) 被称作 G 的末端 ω 的 **(拓扑) 度** ((topological) degree).

除非另外定义, 在本节的余下部分, 我们总是假定 $G=(V,E,\Omega)$ 是一个固定的连通局部有限图.

和通常的路不同, $|G|$ 中的弧可能跳跃地越过一个割集, 而不包含这个割集的任何边 (只有当割集是无限时可能发生).

引理 8.6.3 (跳跃弧引理)　*设 $F \subseteq E$ 是 G 一个割, 它把顶点集划分成 V_1 和 V_2.*

(i) 如果 F 是有限的, 则 $\overline{V_1} \cap \overline{V_2} = \varnothing$, 且 $|G| \setminus \mathring{F}$ 中没有一个弧使得一个端点在 V_1 中, 而另一个在 V_2 中.

(ii) 如果 F 是无限的, 则 $\overline{V_1} \cap \overline{V_2} \neq \varnothing$, 并且如果 V_1 和 V_2 在 G 中是连通的, 则存在一条从 V_1 到 V_2 的弧.

证明　(i) 假设 F 是有限的, 设 S 是那些关联 F 中边的顶点的集合, 那么 S 是有限的并且分离 V_1 和 V_2, 所以对每个 $\omega \in \Omega$, 连通图 $C(S,\omega)$ 避开 V_1 或 V_2, 那么形式为 $\hat{C}_\epsilon(S,\omega)$ 的每个基本开集也避开 V_1 或 V_2, 所以不存在末端 ω 同时属于 V_1 和 V_2 的闭包.

因为 $|G| \setminus \mathring{F} = \overline{G[V_1]} \cup \overline{G[V_2]}$, 并且这个并集是不交的, 所以 $|G| \setminus \mathring{F}$ 的连通子集不能与 V_1 和 V_2 同时相交. 因为弧是 $[0,1]$ 的连续象, 故连通, 所以 $|G| \setminus \mathring{F}$ 中没

12 这些子集是相互补集, 所以也是闭的. 注意到, “开集”和“闭集”均指在 X 中是开的或闭的, 即在拓扑子空间意义下, 当 X 是 $|G|$ 的子空间时, 这两个集合在 $|G|$ 中不一定是开的或闭的.

13 这个结论只需几行就可以证明, 你能给出证明吗?

有 V_1-V_2 弧.

(ii) 现在假设 F 是无限的. 因为 G 是局部有限的, 在 V_1 中 F 的端点所组成的集合 U 也是无限的. 根据星-梳引理 (8.2.2), G 中存在一个所有齿都在 U 中的梳. 设 ω 是它的梳背的末端, 如果 $\omega \in \overline{V_1} \cap \overline{V_2}$, 那么 ω 的每个基本开邻域 $\hat{C}_\epsilon(S,\omega)$ 与 $U \subseteq V_1$ 相交无限次, 因此也与 V_2 相交.

为了得到 $|G| \setminus \mathring{F}$ 的 V_1-V_2 弧, 我们只需要在 $\overline{G[V_1]}$ 中找到一个弧, 在 $\overline{G[V_2]}$ 中找到另外一个弧, 它们均终结于 ω. 如果图 $G[V_i]$ 是连通的, 这样的弧是存在的: 我们可以选取 V_i 中收敛于 ω 的一个顶点序列, 然后在 $G[V_i]$ 中使用星-梳引理得到一个梳, 使得它的梳背在 $G[V_i]$ 中是一个射线并收敛于 ω. 连接这两个射线就得到了想要的跳跃弧. □

从某种意义上讲, 弧在 $|G|$ 中扮演着有限图中路的角色, 因此对弧的研究至关重要, 但如何找到这些弧呢? 像引理 8.6.3 (ii) 的证明一样, 明确地构造这些弧并不总是可能的. 例如, 在图 8.6.1 中, 一个弧可能穿过连续统多个末端, 这样的弧不能通过使用贪心方法来构造, 例如沿着一条射线进入一个末端, 再从这个末端的另外一条射线出来, 以此类推.

有两种基本的方法, 来找到两个给定点 (不妨设它们是 x 和 y) 之间的弧. 第一个是使用紧致性, 把有限 x-y 路的极限作为**拓扑 x-y 路**, 这是一个连续映射 $\pi : [0,1] \to |G|$, 它把 0 映射到 x 并把 1 映射到 y. 点集拓扑的一个引理指出, 这个路可以成为单射:

引理 8.6.4 Hausdorff 空间中拓扑 x-y 路的象包含一条 x-y 弧.

为了展示这个方法, 我们会在定理 8.7.3 的证明中使用这个引理.

第二个方法是证明, 我们想在其中找到 x-y 弧的空间是拓扑连通的, 并使用这个结论来导出这个空间包含我们想要的弧. 下面三个引理提供了在实用中实现这个方法所需要的工具, 我们会在定理 8.6.9 的证明中展示如何使用这个方法.

对于 Hausdorff 空间 X, 两个点通过一条弧连接是 X 中点的一个等价关系: 每个 x-y 弧 A 在任意 y-z 弧 A' 上有第一个点 p (由于 A' 是闭的), 两个路段 Ap 和 pA' 一起组成 X 的一条 x-z 弧. 对应的等价类是 X 的**弧分支** (arc-component). 如果 X 仅有一个弧分支, 那么称 X 是**弧连通的** (arc-connected).

因为 $[0,1]$ 是连通的, 所以弧连通性蕴含着连通性. 一般而言, 逆命题不成立, 即使 G 是局部有限的, 对空间 $X \subseteq |G|$ 也不一定成立. 但是对我们所关心的情形它是成立的:

引理 8.6.5 $|G|$ 的每个连通标准子空间是弧连通的.

定理 8.7.3 的证明显示引理 8.6.5 可以得到改进. 引理 8.6.5 的另外两个证明见练习 88 和练习 129.

引理 8.6.6 $|G|$ 的标准子空间的弧分支是闭的.

证明 设 A 是 $|G|$ 的标准子空间的一个弧分支, 因为 A 是连通的, 故它的闭包 $\overline{A}$ 也是连通的. 如果 $\overline{A} \setminus A \neq \varnothing$, 则它的点是 A 中顶点的极限 (为什么?), 因此 $\overline{A}$ 也是标准的. 要么因为 $A = \overline{A}$, 要么由引理 8.6.5 知 $\overline{A}$ 是弧连通的. 由 $\overline{A}$ 的定义, 我们有 $A = \overline{A}$, 所以 A 是闭的. □

和构造两个点之间的弧相比, 构造 $|G|$ 的包含两个给定点的连通标准子空间要容易很多, 这是因为这种连通标准子空间可以用纯粹图论的术语来描述, 只涉及 G 的有限子图, 而与 $|G|$ 本身无关, 这个描述可以看成"G 的子图 H 是连通的当且仅当对 G 的任意分离两个顶点的割, H 都包含割的一条边"这一事实的拓扑等价命题.

引理 8.6.7 $|G|$ 的标准子空间 X 是连通的当且仅当, 对 G 的每个有限割, 如果割的二部划分均和 X 相交, 那么 X 就包含割的一条边.

证明 设 $X \subseteq |G|$ 是一个标准子空间. 对于必要性, 假设 G 包含一个有限割 $F = E(V_1, V_2)$ 使得 X 与 V_1 和 V_2 都相交, 但 X 不包含 F 的边, 则

$$X \subseteq |G| \setminus \mathring{F} = \overline{G[V_1]} \cup \overline{G[V_2]},$$

由引理 8.6.3 (i) 知, 这个并是不交的. X 导出的划分给出了 X 的非空闭子集, 因此 X 不是连通的.

如果 X 和 G 的一个以上的分支相交, 那么充分性平凡地成立. 因此, 我们不妨假设 G 是连通的. 如果 X 不是连通的, 那么可以把它划分成不交的非空开子集 O_1 和 O_2. 由于 X 是标准的, 因此对每个 i 有 $U_i := O_i \cap V(X) \neq \varnothing$. 设 $\mathcal{P}$ 是 G 中边不交的 U_1-U_2 路的极大集, 令

$$F := \bigcup \{E(P) \mid P \in \mathcal{P}\},$$

则 $E(X) \cap F = \varnothing$, 且 $G - F$ 没有分支与 U_1 和 U_2 都相交. 把 $\{U_1, U_2\}$ 拓展成 V 的一个划分, 使得 $G - F$ 的每个分支的所有顶点都在一个划分类中, 因此我们得到 G 的一个割 $F' \subseteq F$, 它的顶点二划分的每部分均和 X 相交. 由于 $E(X) \cap F = \varnothing$, 故只需要证明 F 是有限的.

如果 F 是无限的, 则 $\mathcal{P}$ 也是无限的. 因为 G 是局部有限的, 所以每个 $P \in \mathcal{P}$ 的顶点都只与 G 的有限多条边关联, 因此我们可以归纳地找到 $\mathcal{P}$ 的无限路子集, 这些路不仅是边不交的, 也是顶点不交的. 因为 G 是连通的, 所以这些路在 U_1 中的端点在 $|G|$ 中有一个极限点 ω (命题 8.6.1), 它也是这些路的端点在 U_2 中的极限点. 因为 O_1 和 O_2 在 $|G|$ 中均为闭的, 所以我们有 $\omega \in O_1 \cap O_2$, 与 O_i 的选择矛盾, 从而完成了充分性的证明. □

拓扑空间中的**圈** (circle) 是单位圆 $S^1 \subseteq \mathbb{R}^2$ 的同胚象. 例如, 如果 G 是如图 8.1.3 中所示的 2-道路无限梯, 我们删除它的所有隔板 (垂直边), 余下的是两条双射

线的不交并; 通过添加 G 的两个末端所得到的 $|G|$ 的闭包是一个圈. 类似地, “围绕在” 1-道路梯外部的双射线连同此梯的唯一末端形成了一个圈.

不难证明, $|G|$ 中没有弧可以全部由末端组成, 这意味着 $|G|$ 的每一个圈是一个标准子空间, 支撑它的边集合被称作**回路** (circuit).

图 8.6.1 所示的圈是一个更加具有挑战性的例子. 令 G 是从二叉树 T_2 开始, 对每个有限 0-1 序列 ℓ, 通过用新边 e_ℓ 连接顶点 $\ell01$ 和 $\ell10$ 所得到的图. 图中所示的双射线 $D_\ell \ni e_\ell$ 连同 G 的所有 (不可数个) 末端形成了 $|G|$ 的一条弧 A, 它与底部双射线 D 的并是 $|G|$ 的一个圈 (练习 94). 注意到, A 中的双射线没有两个是连贯的: 在任意两个之间总有第三条 (练习 95).

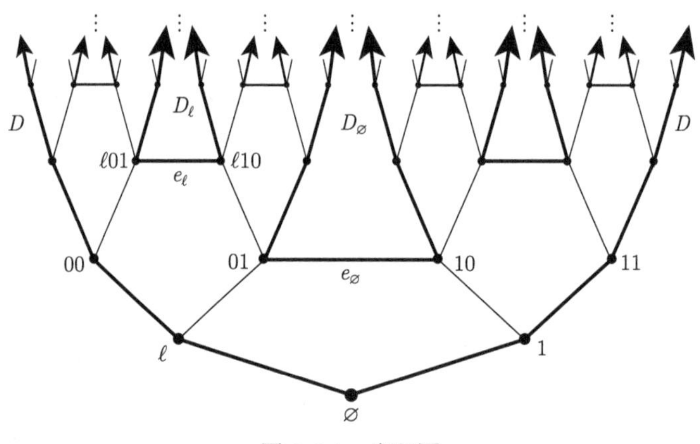

图 8.6.1 疯狂圈

G 的**拓扑支撑树** (topological spanning tree) 是 $|G|$ 的连通标准子空间 T, 它包含每个顶点但不包含任何圈. 因为标准子空间是闭的, 所以 T 也包含每一个末端, 由引理 8.6.5 知它也是弧连通的. 关于边的添加或删除运算, 它是极小连通的也是极大“无圈的” (练习 99).

人们也许预期 G 在通常意义下的支撑树 T 的闭包 $\overline{T}$ 应该是 $|G|$ 的拓扑支撑树. 然而这个期望不一定成立: $\overline{T}$ 可能包含一个圈 (图 8.6.2). 反过来, 闭包是拓扑支撑树的子图很可能是不连通的: 例如, 在 $\mathbb{N} \times \mathbb{N}$ 网格中的垂直射线连同它的唯一末端形成网格的一个拓扑支撑树.

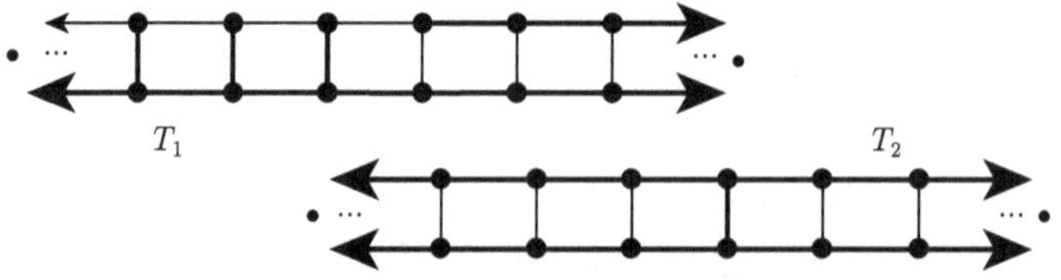

图 8.6.2 T_1 是一个拓扑支撑树, 但 T_2 包含三个圈

我们可以像构造有限图的支撑树那样来构造拓扑支撑树：在引理 8.6.11 中，通过递归地删除 $|G|$ 的边可以找到拓扑支撑树. 然而，它也可以“从下面开始”来构造 (练习 102). 拓扑支撑树的存在也可以作为定理 8.2.4 的推论得到：

引理 8.6.8 G 的任意正规支撑树在 $|G|$ 中的闭包是 G 的一棵拓扑支撑树.

证明 设 T 是 G 的正规支撑树，由引理 8.2.3 知，G 的每个末端 ω 包含 T 的一条正规射线 R，那么 $R\cup\{\omega\}$ 是一条连接 ω 到 T 的根的弧，所以 $\overline{T}$ 是弧连通的.

剩下只需要检查 $\overline{T}$ 不包含圈. 否则，令 A 是通过删除此圈上的一条边 $f=uv$ 的内点所得到的 u-v 弧. 显然，$f\in T$. 假设在 T 的树序下 $u<v$，令 T_u 和 T_v 分别表示包含 u 和 v 的 $T-f$ 的分支，注意到 $V(T_v)$ 是 T 中 v 的上闭包 $\lfloor v\rfloor$.

令 $S:=\lceil u\rceil$. 由引理 1.5.5 (ii) 知，$\lfloor v\rfloor$ 是 $G-S$ 的一个分支 C 的顶点集合. 所以，$V(C)=V(T_v)$ 并且 $V(G-C)=V(T_u)$，因此这两个集合之间的边集合 $E(C,S)$ 与 $E(T)$ 恰好相交于 f，从而 $\overline{C}$ 和 $\overline{G-C}$ 把 $|G|\setminus\mathring{E}(C,S)\supseteq A$ 划分成两个开集，这两个开集都和 A 相交，这与 A 是拓扑连通的矛盾. □

注意到，引理 8.6.8 的证明并没有使用“G 是局部有限的”这一假设：只要图 G 包含正规支撑树 T，T 在 $|G|$ 中的闭包就是弧连通的子空间，并且不包含圈.

作为这些新概念的应用，我们把 Nash-Williams 和 Tutte 的树-填装定理 (2.4.1) 推广到局部有限图. 对通常的支撑树进行直接推广并不成立：确实，对每个 $k\in\mathbb{N}$，我们可以构造一个 $2k$-边连通的局部有限图，删除任意一个有限回路上的边后，它不再连通 (练习 19). 这样的图在任何具有 ℓ 个部分的划分中，所有不同部分之间的边数至少是 $k(\ell-1)$，但它没有两个以上的边不交支撑树：把一棵树的边添加到另一棵上会产生一个 (有限) 基本回路，删去这个回路会使第三棵支撑树非连通.

然而，只要把通常的支撑树换成拓扑支撑树，定理 2.4.1 就可以得到推广.

定理 8.6.9 对所有 $k\in\mathbb{N}$ 和连通局部有限多重图 $G=(V,E)$，下面的命题是等价的：

(i) G 包含 k 棵边不交的拓扑支撑树；

(ii) 对 $V(G)$ 的任意一个具有 (有限) ℓ 个部分的划分，G 有至少 $k(\ell-1)$ 条交叉边.

我们首先对定理 8.6.9 的特殊情况 (即有限形式的紧致推广) 来进行证明，这个形式在极限点是一个稍微弱化的命题 (参考引理 8.6.7)：

引理 8.6.10 如果对 $V(G)$ 的任意一个具有 ℓ 个部分的有限划分，G 都至少有 $k(\ell-1)$ 条交叉边，那么 G 包含 k 个边不交的支撑多重子图，它们在 $|G|$ 中的闭包是拓扑连通的.

证明 取定 V 的一个列举 $v_0,v_1,\cdots$，对每个 $n\in\mathbb{N}$，令 G_n 是有限多重图，它是从 G 通过把 $G-\{v_0,\cdots,v_n\}$ 的每个分支收缩成一个顶点，并删去所有的环边但保留平行边而得到的多重图, 那么 $G[v_0,\cdots,v_n]$ 是 G_n 的一个导出多重子图. 让 $\mathcal{V}_n$ 表示 G_n 的所有边不交连通支撑多重子图所组成的 k-元组 $(H_n^1,\cdots,H_n^k)$ 的集合.

因为 $V(G_n)$ 的每个划分 P 导出 $V(G)$ 的一个划分, 而对这个划分 G 有足够多的交叉边, 且所有这些交叉边也是 P 的交叉边, 所以定理 2.4.1 蕴含着 $\mathcal{V}_n \neq \varnothing$. 由于每个 $(H_n^1,\cdots,H_n^k) \in \mathcal{V}_n$ 导出了 $\mathcal{V}_{n-1}$ 的一个元素 $(H_{n-1}^1,\cdots,H_{n-1}^k)$, 故无限引理 (8.1.2) 产生了 k-元组的一个序列 $(H_n^1,\cdots,H_n^k)_{n\in\mathbb{N}}$, 每个 $\mathcal{V}_n$ 包含其中一项, 而序列的极限 $(H^1,\cdots,H^k)$ 由下面的嵌套并定义:

$$H^i := \bigcup_{n\in\mathbb{N}} H_n^i[v_0,\cdots,v_n].$$

对不同的 i, 这些 H^i 是边不交的 (这是因为 H_n^i 是边不交的), 但它们可能是不连通的. 为了证明它们有连通的闭包, 由引理 8.6.7 知, 我们只需证明它们中的每个在 G 的每个有限割 F 中有一条边. 给定 F, 选择 n 充分大使得 F 的所有边都在 $G[v_0,\cdots,v_n]$ 中, 那么 F 也是 G_n 的一个割. 现在考虑 k-元组 $(H_n^1,\cdots,H_n^k)$, 它是被无限引理从 $\mathcal{V}_n$ 中选取的, 这些 H_n^i 的每一个是 G_n 的连通支撑多重子图, 故它包含 F 的一条边, 但是 H_n^i 在 $\{v_0,\cdots,v_n\}$ 上和 H^i 相同, 所以 H^i 也包含 F 的这条边. □

引理 8.6.11 *$|G|$ 的每个连通标准子空间, 如果它包含 V, 那么它也包含 G 的一棵拓扑支撑树.*

证明 设 X 是 $|G|$ 的连通标准子空间, 它包含 V, 那么 G 也一定是连通的, 所以它是可数的. 设 $e_0,e_1,\cdots$ 是 $E(X)$ 的一个列举, 我们按顺序考虑这些边, 首先令 $X_0 := X$, 如果 $X_n \setminus \mathring{e}_n$ 是连通的, 定义 $X_{n+1} := X_n \setminus \mathring{e}_n$; 否则, 定义 $X_{n+1} := X_n$; 最后, 令 $T := \bigcap_{n\in\mathbb{N}} X_n$.

因为 T 是闭的, 且包含 V, 所以它还是一个标准子空间. 由于 X 在 G 的每个有限割中有一条边并且它在这个割中的最后一条边永远不会被删除, 因此 T 在每个有限割中也有一条边. 由引理 8.6.7 知, T 是连通的. 同时, T 不包含圈; 否则, T 包含一条边, 从圈中删去它后还是连通的. 因此, 我们得到了一棵拓扑支撑树. □

定理 8.6.9 的证明 从上面两个引理, 我们可以得到蕴含关系 (ii) → (i). 对于 (i) → (ii), 设 G 包含边不交拓扑支撑树 $T_1,\cdots,T_k$, 并考虑 V 的具有 ℓ 个部分的划分 P, 如果存在无穷多条交叉边, 证明结束, 因此, 我们假设只存在有限多条交叉边. 对每个 $i\in\{1,\cdots,k\}$, 令 T_i' 是阶为 ℓ 的多重图, 它是 T_i 的边在 P 上导出的.

为了证明 G 有至少 $k(\ell-1)$ 条交叉边, 我们论证多重图 T_i' 是连通的. 否则, 某个 T_i' 有一个顶点划分使得没有交叉边属于 T_i. 这个划分导出了 G 的一个割, 这个割不包括 T_i 的边. 根据我们的假设, G 只有有限条交叉边, 因此这个割是有限的.

由引理 8.6.7, 这与 T_i 的连通性矛盾. □

8.7 拓扑圈空间

作为新引进理论的一个更全面的应用, 我们看一看如何把有限图的圈空间通过使用无限回路和拓扑支撑树, 延伸到局部有限图 $G = (V, E)$ 上.

和通常的树一样, 拓扑支撑树 T 的每两个点通过唯一的弧连接: 引理 8.6.5 蕴含着弧的存在性, 而唯一性可以和有限图情形一样证明. 所以, 在 T 中加入一条边 e 产生了 $T \cup e$ 中的唯一圈, 它的边组成了关于 T 的 e 的**基本回路** (fundamental circuit) C_e. 注意到, C_e 可以是无限的.

类似地, 对每条边 $f \in E(T)$, 空间 $T \setminus \mathring{f}$ 恰有两个弧分支, 这两个分支之间的边集合是 T 的一个**基本割** (fundamental cut) D_f. 因为 $T \setminus \mathring{f}$ 的两个弧分支是闭的 (引理 8.6.6) 但不交, 故引理 8.6.3 (ii) 蕴含着 D_f 是有限的.

和有限图一样, 对所有 $f \in E(T)$ 和 $e \in E \setminus E(T)$, $e \in D_f$ 当且仅当 $f \in C_e$. 如果一棵拓扑支撑树是某个正规支撑树的闭包 (参考引理 8.6.8), 那么这种支撑树对我们特别有用处: 它的基本回路和基本割都是有限的.

对于局部有限图, 我们有两个圈空间: 一个是 1.9 节中通常的"有限性"圈空间, 另一个是基于拓扑回路的新"拓扑"圈空间. 前一个是后一个的子空间, 正如所有有限割的空间是所有割的空间的子空间一样. 通过拟阵对偶性, 这四个空间神奇地联系在一起, 见注解和练习 118.

我们称 E 的子集族 $(D_i)_{i\in I}$ 是**薄的** (thin), 如果没有边属于无限多个 D_i; 而这个族的**薄和** (thin sum) $\sum_{i\in I} D_i$ 是指恰好属于奇数个 D_i 的所有边的集合. 现在定义 G 的 (**拓扑**) **圈空间** ((topological) cycle space) $\mathcal{C}(G)$, 它是边空间 $\mathcal{E}(G)$ 的子空间, 由所有回路的全部薄和所组成.

我们称一个给定回路的集合 $\mathcal{Z}$ **生成** (generates) $\mathcal{C}(G)$, 如果 $\mathcal{C}(G)$ 的每个元素是 $\mathcal{Z}$ 中元素的薄和. 例如, 图 8.1.3 中所示的梯子的拓扑圈空间能由它的所有正方形 (4-元素回路), 或者由包含所有水平边以及除一个外的所有正方形的无限回路生成. 类似地, 图 8.6.1 中的"疯狂回路"是由此图中的所有有限面的边界的薄和所生成的.

我们把 1.9 节中定义的圈空间 (即有限回路的 (有限) 和) 称作 G 的**有限性圈空间** (finitary cycle space), 并用 $\mathcal{C}_{\text{fin}}(G)$ 表示. 显然, $\mathcal{C}_{\text{fin}}(G) \subseteq \mathcal{C}(G)$. 后面我们会看到, $\mathcal{C}_{\text{fin}}(G)$ 包含 $\mathcal{C}(G)$ 的所有有限元素, 但从定义看这并不明显, 见练习 115. 然而, 当 G 是有限时, 显然有 $\mathcal{C}_{\text{fin}}(G) = \mathcal{C}(G)$.

我们在 1.9 节中指出, G 的有限边集属于 $\mathcal{C}_{\text{fin}}(G)$ 当且仅当它和 G 每个的割集相交偶数次, 并且任意通常的支撑树的基本回路通过有限和可以生成 $\mathcal{C}_{\text{fin}}(G)$. 对拓

扑圈空间 $\mathcal{C}(G)$, 我们有类似的结论:

定理 8.7.1 对局部有限连通图 G 的每一个边集 D, 下面的命题是等价的:

(i) $D \in \mathcal{C}(G)$;

(ii) D 和 G 的每个有限割 F 相交于偶数条边;

(iii) D 是 G 的任意拓扑支撑树的基本回路的薄和.

证明 根据 $\mathcal{C}(G)$ 的定义以及"G 包含一棵拓扑支撑树 (引理 8.6.11)"这一事实, 蕴含关系 (iii) → (i) 成立.

下面我们证明蕴含关系 (i) → (ii). 根据假定, D 是回路的一个薄和, 只有有限多个可以和 F 相交, 所以只需证明每个回路与 F 的偶数条边相交. 这可以从引理 8.6.3 (i) 推出: 给定 $|G|$ 中的一个圈 C, C 在 F 中两条边 (如果存在的话) 之间的路段是一些弧, 弧的顶点都位于割 F 的同一侧. 当我们沿着 C 移动时, 这些侧交错变化, 所以存在偶数条这样的弧, 从而有偶数条 C 的边在 F 中.

剩下需要证明的是 (ii) → (iii). 用 C_e 表示边 $e \notin E(T)$ 的基本回路, 而 D_f 是边 $f \in E(T)$ 的基本割. 回顾一下, 根据引理 8.6.3 (ii), 这些 D_f 是有限割. 下面我们证明

$$D = \sum_{e \in D \setminus E(T)} C_e. \qquad (*)$$

上面的和式是严格定义的: 因为 $f \in C_e \Leftrightarrow e \in D_f$ 且基本割是有限的, 所以在这个和式中的 C_e 组成了一个薄族. 为了证明 $(*)$, 我们验证 $D' := D + \sum_{e \in D \setminus E(T)} C_e = \varnothing$.

首先注意到 $D' \subseteq E(T)$: T 的任意属于 D 的弦也属于和式中唯一一个 C_e. 所以每个 $f \in D'$ 是 T 的唯一一条边, 因此在有限割 D_f 中它也是 D' 的唯一边, 这蕴含着 $|D' \cap D_f| = 1$, 但这产生矛盾, 因为由 (ii) 知 D 和 D_f 相交偶数次, 同时由引理 8.6.3 知 C_e 也和 D_f 相交偶数次. □

推论 8.7.2 $\mathcal{C}(G)$ 由有限回路生成.

证明 由引理 8.6.8 知, 任意一棵正规生成树都是拓扑生成树. 对正规生成树的闭包使用定理 8.7.1 即得. □

本节的第二个目标是, 对拓扑圈空间证明命题 1.9.1 (ii) 的类似结果: 空间的元素 D 不仅是薄和, 而且是回路的不交并. 对有限图, 可以容易地用贪婪方法找到这些回路: 我们"沿着 D 的边前行"直到找到一个回路, 并删除它, 然后再重复这个过程.

当 G 是无限时, 我们也遵循相同的策略, 但从 D 孤立一个回路就不再是简单的工作了. 例如, 在图 8.6.1 中, 不需要知道"疯狂圈的边集 D 是一个回路"这一基本事实, 我们也可以立即看出 D 一定在 $\mathcal{C}(G)$ 中: 它是所有界定一个面的有限回路的薄和. 所以, 我们的证明一定要可以把 D"分解"成不交回路. 因为 D 本身是包

含在 D 中的唯一回路, 所以证明必须只从 $D \in \mathcal{C}(G)$ 这一信息来重新构造复杂的疯狂圈, 并且需要"一般性的"构造, 而不是依赖于这个图的特殊结构.

定理 8.7.3 *对每个局部有限图 G, $\mathcal{C}(G)$ 的任意元素都是回路的不交并.*

证明 我们可以假定 G 是连通的, 所以是可数的. 设 $D \in \mathcal{C}(G)$ 已给定, 然后列举它的边. 归纳地构造不交回路 $C \subseteq D$ 的序列, 使得每个回路包含 D 的列举中还没有出现在前面构造的回路中的最小边, 那么所有这些回路组成我们需要的 D 的一个划分.

假设我们已经构造了有限多个不交的回路, 每个都包含在 D 中. 从 D 中删去回路的边得到了边集 D', 它还在 $\mathcal{C}(G)$ 中. 设 e 是 D 的列举中 D' 的最小边, 我们在 $|G|$ 中由 $D' \setminus \{e\}$ 支撑的标准子空间中, 找到一条 e 的端点之间的拓扑路 π, 由引理 8.6.4 知, π 的象包含一条这两个端点之间的弧 A, 并且 $A \cup e$ 是定义下一个回路的圈.

把 G 的顶点列举为 $v_0, v_1, \cdots$, 这里 $e = v_0v_1$. 设 $S_n := \{v_0, v_1, \cdots, v_n\}$. 对每个 $n \geqslant 1$, 设 G_n 是从 G 通过把 $G - S_n$ 的每个分支收缩成一个顶点, 并删除所有环边但保留平行边而得到的有限多重图. 注意到, $V(G_n)$ 和 $E(G_n)$ 都是有限的, 并且 $G[S_n] \subseteq G_n$. 用 v_n' 表示 $G_{n-1} - S_{n-1}$ 的顶点, 它的分支集 V_n 包含 v_n.

我们可以把 $E(G_n)$ 看成 $E(G)$ 的子集, 则 G_n 的割也是 G 的割. 由定理 8.7.1 知, D' 和这些割相交于偶数条边. 特别地, G_n 的每个顶点与 D' 中偶数条边相关联. 根据命题 1.9.1, 我们有 $D' \cap E(G_n) \in \mathcal{C}(G_n)$, 所以 G_n 包含一条通过 e 的圈, 它所有的边都在 D' 中. 设 P_n 是这个圈的唯一 v_0-v_1 途径, 它不包含 e 并且不重复任何顶点.

设 $\mathcal{V}_n$ 是 $G_n - e$ 中所有满足"没有 $v_0, \cdots, v_n$ 中的顶点 (从而也没有边) 出现多于一次"的 v_0-v_1 途径的集合, 因此 $P_n \in \mathcal{V}_n \neq \varnothing$, 并且 $\mathcal{V}_n$ 是有限的. 每个途径 $W \in \mathcal{V}_n$ $(n \geqslant 2)$ 导出一个途径 $W' \in \mathcal{V}_{n-1}$, 它由 W 在 G_{n-1} 中的边组成, 并以同样的顺序和方向前行. [14] 所以, W' 是从 W 通过用 v_n' 来代替不在 G_{n-1} 中的任意子途径的顶点和边而得到的. W 的任意这样的子途径上的顶点要么是 v_n 要么是 $G_n - S_n$ 的顶点使得这些顶点的分支集包含在 V_n 中. 由无限引理知, 可以选择途径 $W_n \in \mathcal{V}_n$ 使得对任意 $n \geqslant 2$ 有 $W_n' = W_{n-1}$.

下一个目标是把这些途径 W_n 变成拓扑路 $\pi_n\, [0,1] \to |G_n|$, 沿着这些路从 v_0 到 v_1 并反映它们的相容性. 对 $n = 1, 2, \cdots$, 我们将分步定义这些 π_n 如下:

对 $n = 1$, 注意到 W_1 恰好有两条边: 因为 e 没有平行边, 所以它至少有两条; 因为 G_1 的每条边关联到 v_0 或 v_1, 所以它至多有两条. 设 π_1 把 $\left[0, \dfrac{1}{3}\right]$ 满射到第

14 W 和 W' 的边都是严格定义的: 每个属于 G_{n-1} 的边 $e \in W$ 至少有一个端点在 S_{n-1} 中, 它在 W 中要么是前置于 e 要么是后置于 e. 在 W' 中, 这个顶点同样地分别前置或后置于 e.

一条边, 把 $\left[\frac{1}{3},\frac{2}{3}\right]$ 满射到 W_1 的唯一内点, 并且把 $\left[\frac{2}{3},1\right]$ 满射到第二条边.

对 $n \geqslant 2$, 归纳地假定 π_{n-1} 遵循同样的顺序和方向沿 W_{n-1} 的边前行. 对非孤立点闭区间 $I \subseteq [0,1]$, π_{n-1} 在 W_{n-1} 上的每个顶点 $v \in G_{n-1} - S_{n-1}$ 处"暂停", 并把 I 立即映射到这个顶点. (所以, 如果 W_{n-1} 访问顶点 v 五次, 那么 $\pi_{n-1}^{-1}(v)$ 就是五个这样区间的不交并.) 为了定义 π_n, 对所有满足 $\pi_{n-1}(\lambda) \in |G_n|$ 的 λ, 我们令 $\pi_n(\lambda) := \pi_{n-1}(\lambda)$.

所有其他的 $\lambda \in [0,1]$ 满足 $\pi_{n-1}(\lambda) = v_n'$. 这些 λ 组成一个闭区间的不交并, 每个对应于 W_{n-1} 上 v_n' 的一次出现. 记得, W_n 是从 W_{n-1} 通过用 W_n 的子途径来代替 v_n' 的每次出现而得到的, 这里的子途径的顶点要么是 v_n 要么是 $G_n - S_n$ 中的顶点使得这些顶点的分支集包含在 V_n 中. 对 v_n' 在 W_{n-1} 上的每次出现, 设 π_n 位于对应的区间 I 上, 这里 I 满足 $\pi_{n-1}(I) = \{v_n'\}$ 在 W_n 的这个子途径上前行, 并对非孤立点区间在这个子途径于 $G_n - S_n$ 中的顶点处再次暂停.

这些映射 π_n 趋向于极限 $\pi : [0,1] \to |G|$, 定义如下: 设 $\lambda \in [0,1]$ 已经给定, 如果对某个 n 有 $\pi_n(\lambda) \in |G|$, 则对所有 $m > n$ 有 $\pi_m(\lambda) = \pi_n(\lambda)$, 并且令 $\pi(\lambda) := \pi_n(\lambda)$. 否则, 对所有 n 均有 $\pi_n(\lambda) \in V(G_n) \setminus S_n$, 设 U_n 是 G_n 的这个顶点 $u_n := \pi_n(\lambda)$ 在 G 中的分支集, 根据映射 π_n 的归纳构造, 有 $U_1 \supseteq U_2 \supseteq \cdots$. 因为 U_n 支撑 $G - S_n$ 的一个分支 $C_n = C_n(\lambda)$, 所以我们可以找到 G 的一条射线, 它的尾巴在每个 C_n 中, 设 $\pi(\lambda)$ 是这条射线的末端 ω. 注意到, ω (所以 $\pi(\lambda)$) 是严格定义的: 每个末端 $\omega' \neq \omega$ 和 ω 被某个 S_n 分离, 从而不能在 C_n 中有一条射线.

要证明 π 是我们希望得到的 $|G|$ 的拓扑 v_0-v_1 路, 只需验证在每个 λ 的连续性. 如果对某个 n, $\pi(\lambda) = \pi_n(\lambda)$ 成立, 那么在 λ 的小邻域中 π 也和 π_n 相同, 所以 π_n 的连续性蕴含了 π 的连续性. 否则, $\pi(\lambda)$ 是一个末端 (比如 ω), 那么 ω 在 $|G|$ 中有一个邻域基, 它由开集 $\hat{C}_\epsilon(S_n,\omega)$ 组成, 这里 $C(S_n,\omega)$ 是分支 $C_n(\lambda)$ (前面已经定义), 因为 ω 在它里面有一个射线.

现在 λ 是区间 $I \subseteq [0,1]$ 的一个内点, 这里 π_n 把 I 映射到顶点 $u_n = \pi_n(\lambda)$. 根据构造, 有 $\pi(I) \subseteq \overline{C_n(\lambda)} \subseteq \hat{C}_\epsilon(S_n,\omega)$, 从而证明了 π 的连续性. □

推论 8.7.4 *$\mathcal{C}(G)$ 在无限薄和下是封闭的.*

证明 考虑 $\mathcal{C}(G)$ 的元素的薄和 $\sum_{i\in I} D_i$. 根据定理 8.7.3, 每个 D_i 是回路的不交并, 它们一起组成了一个薄族, 这个薄族的和属于 $\mathcal{C}(G)$ 而且等于 $\sum_{i\in I} D_i$. □

8.8 无限图作为有限图的极限

对局部有限图 G, G 的有限子式 G_n 是通过删除前面 n 个顶点并收缩出现的分支而得到的图. 在最后一节我们来看看空间 $|G|$ 如何扮演 G_n 的"极限"这一角

色, 把 $|G|$ 和 G_n 之间的关系用更正式的语言描述. 澄清它们之间的关系有助于把有限图上的定理转化成无限图上的定理, 这也是我们考虑空间 $|G|$ 的初衷.

设 $(P, \leqslant)$ 是一个**有向** (directed) 偏序集, 即对任意 p, q, 存在一个 r 使得 $p \leqslant r$ 和 $q \leqslant r$. 一个子集 $Q \subseteq P$ 在 P 中是**共尾的** (cofinal), 如果对任意 $p \in P$ 存在某个 $q \in Q$ 满足 $p \leqslant q$.

对每个 $p \in P$, 设 X_p 是一个紧致 Hausdorff 拓扑空间, 后面它也表示有限图. 假定连续映射 $f_{qp} : X_q \to X_p$ (对所有 $q > p$) 是**相容的** (compatible), 即只要 $r > q > p$, 就有 $f_{qp} \circ f_{rq} = f_{rp}$. 这些**键合映射**[15] (bonding maps) f_{qp} 和空间族 $\mathcal{X} = (X_p \mid p \in P)$ 一起被称作**逆系统** (inverse system).

令集合 X 包含所有的 $x = (x_p \mid p \in P)$, 这里 $x_p \in X_p$ 并且对 P 中的所有 $p < q$ 有 $f_{qp}(x_q) = x_p$, 这个 X 是 $\mathcal{X}$ 的**逆极限** (inverse limit), 即 $X = \varprojlim \mathcal{X}$. 我们给 X 一个从乘积空间 $\prod_{p \in P} X_p$ 得到的子空间拓扑. 注意, 和 X_p 一样, 根据 Tychonoff 定理, 乘积空间是 Hausdorff 和紧致的.

空间 $X = \varprojlim \mathcal{X}$ 是所有对应于 $q \in P$ 的集合 $X_{<q}$ 的交, 这里 $X_{<q}$ 是所有满足 $f_{qp}(x_q) = x_p$ (对每个 $p < q$) 的 $(x_p \mid p \in P) \in \prod_p X_p$ 的集合. 根据 X_p 是 Hausdorff 以及映射 f_{qp} 是连续的这一事实, 我们可以证明 $\prod_p X_p$ 的这些子集 $X_{<q}$ 是闭的, 所以 $X = \bigcap_{q \in P} X_{<q}$ 在紧致空间 $\prod_p X_p$ 中是闭的, 从而是紧致的.

因为 P 是有向的, 只要 X_p 是非空的, 那么集合 $X_{<q}$ 具有有限交性质. 从而 $X = \bigcap_q X_{<q}$ 也是非空的:

引理 8.8.1 $X = \varprojlim (X_p \mid p \in P)$ 是一个紧致 Hausdorff 空间. 如果对所有 $p \in P$ 有 $X_p \neq \varnothing$, 那么 X 也是非空的. □

给定图 $G = (V, E, \Omega)$, 把 V 的所有"只有有限条跨越边的"有限划分的集合记为 $P = P(G)$. 在 P 中, 当 q 细分 p 时, 定义序 $p \leqslant q$, 那么 P 成为一个有向偏序集. 对每个 p, 设 G/p 是 p 上的有限多重图, 它的边是 p 的跨越边.[16] G/p 的对应于非单点划分类的顶点是它的**虚拟顶点** (dummy vertex), 而 G/p 的其他顶点 (它们具有划分类 $\{v\}$) 可以看成 G 的顶点, 所以记作 v.

在紧致空间 $X_p := |G/p|$ 上, 对 $q > p$, 我们有相容的商映射 $f_{qp} : X_q \to X_p$, 它把 G/q 的顶点映射到 G/p 的包含它们作为子集的顶点上. 对于 G/q 的边, 如果它也是 G/p 的边, 那么这个映射是恒等的; 对于 G/q 的其他边, 映射把这些边映射到 G/p 的虚拟顶点, 这里的虚拟顶点对应的划分类在 G/q 中包含边的两个端点. 设

$$||G|| := \varprojlim (X_p \mid p \in P),$$

15 译者注: 逆系统中的相容映射习惯上称作键合映射, 所以键合映射是逆系统的组成部分之一.

16 如果划分类 $U \in p$ 在 G 中是连通的, 则 G/p 是通过收缩划分类而得到的 G 的子式. 但这里我们不要求它们是连通的.

把那些 f_{qp} 作为键合映射.

定理 8.8.2 如果 G 是局部有限的且连通的, 则 $||G||$ 同构于 $|G|$.

证明 由于 $||G||$ 是紧致的并且 $|G|$ 是 Hausdorff 的, 因此只需构造一个连续双射 $\sigma : ||G|| \to |G|$. 设 $x = (x_p|p \in P) \in ||G||$ 已经给定.

如果存在 $p \in P$ 使得 x_p 不是 G/p 的虚拟顶点, 那么 $x_p \in |G| \setminus \Omega$, 我们令 $\sigma(x) := x_p$. 要验证 σ 是严格定义的, 考虑两个这样的点 x_p 和 $x_{p'}$, 并选取 $q > p, p'$, 那么 x_q 也不是虚拟顶点, 根据 f_{qp} 和 $f_{qp'}$ 的定义, 我们有 $x_p = x_q = x_{p'}$.

假定每个 x_p 都是虚拟顶点. 对所有 $n \in \mathbb{N}$, 设 S_n 是在某个固定列举中 G 的前 n 个顶点的集合, 而 $p_n \in P$ 表示一个划分, 它包含 S_n 中的顶点作为单点划分类, 以及 $G - S_n$ 的分支的顶点集作为余下的划分类. 这个序列 $p_0, p_1, \cdots$ 在 P 中是共尾的, 因为每个 $p \in P$ 被所有 p_n 细分, 这里的 n 足够大使得 p 的所有跨越边的端点都在 S_n 中.

因为, 只要 $p = p_m < p_n = q$, 就有 $f_{qp}(x_q) = x_p$, 所以连通顶点集 $U_n = x_{p_n}$ 组成一个递减序列 $U_0 \supseteq U_1 \supseteq \cdots$. 容易构造 G 的一条射线 R 使得, 对每个 n, 射线的尾巴在 $G[U_n]$ 中. 把 R 的末端记为 ω.

对每个 $p \in P$, 集合 $U = x_p$ 包含所有 U_n (这里 $p < p_n$) 作为子集. 由于 p_n 在 P 中是共尾的, 所以每个 $G[x_p]$ 包含 R 的一个尾巴. 反过来, 对每个末端 $\omega' \neq \omega$, 存在一个 n 使得 $G[U_n]$ 不包含来自 ω' 的射线, 所以 ω 是 G 的唯一末端, 并且对所有 $p \in P$ 这个末端在 $G[x_p]$ 中有一条射线. 令 $\sigma(x) := \omega$. 我们完成了 σ 的定义.

要证明 σ 是单射, 考虑两个不同的点 $x, x' \in ||G||$, 不妨设它们在分支 $x_p \neq x'_p$ 不同. 如果其中一个不是 G/p 的虚拟顶点, 那么显然 $\sigma(x) \neq \sigma(x')$. 如果两个都是虚拟顶点, 则 $U = x_p$ 和 $U' = x'_p$ 是 G 的不交顶点集合, 它们被有限条边分离. 因为 $\sigma(x)$ 是一个具有属于 $G[U]$ 的射线的末端, 而 $\sigma(x')$ 是一个具有属于 $G[U']$ 的射线的末端, 所以 $\sigma(x)$ 和 $\sigma(x')$ 一定是不同的.

要证明 σ 是满射, 设 $x \in |G|$ 已经给定. 如果 x 不是一个末端, 选择 $p(x) \in P$ 使得它包含顶点 x 或者 x 所在边的端点, 作为单点划分类. 对 P 中的每个 $q \geqslant p(x)$, 令 $x_q := x$; 对任意 p', 如果 p' 小于某个满足 $q \geqslant p(x)$ 的 q, 即 $p' < q$, 就令 $x_{p'} := f_{qp'}(x)$. 所以 $(x_p \mid p \in P)$ 在 $||G||$ 中是严格定义的, 并且它被 σ 映射到 x.

如果 x 是一个末端, 那么对每个 $p \in P$, G/p 恰好有一个虚拟顶点 x_p 使得 x 在 $G[x_p]$ 中有一条射线. 只要 $p < q$, 这些 x_p 就满足 $f_{qp}(x_q) = x_p$, 因此 $(x_p \mid p \in P)$ 是 $||G||$ 中的一个点, 并且它被 σ 映射到 x.

下面我们证明 σ 在 $||G||$ 中每个点 $(x_p \mid p \in P)$ 是连续的. 如果 $\sigma(x)$ 不是末端, 那么存在某个 $p(x) \in P$ 使得 $\sigma(x) = x_{p(x)}$, 它是 $X_{p(x)}$ 的一个点但不是虚拟顶点. 在 $|G|$ 中 $\sigma(x)$ 的每个基本开邻域 O 也是 $X_{p(x)}$ 中同一个点 $x_{p(x)}$ 的基本邻域. 因此, 对所有 $p \neq p(x)$ 满足 $O_{p(x)} = O$ 和 $O_p = X_p$ 的集合 $\prod_{p \in P} O_p$ 是 $\prod_p X_p$ 中

x 的基本开邻域, 它与 $||G||$ 的交是 $||G||$ 中 x 的开邻域, 并且 σ 把它映射到 O.

如果 $\sigma(x)$ 是一个末端 ω, 考虑 $|G|$ 中 x 的任意基本开邻域 $O = \hat{C}_\epsilon(S,\omega)$. 设 $p(\omega) \in P$ 是 V 的一个划分, 它的划分类包括 $G-S$ 的分支的顶点集和 S 中的单点. 那么, $V(C)$ 是 $G/p(\omega)$ 的一个虚拟顶点, 把它叫做 $x_{p(\omega)}$. 设 $O_{p(\omega)} \subseteq X_{p(\omega)}$ 是由 $x_{p(\omega)}$ 和任意 C-S 边在 O 中的内部点所组成, 它们也是 $X_{p(\omega)}$ 的点. 和前面一样, 在对所有 $p \neq p(x)$ 满足 $O_p = X_p$ 的集合 $\prod_p X_p$ 中, x 有一个基本开邻域 $\prod_p O_p$, 它与 $||G||$ 的交被 σ 映射到 O. □

注意到, 这里的证明没有用到 $|G|$ 的紧致性: 作为一个推论我们可以重新得到命题 8.6.1.

在定理 8.8.2 的证明中, 我们发现处理 P 中的共尾序列比考虑整个 P 更方便. 在下面这个简单引理中, 这个想法得到进一步的应用:

引理 8.8.3 设 $(X_p \mid p \in P)$ 是紧致空间的一个逆系统, 而 $Q \subseteq P$ 在 P 中是共尾的, 并且 $(X_p \mid p \in Q)$ 具有相同的键合映射. 如果映射把每个点 $(x_p \mid p \in P)$ 映射到它的限制 $(x_p \mid p \in Q)$ 上, 那么这个映射定义了一个从 $\varprojlim\ (X_p \mid p \in Q)$ 到 $\varprojlim\ (X_p \mid p \in Q)$ 的同胚. □

根据定理 8.8.2 和这个引理, 对应于局部有限图 G 的 $|G|$ 是 8.6 节定义的 G 的有限收缩子式 G_n 的逆极限. 确实, 对在定理证明中定义的 P 的共尾序列 $p_0, p_1, \cdots$, 我们有 $G_n = G/p_n$, 并且根据引理, $|G|$ 是对应紧致空间 X_{p_n} 的逆极限.

和 $|G|$ 本身一样, $X = |G|$ 的每个标准子空间 X' 可以作为有限多重图的逆极限来得到. 确实, 由 $(x_p \mid p \in P) \mapsto x_p$ 定义的投影 $f_p : X \to X_p$ 是连续的, 因为 X' 是紧致的, 所以 X' 投影像 $X'_p \subseteq X_p$ 也是紧致的, 且 f_{qp} 把 X'_q 映射到 X'_p. 因此, $(X'_p \mid p \in P)$ 是具有键合映射 $f'_{qp} := f_{qp} \restriction X'_q$ 的逆系统, 并且 $X' = \varprojlim\ (X'_p \mid p \in P)$.

更具有代表性地, 我们希望找到具有某种性质 (例如拓扑支撑树) 的标准子空间 X'. 我们可以尝试去构造某个 X'_p, 使得它的逆极限是 X'. 但是, 对所有的 $p \in P$ 找到这样相容的 X'_p 并不容易. 这里, 引理 8.8.3 可以提供帮助: 对所有 p, 只需在某个共尾的 $Q \subseteq P$ 中找到它们即可. 例如, 我们可以在所有的 G_n 中, 通过把树 $T_n \subseteq G_n$ 中的虚拟顶点扩展成 $T_{n+1} \subseteq G_{n+1}$ 中的一个星来归纳地构造一棵支撑树. 那么给定的键合映射 $X_{p_n} \to X_{p_m}$ 把由 T_n 导出的子空间 X'_{p_n} 映射到由 T_m 导出的子空间, 并且这些 X'_{p_n} 把 $X = |G|$ 中的拓扑支撑树作为它的逆极限. 这个构造成立的原因是 p_n 的划分类在 G 中是连通的, 但我们不能对 $P(G)$ 中所有划分这样做.

$|G|$ 或者一个标准子空间中的弧和圈, 可以通过对 $Y = [0,1]$ 或 $Y = S^1$ 使用下面的**提升引理**来容易地得到. 设 $(X_p \mid p \in P)$ 是紧致空间的任意逆系统, 具有键合映射 f_{qp}, 并设 X 是它的逆极限. 记 Y 是具有连续相容映射 $g_p : Y \to X_p$ 的拓扑空间, 这里的映射 g_p 关于 f_{qp} 是可交换的, 即只要 $p < q$ 就有 $g_p = f_{qp} \circ g_q$. 我们称族 $(g_p \mid p \in P)$ 是**最终单射的** (eventually injective), 如果对任意不同的 $y, y' \in Y$,

存在某个 $p \in P$ 使得 $g_p(y) \neq g_p(y')$.

引理 8.8.4 *存在唯一的连续映射 $g: Y \to X$, 它是关于投影映射 $f_p: X \to X_p$ 可交换的, 即对所有的 $p \in P$ 有 $g_p = f_p \circ g$. 如果 g_p 是最终单射的, 则 g 是单射的.* □

例如, 假设我们想找到 X 中某两个点 x 和 y 之间的弧, 那么通过寻找与 f_{qp} 可交换的拓扑 $f_p(x)$-$f_p(y)$ 路 $g_p: [0,1] \to X_p$ 就可以找到拓扑 x-y 路 $g: [0,1] \to X$. 如果我们可以使这些 g_p 是最终单射的, 那么 g 就是单射的, 它的象就是我们寻找的弧.

类似地, 如果我们可以找到一个是最终单射的相容圈 $g_p: S^1 \to X_p$, 那么它的象就包含 G/p 的所有顶点, 并且是关于 f_{qp} 可交换的, 那么 g 就定义了 G 的一个 Hamilton 圈, 即 $|G|$ 中通过每一个顶点的圈.

练 习

1.$^-$ 证明: 如果一个连通图所有顶点的度数是可数的, 那么图本身也是可数的.

2.$^-$ 给定可数多个自然数的序列 $\sigma^i = s_1^i, s_2^i, \cdots$ $(i \in \mathbb{N})$, 找到一个序列 $\sigma = s_1, s_2, \cdots$ 使得它将最终优于每个 σ^i, 即对每个 i, 存在一个 $n(i)$ 使得对于所有的 $n \geqslant n(i)$ 有 $s_n > s_n^i$.

3.$^-$ 可数集合是否可以有不可数多个子集合, 使得这些子集合的交的大小有一个有限上界?

4.$^-$ 设 T 是一棵无限有根数. 证明: T 的每条射线都有一个渐增的尾巴, 即在由 T 和它的根定义的树序下, 尾巴上的顶点序列是增长的.

5.$^-$ 设 G 是无限图且 $A, B \subseteq V(G)$. 证明: 如果 G 中不存在有限多个顶点分离 A 和 B, 那么 G 包含无限多条不相交的 A-B 路.

6.$^-$ 在命题 8.1.1 中, 为了证明支撑树的存在性, 我们运用 Zorn 引理"从下方"来找到一个极大的无圈子图. 对于有限图, 我们也可以运用归纳法"从上方"找到一个极小的连通支撑子图. 如果我们使用 Zorn 引理"从上方"找这样一个子图, 会如何呢?

对于下面两个练习, 考虑给定图的圈空间 (和在 1.9 节中对有限图的定义一样) 会对解决问题有所帮助.

7.$^-$ 证明: 如果图包含一棵具有无限多个弦的支撑树, 那么它的所有支撑树都包含无限多条弦.

8. 证明: 如果图包含无限多个不同的圈, 那么它也包含无限多个边不交的圈.

9. 设 G 是一个连通的可数无限图, 对于每个 $k \in \mathbb{N}$, 证明 G 包含一个围长至少为 k 的无限连通支撑子图.

10. 对于任意给定 $k \in \mathbb{N}$, 构造一个可平面 k-连通图. 是否可以构造一个围长也至少为 k 的图? 是否可以构造一个无限连通的可平面图?

11. 定理 8.1.3 蕴含着存在一个函数 $f_\chi: \mathbb{N} \to \mathbb{N}$ 使得对每个 $k \in \mathbb{N}$, 任意具有色数至少为 $f_\chi(k)$ 的无限图包含一个色数至少为 k 的有限子图. (例如, 令 f_χ 是 $\mathbb{N}$ 上的恒等函数.) 对于最小度和连通度, 找到类似的函数 f_δ 和 f_κ, 或者证明这样的函数不存在.

12. 设 $k \in \mathbb{N}$, 而 a,b 是图 G 的两个顶点.

(i) 证明: 只存在有限多个阶为 k 的极小 a-b 分离, 以及有限多个阶为 k 的极小 a-b 割. (如果一个割把 a 和 b 分离, 我们称它为 a-b 割.)

(ii) 推导: G 的每个边只属于有限多个 k 条边的键.

13. 使用无限引理来证明, 最小度 d 的无射线连通图包含最小度 d 的有限子图.

14. Halin 证明了一个定理: 每个着色数 $\alpha \geqslant \aleph_0$ 的图包含一个 TK^{β} (对每个基数 $\beta < \alpha$). 对 $\alpha = \aleph_0$, 证明这个定理.

15.$^-$ 使用附录 A 的广义无限引理, 对任意图证明定理 8.1.3.

16. 证明定理 8.1.3 对可数图成立. 注意到, 在这个情形, 证明基于事实: 在第三个证明中所定义的拓扑空间 X 是序列紧致的. (所以, X 中每个无限点序列有一个收敛子序列: 存在 $x \in X$ 使得 x 的每个邻集包含这个子序列的尾巴.)

17.$^-$ 把 Nash-Williams 的树覆盖定理 (2.4.3) 推广到无限图上.

18.$^+$ 把填装-覆盖定理 (2.4.4) 推广到无限图上.

19.$^+$ 对每个 $k \in \mathbb{N}$, 构造一个 k-连通局部有限图使得删除任何圈的边集后图变成非连通. 说明 Nash-Williams 和 Tutte 的树填装定理 (2.4.1) 对无限图不成立.

(提示: 从一个 k-连通有限图 G_0 开始, 如果 G_0 包含圈 C 使得删除 $E(C)$ 后得到的图还是连通的, 那么把更多的 G_0 嫁接到 $E(C)$ 使得 C 具有想要的性质, 归纳地进行下去.)

20. 附录 A 中的广义无限引理和紧致性原理可以互相推出.

21. 在正文中, 使用无限引理我们证明了不友好划分猜想对局部有限图成立.

(i) 使用附录 A 中的紧致性原理, 给出另外一个证明.

(ii) 在正文的证明中, 为了使用无限引理, 我们对命题作了修改, 现在还有必要这样做吗? 在证明的哪一步, 我们需要使用紧致性原理, 因为无限引理要求每个可接受的部分解一定导出某个较小的子结构上的可接受解? 哪里用到了局部有限性?

22. (i) 证明: 对于所有顶点度是无限的可数图, 不友好划分猜想成立.

(ii) 是否能够修改 (i) 中的证明, 使得对那些具有有限多个有限顶点度的可数图也成立?

23. 使用顶点度来重新叙述第 1 章练习 46 的 Gallai 划分定理, 并把它的等价形式推广到局部有限图.

24. 对局部有限图证明定理 8.4.8. 你的证明是否可以推广到任意可数图?

25. 把婚姻定理推广到局部有限图, 并说明它对拥有无限顶点度的可数图不成立.

26. 证明: 每个局部有限因子-临界图是有限的.

27.$^+$ 证明: 局部有限图 G 有 1-因子当且仅当对每个有限集合 $S \subseteq V(G)$, 图 $G - S$ 包含最多 $|S|$ 个奇 (有限) 分支. 对不是局部有限的图找出反例.

28.$^+$ 把 Kuratowski 定理推广到可数图.

29.$^-$ 我们称一个顶点 $v \in G$ **支配** (dominate) G 的末端 ω, 如果下面三个条件中的任意一个成立:

(i) 对某个射线 $R \in \omega$, G 中有一个无限 v-$(R - v)$ 扇;

(ii) 对每个射线 $R \in \omega$, G 中有一个无限 v-$(R - v)$ 扇;

(iii) 不存在 $V(G-v)$ 的有限子集在 ω 中把 v 和一条射线分离开来.

证明上面三个条件是等价的.

30. 证明: 图 G 包含 $TK^{\aleph_0}$ 当且仅当 G 的某个末端被无限多个顶点所控制.

31.$^+$ 设 G 是一个有限可分离 (即任何两个顶点可以被有限多条边分离) 图.

(i) 证明: G 中任何两个不可以被有限多条边分离的末端一定被某个公共点支配.

(ii) 如果没有有限可分离性的假设, (i) 还成立吗?

32. 构造一个具有不可数个厚末端的可数图. 是否可以找到局部有限的这样的图?

33. 证明: 局部有限、连通且顶点可传递的图恰好有 0, 1, 2 或无限多个末端.

34.$^+$ 证明: 图 $G=(V,E)$ 的自同构自然地作用于它的末端上, 即每个自同构 $\sigma: V\to V$ 可以被拓展成映射 $\sigma:\Omega(G)\to\Omega(G)$ 使得, 只要 R 是末端 ω 中的射线就有 $\sigma(R)\in\sigma(\omega)$. 证明: 如果 G 是连通的, 那么 G 的每个自同构 σ 固定一个有限顶点集或一个末端. 如果 σ 不固定有限顶点集, 它是否可以固定多于一个末端? 至少三个末端?

35.$^-$ 证明: 图 G 的局部有限支撑树包含 G 的每个末端上的一条射线.

36. 如果图的两条射线有无限多个公共顶点, 则称一条射线**跟随** (follow)另一射线. 证明: 如果 T 是 G 的一棵正规支撑树, 那么 G 的每条射线跟随 T 的唯一正规射线.

37. 使用正规支撑树来证明, 可数连通图要么有可树多个末端, 要么有连续统多个末端.

38. 证明: 对连通可数图 G, 下面的命题是等价的:

(i) G 有局部有限支撑树;

(ii) 不存在有限分离集 $X\subseteq V(G)$ 使得 $G-X$ 有无限多个分支.

39. 证明: 每个 (可数) 可平面 3-连通图都有一棵局部有限支撑树.

40. 证明 Erdős-Pósa 定理的无限版本: 无限图 G 要么包含无限多个不交的圈, 要么有一个有限顶点集 Z 使得 $G-Z$ 是一个森林.

41. 设 G 是连通图. 集合 $U\subseteq V(G)$ 被称作**可分散的** (dispersed), 如果 G 的每个射线可以被有限多个顶点从 U 分离开来. (在 8.6 节的拓扑中, 这些集合恰好是 $V(G)$ 的闭子集.)

(i) 证明: G 有正规支撑树当且仅当 $V(G)$ 是可数多个可分散集的并.

(ii) 推导: 如果 G 有正规支撑树, 则 G 的每个连通子式亦然.

42.$^+$ 证明定理 8.2.5 (ii).

43. (i) 证明: 如果对每个 $k\in\mathbb{N}$, 图的给定末端包含 k 条不交射线, 那么它包含无限多条不交射线.

(ii)$^+$ 证明: 如果对每个 $k\in\mathbb{N}$, 图的给定末端包含 k 条边不交射线, 那么它包含无限多条边不交射线.

44. 证明: 如果对每个 $k\in\mathbb{N}$, 图包含 k 条不交的双射线, 那么它包含无限多条不交的双射线.

45. 证明: 在普遍存在猜想 (ubiquity conjecture) 中, 所考虑的主图也可以假定是局部有限的.

46. 证明: 下图所示的改进型梳在子图关系下不是普遍存在的 (ubiquitous). 如果删去左边的 3-星, 它是否变成普遍存在的呢?

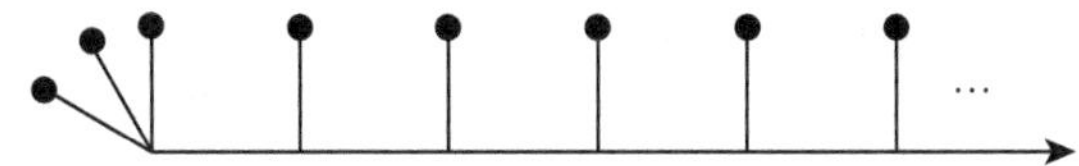

47. 模仿定理 8.2.6 的证明, 找到一个函数 $f:\mathbb{N}\to\mathbb{N}$ 使得, 只要图 G 的末端 ω 包含 $f(k)$ 条不交的射线, 那么 G 包含一个 $k\times\mathbb{N}$ 六角形网格的细分使得它的射线都属于 ω.

48. 证明: 对于子图关系, 不存在通用的局部有限连通图.

49. 对于子式关系, 构造一个通用的局部有限连通图. 对于拓扑子式关系, 是否存在这样的图?

50.⁻ 证明: 对 Rado 图 R 进行下面的每一个运算都产生一个同构于 R 的图:
(i) 取补, 即把所有现存的边换成无边, 反之亦然;
(ii) 删去有限多个顶点;
(iii) 把有限多个边换成无边, 反之亦然;
(iv) 把有限顶点集 $X\subseteq V(R)$ 和它的补 $V(R)\setminus X$ 之间的所有边换成无边, 反之亦然.

51.⁻ 证明: Rado 图是齐次的.

52. 证明: 在同构意义下, 齐次可数图被一族它的 (同构类型的) 有限子图所唯一决定.

53. 如前所述, 如果图 G 的子图 $H_1,H_2,\cdots$ 的边集合组成 $E(G)$ 的一个划分, 则称 $H_1,H_2,\cdots$ **划分** (partition) G. 证明: Rado 图可以划分成可数局部有限图的任意给定可数集, 只要每个子图包含至少一个边.

54.⁻ 我们称一个线性序是**稠密的** (dense), 如果任意两个元素之间存在第三个元素.
(i) 找到或构造一个可数的稠密线性序, 它既没有极大元也没有极小元.
(ii) 证明: 这个序是唯一的, 即任意两个这样的序是序同构的. (如何定义呢?)
(iii) 证明: 在所有可数线性序中, 这个序是通用的. 它是否是齐次的呢? (提供适当的定义.)

55. 给定 $\mathbb{N}$ 和 $[\mathbb{N}]^{<\omega}$ 之间的双射 f, 设 G_f 是定义在 $\mathbb{N}$ 上的图使得如果 $u\in f(v)$, 则 $u,v\in\mathbb{N}$ 是邻接的; 反之亦然. 证明: 所有这样的图 G_f 是同构的.

56. (为集合论学者设计) 给定集合论中的任意可数模型, 定义图的顶点是集合, 而两个集合是邻接的当且仅当一个包含另一个作为子集. 证明: 这样定义的图是 Rado 图.

57.⁻ 给定图 G 的顶点集 A,B, 证明: G 或者包含无限多个边不交 A-B 路, 或者存在有限边集在 G 中分离 A 和 B.

58. 设 G 是一个局部有限图. 对于有限顶点集 S 和两个末端 ω,ω', 如果 $C(S,\omega)\neq C(S,\omega')$, 则称 S **分离** (separate) 末端 ω 和 ω'. 运用命题 8.4.1 证明, 如果 ω 和 ω' 可以被 $k\in\mathbb{N}$ 个但不能被少于 k 个顶点分离, 那么 G 包含 k 条不交的双射线, 使得它们的尾巴一个在 ω 中, 另一个在 ω' 中. 这个结论对非局部有限的图也成立吗?

59.⁺ 证明练习 43 (i) 的具有更多结构性质的版本. 设 ω 是可数图 G 的末端. 证明: G 要么包含一个 $TK^{\aleph_0}$ 使得所有射线都在 ω 中, 要么存在不交有限集合 $S_0,S_1,S_2,\cdots$ 使得, 如果 C_i 是 $G-(S_0\cup S_i)$ 的分支, 它使得所有射线的尾巴都在 ω 中, 那么对所有 $i<j$ 有 $C_i\supsetneq C_j$, 并且对所有 $i\geqslant 1$, $G[S_i\cup C_i]$ 包含 $|S_i|$ 个不交 S_i-S_{i+1} 路.

60.⁺ 是否存在可平面 $\aleph_0$-正则图, 它的所有末端具有无限顶点度?

61.$^-$ 设 A, B 是局部有限连通图 G 的两个顶点集. 是否存在不交 A-B 路的无限序列 $\mathcal{P}_1$, $\mathcal{P}_2, \cdots$ 使得每个 $\mathcal{P}_{n+1}$ 是从 $\mathcal{P}_n$ 使用交错途径得到的, 并且存在某个边 $e \in G$ 使得对无限多个 n, e 属于 $E[\mathcal{P}_n]$; 对另外无限多个 n, e 不属于 $E[\mathcal{P}_n]$.

62. 构造一个大波的小极限例子. 是否可以找到一个局部有限的例子?

63.$^+$ 对于树, 证明定理 8.4.2.

64.$^+$ 证明 Pym 定理 (8.4.7).

65. (i)$^-$ 证明 Dilworth 定理在任意无限偏序集 P 上的简单推广: 如果 P 不包含阶为 $k \in \mathbb{N}$ 的反链, 那么 P 可以划分成少于 k 条链. (只需对可数的 P 证明即可.)

(ii)$^-$ 找到一个偏序集, 它没有无限多条反链, 同时不能划分成有限多条链.

(iii) 对于不包含无限链的偏序集, 从定理 8.4.8 推导下面 Dilworth 定理的 Erdős-Menger 类型的推广: 每个这样的偏序集包含一个分解成链的划分 $\mathcal{C}$ 使得某个反链与 $\mathcal{C}$ 中的所有链相交.

66. 设 G 是可数图, 且满足每个部分匹配都有一个增广路.

(i) 举例: 找到 G 和部分匹配序列 $M_0, M_1, \cdots$, 这里每个部分匹配是从前一个部分匹配对增广路的边集做对称差得到的, 并且使得对 G 的每个边 e, e 属于无限多个 n 的 $M_{n+1} \setminus M_n$.

(ii) 证明: 对每个部分匹配 M, 存在 (i) 中的序列使得 $\bigcup_m \bigcap_{n>m} M_n$ 是一个 1-因子的边集合.

67. 找到一个不可数图, 它的每个部分匹配都有一个增广路 (有限的或无限的), 但它没有 1-因子.

68.$^-$ 设 G 是一个可数图, 它的有限子图都是完美的. 证明: G 是弱完美的但不一定是完美的.

69.$^+$ 设 G 是一个二分树的不可比较图, 即 $V(G) = V(T_2)$, 且两个顶点是邻接的当且仅当它们在 T_2 的树序下是不可比较的. 证明: G 是完美的但不是强完美的.

70.$^+$ (i) 证明: 无限连通局部有限图的顶点可以被列举, 使得每个顶点都邻接到某个后面的顶点.

(ii) 利用分离性质刻画所有可数但不一定局部有限的图.

71. 考虑命题 8.5.1 证明后面第二个段落中定义的秩, 证明: 一棵树有秩当且仅当它是递归可修剪的, 并且它有秩 α 当且仅当 α 是它的修剪标号的最大值.

72. 设 G 是无射线的图, 并具有秩 α, 而 U 是实现秩的有限顶点集并具有最小阶. 证明 U 是唯一的.

73. (i) 构造一个可数树, 它在无射线图的排序中具有秩 ω. 是否可以找到这样的树, 它包含所有其他树?

(ii)$^+$ 是否存在一个秩为 ω 的树, 它是每一个这些树的子树?

74. 一个图 $G = (V, E)$ 被称作**有界的** (bounded), 如果对每个顶点标号 $\ell : V \to \mathbb{N}$, 存在一个函数 $f : \mathbb{N} \to \mathbb{N}$ 在 G 中沿着任意射线最终都会超越标号 ℓ. (正式的定义是: 对 G 的每个射线 $v_1v_2\cdots$, 存在 n_0 使得对所有 $n > n_0$ 有 $f(n) > \ell(v_n)$.) 证明下面的结论:

(i) 射线是有界的;

(ii) 每个局部有限连通图是有界的;

(iii) 可数树是有界的当且仅当它不包含 $\aleph_0$-正则树 $T_{\aleph_0}$ 的细分.

75.$^+$ 设 T 是根为 r 的树, 而 $\leqslant$ 表示 $V(T)$ 上与 T 和 r 关联的树序. 证明: T 不包含 $\aleph_1$-正则树 $T_{\aleph_1}$ 的细分当且仅当 T 有一个序标号 $t \mapsto o(t)$ 使得只要 $t < t'$, 就有 $o(t) \geqslant o(t')$, 并且 T 没有多于可数个顶点具有相同的标号.

76. 设 G 是具有顶点 $v_0, v_1, \cdots$ 的可数连通图, 对每个 $n \in \mathbb{N}$, 记 $S_n := \{v_0, \cdots, v_{n-1}\}$. 证明下面的命题:

(i) 对 G 的每个末端 ω, 存在由 $G - S_n$ 的分支 C_n 组成的唯一序列 $C_0 \supseteq C_1 \supseteq \cdots$ 使得对所有的 n 有 $C_n = C(S_n, \omega)$;

(ii) 对 $G - S_n$ 的分支 C_n 组成的每一个无限序列 $C_0 \supseteq C_1 \supseteq \cdots$, 存在唯一的末端 ω 使得对所有的 n 有 $C_n = C(S_n, \omega)$.

77. 设 G 是一个图, 且 $U \subseteq V(G)$, $R \in \omega \in \Omega(G)$. 证明: G 包含一个具有梳背 R 和梳齿在 U 中的梳当且仅当 $\omega \in \overline{U}$.

78. 给定图 $H \subseteq G$, 设 $\eta : \Omega(H) \to \Omega(G)$ 把 H 的每个末端映射到 G 的包含它作为 (射线的) 子集的唯一末端. 对下面的问题, 我们假定 H 是连通的并且 $V(H) = V(G)$.

(i) 证明: η 不一定是单射. 它一定是满射吗?

(ii) η 是如何把 $|H|$ 的子空间 $\Omega(H)$ 和它在 $|G|$ 中的映象联系起来的? η 总是连续的吗? 它是开的吗? 如果知道 η 是个单射, 这些问题的答案会改变吗?

(iii) 支撑树是**末端一一的** (end-faithful), 如果 η 是个双射; 它是**拓扑末端一一的** (topologically end-faithful), 如果 η 是一个同胚. 证明: 每个连通可数图包含一棵拓扑末端一一的支撑树.

图 G 的**末端空间** (end space) 是 $|G|$ 的子空间 $\Omega(G)$.

79. 考虑图 8.1.4 中的二分树 T_2 的末端空间 Ω, 它的顶点是有限 0-1 序列.

(i) 证明: Ω 同胚于 $2^{\mathbb{N}}$, 这里 $2 = \{0, 1\}$ 拥有离散拓扑且 $2^{\mathbb{N}}$ 拥有乘积拓扑.

(ii) 在 Ω 中确定两个末端, 使得由它们所生成的无限二元序列表示了同样的有理数. 证明: 所得到的 Ω 的商空间同胚于实数区间 $[0, 1]$.

80. 对图 8.6.1 所示的平面图, 在每条水平边的上面添加无限多条水平边, 使得与定义在同一个有理数上的 0-1 序列所关联的每对射线变成一个梯子. 证明或反证: 所得到的图的末端空间同胚于 $[0, 1]$.

81. 紧致度量空间被称为一个**康托尔集** (Cantor set), 如果只有单点集是连通的子集, 且每个点是一个聚点 (accumulation point).

(i) 刻画末端空间是康托尔集的所有树.

(ii) 证明: 连通的局部有限图的末端空间是一个康托尔集的子集.

82. (i) 证明: 如果 H 是 G 的收缩子式且具有有限分支集, 那么 G 和 H 的末端空间是同胚的.

(ii) 用 T_n 表示 n-叉树, 即每一个顶点恰好有 n 个后继的根树. 证明: 所有这样的树都具有同胚的末端空间.

83. 使用序列紧致性和无限引理, 给出命题 8.6.1 一个独立的证明.

84.$^+$ (为拓扑学者设计) 在局部紧致的、连通的, 且局部连通的 Hausdorff 空间 X 中, 考虑序列 $U_1 \supseteq U_2 \supseteq \cdots$, 这里 U_i 是开的、非空的、连通的子集且具有紧致前沿 (frontier), 同时满足 $\bigcap_{i\in\mathbb{N}} \overline{U_i} = \varnothing$. 我们称这样的序列等价于另外一个这样的序列, 如果一个序列的每个集合包含另一个序列的某个集合; 反之亦然. 注意到, 这确实是一个等价关系, 它的等价类叫做 X 的 Freudenthal 末端. 现在, 把这些末端添加到空间 X 中, 然后在拓展后的空间 $\hat{X}$ 上定义一个自然拓扑, 使得当 X 是一个图时, $\hat{X}$ 同胚于 $|X|$ (通过固定 X 的每个点且把 $\hat{X}$ 的"新的"末端映射到 $|X|$ 的末端).

85.$^+$ 设 G 是一个连通可数图但不是局部有限的. 证明: $|G|$ 不是紧致的, 然而 $\Omega(G)$ 是紧致的当且仅当对任意有限集 $S \subseteq V(G)$, 只有有限多个 $G - S$ 的分支包含射线.

86.$^+$ 设 G 是一个连通图. 假定 G 有正规支撑树, 在 $|G|$ 上定义一个导出它通常拓扑的度量. 反过来, 运用练习 41 证明, 如果 $V \cup \Omega \subseteq |G|$ 是可度量化的, 则 G 包含正规支撑树.

87. 找到一个图 G 使得 $|G|$ 是不可度量化的.

(提示: 不要直接考虑度量, 而是回忆一下度量空间的性质, 构造一个不具有这个性质的图 G.)

拓扑空间 X 称为**局部连通的** (locally connected), 如果对每个 $x \in X$ 和 x 的每个邻集 U, 都存在 x 的一个连通开邻集 $U' \subseteq U$. **连续统** (continuum) 是一个紧致的连通 Hausdorff 空间. 由点集拓扑学的一个定理知, 每个局部连通的度量连续统一定是弧连通的.

88.$^+$ 证明: 对连通局部有限图 G, $|G|$ 的每个连通标准子空间是局部连通的. 根据上面提到的定理, 导出引理 8.6.5.

89.$^+$ 不使用引理 8.6.5 直接证明引理 8.6.6.

90. 设 G 是局部有限图, X 是 $|G|$ 的由包含至少两条边的集合支撑的标准子空间. 证明: X 是一个圈当且仅当对任意两条不同的边 $e, e' \in E(G)$, 子空间 $X \setminus \mathring{e}$ 是连通的, 但 $X \setminus (\mathring{e} \cup \mathring{e}')$ 是不连通的.

91. 每个局部有限 2-连通的无限图是否一定包含一个无限回路? 是否包含一个无限键?

92. 考虑局部有限图.

(i) 证明: 每个无限回路和某个无限键只相交于一条边.

(ii) 证明: 每个无限键和某个无限回路只相交于一条边.

93. 证明: $|G|$ 中包含在某个弧或圈 C 中的所有边的并是 C 中的稠密集.

94.$^+$ 通过展示与 S^1 的同胚, 说明例图 8.6.1 中的圈确实是一个圈.

95. 每个弧在其点集上导出一个源自 $[0,1]$ 的线性序. 我们称 $|G|$ 的一个弧是**疯狂的** (wild), 如果在它自身顶点的某个子集上导出有理数的序: 在任何两个之间还有另外一个. 证明: 每个包含不可数多个末端的弧是疯狂的.

96. 找到一个局部有限图 G, 它具有 $|G|$ 的连通标准子空间使得这个子空间是不交圈的并的闭包.

97. 证明: 对局部有限图 G, $|G|$ 的一个闭标准子空间 C 是 $|G|$ 中的圈当且仅当 C 是连通的, 且 C 中的每个顶点恰好关联 C 中的两条边, 并且 C 中每个末端的拓扑度为 2.

98. 设 T 是一棵局部有限的树, 构造一个连续映射 $\sigma : [0,1] \to |T|$, 它把 0 和 1 映射到树的

根, 并经过每条边恰好两次, 在每个方向上一次. (严格地, 定义 σ 使得边的每个内部点恰好是 $[0,1]$ 中两个点的象).

(提示: 把 σ 定义为有限子树 T_n 上类似的映射 σ_n 的极限.)

99. 设 G 是连通的局部有限图. 证明: 对于 G 的支撑子图 T, 下面的命题是等价的:

(i) $\overline{T}$ 是 $|G|$ 的拓扑支撑树;

(ii) T 是使得 $\overline{T}$ 不包含圈的边极大图;

(iii) T 是使得 $\overline{T}$ 是 $|G|$ 的连通子空间的边极小图.

100.$^-$ (i) 注意到, 拓扑支撑树不必同胚于一棵树. 对于一棵适当的树 T, 它是否可以同胚于空间 $|T|$ 呢?

(ii) 找到一个图 G, 它的支撑树是 T, 它在 $|G|$ 中的闭包不是弧连通的.

101. 设 T 是局部有限图 G 的末端一一的支撑树 (这种树的定义见练习 78). $\overline{T}$ 是否是 $|G|$ 的拓扑支撑树呢?

102. 设 G 是局部有限连通图, 它的顶点是 $v_0, v_1, \cdots$. 设 G_n 是 G 的子式, 它由收缩 $G - \{v_0, \cdots, v_n\}$ 的每个分支成一个点而得到. 构造 G_n 的支撑树 T_n 使得 $\bigcup_n E(T_n)$ 是 G 的拓扑支撑树的边集.

103. 设 F 是局部有限连通图 $G = (V, E)$ 的边集.

(i) 证明: F 是一个回路当且仅当 F 不包含在 G 的任意拓扑支撑树的边集中, 而且 F 是关于这个性质极小的.

(ii) 证明: F 是有限键当且仅当 F 和 G 的每个拓扑支撑树的边集相交, 而且 F 是关于这个性质极小的.

104. 在局部有限连通图中, 推广第 1 章练习 43, 来找到键和有限键的刻画.

105.$^+$ 对局部有限图的标准子空间 X, 证明拓扑树填装定理. 这里, X 的*拓扑支撑树*是 X 的连通闭子空间, 它包含所有的顶点但不包含圈.

106. 为了说明定理 3.2.6 不能推广到具有“有限性”圈空间的无限图, 构造一个 3-连通的局部有限可平面图, 它本身包含分离圈, 但分离圈不是非分离导出圈的有限和. 是否可以找到一个例子, 其中即使有限非分离导出圈的无限薄和也不能生成所有的分离圈?

107.$^-$ 作为定理 8.7.1 (iii) 的逆命题, 证明: 除非 $\overline{T}$ 是一棵拓扑支撑树, 否则局部有限图 G 的普通支撑树 T 的基本回路不能生成 $\mathcal{C}(G)$.

108.$^-$ 证明: 如果可数图 G 没有奇割集, 那么 G 的边集可以划分成有限回路. 如果 G 是不可数的, 证明的哪个部分过不去?

109.$^-$ 解释在证明推论 8.7.4 时为什么需要使用定理 8.7.3: 我们是否可以只是结合 D_i (根据假设 $D_i \in \mathcal{C}(G)$) 的回路组分和 (constituent sum) 来形成一个大的族呢?

110. 使用定理 8.7.1 (而不是定理 8.7.3) 来推出推论 8.7.4.

111. 如果有限边集 D 和 G 的每个有限割相交偶数次, 它是否也和每个无限割相交偶数次呢?

112. 使用证明定理 8.6.9 的方法来证明定理 8.7.3.

113. 使用证明定理 8.7.3 的方法来证明引理 8.6.5.

在下面十个练习中, 设 G 是连通的局部有限图. 令 $\mathcal{C} = \mathcal{C}(G)$, 并和 1.9 节一样定义 G

的**割空间** (cut space) $\mathcal{B}=\mathcal{B}(G)$. 注意到, 这里的割可能是无限的. 对于割, 可以和回路一样定义"生成"运算, 并允许取无限薄和. 给定集合 $\mathcal{F}\subseteq\mathcal{E}(G)$, 记 $\mathcal{F}_{\text{fin}}:=\{F\in\mathcal{F}\mid |F|<\infty\}$, $\mathcal{F}^{\perp}:=\{D\in\mathcal{E}(G)\mid \forall F\in\mathcal{F}$ 有 $|D\cap F|\in 2\mathbb{N}\}$ 以及 $(\mathcal{F}_{\text{fin}})^{\perp}=:\mathcal{F}_{\text{fin}}^{\perp}$.

114. 证明: $\mathcal{C}$ 和 $\mathcal{B}$ 在 G 的边空间 $\mathcal{E}=\{0,1\}^E$ 中是闭的, 如果 $\{0,1\}$ 具有离散拓扑而 $\{0,1\}^E$ 具有乘积拓扑.

115. 证明上面给出的 $\mathcal{C}_{\text{fin}}$ 的定义和书中给出的定义是相同的: $\mathcal{C}$ 的有限元素就是有限回路的有限和.

116. (i) 证明: G 的任意普通支撑树的基本圈通过有限和生成 $\mathcal{C}_{\text{fin}}$, 但它们不一定生成 $\mathcal{C}$.
(ii) 证明: G 的任意拓扑支撑树的基本割通过有限和生成 $\mathcal{B}_{\text{fin}}$, 但它们不一定生成 $\mathcal{B}$.

117. (i)$^-$ 证明: $\mathcal{B}$ 是由有限割生成的 $\mathcal{E}(G)$ 的子空间.
(ii) 证明: 每一个割是键的不交并.
(iii)$^+$ 证明: G 的任意普通支撑树的基本割生成 $\mathcal{B}$.
(iv)$^+$ 证明: $\mathcal{B}$ 在无限薄和下是封闭的.

118. (i)$^-$ 对于命题 $\mathcal{C}=\mathcal{B}_{\text{fin}}^{\perp}$ 和 $\mathcal{B}=\mathcal{C}_{\text{fin}}^{\perp}$ 的每一个, 在本书中找到一个证明或者证明梗概.
(ii)$^+$ 证明: $\mathcal{B}^{\perp}=\mathcal{C}_{\text{fin}}$; 如果 G 是 2-边连通的, 则有 $\mathcal{C}^{\perp}=\mathcal{B}_{\text{fin}}$.

119.$^+$ 把 G 中回路的集合记为 $\hat{\mathcal{C}}$, 而键的集合记为 $\hat{\mathcal{B}}$.
(i) 证明: $\hat{\mathcal{C}}_{\text{fin}}^{\perp}=\mathcal{C}_{\text{fin}}^{\perp}$ 和 $\hat{\mathcal{B}}_{\text{fin}}^{\perp}=\mathcal{B}_{\text{fin}}^{\perp}$.
(ii) 证明: $\hat{\mathcal{C}}^{\perp}$ 的每个元素是有限键的不交并, 而 $\hat{\mathcal{B}}^{\perp}$ 的每个元素是有限回路的不交并.
(iii) 构造一个 2-连通图, 具有性质 $\mathcal{C}^{\perp}\subsetneq\hat{\mathcal{C}}^{\perp}$ 或 $\mathcal{B}^{\perp}\subsetneq\hat{\mathcal{B}}^{\perp}$.

120. 把第 1 章练习 46 (ii) 的 Gallai 划分定理进行推广, 证明: $E(G)$ 可以划分成一个集合 $C\in\mathcal{C}$ 和一个集合 $D\in\mathcal{B}$. (这加强了练习 23.)

121. 设 $F\subseteq E(G)$ 是一个边集.
(i)$^-$ 证明: 如果 F 不包含奇回路, 那么它可以扩展成一个割.
(ii)$^+$ 证明: 如果 F 不包含奇键, 那么它可以扩展成某个 $D\in\mathcal{C}$.

122.$^+$ 设 H 是一个阿贝尔群. $|G|$ 上 ***H*-循环** (H-circulation) 的群 $\mathcal{C}_H$ 是由映射 $\psi:\vec{E}\to H$ 组成的, 其中对 G 的任意有限割 $E(X,Y)$, ψ 满足 (F1) 和 $\psi(X,X)=0$. (符号可参见 6.1 节.) 把第 6 章的练习 8 推广到 $\mathcal{C}_H$ 上, 这里 $\mathcal{E}_H$ 和 $\mathcal{D}_H$ 的定义见第 6 章.

123. 设 X 是 $|G|$ 的连通标准子空间. 我们称一个连续映射 $\sigma:S^1\to X$ 是 X 的 **拓扑欧拉环游** (topological Euler tour), 如果它穿过 $E(X)$ 的每条边恰好一次. (正式地, $E(X)$ 中边的任意内点是 S^1 中恰好一个点的象.) 证明: X 包含一个拓扑 Euler 环游当且仅当 $E(X)\in\mathcal{C}(G)$.

124.$^+$ 无限连通图 G 中的**开欧拉环游** (open Euler tour) 是一个 2-道路无限途径 $\cdots e_{-1}v_0e_0\cdots$, 它包含 G 的每条边恰好一次. 证明: G 包含开 Euler 环游当且仅当 G 是可数的, 每个顶点有偶数度或无限度, 且如果 V_1 和 V_2 均为无限集, 则有限的割 $F=E(V_1,V_2)$ 是奇的.

125. 由第 4 章练习 23 知, 每个有限 2-连通且不包含 K^4 或 $K_{2,3}$ 子式的图有一个 Hamilton 圈, 它包括所有顶点. 证明: 每个局部有限的这样图包含 Hamilton 圈, 即 $|G|$ 中包含 G

的所有顶点 (和末端) 的圈.

126.$^+$ 对具有拓扑支撑树的局部有限图 G, 把定理 2.4.4 推广到从 $|G|$ 得到的适当空间中的填装和覆盖.

127. 在定理 8.8.2 的证明中, 哪里使用 G 是连通的这一条件?

128. 使用 8.8 节的技巧证明: 疯狂圈确实是个圈. 在处理疯狂圈图 G 时, 可以使用非正式的定义和直观描述.

129.$^+$ 使用 8.8 节的方法证明: 对局部有限图 G, $|G|$ 的连通标准子空间包含拓扑支撑树, 即包含所有顶点的闭连通子空间.

130.$^+$ 对无边可数无限图 G, 考虑空间 $||G||$. 我们见过以另外一种面目出现的这个空间吗?

注　解

对于无限图理论, 还没有这方面的专著, 但随着时间的推移, 已经发表了多篇综述文章. 一个收集了多方面综述文章的专集是 R. Diestel (ed.), *Directions in Infinite Graph Theory and Combinatorics*, North-Holland, 1992. (这本书作为 *Discrete Mathematics* 杂志的第 95 卷重新出版.) 这本专集的有些文章讨论无限图的纯图论方面的问题, 而其他文章讨论与其他数学分支, 例如微分几何、拓扑群以及逻辑论的关系. 另外一个类似的专集, 由 R. Diestel, B. Mohar 及 G. Hahn 编辑, 作为 *Discrete Mathematics* 的特辑出版 (第 311 卷). 有关拓扑空间 $|G|$ (它由无限图 G 和它的末端组成) 的各方面问题的综述, 见 R. Diestel, *Locally finite graphs with ends: a topological approach*, arXiv:0912.4213.

无限图的全面综述由 Thomassen 给出: C. Thomassen, *Infinite graphs*, in (L. W. Beineke and R. J. Wilson, eds.) *Selected Topics in Graph Theory* 2, Academic Press, 1983. 这篇综述也包含了我们在本章中没有涉及的关于无限图的多个领域, 例如 Erdős 关于无限色数的问题、无限 Ramsey 理论 (也叫**划分积分** (partition calculus)) 以及重构问题. 前两个问题在具有很强集合论味道的 *Handbook of Combinatorics* (R. L. Graham, M. Grötschel and L. Lovász, eds.), North-Holland, 1995 中的 A. Hajnal 所撰写的章节中有很好的介绍. Péter Komjáth 正在写这方面无限图论的专著. Nash-Williams 关于重构问题的综述可以在上面所述的 *Directions in Infinite Graph Theory and Combinatorics* 专著中找到. 文章 R. Halin, *Miscellaneous problems on infinite graphs*, J. Graph Theory 35 (2000), 128-151 包括了 Halin 所提出的若干未解决无限图论问题.

一本好的关于无限图的参考资料是 Halin 的专著: R. Halin, *Graphentheorie* (2nd ed.), Wissenschaftliche Buchgesellschaft, 1989. 关于无限图**单纯形分解理论** (simplicial decomposition)(参看第 12 章) 的一个更专业的论著是 R. Diestel, *Graph

Decompositions, Oxford University Press, 1990. 本书的 12.6 节的最后部分也包括两个无限图中禁用子式的定理.

当讨论的集合比可数集还大时, 组合集合论可以提供一些有趣的方法来区分"小的"和"大的"集合. 这些方法不使用基数, 而是运用超滤子 (ultrafilter)、测度 (measure) 和范畴 (category) 中的社团集 (club set) 和稳定集 (stationary set), 参见 P. Erdős, A. Hajnal, A. Máté and R. Rado, *Combinatorial Set Theory: Partition Relations for Cardinals*, North-Holland, 1984, 以及 W. W. Comfort and S. Negropontis, *The Theory of Ultrafilters*, Springer, 1974, 和 J. C. Oxtoby, *Measure and Category: a Survey of the Analogies Between Topological and Measure Spaces* (2nd ed.), Springer, 1980.

无限拟阵, 由于没有清晰的定义曾经处于静止状态, 终于由 H. Bruhn, R. Diestel, M. Kriesell and P. Wollan, *Axioms for infinite matroids*, Adv. Math. 239 (2013), 18-46, arXiv:1003.3919 提供了可用的公理系统. 这篇文章发表后, 无限拟阵理论开始蓬勃发展, 它从拓扑无限图论 (见 8.6 节和 8.7 节) 得到了很多启发, 同时又有自己的问题和方向. 从 Nathan Bowler (http://matroidunion.org/?author=11) 的微博, 读者可以得到这方面的持续更新.

除了本章所介绍的各种专题以及前面提到的参考文献外, 无限图理论还有若干有趣的结果, 它们基本上单独存在, 其中一个结果是 A. Huck, F. Niedermeyer, S. Shelah, *Large κ-preserving sets in infinite graphs*, J. Graph Theory 18 (1994), 413-426 给出的, 这个定理阐述了每个无限连通图 G 有一个 $|G|$ 个顶点的集合 S, 使得对每个 $S' \subseteq S$ 有 $\kappa(G-S') = \kappa(G)$. 另一个结果是 Halin 的**有界图猜想** (bounded graph conjecture) 以及相关问题. (参考练习 74 关于"有界"的定义以及猜想对于树的情形.) 这个猜想的证明见: R. Diestel and I. B. Leader, *A proof of the bounded graph conjecture*, Invent. Math. 108 (1992), 131-162.

König 的无限性引理, 或者简称为 **König 引理** (König lemma), 和第一本图论书一样古老, 它包含在: D. König, *Theorie der Endlichen und Unendlichen Graphen*, Akademische Verlagsgesellschaft, Leipzig, 1936. 附录 A 对任意基数的结构给出了无限引理的推广, 它依然非常直观: 关于有限集的逆极限的紧致性定理. 紧致性证明也可能以一阶逻辑中的 **Rado 选择性引理** (Rado selection lemma) 或者 **Gödel 紧致性定理** (Gödel compactness theorem) 的面貌出现, 这两者以及推广的无限引理都等价于附录 A 中的紧致性原理, 但比通常的无限引理要强. 它们都可以从 Tychonoff 定理 (它是很多等价于选择性公理的命题之一) 推出, 但它们不蕴含 Tychonoff 定理. 然而, 它们确实蕴含 Tychonoff 定理的弱化形式, 而我们经常在紧致性证明中用到这个弱化形式, 它可以叙述为: 具有有限 S 的形式为 S^X 的空间在乘积拓扑中是紧致的.

定理 8.1.3 归功于 N. G. de Bruijn and P. Erdős, *A colour problem for infinite graphs and a problem in the theory of relations*, Indag. Math. 13 (1951), 371-373. Hadwiger 弱猜想的无限形式：每个具有色数 $\alpha \geqslant \aleph_0$ 的图包含一个 TK_β (对每个 $\beta < \alpha$), 是由 Halin 提出的：R. Halin, *Unterteilungen vollständiger Graphen in Graphen mit unendlicher chromatischer Zahl*, Abh. Math. Sem. Univ. Hamburg 31 (1967), 156-165. 在练习 14 中要求证明猜想对 $\alpha = \aleph_0$ 时成立.

和色数不一样, 所有有限子图的着色数的界并不能利用紧致性推广到整个图上. P. Erdős and A. Hajnal, *On the chromatic number of graphs and set systems*, Acta Math. Acad. Sci. Hung. 17 (1966), 61-99 证明了如果 G 的每个有限子图的着色数至多是 k, 那么 G 的着色数不超过 $2k-2$, 并且证明了这是最好可能的. 然而, 对有限图, 比较色数和着色数, 着色数似乎和别的图参数联系的更密切, 参考定理 8.6.2. 对任意基数 κ, 着色数最多为 κ 的图可以通过禁用子图来刻画：N. Bowler, J. Carmesin and C. Reiher, *The colouring number of infinite graphs*, arXiv:1512.02911.

不友好划分猜想是无限图理论中最著名的公开问题之一, 但是还没有很多结果. E. C. Milner and S. Shelah, *Graphs with no unfriendly partitions*, in (A. Baker, B. Bollobás and A. Hajnal, eds.) *A tribute to Paul Erdős*, Cambridge University Press, 1990 构造了一个不可数的反例, 但证明了每个图有一个被划分成三个类的不友好划分. (原猜想由 R. Cowan 和 W. Emerson 提出 (没发表), 它似乎已经断言, 每个图存在一个具有任意给定有限个类的顶点划分, 使得每个顶点在另一类中的邻点个数不少于它在自己类中的邻点个数.) 一些关于二部划分的肯定性结果出自：R. Aharoni, E. C. Milner and K. Prikry, *Unfriendly partitions of graphs*, J. Combin. Theory B 50 (1990), 1-10. 在 H. Bruhn, R. Diestel, A. Georgakopoulos and Ph. Sprüssel, *Every rayless graph has an unfriendly partition*, Combinatorica 30 (2010), 521-532, arXiv:0901.4858 中, 他们使用 8.5 节中定义的秩来证明所有的无射线图存在不友好划分. 2010 年 Eli Berger 声明, 他证明了每个不包含无限完备图的细分的图存在不友好划分.

定理 8.2.4 是练习 41 (i) 所述结果的特殊情况, 这一结果源自 H. A. Jung, *Wurzelbäume und unendliche Wege in Graphen*, Math. Nachr. 41 (1969), 1-22. 包含一个正规支撑树的图可以通过禁用子式来刻画, 见 R. Diestel and I. Leader, *Normal spanning trees, Aronszajn trees and excluded minors*, J. London Math. Soc. 63 (2001), 16-32, 他们注意到很容易看出两类图是没有正规支撑树的, 并且其中一个作为子式一定出现在每个没有正规支撑树的图中. 注意到, 这种刻画存在的原因是包含正规支撑树的图类在连通子式下是封闭的——这是 Jung 定理的一个推理 (参看练习 41 (ii)), 但是奇怪的是不存在直接的证明. 这种刻画的推论之一是：定理 8.6.2 中 (ii) 和 (iii) 是等价的, 即连通图有一个正规支撑树当且仅当它的所有子式有可数的着色数. 存在正规支撑树的一个有用充分条件是, 图不包含胖 $K^{\aleph_0}$ 的细分, 它的每条边被不可数条平行边所代替, 见 R. Diestel, *A simple existence criterion for normal spanning trees*, Electronic J. Comb. 23 (2016), #P2.33, arXiv:1202.4399.

定理 8.2.5 和定理 8.2.6 出自：R. Halin, *Über die Maximalzahl fremder unendlicher Wege*, Math. Nachr. 30 (1965), 63-85. 书中定理 8.2.5 (i) 的证明出自 Andreae (未发表); 而定理 8.2.5 (ii) 的证明是新的, 出现在练习 42 的提示中. 定理 8.2.5 (ii) 对应于双射线的版本最近才得到证明, 来自 N. Bowler, J. Carmesin and J. Pott, *Edge-disjoint double rays in infinite graphs: a Halin type result*, J. Comb. Theory B 111 (2015), 1-16.

定理 8.2.6 的证明是新的. Halin 文章中也包括了不包含无限多条不交射线的图的结构定理. 除了有限顶点集外, 这样的图可以表示成与前一个刚好重叠 m 个顶点的无射线子图的无限链, 这里 m 是不交射线的最大个数 (存在性由定理 8.2.5 保证). 这些重叠集合是不交的, 并且存在 m 条不交射线, 每条恰好包含每个集合中的一个顶点.

一个关于普遍存在性以及普遍存在性猜想 (ubiquity conjecture) 的好参考资料是：Th. Andreae, *On disjoint configurations in infinite graphs*, J. Graph Theory 39 (2002), 222-229.

我们已经研究了通用图, 但大多是关于导出子图关系的, 其中大部分是否定性结果, 关于这方面的总结以及可使用的典型技巧所涉及的理论模型, 参见 G. Cherlin, S. Shelah and N. Shi, *Universal graphs with forbidden subgraphs and algebraic closure*, Adv. Appl. Math. 22 (1999), 454-491.

Rado 图可能是文献中研究得最彻底的一个图 (Petersen 图紧随其后), 与它相关的结果 (以及更广泛的联系) 的最全面介绍见 R. Fraïssé, *Theory of Relations* (2nd ed.), Elsevier, 2000. 更容易的入门介绍可参考 N. Sauer 在 Fraïssé 的著作所给出的附录部分, 或者参考 P. J. Cameron, *The random graph*, in (R. L. Graham and J. Nešetřil, eds.): *The Mathematics of Paul Erdős*, Springer, 1997 以及它所包含的参考文献.

定理 8.3.1 的出处是：P. Erdős and A. Rényi, *Asymmetric graphs*, Acta Math. Acad. Sci. Hung. 14 (1963), 295-315, 他们证明存在性部分使用了概率方法, 这会在定理 11.3.5 中给出. Rado 对图 R 的清晰定义出自文献 R. Rado, Universal graphs and universal functions, *Acta Arithm.* 9 (1964), 393-407. 然而, 它的通用性以及 R^r 的通用性已经包含在 B. Jónsson, *Universal relational systems*, Math. Scand. 4 (1956), 193-208 的一个更一般的结果中.

定理 8.3.3 的出处是：A. H. Lachlan and R. E. Woodrow, *Countable ultrahomogeneous undirected graphs*, Trans. Amer. Math. Soc. 262 (1980), 51-94. 可数齐次有

向图的分类要困难很多, 由 G. Cherlin, *The classification of countable homogeneous directed graphs and countable homogeneous n-tournaments*, Mem. Am. Math. Soc. 621 (1998) 完成, 其中也包含定理 8.3.3 的一个简短证明. 2014 年, M. Hamann 在汉堡大学他的特许任教资格 (Habilitation) 论文中, 给出了连通齐次有向图的刻画, 这要困难很多. 他的论文可以从互联网上找到, 已经分成若干篇论文, 还在审稿和待发表中.

命题 8.3.2 也有一个非平凡的有向命题: 对于可数有向图, 如果它同构于其顶点二划分中某一部分所导出的子图, 那么它一定是无边图、随机竞赛图、阶为 ω^α 的可传递竞赛图, 或者 Rado 图的两个特别定向. (见 R. Diestel, I. Leader, A. Scott and S. Thomassé, *Partitions and orientations of the Rado graph*, Trans. Amer. Math. Soc. 359 (2007), 2395-2405.)

定理 8.3.4 出自 R. Diestel and D. Kühn, *A universal planar graph under the minor relation*, J. Graph Theory 32 (1999), 191-206, 但还不知道对于一个拓扑子式关系是否存在一个通用可平面图. 然而可以证明对嵌入在任何闭曲面 (球面除外) 上的图不存在子式通用图, 参考上面刚提到的文章.

当 Erdős 关于 Menger 定理的推广的猜想还不为人们所熟悉时, C. St. J. A. Nash-Williams, *Infinite graphs—a survey*, J. Combin. Theory B 3 (1967), 286-301 引用了一个 1963 年会议的论文集作为它的出处. 定理 8.4.2 作为它的证明由 Aharoni 和 Berger 给出, 见 Aharoni and Berger, *Menger's theorem for infinite graphs*, Invent. Math. 176 (2009), 1-62, arXiv:math/0509397, 它是多年努力的结果, 其中很多结果由 Aharoni 得到. 书中的可数情形的证明出自: R. Aharoni, *Menger's theorem for countable graphs*, J. Combin. Theory B 43 (1987), 303-313. 这个定理已经推广到具有末端的图, 见 H. Bruhn, R. Diestel and M. Stein, *Menger's theorem for infinite graphs with ends*, J. Graph Theory 50 (2005), 199-211.

定理 8.4.7 来自 J. S. Pym, *A proof of the linkage theorem*, J. Math. Anal. Appl. 27 (1969), 636-638, 在练习 64 中, 给出了这个定理简短证明的提示, 完整的证明见 R. Diestel and C. Thomassen, *A Cantor-Bernstein theorem for paths in graphs*, Amer. Math. Monthly 113 (2006), 161-166.

第 2 章中关于匹配的定理, 例如 König 的对偶理论、Hall 婚姻定理、Tutte 1-因子定理和 Gallai-Edmonds 匹配定理, 通过紧致性条件几乎可以不变地推广到局部有限图, 参见练习 24—练习 27. 对非局部有限图, 匹配理论的研究要艰难很多. 一个好的综述以及若干公开问题可以在前面提到的 *Direction* 专辑中 Aharoni 的 Infinite matching theory 章节中找到.

无限匹配的大部分结果和技巧由 Podewski 和 Steffens 在 20 世纪 70 年代首先在可数图中得到; Aharoni 在 80 年代将这些结果推广到任意图, 当然这变得更加困难并且需要新的方法. 定理 8.4.8 归功于 R. Aharoni, *König's duality theorem for infinite bipartite graphs*, J. London Math. Soc. 29 (1984), 1-12, 其证明建立在 R. Aharoni, C. St. J. A. Nash-Willaims and S. Shelah, *A general criterion for the existence of transversals*, Proc. London Math. Soc. 47 (1983), 43-68 一文基础上, 并在 Holz, Podewski 和 Steffens 的书中得到了详细描述：M. Holz, K. P. Podewski and K. Steffens, *Injective Choice Functions*, *Lecture Notes in Mathematics*, Vol 1238, Springer-Verlag, 1987. 定理 8.4.10 来自 E. C. Milner and S. Shelah, *Sufficiency conditions for the existence of transversals*, Can. J. Math. 26 (1974), 948-961; 一个简洁的证明由 H. Tverberg, *On the Milner-Shelah condition for transversals*, J. London Math. Soc. 13 (1976), 520-524 给出. 定理 8.4.11 可以从 K. Steffens, *Matchings in countable graphs*, Can. J. Math. 29 (1977), 165-168 中的结果推倒出来. 定理 8.4.12 选自于 R. Aharoni, *Matchings in infinite graphs*, J. Combin. Theory B 44 (1988), 87-125, 它的一个简短证明在 F. Niedermeyer and K. P. Podewski, *Matchable infinite graphs*, J. Combin. Theory B 62 (1994), 213-227 中给出.

8.5 节中定义的无射线图的递归顺序是由 R. Schmidt, *Ein Ordnungsbegriff für Graphen ohne unendliche Wege mit einer Anwendung auf n-fach zusammenhängende Graphen*, Arch. Math 40 (1983), 283-288 得到的. 这篇文章对无射线图提供了有用的结构理论, 以及有趣的应用, 例如应用到重构问题.

当 G 是局部有限图时, 8.6 节引进的 G 上的拓扑与 1-维 CW-复形拓扑是一致的. 空间 $|G|$ 是 G 的 **Freudenthal 紧致化** (Freudenthal compactification), 这源自 H. Freudenthal, *Über die Enden topologischer Räume und Gruppen*, Math. Zeit. 33 (1931), 692-713, 参见练习 84. 虽然 $|G|$ 已经引进了很长时间, 而且是几何群论中人们熟悉的概念, 但它的基本群最近才被刻画：R. Diestel and Ph. Sprüssel, *The fundamental group of a locally finite graph with ends*, Adv. Math. 226 (2011), 2643-2675, arXiv:0910.5647.

对于非局部有限的图, 末端的图论概念比拓扑概念更广泛, 见 R. Diestel and D. Kühn, *Graph-theoretical versus topological ends of graphs*, J. Combin. Theory B 87 (2003), 197-206. 对这样的图, 自然地我们考虑 $|G|$ 的粗糙拓扑, 它是取定具有 $\epsilon = 1$ 的那些集合 $\hat{C}_\epsilon(S,\omega)$ 作为基本开集合而得到的. 在这个拓扑中, $|G|$ 不再是 Hausdorff 的, 这是因为每个控制末端 ω 的顶点都在每个 $\hat{C}(S,\omega)$ 的闭包中, 但现在 $|G|$ 可以是紧致的, 并且具有一个自然的商空间; 在这个商空间中, 末端和控制末端的顶点是一致的, 并且射线收敛于这些顶点; 这个商空间是 Hausdorff 的和紧致的, 更多细节可参见 R. Diestel, *On end space and spanning trees*, J. Comb. Theory B 96 (2006), 846-854. 在这篇文章中, 也证明了定理 8.6.2. 对非局部有限图 G, $|G|$ (从而它的闭子空间 Ω) 是正则的这一事实, 出自 Ph. Sprüssel, *End spaces are normal*,

J. Comb. Theory B 98 (2008), 798-804. Plot 对子空间 Ω 和 $V \cup \Omega$ 的拓扑性质进行了深入的研究, 例如 N. Polat, *Ends and multi-endings I and II*, J. Combin. Theory B 67 (1996), 56-110.

任意图在增加它的 $\aleph_0$-纠缠后都可以紧致化, 纠缠在 12 章中定义. 无限图的 $\aleph_0$-纠缠包含它的末端. 对局部有限图 G, 它的纠缠紧致化恰好是 $|G|$, 见 R. Diestel, *Ends and tangles, Special volume in memory of Rudolf Halin*, to appear in Abh. Math. Sem. Univ. Hamburg.

引理 8.6.4, 即 Hausdorff 空间中一条 x-y 路的象总包含一条 x-y 弧, 出自 D. W. Hall and G. L. Spencer, *Elementary Topology*. $|G|$ 具有连通子集但不是弧连通的局部有限图 G 已经在 A. *Georgakopoulos, Connected but not path-connected subspaces of infinite graphs*, Combinatorica 27 (2007), 683-698 这篇文章中构造出来.

构造高度连通图使得删去任意有限回路后变得非连通 (练习 19) 这一结果, 出自 R. Aharoni and C. Thomassen, *Infinite highly connected digraphs with no two arc-disjoint spanning trees*, J. Graph Theory 13 (1989), 71-74. 这个结果的推理, 即通常支撑树的树填装定理不能推广到无限图, 也由 Oxley 得到, 见 J. G. Oxley, *On a packing problem for infinite graphs and independence spaces*, J. Comb. Theory B 26 (1979), 123-130.

在 Nash-Williams 的原始文章中, 他猜测有限树填装定理可以一字不差地推广到无限图. Tutte 对于如何推广到无限形式的看法并没有文献记载, 然而在他的文章中, 他确实考虑了无限的情形, 但考虑的是"逆向命题": 他没有推测哪个无限图可以分解成 k 个边不交的支撑树, 而是证明了满足交叉边条件的局部有限图可以分解成"半连通子图", 这里半连通子图指那些在每个有限割中都包含一条边的子图, 这个概念是为了这个结果而专门引进的; 当然, 这些子图恰好是那些闭包是连通的支撑子图 (引理 8.6.7), 因此 Tutte 事实上证明了引理 8.6.10, 但没有使用拓扑的语言来表达而已.

有限树填装定理的姐妹定理, 即树覆盖定理, 可以一字不差地推广到局部有限图 (练习 17). 填装覆盖定理 (2.4.4) 可以通过两种方式推广到无限图: 一是使用普通的支撑树, 另外是使用拓扑支撑树, 见练习 18 和练习 126, 以及提示.

疯狂圈 C 的例子显示了为什么在子空间的末端度是用弧定义的, 而不是用射线定义. C 上的每个末端只包含一条属于 C 的射线, 它是 C 中两条不交弧的端点. 如果我们想把圈刻画成每个顶点和每个末端都有度数 2 的子空间 (练习 97), 那么我们需要子空间中末端度的拓扑定义.

在拓扑末端度的定义中, 上确界事实上是最大值. 这是 1927 年 Menger 所定义的 ω-Beinsatz 的特殊情形, 在同一篇文章中, 他证明了著名的定理 3.3.1.

末端的 (组合) 顶点度传统上被称作**重数** (multiplicity). 术语"度"由 H. Bruhn

and M. Stein, *On end degrees and infinite circuits in locally finite graphs*, Combinatorica 27 (2007), 269-291 引进. 他们的主要结果是, 局部有限图的 (整个) 边集合属于它的拓扑圈空间当且仅当每个顶点的度是偶的, 并且每个末端有偶数边度. 这样, 我们可以把具有无限度的末端分成“奇”或“偶”两类. 后来, 这个结果被推广到任意的边集合: E. Berger and H. Bruhn, *Eulerian edge sets in locally finite graphs*, Combinatorica 31 (2011), 21-38.

末端度的一个有趣新方向是它使得无限图极值问题的研究成为可能, 没有它极值问题只对有限图有意义. 例如, 有足够大最小度的有限图包含任何所需要的拓扑子式或者子式 (参见第 7 章), 而具有较大最小度的无限图可能是一棵树. 然而, 树的末端度是 1. 无限图具有大的顶点度和末端度这一假设仍然不能保证一个非平面子式的存在 (因为这样的图可能是可平面的), 但是它能保证任意高连通度子图的存在, 这个结果及相关讨论见 R. Diestel, *Forcing finite minors in sparse infinite graphs by large-degree assumptions*, Electronic J. Comb. 22 (2015), #P1.43, arXiv:1209.5318, 以及 M. Stein, *Extremal infinite graph theory*, Discrete Math. 311 (2011), 1472-1496, arXiv:1102.0697. 另一种研究“极值”无限图理论的方法是通过 $\|G[v_1,\cdots v_n]\|$ 的下界来强制某个无限子结构的存在, 这里 $V(G)=\{v_1,v_2,\cdots\}$, 见 J. Czipszer, P. Erdős and A. Hajnal, *Some extremal problems on infinite graphs*, Publ. Math. Inst. Hung. Acad. Sci., Ser. A 7 (1962), 441-457.

圈空间 $\mathcal{C}(G)$ 的拓扑概念在无限的情形似乎很自然, 但是从历史角度看, 它依然很年轻. 它是为了推广诸如平面性和对偶性这些有限图圈空间的经典结果到局部有限图上而发展起来的. 如同树填装定理, 这些推广在仅允许有限回路以及有限和的情况下不成立, 但是它们对拓扑圈空间成立. 这样的例子包括 Tutte 定理 (3.2.6) (即非分离导出圈生成整个圈空间)、MacLane 定理 (4.5.1)、Kelmans 定理 (4.5.2) 和 Whitney 的平面性刻画 (4.6.3), 以及 Gallai 划分定理 (第 1 章练习 46). Diestel 和 Sprüssel 撰写了若干文章, 讨论对局部有限图如何把拓扑圈空间推广到广义同调理论: *The homology of locally finite graphs with ends*, Combinatorica 30 (2010), 681-714; *On the homology of locally compact spaces with ends*, Topology and Its Applications 158 (2011), 1626-1639.

对不是局部有限的无限图, 还没有一个圈空间的定义可以符合所有的要求. 对具有如此多样性的图, 一个有希望的方法由 Georgakopoulos 提出, 见 A. Georgakopoulos, *Graph topologies induced by edge lengths*, Discrete Math. 311 (2011), 1523-1542, arXiv:0903.1744. 对局部有限图 G, 这个方法通过使用一个合适的度量对 G 进行完备化来得到我们熟悉的 $|G|$ (这正是 8.6 节题目所暗示的思路), 而不是使用紧致化. 然而, 通过修改度量, 这个方法也产生了另外一种边界, 比如双曲线图的双曲线边界.

定理 8.7.1 和定理 8.7.3 出自 R. Diestel and D. Kühn, *On infinite cycles* I-II, Combinatorica 24 (2004), 69-116. 当 $D = E(G)$ 时, 这篇文章中关于边集 $D \in \mathcal{C}(G)$ 的结果可以得到加强: 如果图没有奇割, 它的边集可分解成有限回路. 对任意图, 这正是 Nash-Williams 证明的一个深刻定理, 见 C. St. J. A. Nash-Williams, *Decomposition of graphs into closed and endless chains*, Proc. London Math. Soc. 10 (1960), 221-238. 对可数图, 这个结果容易证明 (练习 108).

即使没有我们这里定义的无限回路的概念, 通过把"圈"替换成"二正则连通图"(有限或无限均可), Nash-Williams 也推广了上面的以及其他的关于有限圈的定理. 虽然最后命题的叙述没有原来有限定理那么顺畅, 但在这方向上作了很多实质性工作. 在 C. St. J. A. Nash-Williams, *Decompositions of graphs into two-way infinite paths*, Can. J. Math. 15 (1963), 479-485 中, 他刻画了可以边分解成双射线的图. F. Laviolette, *Decompositions of infinite graphs* I-II, J. Combin. Theory B 94 (2005), 259-333 刻画了可以边分解成圈和双射线的图. 支撑射线或双射线的存在性结果可在第 10 章的注解中找到.

定理 8.7.1 和定理 8.7.3 把有限图中圈空间的熟知性质推广到了局部有限的无限图, 同样地, 也可以对割空间进行推广 (练习 117). 有限性圈空间 $\mathcal{C}_{\mathrm{fin}}$ (显然它是拓扑圈空间 $\mathcal{C}$ 的子空间) 事实上是所有它的有限元素的集合 (练习 115), 正如有限性割空间 $\mathcal{B}_{\mathrm{fin}}$ 是整个割空间 $\mathcal{B}$ 的所有有限元素的集合. 对 3-连通图 (2-连通图不成立, 见练习 119 (iii)), 垂直于所有回路的边集事实上在 $\mathcal{C}^{\perp}$ 中, 垂直于所有键的集合在 $\mathcal{B}^{\perp}$ 中, 见 R. Diestel and J. Pott, *Orthogonality and minimality in the homology of locally finite graphs*, Electronic J. Comb. 21 (2014), #P3.36, arXiv:1307.0728.

练习 118 中描述的 $\mathcal{C}, \mathcal{B}, \mathcal{C}_{\mathrm{fin}}$ 和 $\mathcal{B}_{\mathrm{fin}}$ 之间的垂直性最好的表达方式是使用拟阵, 见 H. Bruhn and R. Diestel, *Infinite matroids in graphs*, Discrete Math. 311 (2011), 1461-1471, arXiv:1011.4749. 可平面无限图的对偶性的讨论, 可参考 H. Bruhn and R. Diestel, *Duality in infinite graphs*, Comb. Probab. Comput. 15 (2006), 75-90.

定理 8.8.2 是一个口头传述, Freudenthal 可能早已经注意到这个结果. 前面正文已经提到, $X = |G|$ 的任何标准子空间 X' 可以看作 X' 中边所导出的 G/p 的有限子空间 H_p 的逆极限. 为了在标准子空间 $X \subsetneq |G|$ 中找到拓扑支撑树, 甚至只是寻找给定两个点之间的弧 (从而证明引理 8.6.5), 我们也需要人工地构造这些 H_p: 从而可以把 H_p 中的支撑树或者路扩充为 H_q $(p < q)$ 中的支撑树或者路, 我们需要保证 H_p 的每个虚拟顶点在 X 中导出一个连通子空间.

做到这点的一个办法是在 X 中模仿 G_n: 列举 $V(X)$, 设 p_n 是 $V(G)$ 的一个划分, 它包含 X 的前 n 个顶点作为单点划分类, 以及 X 删除这 n 个顶点以及关联边后弧分支的顶点集作为余下的划分类. 如果 G 是局部有限的, 且 X 是连通的, 那么这些 p_n 都是有限划分, 由跳跃弧引理知, 它们在 G 中也只有有限条交叉边 (这里,我们需要证明标准子空间的弧分支是闭的, 即使没有引理 8.6.5, 这也容易证明).

其次, 我们可以直接证明 X 是紧致空间 X_n 的逆极限, 这里 X_n 是从 X 通过合并 p_n 的每个划分类而得到的. 如果想要使用 (而不是重新证明) 定理 8.8.2 把 X 作为逆极限来得到, 那么需要把 p_n 扩展成 $V(G)$ 的划分 $\overline{p}_n$, 使得这些 $\overline{p}_n$ 在 $P(G)$ 中是共尾的. 注意到, 我们可以证明希望得到的 X_n 是给定投影 f_p 下 X 的象, 见练习 129.

对连通图 G, 即使它不是局部有限的, 我们也可以和书中一样定义 $||G||$. 得到的紧致空间可以看成是对 G 增加"边末端", 以及关于有限边割的射线的等价类, 然后删去环边后的空间的 Hausdorff 商空间.

第 9 章 图的 Ramsey 理论

在这一章, 我们从一个表面上似乎属于第 7 章中的问题出发: 当一个图足够大的时候, 什么样的子结构必然出现呢?

7.4 节的正则性引理对这个问题给出了一个可能的答案: 每个大的图 G 都包含一个大的"类似于随机图"的子图 (即大部分边均匀地分布). 另一方面, 如果我们想找一个给定的具体子图 H, 那么这个问题就更类似于 Turán 定理 (7.1.1)、Wagner 定理 (7.3.4), 或者 Hadwiger 猜想: 也许我们不能期望每个图 G 都包含 H 的拷贝, 但若它不包含 H, 那么它可能具有一些有趣的子图结构.

这一章我们要考虑的典型问题是, 当一个图包含某个导出子图时, 它具有什么样的结构. 比如, 给定整数 r, 是否每一个足够大的图都包含完全子图 K^r 或者一个导出的 $\overline{K^r}$? 是否每个足够大的连通图都包含子图 K^r 或者大的导出路或星?

尽管从表面上看, 上述问题类似于一个极值问题, 但这类问题开创了一个很独特的数学分支. 确实, 这一章中的定理和证明与代数以及几何中的某些结论有很多共同之处, 而远远多于与图论其他方向的共同点. 因此, 这类问题的研究通常被认为是一个组合分支, 称为 **Ramsey 理论** (Ramsey theory).

和本书的主题相符, 我们只关注那些可以用很自然的图论语言来表达的结果. 然而, 即使从广义 Ramsey 理论的角度来看, 这样做也并不像想象中的那么局限: 图的概念很适合用来描述 Ramsey 问题, 并且这一章的内容使用了各种各样的思想和方法来表达这个理论的独特魅力所在.

9.1 Ramsey 的原始定理

Ramsey 定理的最简单形式为: 给定一个整数 $r \geqslant 0$, 每个充分大的图 G 都包含 K^r 或 $\overline{K^r}$ 作为导出子图. 乍一看, 这让人感到意外: 毕竟在 G 中, 在所有可能的边中我们需要大约 $(r-2)/(r-1)$ 比例的边来保证子图 K^r 的存在性 (推论 7.1.3), 但是 G 或者 $\overline{G}$ 不可能拥有超过一半的所有可能边. 然而, 正如 Turán 图所显示的那样, 在不生成 K^r 的同时尽量添加边到图 G 中会产生新的结构, 这也许会帮助我们找到导出子图 $\overline{K^r}$.

那么, 如何证明 Ramsey 定理呢? 从任意一个顶点 $v_1 \in V_1 := V(G)$ 开始, 我们试着递归地在 G 中构造 K^r 或者 $\overline{K^r}$. 如果 $|G|$ 很大, 那么就存在一个大的顶点集 $V_2 \subseteq V_1 \setminus \{v_1\}$, 这个集合中的顶点要么都与 v_1 连接, 要么都不与 v_1 连接. 相应地,

我们可以把 v_1 看成 K^r 或者 $\overline{K^r}$ 的第一个顶点, 其他的顶点都在 V_2 中; 然后再选取一个顶点 $v_2 \in V_2$ 来构造 K^r 或者 $\overline{K^r}$. 因为 V_2 较大, 类似地, 关于 v_2 也一定存在一个大的顶点子集 V_3, 使得 V_3 中的所有顶点要么都与 v_2 连接, 要么都不与 v_2 连接. 接下来继续在 V_3 中进行类似的搜索, 照此一直进行下去 (图 9.1.1).

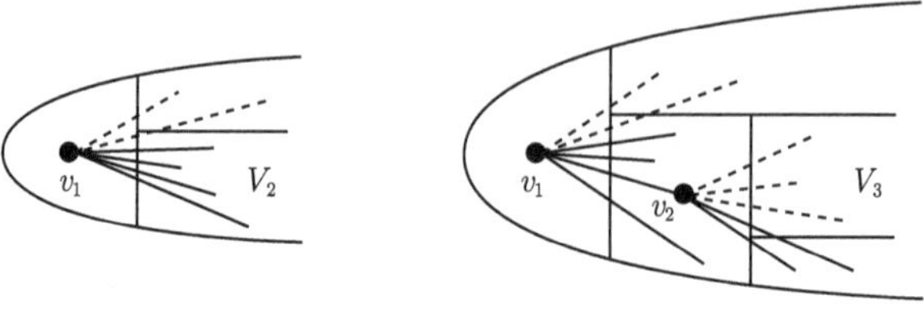

图 9.1.1　选择序列 $v_1, v_2, \cdots$

按照这种方法下去, 我们可以进行多少步呢? 这依赖于初始顶点集 V_1 的大小: 每个集合 V_i 的大小至少是前一个集合 V_{i-1} 的一半, 这样的话, 如果 G 的阶大约是 2^s 的话, 我们就可以完成 s 步构造. 正如下列证明中所显示的那样, 选取 $s = 2r - 3$ 时, 就有足够多的顶点 v_i 使得可以从中找到 K^r 或者 $\overline{K^r}$ 的顶点.

定理 9.1.1 (Ramsey, 1930)　对每个 $r \in \mathbb{N}$, 都存在 $n \in \mathbb{N}$, 使得每一个阶数至少为 n 的图包含 K^r 或 $\overline{K^r}$ 作为导出子图.

证明　对于 $r \leqslant 1$, 定理显然成立. 我们假设 $r \geqslant 2$, 并令 $n := 2^{2r-3}$, 同时设 G 是一个阶至少为 n 的图. 我们定义一个集合序列 $V_1, V_2, \cdots, V_{2r-2}$, 并选取顶点 $v_i \in V_i$ 满足下列性质:

(i) $|V_i| = 2^{2r-2-i}$ $(i = 1, \cdots, 2r-2)$;

(ii) $V_i \subseteq V_{i-1} \setminus \{v_{i-1}\}$ $(i = 2, \cdots, 2r-2)$;

(iii) 顶点 v_{i-1} 要么与 V_i 中所有顶点连接, 要么与 V_i 中的所有顶点都不连接 $(i = 2, \cdots, 2r-2)$.

令 $V_1 \subseteq V(G)$ 是任意一个有 2^{2r-3} 个顶点的集合, 任取 $v_1 \in V_1$. 对于 $i = 1$, (i) 成立, 而 (ii) 和 (iii) 平凡成立. 现在我们假设已经选取了 V_{i-1} 和 $v_{i-1} \in V_{i-1}$ 使得对 $i-1$ 满足条件 (i)—(iii) $(1 < i \leqslant 2r-2)$. 因为

$$|V_{i-1} \setminus \{v_{i-1}\}| = 2^{2r-1-i} - 1$$

是奇数, 所以 V_{i-1} 有一个子集 V_i 满足 (i)—(iii). 我们任取 $v_i \in V_i$.

在 $2r-3$ 个顶点 $v_1, \cdots, v_{2r-3}$ 中, 有 $r-1$ 个顶点具有类似于 (iii) 中 v_{i-1} 的性质, 即都满足要么与 V_i 中所有顶点连接, 要么与 V_i 中的所有顶点都不连接. 相应地, 因为对所有的 i 都有 $v_i, \cdots, v_{2r-2} \in V_i$, 所以这 $r-1$ 个顶点和 v_{2r-2} 在 G 中要么导出 K^r, 要么导出 $\overline{K^r}$. □

定理 9.1.1 中对应于 r 的最小整数 n 称为 r 的 **Ramsey 数** (Ramsey number) $R(r)$. 我们的证明说明了 $R(r) \leqslant 2^{2r-3}$. 在第 11 章, 我们会使用简单的概率方法证明 $R(r)$ 的上界可降至 $2^{r/2}$ (定理 11.1.3).

换句话说, 阶为 n 的图所必须包含的最大团或者最大顶点独立集是 (渐近地) n 的对数大小. 然而, 只要我们不允许某个导出子图的出现, 那么图的阶就会很大: Erdős-Hajnal 猜想指出, 对每个图 H, 存在一个常数 $\delta_H > 0$ 使得每个不包含 H 的导出拷贝的图 G 都包含一个至少 $|G|^{\delta_H}$ 个顶点的集合, 这个集合要么是独立集, 要么支撑 G 的一个完全子图.

在 Ramsey 理论中, 习惯地把划分看成着色: 用 c 种**颜色** (colours) 给集合 X (中的元素) 着色, 简称为 **c-着色** (c-colouring), 即把 X 划分成 c 个类 (每个类对应一个颜色). 特别地, 这种着色不需要满足第 5 章中所提到的"不相邻"的要求. 给定 $[X]^k$ 的一个 c-着色, 其中 $[X]^k$ 表示 X 的所有的 k-子集的集合, 我们称一个集合 $Y \subseteq X$ 是**单色的** (monochromatic), 如果 $[Y]^k$ 的每个元素都着相同的颜色, [1] 即属于 $[X]^k$ 的 c 个划分类中的同一个. 类似地, 如果 $G = (V, E)$ 是一个图, 并且在 G 的一个边着色中, $H \subseteq G$ 的所有边都着同一种颜色, 我们称 H 是 G 的一个**单色子图** (monochromatic subgraph), 称其为 G 中的红色 H(绿色 H 等), 诸如此类.

用上面的术语, Ramsey 定理可以表述为: 对于每一个 r, 都存在 n 使得对于任意给定 n 个元素的集合 X, 每一个 $[X]^2$ 的 2-着色都有一个单色的 r-集合 $Y \subseteq X$. 有趣的是, 对任意的 c 和 k, 这个结论对在 $[X]^k$ 上的 c-着色都成立, 并且证明几乎完全相同!

我们首先证明比较简单的无限集的情形, 然后推出有限集的情形.

定理 9.1.2 *令 k 和 c 是正整数, 而 X 是一个无限集. 如果用 c 种颜色来给 $[X]^k$ 着色, 则 X 有一个无限的单色子集.*

证明 对于固定的 c, 我们对 k 使用归纳法来证明定理. 当 $k = 1$ 时, 结论显然成立. 故设 $k > 1$ 并且假设结论对较小的 k 成立.

用 c 种颜色对 $[X]^k$ 进行着色. 我们将构造一个 X 的无限子集的无穷序列 $X_0, X_1, \cdots$, 并且对所有的 i, 选取元素 $x_i \in X_i$ 满足下面的条件:

(i) $X_{i+1} \subseteq X_i \setminus \{x_i\}$;

(ii) 对于 $Z \in [X_{i+1}]^{k-1}$, 所有 k-子集 $\{x_i\} \cup Z$ 都着相同的颜色, 我们称这种颜色与 x_i **关联** (associate).

我们从 $X_0 := X$ 开始并任取 $x_0 \in X_0$. 根据假设, X_0 是无限的. 对于某个 i, 取定一个无限集 X_i 和 $x_i \in X_i$, 我们对 $[X_i \setminus \{x_i\}]^{k-1}$ 进行 c-着色: 把每个集合 Z 用 $[X]^k$ 的 c-着色中 $\{x_i\} \cup Z$ 的颜色来着色. 由归纳假设, $X_i \setminus \{x_i\}$ 有一个无限

1 注意到, Y 被称为单色的, 但是它是作为 $[Y]^k$ 中的元素, 而不是 Y 中的元素, 被均等着色的.

的单色子集, 把它取作 X_{i+1}. 显然, 这个选择满足条件 (i) 和 (ii). 最后, 我们任取 $x_{i+1} \in X_{i+1}$.

由于 c 是有限的, 在 c 种颜色中必有一种颜色关联无限多个 x_i, 这些 x_i 构成了 X 的一个无限单色子集. □

有限情形的定理 9.1.2 可以用无限情形的相同方法证明. 但是为了确保在归纳法的每一步, 相关的集合都足够大, 我们必须留意集合的大小, 这就涉及大量繁琐的计算. 只要我们不关心界的大小, 更好的办法是通过使用"紧致性"的方法, 即使用 König 的无限引理 (8.1.2), 从无限的情形推导出有限情形.

定理 9.1.3 对所有的 $k, c, r \geqslant 1$, 存在一个 $n \geqslant k$, 使得关于 $[X]^k$ 的任意一个 c-着色, 每个 n-集合 X 都有一个单色的 r-子集.

证明 按照集合论中的习惯, 我们用 $n \in \mathbb{N}$ 表示集合 $\{0, 1, \cdots, n-1\}$. 假设对某个 k, c, r, 命题不成立, 那么对每个 $n \geqslant k$, 都存在一个 n-集合 (不妨设为集合 n) 以及一个 c-着色 $[n]^k \longrightarrow c$, 使得 n 不包含单色的 r-集合. 我们称这种着色为**坏的** (bad), 所以假设对每个 $n \geqslant k$, 都存在一个 $[n]^k$ 的坏着色. 我们的目标是把这些坏着色结合起来成为 $[\mathbb{N}]^k$ 的一个坏着色, 从而与定理 9.1.2 矛盾.

对每个 $n \geqslant k$, 令 $V_n \neq \varnothing$ 是 $[n]^k$ 的坏着色集合. 当 $n > k$ 时, 任意 $g \in V_n$ 到 $[n-1]^k$ 的限制 $f(g)$ 仍然是坏的, 因此仍然在 V_{n-1} 中. 由无限引理 (8.1.2) 知, 存在一个坏着色 $g_n \in V_n$ 的无限序列 $g_k, g_{k+1}, \cdots$, 使得对所有 $n > k$, 有 $f(g_n) = g_{n-1}$. 对每个 $m \geqslant k$, 所有满足 $n \geqslant m$ 的着色 g_n 在 $[m]^k$ 上是一致的, 故对每个 $Y \in [\mathbb{N}]^k$ 和所有 $n > \max Y$, $g_n(Y)$ 的值相同. 我们把 $g_n(Y)$ 的这个公共值定义为 $g(Y)$ 的值, 那么 g 是 $[\mathbb{N}]^k$ 的一个坏着色: 每个 r-集合 $S \subseteq \mathbb{N}$ 包含在某个足够大的 n 中, 所以 S 不可能是单色的, 这是因为 g 和坏着色 g_n 在 $[n]^k$ 上是一致的. □

定理 9.1.3 中, 对应于 k, c, r 的最小整数 n 叫做关于这些参数的 **Ramsey 数** (Ramsey number), 记为 $R(k, c, r)$.

9.2 Ramsey 数

Ramsey 定理也可以这样描述: 设 $H = K^r$, 如果 G 是一个有充分多顶点的图, 那么或者 G 本身或者 G 的补图 $\overline{G}$ 包含 H 的拷贝作为子图. 因为对 $h := |H|$ 有 $H \subseteq K^h$, 显然对任意图 H 结论也成立.

然而, 如果我们寻找最小的 n 使得每一个阶为 n 的图 G 都有上述性质, 即 n 是 H 的 **Ramsey 数** (Ramsey number) $R(H)$, 那么上述问题是有意义的: 如果 H 只有少数边, 那么它就很容易嵌入到 G 或 $\overline{G}$ 中, 因此 $R(H)$ 应该比 $R(h) = R(K^h)$ 来得小.

更一般地, 把 $R(H_1, H_2)$ 定义为最小的 $n \in \mathbb{N}$, 使得对任意阶为 n 的图 G, 要么 $H_1 \subseteq G$, 要么 $H_2 \subseteq \overline{G}$. 对多数 H_1 和 H_2, 只知道 $R(H_1, H_2)$ 的一些粗略估计. 有趣的是, 由随机图给出的下界 (定理 11.1.3) 经常要比由直接构造得到的下界更准确.

下面的命题描述了一族相对大的图类, 它的准确 Ramsey 数可以得到确定, 这是少数几个已知的情形之一:

命题 9.2.1 令 s, t 是正整数, 而 T 是一个阶为 t 的树, 那么 $R(T, K^s) = (s-1)(t-1)+1$.

证明 由 $s-1$ 个 K^{t-1} 的不交并构成的图是不包含 T 的, 而这个图的补图, 即完全 $(s-1)$-部图 K^{s-1}_{t-1} 不包含 K^s, 这样就证明了 $R(T, K^s) \geqslant (s-1)(t-1)+1$.

反过来, 令 G 是任意阶为 $n = (s-1)(t-1)+1$ 的图, 并且它的补图不含 K^s, 那么 $s > 1$ 并且在 G 的任意顶点着色中 (在第 5 章的意义下), 最多有 $s-1$ 个顶点可以着同一种颜色. 因此 $\chi(G) \geqslant \lceil n/(s-1) \rceil = t$. 由引理 5.2.3, G 包含一个子图 H 满足 $\delta(H) \geqslant t-1$. 由推论 1.5.4, 它包含 T 的一个拷贝. □

作为本节的主要结果, 我们证明一个罕见的普遍性定理, 它为一大类图 (这类图由常见的图不变量定义) 的 Ramsey 数提供了一个很好的上界. 这个定理解决了稀疏图的 Ramsey 数: 具有有界最大度的图 H 的 Ramsey 数以 $|H|$ 的线性方式增长, 这是对定理 9.1.1 中指数上界的很大改进.

定理 9.2.2 (Chvátal, Rödl, Szemerédi, Trotter, 1983) 对每个正整数 Δ, 都存在一个常数 c, 使得所有具有 $\Delta(H) \leqslant \Delta$ 的图 H 都有

$$R(H) \leqslant c|H|.$$

证明 证明的基本思路如下: 我们想证明如果 $|G|$ 足够大 (但不要太大), 那么 $H \subseteq G$ 或者 $H \subseteq \overline{G}$. 考虑 G 的一个 ϵ-正则划分 (由正则性引理得到), 如果这个正则划分中有足够多的 ϵ-正则对是高密度的, 那么我们就希望在 G 中找到 H 的拷贝. 如果大多数 ϵ-正则对是低密度的, 我们尝试在 $\overline{G}$ 中找 H. 令 R, R' 和 R'' 分别为 G 的正则性图, 它的边分别对应于密度对 $\geqslant 0$, $\geqslant 1/2$ 和 $< 1/2$, [2] 则 R 是 R' 和 R'' 的边不交并.

现在为了得到 $H \subseteq G$ 或者 $H \subseteq \overline{G}$, 由引理 7.5.2, 我们只需要确保 H 包含在一个恰当的"膨胀了的正则性图" R'_s 或 R''_s 中即可. 因为 $\chi(H) \leqslant \Delta(H)+1 \leqslant \Delta+1$, 所以如果 $s \geqslant \alpha(H)$, 这是会发生的, 并且我们可以在 R' 或 R'' 中找一个 $K^{\Delta+1}$. 这是很容易做到的: 只需要 $K^r \subseteq R$, 这里 r 是 $\Delta+1$ 的 Ramsey 数, 因为 R 是稠密的, 故 $K^r \subseteq R$ 可由 Turán 定理容易地得到.

现在我们给出正式的证明, 先给定 $\Delta \geqslant 1$. 对输入的 $d := 1/2$ 和 Δ, 引理 7.5.2 将返回一个 ϵ_0. 令 $m := R(\Delta+1)$ 是 $\Delta+1$ 的 Ramsey 数. 设 $\epsilon \leqslant \epsilon_0$ 是一个足够小

2 在后面的正式证明中, R'' 的定义稍微不同, 使得与我们的正则性图的定义完全吻合.

的正值使得对 $k=m$ (所以对 $k\geqslant m$ 也成立) 有

$$2\epsilon<\frac{1}{m-1}-\frac{1}{k}. \tag{1}$$

特别地, 我们有 $\epsilon<1$. 最后, 令 M 是一个由输入 ϵ 和 m 到正则性引理 (定理 7.4.1) 后返回的整数.

到现在为止, 所有的数值都依赖于 Δ. 我们将证明

$$c:=\frac{2^{\Delta+1}M}{1-\epsilon}$$

是使得定理成立的常数. 令给定的 H 满足 $\Delta(H)\leqslant\Delta$ 且令 $s:=|H|$. 设 G 是任意一个阶为 $n\geqslant c|H|$ 的图. 我们证明 $H\subseteq G$ 或 $H\subseteq\overline{G}$.

由定理 7.4.1 知, G 有一个 ϵ-正则划分 $\{V_0,V_1,\cdots,V_k\}$, 此划分中 V_0 是例外集并且 $|V_1|=\cdots=|V_k|:=\ell$, 其中 $m\leqslant k\leqslant M$. 因此

$$\ell=\frac{n-|V_0|}{k}\geqslant n\frac{1-\epsilon}{M}\geqslant cs\frac{1-\epsilon}{M}\geqslant 2^{\Delta+1}s=2s/d^{\Delta}. \tag{2}$$

令 R 是一个正则性图, 这里 ϵ, ℓ 和 0 为对应于这个划分的参数. 由 R 的定义, R 有 k 个顶点和

$$\begin{aligned}||R||&\geqslant\binom{k}{2}-\epsilon k^2\\&=\frac{1}{2}k^2\left(1-\frac{1}{k}-2\epsilon\right)\\&\underset{(1)}{>}\frac{1}{2}k^2\left(1-\frac{1}{k}-\frac{1}{m-1}+\frac{1}{k}\right)\\&=\frac{1}{2}k^2\frac{m-2}{m-1}\\&\geqslant t_{m-1}(k)\end{aligned}$$

条边. 由定理 7.1.1 知, R 包含一个子图 $K=K^m$.

现在我们用两种颜色对 R 的边进行着色: 如果某条边对应于一个密度至少为 1/2 的对 (V_i,V_j), 就对此边着红色; 否则就着绿色. 设 R' 是红色边所组成的 R 的支撑子图, R'' 是由绿边以及对应的对的密度恰好是 1/2 的边所组成的 R 的支撑子图, 则 R' 为 G 的具有参数 ϵ, ℓ 和 1/2 的正则性图, R'' 是具有相同参数的 $\overline{G}$ 的正则性图: 容易验证, 对每个对 (V_i,V_j), 若它对于 G 是 ϵ-正则的, 则对于 $\overline{G}$ 也是 ϵ-正则的.

由 m 的定义可知, 对于 $r := \chi(H) \leqslant \Delta + 1$, 图 K 包含一个红色或绿色的 K^r. 相对应地, 我们有 $H \subseteq R'_s$ 或 $H \subseteq R''_s$. 因为 $\epsilon \leqslant \epsilon_0$, 并且由 (2) 知 $\ell \geqslant 2s/d^{\Delta}$, 所以 R' 和 R'' 都满足引理 7.5.2, 故 $H \subseteq G$ 或者 $H \subseteq \overline{G}$, 证毕. □

这一节到目前为止, 我们一直在问同一个问题: 对一个完全图 G, 如果它的每个边 2-着色都产生一个单色的给定子图 H, 那么 G 的最小阶数是多少. 假如我们不要求 G 是完全的, 也不关注 G 的阶是多少, 而是考虑它的结构, 即考虑在子图关系下将 G 最小化的问题. 给定图 H 以及性质"每个边 2-着色都有一个单色子图 H", 如果 G 是关于这个性质的极小图, 那么我们称 G 对于 H 是 **Ramsey-极小的** (Ramsey-minimal).

这些 Ramsey-极小图是怎样的图呢? 它们是否唯一? 下面的结论就第二个问题对某些 H 给出了答案, 并给出了它的漂亮证明.

命题 9.2.3 *若 T 是一个树但不是星, 那么存在无限多个关于 T 是 Ramsey-极小的图.*

证明 令 $|T| =: r$, 我们证明对每个 $n \in \mathbb{N}$, 都存在一个阶至少为 n 的图关于 T 是 Ramsey-极小的.

由定理 5.2.5 知, 存在一个图 G 满足色数 $\chi(G) > r^2$ 且围长 $g(G) > n$. 若用红、绿两种颜色对 G 的边进行着色, 那么红色子图和绿色子图不可能同时有第 5 章中提到的那种顶点 r-着色, 因为否则的话, 我们可以用从这两种着色产生的着色来对 G 的顶点进行着色, 从而得到与 $\chi(G) > r^2$ 相矛盾的结论. 所以我们令 $G' \subseteq G$ 是单色的, 且满足 $\chi(G') > r$. 由引理 5.2.3, G' 有一个最小度至少为 r 的子图. 由推论 1.5.4 知, 它包含 T 的拷贝.

设 $G^* \subseteq G$ 是关于 T Ramsey-极小的, 显然 G^* 不是一个森林, 因为任意一个森林的边都可以通过 2-着色 (划分) 使得不存在单色的子森林包含一条长为 3 的路, 更不可能包含 T 的拷贝. (这里我们用到 T 不是星的假设, 因此它包含 P^3.) 故 G^* 包含一个长为 $g(G)$ 的圈, 因为 $G^* \subseteq G$, 所以 $g(G) > n$. 特别地, $|G^*| > n$, 结论得证. □

9.3 导出 Ramsey 定理

Ramsey 定理也可以这样重新叙述: 对每个图 $H = K^r$ 都存在一个图 G 使得 G 的每个 2-边着色都有一个单色的 $H \subseteq G$. 正如我们所知, 这个结论的正确性可由任意足够大的完全图保证. 现在把问题稍微变一下: 给定任意图 H, 我们要找一个图 G, 它的每一个 2-边着色都有一个单色*导出子图* $H \subseteq G$.

这个小小的修改极大地改变了问题的特性, 现在所需要证明的不再仅仅是 G 足够大 (如定理 9.1.1), 而且需要仔细地构造: 构造一个图, 使得它的边可以分成两部分, 其中一个划分类的所有边包含 H 的一个导出拷贝. 我们称这个图是 H 的 **Ramsey 图** (Ramsey graph).

对任选的 H, 这样的 Ramsey 图一定存在. 这个结论是图 Ramsey 理论的重要结果之一, 它在 1973 年分别由 Deuber, Erdős, Hajnal 和 Pósa 四人以及 Rödl 独立地证明.

定理 9.3.1　每个图都有 Ramsey 图. 换句话说, 对每个图 H 都存在一个图 G, 使得对 $E(G)$ 的每个划分 $\{E_1, E_2\}$ 都存在导出子图 H 使得 $E(H) \subseteq E_1$ 或者 $E(H) \subseteq E_2$.

我们给出两种证明, 它们相互高度独立. 然而, 每个证明都使我们可以窥见 Ramsey 理论的真谛: 涉及的图仅相当于建筑中的砖瓦, 但完成后的建筑却令人印象深刻.

第一个证明　在我们构造所需要的 Ramsey 图的过程中, 将反复把已经构造好的图 $G = (V, E)$ 的顶点用另一个图 H 代替. 对于顶点集合 $U \subseteq V$, 令 $G[U \to H]$ 表示如下方法构造而成的图: 在 G 中将顶点 $u \in U$ 替换为图 H 的拷贝 $H(u)$, 对 $u' \in U$ 和 $uu' \in E$, 我们就把 $H(u)$ 和 $H(u')$ 完全地连接起来, 对 $v \in V \setminus U$ 且 $uv \in E$, 把 $H(u)$ 和所有的 v 连接起来 (图 9.3.1). 正式地, 我们把 $G[U \to H]$ 定义为

$$(U \times V(H)) \cup ((V \setminus U) \times \{\varnothing\})$$

上的图, 其中顶点 (v, w) 和 (v', w') 连接当且仅当要么 $vv' \in E$, 要么 $v = v' \in U$ 且 $ww' \in E(H)$. [3]

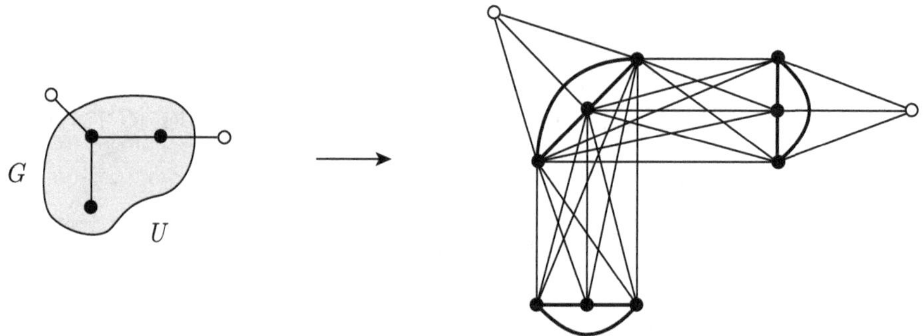

图 9.3.1　对 $H = K^3$, 图 $G[U \to H]$ 的例子

我们下面来证明一个在形式上比定理 9.3.1 更强的结论:

3 用 $(V \setminus U) \times \{\varnothing\}$ 来替换 $V \setminus U$ 只是一种形式上的处理, 是为了确保 $G[U \to H]$ 的所有顶点都有相同的形式 (v, w), 并且 $G[U \to H]$ 与 G 形式上不交.

对任意两个图 H_1 和 H_2, 都存在图 $G = G(H_1, H_2)$,
使得 G 的每个用 1 和 2 两种颜色进行的边着色中,
或者包含一个所有边都着色 1 的导出子图 $H_1 \subseteq G$,
或者包含一个所有边都着色 2 的导出子图 $H_2 \subseteq G$. (∗)

这种形式上的加强使得下面对 $|H_1| + |H_2|$ 应用归纳法成为可能.

如果 H_1 或 H_2 不包含边 (特别地, 如果 $|H_1| + |H_2| \leqslant 1$), 那么对足够大的 n, 令 $G = \overline{K^n}$, 则 (∗) 成立. 在归纳步骤中, 我们假设 H_1 和 H_2 都至少有一条边, 且 (∗) 对于所有具有较小的 $|H_1'| + |H_2'|$ 的图对 (H_1', H_2') 都成立.

对每个 $i = 1, 2$, 取一个与某条边关联的顶点 $x_i \in H_i$, 令 $H_i' := H_i - x_i$ 且 H_i'' 是由 x_i 的所有邻点导出的 H_i' 的子图.

我们将构造一个不交的图序列 $G^0, \cdots, G^n$, 使得 G^n 为我们所要的 Ramsey 图 $G(H_1, H_2)$. 在 G_i 中, 定义子集 $V^i \subseteq V(G^i)$ 和一个映射

$$f : V^1 \cup \cdots V^n \to V^0 \cup \cdots V^{n-1},$$

使得对所有 $i \geqslant 1$, 都有

$$f(V^i) = V^{i-1}. \tag{1}$$

记 $f^i := f \circ \cdots \circ f$ 为 f 的第 i-次合成且 f^0 为 $V^0 = V(G^0)$ 上的恒等映射. 因此对所有 $v \in V^i$, 有 $f^i(v) \in V^0$. 我们称 $f^i(v)$ 为 v 的**原点** (origin of v).

子图 $G^i[V^i]$ 反映了 G^0 的结构如下:

V^i 中具有不同原点的顶点在 G^i 中相邻当且仅当
它们的原点在 G^0 中相邻. (2)

虽然命题 (2) 在下面的证明过程中并没有正式用到, 但它有利于将图 G^i 形象化: 每个 G^i (准确地说, 每个 $G^i[V^i]$; 对 $i \geqslant 1$ 也存在某个顶点 $x \in G^i - V^i$) 基本上是放大了的 G^0 的拷贝, 这里每个顶点 $w \in G^0$ 被以 w 为原点的 V^i 中所有顶点的集合所替换, 并且映射 f 将具有同一个原点并且横跨不同 G^i 的顶点连接起来.

由归纳假设, 我们已有了 Ramsey 图

$$G_1 := G(H_1, H_2') \quad 和 \quad G_2 := G(H_1', H_2).$$

令 G^0 是 G_1 的一个拷贝, 且 $V^0 := V(G^0)$. 设 $W_0', \cdots, W_{n-1}'$ 为 G^0 中支撑一个 H_2' 的 V^0 的子集. 那么, n 就定义为在 G^0 中 H_2' 的导出拷贝的个数. 我们将对每个集合 W_{i-1}' 构造一个图 G^i $(i = 1, \cdots, n)$. 对 $i = 0, \cdots, n-1$, 令 W_i'' 为 $V(H_2'')$ 在某个同构映射 $H_2' \to G^0[W_i']$ 下的象.

现在假设 $G^0, \cdots, G^{i-1}$ 和 $V^0, \cdots, V^{i-1}$ 对某个 $i \geqslant 1$ 已定义, 并且假设 f 已经在 $V^1 \cup \cdots \cup V^{i-1}$ 上定义且对所有 $j \leqslant i$ 都满足 (1). 我们分两步从 G^{i-1} 构造 G^i. 第一步: 考虑所有原点 $f^{i-1}(v)$ 在 W''_{i-1} 中的顶点 $v \in V^{i-1}$ 所组成的集合 U^{i-1}. (对 $i=1$, $U^0 = W''_0$.) 把每个顶点 $u \in U^{i-1}$ 替换为 G_2 的一个拷贝 $G_2(u)$, 这样就把 G^{i-1} 扩展成一个新图 $\widetilde{G}^{i-1}$(与 G^{i-1} 不相交), 即令

$$\widetilde{G}^{i-1} := G^{i-1}[U^{i-1} \to G_2],$$

见图 9.3.2 和图 9.3.3. 对所有 $u \in U^{i-1}$ 和 $u' \in G_2(u)$, 令 $f(u') := u$; 且对所有满足 $v \in V^{i-1} \setminus U^{i-1}$ 的 $v' = (v, \varnothing)$, 令 $f(v') := v$. (回顾一下, $(v, \varnothing)$ 仅是 $\widetilde{G}^{i-1}$ 中顶点 $v \in G^{i-1}$ 的没有进行扩展的拷贝.) 令 V^i 是 $\widetilde{G}^{i-1}$ 中那些顶点 v' 或 u' 的集合, 在此集合上, f 已经被定义, 即这些顶点或者直接对应于 V^{i-1} 中的顶点 v 或者属于这样一个顶点 u 的扩展 $G_2(u)$. 这样的话, 对于 i, (1) 成立. 并且, 如果我们假设 (2) 对 $i-1$ 归纳地成立, 那么 (2) 对 i 也成立 (在 $\widetilde{G}^{i-1}$ 中). 图 $\widetilde{G}^{i-1}$ 已经是 G^i 的基本组成部分: 这部分看起来像 G^0 的放大了的拷贝.

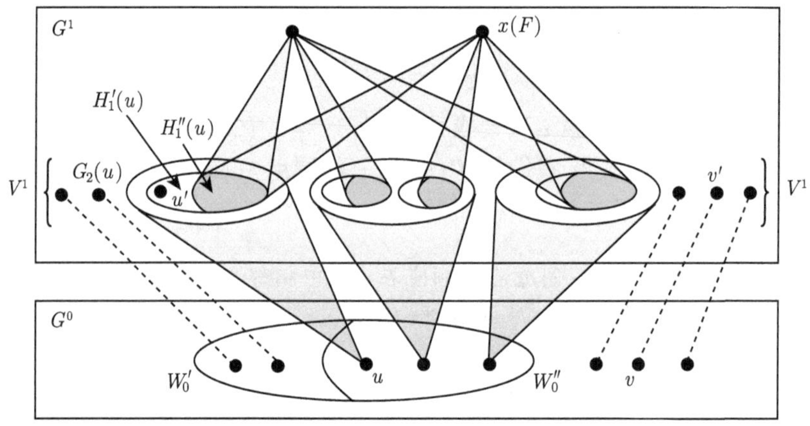

图 9.3.2　图 G^1 的构造

在第二步中, 我们通过进一步添加一些顶点 $x \notin V^i$ 来扩展图 $\widetilde{G}^{i-1}$ 以得到我们所要的图 G^i. 令 $\mathcal{F}$ 表示形式为

$$F = (H'_1(u) \mid u \in U^{i-1})$$

的所有族 F 的集合, 其中每个 $H'_1(u)$ 都是一个同构于 H' 的 $G_2(u)$ 的导出子图. (不太严格地说, $\mathcal{F}$ 是从每个 $G_2(u)$ 中同时选取 H'_1 的一个导出拷贝的方法的集合.) 对每个 $F \in \mathcal{F}$, 在 $\widetilde{G}^{i-1}$ 中增加一个顶点 $x(F)$; 对每个 $u \in U^{i-1}$, 以及由 F 选择的从 H'_1 到 $H'_1(u) \subseteq G_2(u)$ 的同构下 H''_1 的象 $H''_1(u) \subseteq H'_1(u)$ 中的顶点, 将 $x(F)$ 与

这些顶点连接 (图 9.3.2). 把所得到的图记为 G^i, 这样就完成了对 $G_0,\cdots,G_n$ 的归纳定义.

现在我们来证明 $G:=G_n$ 满足 $(*)$. 为此, 对于 $i=0,\cdots,n$, 我们证明以下关于 G^i 的命题 $(**)$:

> 对每个只用 1, 2 两种颜色的边着色, G^i 或者包含一个着色 1 的导出子图 H_1, 或者包含一个着色 2 的导出子图 H_2, 或者包含一个着色 2 的导出子图 H 使得 $V(H)\subseteq V^i$, 并且限制在 $V(H)$ 上的 f^i 对某个 $k\in\{i,\cdots,n-1\}$ 而言是 H 与某个 $G^0[W'_k]$ 之间的同构. $(**)$

注意到, 上面的第三种情况对 $i=n$ 不成立, 所以对于 n, $(**)$ 等价于 $G:=G^n$ 时的 $(*)$.

对 $i=0$, 选择 $G_1=G(H_1,H'_2)$ 的一个拷贝作为 G^0, 并根据集合 W'_k 的定义可推出 $(**)$. 现令 $1\leqslant i\leqslant n$, 并假设对较小的 i, $(**)$ 成立.

给定 G^i 的一个边着色, 对每个 $u\in U^{i-1}$, G^i 中都存在 G_2 的一个拷贝:

$$G^i\supseteq G_2(u)\simeq G(H'_1,H_2).$$

如果对某个 $u\in U^{i-1}$, $G_2(u)$ 包含一个着色 2 的导出子图 H_2, 证明结束; 否则, 每个 $G_2(u)$ 都有一个导出子图 $H'_1(u)\simeq H'_1$ 着色 1. 设 F 是这些图 $H'_1(u)$ 的集合, 每个元素对应一个 $u\in U^{i-1}$, 且令 $x:=x(F)$. 如果对某个 $u\in U^{i-1}$, G^i 中的所有 x-$H''_1(u)$ 边也着色 1, 则在 G_i 中, 我们得到 H_1 的一个导出拷贝, 证明结束. 因此, 我们可以假设每个 $H''_1(u)$ 都有一个顶点 y_u, 使得 xy_u 着色 2. f 在

$$\widehat{U}^{i-1}:=\{y_u\mid u\in U^{i-1}\}\subseteq V^i$$

上的限制 $y_u\mapsto u$ 通过 $(0,\varnothing)\mapsto v$ 扩展成为一个从

$$\widehat{G}^{i-1}:=G^i\left[\widehat{U}^{i-1}\cup\left\{(v,\varnothing)\mid v\in V(G^{i-1})\setminus U^{i-1}\right\}\right]$$

到 G^{i-1} 的同构, 因此 G^i 的边着色导出一个 G^{i-1} 的边着色. 如果这个边着色能导出着色 1 的 $H_1\subseteq G^{i-1}$ 或者着色 2 的 $H_2\subseteq G^{i-1}$, 那么在 $\widehat{G}^{i-1}\subseteq G^i$ 中也成立, 我们的目的达到了.

根据 $(**)$, 对 $i-1$, 我们可以假设 G^{i-1} 包含一个着色 2 的导出子图 H', 使得 $V(H')\subseteq V^{i-1}$, 并且 f^{i-1} 在 $V(H')$ 上的限制是一个对某个 $k\in\{i-1,\cdots,n-1\}$ 而言, 从 H' 到 $G^0[W'_k]\simeq H'_2$ 的同构. 设 $\widehat{H}'$ 是 $\widehat{G}^{i-1}\subseteq G^i$ 的对应导出子图 (也被着色 2). 故 $V(\widehat{H}')\subseteq V^i$,

$$f^i(V(\widehat{H}'))=f^{i-1}(V(H'))=W'_k,$$

并且 $f^i : \widehat{H}' \to G^0[W_k']$ 是一个同构.

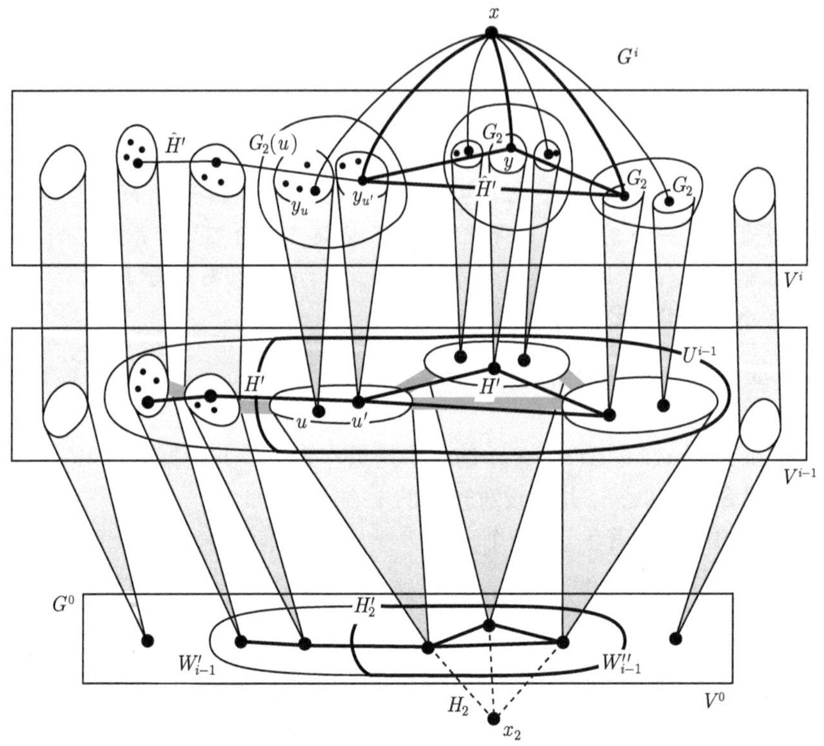

图 9.3.3　G^i 中的单色 H_2 拷贝

如果 $k \geqslant i$, 取 $H := \widehat{H}'$, 我们就完成了对 $(**)$ 的证明. 所以下面我们假定 $k < i$, 因此 $k = i - 1$ (图 9.3.3). 由 U^{i-1} 和 $\widehat{G}^{i-1}$ 的定义知, W_{i-1}'' 在同构 $f^i : \widehat{H}' \to G^0[W_{i-1}']$ 下的逆映象是 $\widehat{U}^{i-1}$ 的一个子集. 因为 x 只与 $\widehat{H}'$ 的位于 $\widehat{U}^{i-1}$ 中的那些顶点连接, 且所有这些边 xy_u 被着色 2, 所以图 $\widehat{H}'$ 和 x 一起在 G^i 中导出一个着色 2 的 H_2 的拷贝, 我们就完成了 $(**)$ 的证明. □

我们再次回到本节开头提到的 Ramsey 定理的重新描述: 对每个图 H 都存在一个图 G, 使得 G 的每个 2-边着色都包含一个单色的 $H \subseteq G$. 使 Ramsey 定理明显成立的图是充分大的完全图. 但是, 如果我们要求 G 不包含任意完全子图比 H 中的完全子图大, 即 $\omega(G) = \omega(H)$, 那么即使我们不要求 H 是 G 的导出子图, 问题也会变得非常困难.

定理 9.3.1 的第二个证明把两个问题一起解决了: 给定 H, 我们构造一个与 H 有相同团数的 Ramsey 图.

对这个证明, 也即这一节的余下部分, 我们把二部图 P 看作一个三元组 (V_1, V_2, E), 其中 V_1 和 V_2 是两个顶点划分类而 $E \subseteq V_1 \times V_2$ 是它的边集合. 采用这种直观表示的原因是, 我们想在二部图之间按照二部划分进行嵌入：给定另一个二部图 $P' = (V'_1, V'_2, E')$, 我们称单射 $\varphi: V_1 \cup V_2 \to V'_1 \cup V'_2$ 是 P 在 P' 中的**嵌入** (embedding), 如果对于 $i = 1, 2$, $\varphi(V_i) \subseteq V'_i$ 且 $\varphi(v_1)\varphi(v_2)$ 是 P' 的边当且仅当 v_1v_2 是 P 中的边. (注意到, 这个嵌入是“导出的”.) 我们将 $\varphi: V_1 \cup V_2 \to V'_1 \cup V'_2$ 简单地记作 $\varphi: P \to P'$.

我们需要两个引理：

引理 9.3.2 每个二部图都可以嵌入到一个形式为 $(X, [X]^k, E)$ 的二部图中, 其中 $E = \{xY \mid x \in Y\}$.

证明 设 P 是任意一个二部图, 其顶点划分类为 $\{a_1, \cdots, a_n\}$ 和 $\{b_1, \cdots, b_m\}$. 令 X 是一个有 $2n + m$ 个元素的集合：

$$X = \{x_1, \cdots, x_n, y_1, \cdots, y_n, z_1, \cdots, z_m\}.$$

我们定义一个嵌入 $\varphi: P \to (X, [X]^{n+1}, E)$.

一开始, 对 $i = 1, \cdots, n$, 我们定义 $\varphi(a_i) := x_i$. 对于给定的顶点 b_i, 哪些 $(n+1)$-集 $Y \subseteq X$ 是 $\varphi(b_i)$ 的合适候选对象呢? 显然, 它们是只与 b_i 的邻点的象连接的那些 $(n+1)$-集, 即满足

$$Y \cap \{x_1, \cdots, x_n\} = \varphi(N_P(b_i)) \tag{1}$$

的集合. 因为 $d(b_i) \leqslant n$, 所以 (1) 成立的条件使得 Y 的 $n+1$ 个元素中至少有一个是还没有指定的. 除了 $\varphi(N_P(b_i))$ 之外, 我们可以把顶点 z_i 作为每个 $Y = \varphi(b_i)$ 的“指标”, 这样就保证了对 $i \neq j$, 有 $\varphi(b_i) \neq \varphi(b_j)$, 即使当 b_i 和 b_j 在 P 中有相同的邻点时也一样. 为了完全地指定集合 $Y = \varphi(b_i)$, 我们可以用“虚拟”元素 y_j 来填补, 直到 $|Y| = n + 1$. □

第二个引理已经包括了定理中二部图的情况：每个二部图都有一个 Ramsey 图, 这个 Ramsey 图甚至是个二部图.

引理 9.3.3 对每个二部图 P, 都存在二部图 P', 使得对 P' 的每个 2-边着色, 都存在一个嵌入 $\varphi: P \to P'$ 满足 $\varphi(P)$ 中的所有边都着相同的颜色.

证明 由引理 9.3.2, 我们可以假设 P 具有形式 $(X, [X]^k, E)$, 且 $E = \{xY \mid x \in Y\}$. 我们对图 $P' := (X', [X']^{k'}, E')$ 证明命题成立, 这里 $k' := 2k - 1$, 而 X' 是任意一个基数为

$$|X'| = R\left(k', 2\binom{k'}{k}, k|X| + k - 1\right)$$

(这就是定理 9.1.3 之后定义的 Ramsey 数) 的集合, 并且

$$E' := \{x'Y' \mid x' \in Y'\}.$$

然后, 我们用两种颜色 α 和 β 对 P' 的边进行着色. 在与顶点 $Y' \in [X']^{k'}$ 相关联的 $|Y'| = 2k-1$ 条边中至少有 k 条着同一颜色. 因此, 对每个 Y' 都可以选择一个固定的 k-集 $Z' \subseteq Y'$ 使得具有 $x' \in Z'$ 的所有边 $x'Y'$ 都着同一颜色, 我们称这是与 Y' **相关联** (associated)的颜色.

集合 Z' 在它的母集 Y' 中有 $\binom{k'}{k}$ 种选取方法, 细节如下: 设 X' 已被线性地排序, 那么对每个 $Y' \in [X']^{k'}$, 存在一个唯一的保持排序的双射 $\sigma_{Y'} : Y' \to \{1, \cdots, k'\}$, 将 Z' 映射到 $\binom{k'}{k}$ 个可能的象中的一个.

我们现在用集合

$$[\{1, \cdots, k'\}]^k \times \{\alpha, \beta\}$$

中的 $2\binom{k'}{k}$ 个元素当作颜色对 $[X']^{k'}$ 进行着色: 给定一个 $Y' \in [X']^{k'}$, 用 $(\sigma_{Y'}(Z'), \gamma)$ 作为它的颜色, 其中 γ 是与 Y' 相关联的颜色 α 或 β. 因为 $|X'|$ 被选择作为具有参数 k', $2\binom{k'}{k}$ 和 $k|X| + k - 1$ 的 Ramsey 数, 所以我们知道 X' 有一个基数为 $k|X| + k - 1$ 的单色子集 W. 这样, 所有具有 $Y' \subseteq W$ 的 Z' 以相同的方式包含在 Y' 中, 即存在 $S \in [\{1, \cdots, k'\}]^k$ 使得对所有的 $Y' \in [W]^{k'}$ 都有 $\sigma_{Y'}(Z') = S$, 并且所有的 $Y' \in [W]^{k'}$ 都与同一颜色相关联, 不妨设该颜色为 α.

现在, 我们构造 P' 中我们想要的 P 的嵌入 φ. 首先, 在 $X := \{x_1, \cdots, x_n\}$ 上定义 φ, 选取象 $\varphi(x_i) =: w_i \in W$ 使得在 X' 的排序下只要 $i < j$ 就有 $w_i < w_j$. 进一步地, 选择 w_i 使得 W 中恰好有 $k-1$ 个元素小于 w_1, 并且对 $i = 1, \cdots, n-1$, 恰好有 $k-1$ 个元素在 w_i 与 w_{i+1} 之间, 同时恰好有 $k-1$ 个元素大于 w_n. 由于 $|W| = kn + k - 1$, 这是可以做到的 (图 9.3.4).

其次, 我们在 $[X]^k$ 上定义 φ. 给定 $Y \in [X]^k$, 我们希望选择 $\varphi(Y) =: Y' \in [X']^{k'}$ 使得在 $\varphi(X)$ 中 Y' 的邻点正好是 Y 的邻点在 P 中的象, 即 k 个具有 $x \in Y$ 的顶点 $\varphi(x)$, 并且使得与 Y' 中顶点相关联的那些边都着色 α. 为了找到这样的集合 Y', 我们首先把子集 Z' 固定为 $\{\varphi(x) \mid x \in Y\}$(它们是 k 个 w_i 类型的顶点), 然后通过增加另外 $k' - k$ 个顶点 $u \in W \setminus \varphi(X)$ 把 Z' 扩张成集合 $Y' \in [W]^{k'}$, 这样的话, Z' 包含在 Y' 中了, 即 $\sigma_{Y'}(Z') = S$. 这是可以做到的, 因为 W 中 $k - 1 = k' - k$ 个其他顶点处于任意两个 w_i 之间, 故

$$Y' \cap \varphi(X) = Z' = \{\varphi(x) \mid x \in Y\},$$

所以 Y' 在 $\varphi(X)$ 中有正好的邻点, 并且所有在 Y' 与这些邻点之间的边都着色 α (因为这些邻点在 Z' 中, 并且 Y' 与颜色 α 相关联). 最后, φ 在 $[X]^k$ 上是单射的: 不同顶点 Y 的象 Y' 是不同的, 这是因为它们与 $\varphi(X)$ 的交集是不同的. 因此, 映射 φ 的确是 P 在 P' 中的一个嵌入. □

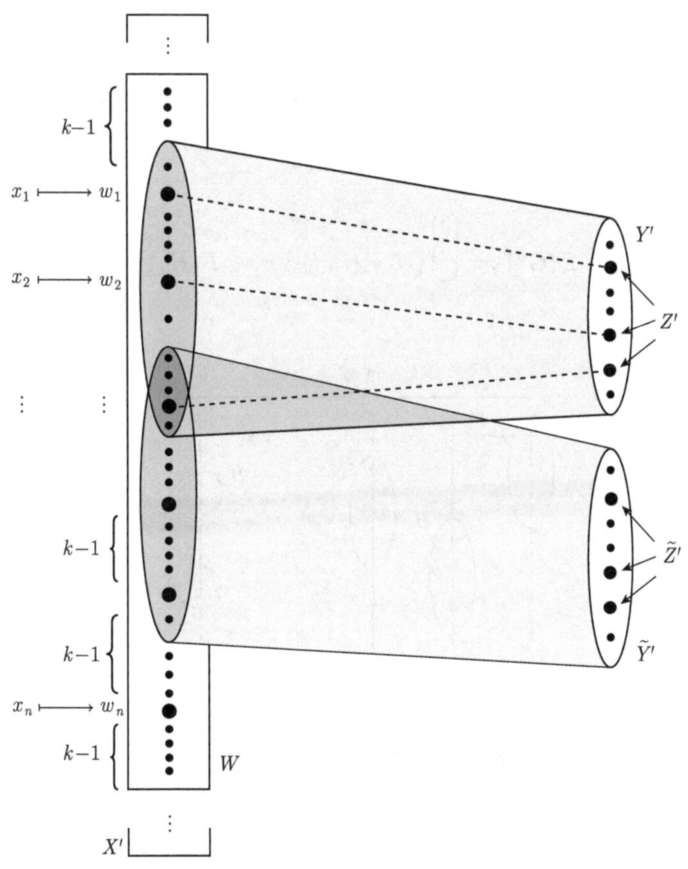

图 9.3.4 引理 9.3.3 中的图

定理 9.3.1 的第二个证明 设 H 是定理中给出的图, 且 $n := R(r)$ 是 $r := |H|$ 的 Ramsey 数. 那么, 对它的每一个 2-边着色, 图 $K = K^n$ 包含一个单色的 H 的拷贝, 尽管它不一定是导出的.

我们首先构造图 G^0 如下: 设想把 K 中的顶点排成一列, 然后把每个顶点用由 $\binom{n}{r}$ 个顶点组成的行代替, 那么所形成的 $\binom{n}{r}$ 列中的每一列都可以与将 $V(H)$ 嵌入到 $V(K)$ 的 $\binom{n}{r}$ 种方法相关联; 我们将这一列和 H 的这样一个拷贝中的边相联系, 所以图 G^0 就由 $\binom{n}{r}$ 个不相交的 H 的拷贝和 $(n-r)\binom{n}{r}$ 个独立顶点所组成 (图 9.3.5).

为了正式地定义 G^0, 我们假设 $V(K) = \{1, \cdots, n\}$, 并且在 K 中选取 H 的两两顶点不同的拷贝 $H_1, \cdots, H_{\binom{n}{r}}$. (这样, 在 $V(K)$ 的每个 r-集中, 都有 H 的一个

固定的拷贝 H_j.) 然后我们定义

$$V(G^0) := \left\{(i,j) \,\middle|\, i = 1, \cdots, n; j = 1, \cdots, \binom{n}{r}\right\},$$

并且

$$E(G^0) := \bigcup_{j=1}^{\binom{n}{r}} \{(i,j)(i',j) \mid ii' \in E(H_j)\}.$$

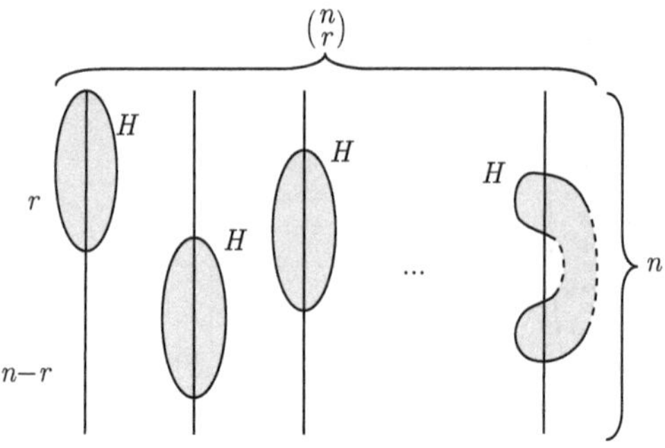

图 9.3.5 图 G_0

证明的思路如下：我们的目的是把定理中的一般情形简化为引理 9.3.3 中的二部图的情形. 对 G^0 的每对行重复运用这个引理, 便构造出一个很大的图 G 使得对 G 的每个边着色, G 中都存在一个导出的 G^0 的拷贝, 它在由行对导出的所有二部子图中是单色的, 即相同两行之间的边都着同一颜色. 那么从 $G^0 \subseteq G$ 到 $\{1, \cdots, n\}$ 的投影 (通过收缩它的行) 就定义了一个 K 的边着色. (如果收缩不能生成 K 的所有边, 对缺失的边可任意着色.) 根据 $|K|$ 的选择, 某个 $K^r \subseteq K$ 将是单色的. 这个 K^r 中的 H_j 也将在 G^0 的第 j 列中着同一颜色, 这里它是 G^0 的一个导出子图, 因此也是 G 的导出子图.

我们将正式地定义一个 n-部图 G^k 的序列：$G^0, \cdots, G^m$, 其中 G^k 的 n-划分为 $V_1^k, \cdots, V_n^k$, 并且令 $G := G^m$. 图 G^0 在上面已经定义过了, 记 $V_1^0, \cdots, V_n^0$ 是它的行：

$$V_i^0 := \left\{(i,j) \,\middle|\, j = 1, \cdots, \binom{n}{r}\right\}.$$

现在令 $e_1, \cdots, e_m$ 是 K 中边的排列. 对 $k = 0, \cdots, m-1$, 我们由 G^k 构造 G^{k+1} 的方法如下：如果 $e_{k+1} = i_1 i_2$, 则令 $P = (V_{i_1}^k, V_{i_2}^k, E)$ 是 G^k 的第 i_1 行和第 i_2 行导出的二部子图. 由引理 9.3.3 知, P 有一个二部的 Ramsey 图 $P' = (W_1, W_2, E')$. 我们希望通过某种方式定义 $G^{k+1} \supseteq P'$ 使得, 每个 (单色的) 嵌入 $P \to P'$ 都能扩展

为对应于它们的 n-划分的嵌入 $G^k \to G^{k+1}$. 设 $\{\varphi_1, \cdots, \varphi_q\}$ 是 P' 中所有 P 的嵌入的集合, 且令

$$V(G^{k+1}) := V_1^{k+1} \cup \cdots \cup V_n^{k+1},$$

这里

$$V_i^{k+1} := \begin{cases} W_1, & i = i_1, \\ W_2, & i = i_2. \\ \bigcup_{p=1}^{q} (V_i^k \times \{p\}), & i \notin \{i_1, i_2\}. \end{cases}$$

(因此, 对 $i \neq i_1, i_2$, 只用 q 个不相交的 V_i^k 的拷贝作为 V_i^{k+1} 就可以了.) 现在我们来定义 G^{k+1} 的边集, 使得 φ_p 向整个 $V(G^k)$ 的自然扩展成为 G^k 在 G^{k+1} 中的嵌入: 对 $p = 1, \cdots, q$, 令 $\psi_p : V(G^k) \to V(G^{k+1})$ 定义为

$$\psi_p(v) := \begin{cases} \varphi_p(v), & v \in P, \\ (v, p), & v \notin P, \end{cases}$$

且令

$$E(G^{k+1}) := \bigcup_{p=1}^{q} \{\psi_p(v)\psi_p(v') \mid vv' \in E(G^k)\}.$$

现在, 对边的每个 2-着色, G^{k+1} 包含了 G^k 的一个导出拷贝 $\psi_p(G^k)$, 它的所有在 P 中的边, 即那些在第 i_1 行和第 i_2 行之间的边, 着相同颜色: 只需选择 p 使得 $\varphi_p(P)$ 是 P' 中 P 的单色导出拷贝, 而它的存在性由引理 9.3.3 保证.

下面我们证明 $G := G^m$ 满足定理的结论. 先取定 G 的一个 2-边着色, 由从 G^{m-1} 到 G^m 的构造知, 我们可以在 G^m 中找到 G^{m-1} 的一个导出拷贝, 使得对 $e_m = ii'$, 所有的在第 i 行和第 i' 行之间的边都着相同的颜色. 按同样的方法, 我们在 G^{m-1} 这个拷贝里找到 G^{m-2} 的一个导出拷贝, 在这个拷贝中, 对于 $ii' = e_{m-1}$, 第 i 行和第 i' 行之间的边也都着相同颜色. 这样继续下去, 最后我们在 G 中找到 G^0 的导出拷贝, 使得对每个对 (i, i'), 在 V_i^0 和 $V_{i'}^0$ 之间的所有边都着同一颜色. 正如前面已证明的那样, G^0 包含 H 的一个单色导出拷贝 H_j. □

9.4 Ramsey 性质与连通性

根据 Ramsey 定理, 每一个足够大的图 G 中都有一个很稠密或者很稀疏的给定阶数的导出子图 K^r 或者 $\overline{K^r}$. 如果假设 G 是连通的, 还能得到更多的结论.

命题 9.4.1 对每个 $r \in \mathbb{N}$, 都存在 $n \in \mathbb{N}$, 使得每个阶数至少为 n 的连通图都包含 K^r, $K_{1,r}$ 或 P^r 作为导出子图.

证明　令 $d+1$ 为 r 的 Ramsey 数, 且 $n \geqslant \frac{d}{d-2}(d-1)^r$, 并令 G 是一个阶数至少为 n 的图. 若 G 有一个度至少为 $d+1$ 的顶点 v, 由定理 9.1.1 以及 d 的选择, 要么 $N(v)$ 在 G 中导出一个 K^r, 要么 $\{v\} \cup N(v)$ 导出一个 $K_{1,r}$. 另一方面, 如果 $\Delta(G) \leqslant d$, 那么由命题 1.3.3 知, G 的半径 $> r$, 因此 G 包含两个距离 $\geqslant r$ 的顶点, 这两个顶点在 G 中的任意最短路都包含一个 P^r. □

原则上讲, 对于任意给定的连通度 k, 我们可以寻找一个"不可避免"的 k-连通子图的集合. 为使这些"不可避免集"较小, 可以把包含关系方面的约束放松, 从对 $k=1$ (见上) 的"导出子图", 减弱到 $k=2$ 时的"拓扑子式", 以及到 $k=3$ 和 $k=4$ 时的"子式". 对更大的 k, 还没有已知的类似结论.

命题 9.4.2　*对每个 $r \in \mathbb{N}$, 都存在 $n \in \mathbb{N}$, 使得每个阶数至少为 n 的 2-连通图都包含 C^r 或 $K_{2,r}$ 作为拓扑子式.*

证明　设 d 为命题 9.4.1 中与 r 关联的那个 n, G 是至少包含 $\frac{d}{d-2}(d-1)^r$ 个顶点的 2-连通图. 由命题 1.3.3, G 或者包含一个度 $> d$ 的顶点, 或者 $\operatorname{diam} G \geqslant \operatorname{rad} G > r$.

在后一种情况, 令 $a, b \in G$ 是两个距离 $> r$ 的顶点. 由 Menger 定理 (3.3.6) 知, G 包含两条独立的 a-b 路, 它们组成一个长度 $> r$ 的圈.

其次, 假设 G 包含一个度 $> d$ 的顶点 v. 由于 G 是 2-连通的, $G-v$ 是连通的, 因此 $G-v$ 有一棵支撑树, 令 T 为 $G-v$ 中一棵包含 v 的所有邻点的极小树, 那么 T 的每个叶子都是 v 的邻点. 由 d 的选取知, 或者 T 有一个度 $\geqslant r$ 的顶点, 或者 T 包含一条长度 $\geqslant r$ 的路, 不失一般性, 我们假设这条路连接两个叶子. 这条路与 v 一起构成了一个长度 $\geqslant r$ 的圈. T 中一个度 $\geqslant r$ 的顶点 u 可以通过 r 条独立的路与 v 连接, 从而组成一个 $TK_{2,r}$. □

定理 9.4.3 (Oporowski, Oxley and Thomas, 1993)　*对每个 $r \in \mathbb{N}$, 都存在 $n \in \mathbb{N}$, 使得每个阶数至少为 n 的 3-连通图都包含一个阶数为 r 的轮图或 $K_{3,r}$ 作为子式.*

我们称形如 $C^n * \overline{K^2}$ $(n \geqslant 4)$ 的图为**双轮** (double wheel); 称圆柱面的三角剖分的 1-支架为一个**冠** (crown)(图 9.4.1); 称 Möbius 带的三角剖分的 1-支架为一个 **Möbius 冠** (Möbius crown).

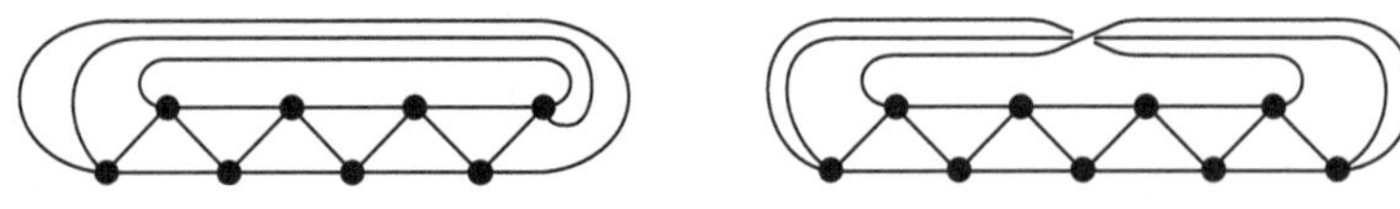

图 9.4.1　冠和 Möbius 冠

定理 9.4.4 (Oporowski, Oxley and Thomas, 1993)　*对每个 $r \in \mathbb{N}$, 都存在 $n \in \mathbb{N}$, 使得每个阶数至少为 n 的 4-连通图都有一个阶数 $\geqslant r$ 的子式为双轮、*

冠、Möbius 冠或 $K_{4,r}$.

注意到, 定理 9.4.3 和定理 9.4.4 中列举的图类本身也分别是 3-连通和 4-连通的, 正如定理中要求的那样.

乍看上去, 上面四个定理中这些“不可避免”的子图结构似乎有某种随意性. 事实上, 恰恰相反: 这些集合是最小可能的并且是唯一的.

为了详细地描述这个事实, 我们称一个图性质是**非平凡的** (non-trivial), 如果它包含无限多个非同构的图. 给定两个图性质 $\mathcal{P}$ 和 $\mathcal{P}'$ 以及图之间的序关系 $\leqslant$ (比如子图包含关系 $\subseteq$ 或子式关系 $\preceq$), 如果对每个 $G \in \mathcal{P}$, 都存在一个 $G' \in \mathcal{P}'$ 使得 $G \leqslant G'$, 那么我们记 $\mathcal{P} \leqslant \mathcal{P}'$. 如果 $\mathcal{P} \leqslant \mathcal{P}'$ 同时 $\mathcal{P} \geqslant \mathcal{P}'$, 则我们称 $\mathcal{P}$ 和 $\mathcal{P}'$ 是**等价的** (equivalent), 记作 $\mathcal{P} \sim \mathcal{P}'$. 例如, 若 $\leqslant$ 是子图包含关系, $\mathcal{P}$ 是所有路的集合, $\mathcal{P}'$ 为所有长度为偶数的路的集合, 而 $\mathcal{S}$ 是星的所有细分的集合, 那么 $\mathcal{P} \sim \mathcal{P}' \leqslant \mathcal{S} \nleqslant \mathcal{P}$.

给定一个非平凡图性质 $\mathcal{G}$, 我们称非平凡图性质 $\mathcal{P}_i \subseteq \mathcal{G}$ 的一个有限集合 $\{\mathcal{P}_1, \cdots, \mathcal{P}_k\}$ 是一个关于 $\mathcal{G}$ 和 $\leqslant$ 的 **Kuratowski 集** (Kuratowski set), 如果 $\mathcal{P}_i$ 是不可比的 (即只要 $i \neq j$, 就有 $\mathcal{P}_i \nleqslant \mathcal{P}_i$), 并且对每个非平凡图性质 $\mathcal{P} \subseteq \mathcal{G}$ 存在一个 i 使得 $\mathcal{P}_i \leqslant \mathcal{P}$. 这样的 Kuratowski 集 $\{\mathcal{P}_1, \cdots, \mathcal{P}_k\}$ 在等价意义下是唯一的: 如果 $\{\mathcal{Q}_1, \cdots, \mathcal{Q}_\ell\}$ 是关于 $\mathcal{G}$ 的另一个 Kuratowski 集, 则 $\ell = k$, 并且经过适当的排列, 对每个 $i = 1, \cdots, k$, 都有 $\mathcal{Q}_i \sim \mathcal{P}_i$. (为什么呢?)

我们把所有 k-连通有限图的集合称作 ***k*-连通集**, 而所有 1-连通有限图称作**连通集**, 那么上面四个定理可以统一地表达成如下更易理解的形式.

定理 9.4.5 (i) 对于连通集和子图关系, 星和路组成了 (2-元素) Kuratowski 集.

(ii) 对于 2-连通集和拓扑子式, 圈和图 $K_{2,r}$ $(r \in \mathbb{N})$ 组成了 (2-元素) Kuratowski 集.

(iii) 对于 3-连通集和子式关系, 轮图和图 $K_{3,r}$ $(r \in \mathbb{N})$ 组成了 (2-元素) Kuratowski 集.

(iv) 对于 4-连通集和子式关系, 双轮、冠、Möbius 冠和图 $K_{4,r}$ $(r \in \mathbb{N})$ 组成了 (4-元素) Kuratowski 集. □

练　习

1.⁻ 确定 Ramsey 数 $R(3)$.

2.⁻ 直接从定理 9.1.1 推出定理 9.1.3 中 $k = 2$ (但 c 为任意) 的情形.

3. 一个**等差数列** (arithmetic progression) 是指如下形式的递增数列: a, $a + d$, $a + 2d$, $a + 3d, \cdots$. **van der Waerden 定理** (van der Waerden theorem) 告诉我们, 把自然数任意地分成两部分, 其中一部分一定包含任意长度的等差数列. 是否其中一部分必然包

含无限的等差数列呢?

4. 对完美图的 Ramsey 数 $R(n)$, 它的指数上界能否被改进呢?

5.$^+$ 构造一个 $\mathbb{R}$ 上的具有 $|\mathbb{R}| = 2^{\aleph_0}$ 个顶点的图, 使得它既不包含完全子图, 也不包含无边导出子图. (因此 Ramsey 定理不能推广到不可数集合上).

6.$^+$ 证明 Erdős-Pósa 定理 (2.3.2) 关于边的形式: 给定 $k \in \mathbb{N}$, 存在一个函数 $g: \mathbb{N} \to \mathbb{R}$, 使得每个图要么包含 k 个边不交的圈, 要么包含一个和所有圈至多有 $g(k)$ 条边相交的集合.

(提示: 在每个分支中, 考虑正规树 T, 如果 T 有很多弦 xy, 根据路 xTy 相交的规律, 来寻找很多边不交的圈.)

7.$^+$ 使用 Ramsey 定理证明, 对任意的 $k, \ell \in \mathbb{N}$, 存在 $n \in \mathbb{N}$, 使得任意 n 个不同整数组成的序列, 都包含长度为 $k+1$ 的递增子序列, 或者长度为 $\ell+1$ 的递减子序列. 证明 $n = k\ell + 1$ 有这个性质, 但 $n = k\ell$ 却没有.

8. 证明: 对每个 $k \in \mathbb{N}$, 都存在一个 $n \in \mathbb{N}$, 使得平面上的任意 n 个点, 若没有三个共线, 则存在 k 个点支撑一个凸的 k-边形, 即使得没有一个点属于其他点的凸包中.

9. 证明: 对任意 $k \in \mathbb{N}$, 存在 $n \in \mathbb{N}$, 使得把 $\{1, 2, \cdots, n\}$ 任意划分成 k 个子集, 一定存在一个子集, 包含三个元素 x, y, z 满足 $x + y = z$.

10. 设 $(X, \leqslant)$ 是一个全序集, 而 $G = (V, E)$ 是一个 $V := [X]^2$ 上的图, 且 $E := \{(x, y)(x', y') | x < y = x' < y'\}$.

(i) 证明: G 不包含三角形.

(ii) 证明: 当选择 $|X|$ 足够大时, $\chi(G)$ 可以任意大.

11. 对于一个集合族, 如果任何两个集合都有相同的交集, 则称这个族是一个 **Δ-系统** (Δ-system). 证明: 具有相同有限阶的集合无限族一定包含一个无限的 Δ-系统.

12. 证明: 对任意 $r \in \mathbb{N}$ 和任意的树 T, 存在 $k \in \mathbb{N}$, 使得满足 $\chi(G) \geqslant k$ 和 $\omega(G) < r$ 的任意图 G 包含 T 的一个细分, 并且任意两个分支顶点在 G 中都不相邻 (除非它们在 T 中相邻).

13. 设 $m, n \in \mathbb{N}$, 并且 $m-1$ 整除 $n-1$. 证明: 每棵具有 m 个顶点的树 T 都满足 $R(T, K_{1,n}) = m + n - 1$.

14. 证明: 对任意 $c \in \mathbb{N}$, $2^c < R(2, c, 3) \leqslant 3c!$ 都成立.

(提示: 对 c 用归纳法.)

15. 在定理 9.2.2 的证明中, 解释为什么虽然 G 中的对 (V_i, V_j) 可能不是 ϵ-正则的, 但选择足够小的 ϵ 可以保证正则性图 R 包含 K^ℓ 的拷贝. 你的解释可以使用关系 $t_{\ell-1}(k) \approx \dfrac{\ell-2}{\ell-1}\dbinom{k}{2}$, 但不应该包含计算.

16.$^-$ 使用定理 9.3.1 来推出该定理的第一个证明过程中的命题 $(*)$, 即说明命题 $(*)$ 只是在形式上比定理 9.3.1 强.

17.$^-$ 在定理 9.3.1 的第一个证明中, 我们是如何定义 n 的? 它可以是零吗? 如果可以, 那么证明又如何成立呢?

18. 证明: 对于任意给定的两个图 H_1 和 H_2, 存在图 $G = G(H_1, H_2)$, 使得 G 的任意一个使用颜色 1 和 2 的顶点着色, 要么存在着色 1 的导出子图 H_1, 要么存在着色 2 的导出子图 H_2.

19. 证明: 在定理 9.3.1 的第二个证明过程中所构造的 H 的 Ramsey 图 G 确实满足 $\omega(G) = \omega(H)$.

20. 在定理 9.3.1 的第二个证明中, 对 $i \notin \{i_1, i_2\}$ 是否有必要为 G^{k+1} 配备 V_k^i 的不交拷贝: 对每一个 p 都配备一个? 或者我们可以从 G^k 来定义 G^{k+1}: 通过用 P' 来替换 P 同时把 P' 和 V_i^k 恰当地连接起来?

21.⁻ 证明: 对于非平凡图性质的每个 Kuratowski 集在等价意义下都是唯一的.

22. 由定理 9.4.3 推导定理 9.4.5 (ii); 反之亦然.

注　解

随着随机结构和伪随机 [4]结构的研究之间相互交叉的增加 (例如, 后者的联系由正则性引理给出), 图 Ramsey 理论在近一段时间出现了许多重要的课题和进展. 定理 9.2.2 是这个发展过程中的早期结果.

关于 Ramsey 理论比较经典的方法, 可以参考 R. L. Graham, B. L. Rothschild and J. H. Spencer, *Ramsey Theory* (2nd ed.), Wiley, 1990, 这是一本入门的教材, 很值得一读. 这本书有一章介绍图的 Ramsey 理论, 但又不限于此. 关于有限和无限 Ramsey 理论的综述, J. Nešetřil 和 A. Hajnal 在 *Handbook of Combinatorics* (R. L. Graham, M. Grötschel and L. Lováasz, eds.), North-Holland, 1995 的一章中给出. 无限集的 Ramsey 理论是组合集合论的重要组成部分, 在 P. Erdős, A. Hajnal, A. Máté and R. Rado, *Combinatorial Set Theory*, North-Holland, 1984 里面有深入的探讨. B. Bollobás, *Graph Theory*, Springer GTM63, 1979 给出了 Ramsey 理论若干分支中精彩内容的总结, 其中包括了它在代数、几何和点集拓扑方面的应用.

Ramsey 的原始定理, 即定理 9.1.1, 来自 F. P. Ramsey, *On a problem of formal logic*, Proc. Lond. Math. Soc. 2 (1930), 264-286. Erdős-Hajnal 猜想的来源是 P. Erdős and A. Hajnal, Ramsey-type theorems, *Discrete Appl. Math.* 25 (1989), 37-52. 关于这个主题的最新综述由 M. Chudnovsky, *The Erdős-Hajnal conjecture—a survey*, J. Graph Theory 75 (2014), 178-190, arXiv: 1606.08827 给出.

定理 9.2.2 出自文章 V. Chvátal, V. Rödl, E. Szemerédi and W. T. Trotter, *The Ramsey number of a graph with bounded maximum degree*, J. Combin. Theory B 34 (1983), 239-243. 我们的证明框架出自下面这篇文章: J. Komlós and M. Simonovits, *Szemerédi's Regularity Lemma and its applications in graph theory*, in (D. Miklós, V.

4 如果具体的图类具备了随机图所具有的结构, 就称它为**伪随机图** (pseudo-random graph). 例如, 在一个图中, 由 ϵ-正则顶点对所支撑的二部图就是伪随机的.

T. Sós and T. Szönyi, eds.) *Paul Erdős is* 80, Vol. 2, Proc. Colloq. Math. Soc. Janos Bolyai (1996). 这个定理对于 Burr 和 Erdős (1975) 所提出的如下猜想是一个突破: 如果一个图的平均度在所有子图中都是有界的, 则它的 Ramsey 数是线性的. 换句话说, 对于任意 $d \in \mathbb{N}$ 都存在常数 c, 使得对于任意满足 $d(H') \leqslant d$ (对所有 $H' \subseteq H$) 的图 H 都有 $R(H) \leqslant c|H|$. 这个猜想已经在 A. Kostochka and B. Sudakov, *On Ramsey numbers of sparse graphs*, Comb. Probab. Comput. 12 (2003), 627-641 中被近似地验证了, 即 $R(H) \leqslant |H|^{1+o(1)}$.

定理 9.3.1 的第一个证明基于文章 W. Deuber, *A generalization of Ramsey's theorem*, in (A. Hajnal, R. Rado and V. T. Sós, eds.) *Infinite and Finite Sets*, North-Holland, 1975. 在同一卷中, Erdős, Hajnal 和 Pósa 给出了这个定理的另外一种证明. 在 1973 年, Rödl 在他的硕士学位论文 (Charles University, Prague) 中也证明了同样的结果. 定理 9.3.1 的第二个证明, 即它对于 G 保持了 H 的团数, 是来自 J. Nešetřil and V. Rödl, *Simple proof of the existence of restricted Ramsey graphs by means of a partite construction*, Combinatorica 1 (1981), 199-202. 后来他们又改进了这种方法, 从而得到了定理 9.3.1 的更强形式, 在这个证明中, 构造的图兼顾了大的色数和围长 (定理 11.2.2), 见 J. Nešetřil and V. Rödl, *Sparse Ramsey graphs*, Combinatorica 4 (1984), 71-78.

9.4 节中的两个定理来自 B. Oporowski, J. Oxley and R. Thomas, *Typical subgraphs of* 3*-and* 4*-connected graphs*, J. Combin. Theory B 57 (1993), 239-257. 这两个被定理已经推广到任意的 k, 但只是对图子式理论中常用的连通度的弱 "整体" 形式: B. Joeris, *Connectivity, tree-decompositions and unavoidable minors*, PhD thesis, University of Waterloo (2015).

第 10 章 Hamilton 圈

在 1.8 节, 我们简要地讨论了图的 Euler 环游 (即经过每条边恰好一次的闭途径) 的存在性问题, 简洁的定理 1.8.1 很好地解决了这个问题. 现在我们讨论一个关于顶点的类似问题：什么样的图 G 包含一条经过每个顶点恰好一次的闭途径呢? 如果 $|G| \geqslant 3$, 则这样的途径是一个圈, 叫做 G 的 **Hamilton 圈** (Hamilton cycle). 如果 G 包含一个 Hamilton 圈, 则称 G 是 **Hamilton 的** (Hamiltonian). 类似地, G 中包含每个顶点的路称为一条 **Hamilton 路** (Hamilton path).

判断一个给定图是否包含 Hamilton 圈比判断图是否有 Euler 环游要困难很多, 目前为止还没有好的刻画 [1]来判定它. 在这一章的前两节, 我们给出图存在 Hamilton 圈的几个标准的充分条件, 以及近期得到的一个非标准的充分条件. 10.3 节是关于一个经典定理的证明, 即 Fleischner 定理：每一个 2-连通图的“平方图”包含一个 Hamilton 圈. 我们将给出这个定理和 Georgakopoulos 对这个定理的一个巧妙简短证明.

10.1 充 分 条 件

什么样的条件能保证图 G 包含 Hamilton 圈呢? 纯粹的整体假设, 比如高的边密度, 是不够的：我们还是需要某些局部性质, 比如每个顶点至少有两个邻点. 但是任意大的最小度 (固定常数) 也不是充分的：很容易构造一个不包含 Hamilton 圈的图, 但它的最小度超过任意给定的常数界.

在这个背景下, 下面这个经典结果具有重要的意义：

定理 10.1.1 (Dirac, 1952) *每个具有 $n \geqslant 3$ 个顶点且最小度至少为 $n/2$ 的图包含 Hamilton 圈.*

证明 设 $G = (V, E)$ 是一个具有 $|G| = n \geqslant 3$ 和 $\delta(G) \geqslant n/2$ 的图, 则 G 是连通的; 否则, 在最小分支中的顶点度将小于 $|C| \leqslant n/2$.

设 $P = v_0 \cdots v_k$ 是 G 中一条最长的路, 我们把 v_i 叫做边 $v_i v_{i+1}$ 的*左*端点, 而 v_{i+1} 叫做*右*端点. 根据 P 的极大性, 顶点 v_0 的 $d(v_0) \geqslant n/2$ 个邻点中的每一个都是 P 的一条边的右端点, 并且 $d(v_0)$ 条边是不同的; 类似地, P 的至少 $n/2$ 条边的左端点是邻接 v_k 的. 因为 P 包含少于 n 条边, 所以它有一条边 $v_i v_{i+1}$ 同时满足这两个性质 (图 10.1.1).

1 或者也不指望它的存在, 细节见注解.

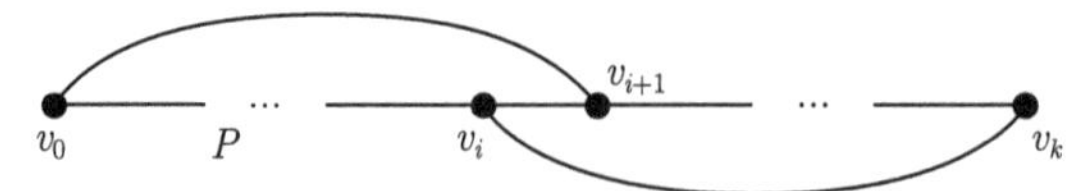

图 10.1.1　在定理 10.1.1 的证明中找到一个 Hamilton 圈

我们断言圈 $C := v_0v_{i+1}Pv_kv_iPv_0$ 是图 G 的一个 Hamilton 圈. 否则, 由于 G 是连通的, C 在 $G-C$ 中有一个邻点, 结合 C 的一个支撑路, 我们可以构造一条比 P 更长的路, 矛盾. □

定理 10.1.1 是最好可能的, 因为我们不能用 $\lfloor n/2 \rfloor$ 来取代下界 $n/2$: 如果 n 是奇数, 且 G 是 $K^{\lceil n/2 \rceil}$ 的两个拷贝的并, 它们只相交于一个共同的顶点, 那么 $\delta(G) = \lfloor n/2 \rfloor$, 但是 $\kappa(G) = 1$, 因此 G 不可能包含一个 Hamilton 圈. 换句话说, 如果没有别的条件, 我们需要用比 $\delta(G) \geqslant n/2$ 更高的界来确保 G 是 2-连通的. 和最小度至少为 2 的条件一样, 2-连通性是 Hamilton 性的平凡必要条件. 因此和最小度 δ 相比, 看起来高连通度 κ 更可能蕴含 Hamilton 性. 然而, 情况并非如此: 尽管每一个具有充分大 k-连通性的图包含一条长度至少为 $2k$ 的圈 (第 3 章, 练习 21), 但是图 $K_{k,n}$ 显示这已经是最好可能的了.

更一般地, 如果一个图有 k 个顶点的分离集 S 使得 $G-S$ 包含多于 k 个分支, 那么 G 显然不可能是 Hamilton 的. 对于所有的非 Hamilton 图, 是否都存在这样一个分离集, 它产生比它本身阶数更多的分支呢? 我们将在本节的最后部分来讨论这个问题.

注意到, 上面提到的图也具有较大的独立集: 从 $G-S$ 的每个分支中取出一个顶点, 就组成了阶数至少为 $k+1$ 的独立集. 我们是否能够通过禁止大的独立集来保证 Hamilton 圈的存在呢?

条件 $\alpha(G) \leqslant k$ 本身已经保证了存在一个长度至少为 $|G|/k$ 的圈 (第 5 章, 练习 13), 这个条件和 k-连通性相结合, 确实能够保证图的 Hamilton 性.

命题 10.1.2　如果图 G 满足 $|G| \geqslant 3$ 和 $\alpha(G) \leqslant \kappa(G)$, 则 G 包含 Hamilton 圈.

证明　令 $\kappa(G) =: k$, 并设 C 是 G 的一个最长圈. 循环地排列 C 的顶点, 比如 $V(C) = \{v_i \mid i \in \mathbb{Z}_n\}$ 使得对所有 $i \in \mathbb{Z}_n$ 有 $v_iv_{i+1} \in E(C)$. 如果 C 不是一个 Hamilton 圈, 选取顶点 $u \in G-C$ 以及 G 中的一个 u-C 扇 $\mathcal{F} = \{P_i \mid i \in I\}$, 其中 $I \subseteq \mathbb{Z}_n$, 并且 v_i 是 P_i 的终点. 选择具有最大基数的 $\mathcal{F}$, 那么根据 Menger 定理 (3.3.1), 对任意的 $j \notin I$, 有 $uv_j \notin E(G)$, 且

$$|\mathcal{F}| \geqslant \min\{k, |C|\}. \tag{1}$$

对任意的 $i \in I$, 我们有 $i+1 \notin I$; 否则, $(C \cup P_iuP_{i+1}) - v_iv_{i+1}$ 将是一个比 C 更长的圈 (图 10.1.2, 左图). 因此 $|\mathcal{F}| < |C|$, 且根据 (1) 有 $|I| = |\mathcal{F}| \geqslant k$. 此外, 对

所有的 $i, j \in I$, 有 $v_{i+1}v_{j+1} \notin E(G)$; 否则, $(C \cup P_i u P_j) + v_{i+1}v_{j+1} - v_i v_{i+1} - v_j v_{j+1}$ 将是一个比 C 更长的圈 (图 10.1.2, 右图). 所以, $\{v_{i+1} \mid i \in I\} \cup \{u\}$ 是 G 中至少有 $k+1$ 个顶点的独立集, 这和假设 $\alpha(G) \leqslant k$ 矛盾. □

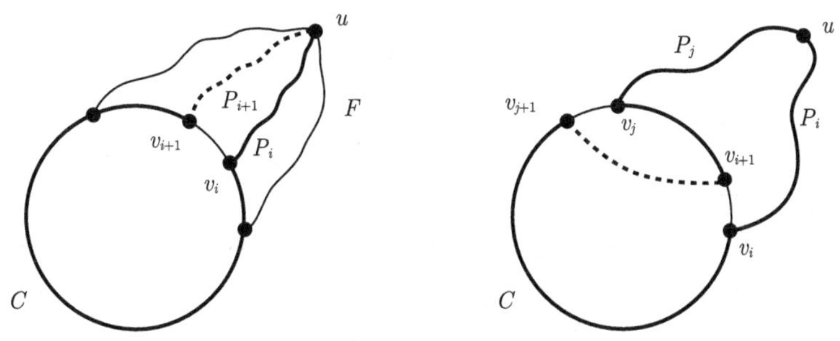

图 10.1.2 两个比 C 长的圈

接下来的这个结果运用了命题 10.1.2 证明中的思想, 来得到图的 Hamilton 性的局部度条件, 极大地增强了 Dirac 定理以及后来这个方向中的类似结果.

定理 10.1.3 (Asratian and Khachatrian, 1990) 设 G 是阶数至少为 3 的连通图, 如果对任意的导出路 uvw 都有

$$d(u) + d(w) \geqslant |N(u) \cup N(v) \cup N(w)|,$$

则 G 是 Hamilton 的.

证明 考虑 G 的任意一条导出路 uvw. 因为 $d(u) + d(w) = |N(u) \cup N(w)| + |N(u) \cap N(w)|$, 所以度条件蕴含着

$$\begin{aligned} |N(u) \cap N(w)| &\geqslant |N(u) \cup N(v) \cup N(w)| - |N(u) \cup N(w)| \\ &= |N(v) \setminus N(\{u, w\})| \geqslant |\{u, w\}| \geqslant 2. \end{aligned} \tag{1}$$

特别地, G 包含一个圈.

设 C 是 G 的一个最长圈. 假设 G 不是 Hamilton 的, 取顶点 $u \notin C$ 使得 u 在 C 上有一个邻点, 并令 $V := N(v) \cap V(C)$. 对顶点 $v \in V$, 令 v^+ 表示 v 在 C 上按某个固定方向的后继顶点, 并令 $V^+ := \{v^+ \mid v \in V\}$.

因为 C 是一个最长圈, 所以有 $V \cap V^+ = \varnothing$, 且

$$V^+ \cup \{u\} \text{ 中的任意两个顶点都不相邻, 并且在 } C \text{ 外也没有公共邻点} \tag{2}$$

(对照图 10.1.2). 特别地, 路 uvv^+ 是导出的. 因此每个 $v \in V$ 满足

$$|N(u) \cap N(v^+)| \underset{(1)}{\geqslant} |N(v) \setminus N(\{u, v^+\})| \geqslant |N(v) \cap V^+| + 1.$$

由 (2) 知, u 和 V^+ 中的顶点都位于 $N(\{u, v^+\})$ 的外面, 所以上述最后一个不等式成立. 因此, G 中的 V-V^+ 边的数目 $\|V, V^+\|$ 满足

$$\|V, V^+\| = \sum_{v \in V} |N(v) \cap V^+| \leqslant \sum_{v \in V} \big(|N(u) \cap N(v^+)| - 1\big) \underset{(2)}{=} \|V, V^+\| - |V|$$

(从而得到矛盾). 注意到, 最后一个不等式之所以成立是因为由 (2) 知, v^+ 和 u 的公共邻点都在 V 中. □

让我们重新考虑这个问题, 即不存在产生很多分支的小分隔这一假设是否能够保证 Hamilton 圈的存在性. 设 $t > 0$ 是一个任意实数, 如果对于图 G 的每个分隔 S, 图 $G - S$ 有至多 $|S|/t$ 个分支, 则图 G 被称作 **t-坚韧的** (t-tough). 显然, 具有 Hamilton 圈的图一定是 1-坚韧的; 反过来呢?

不幸的是, 不难找到一个阶数很小的图, 它是 1-坚韧的但不包含 Hamilton 圈 (练习 6). 因此, 坚韧度并不像 Menger 定理或者 Tutte 定理那样, 可以提供 Hamilton 图的一个刻画. 然而, 一个著名的猜想断言存在某个 t 使得 t-坚韧性可以保证图的 Hamilton 性.

坚韧性猜想 (Chvátal, 1973) *存在某个整数 t 使得每个 t-坚韧的图都包含一个 Hamilton 圈.*

很长一段时间以来, 人们都认为坚韧性猜想即使对 $t = 2$ 也成立的, 但经过多年努力已经被证明是不成立的, 但对于一般的 t 仍没有解决. 在练习中会看到, 这个猜想是如何与这一章余下的结果联系起来的.

令人惊奇的是, Hamilton 性也和四色定理有关系. 正如我们在 6.6 节中指出的那样, 四色定理等价于不存在可平面 snark, 也就是说, 四色定理等价于以下命题: 每个无桥的可平面立方图有一个 4-流. 容易证明, 在这个命题中 "无桥" 可以用 "3-连通" 取代, 且每个 Hamilton 图有一个 4-流 (第 6 章, 练习 16). 因此, 证明四色定理, 只需证明任意 3-连通可平面立方图有一个 Hamilton 圈!

不幸的是, 情况并非如此: Tutte 在 1946 年构造了第一个反例. 十年以后, Tutte 证明了下面这个深刻定理, 它是上述命题的一个最好可能的弱化:

定理 10.1.4 (Tutte, 1956) *任意 4-连通可平面图包含 Hamilton 圈.*

乍一看, 似乎 Hamilton 圈的研究是那种不能推广到无限图的领域之一, 但是下面这个充满魅力的猜想却否定了这种想法. 前面提到, 无限图 G 中的**圈** (circle) 是, 在由 G 和它的末端生成的拓扑空间中, 单位圆 S^1 的同胚拷贝 (见 8.6 节). G 的 **Hamilton 圈** (Hamilton circle) 是一个包含 G 的所有顶点的圈.

猜想 (Bruhn, 2003) *每个局部有限的 4-连通可平面图都包含 Hamilton 圈.*

10.2 Hamilton 圈与度序列

从历史的角度看, Hamilton 圈的研究, 从 Dirac 定理开始, 出现了一系列更弱的度条件, 它们都是 Hamilton 性的充分条件. 下面这个定理将度条件演绎到了极点, 它包括了所有的早期结果, 在本节我们将证明这个定理.

如果 G 是 n 个顶点的图, 其顶点度为 $d_1 \leqslant \cdots \leqslant d_n$, 则 n 元组 $(d_1, \cdots, d_n)$ 称为 G 的**度序列** (degree sequence). 注意到, 这个度序列是唯一的, 尽管 G 可能有若干顶点的排列均生成这个度序列. 设 $(a_1, \cdots, a_n)$ 是任意的整数序列, 如果每个包含 n 个顶点, 且其度序列点态大于 $(a_1, \cdots, a_n)$ 的图是 Hamilton 的, 则称该序列为 **Hamilton 的** (Hamiltonian). (我们称一个序列 $(d_1, \cdots, d_n)$ **点态大于** (pointwise greater) $(a_1, \cdots, a_n)$, 如果对任意 i 满足 $d_i \geqslant a_i$.)

下面的定理刻画了所有的 Hamilton 序列的性质:

定理 10.2.1 (Chvátal, 1972) *如果整数序列 $(a_1, \cdots, a_n)$ 满足 $0 \leqslant a_1 \leqslant \cdots \leqslant a_n < n$ 以及 $n \geqslant 3$, 则它是 Hamilton 的当且仅当对于每个 $i < n/2$, 都有*

$$a_i \leqslant i \Rightarrow a_{n-i} \geqslant n - i.$$

证明 设 $(a_1, \cdots, a_n)$ 是任意一个整数序列, 使得 $0 \leqslant a_1 \leqslant \cdots \leqslant a_n < n$, 且 $n \geqslant 3$. 我们假设这个序列满足该定理的条件, 并证明它是 Hamilton 的.

假设结论不成立, 即存在一个图其度序列 $(d_1, \cdots, d_n)$ 满足, 对所有 i, 都有

$$d_i \geqslant a_i, \tag{1}$$

但该图没有 Hamilton 圈. 设 $G = (V, E)$ 是具有最大边数的这样的图.

根据 (1), 我们关于 $(a_1, \cdots, a_n)$ 的假设也适用于 G 的度序列 $(d_1, \cdots, d_n)$, 因此, 对所有 $i < n/2$, 有

$$d_i \leqslant i \Rightarrow d_{n-i} \geqslant n - i. \tag{2}$$

令 x, y 是 G 中不相同且不相邻的顶点, 满足 $d(x) \leqslant d(y)$ 且 $d(x) + d(y)$ 尽可能的大. 容易证明, $G + xy$ 的度序列点态大于 $(d_1, \cdots, d_n)$, 因此点态大于 $(a_1, \cdots, a_n)$. 因此, 根据 G 的极大性, 新边 xy 在 $G + xy$ 的 Hamilton 圈 H 中, 则 $H - xy$ 是 G 的一条 Hamilton 路 $x_1, \cdots, x_n$, 且 $x_1 = x$ 和 $x_n = y$.

与 Dirac 定理的证明一样, 我们考虑指标集

$$I := \{i \mid xx_{i+1} \in E\} \quad 和 \quad J := \{j \mid x_j y \in E\}.$$

那么 $I \cup J \subseteq \{1, \cdots, n-1\}$, 由于 G 没有 Hamilton 圈, 所以 $I \cap J = \varnothing$. 因此

$$d(x) + d(y) = |I| + |J| < n, \tag{3}$$

所以根据 x 的选择, 有 $h := d(x) < n/2$.

由于对所有 $i \in I$ 有 $x_i y \notin E$, 故所有的 x_i 都是 x 的候选者. 因为选择的 x, y 使得 $d(x) + d(y)$ 最大, 故对所有 $i \in I$ 有 $d(x_i) \leqslant d(x)$, 所以 G 至少有 $|I| = h$ 个度至多为 h 的顶点, 即 $d_h \leqslant h$. 根据 (2), 这蕴含着 $d_{n-h} \geqslant n - h$, 也就是说, 度分别为 $d_{n-h}, \cdots, d_n$ 的 $h+1$ 个顶点的度至少为 $n-h$. 由于 $d(x) = h$, 这些顶点中的一个, 比方说 z, 不与 x 相邻. 因为

$$d(x) + d(z) \geqslant h + (n - h) = n,$$

由 (3), 这和 x, y 的选择矛盾.

反过来, 我们证明对定理中的任意给定序列 $(a_1, \cdots, a_n)$, 对某个 $h < n/2$, 满足

$$a_h \leqslant h \quad \text{且} \quad a_{n-h} \leqslant n - h - 1,$$

那么存在一个图, 其度序列点态大于 $(a_1, \cdots, a_n)$, 但是没有 Hamilton 圈. 由于这个序列

$$(\underbrace{h, \cdots, h}_{h\text{次}}, \underbrace{n-h-1, \cdots, n-h-1}_{n-2h\text{次}}, \underbrace{n-1, \cdots, n-1}_{h\text{次}})$$

是点态大于 $(a_1, \cdots, a_n)$ 的, 我们只需要找到一个具有这个度序列且没有 Hamilton 圈的图.

图 10.2.1 就是这样一个图, 它拥有顶点 $v_1, \cdots, v_n$ 和边集

$$\{v_i v_j \mid i, j > h\} \cup \{v_i v_j \mid i \leqslant h, j > n - h\}.$$

它是 K^{n-h} 和 $K_{h,h}$ 的并, 这里 K^{n-h} 的顶点是 $v_{h+1}, \cdots, v_n$, 而 $K_{h,h}$ 的顶点集合划分成 $\{v_1, \cdots, v_h\}$ 和 $\{v_{n-h+1}, \cdots, v_n\}$. □

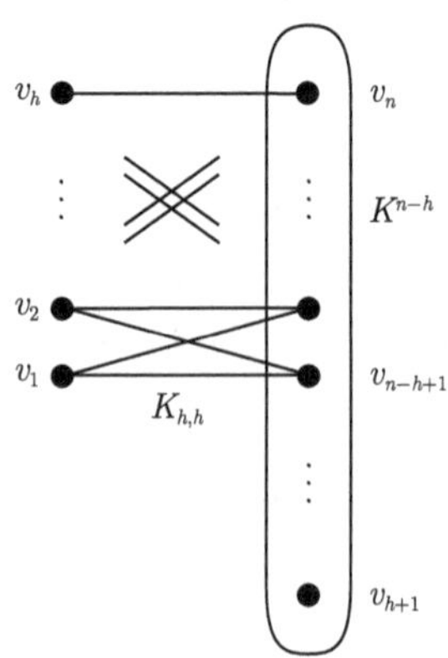

图 10.2.1　两个包含 $v_1, \cdots, v_h$ 但避开 v_{h+1} 的任意圈

对 $G * K^1$ 类型的图应用定理 10.2.1, 容易证明下面的关于 Hamilton 路的定理. 一个整数序列被称作**路-Hamilton 的** (path-Hamiltonian), 如果任意具有比它点态大的度序列的图都有一条 Hamilton 路.

推论 10.2.2　一个整数序列 $(a_1, \cdots, a_n)$, 若满足 $n \geqslant 2$ 和 $0 \leqslant a_1 \leqslant \cdots \leqslant a_n < n$, 则它是路-Hamilton 的当且仅当对每个 $i \leqslant n/2$, 都有 $a_i < i \Rightarrow a_{n+1-i} \geqslant n - i$. □

10.3　平方图的 Hamilton 圈

给定图 G 和正整数 d, 用 G^d 表示定义在 $V(G)$ 上的一个图, 它的两个顶点相邻当且仅当它们在 G 中的距离至多为 d. 显然, $G = G_1 \subseteq G^2 \cdots$. 在本节, 我们的目标是证明下面这个重要结果.

定理 10.3.1 (Fleischner, 1974)　如果 G 是 2-连通图, 那么 G^2 包含 Hamilton 圈.

定理 10.3.1 的证明思路大致如下：首先找到 G 的一个圈 C. 根据归纳法, 我们将用 G^2 中的 C-路来覆盖其余的顶点, 和 C 中的边一样, 这些路的第一条边和最后一条边都是 G 中的边. 通过删除一些边和复制另外一些边, 我们把 C 和所有 C-路的并变成一个每个顶点都是偶数度的多重图, 然后找到一个 Euler 环游, 这个 Euler 环游 W 在某些顶点经过不止一次, 但是它经过多次的顶点所关联的所有边都是 G 中的边. 对于所有经过某个给定顶点的边, 除一条边外, 我们尝试把所有其他边中每两条 G-边替换成 G^2 中的一条边 (图 10.3.1), 从而把 Euler 环游变成 G^2 中的 Hamilton 圈. 这里, 最大的困难是如何保证这些跨越的提升是相互兼容的, 即我们不希望在一条边的两个端点处都进行提升.

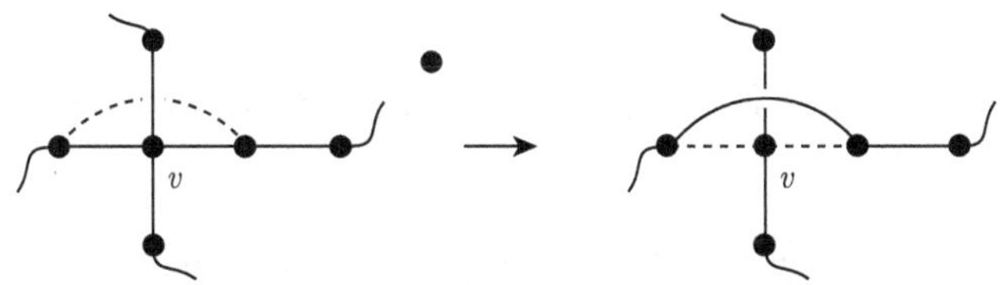

图 10.3.1　通过提升一条边来降低 W 中顶点 v 的度数

引理 10.3.2　对每个 2-连通图 G 和 $x \in V(G)$, 都存在圈 $C \subseteq G$ 包含顶点 x 以及顶点 $y \neq x$ 使得 $N_G(y) \subseteq V(C)$.

证明　如果 G 包含 Hamilton 圈, 引理显然成立. 否则, 设 $C' \subseteq G$ 是任意包含 x 的圈, 由于 G 是 2-连通的, 这样的圈总存在. 设 D 是 $G - C'$ 的一个分支, 我们选择 C' 与 D 使得 $|D|$ 是最小的, 由于 G 是 2-连通的, 因此 D 在 C' 上至少有两个邻点, 于是 C' 包含一条在这样的两个邻点 u 与 v 之间的路 P, 它的内部 $\mathring{P}$ 不

包含 x, 且在 D 上没有邻点 (图 10.3.2).

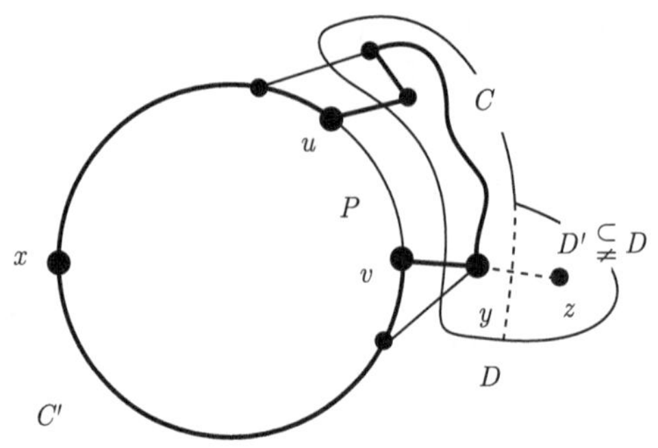

图 10.3.2 引理 10.3.2 的证明

在 C' 中用经过 D 的 u-v 路取代 P, 我们得到一个包含 x 和一个顶点 $y \in D$ 的圈 C. 如果 y 有一个邻点 z 在 $G-C$ 中, 则 z 将位于 $G-C$ 的一个分支 $D' \subsetneq D$ 中, 和 C' 与 D 的选择矛盾. 因此 y 的所有邻点都在 C 上, 即 C 是满足这个引理的圈. □

在定理 10.3.1 的证明中, 我们需要下面这些定义. 设 G 是一个多重图, W 是 G 的途径. W 经过顶点 x 的一个**穿越** (pass) 是具有 $uexfv$ 形式的子途径, 其中 e 和 f 都是边. (如果 $W = xfv \cdots uex$, 我们也把 $uexfv$ 看作 W 的一个穿越.) **提升** (lifting) 这个穿越的意思是指, 如果 $u \neq v$, 在 W 中把这个穿越换成新的 u-v 边; 如果 $u = v$, 就换成单个顶点 u. 多重图里的一条**多重路** (multipath) 是把一条路的某些边加倍得到的. 给定 $C \subseteq G$, 我们把一条 C-路或者一个和 C 恰好相交于一个顶点的圈, 叫做 ***C*-迹** (C-trail).

定理 10.3.1 的证明 设 $G = (V, E)$ 是一个 2-连通图, 我们对 $|G|$ 用归纳法证明下面更强的结论:

对任意顶点 $x \in V$, 都存在 G^2 中的一个 Hamilton 圈
使得圈中和 x 相关联的边都在 E 中.

如果 G 是 Hamilton 的, 结论显然成立. 否则, 设 C 和 y 是由引理 10.3.2 给出的, 对 $i = 1, 2$, 设 $r_i, s_i \in V(C)$, 且 $g_i, h_i \in E(C)$ 使得

$$C = xg_1r_1 \cdots s_1h_1yh_2s_2 \cdots r_2g_2x.$$

(见图 10.3.3, 这里的顶点和边可以重复.)

对于 $G-C$ 的每个分支 D, 我们首先要构造一个 $G^2 + \overline{E}$ 中 C-迹的集合, 其中 $\overline{E}$ 表示那些新加的平行于 G 的边. D 中的每个顶点都恰好位于这样的一条迹中, 而且这样的迹中和 C 的一个顶点相关联的每条边都在 E 或者 $\overline{E}$ 中.

如果 D 只包含一个顶点 u, 我们选取 G 中包含 u 的一条 C-迹, 令 E_D 表示它的两条边的集合; 如果 $|D| \geqslant 1$, 令 $\widetilde{D}$ 表示将 G 通过收缩 $G-D$ 成一个顶点 $\widetilde{x}$ 而得到的 (2-连通) 图. 根据对 $\widetilde{D}$ 的归纳假设, $\widetilde{D}^2$ 中包含一个 Hamilton 圈 $\widetilde{H}$ 使得与 $\widetilde{x}$ 相关联的边都在 $E(\widetilde{D})$ 中. 记 $\widetilde{H}$ 中不在 G^2 中的边为 $\widetilde{E}$, 其中包括两条与 $\widetilde{x}$ 关联的边. 我们把 $\widetilde{E}$ 中的边替换成 G 中的边或者新边 $\overline{e} \in \overline{E}$, 从而把 $E(\widetilde{H})$ 变成了 C-迹的并的边集合.

考虑边 $uv \in \widetilde{E}$, 其中 $u \in D$, 则或者 $v = \widetilde{x}$, 或者 u 和 v 在 $\widetilde{D}$ 中的距离至多为 2, 但在 G 中不为 2, 因此它们是 $\widetilde{D}$ 中 $\widetilde{x}$ 的邻点. 在每种情况中, G 都包含一条 u-C 边. 令 E_D 是由 $E(\widetilde{H}) \setminus \widetilde{E}$ 通过下面方式得到的图: 在每个顶点 $u \in D$ 处, 根据 $\widetilde{E}$ 包含与 u 相关联的边的条数, 增加相同数量的 E 的 u-C 边; 如果 u 和两条 $\widetilde{E}$ 的边关联, 但是在 G 中只有一条 u-C 边 e, 我们就增加 e 和 e 的一条新平行边 $\overline{e}$. 这样, D 的每个顶点在 (V, E_D) 中和在 $\widetilde{H}$ 中都有相同的度数 (即 2), 因此 E_D 是一些 C-迹的并的边集合. 令

$$G_0 := \left(V, E(C) \cup \bigcup_D E_D\right),$$

即对于 $G-C$ 中的所有分支 D, G_0 是 C 和所有这些 C-迹的并.

接下来, 我们的目标是通过复制 C 中的某些边把 G_0 变成一个 Euler 多重图. 因为 G_0 是连通的, 所以只需要通过某种方式把每个顶点的度变成偶数就可以了 (定理 1.8.1). [2] G_0 中不在 C 上的顶点已经有度数 2, 为了使得 C 中的顶点度也是偶数, 我们顺着相反的顺序考虑 C 中的顶点, 即从 x 开始到 r_1 结束. 设 u 是当前考虑的顶点, v 是下一个要考虑的顶点. 对边 $e = uv$, 增加一条关于它的新平行边 $\overline{e}$ 当且仅当在目前从 G_0 构造得到的多重图中 u 的度数是奇数. 当最后考虑 $u = r_1$ 时, 所有其他顶点的度数已经是偶数了, 所以 r_1 的度数必然也是偶数 (命题 1.2.1),

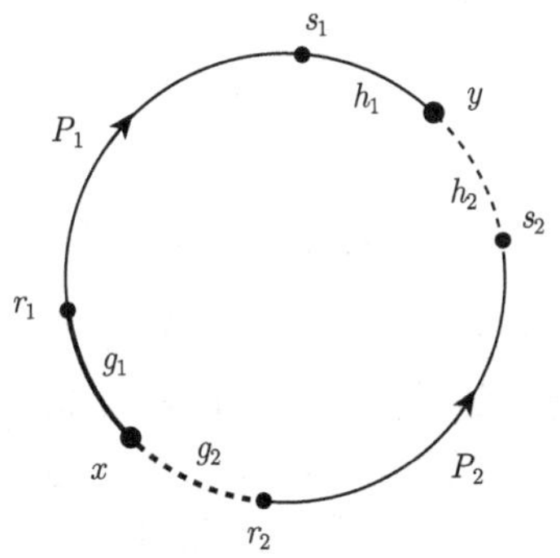

图 10.3.3　虚线边在 G_1 中可能不存在, 而粗线边没有平行边 (如果存在的话)

2 要证明定理 1.8.1 对多重图也成立, 只需把每条边细分一次从而得到一个简单图即可.

而且没有增加和 g_1 平行的边.

从所得到的 Euler 多重图中, 我们按如下规则删去一条或者两条平行边 (图 10.3.3): 如果 g_2 有平行边 $\overline{g}_2$, 那么同时删掉 g_2 和 $\overline{g}_2$; 如果 h_2 有平行边 $\overline{h}_2$, 那么删掉 h_2 和 $\overline{h}_2$, 除非删掉它们 (同时删掉 g_2 和 $\overline{g}_2$) 后剩下的多重图不连通了. 我们用 G_1 表示所得到的 Euler 多重图, $\overline{E} = E(G_1) \setminus E(G^2)$ 表示所有新的平行边的集合, 并令 $C_1 := G_1[V(C)]$.

根据 G_1 的构造和 y 的定义, 我们注意到 G_1 的下面两条性质:

$$G_1 \text{ 中的和 } C \text{ 上的顶点相关联的边都在 } E \cup \overline{E} \text{ 中}. \tag{1}$$

$$N_{G_1}(y) \subseteq \{s_1, s_2\}, \text{ 因此, } y \text{ 在 } G_1 \text{ 中的顶点度为 } 2 \text{ 或 } 4. \tag{2}$$

设 $P_1 = x_0^1 \cdots x_{\ell_1}^1$ 是 C_1 中的一条包含 g_1 的 (极大) x-y 多重路, $P_2 = x_0^2 \cdots x_{\ell_2}^2$ 是 C_1 中其余边的一条多重路. 除非 P_2 是空集, 否则我们把 P_2 看成从 $x_0^2 \in \{x, r_2\}$ 到 $x_{\ell_2}^2 \in \{y, s_2\}$ 的多重路. 把 P_i 在 $E(C)$ 中的边 x_{j-1}^i-x_j^i 记作 e_j^i, 把它在 $\overline{E}$ 中可能的平行边记作 $\overline{e}_j^i$ $(i = 1, 2)$.

我们的计划是寻找一条 G_1 的 Euler 环游 W_1 使其能转化成为 G^2 中的 Hamilton 圈. 为了更容易地赋予 W_1 上述性质, 先不直接定义它. 相反地, 我们将从一个相关的多重图 G_2 中的一条 Euler 环游 W_2 中得到 W_1. 下面我们定义 G_2.

对 $i = 1, 2$ 和每个满足 $\overline{e}_{j+1}^i \in G_1$ 的 $j = 1, \cdots, \ell_i - 1$, 从 G_1 中删去 e_j^i 和 $\overline{e}_{j+1}^i$, 并增加一条新边 f_j^i, 它连接 x_{j-1}^i 和 x_{j+1}^i, 我们称 f_j^i **代表** (represent) 路 $x_{j-1}^i e_j^i x_j^i \overline{e}_{j+1}^i x_{j+1}^i \subseteq P_i$ (图 10.3.4). 注意到, 每个这样的替换都使得所得到的多重图是连通的, 并且保持了所有顶点度的奇偶性. 因此, 从 G_1 经过所有这些替换后得到的多重图 G_2 是 Euler 的.

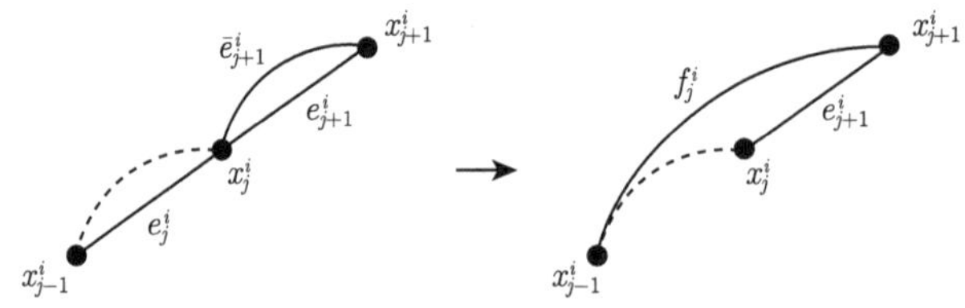

图 10.3.4　用新边 f_j^i 替换 e_j^i 和 $\overline{e}_{j+1}^i$

取 G_2 的一条 Euler 环游 W_2, 为了把 W_2 转化成 G_1 中的 Euler 环游 W_1, 我们把 $E(W_2) \setminus E(G_1)$ 中的每条边替换为它所代表的路.

根据 (2), 存在 W_1 的一条或者两条经过 y 的穿越. 如果 $d(y) = 4$, 根据 G_1 的定义, G_1 是连通的但 $G_1 - \{h_2, \overline{h}_2\}$ 不是. 因此, W_1 起始或者终止于边 h_2 的真 y-y 子途径 W 一定起始或终止于边 $\overline{h}_2$; 否则, 它在 $G_1 - \{h_2, \overline{h}_2\}$ 中必然包含一条 s_2-y 途径, 并且从 G_1 中删除 h_2 和 $\overline{h}_2$ 后并不影响它的连通性. 所以 W_1 没有经过 y 并

且同时包含 h_2 和 $\overline{h}_2$ 的穿越, 这是因为如此的话将会导致子途径 W 的闭合, 从而蕴含着 $W = W_1$, 与 W 的定义矛盾. 若必要的话反转 W 的方向, 故我们可以假设:

如果 W_1 包含经过 y 的两个穿越, 则其中一个包含 h_1 和 h_2. (3)

我们的计划是在每个顶点 $v \in C$, 通过对除一个外所有 W_1 经过 v 的穿越进行提升, 从而把它转化成 G^2 的 Hamilton 圈. 首先, 对 W_1 经过每个顶点的例外穿越 (即不作提升的穿越) 做标记: 在 x 处, 把 W_1 的任意穿越 Q 进行标记; 在 y 处, 把包含 h_1 的穿越做标记. 对每个 $v \in V(C) \setminus \{x, y\}$, 都存在唯一的指标对 (i, j) 使得 $v = x^i_j$. 如果 $j \geqslant 1$, 对于经过 $v = x^i_j$ 并且包含 e^i_j 的穿越进行标记; 如果 $j = 0$ (这时一定有 $v = x^2_0 = r_2$), 对经过 v 并且包含 $\overline{e}^2_1$ (如果 $\overline{e}^2_1 \in G_1$) 的穿越进行标记; 否则, 对任意经过 v 的穿越进行标记. 对每个顶点 $v \notin C$, 对经过 v 的 W_1 的唯一穿越进行标记. 所以

在每个顶点 $v \in G$, 我们对经过 v的恰好一个穿越进行标记. (4)

为了避免在后面对没标记的穿越进行提升时产生冲突, 我们需要保证 W_1 中每一条边的两个端点中, 至少有一个是标记的:

对 W_1 中的每条边 $e = uv$, 我们对 W_1 的包含 e 的两个
穿越 (一个经过 u, 另一个经过 v) 中至少一个进行标记. (5)
如果 $u = x$, 则对经过 v 的穿越进行标记.

对于不在 C_1 中的边, 结论显然成立的. 对每条边 $e \in C_1$, 都存在一个唯一指标对 (i, j) 使得 $e = e^i_j$ 或者 $e = \overline{e}^i_j$, 所以 $j \geqslant 1$. 如果 $e = e^i_j$, 则 W_1 中经过 x^i_j 并且包含 e 的穿越是有标记的; 对于 $e = h_2$, 由 (3) 知, 结论成立. 如果 $e = \overline{e}^i_j$, 我们知道经过 x^i_{j-1} 并且包含 e 的穿越是有标记的. 确实, 首先注意到 e 和 x 不关联: 前面提到, $\overline{g}_1$ 始终不存在; 如果 $\overline{g}_2$ 存在, 它也在 G_1 的定义中被删除了. 因此除非 P_2 起始于 r_2 且 $e = \overline{e}^2_1$, 否则边 f^i_{j-1} 被定义为代表路 $x^i_{j-2}e^i_{j-1}x^i_{j-1}\overline{e}^i_jx^i_j$. 因为 W_2 包含 f^i_{j-1}, 所以这条路是 W_1 的一个穿越. 这个穿越是有标记的, 因为它经过 x^i_{j-1} 并且包含 e^i_{j-1}. 最后, 如果 P_2 起始于 r_2 且 $e = \overline{e}^2_1$, 则经过 r_2 并且包含 e 的穿越是有标记的. 这就完成了 (5) 的证明.

根据 (1), 所有无标记的穿越都提升为 G^2 中的边. 因为无标记的不同穿越不会共同包含一条边 (根据 (5)), 因此同时把它们提升就把 W_1 转化成一条 $G^2 + \overline{E}$ 中的闭途径 $\overline{H}$ (它继承了 W_1 中边的循环顺序). 根据 (4), $\overline{H}$ 仍然包含 G 中的所有顶点 v: 如果 uv 是经过 v 有标记穿越中的一条边, 则 $\overline{H}$ 或者包含边 uv, 或者包含穿越 $weufv$ 的提升 wv. 同样根据 (4), $\overline{H}$ 经过每个顶点只有一次. 特别地, $\overline{H}$ 不能

包含一对平行边. 因此, 我们可以把 $\overline{H}$ 中的每条边 $\overline{e}$ 替换为它的平行边 $e \in E$, 从而得到 G^2 的一个 Hamilton 圈 H. 因为 Q 有标记, 并且根据 (5), Q 中没有边在另一端点处被提升, 故 $\overline{H}$ 包含 Q 中的边. 根据 (1), 它们都在 $E \cup \overline{E}$ 中, 所以 H 中与 x 相关联的边都在 E 中, 这正是我们所要证明的. □

Fleischner 定理可以自然地推广到局部有限图, 但是证明要困难得多.

定理 10.3.3 (Georgakopoulos, 2009)　*每个 2-连通局部有限图的平方图都包含 Hamilton 圈.*

作为本章的结束, 我们给出一个还远远没有得到解决的猜想, 它是 Dirac 定理的推广.

猜想 (Seymour, 1974)　设 G 是一个阶 $n \geqslant 3$ 的图, 而 k 是一个正整数. 如果 G 的最小度满足

$$\delta(G) \geqslant \frac{k}{k+1}n,$$

那么 G 包含一个 Hamilton 圈 H 使得 $H^k \subseteq G$.

对 $k=1$, 这正是 Dirac 定理. Komlós, Sárközy 和 Szemerédi (1998) 证明了这个猜想对于大的 n (依赖 k) 成立.

练　　习

1. 一个定向的完全图称为**竞赛图** (tournament). 证明: 每个竞赛图都包含一条 (有向的) Hamilton 路.
2. 证明: 任意一个可唯一 3-边着色的立方图是 Hamilton 的. (“唯一”是指所有的 3-边着色都导出同样的边划分.)
3. 给定正偶数 k, 对任意 $n \geqslant k$, 构造一个阶为 $2n+1$ 的 k-正则图.
4. 证明或反证如下命题 10.1.2 的加强结果: 若 k-连通图 G 满足 $|G| \geqslant 3$ 和 $\chi(G) \geqslant |G|/k$, 则 G 包含一个 Hamilton 圈.
5. 设 G 是一个图, $H := L(G)$ 是它的线图.
   (i) 证明: 如果 G 有一个支撑 Euler 子图, 则 H 是 Hamilton 的.
   (ii)$^+$ 如果 G 是 4-边连通的, 证明 H 是 Hamilton 的.
6. (i)$^-$ 证明: Hamilton 图都是 1-坚韧的.
   (ii) 构造一个 1-坚韧但不包含 Hamilton 圈的图.
7. 证明坚韧性猜想对可平面图成立. 对于 $t=2$, 或者 $t<2$, 猜想成立吗?
8.$^-$ 构造一个 Hamilton 图, 使得它的度序列不是 Hamilton 的.
9.$^-$ 设 G 是一个图, 它满足对任意的 $i < |G|/2$, 度数至多为 i 的顶点少于 i 个. 运用 Chvátal 定理证明图 G 是 Hamilton 的. (因此, Chvátal 定理蕴含着 Dirac 定理.)
10. 证明: k-连通图 G 的平方图 G^2 是 k-坚韧的. 运用这个结论证明 Fleischner 定理对于那些在 $t=2$ 时满足坚韧性猜想的图成立.

11. 证明练习 6 (i) 有如下弱逆命题: 对任意非 Hamilton 图 G, 都存在图 G' 使得 G' 的度序列点态大于 G 的度序列, 但 G' 不是 1-坚韧的.

12. (i)$^-$ 证明: 和满足 Dirac 条件 (即 $\delta \geqslant n/2$) 的图不一样, 满足定理 10.1.3 中度条件的图可以是稀疏的: 存在整数 d 使得, 我们可以找到平均度最多为 d 的任意大的图并且满足定理 10.1.3 的条件.

    (ii) 证明: 不存在整数 d 使得它是满足 Chvátal 条件的任意大图的平均度的上界.

13. 找到一个连通图 G, 它的平方图 G^2 不包含 Hamilton 圈.

14.$^+$ 对 $|G|$ 使用归纳法证明: 任意连通图 G 的三次方图 G^3 包含 Hamilton 圈.

15.$^-$ 利用 Fleischner 定理的证明方法来推导: 2-连通图的平方图中任意两顶点之间都有一条 Hamilton 路.

16.$^+$ 设 G 是一个每个顶点的度均为奇数的图. 证明: G 的每条边都属于偶数个 Hamilton 圈. (提示: 设 $xy \in E(G)$ 是任意给定的边, 经过 xy 的 Hamilton 圈对应于 $G - xy$ 中从 x 到 y 的 Hamilton 路. 考虑 $G - xy$ 中从 x 出发的所有 Hamilton 路组成的集合 $\mathcal{H}$, 证明有偶数条 Hamilton 路的端点为 y. 定义一个 $\mathcal{H}$ 上的图, 然后运用命题 1.2.1 来证明需要的结果.)

注　解

在图中寻找 Hamilton 圈、Euler 环游问题及四色问题, 都有相同的起源: 这三个问题都来自数学智力游戏, 它要比图论本身还古老. 1857 年, W. R. Hamilton 设计了一个游戏, 要求在一个正十二面体中找到一个"Hamilton 圈"; 一百多年后, 它又作为一个相当重要的组合优化问题再度出现: **旅行售货员问题** (travelling salesman problem), 这里一个售货员必须拜访许多客户, 他的问题是如何把这些拜访安排在一个合适的循环路线中 (由于某些非数学的原因, 必须设计路线使得在拜访完一个客户后, 售货员不再经过那个客户所在的城镇.) 研究 Hamilton 圈的许多动机都来自这个算法问题的变形.

找不到 Hamilton 性的一个好刻画也影响到一个算法问题: 判断一个给定的图是否包含 Hamilton 圈本身是 NP-困难的 (实际上, 它也是 NP-完全判定问题的原型之一), 然而存在好的刻画将使得它处于 NP $\cap$ co-NP (人们普遍认为这等于 P) 中. 因此, 除非 P = NP, 否则不可能存在好的 Hamilton 性的刻画. 更多详细的内容, 参考 12.7 节的引言或第 12 章末的注解.

在 10.1 节结尾处提到的四色定理的"证明", 是基于苏格兰数学家 P. G. Tait 提出的一个 (错误的) 假定: 每个 3-连通可立方平面图都是 Hamilton 的. 沿着 1879 年 Kempe 的有缺陷的证明 (见第 5 章注解), Tait 相信他得到了至少一个"Kempe 定理的新证明". 然而, 当 1883 年他在爱丁堡数学大会上对这个问题进行演讲时, 他似乎已经开始意识到他可能没有真正证明上面关于 Hamilton 圈的结论. 他在文章 P. G. Tait, *Listing's topolgie*, Phil. Mag. 17 (1984), 30-46 里的陈述很值得一读.

关于 Tutte 定理 (4-连通可平面图是 Hamilton 的) 的一个较短证明已经由 C. Thomassen, *A theorem on paths in planar graph*, J. Graph of Theory 7 (1983), 169-176 给出. 关于 Tait 的假设, 即 (至少对 3-正则图) 只需 3-连通就可以保证图的 Hamilton 性, Tutte 给出了一个反例, 参见 Bollobás 的专著, 或者 J. A. Bondy and U. S. R. Murty, *Graph Theory with Applications*, Macmillian, 1976 (这本书对 Tait 的尝试性证明进行了更多的讨论).

把 Tutte 定理推广到无限图的 Bruhn 猜想首先出现在 R. Diestel, *The cycle space of an infinite graph*, Comb. Probab. Comput. 14 (2005), 59-79 中. 无限图中的 Hamilton 圈是相对新的概念, 有关 Hamilton 圈的定理的早期推广表现为支撑双射线. 现在, 一个射线只能通过一个有限分隔有限多次, 因此一条支撑射线或者双射线存在的一个必要条件是, 该图 (分别地) 包含至多一个或者两个末端. 在 X. Yu, *Infinite paths in planar graphs* I-V, J. Graph Theory (2004-2008) 中 Yu 证明了 Nash-Williams 的一个长期未解的猜想, 即包含至多两个末端的 4-连通可平面图包含一条支撑双射线. 在 N. Dean, R. Thomas and X. Yu, *Spanning paths in infinite planar graphs*, J. Graph Theory 23 (1996), 163-174 中, 他们证明了 Nash-Williams 的另一个猜想: 具有一个末端的 4-连通可平面图有一条支撑射线.

Chvátal 和 Erdős (1972) 证明了命题 10.1.2. 定理 10.1.3 被发现得比较晚, 它出自 A. S. Asratian and N. K. Khachatrian, *Some localization theorems on Hamiltonian circuits*, J. Comb. Theory B 49 (1990), 287-294. 因为这里的 Hamilton 性条件是局部的, 类似于 Fleischner 定理, 这个定理也许能推广到局部有限图的 Hamilton 圈, 但这个问题至今还没有被研究过.

坚韧度这个不变量以及关于它的猜想在 V. Chvátal, *Tough graphs and Hamiltonian circuits*, Discrete Math. 5 (1973) 215-228 中被提出. 如果 $t = 2$ 时这个猜想正确, 则这个猜想蕴含着 Fleischner 定理 (见练习 10). 然而, 对于 $t = 2$ 已被证明是错误的, 见 D. Bauer, H. J. Broersma and H. J. Veldman, *Not every 2-tough graph is Hamiltonian*, Discrete Appl. Math. 99 (2000), 317-321. 定理 10.2.1 来自 V. Chvátal, *On Hamilton's ideas*, J. Combin. Theory B 12 (1972), 163-168.

定理 10.3.3 把 Fleischner 定理推广到局部有限图, 是由 A. Georgakopoulos, *Infinite Hamilton cycles in squares of locally finite graphs*, Adv. Math. 220 (2009), 670-705 证明的. 我们关于 Fleischner 定理的简短证明得益于这个证明.

Seymour 猜想来自 P. D. Seymour, Problem 3, in (T. P. McDonough and V. C. Mavron, eds) *Combinatorics*, Cambridge University Press, 1974. 对于大的 n 猜想成立的证明是由 J. Komlós, G. N. Sárközy and E. Szemerédi, *Proof of the Seymour conjecture for large graphs*, Ann. Comb. 2 (1998), 43-60 得到的.

最后, 我们给出 Thomassen 猜想 (1986): 任意 4-连通线图都是 Hamilton 的. 在 T. Kaiser, *Hamilton cycles in 5-connected line graphs*, Eur. J. Comb. 33 (2012), 924-947, arXiv:1009.3754 这篇文章中, Kaiser 证明了最小度至少为 6 的 5-连通线图是 Hamilton 的.

第 11 章 随 机 图

在本书前面几个地方, 我们已经接触过 Erdős 的一个非常重要的定理: *对每个整数 k, 存在图 G 同时满足 $g(G) > k$ 和 $\chi(G) > k$.* 通俗的说法是: 存在同时具有任意大围长和任意大色数的图.

怎样证明这样的定理呢? 通常的方法是构造一个具有这两个性质的图, 也许需要对 k 归纳地逐步构造. 然而, 这并不是一件容易的事: 第二条性质属于整体性质, 同时它被第一条性质限制. 也就是说, 图“整体上”具有大色数, 但局部是无圈的 (因此是 2-可着色的); 然而这种通过用具有相同或类似性质的小块来构造整个图的尝试并不成功.

1959 年, 在 Erdős 的开创性文章里, 他采用了一个截然不同的方法: 对每个 n, 在有 n 个顶点的图的集合上定义一个概率空间, 并且证明对于一些仔细选择的概率度量和足够大的 n, 存在一个具有上面两条性质且顶点个数为 n 的图的概率是大于零的.

这个方法, 现在被称作**概率方法** (probabilistic method), 在图论以及离散数学的其他分支中已经发展成一个成熟且具有多种用途的证明技巧, **随机图** (random graph) 理论本身也成为一个学科. 本章的目的是对随机图提供一个基本而又严谨的介绍: 仅提供足够多的内容来理解它的基本概念、思想与技巧, 同时提供足够多的线索来了解隐藏在计算背后的强大威力和优美之处.

Erdős 的定理断言了具有某种性质的图的存在性: 这是一个非常平常的结论, 并没有显示证明中用到随机性的痕迹. 在随机图中, 也有一些在叙述中已经包含了一定的随机性: 这是一些关于**几乎所有** (almost all) 图的定理, 我们将在 11.3 节讨论这个概念. 在最后一节, 我们给出 Erdős 和 Rényi 定理的一个详细证明, 它演示了在随机图中被经常使用的证明技术, 即**第二时刻方法** (second moment method).

11.1 随机图的概念

设 V 是 n 个元素的固定集合, 比如 $V = \{0, \cdots, n-1\}$. 我们的目标是把 V 上所有图的集合 $\mathcal{G}$ 变成一个概率空间, 然后考虑一些关于随机对象的典型问题: 一个图 $G \in \mathcal{G}$ 具有这个或者那个性质的概率是多少? G 的一个给定不变量的期望值是多少, 比如围长的期望值或者色数的期望值是多少?

直观地看, 我们可以随机地生成如下 G: 对于每个 $e \in [V]^2$, 依据某种随机实

验来决定 e 是或者不是 G 的一条边, 这种实验被独立地执行, 每次成功 (即接受 e 作为 G 的一条边) 的概率等于某个固定的 [1]值 $p \in [0,1]$. 那么如果 G_0 是 V 上有 m 条边的固定图, 基本事件 $\{G_0\}$ 有概率 $p^m q^{\binom{n}{2}-m}$ (这里 $q := 1-p$), 这个概率就是随机生成的图恰好是这个特定的图 G_0 的可能性. (注意, G 同构于 G_0 的概率通常比这个要大.) 但是, 如果所有基本事件的概率因此被决定, 那么我们需要的空间 $\mathcal{G}$ 的整个概率度量也就被决定了. 因此尚待验证的是: 在 $\mathcal{G}$ 上的这样一个概率度量 (即满足所有的边以概率 p 独立地出现) 确实存在. [2]

为了在 $\mathcal{G}$ 上正式地构造一个概率度量, 我们开始通过对每条可能的边 $e \in [V]^2$ 定义它自己的一个小概率空间 $\Omega_e := \{0_e, 1_e\}$, 这里 $\mathbb{P}_e(\{1_e\}) := p$ 和 $\mathbb{P}_e(\{0_e\}) := q$ 是它的两个基本事件的概率. 我们想要的概率空间 $\mathcal{G} = \mathcal{G}(n,p)$ 可以定义为乘积空间

$$\Omega := \prod_{e \in [V]^2} \Omega_e.$$

因此, 严格地说, Ω 的每个元素是一个映射 ω, 它对每条边 $e \in [V]^2$ 赋值 0_e 或者 1_e, 故 Ω 上的概率度量 $\mathbb{P}$ 是所有度量 $\mathbb{P}_e$ 的乘积度量. 在实际操作中, 我们把 ω 与 V 上的图 G 等同看待, G 的边集是

$$E(G) = \{e \mid \omega(e) = 1_e\},$$

并称 G 为 V 上具有概率 p 的一个**随机图** (random graph).

遵循标准的概率术语, 我们现在可以称 V 上若干图的集合为 $\mathcal{G}(n,p)$ 中的一个**事件** (event). 特别地, 对每条边 $e \in [V]^2$, V 上包含 $e \in E(G)$ 的所有图 G 的集合

$$A_e := \{\omega \mid \omega(e) = 1_e\}$$

构成一个事件, 即 e 是 G 的一条边这一事件. 对于这些事件, 我们现在能严格地证明一直以来引导我们的直觉:

命题 11.1.1 事件 A_e 是独立的, 且发生的概率是 p.

证明 根据定义, 有

$$A_e = \{1_e\} \times \prod_{e' \neq e} \Omega_{e'}.$$

由于 $\mathbb{P}$ 是所有度量 $\mathbb{P}_e$ 的乘积度量, 这意味着

$$\mathbb{P}(A_e) = p \cdot \prod_{e' \neq e} 1 = p.$$

1 通常 p 的值将依赖于集合 V 的阶数 n, 这里随机图在 V 上生成, 所以 p 将是 n 的某个函数: $n \mapsto p(n)$. 然而, 注意到 V (因此 n) 对于 $\mathcal{G}$ 的定义是固定的: 对于每个 n, 我们将分别构造 $\mathcal{G}$ 在 $V = \{0, \cdots, n-1\}$ 上的一个概率空间. 在每个空间中, 任意 $e \in [V]^2$ 是 G 的一条边的概率都是相等的.

2 任何相信这个事实的读者可以直接跳到命题 11.1.1 的结束处, 而不妨碍以后部分的理解.

类似地, 如果 $\{e_1,\cdots,e_k\}$ 是 $[V]^2$ 的任何子集, 则

$$\begin{aligned}\mathbb{P}(A_{e_1}\cap\cdots\cap A_{e_k}) &= \mathbb{P}\left(\{1_{e_1}\}\times\cdots\{1_{e_k}\}\times\prod_{e\notin\{e_1,\cdots,e_k\}}\Omega_e\right)\\ &= p^k\\ &= \mathbb{P}(A_{e_1})\cdots\mathbb{P}(A_{e_k}).\end{aligned}$$

□

与以前讨论的一样, $\mathbb{P}$ 由 p 的值以及 A_e 是独立的这一假设而唯一决定. 因此为了计算 $\mathcal{G}(n,p)$ 中的概率, 我们通常只需要使用这两个假设就够了. $\mathcal{G}(n,p)$ 的相关模型已完成了它的使命, 以后就不需要了.

作为一个简单的计算例子, 设 G 是 V 上的一个图, 而 H 是 V 的子集上的一个固定图, 考虑 G 包含 H 作为一个子图这一事件, 令 $|H| =: k$, $||H|| =: \ell$. 事件 $H\subseteq G$ 的概率是关于所有边 $e\in H$ 概率 A_e 的乘积, 因此, $\mathbb{P}[H\subseteq G]=p^\ell$. 相比之下, H 是 G 的导出子图的概率是 $p^\ell q^{\binom{k}{2}-\ell}$: 这里我们要求不包含在 H 中的边也不包含在 G 中, 并且不出现的边也是独立的且具有概率 q.

计算 G 有一个导出子图同构于 H 的概率 p_H 通常会比较困难的: 由于 V 的子集上 H 的出现可能重叠, 它们在 G 中出现的事件是不独立的. 然而 (对于所有 k-子集 $U\subseteq V$) 概率 $\mathbb{P}[H\simeq G[U]]$ 的和总是 p_H 的一个上界, 这是因为 p_H 是所有这些事件并的度量. 例如, 如果 $H=\overline{K^k}$, 我们有关于这个概率的平凡上界, 即 G 包含 H 的一个导出拷贝的概率:

引理 11.1.2 对于所有满足 $n\geqslant k\geqslant 2$ 的整数 n,k, $G\in\mathcal{G}(n,p)$ 包含一个 k 个顶点的独立集的概率至多是

$$\mathbb{P}[\alpha(G)\geqslant k]\leqslant\binom{n}{k}q^{\binom{k}{2}}.$$

证明 一个固定 k-集合 $U\subseteq V$ 在 G 中是独立的概率是 $q^{\binom{k}{2}}$. 因为只有 $\binom{n}{k}$ 个这样的集合, 所以结论得证. □

类似地, $G\in\mathcal{G}(n,p)$ 包含一个 K^k 的概率至多为

$$\mathbb{P}[\omega(G)\geqslant k]\leqslant\binom{n}{k}p^{\binom{k}{2}}.$$

如果 k 是固定的, 且 n 足够小使得概率 $\mathbb{P}[\alpha(G)\geqslant k]$ 和 $\mathbb{P}[\omega(G)\geqslant k]$ 的上界和小于 1 , 那么 $\mathcal{G}$ 包含一个图, 它不满足这两个性质中的任何一个, 即既不包含 K^k 也不包含 $\overline{K^k}$ 作为导出子图. 从而任何这样的 n 是关于 k 的 Ramsey 数的一个下界.

正如下面定理所显示的那样, 这个下界相当接近于定理 9.1.1 证明中所蕴含的上界 2^{2k-3}.

定理 11.1.3 (Erdős, 1947) 对每个整数 $k \geqslant 3$, k 的 Ramsey 数满足

$$R(k) > 2^{k/2}.$$

证明 对 $k=3$, 平凡地有 $R(3) \geqslant 3 > 2^{3/2}$, 因此假设 $k \geqslant 4$. 我们证明对所有的 $n \leqslant 2^{k/2}$ 和 $G \in \mathcal{G}(n, 1/2)$, 概率 $\mathbb{P}[\alpha(G) \geqslant k]$ 和 $\mathbb{P}[\omega(G) \geqslant k]$ 都小于 1/2.

由于 $p=q=1/2$, 故对于所有的 $n \leqslant 2^{k/2}$ (对 $k \geqslant 4$, 使用 $k! > 2^k$), 引理 11.1.2 以及对 $\omega(G)$ 的类似命题蕴含了下列关系:

$$\begin{aligned}
\mathbb{P}[\alpha(G) \geqslant k], \mathbb{P}[\omega(G) \geqslant k] &\leqslant \binom{n}{k}\left(\frac{1}{2}\right)^{\binom{k}{2}} \\
&< (n^k/2^k)2^{-\frac{1}{2}k(k-1)} \\
&\leqslant (2^{k^2/2}/2^k)2^{-\frac{1}{2}k(k-1)} \\
&= 2^{-k/2} \\
&< \frac{1}{2}.
\end{aligned}$$

□

在随机图的背景下, 每个常见的图不变量 (例如平均度、连通度、围长、色数等等) 都能被解释为关于 $\mathcal{G}(n,k)$ 的一个非负**随机变量** (random variable), 即一个函数

$$X : \mathcal{G}(n,p) \to [0, \infty).$$

X 的**均值** (mean) 或者**期望值** (expected value) 定义为

$$\mathbb{E}(X) := \sum_{G \in \mathcal{G}(n,p)} \mathbb{P}(\{G\}) \cdot X(G).$$

如果 X 取整数值, 我们有另一种方法计算 $\mathbb{E}(X)$, 即把对应于 k 的概率加起来:

$$\mathbb{E}(X) = \sum_{k \geqslant 1} \mathbb{P}[X \geqslant k] = \sum_{k \geqslant 1} k \cdot \mathbb{P}[X = k].$$

注意到, 期望值的算子 $\mathbb{E}$ 是线性的: 对于任何两个 $\mathcal{G}(n,p)$ 上的随机变量 X, Y 和 $\lambda \geqslant 0$, 我们有 $\mathbb{E}(X+Y) = \mathbb{E}(X) + \mathbb{E}(Y)$ 和 $\mathbb{E}(\lambda X) = \lambda \mathbb{E}(X)$.

由于我们的概率空间是有限的, 期望值通常可以通过简单的双重计数来得到, 这是一个标准的组合数学技巧, 我们之前在推论 4.2.10 及定理 5.5.4 的证明中也遇到过. 例如, 如果 X 是 $\mathcal{G}(n,p)$ 的一个随机变量, 它计算在某个固定图集合 $\mathcal{H}$ 中 G 的子图个数, 根据 $\mathbb{E}(X)$ 的定义, 我们计算满足 $H \in \mathcal{H}$ 和 $H \subseteq G$ 的二元组 (G, H) 的个数, 且每项被概率 $\mathbb{P}(\{G\})$ 加权. 从算法的角度看, 为了计算 $\mathbb{E}(X)$, 在“外圈”中检查图 $G \in \mathcal{G}(n,p)$ 是否成立; 然后对每个 G, 在“内圈”中考察每个 $H \in \mathcal{H}$, 只

要 $H \subseteq G$ 就计算“$\mathbb{P}(\{G\})$”. 或者说, 我们可以计算同样的赋权对的集合, 这次 H 在“外圈”中而 G 在“内圈”中, 这等于对所有 $H \in \mathcal{H}$ 把概率 $\mathbb{P}[H \subseteq G]$ 加起来:

$$\mathbb{E}(X) = \sum_{G \in \mathcal{G}(n,p)} |\{ H \in \mathcal{H} : H \subseteq G \}| \cdot \mathbb{P}(\{G\}) = \sum_{H \in \mathcal{H}} \mathbb{P}[H \subseteq G].$$

为了对细节再解释一次, 并介绍到目前为止经常用到的概率术语, 我们计算一个随机图 $G \in \mathcal{G}(n,p)$ 中具有给定长度 $k \geqslant 3$ 的圈的期望值. (在 11.2 节 Erdős 定理的证明中, 我们也会用到它.) 假设 $X : \mathcal{G}(n,p) \to \mathbb{N}$ 是一个随机变量, 该变量把它的 k-圈的个数 (即同构于 C^k 的子图个数) 赋值到一个随机图 G 上.

潜在地, 存在多少个这样的圈呢? 换句话说, 顶点在 V 中的所有 k-圈的集合 $\mathcal{C}_k$ 有多大呢? 因为对 V 的 k 个不同顶点的序列, 存在

$$(n)_k := n(n-1)(n-2)\cdots(n-k+1)$$

种选取方法, 而每个 k-圈可以被 $2k$ 个这样的序列确定, 所以显然有

$$|\mathcal{C}_k| = (n)_k / 2k. \tag{1}$$

引理 11.1.4　*在 $G \in \mathcal{G}(n,p)$ 中, k-圈的期望值为*

$$\mathbb{E}(X) = \frac{(n)_k}{2k} p^k.$$

证明　对每个固定的 $C \in \mathcal{C}_k$, 考虑它的**指示随机变量** (indicator random variable) $X_C : \mathcal{G}(n,p) \to \{0,1\}$:

$$X_C : G \mapsto \begin{cases} 1, & C \subseteq G, \\ 0, & \text{否则}. \end{cases}$$

由于 X_C 仅取 1 为正值, 它的期望值 $\mathbb{E}(X_C)$ 等于 $\mathcal{G}(n,p)$ 中所有包含 C 的图集合的度量 $\mathbb{P}[X_C = 1]$, 但是这恰好是 $C \subseteq G$ 的概率:

$$\mathbb{E}(X_C) = \mathbb{P}[C \subseteq G] = p^k. \tag{2}$$

随机变量 X 把每个图 G 赋值为 k-圈的个数, 所以对每个 G 有

$$X(G) = \sum_{C \in \mathcal{C}_k} X_C(G),$$

或者简写为 $X = \sum X_C$. 由于期望值是线性的, 结合 (1) 和 (2) 我们有

$$\mathbb{E}(X) = \sum_{C \in \mathcal{C}_k} \mathbb{E}(X_C) = \sum_{C \in \mathcal{C}_k} \mathbb{P}[C \subseteq G] = \frac{(n)_k}{2k} p^k.$$

证毕. □

对于某个固定的 $a>0$, 决定满足 $X(G)<a$ (从而 G 满足某个指定性质 $\mathcal{P}$) 的图 G 的存在性, 可以通过计算随机变量 X 的均值而得到, 这是一个简单又有效的方法. 确实, 如果 X 的期望值较小, 因为对所有 $G\in\mathcal{G}(n,p)$ 有 $X(G)\geqslant 0$, 那么不可能有很多 $\mathcal{G}(n,p)$ 中的图具有较大的 $X(G)$ 值, 因此对 $\mathcal{G}(n,p)$ 中的许多图, X 一定是较小的, 于是我们有信心在这些图中找到一个具有给定性质 $\mathcal{P}$ 的图.

这个简单想法正是无数的随机图非构造性证明的核心, 包括下节将看到的 Erdős 定理的证明. 把这个想法量化之后, 我们得到下面的引理, 其证明可以从期望值的定义及 $\mathbb{P}$ 的可加性立即得到:

引理 11.1.5 (Markov 不等式) *设 $X\geqslant 0$ 是关于 $\mathcal{G}(n,p)$ 的一个随机变量且 $a>0$, 那么*

$$\mathbb{P}[X\geqslant a]\leqslant \mathbb{E}(X)/a.$$

证明

$$\mathbb{E}(X)=\sum_{G\in\mathcal{G}(n,p)}\mathbb{P}(\{G\})\cdot X(G)\geqslant\sum_{G\in\mathcal{G}(n,p)X(G)\geqslant a}\mathbb{P}(\{G\})\cdot a=\mathbb{P}[X\geqslant a]\cdot a.$$ □

11.2 概率方法

粗略地说, 离散数学中的*概率方法*是从下面的想法发展起来的: 为了证明具有某个给定性质的研究对象的存在性, 我们在比较大的 (当然是非空的) 对象的集合上定义一个概率空间, 然后证明这个空间中的一个元素具有正的概率且具有给定的性质. 存在于这个概率空间中的"对象"可以是任意类型: 某个固定图的顶点划分或者排序, 它可以是关于映射的, 或嵌入的, 或者图本身. 在本节, 为了展示概率方法, 我们对这方向的一个最早期结果: Erdős 的关于大围长与高色数的经典定理 (定理 5.2.5), 给出详细的阐述.

Erdős 的定理说: 给定任何正整数 k, 存在一个图 G 具有围长 $g(G)>k$ 和色数 $\chi(G)>k$. 让我们称长度至多为 k 的圈为**短圈** (short cycle), 而包含 $|G|/k$ 或者更多顶点的集合为**大集合** (large set). 为了证明 Erdős 的定理, 只要找到一个图 G 没有短圈和大的独立顶点集, 那么 G 中的任何顶点着色类里是小的 (即不是大集合), 因此着色 G 需要多于 k 种颜色.

我们怎样才能找到这样一个图 G 呢? 如果选择 p 足够小, 那么 $\mathcal{G}(n,p)$ 中的随机图不太可能包含任何 (短的) 圈. 如果选择 p 足够大, 那么 G 不大可能有一个大的独立顶点集合. 因此问题是: 这两个 p 的区间是否重叠, 也就是说, 我们是否可以选择 p 使得, 对某个 n, 它足够小使得 $\mathbb{P}[g\leqslant k]<1/2$ 成立, 同时它又足够大使得

$\mathbb{P}[\alpha \geqslant n/k] < 1/2$ 成立呢? 如果这样的 p 存在, 那么 $\mathcal{G}(n,p)$ 将包含至少一个图, 它或者没有短圈或者没有大的独立集.

不幸的是, p 的这样一个选择是不可能的: p 的这两个区间不重叠! 我们在 11.4 节会看到, 必须保持 p 小于 n^{-1} 才能使 G 中的短圈不太可能出现, 但对于任何这样的 p, G 中将很可能根本没有圈 (练习 18), 因此 G 将是二部的, 所以不太可能出现至少 $n/2$ 个独立顶点.

然而我们也不是毫无进展, 为了使大的独立集不太可能出现, 我们将把 p 固定在 n^{-1} 之上, 例如对某个 $\varepsilon > 0$, 取为 $n^{\varepsilon-1}$. 幸运的是, 如果 ε 足够小, 那么在 G 中将产生很少几个短圈, 即使与 n 比较 (通常是与 n^k 比较) 也是如此. 如果我们在每个这样的圈上删除一个顶点, 得到的图 H 将没有短圈, 且它的独立数 $\alpha(H)$ 将至多等于 G 的独立数. 由于 H 并不比 G 小很多, 如此它的色数将仍然很大, 所以我们找到了一个具有大围长和大色数的图.

为 Erdős 定理的正式证明作准备, 首先证明边概率 $p = n^{\varepsilon-1}$ 确实足够大可以保证 $G \in \mathcal{G}(n,p)$ "几乎肯定" 没有大的独立顶点集. 更准确地说, 我们证明下面更强的命题:

引理 11.2.1 设 $k > 0$ 是一个整数, 而 $p = p(n)$ 是 n 的一个函数使得对于大的 n, 有 $p(n) \geqslant 16k^2/n$, 那么

$$\lim_{n\to\infty} \mathbb{P}\left[\alpha \geqslant \frac{1}{2}n/k\right] = 0.$$

证明 对于所有满足 $n \geqslant r \geqslant 2$ 的整数 n 和 r, 以及所有随机图 $G \in \mathcal{G}(n,p)$, 引理 11.1.2 蕴含着

$$\mathbb{P}[\alpha \geqslant r] \leqslant \binom{n}{r} q^{\binom{r}{2}} \leqslant 2^n q^{\binom{r}{2}} \leqslant 2^n e^{-p\binom{r}{2}},$$

这里, 最后一个不等式由事实, 对所有 p 有 $1 - p \leqslant e^{-p}$, 而推出. (对于 $x = -p$, 比较函数 $x \mapsto e^x$ 和 $x \mapsto x + 1$.) 如果 $p \geqslant 16k^2/n$ 且 $r \geqslant \frac{1}{2}n/k \geqslant 2$, 则有

$$\mathbb{P}[\alpha \geqslant r] \leqslant 2^n e^{-pr^2/4} \leqslant 2^n e^{-pn^2/16k^2} \leqslant 2^n e^{-n} \xrightarrow[n\to\infty]{} 0.$$

因为 α 是个整数, 所以对 $r = \left\lceil \frac{1}{2}n/k \right\rceil$ 有 $\mathbb{P}[\alpha \geqslant r] = \mathbb{P}\left[\alpha \geqslant \frac{1}{2}n/k\right]$, 这蕴含着我们要证的结论. □

现在我们准备好了证明定理 5.2.5, 它可以重新叙述为:

定理 11.2.2 (Erdős, 1959) 对每个整数 k, 存在一个图 H 满足围长 $g(H) > k$ 和色数 $\chi(H) > k$.

证明 假设 $k \geqslant 3$, 固定 ε 使得 $0 < \varepsilon < 1/k$, 且令 $p := n^{\varepsilon - 1}$. 让 $X(G)$ 表示在随机图 $G \in \mathcal{G}(n,p)$ 中短圈的个数, 也就是说, 长度至多为 k 的圈的个数.

根据引理 11.1.4, 我们有

$$\mathbb{E}(X) = \sum_{i=3}^{k} \frac{(n)_i}{2i} p^i \leqslant \frac{1}{2} \sum_{i=3}^{k} n^i p^i \leqslant \frac{1}{2}(k-2) n^k p^k.$$

注意到, 由于 $np = n^{\varepsilon} \geqslant 1$, 故有 $(np)^i \leqslant (np)^k$, 根据引理 11.1.5, 则

$$\begin{aligned}\mathbb{P}[X \geqslant n/2] &\leqslant \mathbb{E}(X)/(n/2) \\ &\leqslant (k-2) n^{k-1} p^k \\ &= (k-2) n^{k-1} n^{(\varepsilon-1)k} \\ &= (k-2) n^{k\varepsilon - 1}.\end{aligned}$$

根据 ε 的选择, 故 $k\varepsilon - 1 < 0$, 从而有

$$\lim_{n \to \infty} \mathbb{P}[X \geqslant n/2] = 0.$$

假设 n 是足够大的整数使得 $\mathbb{P}[X \geqslant n/2] < \frac{1}{2}$ 且 $\mathbb{P}\left[\alpha \geqslant \frac{1}{2} n/k\right] < \frac{1}{2}$, 其中后者是根据 p 的选择和引理 11.2.1而得到的. 于是存在一个图 $G \in \mathcal{G}(n,p)$ 包含少于 $n/2$ 个短圈, 且 $\alpha(G) < \frac{1}{2} n/k$. 从每个圈上删除一个顶点, 令 H 是得到的图, 那么 $|H| \geqslant n/2$ 且 H 没有短圈, 因此 $g(H) > k$. 由 G 的定义得

$$\chi(H) \geqslant \frac{|H|}{\alpha(H)} \geqslant \frac{n/2}{\alpha(G)} > k. \qquad \square$$

推论 11.2.3 *存在具有任意大围长和任意大图不变量 κ, ε 与 δ 的图.*

证明 应用引理 5.2.3 和定理 1.4.3 即可. $\square$

11.3 几乎所有图的性质

如前所述, 一个**图性质** (graph property) 是指在同构意义下封闭的一个图类, 它包含每个图 G 以及所有和 G 同构的图. 如果 $p = p(n)$ 是一个固定的函数 (可以是常数), 而 $\mathcal{P}$ 是一个图性质, 我们可以问: 对于 $G \in \mathcal{G}(n,p)$ 随着 $n \to \infty$ 概率 $\mathbb{P}[G \in \mathcal{P}]$ 会怎样表现呢? 如果这个概率趋向于 1, 我们就说**几乎所有** (almost all)(或者**几乎每个** (almost every)) $G \in \mathcal{G}(n,p)$ 都具有性质 $\mathcal{P}$, 或者说**几乎肯定地** (almost surely) $G \in \mathcal{P}$; 如果它趋向于 0, 我们说**几乎没有** (almost no) $G \in \mathcal{G}(n,p)$ 具有性质

$\mathcal{P}$. (例如, 在引理 11.2.1 中, 我们证明了对于一个确定的 p, 几乎没有 $G \in \mathcal{G}(n,p)$ 包含一个多于 $\frac{1}{2}n/k$ 个独立顶点的集合.)

为了解释这个新概念, 让我们证明对于常数 p, 每个固定的抽象 [3]图 H 是几乎所有图的一个导出子图:

命题 11.3.1 对每个常数 $p \in (0,1)$ 以及任意图 H, 几乎每个 $G \in \mathcal{G}(n,p)$ 包含 H 的一个导出拷贝.

证明 给定 H, 令 $k := |H|$. 如果 $n \geqslant k$ 且 $U \subseteq \{0, \cdots, 1\}$ 是 G 的一个 k 个顶点的固定集合, 那么 $G[U]$ 同构于 H 具有确定的概率 $r > 0$, 该概率 r 依赖于 p, 但不依赖于 n (为什么不依赖于 n 呢?). 现在 G 包含一族 $\lfloor n/k \rfloor$ 个不相交的这样的集合 U, 那么对应的图 $G[U]$ 都不同构于 H 的概率是 $(1-r)^{\lfloor n/k \rfloor}$, 这是因为根据边集合 $[U]^2$ 的不相交性, 这些事件是独立的. 因此

$$\mathbb{P}[H \text{ 不是 } G \text{ 的导出子图}] \leqslant (1-r)^{\lfloor n/k \rfloor} \xrightarrow[n \to \infty]{} 0,$$

这蕴含着要证的命题. □

下面的引理是一个简单的方法, 它使得我们可以推导出相当数量的几乎所有图都拥有的自然图性质 (包括命题 11.3.1). 给定 $i, j \in \mathbb{N}$, 令 $\mathcal{P}_{i,j}$ 表示性质: 对于任何满足 $|U| \leqslant i$ 和 $|W| \leqslant j$ 的不交顶点集合 U, W, 图中存在一个顶点 $v \notin U \cup W$, 它与 U 中所有顶点都相邻而与 W 中所有顶点都不相邻.

引理 11.3.2 对每个常数 $p \in (0,1)$ 和任意 $i, j \in \mathbb{N}$, 几乎每个图 $G \in \mathcal{G}(n,p)$ 具有性质 $\mathcal{P}_{i,j}$.

证明 对固定的 U, W 以及 $v \in G - (U \cup W)$, v 与 U 中所有顶点都相邻而与 W 中所有顶点都不相邻的概率是

$$p^{|U|} q^{|W|} \geqslant p^i q^j.$$

因此对于 U 与 W, 没有合适的 v 存在的概率是 (假定 $n \geqslant i + j$)

$$(1 - p^{|U|} q^{|W|})^{n-|U|-|W|} \leqslant (1 - p^i q^j)^{n-i-j},$$

这是因为对不同的 v, 它对应的事件是独立的. 由于在 $V(G)$ 中有不多于 n^{i+j} 对这样的集合 U, W (将少于 i 个顶点的集合 U 看作一个非单射 $\{0, \cdots, i-1\} \to \{0, \cdots, n-1\}$; 集合 W 作同样的处理), 某个集合对没有合适的 v 的概率至多为

$$n^{i+j} (1 - p^i q^j)^{n-i-j},$$

由于 $1 - p^i q^j < 1$, 因此当 $n \to \infty$ 时, 上式趋近于 0. □

3 "抽象"一词是指只有 H 的同构类型是已知的或者相关的, 而不是它的具体顶点与边集合. 在我们的上下文里, 它说明"子图"一词等同于通常意义下的"同构于一个子图".

推论 11.3.3 对每个常数 $p \in (0,1)$ 和 $k \in \mathbb{N}$, $\mathcal{G}(n,p)$ 中几乎每个图是 k-连通的.

证明 根据引理 11.3.2, 我们只需证明在 $\mathcal{P}_{2,k-1}$ 中每个图是 k-连通的, 然而不难看出: $\mathcal{P}_{2,k-1}$ 中的每个图的阶数至少为 $k+2$, 如果 W 是少于 k 个顶点的集合, 那么根据 $\mathcal{P}_{2,k-1}$ 的定义, 任何其他两个顶点 x, y 有一个公共邻点 $v \notin W$. 特别地, W 不能分离 x 与 y. □

在推论 11.3.3 的证明里, 我们实际证明的远比我们想要的要多: 对于任何两个顶点 $x, y \notin W$, 比找到某个从 x 到 y 且避开 W 的路更强, 我们证明了 x 与 y 在 W 外有一个公共的邻点, 因此, 需要用来说明连通度的路事实上可以选择长度为 2 的路. 这个证明中看起来巧妙的技巧, 事实上, 对于常数边概率来说是一个具有指导性的基本现象: 根据一个简单的逻辑学结果, 关于图的任何命题, 只要它仅通过量化顶点 (而不是关于集合或者顶点序列)[4]来叙述, 那么它或者几乎肯定成立, 或者几乎肯定不成立. 事实上所有这样的命题, 或者它们的逆反命题都是选取适当的 i, j 后图具有性质 $\mathcal{P}_{i,j}$ 的直接推理.

作为"几乎所有"类型结果的最后例子, 我们证明几乎每个图都有令人吃惊的高色数:

命题 11.3.4 对每个常数 $p \in (0,1)$ 和每个 $\varepsilon > 0$, 几乎每个图都具有色数

$$\chi(G) > \frac{\log(1/q)}{2+\varepsilon} \cdot \frac{n}{\log n}.$$

证明 对任何固定的 $n \geqslant k \geqslant 2$, 引理 11.1.2 蕴含着

$$\begin{aligned}
\mathbb{P}[\alpha \geqslant k] &\leqslant \binom{n}{k} q^{\binom{k}{2}} \\
&\leqslant n^k q^{\binom{k}{2}} \\
&= q^{k \frac{\log n}{\log q} + \frac{1}{2}k(k-1)} \\
&= q^{\frac{k}{2}\left(-\frac{2\log n}{\log(1/q)} + k - 1\right)}.
\end{aligned}$$

令

$$k =: (2+\epsilon)\frac{\log n}{\log(1/q)},$$

则前面的表达式的指数随 n 趋向于无穷, 因此表达式本身趋向于 0. 所以, 几乎每个 $G \in \mathcal{G}(n,p)$ 满足在 G 的任何着色中, 没有 k 个顶点着相同的颜色, 因此每种着色使用了多于

$$\frac{n}{k} = \frac{\log(1/q)}{2+\epsilon} \cdot \frac{n}{\log n}$$

4 这里用的是逻辑学中的术语: 用图论语言描述的任意一阶语句.

种颜色. □

根据 Bollobás (1988) 的一个结果, 命题 11.3.4 在下面意义下是最好的: 如果我们用 $-\epsilon$ 取代 ϵ, 那么 χ 的下界变为上界.

我们用一个漂亮的结果结束本节, 这是一个仅有的关于无限随机图的定理. 对 $n = \aleph_0$, 像定义 $\mathcal{G}(n,p)$ 一样来定义 $\mathcal{G}(\aleph_0,p)$, 即定义为 $\mathbb{N}$ 上的随机图的 (乘积) 空间, 其边被独立地选择且拥有概率 p.

在引理 11.3.2 中我们看到, 性质 $\mathcal{P}_{i,j}$ 对于有常数边概率的有限随机图几乎肯定地成立, 因此不难想到: 无限随机图几乎肯定地 (用现在的术语可叙述为"具有概率 1") 拥有所有这些性质. 然而, 在 8.3 节我们看到, 在同构意义下, 只有一个可数图, 即 Rado 图 R, 对所有的 $i,j \in \mathbb{N}$, 具有性质 $\mathcal{P}_{i,j}$, 这个共同拥有的性质在那里被表示为 $(*)$. 结合这些事实, 我们得到下面这个异乎寻常的结果:

定理 11.3.5 (Erdős and Rényi, 1963)　当概率为 1 时, 随机图 $G \in \mathcal{G}(\aleph_0,p)(0 < p < 1)$ 同构于 Rado 图 R.

证明　给定两个固定的不交有限集 $U, W \subseteq \mathbb{N}$, 参考 8.3 节性质 $(*)$ 的定义, 一个顶点 $v \notin U \cup W$ 不和 $U \cup W$ 相邻 (也就是说, 不和 U 中所有顶点相邻或者和 W 中某一顶点相邻) 的概率是某个数值 $r < 1$, 它仅依赖于 U 与 W. 在 $(*)$ 的意义下, k 个给定顶点中没有一个顶点 v 和 $U \cup W$ 相邻连的概率是 r^k, 它随着 $k \to \infty$ 趋向于 0. 因此, 对于这些集合 U 与 W, 所有 (无限多个) 在 $U \cup W$ 外的顶点不能满足性质 $(*)$ 的概率是 0.

对于上面那样的 U 与 W, 仅存在可数种可能的选择. 由于可数个度量为 0 的集合的并也有度量 0, 所以对于任何集合 U 与 W, $(*)$ 不成立的概率仍然为 0. 因此 G 满足 $(*)$ 的概率是 1. 根据定理 8.3.1, 这意味着几乎肯定地有 $G \cong R$. □

我们怎么解释"无限多个独立的选择的结果可以是如此一致"这一悖论呢? 答案当然与同构意义下 R 的唯一性有关. 对于一个具有性质 $(*)$ 的无限图, 构造一个自同构比找到一个有限随机图的自同构要容易得多. 因此, 在这个意义下, 唯一性就不那么令人吃惊了. 从这个角度看, 定理 11.3.5 说明, 当把图 $G \in \mathcal{G}(\aleph_0,p)$ 在同构意义下考虑时, 在无限随机图里不缺乏多样性, 而是大量的对称性掩盖了这种多样性.

11.4　阈函数与第二矩量

我们看到, 11.3 节的大部分结果有一个有趣的共同特点: 只要 p 的取值是常数, 那么它在结果中不扮演任何角色, 即与 n 独立. 例如, 如果 $\mathcal{G}(n,p)$ 中几乎每个具有 $p = 0.99$ 的图都有某个给定性质, 那么几乎每个具有 $p = 0.01$ 的图也有同样的性质, 这怎么可能呢?

我们的随机模型对于 p 值变化的不敏感性并不是故意所为. 然而, 对于大部分性质, 存在一个 p 值的临界点, 使得对小于临界点的任何常数 p 值图性质会"刚好"出现或不出现: 这是 n 的一个函数, 当 $n\to\infty$ 时, 它趋向零. 比如, 在 Erdős 定理的证明中, 对我们研究的两个关联性质, 这个临界概率是 $p(n)=1/n$.

我们称一个正实函数 $t=t(n)$ 是关于图性质 $\mathcal{P}$ 的**阈函数** (threshold function), 如果对所有 $p=p(n)$ 与 $G\in\mathcal{G}(n,p)$ 下列关系成立:

$$\lim_{n\to\infty}\mathbb{P}[G\in\mathcal{P}]=\begin{cases}0, & \text{当 } n\to\infty \text{ 时}, p/t\to 0,\\ 1, & \text{当 } n\to\infty \text{ 时}, p/t\to\infty.\end{cases}$$

如果 $\mathcal{P}$ 有一个阈函数 t, 显然 t 的任意正倍数 ct 也是 $\mathcal{P}$ 的阈函数, 所以在这种意义下, 阈函数在常数倍数下是唯一的. [5]

Bollobás 和 Thomason (1987) 证明了, 如果递增图性质 (除平凡的外) 在加边运算下是封闭的, 那么所有这种图性质一定有阈函数. 对于固定的 H, 形如 $\{G\mid G\supseteq H\}$ 的性质是最常见的性质, 在这节, 我们会计算它的阈函数.

为了计算它的阈函数, 把所考虑的图性质叙述成下面的形式会方便问题的解决:

$$\mathcal{P}=\{G\mid X(G)\geqslant 1\},$$

这里 $X\geqslant 0$ 是 $\mathcal{G}(n,p)$ 上的一个恰当随机变量. 例如, 我们可以选取 $\mathcal{G}(n,p)$ 上 $\mathcal{P}$ 的指示随机变量. 但是, X 的其他选择也是允许的, 例如, 如果 $\mathcal{P}$ 是连通性, 我们可以把 $X(G)$ 取为 G 的支撑树的个数.

怎样才能证明 $\mathcal{P}$ 有一个阈函数 t 呢? 任何这样的证明将由两部分组成: 一部分证明当 p 相对于 t 较小时几乎没有 $G\in\mathcal{G}(n,p)$ 具有性质 $\mathcal{P}$; 另一部分证明当 p 较大时几乎每个图 G 具有性质 $\mathcal{P}$.

由于 $X\geqslant 0$, 因此对于证明的第一部分, 可以使用 Markov 不等式计算 $\mathbb{E}(X)$ 的上界来代替计算 $\mathbb{P}[X\geqslant 1]$: 如果 $\mathbb{E}(X)$ 比 1 小很多, 那么只有少数几个 $G\in\mathcal{G}(n,p)$ 使得 $X(G)$ 可以大于 1, 并且当 $n\to\infty$ 时有 $\mathbb{E}(X)\to 0$. 另外, 期望值比概率容易计算: 不必考虑事件的独立性或者事件的不相容性, 我们可以计算随机变量和的数学期望, 例如, 对于指示随机变量可以简单地把每个期望值相加而得到.

对于证明的第二部分, 情况比较复杂. 为了证明 $\mathbb{P}[X\geqslant 1]$ 是大概率, 只是从下面界定 $\mathbb{E}(X)$ 是不够的: 由于 X 没有上界, $\mathbb{E}(X)$ 可能因为 X 值在仅仅几个图上非常大而变得较大. 然而, 对大部分图 $G\in\mathcal{G}(n,p)$, [6] X 仍然可以是 0. 为了证明

5 我们的阈概念仅仅反映了最粗糙的但有趣的筛选层次: 对于某些性质, 例如连通性, 人们可以定义更精确的阈使得常数因子是决定性的.

6 例如, 对于 n^{-1} 与 $(\log n)n^{-1}$ 之间的某个 p, 几乎每个 $G\in\mathcal{G}(n,p)$ 包含一个孤立点 (因此没有支撑树), 但它的支撑树的期望值随着 n 趋向于 ∞. 细节见练习 11.

$\mathbb{P}[X \geqslant 1] \to 1$, 我们必须证明上面提到的情形不可能发生, 也就是说, X 并没有太经常地且太多地偏离它的均值.

下面的概率工具可以帮助我们达到目标. 习惯性地, 记

$$\mu := \mathbb{E}(X)$$

且 $\sigma \geqslant 0$ 定义如下:

$$\sigma^2 := \mathbb{E}((X-\mu)^2).$$

这个量 σ^2 被称作**方差** (variance) 或者 X 的**二阶矩** (second moment), 根据定义, 它是 X 偏离均值多少的一个度量. 由于 $\mathbb{E}$ 是线性的, 把 σ^2 的右边项展开可得

$$\sigma^2 = \mathbb{E}(X^2 - 2\mu X + \mu^2) = \mathbb{E}(X^2) - \mu^2.$$

注意到, μ 和 σ^2 总是由某个固定概率空间中的随机变量定义的, 这里我们考虑的空间是 $\mathcal{G}(n,p)$, 两个量都是 n 的函数.

下面的引理包含了我们所需要的结论: X 不可能太经常地偏离它的均值太远.

引理 11.4.1 (Chebyshev 不等式)　*对所有实数 $\lambda > 0$, 有*

$$\mathbb{P}[|X-\mu| \geqslant \lambda] \leqslant \sigma^2/\lambda^2.$$

证明　根据引理 11.1.5 以及 σ^2 的定义得

$$\mathbb{P}[|X-\mu| \geqslant \lambda] = \mathbb{P}[(X-\mu)^2 \geqslant \lambda^2] \leqslant \sigma^2/\lambda^2. \qquad \square$$

为了证明对几乎所有 $G \in \mathcal{G}(n,p)$ 有 $X(G) \geqslant 1$, Chebyshev 不等式可以如下使用:

引理 11.4.2　*如果对所有充分大的 n 有 $\mu > 0$, 且当 $n \to \infty$ 时 $\sigma^2/\mu^2 \to 0$, 那么对几乎所有 $G \in \mathcal{G}(n,p)$, 有 $X(G) > 0$.*

证明　任何具有 $X(G) = 0$ 的图 G 满足 $|X(G) - \mu| = \mu$. 令 $\lambda := \mu$, 因此引理 11.4.1 蕴含着

$$\mathbb{P}[X=0] \leqslant \mathbb{P}[|X-\mu| \geqslant \mu] \leqslant \sigma^2/\mu^2 \xrightarrow[n\to\infty]{} 0.$$

由于 $X \geqslant 0$, 这意味着几乎肯定地有 $X > 0$, 也就是说, 对几乎所有的 $G \in \mathcal{G}(n,p)$ 有 $X(G) > 0$. $\square$

作为本节的主要结果, 我们现在证明一个定理, 该定理将给出所有形式为 $\mathcal{P}_H$ 的图性质的阈函数, 这里 $\mathcal{P}_H$ 表示包含固定图 H 的一个拷贝作为子图的图性质.

给定 H, 令 $k := |H|$ 和 $\ell := \|H\|$, 并设 $\ell \geqslant 1$. 把图 G 中同构于 H 的子图个数记为 $X(G)$.

给定 $n \in \mathbb{N}$, 设 $\mathcal{G}(n,p)$ 中图的顶点集为 $\{0, \cdots, n-1\}$, 用 $\mathcal{H}$ 表示顶点取自 $\{0, \cdots, n-1\}$ 的 H 的所有拷贝的集合, 即

$$\mathcal{H} = \{H' \mid H' \simeq H, V(H') \subseteq \{0, \cdots, n-1\}\}.$$

给定 $H' \in \mathcal{H}$ 和 $G \in \mathcal{G}(n,p)$, 用 $H' \subseteq G$ 表示 H' 本身是 G 的一个子图, 而不仅仅是 H' 的一个同构拷贝. 如同引理 11.1.4 的证明一样, 通过双重计数可以得到

$$\mathbb{E}(X) = \sum_{H' \in \mathcal{H}} \mathbb{P}[H' \subseteq G]. \tag{1}$$

对每个固定的 $H' \in \mathcal{H}$, 因为 $||H|| = \ell$, 我们有

$$\mathbb{P}[H' \subseteq G] = p^{\ell}. \tag{2}$$

我们用 h 表示在一个固定 k-集上 H 的同构拷贝的个数, 显然, $h \leqslant k!$, 由于在 $\mathcal{H}$ 里的图存在 $\binom{n}{k}$ 个可能的顶点集, 因此我们有

$$|\mathcal{H}| = \binom{n}{k} h \leqslant \binom{n}{k} k! \leqslant n^k. \tag{3}$$

给定概率 $p = p(n)$ 和一个候选的阈函数 $t = t(n)$, 令 $\gamma := p/t$. 第一个引理处理了 $\gamma \to 0$ 的情形.

引理 11.4.3 如果 $t = n^{-1/\varepsilon(H)}$, 且 p 使得当 $n \to \infty$ 时有 $\gamma \to 0$, 那么几乎没有 $G \in \mathcal{G}(n,p)$ 属于 $\mathcal{P}_H$.

证明 我们的目的是找到 $\mathbb{E}(X)$ 的上界, 并且证明当 $n \to \infty$ 时这个上界趋向于零. 根据 t 的选择和 γ 的定义, 有

$$p = \gamma t = \gamma n^{-k/\ell},$$

因此

$$\mathbb{E}(X) \underset{(1),(2)}{=\!=\!=} |\mathcal{H}| p^{\ell} \underset{(3)}{\leqslant} n^k \left(\gamma n^{-k/\ell}\right)^{\ell} = \gamma^{\ell}.$$

所以如果当 $n \to \infty$ 时有 $\gamma \to 0$, 根据 Markov 不等式 (引理 11.1.5), 那么

$$\mathbb{P}[G \in \mathcal{P}_H] = \mathbb{P}[X \geqslant 1] \leqslant \mathbb{E}(X) \leqslant \gamma^{\ell} \xrightarrow[n \to \infty]{} 0. \qquad \square$$

和引理 11.4.3 中的函数 t 不同, 对于 $\mathcal{P}_H$, 我们的阈函数不用 $\varepsilon(H)$ 来表达, 而是用

$$\varepsilon'(H) := \max\{\varepsilon(H') \mid H' \subseteq H\}$$

来表示. 我们的第二个引理处理 $\gamma \to \infty$ 的情形.

引理 11.4.4 如果 $t = n^{-1/\varepsilon'(H)}$, 且 p 使得当 $n \to \infty$ 时有 $\gamma \to \infty$, 那么几乎所有 $G \in \mathcal{G}(n,p)$ 属于 $\mathcal{P}_H$.

证明 根据 t 的选择和 γ 的定义, 我们有

$$p = \gamma n^{-1/\varepsilon'}, \tag{4}$$

这里 $\varepsilon' := \varepsilon'(H)$.

在开始主要定理的证明前, 首先注意到以下不等式, 它在后面的证明中会用到. 对所有的 $n \geqslant k$, 有

$$\begin{aligned}\binom{n}{k} n^{-k} &= \frac{1}{k!}\left(\frac{n}{n} \cdots \frac{n-k+1}{n}\right) \\ &\geqslant \frac{1}{k!}\left(\frac{n-k+1}{n}\right)^k \\ &= \frac{1}{k!}\left(1 - \frac{k-1}{k}\right)^k.\end{aligned} \tag{5}$$

在我们的情形, 当 n 增大且 k 是有界时, n^k 超过 $\binom{n}{k}$ 不多于一个常数因子, 这个因子是独立于 n 的.

我们的目标是应用引理 11.4.2, 从而找到 $\sigma^2/\mu^2 = (\mathbb{E}(X^2) - \mu^2)/\mu^2$ 的上界. 为了帮助估计 $\mathbb{E}(X^2)$, 把 X^2 重新表达成下面这种非寻常形式:

$$X^2(G) = |\{H \in \mathcal{H} \mid H \subseteq G\}|^2 = |\{(H', H'') \in \mathcal{H}^2 \mid H' \subseteq G \text{ 且 } H'' \subseteq G\}|.$$

如同 (1) 中一样, 现在我们可以通过双重计数来计算 $\mathbb{E}(X^2)$:

$$\mathbb{E}(X^2) = \sum_{(H', H'') \in \mathcal{H}^2} \mathbb{P}[H' \cup H'' \subseteq G]. \tag{6}$$

其次, 我们计算概率 $\mathbb{P}[H' \cup H'' \subseteq G]$. 给定 $H', H'' \in \mathcal{H}$, 我们有

$$\mathbb{P}[H' \cup H'' \subseteq G] = p^{2\ell - \|H' \cap H''\|}.$$

对 $i := |H' \cap H''|$, 根据 ε' 的定义, 有 $\|H' \cap H''\| \leqslant i\varepsilon'$, 所以得到

$$\mathbb{P}[H' \cup H'' \subseteq G] \leqslant p^{2\ell - i\varepsilon'}. \tag{7}$$

我们已经估计了 (6) 中和式的每一项, 这对于整个和式意味着什么呢? 由于 (7) 依赖于参数 $i = |H' \cap H''|$, 我们把 (6) 中和式下标 $\mathcal{H}^2$ 的范围划分成子集

$$\mathcal{H}_i^2 := \{(H', H'') \in \mathcal{H}^2 \mid |H' \cap H''| = i\}, \quad i = 0, \cdots, k,$$

并对每个 $\mathcal{H}_i^2$ 单独地计算对应的和

$$A_i := \sum_i \mathbb{P}[H' \cup H'' \subseteq G].$$

(这里与下面一样, 我们用 $\sum_i$ 表示关于所有对 $(H', H'') \in \mathcal{H}_i^2$ 的总和.)

如果 $i = 0$, 那么 H' 与 H'' 是不相交的, 因此事件 $H' \subseteq G$ 与 $H'' \subseteq G$ 是独立的. 所以

$$\begin{aligned}
A_0 &= \sum_0 \mathbb{P}[H' \cup H'' \subseteq G] \\
&= \sum_0 \mathbb{P}[H' \subseteq G] \cdot \mathbb{P}[H'' \subseteq G] \\
&\leqslant \sum_{(H',H'') \in \mathcal{H}^2} \mathbb{P}[H' \subseteq G] \cdot \mathbb{P}[H'' \subseteq G] \\
&= \left(\sum_{H' \in \mathcal{H}} \mathbb{P}[H' \subseteq G] \right) \cdot \left(\sum_{H'' \in \mathcal{H}} \mathbb{P}[H'' \subseteq G] \right) \\
&\underset{(1)}{=} \mu^2. \qquad (8)
\end{aligned}$$

现在, 让我们对于 $i \geqslant 1$ 估计 A_i. 注意到 $\sum_i$ 可被记作 $\sum_{H' \in \mathcal{H}} \sum_{H'' \in \mathcal{H}: |H' \cap H''| = i}$. 对于固定的 H', 第二个和式包含了

$$\binom{k}{i} \binom{n-k}{k-i} h$$

个被加项: $\mathcal{H}$ 中满足 $|H'' \cap H'| = i$ 的图 H'' 的个数. 因此, 对于所有的 $i \geqslant 1$ 以及合适的与 n 独立的常数 c_1, c_2, 如果 $\gamma \geqslant 1$, 则

$$\begin{aligned}
A_i &= \sum_i \mathbb{P}[H' \cup H'' \subseteq G] \\
&\underset{(7)}{\leqslant} \sum_{H' \in \mathcal{H}} \binom{k}{i} \binom{n-k}{k-i} h p^{2\ell} p^{-i\varepsilon'} \\
&\underset{(4)}{=} |\mathcal{H}| \binom{k}{i} \binom{n-k}{k-i} h p^{2\ell} (\gamma n^{-1/\varepsilon'})^{-i\varepsilon'} \\
&\leqslant |\mathcal{H}| p^{\ell} c_1 n^{k-i} h p^{\ell} \gamma^{-i\varepsilon'} n^i \\
&\underset{(1),(2)}{=\!=\!=} \mu c_1 n^k h p^{\ell} \gamma^{-i\varepsilon'} \\
&\underset{(5)}{\leqslant} \mu c_2 \binom{n}{k} h p^{\ell} \gamma^{-i\varepsilon'} \\
&\underset{(1)-(3)}{=\!=\!=} \mu^2 c_2 \gamma^{-i\varepsilon'} \\
&\leqslant \mu^2 c_2 \gamma^{-\varepsilon'}.
\end{aligned}$$

根据 A_i 的定义, 令 $c_3 := kc_2$, 我们有

$$\mathbb{E}(X^2)/\mu^2 \underset{(6)}{=} \left(A_0/\mu^2 + \sum_{i=1}^{k} A_i/\mu^2\right) \underset{(8)}{\leqslant} 1 + c_3\gamma^{-\varepsilon'}.$$

由假定 $\ell = ||H|| > 0$ 知 $\varepsilon' \geqslant \varepsilon > 0$, 所以

$$\frac{\sigma^2}{\mu^2} = \frac{\mathbb{E}(X^2) - \mu^2}{\mu^2} \leqslant c_3\gamma^{-\varepsilon'} \xrightarrow[\gamma\to\infty]{} 0.$$

由引理 11.4.2 知, 几乎肯定地 $X > 0$, 也就是说, 几乎所有 $G \in \mathcal{G}(n,p)$ 都有一个子图同构于 H, 因此属于 $\mathcal{P}_H$. □

定理 11.4.5 (Erdős and Rényi, 1960; Bollobás, 1981) *设 H 是一个具有至少一条边的图, 那么 $t := n^{-1/\varepsilon'(H)}$ 是性质 $\mathcal{P}_H$ 的一个阈函数.*

证明 我们需要证明, 如果当 $n \to \infty$ 时有 $\gamma \to 0$, 那么几乎没有 $G \in \mathcal{G}(n,p)$ 属于 $\mathcal{P}_H$; 如果当 $n \to \infty$ 时有 $\gamma \to \infty$, 那么几乎所有 $G \in \mathcal{G}(n,p)$ 属于 $\mathcal{P}_H$. 后一个结论已经在引理 11.4.4 中证明了.

为了证明如果 $\gamma \to 0$, 则几乎没有 $G \in \mathcal{G}(n,p)$ 属于 $\mathcal{P}_H$, 我们对子图 $H' \subseteq H$ 运用引理 11.4.3, 这里 H' 是在 $\varepsilon'(H)$ 的定义中达到最大值的子图, 即 H' 使得 $\varepsilon(H') = \varepsilon'(H)$. 引理意味着几乎没有 $G \in \mathcal{G}(n,p)$ 包含 H' 的一个拷贝. 因为任何包含 H 的图也包含 H', 所以这蕴含着几乎没有 $G \in \mathcal{G}(n,p)$ 包含 H 的拷贝, 证毕. □

对于**平衡图** (balanced graph) (即满足 $\varepsilon'(H) = \varepsilon(H)$ 的图), 定理 11.4.5 中的界很容易计算. 圈和树是平衡图的例子. 对于圈, 我们可以得到 Erdős 定理的证明中看到的那个阈函数:

推论 11.4.6 *如果 $k \geqslant 3$, 那么 $t(n) = n^{-1}$ 是包含 k-圈这一性质的阈函数.* □

注意到, t 并不依赖 k. (也可参见练习 18.)

对于树, 也有类似的现象. 在这种情况, 阈函数依赖于树的阶数, 但不依赖它的形状:

推论 11.4.7 *如果 T 是一个阶数为 $k \geqslant 2$ 的树, 那么 $t(n) = n^{-k/(k-1)}$ 是包含 T 的拷贝这一性质的阈函数.* □

对于阈函数的系统研究, 使得我们对图 $G \in \mathcal{G}(n,p)$ 的典型性质随着 $p = p(n)$ 增长率的增加而表现出的整体面貌有所了解. 这个过程, 被称作**随机图的进化** (evolution of random graphs), 十分令人着迷: 如同生物的进化一样, 变化以"跳跃式"进行, 突变发生在 p 的增长率超过阈函数的瞬间.

粗略地说, 一开始我们取边概率 p 使得它的数量阶小于 n^{-2}, 对于这样的 p, 随机图 $G \in \mathcal{G}(n,p)$ 几乎肯定地没有边. 然而, 随着 p 的增大, 图获得越来越多的结构. 当 p 趋向于 n^{-1} 时, 它的分支成为越来越大的树 (推论 11.4.7), 直到 $p = n^{-1}$

时, 第一个圈出现了 (练习 18). 很快, 这些分支中的一些将有几个交叉弦, 使得这个图变成非平面图. 同时, 一个分支生长得比其他分支快, 直到 $p=(\log n)n^{-1}$ 附近它吞并其他分支, 使得这个图成为连通的. 几乎紧接着, 在 $p=(1+\epsilon)(\log n)n^{-1}$ 时, 我们的随机图几乎肯定地有一个 Hamilton 圈 $\cdots$.

练　　习

1.$^-$ 对于固定的 $m\left(0\leqslant m\leqslant\binom{n}{2}\right)$, $\mathcal{G}(n,p)$ 中随机图具有恰好 m 条边的概率是多少?

2. $G\in\mathcal{G}(n,p)$ 的边数的期望值是多少?

3. $G\in\mathcal{G}(n,p)$ 中 K^r-子图个数的期望值是多少?

4. 刻画图类: 它作为子图包含在每一个具有充分大平均度的图中.

5. 在测度空间中 (特别是在概率空间中), 术语 "几乎所有" 通常用来指点集的补具有零测度. 如果不考虑当 $n\to\infty$ 时 $\mathcal{G}(n,p)$ 中概率的极限, 而是定义一个在所有有限图 (只取每个图的一个拷贝) 的集合上的概率空间, 然后根据上面的想法研究这个空间中 "几乎所有" 图的性质, 难道这样不是更自然吗?

6. 证明: 如果几乎所有的 $G\in\mathcal{G}(n,p)$ 具有性质 $\mathcal{P}_1$, 并且几乎所有的 $G\in\mathcal{G}(n,p)$ 具有性质 $\mathcal{P}_2$, 那么几乎所有的 $G\in\mathcal{G}(n,p)$ 同时具有这两种性质, 即具有性质 $\mathcal{P}_1\cap\mathcal{P}_2$.

7. 证明: 对于常数 $p\in(0,1)$, $\mathcal{G}(n,p)$ 中几乎每个图的直径都是 2.

8. 证明: 对于常数 $p\in(0,1)$, $\mathcal{G}(n,p)$ 中几乎没有图拥有分离完全子图.

9. 从引理 11.3.2 推导命题 11.3.1.

10. 证明: 对每个图 H, 存在一个函数 $p=p(n)$ 使得 $\lim_{n\to\infty}p(n)=0$, 但是几乎每个 $G\in\mathcal{G}(n,p)$ 包含 H 的一个导出拷贝.

11.$^+$ (i) 证明: 对每个 $0<\epsilon\leqslant 1$ 和 $p=(1-\epsilon)(\ln n)n^{-1}$, 几乎每个 $G\in\mathcal{G}(n,p)$ 包含一个孤立顶点.

(ii) 找到一个概率 $p=p(n)$ 使得几乎每个 $G\in\mathcal{G}(n,p)$ 是不连通的, 然而当 $n\to\infty$ 时 G 的支撑树个数的期望值趋向于无穷.

((ii) 的提示: Cayley 定理指出 K^n 恰好有 n^{n-2} 棵支撑树.)

12.$^+$ 给定 $r\in\mathbb{N}$, 找到一个 $c>0$ 使得对 $p=cn^{-1}$, 几乎每个 $G\in\mathcal{G}(n,p)$ 包含一个 K^r 子式. 我们是否可以选择独立于 r 的 c?

13. 找到一个没有阈函数的递增图性质, 以及具有阈函数但不是递增的图性质.

14.$^-$ 设 H 是阶为 k 的图, h 表示在某个固定的 k 个顶点的集合上同构于 H 的图的个数. 证明: $h\leqslant k!$. 对哪个图 H 等式成立?

15.$^-$ 对每个 $k\geqslant 1$, 找到 $\{G\mid\Delta(G)\geqslant k\}$ 的阈函数.

16.$^-$ 对每个 $d\in\mathbb{N}$, 确定包含 d-维立方体 (参见第 1 章练习 2) 这一性质的阈函数, 并确定包含完全图 K^d 这一性质的阈函数.

17. 包含任意 k 阶树 ($k\geqslant 2$ 是一个固定的整数) 这一性质是否有阈函数? 如果有, 是什么? 如果没有, 为什么?

18. 证明: 对于包含任意圈这一性质, $t(n) = n^{-1}$ 也是一个阈函数.

19. 考虑引理 11.4.4 证明中用到的 n 的函数 A_0 和 A_1. 前面提到, 对于 $H' \cap H'' = \varnothing$ 和 $|H' \cap H''| = 1$, $\mathbb{P}[H' \cup H'' \subseteq G] = p^{2\ell}$ 成立.

    (i) 证明: 当 $n \to \infty$ 时, 有 $A_0 \not\to 0$ (而 $A_1 \to 0$).

    (ii) 不进行任何正式的计算, 解释 (i) 中 A_0 和 A_1 不同行为的原因.

20.$^+$ 给定图 H, 令 $\mathcal{P}$ 表示包含 H 的一个导出拷贝这一性质. 证明: 除非 H 是完全的, 否则 $\mathcal{P}$ 没有阈函数.

注　　解

关于随机图有许多专著和教科书, 第一个全面概括的专著是 B. Bollobós, *Random Graphs*, Academic Press, 1985, 另一个高等教程是 S. Janson, T. Łuczak and A. Ruciński, *Random Graphs*, Wiley, 2000, 它主要关注自从第一本 *Random Graphs* 出版以后发展起来的领域. E. M. Palmer, *Graphical Evolution*, Wiley, 1985 包括了第一本 *Random Graphs* 中的部分内容, 但写得更深入浅出. 超出本章覆盖的内容的一个简洁引论也可在 B. Bollobós, *Modern Graph Theory*, Springer GTM 184, 1998 和 M. Karoński, *Handbook of Combinatorics* (R. L. Graham, M. Grőschel and L. Lovász, eds.) North-Holland, 1995 中找到.

介绍随机图技巧在更广泛的离散数学中的高等应用, 可参考 N. Alon and J. H. Spencer, *The Probabilistic Method*, Wiley, 1992. 这本书的吸引力之一在于它显示了概率方法在证明完全确定类型定理中的应用, 而没有人会想到这些定理与随机方法有关. 这种现象的另外例子是由 Alon 给出的定理 5.4.1 的证明, 或者定理 1.3.4 的证明, 读者可以分别参考第 5 章和第 1 章的注解.

概率方法最早起源于 1940, 最早的结果是 Erdős 的关于 Rasemy 数的概率下界. 引理 11.3.2 中关于性质 $\mathcal{P}_{i,j}$ 的结果出自上面提到的 Bollobás 的 Springer 教科书. 对于常数 p, "图的每个一阶判定要么几乎一定成立, 要么几乎一定不成立" 这个结论有一个非常易读的证明, 见 P. Winkler, *Random structures and zero-one laws*, in (N.W. Sauer et al., eds.) *Finite and Infinite Combinatorics in Sets and Logic* (NATO ASI Series C 411), Kluwer, 1993.

定理 11.3.5 出自 P. Erdős and A. Rényi, *Asymmetric graphs*, Acta Math. Acad. Sci. Hungar. 14 (1963), 295-315. 更多关于无限随机图 R 的结果可参考第 8 章的注解.

关于图进化的开创性文章出自 P. Erdős and A. Rényi, *On the evolution of random graphs*, Publ. Math. Inst. Hungar. Acad. Sci. 5 (1960), 17-61. 这篇文章也包括了关于平衡图的定理 11.4.5, 这个定理推广到非平衡子图的情形首先由 Bollobás

在 1981 年证明, 见 Karoński 在 *Handbook* 中相关的章节. 所有“非平凡”递增图性质一定有阈函数这一事实是由 Bollobós 和 Thomason 证明的, 见 B. Bollobós and A. G. Thomason, *Threshold functions*, Combinatorica 7 (1987), 35-28.

还存在另一种定义随机图的方式, 该方式与我们考虑的模型一样自然与常用: 我们不独立地选择 G 的边, 而是从 $\{0, \cdots, n-1\}$ 上定义的所有图中均匀地随机选择具有 $M = M(n)$ 条边的图 G, 那么这些图中每个出现的概率都是 $\binom{N}{M}$, 这里 $N := \binom{n}{2}$. 正像对不同函数 $p = p(n)$ 在 $\mathcal{G}(n, p)$ 中研究图的各种性质一样, 我们也可以研究在这个模型中图的性质怎样依赖函数 $M(n)$. 如果 M 接近于 pN (即 $\mathcal{G}(n, p)$ 中一个图的边数的期望值), 那么两个模型的表现非常相似. 因此, 使用哪一个模型很大程度上取决于哪个便于研究, 细节见 Bollobás 的专著.

为了研究阈现象的更多细节, 人们经常考虑下面的**随机图过程**: 开始把 $\overline{K^n}$ 作为 0 阶段, 然后一条一条地加边 (均匀地且随机地) 直到这个图是完全的. 这是 Markov 链的一个简单例子, 它的第 M 个阶段对应于上面描述的“均匀”随机图模型. 在这个框架里关于阈现象的一个综述文章由 T. Łuczak, *The phase transition in a random graph*, in (D. Miklós, V. T. Sós and T. Szönyi, eds.) *Paul Erdős is* 80, Vol. 2, Proc. Colloq. Math. Soc. János Bolyai (1996) 给出.

第12章　图子式、树和良拟序

在最后一章, 我们的目标是介绍一个定理, 它使得图论中的其他定理都变得渺小, 毫无疑问地可以看作数学中最深刻的定理之一：在每一个由图组成的无限集合中, 一定存在两个图, 使得一个是另外一个的子式. 这个**图子式定理** (graph minor theorem), 乍看起来不怎么引人注目, 但是在图论中和其他领域都产生了深刻的影响, 它由 Neil Robertson 和 Paul Seymour 证明, 全部的证明超过 500 页.

我们应该谦逊地指出, 本章并没有给出图子式定理的详细证明, 而只是粗略地介绍了证明的基本思想. 然而, 正如大部分真正的根本性定理一样, 它的证明推动了对所涉及方法的进一步研究, 以挖掘其方法的潜力和在其他方向的应用, 尤其是其中所引进的两个概念：**树分解** (tree decomposition)和**纠缠** (tangle). 树分解不仅在图子式定理中占有中心地位, 而且也在算法中有应用, 而纠缠是一个崭新的概念, 它用来研究给定图中的一个高连通结构.

12.1节介绍了一个对图子式定理至关重要的概念, 即**良拟序** (well-quasi-ordering); 在 12.2 节, 我们应用这个概念证明关于树的图子式定理; 在 12.3 节和 12.4 节, 我们研究树分解, 而 12.5 节讨论纠缠; 在 12.6 节, 我们考虑**禁用子式定理** (forbidden-minor theorem)：这个定理反映了 Kuratowski 定理 (4.4.6) 和 Wagner 定理 (7.3.4) 的基本精神, 它描述了不包含某个或若干特定子图作为子式的图的结构.

在 12.7 节, 我们给出一个"推广的 Kuratowski 定理" (即对于任何固定曲面, 它的可嵌入性可以用有限个禁用子式来刻画) 的直接证明, 最后我们回顾图子式定理的证明以及它所蕴含的结果来结束本章.

12.1　良　拟　序

一个具有自反性和传递性的关系称为**拟序** (quasi-ordering). 如果对 X 中的每个无限序列 $x_0, x_1, \cdots$, 均存在下标 $i < j$ 使得 $x_i \leqslant x_j$, 则称集合 X 上的拟序 $\leqslant$ 为**良拟序** (well-quasi-ordering), 而 X 中的元素称为被 $\leqslant$**良拟序化** (well-quasi-ordered), 那么 (x_i, x_j) 是这个序列的一个**好对** (good pair), 而一个包含好对的序列称为**好序列** (good sequence). 因此 X 上的一个拟序是良拟序当且仅当 X 中的每个无限序列都是好的. 如果一个无限序列不是好的, 则称它为**坏的** (bad).

命题 12.1.1　*集合 X 上的一个拟序 $\leqslant$ 是良拟序当且仅当 X 既不包含一条无限的反链也不包含一条严格递减的无限序列 $x_0 > x_1 > \cdots$.*

证明　必要性是显然的. 反过来, 设 $x_0, x_1, \cdots$ 是 X 中的一个任意无限序列, 而 K 是 $\mathbb{N} = \{0, 1, \cdots\}$ 上的一个完全图. 对 K 的边 ij $(i < j)$ 进行 3-着色: 如果 $x_i \leqslant x_j$, 把边 ij 染绿色; 如果 $x_i > x_j$, 染红色; 如果 x_i, x_j 不可比较, 染黄色. 由 Ramsey 定理 (9.1.2) 知, K 包含一个无限的导出子图, 它的所有边具有相同颜色. 如果 X 中既没有无限的反链也没有一个严格递减的无限序列, 那么这种颜色一定是绿色, 即 $x_0, x_1, \cdots$ 有一个无限的子序列, 其中每一对都是好的. 特别地, 序列 $x_0, x_1, \cdots$ 是好的. □

在证明命题 12.1.1 的过程中, 证明的结论比我们需要的更强: 不仅在 $x_0, x_1, \cdots$ 中找到一个好对, 而且找到了一条递增的无限子序列. 因此我们实际证明了下边的结论:

推论 12.1.2　*如果 X 被良拟序化, 那么 X 中的每个无限序列包含一个无限递增子序列.* □

下边的引理和它的证明思路对良拟序理论具有重要意义. 设 $\leqslant$ 是集合 X 上的一个拟序. 对于任意的有限子集 $A, B \subseteq X$, 如果存在一个单射 $f: A \to B$ 使得对所有的 $a \in A$, 有 $a \leqslant f(a)$, 我们就记 $A \leqslant B$. 这样, 我们非常自然地把 $\leqslant$ 扩展为 X 的所有有限子集的集合 $[X]^{<w}$ 上的一个拟序.

引理 12.1.3　*如果集合 X 被 $\leqslant$ 良拟序化, 那么 $[X]^{<w}$ 也被 $\leqslant$ 良拟序化.*

证明　假设 $\leqslant$ 是集合 X 上的良拟序关系, 但不是 $[X]^{<w}$ 上的. 我们如下构造一个 $[X]^{<w}$ 中的坏序列 $(A_n)_{n\in\mathbb{N}}$: 给定 $n \in \mathbb{N}$, 归纳地假设对于每一个 $i < n$, A_i 已经定义过, 且 $[X]^{<w}$ 中存在一个坏序列以 $A_0, \cdots, A_{n-1}$ 开始. (显然对于 $n = 0$ 成立: 根据假设, $[X]^{<w}$ 包含一个坏序列, 它以空序列开始.) 选择 $A_n \in [X]^{<w}$ 使得 $[X]^{<w}$ 中的某个坏序列以 $A_0, A_1, \cdots, A_n$ 开始, 同时 $|A_n|$ 尽可能的小.

显然, $(A_n)_{n\in\mathbb{N}}$ 是 $[X]^{<w}$ 中的一个坏序列. 特别地, 对于所有的 n, $A_n \neq \varnothing$. 对每个 n, 选取一个元素 $a_n \in A_n$, 并令 $B_n := A_n \setminus \{a_n\}$.

由推论 12.1.2, 序列 $(a_n)_{n\in\mathbb{N}}$ 包含一个无限递增子序列 $(a_{n_i})_{i\in\mathbb{N}}$. 由 A_{n_0} 选择的极小性知, 序列

$$A_0, \cdots, A_{n_0-1}, B_{n_0}, B_{n_1}, B_{n_2} \cdots$$

是好的. 考虑一个好对, 因为 $(A_n)_{n\in\mathbb{N}}$ 是坏的, 所以这个对不可能具有 (A_i, A_j) 或者 (A_i, B_j) 这样的形式 (注意 $B_j \leqslant A_j$). 因而, 它具有 (B_i, B_j) 这样的形式. 通过增加 $a_i \to a_j$ 来扩展单射 $B_i \to B_j$, 我们又推出 (A_i, A_j) 是好的, 矛盾. □

12.2　树的图子式定理

图子式定理可以表述为: 有限图的集合在子式关系 $\preccurlyeq$ 下可以良拟序化. 确实,

由命题 12.1.1 以及严格递减的子式序列不可能是无限的这一显而易见的事实, 用前面的术语叙述就是, 被良拟序化等价于不存在无限的反链.

在这一节, 我们证明一个关于树的图子式定理的加强形式.

定理 12.2.1 (Kruskal, 1960)　*在拓扑子式关系下, 有限树的集合被良拟序化.*

定理 12.2.1 的证明是基于我们下面引进的有根树之间的嵌入这一概念, 这个概念把普通的嵌入作为拓扑子式进行加强. 考虑两棵根分别为 r 和 r' 的树 T 和 T', 如果存在一个从 T 的某个细分到 T' 的一棵子树 T'' 之间的同构 φ, 并且该同构保持 $V(T)$ 上与 T 和 r 相关的树序, 我们就记 $T \leqslant T'$. (因此, 如果在 T 中有 $x < y$, 那么在 T' 中就有 $\varphi(x) < \varphi(y)$, 见图 12.2.1.) 可以容易地验证, 这是所有有根树集上的一个拟序.

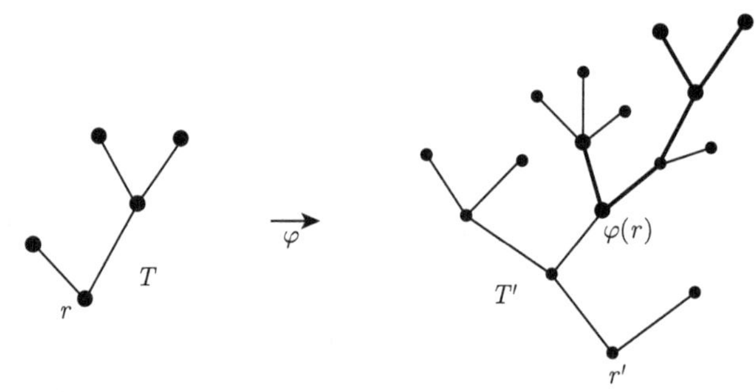

图 12.2.1　T 在 T' 中满足 $T \leqslant T'$ 的一个嵌入

定理 12.2.1 的证明　我们证明有根树集被上面定义的关系 $\leqslant$ 良拟序化, 显然这蕴含着要证的定理.

假设结论不成立, 为了得到矛盾, 仿照引理 12.1.3 的证明. 给定 $n \in \mathbb{N}$, 归纳地假设已经选定了一个有根树序列 $T_0, \cdots, T_{n-1}$, 使得某个有根树的坏序列以这个序列开始. 选择一个顶点数最少的有根树 T_n 使得某个坏序列以 $T_0, T_1, \cdots, T_n$ 开始. 对每个 $n \in \mathbb{N}$, 记 T_n 的根为 r_n.

显然, $(T_n)_{n\in\mathbb{N}}$ 是一个坏序列. 对每个 n, 设 A_n 表示 $T_n - r_n$ 的分支的集合, 这里选择 r_n 的邻点为这些分支的根使它们成为有根树, 注意到, 这些树的树序是由 T_n 导出的. 我们将证明所有这些树的集合 $A := \bigcup_{n\in\mathbb{N}} A_n$ 被良拟序化.

设 $(T^k)_{k\in\mathbb{N}}$ 是 A 中树的任意序列. 对每个 $k \in \mathbb{N}$, 选择 $n = n(k)$ 使得 $T^k \in A_n$, 并取 k 使得 $n(k)$ 最小. 那么, 由 $T_{n(k)}$ 的极小性和 $T^k \subsetneq T_{n(k)}$ 知

$$T_0, \cdots, T_{n(k)-1}, T^k, T^{k+1}, \cdots$$

是一个好序列. 设 (T, T') 是这个序列的一个好对. 因为 $(T_n)_{n\in\mathbb{N}}$ 是坏的, 所以 T 不可能位于这个序列的前面 $n(k)$ 项 (即 $T_0, \cdots, T_{n(k)-1}$) 中, 因此 T' 将会是某个

$T^i(i \geqslant k)$, 即

$$T \leqslant T' = T^i \leqslant T_{n(i)}.$$

由 k 的选择知, $n(k) \leqslant n(i)$, 这将使得 $(T, T_{n(i)})$ 是坏序列 $(T_n)_{n\in\mathbb{N}}$ 中的一个好对. 因此, (T, T') 也是 $(T^k)_{k\in\mathbb{N}}$ 的一个好对, 这就证明了 A 被良拟序化.

由引理 12.1.3 知 [1], $[A]^{<w}$ 中的序列 $(A_n)_{n\in\mathbb{N}}$ 有一个好对 (A_i, A_j). 设 $f: A_i \to A_j$ 是一个单射, 使得对所有的 $T \in A_i$ 都有 $T \leqslant f(T)$. 现在, 令 $\varphi(r_i) := r_j$, 我们就把嵌入 $T \to f(T)$ 的并扩展成一个从 $V(T_i)$ 到 $V(T_j)$ 的映射 φ. 这个映射 φ 保持了 T_i 的树序, 而且它定义了一个嵌入蕴含着 $T_i \leqslant T_j$, 这是因为边 $r_i r \in T_i$ 很自然地映射到路 $r_j T_j \varphi(r)$ 上. 因此, (T_i, T_j) 是原来的有根树的坏序列中的一个好对, 矛盾. □

12.3 树 分 解

从定理 1.5.1 和推论 1.5.2, 以及更深刻的 Kruskal 定理这些例子中, 我们不难看出树是具有一些与众不同并且很重要性质的一类图. 因此, 自然地要问这些性质在多大程度上可以移植到更一般的图上, 即本身不是树但是在某种意义 [2] 上与树很类似的图上. 在这一节, 我们研究一个类似于树的概念, 它可以推广前面所有提到的树性质 (包括 Kruskal 定理), 并且在图子式定理的证明中起着至关重要的作用.

设 G 是一个图, T 是一棵树, $\mathcal{V} = (V_t)_{t\in T}$ 是一族顶点集 $V_t \subseteq V(G)$, 它以树 T 的节点 t 为下标. 如果 $(T, \mathcal{V})$ 满足下面三个条件, 我们就把它叫做图 G 的一个**树分解** (tree-decomposition): [3]

(T1) $V(G) = \bigcup_{t\in T} V_t$;

(T2) 任给一条边 $e \in G$, 存在一个节点 $t \in T$ 使得 e 的两个端点都在 V_t 中;

(T3) 若 $t_1, t_2, t_3 \in T$ 并且满足 $t_2 \in t_1 T t_3$, 那么 $V_{t_1} \cap V_{t_3} \subseteq V_{t_2}$ 成立.

条件 (T1) 和 (T2) 合在一起蕴含着 G 是子图 $G[V_t]$ 的并, 我们称这些子图以及集合 V_t 本身为 $(T, \mathcal{V})$ 的**部分** (parts), 并且称 $(T, \mathcal{V})$ 是图 G 的分解成 (into) 这些部分的一个树分解. 条件 (T3) 蕴含着 $(T, \mathcal{V})$ 的部分粗看起来像一棵树 (图 12.3.1).

下面讨论树分解在图子式定理的证明中所扮演的角色, 在此之前, 我们先给出几条关于它的基本性质. 考虑图 G 的一个固定树分解 $(T, \mathcal{V})$, 这里 $\mathcal{V} = (V_t)_{t\in T}$ 的定义如上.

树分解的最重要特性之一是它把树的分离性质保持到分解后的图上.

---

1 如果读者担心我们不仅需要关于集合的, 也需要关于序列或者多重集的引理, 那么注意到 A_n 中的同构元素并不是等同的: 我们总是有 $|A_n| = d(r_n)$.

2 “某种意义”具体指什么, 将依赖于所考虑的性质和具体的应用.

3 译者注: 为了区分图的顶点和树分解中 T 的顶点, 在这一章, 作者把 T 的顶点称作节点 (node).

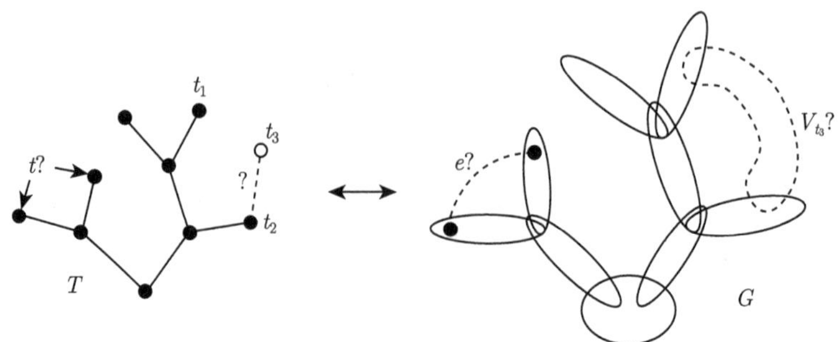

图 12.3.1　不满足 (T2) 和 (T3) 的边和部分

引理 12.3.1　设 t_1t_2 是 T 的任意一条边, T_1 和 T_2 是 $T-t_1t_2$ 的分支, 这里 $t_1\in T_1, t_2\in T_2$, 那么 $V_{t_1}\cap V_{t_2}$ 在 G 中分离 $U_1:=\bigcup_{t\in T_1}V_t$ 和 $U_2:=\bigcup_{t\in T_2}V_t$ (图 12.3.2).

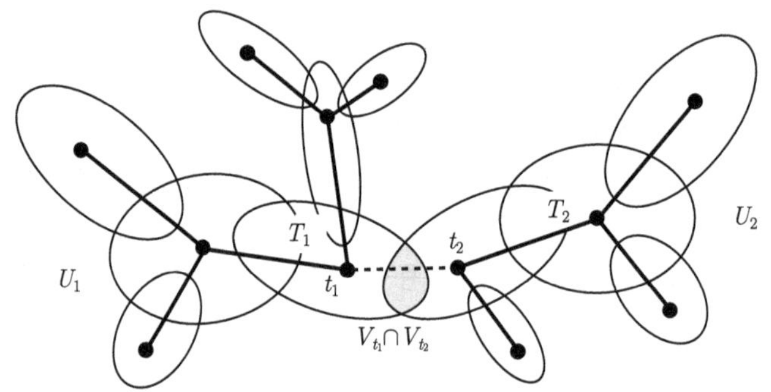

图 12.3.2　在 G 中 $V_{t_1}\cap V_{t_2}$ 分离 U_1 和 U_2

证明　在树 T 中, 对任意的 $t\in T_1$ 和 $t'\in T_2$, t_1 和 t_2 都在每条 t-t' 路上. 所以, 由条件 (T3) 知 $U_1\cap U_2\subseteq V_{t_1}\cap V_{t_2}$, 因此我们只需证明 G 中不存在边 u_1u_2 使得 $u_1\in U_1\backslash U_2$ 和 $u_2\in U_2\backslash U_1$. 如果 u_1u_2 是这样一条边, 那么由 (T2) 知, 存在一个 $t\in T$ 使得 $u_1,u_2\in V_t$. 根据 u_1 和 u_2 的选取, 我们既没有 $t\in T_2$ 也没有 $t\in T_1$, 矛盾. □

我们把引理 12.3.1 中 G 的分离 $\{U_1,U_2\}$ 称作由 T 的边 t_1t_2 所导出的分离, 或者更一般地称作由树分解 $(T,\mathcal{V})$ 导出的分离. 分离集 $U_1\cap U_2=V_{t_1}\cap V_{t_2}$ 叫做 V_{t_1} 和 V_{t_2} 的附着集.

树分解的**附着力** (adhesion) 是它的附着集的最大阶. (如果 T 是平凡的, 我们令附着力为零.) 树分解的**躯干** (torsos) 是指通过把部分 $G[V_t]$ 中的附着集完备化而得到的母图: 对任意不在 G 中的边, 如果边的两个端点属于一个共同的附着集 $V_t\cap V_{t'}$ (这里 $tt'\in E(T)$), 就把这个边加到 $G[V_t]$ 中.

注意到, 树分解可以被传递到子图上. 事实上, 树分解甚至可以被传递到子式上.

引理 12.3.2 对每个 $H \subseteq G$, $(T, (V_t \cap V(H))_{t\in T})$ 是图 H 的一个树分解. □

引理 12.3.3 假设 G 是一个 IH, 它的分支集为 U_h $(h \in V(H))$. 设 $f : V(G) \to V(H)$ 是一个映射, 它把 G 的每个顶点映射到包含这个顶点的那个分支集的指标上. 对每个 $t \in T$, 令 $W_t := \{ f(v) \mid v \in V_t \}$ 和 $\mathcal{W} := (W_t)_{t\in T}$, 则 $(T, \mathcal{W})$ 是图 H 的一个树分解.

证明 对于 $(T, \mathcal{W})$, 条件 (T1) 和 (T2) 成立可以从它们对 $(T, \mathcal{V})$ 成立直接推出. 设 $t_1, t_2, t_3 \in T$ 满足条件 (T3), 考虑 H 中的一个顶点 $h \in W_{t_1} \cap W_{t_3}$, 我们证明 $h \in W_{t_2}$. 由 W_{t_1} 和 W_{t_3} 的定义知, 集合 U_h 和 V_{t_1} 和 V_{t_3} 均相交. 因为 U_h 在 G 中是连通的, 由引理 12.3.1 知, U_h 也和 V_{t_2} 相交. 根据 V_{t_2} 的定义, 所以 $h \in W_{t_2}$. □

下面是引理 12.3.1 的另外一个有用的推论:

引理 12.3.4 如果一个顶点集不包含在 $(T, \mathcal{V})$ 的任意一个部分中, 那么这个顶点集一定包含两个被 $(T, \mathcal{V})$ 的一个附着集所分离的顶点.

证明 给定 $W \subseteq V(G)$, 我们按下面的方法对 T 的边进行定向: 对每条边 $t_1t_2 \in T$, 和引理 12.3.1 中一样来定义 U_1, U_2, 那么 $V_{t_1} \cap V_{t_2}$ 分离 U_1 和 U_2. 除非 $V_{t_1} \cap V_{t_2}$ 分离 W 中的两个顶点, 否则我们总可以找到一个 $i \in \{1, 2\}$ 使得 $W \subseteq U_i$, 并且把 t_1t_2 的定向指向 t_i.

设 t 是 T 中一条极大有向路的最后一个节点, 那么 T 在 t 的所有边都指向 t, 我们证明 $W \subseteq V_t$. 给定 $w \in W$, 设 $t' \in T$ 使得 $w \in V_{t'}$. 如果 $t' \neq t$, 那么和 t 关联的且在 T 中分离 t' 和 t 的边 e 指向 t, 所以在 $T - e$ 的包含 t 的分支中, 存在某个 t'' 使得 w 属于 $V_{t''}$. 因此, 由 (T3) 知, $w \in V_t$. □

下面这个结果是引理 12.3.4 的一个特殊情形, 我们会经常用到它.

推论 12.3.5 图 G 的任意完全子图都包含在 $(T, \mathcal{V})$ 的某个部分中. □

给定图 G 的树分解 $(T, \mathcal{V})$, 如果所有的分离 $V_{t_1} \cap V_{t_2}$ 都导出 G 的完全子图, 则称这个树分解是**单纯的** (simplicial). 这个假设使得我们可以把树分解的每个部分上的结论提升到图 G 本身. 例如, 如果图 G 的一个单纯树分解的每个部分是 k-可着色的, 那么图 G 本身也是 k-可着色的 (练习 19). 同样地, 对某些固定的 r, 不包含 K^r 子式这一性质也是如此.

反过来, 如果 G 可以通过沿着完全子图粘贴 $\mathcal{H}$ 中的图递归地构造出来, 那么 G 有一个单纯树分解, 使得每个部分是 $\mathcal{H}$ 中的元素. 例如, 由 Wagner 定理 (7.3.4) 知, 任意不包含 K^5 子式的图有一个母图, 它具有一个单纯树分解, 使得每个部分是平面三角剖分或者 Wagner 图 W 的拷贝; 对不包含 K^4 子式的图, 类似结论也成立 (见命题 12.6.2).

因此, 树分解可以让我们得到一些关于图性质的直观的结构性刻画. 一个特别

简单的例子是下面这个关于弦图的刻画:

命题 12.3.6 图 G 是弦图当且仅当 G 有一个树分解使得每个部分是完全的.

证明 我们对 $|G|$ 使用归纳法. 首先假设 G 有一个树分解 $(T,\mathcal{V})$ 使得对每个 $t\in T$, $G[V_t]$ 都是完全的, 我们选择 $(T,\mathcal{V})$ 使得 $|T|$ 最小. 如果 $|T|\leqslant 1$, 那么 G 是完全的, 所以是弦图. 因此, 设 $t_1t_2\in T$ 是一条边, 且对 $i=1,2$ 像引理 12.3.1 中那样定义 T_i 和 $G_i:=G[U_i]$, 则由 (T1) 和 (T2) 知, $G=G_1\cup G_2$, 并且由引理知 $V(G_1\cap G_2)=V_{t_1}\cap V_{t_2}$, 所以 $G_1\cap G_2$ 是完全的. 因为 $(T_i,(V_t)_{t\in T_i})$ 是 G_i 的一个具有完全部分的树分解, 所以根据归纳假设知 G_1 和 G_2 都是弦图. (根据 $(T,\mathcal{V})$ 的选择, 两个 G_i 都不是 $G[V_{t_1}\cap V_{t_2}]=G_1\cap G_2$ 的子图, 因此 G_i 均比 G 小.) 因为 $G_1\cap G_2$ 是完全的, 故 G 中的任何导出圈在 G_1 中或者 G_2 中, 因此它有一个弦, 所以 G 也是弦图.

反过来, 假设 G 是弦图. 如果 G 是完全图, 无须证明; 否则, 由命题 5.5.1 知, 图 G 是小的弦图 G_1 和 G_2 的并, 并且 $G_1\cap G_2$ 是完全的. 根据归纳假设, G_1 和 G_2 有树分解 $(T_1,\mathcal{V}_1)$ 和 $(T_2,\mathcal{V}_2)$ 使得每个部分是完全的. 运用推论 12.3.5, 对每种情形 $G_1\cap G_2$ 都包含在其中的一个部分中, 不妨设对应的指标为 $t_1\in T_1$ 和 $t_2\in T_2$. 可以容易地验证, $((T_1\cup T_2)+t_1t_2,\mathcal{V}_1\cup\mathcal{V}_2)$ 是 G 的一个树分解使得每个部分是完全的. □

作为本节的结束, 我们考虑树分解对连通性的一个应用, 它推广了引理 3.1.4 中关于块-割点的结果. 至少 k 个顶点的集合 $U\subseteq V(G)$ 被称作在 G 中是*$(<k)$-不可分的*, 如果 U 中任意两个顶点都不能被 G 中少于 k 个其他顶点 (可以属于也可以不属于 U) 分离.

一个极大的 $(<k)$-不可分顶点集被叫做 ***k*-块** (k-block). 所以, 图的 1-块是它的分支; 2-块是第 3 章中定义的支撑一个块的非单点集. 一般地, k-块不一定导出高连通子图, 因为组成 $(<k)$-不可分集合的顶点之间的很多路可能都在集合之外, 所以它的“连通性”由周围的图来衡量, 它的顶点本身可能组成一个独立集.

定理 12.3.7 对任何整数 $k\geqslant 1$, 每个图 G 都有一个具有下面性质的树分解 $(T,\mathcal{V})$.

(i) $(T,\mathcal{V})$ 的附着力 $<k$.

(ii) 不同的 k-块包含在不同的部分中. 进一步地, 每两个块被一个附着集所分离, 而这个附着集不比 G 中分离这两个块的最小顶点集来得大.

(iii) G 每个自同构作用于 $(T,\mathcal{V})$ 的部分集合上, 并且它在 $V(T)$ 上所导出的作用是 T 的一个自同构.

注意到, 由 (i) 和引理 12.3.4, 每个 k-块包含在某个部分中. 根据 (i) 和 (T3), 这个部分是唯一的, 因此 (ii) 中的部分是恰当定义的. 命题 (iii) 意味着, 对 G 的每个自同构 φ 以及每个 $t\in T$, 集合 $\varphi(V_t)$ 是另外一个部分 $V_{t'}$ (也可能是 V_t), 并且这

个映射 $\varphi: t \mapsto t'$ 是 T 的一个自同构, 更多的解释可以参考本章末的注释.

12.4 树 宽

正如图 12.3.1 所显示的那样, $(T, \mathcal{V})$ 的部分反映了树 T 的结构, 因此在这种意义下, 分解了的图 G 有类似于树的结构. 然而, 这只有当忽略每个部分在 G 中的内部结构的时候才更明显: 部分越小, 和树的相似程度越高.

前面的观察启发了下面的概念. $(T, \mathcal{V})$ 的**宽度** (width) 定义为

$$\max\{|V_t| - 1 \mid t \in T\},$$

而图 G 的**树宽** (tree-width) $\mathrm{tw}(G)$ 是 G 的所有树分解的宽度的最小值. 容易验证,[4]树本身的树宽为 1.

由引理 12.3.2 和引理 12.3.3 知, 一个图的树宽不会随着删除边或者收缩边而增加:

引理 12.4.1 *如果 $H \preccurlyeq G$, 则 $\mathrm{tw}(H) \leqslant \mathrm{tw}(G)$.* □

具有有界树宽的图和树非常相似, 我们甚至可以把 Kruskal 定理的证明稍加修改运用到这类图上来. 粗略地讲, 我们需要把引理 12.1.3 的证明中的"极小坏序列"的论证反复运用 $\mathrm{tw}(G)$ 次. 这就使得我们离图子式定理的证明更近了一步:

定理 12.4.2 (Robertson and Seymour, 1990) *对每个整数 $k > 0$, 树宽 $< k$ 的图集合被子式关系良拟序化.*

为了使用定理 12.4.2 来证明完整的图子式定理, 我们应该找到一些不满足这个定理条件的图的结果, 即对树宽较大的图找到一些有用的信息, 下一个定理 (即**树宽对偶定理** (tree-width duality theorem)) 恰好可以实现这个想法: 它揭示了使用小树宽图的结果所遇到的根本障碍, 这个结构性现象出现在一个图中当且仅当图的树宽较大.

我们称 $V(G)$ 的两个子集相互**接触** (touch), 如果它们有一个公共顶点或 G 包含一条它们之间的边. 图 G 中一族互相接触的连通顶点集叫一个**刺藤** (bramble). 我们推广第 2 章的覆盖: 如果 $V(G)$ 的一个子集和刺藤 $\mathcal{B}$ 中每个元素都相交, 就称这个顶点集**覆盖** (cover) 刺藤 $\mathcal{B}$ (或是 $\mathcal{B}$ 的一个**覆盖** (cover)). 覆盖刺藤的最少顶点个数称为刺藤的**阶** (order). ***k*-刺藤** (k-bramble) 是指一个阶为 k 的刺藤.

刺藤的一个典型例子是网格中的一族交叉. $k \times k$ **网格** (grid) 是一个 $\{1, 2, \cdots, k\}^2$ 上的图, 它的边集为

$$\{\,(i, j)(i', j') : \ |i - i'| + |j - j'| = 1\,\}.$$

4 事实上, 宽度定义中的"-1"并没有什么实际意义, 只是为了使这个命题成立.

这个网格的**交叉** (cross) 是 k^2 个集合

$$C_{ij} := \{\,(i,\ell) \mid \ell = 1,\cdots,k\} \cup \{(\ell,j) \mid \ell = 1,\cdots,k\}.$$

因此, 交叉 C_{ij} 是网格的第 i 行和第 j 列的并. 显然, $k \times k$ 网格的这些交叉形成一个 k-刺藤: 它们被任意的行或列覆盖, 与此同时任何少于 k 个顶点的集合未接触到一行以及一列, 因此漏掉一个交叉.

定理 12.4.3 (Seymour and Thomas, 1993) 设 $k \geqslant 0$ 是一个整数, 一个图的树宽 $< k$ 当且仅当它不包含一个阶数 $> k$ 的刺藤.

证明 设 $G = (V, E)$ 是一个图. 对于充分性, 设 $\mathcal{B}$ 是图 G 的任意刺藤, 我们证明 G 的每个树分解 $(T, (V_t)_{t\in T})$ 都有一个部分来覆盖 $\mathcal{B}$.

像引理 12.3.4 的证明一样, 首先给 T 的边 t_1t_2 定向. 如果 $X := V_{t_1} \cap V_{t_2}$ 覆盖 $\mathcal{B}$, 我们完成证明; 否则, 对每个和 X 不相交的 $B \in \mathcal{B}$ 都存在一个 $i \in \{1, 2\}$ 使得 $B \subseteq U_i \setminus X$ (定义见引理 12.3.1). 我们已知 B 是连通的, 因为这些 B 是互相接触的, 所以这个 i 对所有这样的 B 是相同的. 现在, 我们把边 t_1t_2 定为指向 t_i.

如果 T 的每条边按照这种方式定向, 那么它有一个节点 t 使得所有与 t 关联的边都指向 t, 因此 V_t 覆盖 $\mathcal{B}$—— 就像在引理 12.3.4 的证明中一样.

对于必要性的证明, 考虑 G 的一个树分解 $(T, \mathcal{V})$, 这里 $\mathcal{V} = (V_t)_{t\in T}$. 如果 x 是 T 的叶子并满足 $|V_x| > k$ 以及关联边 $xy \in T$, 我们把集合 $V_x \setminus V_y$ 叫做 x 的**花瓣** (petal). 如果对至少一个 t 有 $|V_t| \leqslant k$ 而且只要 t 不是叶子就有 $|V_t| \leqslant k$, 那么我们称分解 $(T, \mathcal{V})$ 是**好的** (good). 因此具有 $|V_x| > k$ 的任意叶子 x 的邻点 y 均满足 $|V_y| \leqslant k$, 所以好的树分解中的花瓣是非空的并且有最多 k 个邻点.

假设 $\mathrm{tw}(G) \geqslant k$, 我们希望寻找一个阶 $> k$ 的刺藤. 一开始, 考虑两个好树分解 $(T_1, \mathcal{V}_1)$ 和 $(T_2, \mathcal{V}_2)$, 这里 $T_1 \cap T_2 = \varnothing$, 且 $x \in T_1$ 的花瓣是 X 而 $y \in T_2$ 的花瓣是 Y. 假定 $(T_1, \mathcal{V}_1)$ 对应于 x 的部分恰好是 $X \cup N(X)$, $(T_2, \mathcal{V}_2)$ 对应于 y 的部分恰好是 $Y \cup N(Y)$, $(T_1, \mathcal{V}_1)$ 中的花瓣都不包含 Y, $(T_2, \mathcal{V}_2)$ 中的花瓣都不包含 X, 且 X 和 Y 不接触. 那么我们有下面的结论:

存在一个好的树分解 $(T, \mathcal{V})$, 它的所有花瓣包含在 $(T_1, \mathcal{V}_1)$ 和 $(T_2, \mathcal{V}_2)$ 的花瓣中, 并且 X 和 Y 均不是花瓣. (∗)

确实, 因为 X 和 Y 不接触, 所以集合 $N(X)$ 与 X 以及 Y 均不相交, 并且 $N(X)$ 在 G 中分离 X 和 Y. 因此, G 有一个分离 $\{A, B\}$ 使得 $X \subseteq A \setminus B$ 和 $Y \subseteq B \setminus A$. 由于 X 是一个花瓣, 故 $|N(X)| \leqslant k$, 选择 $\{A, B\}$ 具有最小的阶以保证 $S := A \cap B$ 的大小最多为 k. 因为 S 的极小性和 Menger 定理 (3.3.1), 存在 $G[A]$ 中一个不交 S-$N(X)$ 路的族 $\{\,P_s \mid s \in S\,\}$ 以及 $G[B]$ 中一个不交 S-$N(Y)$ 路的族 $\{\,Q_s \mid s \in S\,\}$.

设 H 是 G 的一个子式, 它通过删除 $A \setminus \bigcup_{s\in S} V(P_s)$ 以及收缩每条路 P_s 而得到. 把收缩的分支集 $V(P_s)$ 用 s 来代表, 那么 H 可以看成由 $G[B]$ 被加上若干条边到 S 中而得到的. 设 $(T_1, \mathcal{V}_1')$ 是如同引理 12.3.2 和引理 12.3.3 中那样 $(T_1, \mathcal{V}_1)$ 在 H 上导出的树分解, 并把它看成 $G[B]$ 的树分解. 所以对任意 $t \in T_1$, 不妨设部分 $V_t^1 \in \mathcal{V}_1$, 那么 $\mathcal{V}_1'$ 的部分 V_t 就是

$$V_t = (V_t^1 \cap B) \cup \{\, s \in S \mid V_t^1 \cap V(P_s) \neq \varnothing \,\} \tag{1}$$

(图 12.4.1). 特别地, 因为 $V_x = X \cup N(X) \subseteq A$ 以及 $N(X)$ 与每个 P_s 相交, 所以 $V_x = S$. 类似地, 设 J 是 G 的一个子式, 它通过删除 $B \setminus \bigcup_{s\in S} V(Q_s)$ 以及收缩路 Q_s 而得到的. 设 $(T_2, \mathcal{V}_2')$ 是 $(T_2, \mathcal{V}_2)$ 在 J 上导出的树分解, 和前面一样, 我们把它看成是 $G[A]$ 的树分解, 这里 S 是对应于 y 的部分.

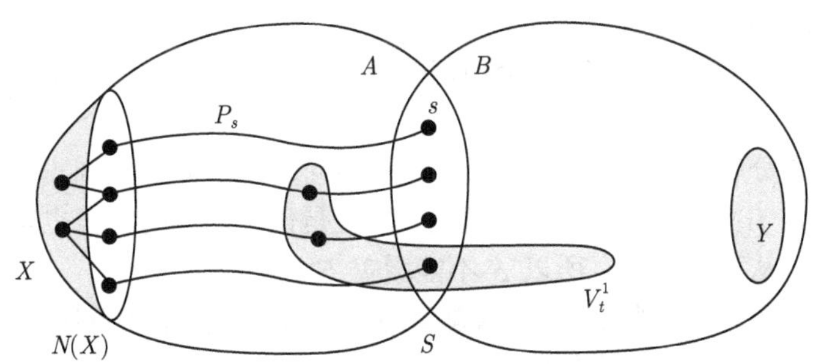

图 12.4.1　为了从 $V_t^1 \cap B$ 得到 V_t, 从 S 中添加两个顶点

设 T 是从 (不交) 树 T_1 和 T_2 通过把顶点 x 和 y 重合成一个新的节点 r 而得到的. 由于 Y 和 X 是非空的, 所以 x 不是 T_1 的唯一节点且 y 不是 T_2 的唯一节点, 从而 r 不是 T 的叶子. 令 $V_r := S$. 对所有 $t \in T - r$, 设 V_t 是在 $\mathcal{V}_1'$ 中或者 $\mathcal{V}_2'$ 中对应于 t 的部分, 这里如果 $t \in T_1$, 就把它看成 B 的子集; 如果 $t \in T_2$, 就看成 A 的子集. 我们将证明具有 $\mathcal{V} = (V_t)_{t\in T}$ 的分解 $(T, \mathcal{V})$ 是 G 的一个满足 $(*)$ 的好树分解.

应用 $(T_1, \mathcal{V}_1')$ 和 $(T_2, \mathcal{V}_2')$ 分别是 $G[B]$ 和 $G[A]$ 的树分解这一事实, 不难验证 $(T, \mathcal{V})$ 确实是 G 的一个树分解. T 的非叶子顶点恰好是 T_1 和 T_2 中非叶子顶点再加上 r. 我们已经知道 $|S| \leqslant k$. 对 $t \in T_1 - x$, 它在 $\mathcal{V}$ 中的部分 V_t 不会比它在 $\mathcal{V}_1$ 中的部分 V_t^1 来得大: 由 (1), 对每个 $s \in V_t \setminus V_t^1$, 存在 P_s 在 $V_t^1 \setminus V_t$ 中的一个顶点. 类似地, 对应于 $t \in T_2$ 的部分 V_t 也不比它在 $\mathcal{V}_2$ 中所对应的部分大. 所以, $(T, \mathcal{V})$ 是一个好树分解.

为了证明 $(T, \mathcal{V})$ 满足 $(*)$, 考虑 T 的一个叶子 z 在 $(T, \mathcal{V})$ 中的一个花瓣 Z, 则 z 也是 T_1 或者 T_2 的叶子. 我们假设 $z \in T_1$, 那么有 $V_z \subseteq B$. 由 $(T, \mathcal{V})$ 的公理 (T3), $V_z \cap V_r$ 的任意顶点属于 V_z 的附着集, 因此 $Z \cap S = \varnothing$, 所以 $Z \subseteq B \setminus A$. 但

是, 这蕴含着 Z 包含在 z 在 $(T_1, \mathcal{V}_1)$ 中的花瓣 Z_1 中: 请记得对应于 $\mathcal{V}_1$ 中 z 的部分 V_z^1 的大小至少是 $|V_z| > k$ (因此它有花瓣) 并且除了 A 中的顶点外它和 V_z 是相同的; 同样地, z 在 T_1 和 T 中的邻点也有同样的结论. 最后, 因为 $X \subseteq A \setminus B$, 故有 $Z \neq X$, 因为由假设知道 z 在 $(T_1, \mathcal{V}_1)$ 中的花瓣 $Z_1 \supseteq Z$ 不包含 Y, 所以 $Z \neq Y$. 我们证明了 $(*)$.

现在我们用 $(*)$ 来找到一个阶 $> k$ 的刺藤. 因为 $\mathrm{tw}(G) \geqslant k$, 所以 G 的每个好树分解都有一个花瓣. 特别地, 好的树分解的所有花瓣的集合 $\mathcal{B}$ 满足

(i) $\mathcal{B}$ 包含每个好树分解的一个花瓣;

(ii) 在对花瓣取超集合的运算下, $\mathcal{B}$ 是封闭的: 如果 $X \subseteq X'$ 是好树分解的两个花瓣且 $X \in \mathcal{B}$, 那么 $X' \in \mathcal{B}$.

设 $\mathcal{B}$ 是满足 (i) 和 (ii) 的好树分解的一个极小花瓣集合, 并令 $\mathcal{B}' := \{X \in \mathcal{B} \mid G[X]$ 是连通的$\}$.

我们首先证明不存在最多 k 个顶点的集合 S 覆盖 $\mathcal{B}'$. 因为 $\mathrm{tw}(G) \geqslant k$, 我们有 $V \setminus S \neq \varnothing$, 且如果 $C_1, \cdots, C_n$ 是 $G - S$ 的分支, 那么 G 有一个分解成 S 和集合 $V(C_i) \cup S$ 的树分解, 这个分解的树是一个星并且 S 是它的中心部分. 这是一个好树分解, 因此由 (i) 知它在 $\mathcal{B}$ 中有一个花瓣. 但是任何这样的花瓣也是 C_i 的花瓣, 故它是连通的, 从而属于 $\mathcal{B}'$. 所以 S 不能覆盖 $\mathcal{B}'$, 得证.

我们通过证明 $\mathcal{B}$ 中任意两个集合都接触来完成这个定理的证明. 反证, 如果存在 $X, Y \in \mathcal{B}$ 不接触, 那么把它们取成是 $\mathcal{B}$ 中 $\subseteq$-极小的. 因为 $\mathcal{B} \setminus \{X\}$ 和 $\mathcal{B} \setminus \{Y\}$ 依然满足 (ii), 所以 $\mathcal{B}$ 的极小性蕴含着它们违反了 (i). 因此存在一个好树分解 $(T_1, \mathcal{V}_1)$, 它在 $\mathcal{B}$ 中的唯一花瓣是 X, 以及一个好树分解 $(T_2, \mathcal{V}_2)$, 它在 $\mathcal{B}$ 中的唯一花瓣是 Y. 我们可以从它们所对应的部分中删去 $X \cup N(X)$ 和 $Y \cup N(Y)$ 外面的所有顶点, 因此不妨假定这些部分恰好是 $X \cup N(X)$ 和 $Y \cup N(Y)$. (整理后的部分的大小还是 $> k$ 的, 否则的话, 修改后的树分解在 $\mathcal{B}$ 中将没有花瓣.) 由于 $(T_1, \mathcal{V}_1)$ 中任意包含 Y 的花瓣是在 $\mathcal{B} \setminus \{X\}$ 中的, 根据 (ii), 不存在这样的花瓣; 同样地, $(T_2, \mathcal{V}_2)$ 中没有花瓣包含 X. 所以, $(T_1, \mathcal{V}_1)$ 和 $(T_2, \mathcal{V}_2)$ 满足 $(*)$ 的假定.

由 $(*)$, $(T_1, \mathcal{V}_1)$ 和 $(T_2, \mathcal{V}_2)$ 产生了 G 的一个好树分解 $(T, \mathcal{V})$, 它在 $\mathcal{B}$ 中没有花瓣, 与 (i) 矛盾. □

通常, 定理 12.4.3 是使用图的**刺藤数** (bramble number)(即图中所有刺藤的最大阶数) 来表述的, 因此上一个定理可以叙述为: 图的树宽恰好比它的刺藤数小 1.

我们再次用 $k \times k$ 网格中的交叉刺藤来举例说明, 即使定理 12.4.3 中的充分性也十分有用: 这个刺藤的阶是 k, 所以由定理知 $k \times k$ 网格的树宽至少为 $k - 1$. (尝试不用这个定理来直接证明这个结果!)

事实上, $k \times k$ 网格的树宽是 k (练习 34). 但是, 比它的准确值更重要的事实是: 网格的树宽随着它尺寸的增大而趋于无穷大. 我们将看到, 大的网格子式是具

有小树宽图的另外一个根本性障碍: 不仅大的网格 (因此所有包含大的网格作为子式的图, 参照引理 12.4.1) 有大的树宽, 而且反过来, 每个具有大树宽的图包含一个大的网格子式 (定理 12.6.3).

在 12.5 节中我们会把它们放在纠缠这一更宽广的框架内讨论. 纠缠是图子式理论的另外一个中心概念, 使用纠缠我们可以对高连通子结构和树之间建立一个更一般的对偶理论, 定理 12.4.3 将是它的特殊情形.

树宽可以表达成:

命题 12.4.4 $\mathrm{tw}(G) = \min\{\omega(H) - 1 \mid G \subseteq H, 且\ H\ 是弦图\}$.

证明 根据推论 12.3.5 和命题 12.3.6, 达到最小的每个图 H 都有一个宽度为 $\omega(H) - 1$ 的树分解. 由引理 12.3.2 知, 每个这样的树分解都导出 G 的一个树分解, 所以对每个 H, 有 $\mathrm{tw}(G) \leqslant \omega(H) - 1$.

反过来, 我们构造一个上面提到的 H 使得 $\omega(H) - 1 \leqslant \mathrm{tw}(G)$. 设 $(T, \mathcal{V})$ 是 G 的一个宽度为 $\mathrm{tw}(G)$ 的树分解. 对每个 $t \in T$, 设 K_t 是 V_t 上的完全图, 记 $H := \bigcup_{t \in T} K_t$. 显然, $(T, \mathcal{V})$ 也是 H 的一个树分解. 根据命题 12.3.6, H 是一个弦图, 再由推论 12.3.5 知, $(T, \mathcal{V})$ 的宽度至少为 $\omega(H) - 1$, 即 $\mathrm{tw}(G)$ 至少为 $\omega(H) - 1$. □

我们称图 G 具有 $\mathcal{V} = (V_t)_{t \in T}$ 的树分解 $(T, \mathcal{V})$ 是**连接的** (linked), 或者**瘦的** (lean), [5] 如果它满足下面的条件:

(T4) 给定 $t_1, t_2 \in T$ 以及顶点集 $Z_1 \subseteq V_{t_1}$ 和 $Z_2 \subseteq V_{t_2}$ 使得 $|Z_1| = |Z_2| =: k$, 则 G 或者包含 k 条互不相交的 Z_1-Z_2 路, 或者存在一条边 $tt' \in t_1 T t_2$ 使得 $|V_t \cap V_{t'}| < k$.

在一个瘦的树分解中, "分支"中已经删除了那些对保持连通性没有必要的"累赘". 确实, 如果一个分支是厚的 (即沿着 T 中的一条路的附着集 $V_t \cap V_{t'}$ 都是大的), 则 G 在这个分支上是高度连通的, 而且每个部分本身的连通性不比在 G 中要求的"外部连通性"来得大: 对 $t_1 = t_2$, (T4) 指出两个顶点 k-集合同时属于一个公共部分, 只有当它们在 G 中可以被少于 k 顶点分离时才会发生.

在试图把图树分解成"小"部分的过程中, 我们有两个准则可以选择: 一是宽度的整体上"最坏情形"准则, 另一个是更精密的关于瘦度的局部准则. 令人意外的是, 我们总是可以找到一个树分解使得对于这两个准则同时是最优的.

定理 12.4.5 (Thomas, 1990) *每个图 G 有一个树宽为 $\mathrm{tw}(G)$ 的瘦树分解.*

我们要求树分解满足的另外一个自然性质是, 部分作为 G 的导出子图是连通的. 我们把这样的树分解叫做**连通的** (connected), 而 G 的**连通树宽** (connected tree-width) $\mathrm{ctw}(G)$ 是 G 连通树分解的最小宽度.

大部分的图的连通树宽比通常的树宽要大. 例如, 每个圈的树宽是 2, 但是

5 选择哪个术语依赖于我们强调 (T4) 的两个对偶性质中的哪一个.

$\mathrm{ctw}(C^n) = \lceil n/2 \rceil$ (练习 33). 和通常的树宽不同, G 的子图的连通树宽可以比 G 的大. (例如, 设 G 是在一个长圈的相对顶点上加弦而得到的图.) 然而, 如果 $C \subseteq G$ 是一个测地圈, 即对所有顶点 $u, v \in C$ 有 $d_C(u,v) = d_G(u,v)$, 则 $\mathrm{ctw}(C) \leqslant \mathrm{ctw}(G)$.

因此图中长测地圈的出现对于小的连通树宽是一个障碍, 正如对大的普通树宽一样. 然而, 根据下面的定理, 这是唯一的障碍:

定理 12.4.6 *存在一个函数 $f: \mathbb{N}^2 \to \mathbb{N}$ 使得每个树宽 $\leqslant w \in \mathbb{N}$ 的图, 如果它不包含一个长度 $> k \in \mathbb{N}$ 的测地圈, 那么它的连通树宽最多是 $f(w,k)$.*

12.5 纠 缠

在这一章, 我们已经看到稀疏图的几类子结构, 它们从某种意义上讲是高连通的, 但这些子结构并不是对某个大的 k 是 k-连通子图或者子式. 大网格的子式就是这样一个例子, 而 12.3 节末所定义的 k-块是另外一个例子, 高阶的刺藤也是一个例子. 这些子结构都有一个共同特点: 对图的每个低阶分离集, 它们都基本上 (虽然不一定完全地) 包含在分离集的一侧.

比如, 给定图 $G = (V, E)$ 的一个 k 阶刺藤 $\mathcal{B}$, 如果 $\{A, B\}$ 是一个阶 $< k$ 的分离集, 则 $A \setminus B$ 或者 $B \setminus A$ (但不同时地) 包含 $\mathcal{B}$ 的一个集合. 这将有助于我们证明树宽对偶定理中的那个简单蕴含关系: $\mathcal{B}$ 可以把附着力 $< k$ 的任意树分解 $(T, \mathcal{V})$ 中分解树的每条边定向, 使得边指向导出分离集中包含 $\mathcal{B}$ 中一个集合的那一侧, 因此边被定向为指向 T 的中心节点 t, 这里 V_t 覆盖 $\mathcal{B}$.

实际上, 有时我们只关心高连通子结构是如何对 G 的低阶分离集进行"定向"这一信息. 把这样的信息收集起来将得到有关高连通子结构的一个抽象概念: 纠缠. 这一节的目的就是把这个概念严谨化, 并根据定理 12.4.3 的精神证明关于纠缠的一个对偶定理, 同时指出如何使用这个定理来表达树结构和高连通子结构之间的广义对偶关系.

图 G 的分离 $\{A, B\}$ 的**定向** (orientation) 是指两个**定向分离** (oriented separation) (A, B) 和 (B, A). 我们称 (A, B) 是*定向的*, 或者它*指向* B 和 B 的子集. 给定分离的集合 S, 我们用 $\overrightarrow{S} := \{(A, B) \mid \{A, B\} \in S\}$ 记它们的所有定向的集合. S 的*定向*是 $\overrightarrow{S}$ 的子集 O, 它包含 S 中每个元素的两个定向中的恰好一个. 对定向分离的集合的族 $\mathcal{F}$, 如果 O 中的集合都不在 $\mathcal{F}$ 中, 我们就称 O **避开** (avoid) 了 $\mathcal{F}$.

给定 G 的定向分离 (A, B) 和 (C, D), 如果 $A \subseteq C$ 且 $B \supseteq D$, 那么我们记 $(A, B) \leqslant (C, D)$. 对于 G 的定向分离的集合 σ, 如果只要 $(A, B) \leqslant (C, D)$ 且 $(C, D) \in \sigma$, σ 就不包含 (B, A), 那么我们称集合 σ **是相容的** (consistent). [6] 如果对

6 直观上讲, 相容的 σ 是指它没有两个元素指向不同方向. 特别地, 它不包含任意给定分离的两个定向.

于不同的 $(A,B),(C,D)\in\sigma$ 都有 $(A,B)\leqslant(D,C)$, 那么称 σ 是定向分离的**星** (star) (图 12.5.1).

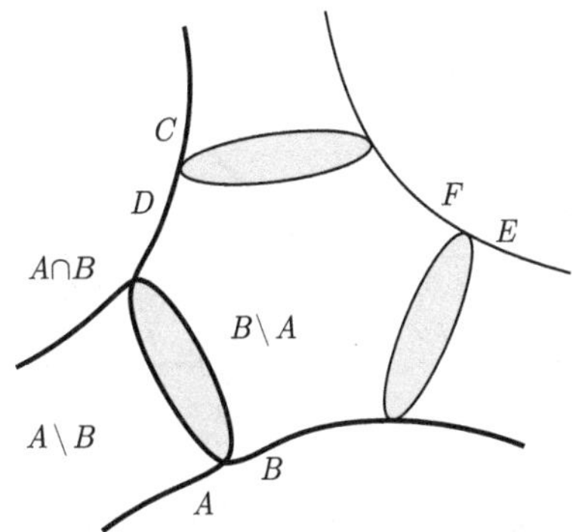

图 12.5.1　分离 $(A,B),(C,D),(E,F)$ 组成一个星

例如, 如果 $(T,\mathcal{V})$ 是 G 的一个树分解, 这里 $\mathcal{V}=(V_t)_{t\in T}$, 那么把 T 的边所导出的分离定向为指向某个固定的 V_t, 这样的定向是相容的. 在这个定向下, 关联 t 的边所对应的分离成为定向分离的一个星. 进一步地, G 的一个 k-块 X 对 G 中阶 $<k$ 的所有分离的集合 S_k 定义了一个相容的定向: 定向 $\{(A,B)\in\overrightarrow{S_k}\mid X\subseteq B\}$.

具有阶 $n\geqslant k$ 的刺藤 $\mathcal{B}$ 也给 S_k 定义了一个定向: 集合 $O=\{(A,B)\in\overrightarrow{S_k}\mid\exists X\in\mathcal{B}:X\subseteq B\setminus A\}$. 和 k-块的情形不同, 这里不需要一个固定的刺藤, 它包含在每个满足 $(A,B)\in O$ 的 B 中, 确实, 所有这样 B 的交集可能是空的. (例子?) 但是, O 本身用另外一种方式表明了 $\mathcal{B}$ 具有大的阶数, 即我们不能用少数几个满足 $(A,B)\in O$ 的 A 来覆盖 $\mathcal{B}$: 因为任何和 A 相交的刺藤集合也和 $A\cap B$ 相交 (这是因为它在 $B\setminus A$ 中和刺藤集有交), 并且 $|A\cap B|\leqslant k-1$, 因此需要至少 $n/(k-1)$ 个集合 A 来覆盖 $\mathcal{B}$. 这里的想法不仅反映了而且给出了 G 中一类高连通子结构, 从而引导我们到下一个概念.

阶为 k 的**纠缠** (tangle), 或者叫 ***k*-纠缠** (k-tangle), 是避开

$$\mathcal{T}:=\big\{\{(A_1,B_1),(A_2,B_2),(A_3,B_3)\}\ \big|\ G[A_1]\cup G[A_2]\cup G[A_3]=G\big\}$$

的 S_k 的一个定向. 没有提到阶数的纠缠称作 G 中的纠缠.

注意, 纠缠是相容的, 因为 $(A,B)\leqslant(C,D)$ 蕴含着 $G[B]\cup G[C]\supseteq G[D]\cup G[C]=G$. 设 $\mathcal{T}^*:=\{\sigma\in\mathcal{T}\mid\sigma$ 是一个星$\}$.

树 T 的定向边的集合 $\overrightarrow{E}(T)$ 是一个偏序集, 这里只要 $\overrightarrow{e}=(e,x,y)$ 和 $\overrightarrow{f}=(f,u,v)$ 是使得 T 中的 $\{x,y\}$-$\{u,v\}$ 路起始于 y 和终结于 u, 就有偏序关系 $\overrightarrow{e}\leqslant\overrightarrow{f}$.

给定 G 的分离所组成的集合 S, ***S*-树** (S-tree) 是一个对 (T,α) 使得 T 是一棵树, 而 $\alpha:\overrightarrow{E}(T)\to\overrightarrow{S}$ 遵守这些集合上的序并且具有倒置交换性质, 即如果 $\overrightarrow{e}\leqslant\overrightarrow{f}$

就有 $\alpha(\vec{e}) \leqslant \alpha(\vec{f})$ (图 12.5.2), 以及只要 $\alpha(\vec{e}) = (A, B)$ 就有 $\alpha(\overleftarrow{e}) = (B, A)$. 例如, 在树分解 $(T, \mathcal{V})$ 中, 对于它导出的分离集合 S, 分解把 T 做成一棵 S-树.

我们称 (T, α) 是**构建于 $\boldsymbol{\mathcal{T}^*}$ 上** (over $\mathcal{T}^*$) 的 S-树, [7] 如果对 T 的每个节点 t, α 把指入的关联边的集合 $\vec{F}_t := \{ (e, s, t) \in \vec{E}(T) \mid e = st \in T \}$ 映射到 $\mathcal{T}^*$ 的一个星.

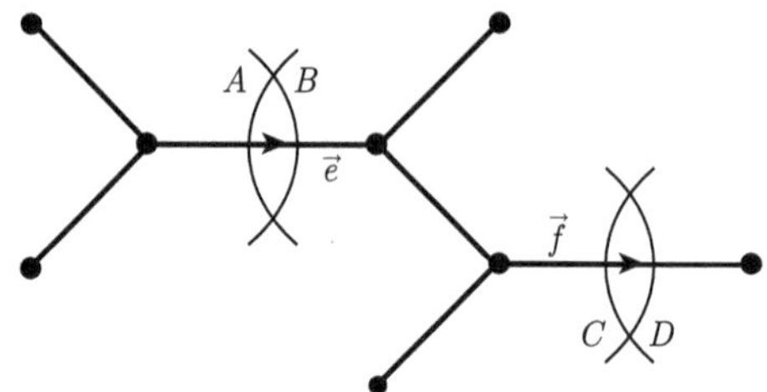

图 12.5.2　满足 $\alpha(\vec{e}) = (A, B) \leqslant (C, D) = \alpha(\vec{f})$ 的 S-树

定理 12.5.1 (Robertson and Seymour, 1991)　*对所有的图 G 和任何整数 $k > 0$, 下面的命题是等价的:*

(i) *G 有一个阶为 k 的纠缠;*

(ii) *S_k 有一个避免 $\mathcal{T}^*$ 的相容定向;*

(iii) *G 没有构建于 $\mathcal{T}^*$ 上的 S_k-树.*

在定理 12.5.1 的证明中, 我们需要一个关于"交叉"分离阶数的结论 (图 12.5.3). 给定 G 的两个分离 $\{A, B\}$ 和 $\{C, D\}$, 容易看出 $\{A \cup C, B \cap D\}$ 和 $\{A \cap C, B \cup D\}$ 也是 G 的分离. 这些**角落分离** (corner separation) 的阶数之和是

$$|(A \cup C) \cap (B \cap D)| + |(A \cap C) \cap (B \cup D)| = |A \cap B| + |C \cap D|. \qquad (\dagger)$$

(†) 式的重要部分是不等式"$\leqslant$", 有时它被称作**子模性** (submodularity). 比如, 它蕴含着在 S_k 中两个分离的任意两个对立的角落分离, 其中一个一定还在 S_k 中. 在定理 12.5.1 的证明中, 我们会两次用到这一事实.

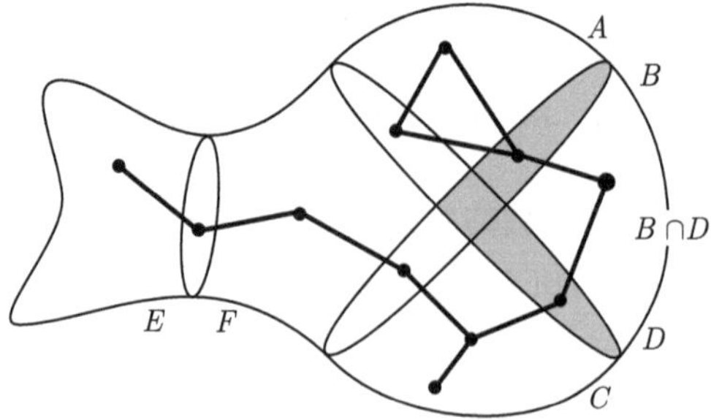

图 12.5.3　分离 $\{A \cup C, B \cap D\}$ 是 $\{A, B\}$ 和 $\{C, D\}$ 的四个角落分离中的一个

7 译者注: 这个概念要表述的是, 树 T 的边与集合 S 的元素关联 (通过映射 α) 而 T 的节点与集合 $\mathcal{T}^*$ 的元素关联.

引理 12.5.2 对 S_k 的任意相容定向 O, 如果 O 有一个子集在 $\mathcal{T}$ 中, 那么它也有一个子集在 $\mathcal{T}^*$ 中.

证明 考虑 $\mathcal{T}$ 中任意集合 $\sigma = \{(A_i, B_i) \mid i = 1,2,3\} \subseteq O$, 我们证明除非 σ 是一个星, 那么总可以把它的一个分离用 O 中的一个严格小的分离来代替, 并保持还在 $\mathcal{T}$ 中. 经过有限步, 我们可以把 σ 变成一个星 ——O 在 $\mathcal{T}^*$ 中的一个子集.

如果 σ 不是一个星, 我们可以假定 $(A_1, B_1) \not\leqslant (B_2, A_2)$. 由 (†) 和 $\sigma \subseteq \overrightarrow{S_k}$, 我们可以进一步假定 $(C, D) := (A_1 \cap B_2, B_1 \cup A_2) \in \overrightarrow{S_k}$; 另外一种情形, 即 $(B_1 \cap A_2, A_1 \cup B_2) \in \overrightarrow{S_k}$, 可以类似讨论. 因为 O 是相容的且 $(C, D) \leqslant (A_1, B_1) \in O$, 所以 $(D, C) \in O$ 不成立, 从而 $(C, D) \in O$. 但是 $(C, D) < (A_1, B_1)$, 这是因为由假定要么 $A_1 \not\subseteq B_2$ 要么 $B_1 \not\supseteq A_2$. 在 σ 中用 (C, D) 替换 (A_1, B_1) 所得到 σ' 就给出了想要的递减: 因为任意顶点或者 $G[A_1]$ 的不在 $G[C]$ 中的边都属于 $G[A_2]$ 中, 并且 $(A_2, B_2) \in \sigma'$, 因此我们得到 $\sigma' \in \mathcal{T}$. □

定理 12.5.1 的证明 因为纠缠是相容的, 由引理 12.5.2 知 (i) 和 (ii) 是等价的.

(ii)→(iii) 假设 G 有一个构建于 $\mathcal{T}^*$ 上的 S_k-树 (T, α), 那么 S_k 的任意定向 O 通过 α 定义了 T 边集的一个定向. 设 $t \in T$ 是 T 中任意一条极大路的最后一个节点, 这里路中的所有边的定向都是向前的. 那么关联 t 的所有边都是指向 t 的, 且 α 把这些定向的边映射到 $\mathcal{T}^*$ 中的一个星, 所以 O 不能避开 $\mathcal{T}^*$.

(iii)→(ii) 考虑集合 $O^- \subseteq \overrightarrow{S_k}$, 则它在 $\overrightarrow{S_k}$ 的序中是下闭的, 即对每个 $(A, B) \in \overrightarrow{S_k}$ 只要存在一个 $(C, D) \in O^-$ 使得 $(A, B) \leqslant (C, D)$, 那么 O^- 就包含 (A, B), 并且 O^- 包含所有满足 $|A| < k$ 的定向分离 (A, V): 它的逆 (V, A) 组成 $\mathcal{T}^*$ 中单独星的那些定向分离. 设 $\mathcal{T}^+ := \{\{(B, A)\} : (A, B) \in O^-\} \setminus \mathcal{T}^*$. 所以

$$O^- = \{(A, B) : \{(B, A)\} \in \mathcal{T}^* \cup \mathcal{T}^+\}. \qquad (*)$$

我们证明下面两个命题中的一个一定成立:

(1) S_k 有一个避开 $\mathcal{T}^* \cup \mathcal{T}^+$ 的相容定向;

(2) G 有一个构建于 $\mathcal{T}^* \cup \mathcal{T}^+$ 上的 S_k-树.

注意到, 当 $\mathcal{T}^+ = \varnothing$ 时, 这蕴含着 (iii)→(ii).

如果 O^- 包含一个分离 (X, Y) 以及它的逆 (Y, X), 那么由 $(*)$ 知, 具有 $T = K^2$ 的 (T, α) 和 $\alpha : \overrightarrow{E}(T) \to \{(X, Y), (Y, X)\}$ 满足 (2). 现在我们假定 O^- 包含一个分离但不包含它的逆, 那么 O^- 是某个集合 $S^- \subseteq S_k$ 的定向, 且 $(*)$ 蕴含着

$$O^- \text{ 不包含 } (B, A) \text{ 使得 } \{(B, A)\} \in \mathcal{T}^* \cup \mathcal{T}^+. \qquad (**)$$

我们对 $|S_k \setminus S^-|$ 使用归纳法来证明 (1) 或 (2) 成立. 在归纳法的初始步骤, O^- 是所有 S_k 的一个定向. 因为它在 $\overrightarrow{S_k}$ 中是下闭的, 所以也是相容的. 因此, 如果 (1) 不成立, 由 (∗∗) 知, O^- 有一个子集 $\sigma \in \mathcal{T}^* \cup \mathcal{T}^+$, 且 $|\sigma| \geqslant 2$. 设 T 是具有 $n = |\sigma|$ 个叶子的星 $K_{1,n}$, 而 α 把具有叶子 s 的定向边 (e, s, t) 双射地映射到 σ 的元素. 因此, 根据 σ 的定义和 (∗), (T, α) 满足 (2).

在归纳步骤, 我们有 $S_k \setminus S^- \neq \varnothing$. 选择 $S_k \setminus S^-$ 中的 $\{U_1, W_1\}$ 和 $\{U_2, W_2\}$ 使得两个 (U_i, W_i) 在 $\overrightarrow{S_k} \setminus \overrightarrow{S^-}$ 中都是极小的, 同时 $(U_1, W_1) \leqslant (W_2, U_2)$. [8]因此, (U_i, W_i) 即使在 $\overrightarrow{S_k} \setminus O^-$ 中也是极小的: 在 $\overrightarrow{S_k} \setminus O^-$ 中, 对任意 $(U, W) < (U_i, W_i)$, 根据 (U_i, W_i) 在 $\overrightarrow{S_k} \setminus \overrightarrow{S^-}$ 中的极小性, 我们有 $(W, U) \in O^-$, 所以 $(W_i, U_i) < (W, U)$ 会属于 O^-(它是下闭的), 这与 $(U_i, W_i) \notin \overrightarrow{S^-}$ 矛盾.

所以, 集合 $O_i^- = O^- \cup \{(U_i, W_i)\}$ 在 $\overrightarrow{S_k}$ 中也是下闭的, 并且是集合 $S_i^- \subseteq S_k$ (它严格地包含 S^-) 的定向. 所以, 我们可以对这些 O_i 使用归纳假设, 来得到 (1) 或 (2), 这里 $\mathcal{T}_i^+ = \{\{(B, A)\} : (A, B) \in O_i^-\} \setminus \mathcal{T}^*$.

因为, 只要 (1) 对 $\mathcal{T}_1^+$ 或者 $\mathcal{T}_2^+$ 成立, 就对 $\mathcal{T}^+$ 成立, 所以我们可以假定 $\mathcal{T}_i^+$ 都满足 (2). 设 (T_i, α_i) 是构建于 $\mathcal{T}^* \cup \mathcal{T}_i^+$ 上相对应的 S_k-树. 如果它们中的一个还是构建于 $\mathcal{T}^* \cup \mathcal{T}^+$ 上的, 证明结束. 因此, 我们假定它不是, 那么每个 T_i 有一个节点 u_i 使得, 对 T_i 在 u_i 的每条边 $e_i = u_i w_i$ 有 $\alpha_i(e_i, u_i, w_i) = (U_i, W_i)$.

每个这样的 u_i 一定是一个叶子, 因为否则 $(W_i, U_i) \leqslant (U_i, W_i)$, 因此 $W_i \subseteq U_i$. 从而 $U_i = V$, 所以 $(W_i, U_i) \in O^-$, 与 (U_i, W_i) 的选择矛盾. 类似地, 这些叶子 u_i 是唯一的. 确实, 如果 u_i' 是另外一个叶子, 并且关联边 $e_i' = u_i' w_i'$, 则 $(e_i', u_i', w_i') \leqslant (e_i, w_i, u_i)$, 所以 $\alpha_i(e_i', u_i', w_i') \leqslant \alpha_i(e_i, w_i, u_i) = (W_i, U_i)$. 所以, 如果 $\alpha_i(e_i', u_i', w_i') = (U_i, W_i)$, 则 $(U_i, W_i) \leqslant (W_i, U_i)$, 和前面一样得到矛盾.

所以, S_k-树 (T_i, α_i) 几乎是构建于 $\mathcal{T}^* \cup \mathcal{T}^+$ 上的: 除了在叶子 u_i 处, 其他地方成立.

选择满足

$$(U_1, W_1) \leqslant (X_1, X_2) \leqslant (W_2, U_2)$$

且具有最小阶的分离 $\{X_1, X_2\} \in S_k \setminus S^-$. 因为 (U_1, W_1) 是这样一个分离, 所以符合要求的分离一定存在. 我们把映射 α_i 修改成映射 α_i' 来定义 S_k-树 (T_i, α_i'). 除了在 u_i 外, 这些树也是构建于 $\mathcal{T}^* \cup \mathcal{T}^+$ 上的, 而在 u_i 外我们有 $\alpha_i'(e_i, w_i, u_i) = (X_{3-i}, X_i)$. 下一步计划是在刚刚标号的树 $T_i - u_i$ 上加上边 $w_i w_{3-i}$, 并把它映射到它们的公共分离 (X_i, X_{3-i}), 从而得到想要的构建于 $\mathcal{T}^* \cup \mathcal{T}^+$ 上的 S_k-树.

为了定义 α_i', 考虑 T_i 的一条边 e. 我们把 e 的端点记为 t, t' 使得 $(e_i, u_i, w_i) \leqslant$

8 容易看出这种分离是存在的, 只需轮流选取它们.

(e, t, t'). 因此, 假如 $\alpha_i(e, t, t') = (A, B)$, 则令

$$\alpha_i'(e, t, t') = (A', B') := (A \cup X_i, B \cap X_{3-i})$$

且 $\alpha_i'(e, t', t) = (B', A')$(图 12.5.4).

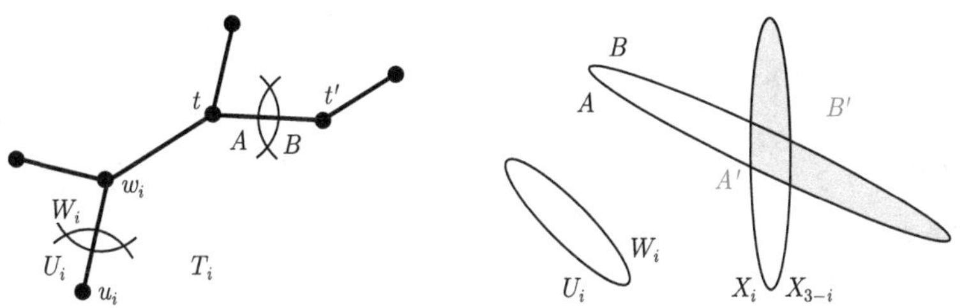

图 12.5.4　(A, B) 转移成 (A', B')

下面我们证明, 和 α_i 一样, α_i' 也保持 $\vec{E}(T_i)$ 和 $\vec{S_k}$ 的序. 考虑任意的 $\vec{e} \leqslant \vec{f} \in \vec{E}(T_i)$, 假设 $(A, B) = \alpha_i(\vec{e}) \leqslant \alpha_i(\vec{f}) = (C, D)$, 则有 $A \subseteq C$ 和 $B \supseteq D$. 如果 $(e_i, u_i, w_i) \leqslant \vec{e}$, 那么 $\alpha_i'(\vec{e}) =: (A', B') \leqslant (C', D') := \alpha_i'(\vec{f})$, 这是因为 $A' = A \cup X_i \subseteq C \cup X_i = C'$ 和 $B' = B \cap X_{3-i} \supseteq D \cap X_{3-i} = D'$. 另一方面, 如果 $(e_i, u_i, w_i) \leqslant \overleftarrow{e}$ 但是 $(e_i, u_i, w_i) \leqslant \vec{f}$, 则 $A' = A \cap X_{3-i} \subseteq A \subseteq C \subseteq C \cup X_i = C'$, 而 $B' = B \cup X_i \supseteq B \supseteq D \supseteq D \cap X_{3-i} = D'$, 所以 $(A', B') \leqslant (C', D')$. 因为根据 α_i' 的定义, 它对定向的逆是可交换的, 所以所有可能的情形都考虑过了.

其次, 我们证明 α_i' 把 $\vec{E}(T_i)$ 映射到 $\vec{S_k}$. 给定一条边 $e \in E(T_i)$, 设 $\vec{e}$ 使得 $(e_i, u_i, w_i) \leqslant \vec{e}$, 就如 α_i' 所定义那样. 则对 $\alpha_i(\vec{e}) = (A, B)$, 我们有 $\alpha_i'(\vec{e}) = (A', B') = (A \cup X_i, B \cap X_{3-i})$. 根据 (†), 有 $|A' \cap B'| \leqslant |A \cap B| \leqslant k$, 这正是我们想要的, 这里假定

$$(Y_i, Y_{3-i}) := (A \cap X_i, B \cup X_{3-i})$$

的阶不比 $\{X_1, X_2\}$ 的阶来得小. 确实, 它不能来得小, 由于 $(U_1, W_1) \leqslant (Y_1, Y_2) \leqslant (W_2, U_2)$, 这会和我们选择的 $\{X_1, X_2\}$ 矛盾. 回顾前面, 因为 $(U_i, W_i) \leqslant (X_i, X_{3-i})$ 以及 $(U_i, W_i) \leqslant (A, B)$, 我们有 $U_i \subseteq X_i$ 以及 $U_i \subseteq A$, 和 $W_i \supseteq X_{3-i}$ 以及 $W_i \supseteq B$. 所以得到 $(U_i, W_i) \leqslant (Y_i, Y_{3-i})$ 和 $(Y_i, Y_{3-i}) \leqslant (X_i, X_{3-i}) \leqslant (W_{3-i}, U_{3-i})$.

因此, (T_i, α_i') 确实是一棵 S_k-树. 进一步地, 除 u_i 外, 证明它是一棵构建于 $\mathcal{T}^* \cup \mathcal{T}^+$ 上的 S_k-树, 这里

$$\alpha_i'(e_i, w_i, u_i) = (W_i \cap X_{3-i}, U_i \cup X_i) = (X_{3-i}, X_i).$$

给定一个叶子 $t \neq u_i$, 它的关联边是 $e = st$, 并设 $\alpha_i(e, s, t) = (A, B)$, 那么我们有 $(e_i, u_i, w_i) \leqslant (e, s, t)$, 所以

$$\alpha_i'(e, s, t) = (A \cup X_i, B \cap X_{3-i}) \geqslant (A, B) = \alpha_i(e, s, t).$$

因为 (T_i,α_i) 是构建于 $\mathcal{T}^*\cup\mathcal{T}^+$ 上的 (除 u_i 外), 所以由 $(*)$ 知 $\alpha_i(e,t,s)\in O^-$. 由于 O^- 在 $\overrightarrow{S_k}$ 中是下闭的, 这意味着 $\alpha_i'(e,t,s)\leqslant\alpha_i(e,t,s)$ 也在 O^- 中, 所以 $\{\alpha_i'(e,s,t)\}\in\mathcal{T}^*\cup\mathcal{T}^+$, 这正是我们所期望的.

现在考虑非叶子节点 t, 设指向 t 的边的集合是 $\overrightarrow{F}_t=\{(f_0,s_0,t),\cdots,(f_n,s_n,t)\}$ $(n\leqslant 2)$. 因为 α_i' 保持 $\overrightarrow{E}(T_i)$ 和 $\overrightarrow{S_k}$ 的序, 所以我们已经知道 $\alpha_i'(\overrightarrow{F}_t)$ 是一个星. 要证明 $\alpha_i'(\overrightarrow{F}_t)\in\mathcal{T}$, 假定 $s_0\in u_iT_it$, 那么对所有 $j\geqslant 1$ 有 $(e_i,u_i,w_i)\leqslant(f_0,s_0,t)\leqslant(f_j,t,s_j)$. 记 $\alpha_i(f_j,s_j,t)=:(A_j,B_j)$ 和 $\alpha_i'(f_j,s_j,t)=:(A_j',B_j')$, 我们有 $A_0'=A_0\cup X_i$, 以及对 $j\geqslant 1$, $A_j'=A_j\cap X_{3-i}$. 所以任意顶点或者 $G[A_j]$ 的任意不在 $G[A_j']$ 中的边都属于 $G[X_i]\subseteq G[A_0']$. 由于 α_i 把 $\overrightarrow{F}_t$ 映射到 $\mathcal{T}^*$ (因为 t 不是一个叶子), 这蕴含着 α_i' 也如此.

设 T 是一棵树, 它是由 T_1-u_1 和 T_2-u_2 的不交并以及连接 w_1 和 w_2 的新边 e 组成的. 对 $i=1,2$, 设 $\alpha:\overrightarrow{E}(T)\to\overrightarrow{S_k}$ 把 (e,w_{3-i},w_i) 映射到 $\alpha_i'(e_i,u_i,w_i)=(X_i,X_{3-i})$; 对 $\overrightarrow{E}(T)$ 的其他元素拓展 α_i', 那么 α 关于 $\overrightarrow{e}$ 和 (X_1,X_2) 的逆是可交换的, 并且对所有 $t\in T$ 有 $\alpha(\overrightarrow{F}_t)=\alpha_i'(\overrightarrow{F}_t)\in\mathcal{T}^*\cup\mathcal{T}^+$, 特别地, 对 $t=w_i$ 也成立. 所以 (T,α) 满足 (2). □

如前所述, 定理 12.5.1 是一个一般性结果的特殊情形, 这里的 $\mathcal{T}^*$ 可以被一个定向分离的“禁用”星的族 $\mathcal{F}$ 所代替. 给定一个分离的集合 S, S 的 **$\mathcal{F}$-纠缠** ($\mathcal{F}$-tangle) 是 S 的一个相容的定向, 它没有子集 $\sigma\in\mathcal{F}$. 对

$$\mathcal{F}_k:=\left\{\sigma\subseteq\overrightarrow{S_k}:\sigma\text{ 是一个星并且}\left|\bigcap\{B:(A,B)\in\sigma\}\right|<k\right\},$$

我们得到下面一个关于树宽的纠缠形式的对偶定理:

定理 12.5.3　*对所有的图 G 和任何整数 $k>0$, 下面的命题是等价的:*

(i) G 有一棵构建于 $\mathcal{F}_k$ 上的 S_k-树;

(ii) G 没有 S_k 的 $\mathcal{F}_k$-纠缠.

不难证明, (i) 等价于 G 的树宽小于 $k-1$. 更一般地, 设 S 是一个树分解所导出的分离的集合, 那么这个树分解产生一个 S-树; 反过来, 从这个 S-树可以容易地得到这个树分解 (练习 45).

和图的 k-块一样, 纠缠可以被一个树分解“分离”. 图纠缠的重要内涵是它的分离, 表达它最方便的方法不是通过构造树分解, 而是树分解所导出的分离集合: 有了这些分离, 如果需要的话, 可以容易地构造整个树分解. 下面让我们对它解释得更准确一些.

如果 G 中的两个分离有可比的定向, 就称它们是**嵌套的** (nested); 否则, 称它们是**交叉的** (cross). 例如, 图 12.5.3 中的分离 $\{E,F\}$ 和两个交叉分离 $\{A,B\}$ 和 $\{C,D\}$ 是嵌套的. 由树分解所导出的分离显然是嵌套的, 而图的每个嵌套分离集是由某个树分解所导出的 (练习 16 和练习 42).

我们称一个分离**区分** (distinguish) 两个纠缠 (它们不一定有相同阶数), 如果这两个纠缠对这个分离有不同的定向. 进一步地, 称这个分离**有效地** (efficiently) 区分它们, 如果它们不能被更小阶数的分离所区分. 分离的集合 S 在图 G 中有效地区分某个纠缠的集合, 如果对这个集合中的任意两个纠缠, 只要它们可以被 G 的某个分离区分, 就可以被 S 中的某个分离有效地区分.

定理 12.5.4 (Robertson and Seymour, 1991) *每个图 G 有一个嵌套分离集, 它有效地区分 G 中的所有纠缠.*

这个定理的证明需要一个关于嵌套和交叉分离的简单结论, 叫做*鱼引理* (参照图 12.5.3).

引理 12.5.5 *设 $\{A,B\}$ 和 $\{C,D\}$ 是两个交叉分离, 那么每个同时和 $\{A,B\}$ 和 $\{C,D\}$ 嵌套的分离 $\{E,F\}$ 也和它们的四个角落分离是嵌套的.*

证明 因为 $\{E,F\}$ 与 $\{A,B\}$ 和 $\{C,D\}$ 都是嵌套的, 所以 $\{E,F\}$ 有一个定向 $\leqslant \{A,B\}$ 的某个定向, 同时它有另一个定向 $\leqslant \{C,D\}$ 的某个定向. 如果 $\{E,F\}$ 的这些定向不能选成相同的, 那么存在定向使得 $(A,B) \leqslant (E,F) \leqslant (C,D)$, 即 $\{A,B\}$ 和 $\{C,D\}$ 是嵌套的, 与假定矛盾.

所以 $\{E,F\}$ 有一个定向 (E,F) 使得, 对 $\{A,B\}$ 的适当定向 (A,B) 和 $\{C,D\}$ 的适当定向 (C,D), 有 $(E,F) \leqslant (A,B)$ 以及 $(E,F) \leqslant (C,D)$. 因此, $(E,F) \leqslant (A\cap C, B\cup D)$, 更平凡地, 有 $(E,F) \leqslant (A\cup C, B\cap D)$, $(E,F) \leqslant (A\cup D, B\cap C)$ 以及 $(E,F) \leqslant (C\cup B, A\cap D)$. □

定理 12.5.4 的证明 选择 G 中具有以下性质嵌套分离的极大序列 S, 并用 $|s|$ 记分离 s 的阶数:

(i) 每个 $s \in S$ 有效地区分 G 中某两个纠缠;

(ii) 对每个 $s \in S$, S 中在 s 前面的分离有效地区分 G 中阶数最多为 $|s|$ 的所有纠缠.

我们断言 S 有效地区分 G 中的所有纠缠.

假设存在 G 中的两个纠缠 τ, τ', 它们被 G 中的某个分离 t 有效地区分, 但不被 S 中的任意分离有效地区分. 选择 τ, τ' 和 t 使得 t 具有最小的阶数 (设为 k), 则 τ 和 τ' 的阶数 $> k$, 同时 t 把它们有效地区分. 特别地, $t \notin S$. 在阶数为 k 并有效地区分 τ 和 τ' 的所有分离中, 选择 t 和 S 中尽可能多的分离是嵌入的.

S 中所有分离的阶数最多是 k. 确实如此, 如果 $s \in S$ 有阶数 $|s| > k$, 那么由 (ii) 知, 具有阶数 $k+1 \leqslant |s|$ 的纠缠 $\tau \cap \overrightarrow{S_{k+1}}$ 和 $\tau' \cap \overrightarrow{S_{k+1}}$ 会被 S 中的某个分离所区分, 那么这也会区分 τ 和 τ', 矛盾.

因为我们不能把 t 加到 S 中, 所以存在某个 $s \in S$ (设 s 的阶为 ℓ) 和 t 交叉. (确实, 根据 k 的极小性, 把 t 加到 S 不能违反 (ii), 即使 S 中所有分离的阶数都 $< k$.) 由 (i) 知, 分离 s 有效地区分某两个纠缠 σ 和 σ'.

设 $t=\{A,B\}$ 使得 $(A,B)\in\tau$ 和 $(B,A)\in\tau'$, 而 $s=\{C,D\}$ 使得 $(C,D)\in\sigma$ 和 $(D,C)\in\sigma'$. 因为 s 不能把 τ 和 τ' 区分开来, 我们可以假定它们都包含 (C,D). 我们将证明角落分离 $r=\{A\cup C,B\cap D\}$ 和 $r'=\{B\cup C,A\cap D\}$ 的阶数 $>k$.

假定 $|r|\leqslant k$, 由引理 12.5.5 知, 如果 S 的一个分离和 t 是嵌套的, 那么它也和 r 是嵌套的, 因为 S 的每个这样的分离 $\{E,F\}$ 不仅和 t 是嵌套的也与 s 是嵌套的 (注意它们都属于 S). 进一步地, r 和 s 是嵌套的, 但 r 和 t 是交叉的. 因此, r 比 t 和 S 中的更多分离嵌套, 这和 t 的选择矛盾, 原因是 r 也区分 τ 和 τ': 由于 $(A,B)\in\tau$ 和 $(C,D)\in\tau$, 且 τ 是一个纠缠, 所以有 $(A\cup C,B\cap D)\in\tau$; 根据 τ' 的相容性以及 $(B\cap D,A\cup C)\leqslant(B,A)\in\tau'$, 我们知道 $(B\cap D,A\cup C)$ 属于 τ'.

因此 r 和 r' 的阶数 $>k$. 所以, 由子模性 (†) 知, 交叉对 t 和 s 的另外两个角落分离的阶小于 $\ell=|s|$. 因为 s 可以有效地区分 σ 和 σ', 所以两个角落分离都不能区分 σ 和 σ'. 根据相容性, 它们的定向 $(A\cap C,B\cup D)\leqslant(C,D)\in\sigma$ 和 $(B\cap C,A\cup D)\leqslant(C,D)\in\sigma$ 都属于 σ, 所以也属于 σ'. 由于 $(D,C)\in\sigma'$, 但 $G[A\cap C]\cup G[B\cap C]\cup G[D]=G$, 这与 σ' 是一个纠缠矛盾. □

根据定理 12.3.7 的精神, 我们可以把定理 12.5.4 加强成一个"典范"版本: 找到一个分离的嵌套集合, 而且在 G 的自同构下是不变的. 细节见本章后的注释.

12.6 树分解和禁用子式

设 $\mathcal{H}$ 表示图的一个集合或一个族, 那么

$$\mathrm{Forb}_{\preccurlyeq}(\mathcal{H}):=\{G\mid 对所有的\ H\in\mathcal{H}\ 都有\ G\not\succcurlyeq H\}$$

表示不包含 $\mathcal{H}$ 中任何图作为子式的所有图, 它可看作一个图性质, 即 $\mathrm{Forb}_{\preccurlyeq}(\mathcal{H})$ 在同构下是封闭的. [9] 当表达成上述形式时, 我们说这个性质用图 $H\in\mathcal{H}$ 作为**禁用子式** (forbidden minor)(或者**排除子式** (excluded minor)) 来表述.

由命题 1.7.1 知, $\mathrm{Forb}_{\preccurlyeq}(\mathcal{H})$ 在子式关系下是封闭的, 或者称**子式封闭的** (minor-closed): 如果 $G'\preccurlyeq G\in\mathrm{Forb}_{\preccurlyeq}(\mathcal{H})$, 则 $G'\in\mathrm{Forb}_{\preccurlyeq}(\mathcal{H})$. 反过来, 每个子式封闭的性质也可以用禁用子式来描述:

引理 12.6.1 图性质 $\mathcal{P}$ 可以用禁用子式来表述当且仅当它在子式关系下是封闭的.

证明 对充分性部分, 注意到 $\mathcal{P}=\mathrm{Forb}_{\preccurlyeq}(\overline{\mathcal{P}})$, 这里 $\overline{\mathcal{P}}$ 是 $\mathcal{P}$ 的补. □

在 12.7 节, 我们将回来讨论一般性的问题: 给定一个子式封闭的性质, 怎样用禁用子式来很好地描述它. 在这一节, 我们开始对这种性质的一个特别例子进行探讨, 即有界树宽这一性质.

9 通常, 我们把 $\mathrm{Forb}_{\preccurlyeq}(\{H\})$ 缩写成 $\mathrm{Forb}_{\preccurlyeq}(H)$.

考虑“树宽小于某个给定整数 k”这一性质, 由引理 12.4.1 和引理 12.6.1 知, 这个性质可以用禁用子式来描述. 选择禁用集合 $\mathcal{H}$ 尽可能的小, 我们发现当 $k=2$ 时 $\mathcal{H}=\{K^3\}$: 树宽 <2 的图恰好是所有森林. 当 $k=3$ 时, 有 $\mathcal{H}=\{K^4\}$:

命题 12.6.2 *图的树宽 <3 当且仅当它不包含 K^4 子式.*

证明 由推论 12.3.5 知 $\mathrm{tw}(K^4)\geqslant 3$, 所以根据引理 12.4.1, 树宽 <3 的图不能包含 K^4 作为子式.

反过来, 假设 G 是一个不包含 K^4 子式的图, 且 $|G|\geqslant 3$. 给 G 添加边直到 G' 成为一个不包含 K^4 子式的边极大图. 由命题 7.3.1 知, 图 G' 可以从三角形开始通过沿着若干 K^2 进行粘贴递归地构造出来. 对递归步数用归纳法并根据推论 12.3.5 知, 每个由这种方式构造出来的图有一个分解成三角形的树分解 (像命题 12.3.6 的证明一样). 图 G' 的这样一个树分解的宽度为 2, 由引理 12.3.2 知, 它也是图 G 的一个树分解. □

随着 k 的增大, 用来刻画树宽 $<k$ 的图的禁用子式的列表会增长得很快, 到目前为止明确知道的仅到 $k=4$, 见注释.

上面问题的一个逆问题是: 哪些 H (除 K^3 和 K^4 外) 使得 $\mathrm{Forb}_{\preccurlyeq}(H)$ 中的图的树宽是有界的? 例如, 当 H 是网格时, 就是有界的.

定理 12.6.3 (Robertson and Seymour, 1986) *对每个整数 r, 都存在一个整数 k 使得每个树宽至少为 k 的图有一个 $r\times r$ 的网格子式.*

乍一看, 这个网格定理是一个特殊的技术性结果, 但它有个意义深远的推论:

推论 12.6.4 *给定一个图 H, 不包含 H 作为子式的图具有有界树宽当且仅当 H 是可平面的.*

证明 因为所有的网格以及它们的子式都是可平面的, 所以具有非平面 H 的族 $\mathrm{Forb}_{\preccurlyeq}(H)$ 包含所有网格, 并且具有有界树宽 (见定理 12.4.3 后面的讨论).

反过来, 每个可平面图 H 是某个网格的子式: 取定 H 的一个平面画法, 把它的顶点和边放大, 添加一个充分纤细的平面网格. 由定理 12.6.3 知, 只要 H 是可平面图的, $\mathrm{Forb}_{\preccurlyeq}(H)$ 中的图就有有界树宽. □

定理 12.6.3 有另外一个有趣的应用. 前面提到, 我们称一类图 $\mathcal{H}$ 具有 **Erdős-Pósa 性质** (Erdős-Pósa property), 如果在一个图中覆盖 $\mathcal{H}$ 中的所有子图所需的顶点个数的上界是 $\mathcal{H}$ 中互不相交子图的最大个数的函数. 现在, 设 H 是一个固定的连通图, 考虑图类 $\mathcal{H}=IH$, 即那些可以收缩成 H 的一个拷贝的图. (因此, G 有一个子图在 $\mathcal{H}$ 中当且仅当 $H\preccurlyeq G$.)

定理 12.6.5 (Robertson and Seymour, 1986) *如果 H 是可平面的, 那么 $\mathcal{H}$ 有 Erdős-Pósa 性质.*

证明 我们要找一个函数 $f:\mathbb{N}\to\mathbb{N}$ 使得, 给定 $k\in\mathbb{N}$ 和一个图 G, 要么 G 包含 H 的 k 个不交模型, 要么存在一个阶至多为 $f(k)$ 的集合 U 使得 $H\not\preccurlyeq G-U$.

由推论 12.6.4 知, 对每个 $k \geqslant 1$ 存在整数 w_k 使得每个树宽至少为 w_k 的图包含 k 个 H 的拷贝的不交并 (同样是可平面的) 作为子式. 一开始, 令 $f(0) = f(1) = 0$, 然后归纳地定义 $f(k)$ 如下:

$$f(k) := 2f(k-1) + w_k.$$

为了验证 f 就是我们需要的函数, 对 k 使用归纳法. 对 $k \leqslant 1$, 没有什么可证明的. 假设 k 和 G 在归纳假设步骤中已给定, 如果 $\mathrm{tw}(G) \geqslant w_k$, 由 w_k 的定义, 我们得到所需要的结论. 因此, 假设 $\mathrm{tw}(G) < w_k$, 且设 $(T, (V_t)_{t \in T})$ 是 G 的一个宽度 $< w_k$ 的树分解. 我们按照下面的规则对树 T 的边 t_1t_2 进行定向: 设 T_1, T_2 是 $T - t_1t_2$ 的分别包含顶点 t_1, t_2 的分支, 令

$$G_1 := G\left[\bigcup_{t \in T_1} (V_t \backslash V_{t_2})\right], \quad G_2 := G\left[\bigcup_{t \in T_2} (V_t \backslash V_{t_1})\right].$$

如果 $H \preccurlyeq G_i$, 那么我们把边 t_1t_2 定向为指向 G_i, 因此对于给定的边 t_1t_2, 它有一个或两个方向, 或者没有方向.

如果 T 的每条边最多有一个方向, 那么我们沿着方向可以到达一个节点 $t \in T$ 使得在节点 t 没有关联边向外指. 因为 H 是连通的, 由引理 12.3.1 知, V_t 和每个 $IH \subseteq G$ 相交. 只需令 $U = V_t$ 就完成了证明, 这是因为由树分解的选取知, $|V_t| \leqslant w_k \leqslant f(k)$.

现在假设 T 有一条边 t_1t_2 具有两个方向. 对每个 $i = 1, 2$, 我们是否可以用至多 $f(k-1)$ 个顶点覆盖 G_i 中的所有 H 模型呢? 如果对两个 i 都可以, 那么由引理 12.3.1 知, 两个覆盖与 $V_{t_1} \cap V_{t_2}$ 结合起来就是对于 G 我们需要的覆盖 U. 现在假设 G_1 没有这样的覆盖, 那么由归纳假设, G_1 有 $k-1$ 个互不相交的 H 模型. 由于 t_1t_2 也指向 t_2, 故在 G_2 中存在另外一个这样的模型, 从而得到需要的共 k 个 G 的不交 H 模型. □

Erdős-Pósa 定理 (2.3.2) 是定理 12.6.5 的特殊情形 (当 $H = K^3$ 时). 如果 H 是非平面图, 那么定理中的结果是最好的, 因此 $\mathcal{H} = IH$ 没有 Erdős-Pósa 性质 (练习 48).

作为本节的结束, 我们将叙述几个不包含给定完全图作为子式的结构性定理, 这些定理的证明要比目前为止我们看到的任何结果都困难, 甚至叙述它们都不是一件容易的事, 但这值得一试, 因为: 禁用 K^n 定理的叙述本身很有趣, 并且它是图子式定理证明的核心, 也可以应用到其他领域.

图 G 的一个**线性分解** (linear decomposition) 是满足如下条件的一族顶点集 $(V_i)_{i \in I}$: V_i 的下标有一个线性序 I 使得 $\bigcup_{i \in I} V_i = V(G)$, 且图 G 的每条边的两个端点都属于某个 V_i, 同时只要 $i < j < k$ 就有 $V_i \cap V_k \subseteq V_j$. 当 G 是有限图时, 这个

树分解的分解树是一条路, 我们通常称它为**路分解** (path-decomposition). 如果每个 V_i 包含至多 k 个顶点, 且 k 是关于这个性质极小的, 那么称 $(V_i)_{i\in I}$ 的**宽度** (width) 是 $k-1$.

设 S' 是曲面[10] S 的一个子空间, 它是由去掉有限个不相交的闭圆盘的内部而得到的, 记这些边界圆为 $C_1, C_2, \cdots, C_k$. 这个空间在同态下由 S 和整数 k 确定, 我们把它记作 $S-k$. 每个 C_i 是一个连续映射 $f_i:[0,1]\to S'$ 的象, 这个映射除了 $f_i(0)=f_i(1)$ 外是单射. 我们称 $C_1,\cdots,C_k$ 为 S' 的**袖口** (cuff), 而点 $f_1(0),\cdots,f_k(0)$ 为它们的**根** (root). 每个 C_i 上的其他点作为 $(0,1)$ 的象由 f_i 线性排序, 当用袖口作为线性分解的指标集时, 我们将用到这些线性顺序. 类似于平面上的嵌入, 我们可以定义图在 S (或者 $S-k$) 上的**嵌入** (embedding).

设 H 是一个图, S 是一个曲面, $k\in\mathbb{N}$. 如果 H 有一个至多 k 个顶点的集合 X 使得 $H-X$ 可以记为 $H_0\cup H_1\cup\cdots\cup H_k$ 的形式, 并满足以下三个条件, 则称 H 在 S 中是 ***k*-几乎可嵌入的** (k-nearly embeddable):

(N1) 存在一个嵌入 $\sigma: H_0\hookrightarrow S-k$, 它仅把顶点映射到袖口, 但没有顶点映射到袖口的根;

(N2) 图 $H_1,\cdots,H_k$ 是互不相交的 (但可能是空图), 且对每个 i, 有 $H_0\cap H_i=\sigma^{-1}(C_i)$;

(N3) 每个 H_i $(i\geqslant 1)$ 有一个宽度 $<k$ 的线性分解 $(V_z^i)_{z\in C_i\cap\sigma(H_0)}$ 使得对所有 z 有 $\sigma^{-1}(z)\in V_z^i$.

下面是不包含 K^n 子式的图的结构定理.[11] 当 $n=5$ 时, Wagner 的最初结果 (即定理 7.3.4) 对图的结构给出了准确的描述. $n=4$ 的情形包含在命题 7.3.1 中.

定理 12.6.6 (Robertson and Seymour, 2003) *对每个 $n\geqslant 5$, 存在一个 $k\in\mathbb{N}$ 使得每个不包含 K^n 作为子式的图有一个树分解, 它的躯干在一个 K^n 不能嵌入的曲面上是 k-几乎可嵌入的.*

注意到, 只存在有限个 K^n 不可嵌入的曲面, 所以定理 12.6.6 中的这些曲面的集合可以用两个曲面 (即这个集合中具有最大亏格的可定向和非可定向曲面) 来代替.

定理 12.6.6 也有一个逆命题, 尽管它只是定性的. 上面描述的分解本身并不防止 K^n 子式的出现, 但是对每个 n 存在一个 r 使得具有这样一个分解的图都不包含一个 K^r 子式, 这是因为树分解的附着集的大小是有界的, 即 $2k+n$, 理由是在躯干中这些附着集导出完全子图, 且躯干在不包含 K^n 的曲面上是 k-几乎可嵌入的. 我们注意到定理 12.6.6 对无限图也是成立的.

10 曲面是一个紧致的连通 2-维无边界流形, 见附录 B.

11 Robertson 和 Seymour 证明了这个定理的很多版本, 定理 12.6.6 是其中最简单的一个, 更一般性的版本见注释中的参考文献.

对于不包含给定拓扑子式的图, 我们有下面这个相关的结构定理:

定理 12.6.7 (Grohe and Marx, 2012) 对每个 $n \geqslant 5$, 存在 $k \in \mathbb{N}$ 使得每个不包含 K^n 作为拓扑子式的图都有一个树分解, 它的躯干要么是 k-几乎可嵌入到一个 Euler 亏格 $\leqslant k$ 的曲面中, 要么只有最多 k 个顶点具有度 $> k$.

(曲面的 Euler 亏格的定义见附录 B.)

对于禁用无限子式也存在结构定理, 我们给出其中的两个.

首先, 考虑禁用 $K^{\aleph_0}$ 子式的结构定理. 如果图 H 包含一个有限顶点集 X 使得 $H - X$ 可以表达成 $H_0 \cup H_1$ 且在 $S = S^2$ (球面) 上对 $k = 1$ 满足 (N1) 和 (N2), 同时当 $k = |X|$ 时 (N3) 成立, 那么我们称 H 是**几乎可平面的** (nearly planar). (换句话说, 删除有界多个顶点后 H 可变成两个图的并, 其中一个是可平面图, 而另一个把有界线性宽度的子图缝接到 $S^2 - 1$ 的唯一袖口上.) 我们称图 G 的一个树分解 $(T, (V_t)_{t \in T})$ 具有**有限附着力** (finite adhesion), 如果它的所有附着集都是有限的, 并且对 T 中的每条无限路 $t_1 t_2 \cdots$, 极限 $\liminf_{i \to \infty} |V_{t_i} \cap V_{t_i+1}|$ 是有限的.

和禁用 K^n 子式的结构定理不同, 禁用 $K^{\aleph_0}$ 子式的结构定理有一个直接的逆命题, 因此它刻画了不包含 $K^{\aleph_0}$ 子式的图.

定理 12.6.8 图 G 不包含 $K^{\aleph_0}$ 子式当且仅当 G 包含一个具有有限附着力的树分解, 使得它的每个躯干是几乎可平面的.

最后, 我们给出一个关于禁用 $K^{\aleph_0}$ 拓扑子式的结构定理. 如果图 G 有一个树分解 $(T, (V_t)_{t \in T})$, 它分解成有限个部分使得对 T 的每条无限路 $t_1 t_2 \cdots$, 集合 $\bigcup_{j \geqslant 1} \bigcap_{i \geqslant j} V_{t_i}$ 是有限的, 那么我们就称 G 具有**有限树宽** (finite tree-width).

定理 12.6.9 对连通图 G, 下面的命题是等价的:

(i) G 不包含 $K^{\aleph_0}$ 作为拓扑子式;

(ii) G 具有有限树宽;

(iii) G 有一个正规支撑树 T, 使得对 T 中的每条射线 R, 只存在有限多个顶点 v 使得 G 包含一个无限的 v-$(R - v)$ 扇.

12.7 图子式定理

图论中经常出现一些在子式关系下封闭的图性质. 最常见的例子是, 可嵌入到某个固定曲面上的性质, 比如可平面性.

根据 Kuratowski 定理, 可平面性可以通过禁用子式 K^5 和 $K_{3,3}$ 来刻画, 在下面的意义下, 这是可平面性的一个**好刻画** (good characterization). 假如我们要说服某人一个图是可平面的, 如果可以给出一个平面上的画法, (至少直觉上) 就很容易令人信服. 但是, 如果图是非可平面的, 那么怎样让人相信不存在平面画法呢? 根据 Kuratowski 定理, 我们也有一个简单的办法: 只需要在图中展示一个 IK^5 或 $IK_{3,3}$,

就可以作为非可平面性的“证据”. 简单的命题 12.6.2 是另外一个好刻画的例子: 要证明图的树宽 < 3, 我们只需要给出一个适当的树分解; 否则, 我们可以找到一个 IK^4 作为“证据”.

毫无疑问, 用禁用子式的集合来刻画性质 $\mathcal{P}$ 的这类定理是图论中最吸引人的结果之一. 像我们在引理 12.6.1 中看到的那样, 只要 $\mathcal{P}$ 是子式封闭的, 就存在一个这样的刻画: $\mathcal{P} = \mathrm{Forb}_{\preccurlyeq}(\overline{\mathcal{P}})$, 这里 $\overline{\mathcal{P}}$ 是 $\mathcal{P}$ 的补. 然而, 一个很自然的想法是希望禁用子式的集合尽可能的小. 的确, 存在一个唯一的最小的这样集合, 即

$$\mathcal{K}_{\mathcal{P}} := \{H \mid H \text{ 在 } \overline{\mathcal{P}} \text{ 中是 } \preccurlyeq\text{-极小的}\},$$

它满足 $\mathcal{P} = \mathrm{Forb}_{\preccurlyeq}(\mathcal{K}_{\mathcal{P}})$, 且这个集合包含在每个满足 $\mathcal{P} = \mathrm{Forb}_{\preccurlyeq}(\mathcal{H})$ 的其他集合 $\mathcal{H}$ 中. 我们称 $\mathcal{K}_{\mathcal{P}}$ 为 $\mathcal{P}$ 的 **Kuratowski 集** (Kuratowski set).

显然, $\mathcal{K}_{\mathcal{P}}$ 的元素在子式关系 $\preccurlyeq$ 下是不可比较的. Robertson 和 Seymour 的**图子式定理** (graph minor theorem) 指出, $\preccurlyeq$-不可比较的图的集合一定是有限的.

定理 12.7.1 (Robertson and Seymour, 1986—2004) *所有的有限图在子式关系 $\preccurlyeq$ 下被良拟序化.*

我们将在本节的最后部分给出图子式定理证明的思路.

推论 12.7.2 *任何关于子式封闭的图性质的 Kuratowski 集都是有限的.* □

作为推论 12.7.2 的一个特殊情形, 对每个曲面 S, 我们得到了 Kuratowski 类型的定理: 曲面 S 的可嵌入性 $\mathcal{P}(S)$ 可以用有限个禁用子式组成的集合 $\mathcal{K}_{\mathcal{P}(S)}$ 来刻画.

推论 12.7.3 *对每个曲面 S, 都存在一个图的有限集 $\{H_1, \cdots, H_n\}$, 使得任意图可嵌入到 S 中当且仅当它不包含 $H_1, \cdots, H_n$ 中的任何一个作为子式.* □

虽然推论 12.7.3 可以从图子式定理容易推出, 但它也可以被直接证明. 我们下一步的目标就是给出它的一个直接证明, 关键的步骤是证明在 $\mathcal{K}_{\mathcal{P}(S)}$ 中的图不包含任意大的网格作为子式 (引理 12.7.4), 因此它们的树宽是有界的 (定理 12.6.3), 所以 $\mathcal{K}_{\mathcal{P}(S)}$ 被良拟序化 (定理 12.4.2), 从而是有限的.

引理 12.7.4 的证明很好地体现了图子式和曲面拓扑之间是如何相互影响的, 根据定理 12.6.6 的方法 (我们这里没有提供证明), 这个相互关系也是图子式定理证明的关键要素. 附录 B 概括了一些这里用到的关于曲面的背景知识, 其中包括证明中用到的一个引理. 为了方便 (参考命题 1.7.3 (ii)), 我们将使用六边形网格而不是方形网格.

我们用 H^r 表示一个平面六边形网格, 它的对偶具有半径 r (图 12.7.1). H^r 的对偶的中心点所对应的面叫做**中心面** (central face). (通常, 当我们提到 H^r 的**面** (face) 时, 均指它的六边形面, 而不是它的那个外部面.) 我们称 H^r 的一个子网格 H^k 是**规范的** (canonical), 如果它们的中心面是重合的. 记 S_k 为 H^r 中的规范子网

格 H^k 的外围圈, 例如, S_1 是 H^r 的中心面的六边形边界. **环** (ring) R_k 是 H^r 的子图, 它由 S_k 和 S_{k+1} 以及它们之间的边构成.

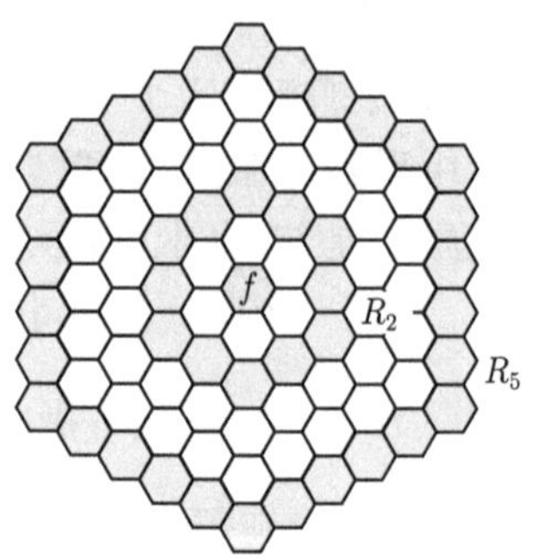

图 12.7.1　具有中心面 f, 环 R_2 和 R_5 的六边形网格 H^6

引理 12.7.4　对每个曲面 S, 都存在一个整数 r 使得, 关于“不可嵌入 S”这个性质, 不存在一个极小图, 它包含 H^r 作为拓扑子式.

证明　假设 G 是不能嵌入到曲面 S 中的图且 G 是关于这个性质极小的, 证明的主要思路如下: 因为 G 是不能嵌入到 S 中的极小图, 所以可以把它嵌入到一个稍微大一点的曲面 S' 上, 如果 G 包含一个非常大的 H^r 网格, 那么根据引理 B.6, 某个大的 H^m 子网格在曲面 S' 上是平的, 也就是说, 它的所有面的并在 S' 中是一个圆盘 D'. 我们从这个 H^m 网格的中间选取一条边 e, 并把 $G-e$ 嵌入到 S 中. 同样地, 根据引理 B.6, H^m 的一个环在 S 中也将是平的. 我们可以把原来嵌入到 D' 内的 G 的 (可平面) 子图嵌入到这个环中, 注意到, 这个子图包含边 e. G 剩下的部分可以像以前一样在 S 中嵌入到这个环外部, 从而把整个 G 都嵌入到 S 中, 得到矛盾.

更正式地, 设 $\varepsilon := \varepsilon(S)$ 是曲面 S 的 Euler 亏格. 令 r 足够大使得 H^r 包含 $\varepsilon+3$ 个互不相交的 H^{m+1} 的拷贝, 其中 $m := 3\varepsilon+4$. 我们证明 G 不包含 TH^r 作为子图.

设 $e' = u'v'$ 是 G 的一条任意边, 选取 $G-e'$ 在曲面 S 中的一个嵌入 σ', 并选取一个面使得 u' 在边界上, 而另外一个面使得 v' 在边界上. 在每个面上切除一个圆盘, 在两个洞处加上一个环柄得到一个 Euler 亏格为 $\varepsilon+2$ 的曲面 S' (引理 B.3). 把 e' 沿着环柄嵌入, 从而把 σ' 扩展成为图 G 在曲面 S' 上的一个嵌入.

假设 G 有一个子图 $H = TH^r$, 设映射 $f: H^r \to H$ 把 H^r 的顶点映射到 H 对应的分支顶点上, 把边映射到 H 中这两个顶点之间对应的路上. 我们证明 H^r 有一个子网格 H^m (不必是规范的), 它的六边形面的边界 (在 $\sigma' \circ f$ 下) 对应 S' 中的圈, 这里的圈是不交开圆盘的边界.

根据 r 的选取, 我们可以在 H^r 中找到 $\varepsilon+3$ 个不相交的 H^{m+1} 的拷贝, 这些

H^{m+1} 的规范子网格 H^m 不仅不相交, 而且在 H^r 中它们之间的距离比较远, 从而删除这些子网格后有一棵树 $T \subseteq H^r$ 使得 T 和每个 H^m 有一条边连接 (图 12.7.2). 因此只要我们从每个 H^m 中挑选出一个六边形, 在 S' 中删除这些六边形的象 C, S' 中剩下部分中包含 $(\sigma' \circ f)(T)$ 的分支 D_0 将和所有这些 C 的边界相交. 因此, 由引理 B.6 和 $\varepsilon(S') = \varepsilon + 2$ 知, 不可能所有被圈 C 围起来的圆盘在 S' 中都和 $(\sigma' \circ f)(T)$ 不相交.

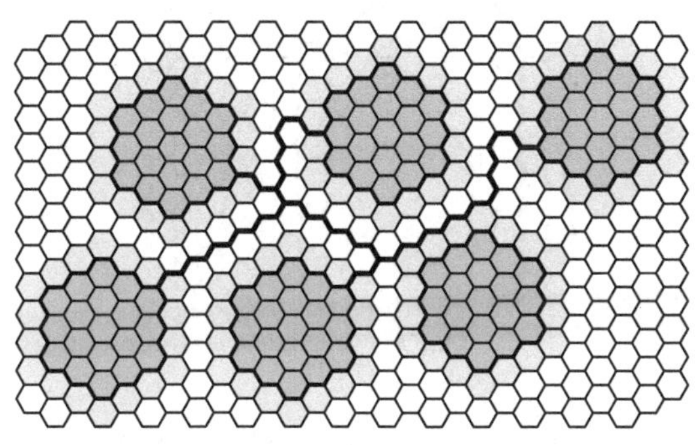

图 12.7.2 H^m $(m = 3)$ 的不交拷贝被一棵树和 H^r 的余下部分连接起来

因此, 对 H^r 中 H^m 的一个拷贝, 它的每个六边形在 S' 中的象把一个和 $(\sigma' \circ f)(T)$ 不交的开圆盘围起来. 我们证明这些圆盘是不相交的; 否则, 其中有一个 (记为 D) 包含另外一个这样的圆盘的边界上的一个点 x, 但 D 也包含 $(\sigma' \circ f)(T)$, 与假设矛盾, 这是因为在 $(\sigma' \circ f)(H^r) \subseteq S'$ 中可以把 x 和 $(\sigma' \circ f)(T)$ 连接起来且避开 D 的边界.

从现在开始, 我们考虑这个固定的 H^m 而不是它的母图 H^r. 记 $C_i := f(S_i)$ 是这个 H^m 的同心圆 $S_i\,(i = 1, \cdots, m)$ 在 G 中的象.

选取 C_1 的一条边 $e = uv$, 以及 $G - e$ 在 S 中的一个嵌入 σ. 同前面一样, 引理 B.6 蕴含着 H^m 中的 $\varepsilon + 1$ 个不相交的环 $R_{3i+2}\,(i = 0, \cdots, \varepsilon)$ 中的一个 (记为 R_k) 有如下性质: R_k 的六边形 (在 $\sigma \circ f$ 下) 对应于 S 中的圈, 这里的圈包围着不相交的开圆盘 (图 12.7.3). 设 $R \supseteq (\sigma \circ f)(R_k)$ 是 S 中这些圆盘的并的闭包, 它在 S 中是一个柱面. 这个特别环 $R_k \subseteq H^m$ 的周长圈 S_{k+1} 在映射 f 下的象是圈 $C := C_{k+1}$, 而这个柱面的两个边界圆中的一个是 G 的这个圈 C 在映射 σ 下的象.

令 $H' := f(H^{k+1}) \subseteq G$, 这里 H^{k+1} 在 H^m 中是规范的. 前面提到, $\sigma' \circ f$ 把 H^{k+1} 的六边形映射到 S' 中围着不交开圆盘的圈, 这些圆盘的并在 S' 中的闭包是 S' 中的一个圆盘 D', 这里 D' 是由 $\sigma'(C)$ 围起来的. 删除 D' 内部和 $\sigma'(G)$ 不交的一个小开圆盘, 就得到一个包含 $\sigma'(H')$ 的柱面 $R' \subset S'$.

我们现在把嵌入 $\sigma : G - e \hookrightarrow S$ 和 $\sigma' : G \hookrightarrow S'$ 结合得到嵌入 $\sigma'' : G \hookrightarrow S$, 这个新的嵌入和 G 的选取矛盾. 设 $\varphi : \sigma'(C) \to \sigma(C)$ 是 S' 中 C 的象和 S 中 C

的象之间的同胚, 它是两个嵌入之间的转换, 即使得 $\sigma|_C = (\varphi \circ \sigma')|_C$ 成立, 然后把它扩展成一个同胚 $\varphi : R' \to R$. 现在的想法是, 在 G 中 σ' 映射到 D' 的部分 (也包括那个未定义 σ 的边 e) 把 σ'' 定义为 $\varphi \circ \sigma'$, 在 G 的剩余部分把 σ'' 定义为 σ (图 12.7.4).

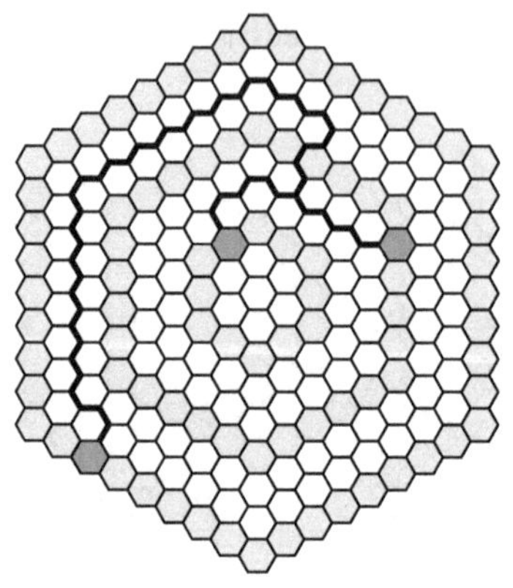

图 12.7.3　把从环 $R_2, R_5, R_8, \cdots$ 中选择的六边形用一棵树连接起来

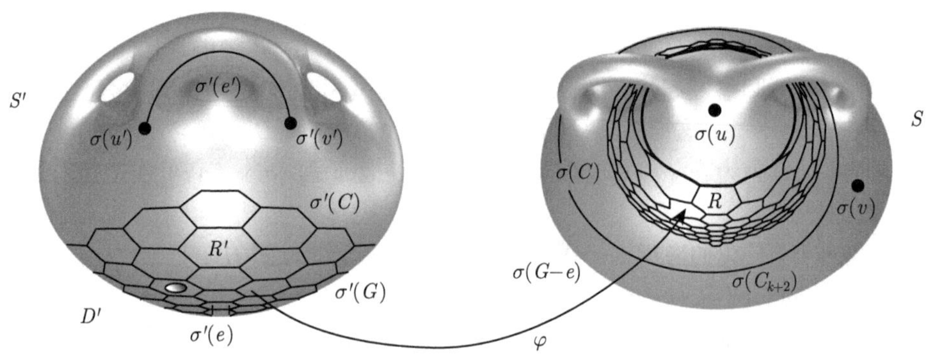

图 12.7.4　把 $\sigma : G - e \hookrightarrow S$ 和 $\sigma' : G \hookrightarrow S'$ 结合得到 $\sigma'' : G \hookrightarrow S$

为了使得这两个局部映射能够兼容, 我们首先在 C 上把 σ'' 定义为 $\sigma|_C = (\varphi \circ \sigma')|_C$; 然后, 分别在 $G - C$ 的每个分支上定义 σ''. 因为 $\sigma'(C)$ 在 S' 中把圆盘 D' 围起来, 所以 σ' 把 $G - C$ 的每个分支 J 整个地映射到 D' 或者到 $S' \setminus D'$ 中. 在所有的满足 $\sigma'(J) \subseteq D'$ 的分支 J 上以及连接到 G 的所有边上, 我们把 σ'' 定义为 $\varphi \circ \sigma'$, 因此 σ'' 把这些分支嵌入到 R 中, 由于 $e \in f(H^k) = H' - C$, 故这包括了 $G - C$ 中包含 e 的分支.

剩下要做的是, 对由 σ' 映射到 $S' \setminus D'$ 的那些 $G - C$ 的分支来定义 σ''. 由于 $\sigma'(C_k) \subseteq D'$, 故它们和 C_k 不相交. 因为 $\sigma(C \cup C_k)$ 在 S 中是 R 的前沿, 这意味着对每个这样的分支 J, 有 $\sigma(J) \subseteq S \setminus R$ 或者 $\sigma(J) \subseteq R$.

对 $G-C$ 中包含 C_{k+2} 的分支 J_0, 结论 $\sigma(J_0)\subseteq R$ 不可能成立, 这是因为 $S_{k+2}\cap R_k=\varnothing$, 这意味着 $\sigma(C_{k+2})$ 处于一个圆盘 $D\subseteq R$ 中, 而这个圆盘对应于 R_k 的一个面, 但这是不可能的, 原因是 S_{k+2} 和 S_{k+1} 中处于这个面外部的顶点之间有边相连. 因此, 有 $\sigma(J_0)\subseteq S\setminus R$, 并且可以在 J_0 和 G 的所有 J_0-C 边上把 σ'' 定义为 σ.

接下来, 考虑 $G-C$ 中那些没有和 C 有边连接的分支 J, 如果 $\sigma(J)\subseteq S\setminus R$, 我们在 J 上把 σ'' 定义为 σ; 如果 $\sigma(J)\subseteq R$, 那么 J 是可平面的, 因为 J 和 C 没有边相连, 所以我们定义 σ'' 把 J 映射到 R 中任意还没有被 σ'' 用过的开圆盘上.

我们需要在 $G-C$ 中满足如下性质的分支 $J\neq J_0$ 上定义 σ'': σ' 把 J 映射到 $S'\setminus D'$ 上而且 G 包含一条 J-C 边. 用 $\mathcal{J}$ 表示所有这些分支 J 的集合, 我们将根据它们和 C 的连接情况进行分组, 然后依次对每组定义 σ''.

由于 $m\geqslant k+2$, 故圆盘 D' 处于 S' 中一个大的圆盘的内部, 这个大圆盘是 D' 和闭圆盘 D'' 的并, 这里的 D'' 被 R_{k+1} 中的六边形在映射 $\sigma'\circ f$ 下的象围起来. 由 $\mathcal{J}$ 的定义, 嵌入 σ' 把每个 $J\in\mathcal{J}$ 映射到这样一个圆盘 D'' (图 12.7.5). 设 P 是 C 中满足 $\sigma'(P)=\sigma'(C)\cap D''$ (这是 S_{k+1} 上一条或者两条连续边在 f 下的象) 的路, 并设 $v_1,\cdots,v_n$ 是那些在 J_0 中拥有一个邻点的顶点, 并且它们沿着 P 的自然顺序排列, 记 P_i 是 P 上从 v_i 到 v_{i+1} 的一段. 对任意的 $v_i\,(1<i<n)$, 选取一条 v_i-J_0 边, 并通过 J_0 把它扩展成一条从 v_i 到 C_{k+2} 的路 Q (由 J_0 的定义知这条路是存在的), 设 w 是 σ' 把 Q 映射到 D'' 的边界圈上的第一个顶点. 对于 $\sigma'(v_iQw)$ 以及沿着 D'' 的边界圈连接 $\sigma'(v_i)$ 和 $\sigma'(w)$ 的两个弧, 我们运用引理 4.1.2 知, 不存在经过 D'' 连接 $\sigma'(P_{i-1})$ 和 $\sigma'(P_i)$ 并避开 $\sigma'(v_iQw)$ 的弧. 因此, 每个满足 $\sigma'(J)\subseteq D''$ 的 $J\in\mathcal{J}$ 的所有在 C 上的邻点都属于同一个 P_i, 并且 σ' 把 J 映射到平面图 $\sigma'(G[J_0\cup C])\cap D''$ 中边界包含 P_i 的面 f_i 上. 对 σ' 映射到这个 $f_i\,(i=1,\cdots,n-1)$ 上的所有 $J\in\mathcal{J}$, 我们依次定义 σ''.

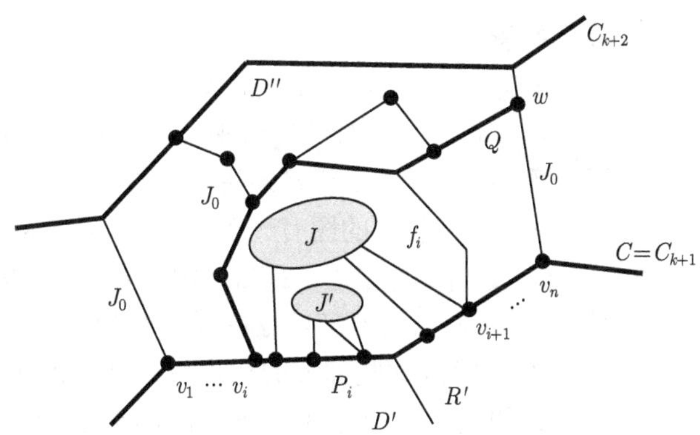

图 12.7.5 对于和同一个 $P_i\subseteq C$ 连接的分支 $J,J'\in\mathcal{J}$, 我们同时定义 σ''

为了定义 σ'', 我们选取 $S \setminus R$ 中的一个开圆盘 D_i, 使得它的边界圈包含 $\sigma(P_i)$ 且避开目前为止已经定义过的 σ'' 的象, 这样的 D_i 存在于 S 中 $\sigma(C)$ 的一个带形邻域中, 这是因为依附着 C 的路段 $P_j \neq P_i$ 的分支 $J' \in \mathcal{J}$ 和 $\mathring{P}_i$ 之间并没有边. 选取一个从 f_i 的边界圈到满足 $\sigma|_{P_i} = (\varphi_i \circ \sigma')|_{P_i}$ 的 D_i 的边界圈上的同胚 φ_i, 把这个同胚扩展为一个从 S' 中 f_i 的闭包到 S 中 D_i 的闭包的同胚. 对每个满足 $\sigma'(J) \subseteq f_i$ 的 $J \in \mathcal{J}$, 以及对 G 中所有的 J-C 边, 把 σ'' 定义为 $\varphi_i \circ \sigma'$. □

推论 12.7.3 的证明　由它们的极小性, $\mathcal{K}_{\mathcal{P}(S)}$ 中的图在子式关系下是不可比较的. 如果它们的树宽是有界的, 那么 $\mathcal{K}_{\mathcal{P}(S)}$ 是被子式关系良拟序化的 (定理 12.4.2), 因此一定是有限的. 所以, 假设它们的树宽是无界的, 设 r 由引理 12.7.4 给出, 由定理 12.6.3 知, 某个 $H \in \mathcal{K}_{\mathcal{P}(S)}$ 有一个足够大的网格子式可以包含 H^r. 根据命题 1.7.3, H^r 是 H 的一个拓扑子式, 这与 r 的选取矛盾. □

最后, 我们回到图子式定理的证明本身, 虽然完整的证明将需要一本或者两本书的篇幅, 但现在我们对它的主要证明思路和整体结构已经有了很好的了解. 关于曲面的背景知识, 参阅附录 B.

图子式定理的证明 (概略)　我们需要证明, 每个有限图的无限序列

$$G_0, G_1, G_2, \cdots$$

都包含一个好对 (good pair), 即包含两个满足 $G_i \preccurlyeq G_j (i < j)$ 的图. 我们可以假设对每个 $i \geqslant 1$, $G_0 \not\preccurlyeq G_i$, 否则 G_0 和包含它作为子式的图 G_i 形成一个好对. 因此, 所有的图 $G_1, G_2, \cdots$ 都在 $\text{Forb}_{\preccurlyeq}(G_0)$ 中, 我们在寻找一个好对的过程中可以使用这些图的共同结构.

当 G_0 是可平面图时, 我们已经看到如何利用这个结构: $\text{Forb}_{\preccurlyeq}(G_0)$ 中的图具有有界树宽 (推论 12.6.4), 故由定理 12.4.2 知, 它们可以被良拟序化. 一般地, 因为 $G_0 \preccurlyeq K^n$ (这里 $n := |G_0|$), 所以只需要考虑 $G_0 = K^n$ 的情形即可. 因此, 我们不妨设对所有的 $i \geqslant 1$, 有 $K^n \not\preccurlyeq G_i$.

现在, 我们按上面提到的思路进行证明: $\text{Forb}_{\preccurlyeq}(K^n)$ 中的图可以用它们的树分解来刻画, 且就像在 Kruskal 定理中一样, 树结构有助于证明它们可以被良拟序化. 但是正如 Wagner 定理 (7.3.4) 中 $n = 5$ 时的情形那样, 这些树分解中的部分不再受阶数的限制, 而是与更微观的结构有关. 粗略地讲, 对每个 n, 存在一个由曲面组成的有限集 $\mathcal{S}$ 使得每个不包含 K^n 子式的图有一个树分解, 它的每个部分“几乎”可以嵌入到其中一个曲面 $S \in \mathcal{S}$ 中, 见定理 12.6.6. 由定理 12.4.2 的一个推广 (因此也是 Kruskal 定理的推广), 我们只需要证明这些树分解的所有部分所组成的集合可以被良拟序化, 从而所有分解成这些部分的图也可以被良拟序化. 因为 $\mathcal{S}$ 是有限的, 所以每个这样的部分的无限序列都有一个无限子序列, 使得子序列的成员都 (几乎) 可以嵌入到同一个曲面 $S \in \mathcal{S}$ 中. 因此我们需要证明的是: 给定任意曲

面 S, 所有可以嵌入到 S 中的图在子式关系下可以被良拟序化.

为了实现上面的目标, 我们对曲面 S 的 Euler 亏格使用归纳法, 所用的方法和前面一样: 如果 $H_0, H_1, H_2, \cdots$ 是可嵌入到曲面 S 中的图的一个无限序列, 我们可以假设 $H_1, H_2, \cdots$ 中的每一个都不包含 H_0 作为子式. 对于 $S = S^2$, 我们回到了 H_0 是可平面的情况, 所以可以开始归纳. 在归纳过程中, 假设 $S \neq S^2$. 禁用子式 H_0 再次限制了图 $H_1, H_2, \cdots$ 的结构, 这次是从拓扑意义上限制: 每个 $H_i\,(i \geqslant 1)$ 在 S 中有一个嵌入, 使得 H_i 和某个圈 $C_i \subseteq S$ (这里的 C_i 不把 S 中的任何圆盘围起来) 相交于有界多个顶点且不和边相交, 把这些顶点记作 $X_i \subseteq V(H_i)$. ($|X_i|$ 的界依赖于 H_0, 而不依赖于 H_i). 沿着 C_i 切开, 并盖上这个 (些) 洞, 我们得到一个或者两个具有更小 Euler 亏格的新曲面. 如果这个切割只生成一个新曲面 S_i, 那么 $H_i - X_i$ 的嵌入仍然视为 H_i 在 S_i 中的一个几乎嵌入 (因为 X_i 很小). 如果有无限多个这样的 i, 那么曲面 S_i 中的无穷多个是相同的, 根据归纳假设, 在对应的图 H_i 中, 可以找到一个好对. 另一方面, 如果对无穷多个 i, 我们都得到两个曲面 S_i' 和 S_i'' (不妨设它们是相同的曲面), 那么 H_i 可以相应地分解成子图 H_i' 和 H_i'' 嵌入到这两个曲面中, 且 $V(H_i' \cap H_i'') = X_i$. 由归纳假设知, 所有的这些子图放在一起同样可以被良拟序化, 因此由引理 12.1.3 知, 所有的图对 (H_i', H_i'') 也可以被良逆序化. 运用引理 12.1.3 的一个改进 (它不仅考虑到图 H_i' 和 H_i'' 本身, 而且考虑到 X_i 在它们中的位置), 最后我们得到指标 i, j, 使得不仅 $H_i' \preccurlyeq H_j'$ 和 $H_i'' \preccurlyeq H_j''$ 成立, 而且使得这些子式的嵌入可以扩展成 H_i 在 H_j 中的子式嵌入, 从而完成了图子式定理的证明. □

图子式定理不能扩展到任意基数的图上, 但是它可能可以推广到可数图上, 但无论它是否可以推广都将是一个很棘手的问题, 这可能和下面的漂亮猜想有关, 从这个猜想可以很容易地推出关于有限图的图子式定理 (练习 54). 如果存在一个从图 G 的一个子图到图 H 的收缩, 且这个收缩不是从 G 到 H 的同构, 则称 H 是 G 的**真子式** (proper minor).

自子式猜想 (Seymour, 20 世纪 80 年代) *每个可数的无限图都是它自身的真子式.*

除了对"纯"图论的影响外, 图子式定理也对算法理论有着深远的影响. 运用 $\text{Forb}_{\preccurlyeq}(K^n)$ 中图的结构定理 (12.6.6), Robertson 和 Seymour 证明了验证任意固定子式的存在可以"快速"实现: 对每个图 H, 都存在一个多项式时间算法[12] 来检验输入的图是否包含 H 作为它的子式. 由图子式定理知, 每个子式封闭的图性质 $\mathcal{P}$ 可以由多项式时间 (最多是三次的) 来确定: 如果 $\mathcal{K}_{\mathcal{P}} = \{H_1, \cdots, H_k\}$ 是禁用子式的对应集合, 那么检验一个图 G 与 $\mathcal{P}$ 的隶属关系可以简化成检验 k 个 $H_i \preccurlyeq G$

12 它是一个三次多项式, 虽然系数非常大而且依赖于 H.

命题.

下面的例子将说明上面的算法结论如何深远地影响了图的算法复杂性理论. 如果一个图可以嵌入到 $\mathbb{R}^3$ 中使得所有的圈都不形成非平凡纽结, 则称这个图是**无纽结的** (knotless). 在图子式定理出现之前, 确定是否存在纽结是一个公开问题, 即是否存在*任何*算法 (不管它多么慢) 可以确定任意给定的图是无纽结的. 到目前为止, 还没有这样的算法, 但是, 可以容易地"看出"无纽结性质在子式关系下是封闭的: 把嵌入到三维空间中的图的一条边进行收缩不会产生一个以前没有的纽结, 因此由图子式定理知, *存在*一个算法可以确定无纽结性质 —— 甚至是 (三次的) 多项式时间算法!

对这样一个长期未解的问题有如此意想不到的解答令人印象深刻, 但如果只把它看成图子式定理的推论就有失公平, 因为同样重要的是在它的证明过程中发展起来的一些技巧, 以及处理和构造子式的方法, 其中大部分在这里甚至没有涉及, 但是它将会影响图论未来多年的发展.

练　习

1.$^-$ 设 $\leqslant$ 是集合 X 上的拟序, 我们称两个元素 $x, y \in X$ 是**等价的** (equivalent), 如果 $x \leqslant y$ 和 $y \leqslant x$ 同时成立. 证明: 这确实是 X 上的一个等价关系, 且 $\leqslant$ 在等价类集合上导出一个偏序.

2. 设 $(A, \leqslant)$ 是一个拟序. 对子集 $X \subseteq A$, 记

$$\mathrm{Forb}_{\leqslant}(X) := \{a \in A \mid \text{对所有的 } x \in X \text{ 有 } a \ngeqslant x\}.$$

证明: $\leqslant$ 是 A 上的一个良拟序当且仅当, 每个在 $\geqslant$ 下封闭的子集 $B \subseteq A$ (即使得 $x \leqslant y \in B \Rightarrow x \in B$) 可以写成 $B = \mathrm{Forb}_{\leqslant}(X)$ 的形式, 这里 X 是一个有限集.

3. 不使用 Ramsey 定理, 直接证明命题 12.1.1 和推论 12.1.2.

4.$^-$ 证明: 在正文中定义的有根树之间的关系 $\leqslant$ 确实是一个拟序.

5. 证明: 有限树在子图关系下不是良拟序的.

6. 在 Kruskal 定理证明的最后一步, 我们考虑了 T_n 中 T_m 的一个"拓扑"嵌入使得 T_m 的根映射到 T_n 的根. 假设我们可以归纳地假定 A_m 的树已按同样的方式嵌入到 A_n 的树中, 使得根映射到根. 那么, 我们似乎得到了"有限根树被子图关系良拟序化"的证明, 甚至把根映射到根. 这个论证的错误在哪里?

7. 把 Kruskal 定理推广到顶点具有良拟序标号的树上. 树的嵌入如前面定义的一样, 只是需要遵守标号的顺序.

8. 连通有限图是否被收缩关系 (即取子式时不删除边或顶点) 良拟序化呢?

9.$^+$ 如果不要求子式关系中分支集必须是连通的, 证明: 有限图集在这个新关系下是可以被良拟序化的.

10.$^+$ 证明: 有限图集在拓扑子式关系下不被良拟序化.

11.$^+$ 给定 $k \in \mathbb{N}$, 集合 $\{ G \mid G \not\supseteq P^k \}$ 在子图关系下是良拟序化的吗?

12.$^-$ 设 G 是一个图, T 是一棵树, 且 $\mathcal{V} = (V_t)_{t\in T}$ 是一族 $V(G)$ 的子集. 证明: $(T, \mathcal{V})$ 是 G 的一个树分解当且仅当

(i) 对每个顶点 $v \in V(G)$, 集合 $T_v := \{ t \mid v \in V_t \}$ 在 T 中是连通的;

(ii) 对 G 的每条边 uv, 有 $T_u \cap T_v \neq \varnothing$.

13.$^-$ 考虑图 G 的树分解, 它的某些部分包含另外的部分. 把这些部分进行修改从而得到一个树分解使得新的部分在第一个树分解中是 $\subseteq$-极大的. 新的树是如何从旧的得到的呢?

14. 设 G 是一个图, T 是一个集合, $(V_t)_{t\in T}$ 是一族 $V(G)$ 的子集满足树分解定义中的 (T1) 和 (T2). 证明: 存在一棵满足 (T3) 的树 T 当且仅当存在 T 的一个排序 $t_1, \cdots, t_n$ 使得对每个 $k = 2, \cdots, n$ 存在一个 $j < k$ 满足 $V_{t_k} \cap \bigcup_{i<k} V_{t_i} \subseteq V_{t_j}$.

(新的条件要比 (T3) 更便于检验. 例如, 它有助于把一个图树分解成给定的部分.)

15. 证明引理 12.3.1 的以下逆命题: 如果 $(T, \mathcal{V})$ 满足条件 (T1) 和引理的条件, 那么 $(T, \mathcal{V})$ 是 G 的一个树分解.

16. 我们称图 G 的两个分离 $\{U_1, U_2\}$ 和 $\{W_1, W_2\}$ 是**嵌套的** (nested), 如果可以选择 $i, j \in \{1, 2\}$ 使得 $U_i \subseteq W_j$ 且 $U_{3-i} \supseteq W_{3-j}$.

(i) 证明: 引理 12.3.1 中的分离 $S_e := \{U_1, U_2\}$ 对边 $e = t_1t_2 \in T$ 的不同选择是两两嵌套的.

(ii)$^+$ 反过来, 证明: 对 G 的一组给定的嵌套分离的集合 $\mathcal{S}$, 存在 G 的一个树分解 $(\mathcal{V}, T)$ 使得 $\mathcal{S} = \{ S_e \mid e \in E(T) \}$.

17.$^+$ 对 $k = 3$ 证明定理 12.3.7. 特别地, 证明 Tutte 定理: 每个 2-连通图有一个附着力为 2 的树分解, 它的每个躯干或者是 3-连通的或者是一个圈. 反过来, 证明每个具有这样树分解的图是 2-连通的.

(提示: 和练习 16 (ii) 中一样, 考虑树分解, 这里的树分解是由那些与其他所有分离嵌套的阶为 2 的分离所组成的集合定义的.)

18. 用 T 的子树来描述 G 的收缩子式 H 的树分解, 它是由像引理 12.3.3 中那样 G 的一个给定树分解所导出的 (如同练习 12 一样).

19.$^-$ 证明: 如果一个图可以通过单纯树分解使得每一个部分是 k-可着色的, 那么它本身也是 k-可着色的.

20. 设 $\mathcal{H}$ 是一族图, 而 G 是由 $\mathcal{H}$ 的元素递归地沿着完全子图粘贴构造而成的图. 证明: G 有一个单纯树分解使得分解的每个部分是 $\mathcal{H}$ 中的元素.

21. 用上一个练习证明: G 不包含 K^5 子式当且仅当 G 有一个树分解, 使得它的每个躯干要么是可平面的, 要么是 Wagner 图 W 的一个拷贝 (参考图 7.3.1).

22.$^+$ 我们称一个图是**不可约的** (irreducible), 如果它不能被任何完全子图所分离. 每个有限图 G 可以分解成不可约的导出子图如下: 如果 G 包含一个可分离的完全子图 S, 那么 G 可以分解成真导出子图 G' 和 G'' 且 $G = G' \cup G''$ 和 $G' \cap G'' = S$; 接着用同样的方式分解 G' 和 G'', 依次类推, 直到所有得到的图都是不可约的. 由练习 20 知, G 包含一个单纯树分解使得分解后的部分是不可约子图. 证明: 如果所有的完全分离都被选作极小的话, 那么这些不可约子图是唯一确定的.

23. 设 $\mathcal{F}$ 是一个集合族, 如果 $\mathcal{F}$ 上的图 G 满足 $XY \in E(G) \Leftrightarrow X \cap Y \neq \varnothing$, 那么我们称 G 是 $\mathcal{F}$ 的**交图** (intersection graph). 证明：一个图是弦图当且仅当它同构于一棵树的子树 (的顶点集) 族的交图.
24. 证明：对 $n \geqslant 3$, 图 K^n, C^n, 任意阶为 n 的树以及 $n \times n$ 网格包含宽度分别为 $n-1$, 2, 1 和 n 的树分解. 对 K^n 和 C^n, 证明这些值是最好可能的.
25. 一个图 G 的细分的树宽会比 $\mathrm{tw}(G)$ 小吗？或者是比它大？
26. 证明：任何有限图的树宽不小于它的最小度. 这个结论对无限图也成立吗？
27.$^+$ 证明：如果一个图的周长 $k \neq 0$, 那么它的树宽最多为 $k-1$.
28.$^+$ 如果图有一个平面画法使得每一个顶点都位于外部面的边界上, 那么我们称这个图是**外可平面的** (outerplanar). 证明外可平面图可以有任意大的树宽, 或者找到它的最好上界.

如果树分解中的树是一条路, 就称它是一个**路分解** (path-decomposition). G 的**路宽** (path-width) $\mathrm{pw}(G)$ 是 G 的路分解的最小宽度.

29. 证明：一个图包含一个分解成完全图的路分解当且仅当它同构于一个区间图. (区间图的定义见第 5 章练习 42.)
30. (继续)
对于路宽, 证明下面类似于命题 12.4.4 的结论：每个图 G 满足 $\mathrm{pw}(G) = \min \omega(H) - 1$, 这里的最小是遍取所有包括 G 的区间图 H.
31.$^+$ 树是否可以有无界的路宽呢？

一个顶点序列 $(v_1, \cdots, v_n)$ 的**转换** (transaction) 是指从初始段 $\{v_1, \cdots, v_i\}$ 到剩余段 $\{v_{i+1}, \cdots, v_n\}$ 的不交路的集合.

32.$^+$ 给定 $k \in \mathbb{N}$ 和图 G 的一个顶点序列 $v_1, \cdots, v_n$, 证明：G 包含一个满足对所有的 i 有 $v_i \in V_i$ 的附着力 $\leqslant k$ 的路分解 $(V_1, \cdots, V_n)$ 当且仅当 G 不包含 $(v_1, \cdots, v_n)$ 的转换 $\mathcal{P}$ 使得 $|\mathcal{P}| > k$.
33 证明：圈 C^n 的连通树宽是 $\lceil n/2 \rceil$.
34 证明：$n \times n$ 网格的树宽是 n.
35.$^-$ 设 $\mathcal{B}$ 是图 G 中阶数最大的刺藤. 证明：G 的每个具有最小宽度的树分解有唯一一个部分覆盖 $\mathcal{B}$.
36.$^-$ 设 $\mathcal{P}$ 是一个对子式封闭的图性质. 证明：加强后的子式概念 (例如, 拓扑子式) 会增加刻画性质 $\mathcal{P}$ 所需的禁用子式的集合.
37. 由图子式定理推导：每个对子式封闭的性质都可以用有限多个禁用拓扑子式来刻画. 对于拓扑子式封闭的性质, 这个结论是否也成立呢？

顶点集合 $X \subseteq V(G)$ 被称作在 G 中是 *k-连通的*, 如果 $|X| \geqslant k$, 并且对于所有满足 $|Y| = |Z| \leqslant k$ 的子集 $Y, Z \subseteq X$, 都存在 $|Y|$ 条 G 中的不交 Y-Z 路.

38.$^+$ 证明：一个图 G 具有大的树宽当且仅当对某个大的 k, 它包含一个大的顶点集在 G 中是 k-连通的. 例如, 证明：树宽 $< k$ 的图不包含具有 $3k$ 个顶点的 $(k+1)$-连通集, 并且不包含 $3k$ 个顶点 $(k+1)$-连通集的图的树宽 $< 4k$.
39. (继续)
(i)$^+$ 找到一个 $\mathbb{N} \to \mathbb{N}^2$ 的函数 $k \mapsto (h, \ell)$ 使得每个具有 h 个顶点 ℓ-连通集的图包含一

个阶数大于 k 的刺藤.

(ii) $^-$ 使用前一部分的结果, 推导定理 12.4.3 中较难的蕴含关系的弱化形式: 给定 k, 每个具有足够大树宽 $f(k)$ 的图包含一个阶数大于 k 的刺藤.

40. 是否图的每个分离集都有一个相容的定向?

41. 证明: 把树 $T = (V, E)$ 的边定向为指向某个固定节点 t, 这个定向和 12.5 节中定义的 $\overrightarrow{E}$ 上的偏序是相容的. 这是否是 V 和 E 的相容定向之间的一个双射?

42. (继续)

证明: 通过选取 $\mathcal{S}$ 的相容定向作为 T 的节点来证明练习 16(ii) 的命题. 如何定义 T 中的边呢?

设 θ 是一个纠缠, 而 $(A, B) \in \theta$, 我们称 A 是 $\{A, B\}$ 在 θ 中**小的一边** (small side).

43. 设图 G 有一个阶数为 k 的纠缠 θ.

(i) 通过证明命题"如果 $(A, B) \in \theta$, 且 $\{A', B'\}$ 是一个阶数 $< k$ 的分离并满足 $A' \subseteq A$ 或 $B' \supseteq B$, 那么 $(A', B') \in \theta$"来说明"小的一边"定义的合理性.

(ii) 证明: 只要 $\{A \cup A', B \cap B'\}$ 是一个阶数 $< k$ 的分离, 那么如果 $(A, B), (A', B') \in \theta$, 则也有 $(A \cup A', B \cap B') \in \theta$.

(iii) 推导: 对每个少于 k 个顶点的集合 X, $G - X$ 的分支中恰好有一个分支 C 是"大的", 这里"大的"是指 $(V(G - C), X \cup V(C)) \in \theta$.

(iv)$^+$ 对无限图 (但 k 是有限的) 结论也成立吗?

44. 对图 G 证明以下蕴含关系:

(i) G 包含一个 k-块 $\Rightarrow G$ 有一个阶为 k 的刺藤.

(ii) G 有一个阶为 k 的纠缠 $\Rightarrow G$ 有一个阶为 k 的刺藤.

(iii) G 有一个阶为 $3k$ 的刺藤 $\Rightarrow G$ 有一个阶为 k 的纠缠.

是否存在一个函数 $f : \mathbb{N} \to \mathbb{N}$ 使得对每个 $k \in \mathbb{N}$, 如果 G 有一个阶至少为 $f(k)$ 的纠缠, 那么它一定包含一个 k-块呢?

45. 通过对所有图 G 证明以下结论来证明定理 12.4.3 和定理 12.5.3 的等价性:

(i) G 的树宽 $< k - 1$ 当且仅当它有一个构建于 $\mathcal{F}_k$ 上的 S_k-树.

(ii) G 有一个 k-刺藤当且仅当它包含 S_k 的一个 $\mathcal{F}_k$-纠缠.

46.$^+$ 修改定理 12.5.1 的证明来得到定理 12.5.3 的证明.

47. 把定理 12.6.5 推广如下: 设 H 是一个连通的可平面图, $\mathcal{X}$ 是任意包含 H 的连通图的集合, 并令 $\mathcal{H} := \{ IX \mid X \in \mathcal{X} \}$. 证明: $\mathcal{H}$ 具有 Erdős-Pósa 性质, 这可以由定理 12.6.5 的证明中定义的函数 f 来佐证. 解释为什么 f 只依赖于 H 而不依赖于 $\mathcal{X}$ 中的任何其他图.

48.$^+$ 证明: 对每个非可平面图 H, 图族 IH 不具有 Erdős-Pósa 性质.

(提示: 把 H 嵌入到一个曲面 S 中, 然后只考虑那些嵌入到 S 中的图.)

49.$^+$ 把定理 12.6.5 推广到非连通图 H 上, 或者找到一个反例.

50.$^+$ 论证: 定理 12.6.6 中所描述的关于 $\text{Forb}_{\preccurlyeq}(K^n)$ 中图的结构的四个基本要素 (即树分解、**尖端集** (apex set)、任意曲目 $S \not\hookrightarrow K^n$ 和**漩涡** (vortex) $H_1, \cdots, H_k$) 都是刻画 $\text{Forb}_{\preccurlyeq}(K^n)$ 中所有图所必需的. 更准确地说, 找到 $\text{Forb}_{\preccurlyeq}(K^n)$ 中的图, 使得如果我们进

一步要求树分解只有一个部分, 或者 X 总是空集, 或者 S 总是球面, 或者 $H_1, \cdots, H_k$ 总是空集, 那么定理 12.6.6 就不成立. 不需要提供准确的证明.

51.$^+$ (继续)

论证: 和定理 12.6.6 不一样, 定理 12.6.7 中所用的曲面不能限制为不可嵌入 K^n 的那些曲面. (和上一个问题一样, 不需要提供准确的证明.)

52. 不使用图子式定理, 证明: 在任何 $\preccurlyeq$-反链中, 图的色数是有界的.

53. 设 S_g 是由球面加上 g 个环柄而得到的可定向曲面. 找到一个用 g 表达的 $|\mathcal{K}_{\mathcal{P}(S)}|$ 的下界.

(提示: 使得给定图 G 可以嵌入到 S_g 上的最小值 g 称为**可定向亏格** (orientable genus). 使用定理: 一个图的可定向亏格等于它的块的亏格之和.)

54. 由自子式猜想推导图子式定理.

55. 假设 G 有一个正规支撑树, 证明定理 12.6.9.

56. 设 G 是一个局部有限图, 它由 $\mathbb{Z} \times \mathbb{Z}$ 网格 H 加上无限条边 xy 而得到, 这里 $d_H(x, y)$ 是无界的. 证明: $G \succcurlyeq K^{\aleph_0}$. 如果距离 $d_H(x, y)$ 是有界的 (但至少为 3), 同样的结论成立吗?

57. 无限的 $\mathbb{Z} \times \mathbb{Z}$ 网格是否是 $\mathbb{Z} \times \mathbb{N}$ 网格的子式? 后者是否是 $\mathbb{N} \times \mathbb{N}$ 网格的子式?

58.$^+$ 把命题 12.3.6 推广到不包含无限完全子图的无限图上.

59. 用上一个练习证明: 如果 G 的每一个有限子图的树宽小于 $k \in \mathbb{N}$, 那么 G 的树宽也如此.

60. 证明: 大的有限连通性的假设并不能保证可数图包含 $K^r (r \geqslant 5)$ 子式. 然而, 使用前一个练习证明: 充分大的有限连通性可以保证一个无限图包含任何给定的可平面子式.

注 解

Robertson 和 Seymour 过去把图子式定理称为 **Wagner 猜想** (Wagner's conjecture). Wagner 确实在 20 世纪 60 年代和他当时的学生 ——Halin 和 Mader, 讨论过这个问题, 但似乎是 Mader 给出了一个肯定的答案. 但 Wagner 本人始终坚持他没有提过这个猜想 —— 即使在图子式定理已经证明后也如此.

Robertson 和 Seymour 关于图子式定理的证明包括在他们的 20 多篇系列文章中, 这些文章有一个共同的标题: 图子式, 编号为 IV-VII, IX-XII 和 XIV-XXII, 它们大多在 1983 年到 2012 年之间发表在 *Journal of Combinatorial Theory, Series B* 上. 本章中所引用的定理中, 定理 12.4.2 取自 Graph Minors IV, 定理 12.5.1 和定理 12.5.4 取自 Graph Minors X, 定理 12.6.3 和定理 12.6.5 取自 Graph Minors V, 而定理 12.6.6 取自 Graph Minors XVI.

Kruskal 关于有限树可以被良逆序化的定理最早发表于 J. B. Kruskal, *Well-quasi ordering, the tree theorem, and Vászonyi's conjecture*, Trans. Amer. Math.

Soc. 95 (1960), 210-225. 我们的证明出自 Nash-Williams, 他引进了如何选择“极小坏序列”这个多功能的证明技巧, 这个技巧在证明 Higman 引理 (12.1.3) 时也用到.

Nash-Williams 把 Kruskal 定理推广到无限图, 这个扩展比有限的情形要难很多. 在证明中, 作为工具他引进了**更优拟序** (better-quasi-ordering) 的概念, 这个概念对良拟序理论产生了根本性的影响. 对不可数图, 图子式定理不成立, 参见 R. Thomas, *A counterexample to 'Wagner's conjecture' for infinite graphs*, Math. Proc. Cambridge Philos. Soc. 103 (1988), 55-57. 可数图在子式关系下是否是良拟序的, 以及有限图 (或可数图) 是否是更优拟序的, 是两个相关的问题, 但还远远没有解决. 这两个问题也和自子式猜想有关, 这个猜想一开始也包括任意大基数的图, 但后来证明对非可数图是不成立的, 见 B. Oporowski, *A counterexample to Seymour's self-minor conjecture*, J. Graph Theory 14 (1990), 521-524.

树分解和树宽的概念 (所用的术语不同) 最先出现在 R. Halin, *S-functions for graphs*, J. Geometry 8 (1976), 171-186. Halin 证明了若干结果, 其中包括“网格可以有任意大的树宽”. Robertson 和 Seymour 重新引入了这两个概念, 显然他们不知道 Halin 的文章, 而是直接引用了 K. Wagner, *Über eine Eigenschaft der ebenen Komplexe*, Math. Ann. 114 (1937), 570-590. (这是一篇有创意的文章, 它引入单纯树分解来证明定理 7.3.4, 参考练习 21.) 关于单纯树分解的深度处理, 见 R. Diestel, *Graph Decompositions*, Oxford University Press, 1990.

Reed 写了一篇关于树宽、刺藤和纠缠的颇具启发性的综述文章, 见 B. A. Reed (R. A. Bailey, ed) *Surveys in Combinatorics* 1997, Cambridge University Press, 1997, 87-162. Reed 也引进了“刺藤”这个术语, 在 Seymour 和 Thomas 原来的文章中, 刺藤被称作“屏幕 (screen)”.

定理 12.3.7 出自 J. Carmesin, R. Diestel, F. Hundertmark and M. Stein, *Connectivity and tree structure in finite graphs*, Combinatorica (2014), 1-35, arXiv:1105.1611. 这个定理中 T 的 Aut(G)-不变性是一个重要的性质. 容易证明, 每两个 k-块可以被某个阶 $< k$ 的分离所分开. 定理 12.3.7 揭示了, 我们可以找到这些分离的嵌套子集合, 它还是分离每两个 k-块: 分离是由树分解导出的. 当我们试图构造这个嵌套子集合时, 经常不得不在若干个“交叉”(非嵌套的) 分离中进行选择. 重要的是我们可以规范地做出这些选择: 即不是任意地, 也不是求助于某个打破平分的人造规则 (例如固定的顶点枚举), 而是只使用图的结构. [13]

在添加一个小的假设后可以证明, 随着 k 的增大, 定理 12.3.7 的证明中所构造的树分解相互细化: 对 $k+1$ 的分解导出了对 k 的分解的躯干的树分解, 因此与那个分解是相容的. 和定理 12.5.4 中一样, 从而得到一个全面的树分解, 它的导出分

13 对于具有逻辑论知识的读者, 以图论的语言它可以用 (三阶) 公式来描述.

离把每两个块分开, 并且是从根本上分离, 即不只是某个 k-块包含在另外一个大的 ℓ-块中 (对 $\ell < k$).

树宽对偶定理, 即定理 12.4.3, 出自 P. D. Seymour and R. Thomas, *Graph searching and a min-max theorem for tree-width*, J. Combin. Theory, Ser. B 58 (1993), 22-33. 一个简短的证明包含在本书的早期版本中, 也可以参考 P. Bellenbaum and R. Diestel, *Two short proofs concerning tree-decompositions*, Comb. Probab. Comput. 11 (2002), 541-547 (它也包含定理 12.4.5 的一个简短证明). 本书中所给出的证明是基于 F. Mazoit 的想法 (私人通信, 2013). 它的最简洁证明是使用定理 12.5.3, 而且这是唯一一个不用 Menger 定理的证明, 见练习 45 和练习 46 以及相关提示.

历史上, 树宽对偶性的发展曾经出现过几次突发的转折. 当 Robertson 和 Seymour 发展树分解理论时, 为了证明图子式定理, 他们也同时寻找大树宽存在的证据, 作为处理当所考虑的图具有无界树宽时的方案. 这个探索的结果就是引进了纠缠这一概念, 事后我们才发现, 对于图论来说这也许是这个证明所延伸出的最深刻的单一创新. 然而, 从计算角度看, 对偶性并不十分完美: 虽然大的树宽蕴含着大阶数纠缠的存在, 而且反之亦然, 但是逆过程会失去一个小的常数因子. 没有对纠缠的定义进行调整来解决这个问题, Robertson 和 Seymour 选择了 (例如, 像练习 46 那样) 简单地把树分解这个概念改变成一个新的概念, 叫做**分支分解** (branch-decomposition), 它恰好是纠缠的对偶 (除了极小的 k). 为解决遗留下来的小问题, Seymour 和 Thomas 后来引进了刺藤和定理 12.4.3, 从而得到了完全的树宽对偶性. 虽然刺藤这个概念有意义, 但它的意义不能和纠缠相比.

定理 12.4.5 出自 R. Thomas, *A Menger-like property of tree-width; the finite case*, J. Combin. Theory, Ser. B 48 (1990), 67-76. 而定理 12.4.6 出自 R. Diestel and M. Müller, *Connected tree-width*, Combinatorica (2016^+), arXiv: 1211.7353. 这篇文章也证明了, 如果 C 是 G 中的一个测地圈, 则有 $\mathrm{ctw}(C) \leqslant \mathrm{ctw}(G)$.

定理 12.5.1 的证明是取自 R. Diestel and S. Oum, *Unifying duality theorems for width parameters*, arXiv: 1406.3797. 在这篇文章中, 关于纠缠的对偶理论是通过抽象的分离系统发展出来的, 并不局限于图. 其主要结果包含定理 12.5.1 和定理 12.5.3 作为特殊情形.

这样的抽象分离系统, 它关于纠缠的对偶定理, 以及规范无纠缠定理 (见下面的解释) 可以应用到簇分析 (cluster analysis) 的问题上, 见 R. Diestel and G. Whittle, *Tangles and the Mona Lisa*, arXiv: 1603.06652.

无纠缠定理, 即定理 12.5.4, 是图子式定理证明的里程碑之一. 我们在这里给出的简短证明来源于 J. Carmesin, *A short proof that every finite graph has a tree-decomposition displaying its tangles*, Eur. J. Comb. 58 (2016), 61-65, arXiv: 1511.02734. 书中证明后面的规范加强版是抽象分离系统中关于纠缠的广义定理的

推论, 出自 R. Diestel, F. Hundertmark and S. Lemanczyk, *Profiles of separations in graphs and matroids*, arXiv: 1110.6207.

树宽 <4 的图的 Kuratowski 集合已经确定, 见 S. Arnborg, D. G. Corneil and A. Proskurowski, *Forbidden minors characterization of partial* 3*-trees*, Discrete Math. 80 (1990), 1-19, 这个集合包括: K^5、八面体 $K_{2,2,2}$、5-棱镜 $C^5 \times K^2$ 和 Wagner 图 W. 给定曲面 S, 已经被明确确定的 Kuratowski 集 $\mathcal{K}_{\mathcal{P}(S)}$ 除了球面外, 另一个是射影平面, 它由 35 个禁用子式组成, 见 D. Archdeacon, *A Kuratowski theorem for the projective plane*, J. Graph Theory 5 (1981), 243-246. 不难证明, $|\mathcal{K}_{\mathcal{P}(S)}|$ 随着 S 的亏格的增长而快速增长 (练习 53).

关于有限禁用子式定理的综述, 见 R. Diestel, *Graph Decompositions*, Oxford University Press, 1990 的 6.1 节, 更新的进展概括在 R. Thomas, *Recent excluded minor theorems*, in (J. D. Lamb and D. A. Preece, eds) *Surveys in Combinatorics* 1999, Cambridge University Press, 1999, 201-222. 对无限禁用子式定理的一篇综述是 N. Robertson, P. D. Seymour and R. Thomas, *Excluding infinite minors*, Discrete Math. 95 (1991), 303-319.

网格定理 (12.6.3) 的第一个简短证明是由 R. Diestel, K. Yu. Gorbunov, T. R. Jensen and C. Thomassen, *Highly connected sets and the excluded grid theorem*, J. Combin. Theory, Ser. B, 5 (1999), 61-73 得到的, 它包括在本书的第二至四版中. 这个证明被进一步简化了, 见 A. Leaf and P. D. Seymour, *Tree-width and planar minors*, J. Comb. Theory B 111 (2015) 38-53. 多项式界的第一个证明是由 C. Chekuri and J. Chuzhoy, *Polynomial bounds for the grid-minor theorem*, arXiv: 1602.02629 得到的.

作为网格定理的准备, Robertson 和 Seymour 证明了关于路宽的相应结果 (Graph Minors I): 不包括图 H 作为子式的图的路宽是有界的当且仅当 H 是一个森林. 这个结果 (具有最优界的情形) 的一个简短证明, 可以在本书的第一版中或者在 R. Diestel, *Graph Minors* I: *a short proof of the path width theorem*, Combin. Probab. Comput. 4 (1995), 27-30 中找到. 它也可以从前面提到的 Diestel 和 Oum 的抽象纠缠对偶定理推出.

定理 12.6.6 是 Robertson 和 Seymour 的不包含 K^n 子式的结构定理的最初版本, 它被称作"让人误入歧途"的版本, 这是 Robertson 和 Seymour 自己给出的评论, 主要指这个定理在图子式定理证明中的作用. 尽管如此, 它仍是图子式定理最常用的版本, 尤其是在算法方面. 目前, 最强的版本兼顾了将来可能的应用, 是由 R. Diestel, K. Kawarabayashi, Th. Müller and P. Wollan, *On the excluded minor structure theorem for graphs of large tree-width*, J. Comb. Theory B 102 (2012), 1189-1210, arXiv: 0910.0946 给出的, 它的证明基于定理 12.6.6. 关于禁用拓扑子式的结

构定理 12.6.7 出自 M. Grohe and D. Marx, *Structure theorem and isomorphism test for graphs with excluded topological subgraphs*, Proc. 44th Ann. ACM Symp. Theory of Computing (STOC 2012), 173-192, arXiv: 1111.1109.

不包含拓扑 $K^{\aleph_0}$ 子式的图中正规支撑树的存在性由 Halin 证明, 见 R. Halin, *Simplicial decompositions of infinite graphs*, in (B. Bollobás, ed.) *Advances in Graph Theory, Annals of Discrete Mathematics* 3, North-Holland, 1978. 它的加强版, 即定理 12.6.9 (iii), 是由 Diestel 观察到的, 见 R. Diestel, *The depth-first search tree structure of* $TK_{\aleph_0}$*-free graphs*, J. Combin. Theory, Ser. B 61 (1994), 260-262. 第 (iii) 部分可以容易推出 (ii), 在 N. Robertson, P. D. Seymour and R. Thomas, *Excluding infinite clique subdivisions*, Trans. Amer. Math. Soc. 332 (1992), 211-223 中独立证明. 定理 12.6.8 以及定理 12.6.6 的无限情形的证明, 见 R. Diestel and R. Thomas, *Excluding a countable clique*, J. Combin. Theory, Ser. B 76 (1999), 41-67. 定理 12.6.8 的证明是建立在 N. Robertson, P. D. Seymour and R. Thomas, *Excluding infinite clique minors*, Mem. Amer. Math. Soc. 118 (1995) 的主要结果上的.

"广义 Kuratowski 定理" (推论 12.7.3) 的证明来自 J. Geelen, B. Richter and G. Salazar, *Embedding grids in surfaces*, European J. Combin. 25 (2004), 785-792. 这个定理的另一个证明没有使用定理 12.4.2, 而是直接证明 $\mathcal{K}_{\mathcal{P}(S)}$ 中图的个数是有界的, 这来自 B. Mohar and C. Thomassen, *Graphs on Surfaces*, Johns Hopkins University Press, 2001. 对每个曲面, Mohar 也对每个曲面分别给出了一个算法来判定在这个曲面上的可嵌入性, 这些算法是线性时间的. 作为一个推论, 他得到推论 12.7.3 的一个独立的且构造性的证明.

对每个图 X, Graph Minors XIII 给出一个明确的算法, 它可以在三次多项式时间内判定每个输入图 G 是否具有 $X \preccurlyeq G$, 这个三次多项式中限制运行时间的常数依赖于 X, 它是一个上界并且可以构造出来.

图性质的"好刻画"这个概念首先由 Edmonds 提出, 见 J. Edmonds, *Minimum partition of a matroid into independent subsets*, J. Research of the National Bureau of Standards (B) 69 (1965) 67-72. 用算法复杂性的语言来描述就是说, 如果一个刻画给出关于图的两个命题, 使得给定任意图 G, 第一个命题对 G 成立当且仅当第二个不成立, 且对每个命题, 如果它关于 G 是成立的, 那么这个命题就可以提供一个方法使得真实性可以在多项式时间内验证, 我们称这样的刻画是**好的** (good). 因此, 每个好刻画都有推论: 对应于它所刻画的性质的判定问题属于 NP $\cap$ co-NP.

附录 A 无 限 集

这个附录简要地总结了集合论方面的概念和结果, 比如 Zorn 引理和超限归纳法, 这些都在第 8 章中用到.

设 A 和 B 是集合. 如果存在一个 A 和 B 之间的双射, 则我们记 $|A| = |B|$, 并称 A 和 B 的**基数相同** (same cardinality). 显然, 这是集合之间的一个等价关系, 我们可以把 A 的**基数** (cardinality) $|A|$ 看成包含 A 的等价类. 如果存在单射 $A \to B$, 则记 $|A| \leqslant |B|$, 显然这是明确定义的且形成一个偏序: 如果存在单射 $A \to B$ 和 $B \to A$, 那么也存在双射 $A \to B$; [1] 对每个集合, 都存在另一个更大的集合, 例如, 当 B 是 A 的幂集 (即 A 的所有子集的集合) 时, 就有 $|A| < |B|$.

我们归纳地定义自然数, 一开始令 $0 := \varnothing$, 因此自然数 n 可记为 $n := \{0, \cdots, n-1\}$. 所以, 更正式地, 通常所使用的 $|A| = n$ 可以看成 $|A| = |n|$ 的简化形式.

如果存在一个自然数 n 使得 $|A| = n$, 那么称集合 A 是**有限的** (finite); 否则, 称它为**无限的** (infinite). 如果 $|A| \leqslant |\mathbb{N}|$, 那么 A 是**可数的** (countable); 如果 $|A| = |\mathbb{N}|$, 则称为**可数无限的** (countably infinite). 双射 $\mathbb{N} \to A$ 是 A 的一个**列举** (enumeration). 如果 A 是无限的, 则 $|\mathbb{N}| \leqslant |A|$, 所以 $|\mathbb{N}|$ 是最小的无限基数, 用 $\aleph_0$ 表示; 也存在一个最小的不可数基数, 用 $\aleph_1$ 表示. 如果 $|A| = |\mathbb{R}|$, 那么 A 是不可数的, 我们称 A 有**连续多个元素** (continuum many). 例如, 存在连续多个无限 0-1 序列. ($\mathbb{R}$ 是否等于 $\aleph_1$ 或者更大基数依赖于集合论的公理假设, 这里我们不涉及这个问题.) 注意到, 如果 A 是无限的且 A 的元素是可数集, 那么所有这些集合的并也不比 A 本身大, 即 $|\bigcup A| \leqslant |A|$.

偏序集 X 的元素 x 在 X 中是**极小的** (minimal), 如果不存在 $y \in X$ 使得 $y < x$; x 是**极大的** (maximal), 如果不存在 $z \in X$ 使得 $x < z$. 偏序集可以有一个或很多个极大元或极小元, 或者根本没有. 一个子集 $Y \subseteq X$ 在 X 中的**上界** (upper bound) 是 X 中的任意元素 x 使得对所有的 $y \in Y$ 有 $y \leqslant x$.

链 (chain) 是一个偏序集, 它满足每两个元素都是可比较的. 设 $(C, \leqslant)$ 是一个链, 如果 $x, y \in C$ 满足 $x < y$ 但没有 C 的元素 z 使得 $x < z < y$, 那么 x 叫做 y 在 C 中的**前趋** (predecessor), 而 y 是 x 的**后继** (successor). 对给定 $z \in C$, 集合 $\{x \in C \mid x < z\}$ 是 C 的真**初始线段** (initial segment).

如果 X 的每一个非空子集都有一个极小元, 那么偏序集 $(X, \leqslant)$ 是个**良基集** (well-founded set), 而一个良基链被称为**良序的** (well-ordered). 例如, $\mathbb{N}$, $\mathbb{Z}$ 和 $\mathbb{R}$ (在

---

1 这是 Cantor-Bernstein 定理, 一个简单的图论证明见命题 8.4.6.

它们的通常顺序下) 都是链, 但只有 $\mathbb{N}$ 是良序的. 注意到, 良序集 X 的每一个元素 x 都有后继元 (除非 x 在 X 中是极大的), 即 $\{y \in X \mid x < y\} \subset X$ 的唯一极小元. 然而, 良序集的元素不一定有前趋, 即使它不是极小元也如此. 没有前趋的元素叫做**极限** (limit), 例如数字 1 在有理数良序集

$$A = \left\{1 - \frac{1}{n+1} \,\middle|\, n \in \mathbb{N}\right\} \cup \left\{2 - \frac{1}{n+1} \,\middle|\, n \in \mathbb{N}\right\}$$

中就是极限.

有很多命题等价于选择公理 (我们始终假设它成立), 其中一个是: 对每一个集合 X, 存在一个关系使得 X 是良序的, 即

良序定理　*每一个集合可以被良序化.*

如果在两个良序集合之间, 存在一个双射保持它们的顺序, 那么称这两个集合有**同样的顺序类型** (same order type). 所以 $\mathbb{N}$ 和偶自然数的集合有同样的顺序类型, 但它和上面定义的集合 A 有不同的顺序类型. 具有同样顺序类型显然是一个等价关系, 可以把这些顺序类型的集合看成等价类, 所以这个术语是恰当的.

当考虑由同样顺序类型的良序集所共同拥有的性质时, 可以方便地用顺序类型中的某个特别选择的集合 (即它的**序数** (ordinal)) 来代表这个顺序类型. 例如, 代表 $\mathbb{N}$ 顺序类型的序数通常记为 ω, 所以上面的例子说明偶自然数的集合具有顺序类型 ω. 具有相同基数的有限链总是具有同样的顺序类型, 我们选择 n 作为代表长度为 n 的链的序数.

通过取 α 与 β 的串联 (concatenation) 的顺序类型所代表的序数作为和 $\alpha+\beta$, 我们定义了序数上的**加法** (addition), 注意到, 这还是一个良序集. 例如, $\alpha+1$ 是 α 的后继. 然而, 我们没有定义逆运算 “$-$”.

如果序数 β 和另一个序数 α 的真初始线段有同样顺序类型, 我们记 $\beta < \alpha$. 例如, 对每个自然数 n, 有 $0 \leqslant n < \omega$. 可以证明 $<$ 在每个序数集合上定义了一个序, 进一步地定义了一个良序. 对 $\mathbb{N}$, 这个序和通常的序相同, 因此我们的符号不会产生混淆.

因为序数的集合 S 本身是良序的, 正如其他任何良序集一样, 它有顺序类型. 如果序数 α 是 S 的严格上界, 那么 S 的顺序类型最多是 α; 如果 S 由所有小于 (不等于) α 的序数组成, 则它的序数等于 α. 事实上, 正如自然数一样, 无限序数通常也以这样的方式来定义, 即使得 α 和 $\{\beta \mid \beta < \alpha\}$ 事实上相同, 因此序数的序 $<$ 和关系 $\in$ 是一样的.

这样我们可以自然地把顺序类型 α 的良序集 S 记为族 $S = \{s_\beta \mid \beta < \alpha\}$ 使得对所有的 $\gamma < \beta < \alpha$ 有 $s_\gamma < s_\beta$. 当证明一个有关 S 中元素的命题时, 人们通常使用**超限归纳法** (transfinite induction), 基本思路如下:

假设想证明每一个 $s \in S$ 满足某个命题 P, 我们用 $P(s)$ 表示 P 对 s 成立. 和通常的归纳法一样, 我们证明对于每个 $\beta < \alpha$, 如果 P 对每一个满足 $\gamma < \beta$ 的 s_γ 成立, 那么 P 也对 s_β 成立. 在实用过程中, 通常需要分别考虑两种情形: β 是一个极限序数, 还是一个后继. 因为 0 可以看作一个极限并且对所有 $\gamma < 0$, P_γ 的假定是成立的, 所以作为第一种情形的一部分, 和普通归纳法一样, 需要用第一原理检验 $P(s_0)$; 然后, 得到结论对每一个 $\beta < \alpha$ 有 $P(s_\beta)$, 即每一个 $s \in S$ 满足 P.

这个过程看起来简单, 但有没有错误呢? 当然, 任何关于超限归纳法的恰当解释都需要集合论的严格检验, 对普通的归纳法也一样. 非正式地, 我们需要证明的是集合

$$\{\beta < \alpha \mid P(s_\beta)\ \text{不成立}\}$$

不包含最小元素. 因为它是良序的, 所以它一定是空集, 因此对所有 $\beta < \alpha$, $P(s_\beta)$ 成立.

类似地, 我们也可以对命题归纳地定义. 对每一个序数 α, 这种**递归定义** (recursive definition) 确定了某个研究对象 x_α, 以某种方式和对象 x_β 有关联 (这里 $\beta < \alpha$, 而 x_β 可看成"前面已经定义过的"). 在本附录一开始, 我们有关自然数的定义就是一个这样的简单例子.

现实中, x_α 的定义往往只对小于某个固定序数 α^* 的序数 α 才有意义, 虽然这样一个最小的 α^* 提前并不知道. 例如, 如果 x_α 是从图 G 中根据某种规则递归地选取的不同顶点, 显然当 $|\alpha^*| > |G|$ 时, 我们不能对所有的 $\alpha < \alpha^*$ 都找到这样的 x_α, 因为 $\alpha \mapsto x_\alpha$ 将是从 α^* 到 $V(G)$ 的一个单射, 从而蕴含着 $|\alpha^*| \leqslant |G|$. 由于存在比 $|G|$ 大的序数, 例如与 $V(G)$ 的幂集的良序等价的序数, 因此我们的递归推导不能无限地进行下去, 即不能对所有的序数 α 定义 x_α. 我们可能提前并不知道递归推导在哪里进行不下去, 即哪个是最小的序数 α 使得在此处找不到 x_α 符合给定的规则, 但这不重要: 只需把找不到 x_α 的第一个 α 定义为 α^* 即可, 并假定对所有 $\alpha < \alpha^*$ 我们已经定义了 x_α, 同时称递归推导在 α^* 步**结束** (terminate). (事实上, 通常我们希望递归定义可以结束. 在上面的例子中, 也许我们只希望考虑所有根据定义来选取的顶点 $x \in G$ 的集合, 即集合 $\{x_\alpha \mid \alpha < \alpha^*\}$.)

注意到, 关于 x_α 的递归定义可能涉及选择问题. 在我们的例子中, 可能需要要求 x_α 是某个 x_β 的邻居 (这里 $\beta < \alpha$), 但是存在若干个这样的 x_β, 每一个有若干个邻居还没有被选择, 从而并不能使得我们的递归推导在 α 步终止: 只需选择一个合适的顶点作为 x_α, 并继续下去. 换句话说, 我们接受 $\{x_\alpha \mid \alpha < \alpha^*\}$ 作为一个恰当定义的集合, 即使可能并不能构造性地"知道"这个元素 x_α.

下面给出 Zorn 引理的正式表述:

Zorn 引理　*设 $(X, \leqslant)$ 是一个偏序集, 使得 X 中的每一个链在 X 中有上界,*

那么 X 包含至少一个极大元素.

注意到, 应用 Zorn 引理时, 关系 $\leqslant$ 并不需要对应于直观的“小于等于”. 例如, 无论应用于集合或图, 它既可以表示“$\supseteq$”也可以表示“$\subseteq$”, 从而一个链 $\mathcal{C}$ 的“上界”通常是所有可能的交 $\bigcap\mathcal{C}$.

最后, 我们讨论紧致性. 第 8 章中讨论的无限引理可以做如下推广: [2] 如前所述, 我们考虑有限集合的族 $\{X_p \mid p \in P\}$, 这里不对集合元素用自然数进行标记, 而是对每个集合 X_p 用某个偏序集 $(P, \leqslant)$ 的元素 p 来进行标记. 对于 P 的唯一假定是, 每两个元素有一个公共的上界: 对所有的 p, q, 存在一个 r 使得 $p \leqslant r$ 和 $q \leqslant r$ 成立. 进一步地, 对所有的 $q > p$ 存在映射 $f_{qp}\colon X_q \to X_p$, 这和“只要 $r > q > p$ 就有 $f_{qp} \circ f_{rq} = f_{rp}$”这一事实是兼容的.

广义无限引理 *对每个有限集合的族 $\{X_p | p \in P\}$ 存在代表 $x_p \in X_p$ 的族 $\{x_p | p \in P\}$ 使得只要 $q > p$ 就有 $f_{qp}(x_q) = x_p$.*

显然, 无限引理是它的一个特殊情形, 对应于 $P = \mathbb{N}$ 而 f_{qp} 由引理的前趋函数 f 递归定义得到.

下面对紧致性的组合叙述把元素的选择以及它们之间的相互联系很好地展示出来. 设 X 是任意集合, S 是一个有限集合, 而 $\mathcal{F}$ 是 X 的有限子集的集合. 假设对每个 $Y \in \mathcal{F}$, 存在函数 $Y \to S$ 的一个固定集合 $\mathcal{A}(Y)$ 和 Y 关联 (我们把函数 $Y \to S$ 称作它的**容许函数** (admissible function)). 如果存在一个函数 $f : X \to S$ 使得它在 $\mathcal{Y}$ 中的集合上的所有限制都是容许的, 即对所有的 $Y \in \mathcal{Y}$ 满足 $f|_Y \in \mathcal{A}(Y)$, 则称 $\mathcal{Y} \subseteq \mathcal{F}$ 是**相容的** (compatible).

紧致性原理 *如果每个有限 $\mathcal{Y} \subseteq \mathcal{F}$ 是相容的, 那么 $\mathcal{F}$ 也是相容的.*

使用 Tychnoff 定理 (即紧致空间的任何乘积还是紧致的), 广义无限引理和紧致性原理的证明只需要几行. 下面我们对紧致性原理进行演示.

我们可以把所有函数 $X \to S$ 的集合看成 S 的 $|X|$ 个拷贝的乘积, 因此它们组成一个紧致空间. 对每个有限 $Y \subseteq X$, 所有满足 $f|_Y \in \mathcal{A}(Y)$ 的函数 $f : X \to S$ 的集合在这个乘积空间中是闭的 (也是开的). 根据紧致空间的“有限交性质”(即闭集合组成的族有一个非空交, 只要它的所有有限子族也具有这个性质), 就可以推出紧致性原理.

2 在范畴论中, “广义无限引理”是指“有限集合的任意定向逆系统的逆极限是非空的”这一事实. 也可以不使用有限集合, 使用任何其他紧致空间, 见 8.8 节的应用.

附录 B 曲　　面

这个附录简单地总结了有关曲面的背景资料, 这将有助于理解曲面在图子式定理证明中或者 12.7 节关于任意曲面在"广义 Kuratowski 定理"证明中的作用. 为了能够严谨地理解这部分的内容, 也需要熟悉一般拓扑的某些基本概念 (例如拓扑乘积以及同化拓扑), 但不需要更多知识.

在本书中, **曲面** (surface) 指一个紧致连通 [1]的 Hausdoff 拓扑空间 S, 使得每一个点有个邻集同胚于欧氏平面 $\mathbb{R}^2$. S 中的**弧** (arc)、**圆** (circle) 及**圆盘** (disc) 为子空间拓扑中的子集, 它分别同胚于实线段 $[0,1]$、单位圆 $S^1 = \{x \in \mathbb{R}^2 \mid ||x|| = 1\}$ 以及单位圆盘 $\{x \in \mathbb{R}^2 \mid ||x|| \leqslant 1\}$ 或 $\{x \in \mathbb{R}^2 \mid ||x|| < 1\}$.

曲面 S 的子集 X 的**分支** (component) 定义为 X 中点的等价类, 这里如果两个点可以被 X 的一个弧连接, 则称它们是**等价的** (equivalent). 如果曲面 S 本身是连通的, 那么它只有一个分支.

X 的**前沿** (frontier) 是 S 中所有点 y 的集合, 使得 y 的每一个邻点都和 X 以及 $S \setminus X$ 相交. X 的前沿 F 把 $S \setminus X$ 和 X **分离** (separate) 开来: 因为 $X \cup F$ 是闭的, 所以从 $S \setminus X$ 到 X 的每个弧的第一个点在 $X \cup F$ 中, 它一定在 F 中. 如果 X 的前沿的分支在 S 是一个圆, 则称这个分支是 X 的**边界圆** (boundary circle), 而 S 中圆盘的边界圆叫做这个圆盘的**界** (bound).

关于曲面, 有一个基本分类定理, 即在同构意义下, 每一个曲面可以通过在球面 $S^2 = \{x \in \mathbb{R}^3 \mid ||x|| = 1\}$ 上"添加有限个环柄或有限个交叉套"而得到, 并且添加不同个环柄或交叉套所得到的曲面是不同的. 我们并不需要这个分类定理, 但是为了有点印象, 看看上面的运算的效果: 为了在曲面 S 上添加一个**环柄** (handle), 移走其两个闭包在 S 中不交的开圆盘, 然后把它的边界圆和 $S^1 \times [0,1]$ 的两个圆 $S^1 \times \{0\}$ 和 $S^1 \times \{1\}$ 重合 [2](这里 $S^1 \times [0,1]$ 和 S 不交); 为了添加一个**交叉套** (crosscap), 移走一个开圆盘, 然后把边界圆上对面的点成对地重合.

要确定这些运算确实生成给定的新曲面, 需要验证每个重合点有一个邻域同胚于 $\mathbb{R}^2$. 为了严格地验证这个事实, 我们先从更一般的意义上考虑圆.

柱面 (cylinder)　是乘积空间 $S^1 \times [0,1]$, 或者任何同胚于它的空间; 而它的**中**

---

1 在本附录中, "连通"指"弧连通".

2 这是同化拓扑 (identification topology) 中的内容, 正式的定义可在任何拓扑书中找到. 因为 S^1 有两个可能的定向, S^1 的两个拷贝可以用两种完全不同的方式来重合, 对应的两种不同的环柄添加方式会产生两个不同的曲面. 为了分类的目的, 我们只选取其中的一个, 即取一个重合方式使得可以保持曲面的可定向性, 如图 B.1 所示.

间圆 (middle circle) 则指圆 $S^1 \times \left\{\frac{1}{2}\right\}$. **Möbius 带** (Möbius strip) 是一个空间, 它同胚于通过把所有 $(1, y)$ 和 $(0, 1-y)$ (这里 $y \in [0,1]$) 重合而得到的乘积空间 $[0,1] \times [0,1]$, 它的**中间圆** (middle circle) 是集合 $\left\{\left(x, \frac{1}{2}\right) \mid 0 < x < 1\right\} \cup \{p\}$, 这里 p 是把 $\left(1, \frac{1}{2}\right)$ 和 $\left(0, \frac{1}{2}\right)$ 重合后得到的点. 可以证明 [3] 曲面 S 上的每一个圆 C 是一个适当的柱面或者 Möbius 带 N 的中间圆, 它可以被选取得足够小从而避开 $S \setminus C$ 的任意给定紧致子集. 如果这个**带邻域** (strip neighbourhood) 是一个柱面, 则 $N \setminus C$ 有两个分支, 我们称 C 是**双面的** (two-sided); 如果它是一个 Möbius 带, 则 $N \setminus C$ 只有一个分支, 我们称 C 是**单面的** (one-sided).

为了连接交叉套或环柄, 我们从 S 上移走一个或两个圆盘, 利用圆盘的 (双面) 边界圆的邻域带里面的小邻域, 可以容易地证明上面的两种运算确实产生新的曲面.

因为 S 是连通的, 所以 $S \setminus C$ 不能比 $N \setminus C$ 有更多的分支. 如果 $S \setminus C$ 有两个分支, 称 C 是 S 中的**分离圆** (separating circle); 如果它只有一个分支, 那么 C 是**非分离的** (non-separating). 虽然单面圆显然是非分离的, 但双面圆可以是分离的也可以是非分离的. 例如, 柱面的中间圆作为环柄加到 S 上后, 在新的曲面中是一个双面非分离圆. 如果 S' 是在 S 的圆盘 D 处添加交叉套而得到的曲面, 那么 S 的每个围绕 D 的边界圆半圈的弧变成 S' 的单面圆.

因此分类定理可以导出以下结论:

引理 B.1 *除球面外, 每一个曲面包含一个非分离圆.*

下面我们会看到, 从某种意义上讲, 上面的两个非分离圆的例子是所有的可能: 沿着任何非分离圆割开曲面 (并修补产生的洞) 总是生成一个具有更少交叉套或环柄的曲面.

图 G 在 S 中的**嵌入** (embedding) $G \hookrightarrow S$ 是一个映射, 它把 G 的顶点映射到 S 的不同的点, 把边 xy 映射到 S 的弧 $\sigma(x)$-$\sigma(y)$, 使得这样的弧的内点没有一个是顶点的象或者位于另一个弧上, 那么我们把 S 的所有这些点和弧的并记为 $\sigma(G)$. G 在 S 中的**面** (face) 是 $S \setminus \sigma(G)$ 的一个分支, 而 G 的被 σ 映射到这个面的前沿上的子图是它的**边界** (boundary). 注意到, 虽然球面上的面总是圆盘 (如果 G 是连通的), 但对于一般曲面不一定成立.

我们可以证明, 在每个曲面中, 总可以把恰当的图嵌入其中使得每一个面是圆盘. 下面是 Euler 公式 (定理 4.2.9) 的一般形式, 它可以应用到任何曲面上:

3 原则上讲, 带邻域 N 的构造使用了 C 的紧致性, 正如引理 4.2.2 的证明一样. 然而, 因为我们没有分段线性的假设, 这个构造要复杂很多.

定理 B.2 *对每个曲面 S, 存在一个整数 $\chi(S)$, 只要具有 n 个顶点和 m 条边的图 G 可以嵌入到具有 ℓ 个面的 S 中使得每个面是圆盘, 那么*

$$n - m + \ell = \chi(S).$$

S 的不变量 χ 称为 **Euler 特征** (Euler characteristic). 为了计算的方便, 通常我们使用它的导出不变量 ——**Euler 亏格** (Euler genus):

$$\varepsilon(S) := 2 - \chi(S),$$

这是因为对大多数曲面来说, χ 是负的, 而 ε 取值于 $\mathbb{N}$ (见下).

也许 Euler 定理最令人瞩目的特点是, 它对几乎任何嵌入到 S 中的图都成立, 这使得我们可以容易地看到增加交叉套或环柄对 Euler 亏格的影响.

确实, 设 D 和 D' 是 S 中的两个开圆盘, 我们希望去掉它们以便在那里安装环柄. 另设 G 是任意嵌入到 S 中的图, 使得每一个面是圆盘. 如果必要, 在 S 上移动 G 使得 D 和 D' 分别位于一个面中, 比如说分别位于面 f 和 f' 中. 在 D 和 D' 的边界圆上添加圈 C 和 C', 并把它们和 f 以及 f' 的原来边界分别地连接一条边, 那么得到的图的每个面还是一个圆盘, D 和 D' 是其中的两个. 现在再去掉 D 和 D', 并沿着新加的 C-C' 边添加一个环柄. 这个运算使得新的环柄位于一个新的面中, 这个面是个圆盘, 从而面的总数减少了一个 (因为虽然我们失去了 D 和 D', 但得到了环柄上的新面), 边的个数增加了一个, 但顶点个数没有变化, 结果是 ε 增加了 2.

类似地, 把边界为圈 $C \subseteq G$ 的圆盘 D 替换成交叉套, 会把面的个数减少一个 (因为我们失去了 D). 然而, 如果我们适当地安排 C 使得当重合相对的点时, 顶点和顶点重合, 那么 $n - m$ 不会变.

从而, 我们证明了下面的命题:

引理 B.3 (i) *在曲面上添加一个环柄会使 Euler 亏格增加 2.*

(ii) *在曲面上添加一个交叉套会使 Euler 亏格增加 1.* □

因为球面的 Euler 亏格为 0 (定理 4.2.9), 所以分类定理和引理 B.3 蕴含着 ε 的值都在 $\mathbb{N}$ 中, 从而证明有关曲面的定理时可以考虑对 ε 使用归纳法. 在归纳步骤中, 我们可以简单地逆转前面提到的添加环柄或交叉套的过程: 沿着所生成的新非分离圆进行切割 (这个圆环绕着新环柄或者环绕交叉套“半圈”), 并把移走的一个或两个圆盘放回去, 从而恢复成原来的曲面. 这样做的一个问题是, 给定图嵌入到曲面后, 我们通常不知道这个圆在曲面上所处的位置.

然而, 减少亏格的切割-粘贴运算可以对任意非分离圆进行, 而不需要使用新的环柄或交叉套所产生的圆, 这个更一般的技巧被称为**割补** (surgery). 下面来介绍这个技巧.

设 C 是曲面 $S \neq S^2$ 的一个非分离圆, 沿着 C 来切割 S, 从而由 S 得到了新空间 S', 它是把每一个点 $x \in C$ 替换成两个点 x' 和 x'' 而得到的. 在修改后的集合上定义拓扑如下: [4]设 N 是 S 中 C 的一个带邻域, 令 $X' := \{x' \mid x \in C\}$ 和 $X'' := \{x'' \mid x \in C\}$. 如果 N 是柱面, 那么 $N \setminus C$ 有两个分支 N' 和 N'', 我们选择在 S' 中的新点 x' 和 x'' 的邻域使得 X' 和 X'' 分别地成为 S' 中 N' 和 N'' 的边界圆, 而 $N' \cup X'$ 和 $N'' \cup X''$ 成为 S' 中的不交柱面; 如果 N 是 Möbius 带, 我们选择这些邻域使得 X' 和 X'' 的每个形成 S' 的弧, 而 $X' \cup X''$ 是 S' 中 $N \setminus C$ 的边界圆, 其中 $(N \setminus C) \cup X' \cup X''$ 形成 S' 的一个柱面. 最后, 我们通过遮盖它的洞 (capping its holes) 把 S' 变成一个曲面: 对 (一个或两个) 边界圆 X' 和 X'', 或者 S' 中 $S \setminus C$ 的 $X' \cup X''$, 取一个和 S' 不交的圆盘, 把它的边界圆分别地和 X', X'' 或 $X' \cup X''$ 重合, 使得得到的空间还是一个曲面.

如果我们假定图可以嵌入到 S 中, 使得每一个面是圆盘且 C 是一个圈的象 (这总是可以做到的, 但证明却不容易 [5]), 那么计算这些运算如何影响 S 的 Euler 亏格并不难. 确实, 由于每个圈有相同数目的顶点和边, 故把 C 加倍并不改变 $n - m$, 因此只有 ℓ 改变了, 在第一种情形它增加了 2, 而在第二种情形增加了 1.

引理 B.4　设 C 是曲面 S 上的任意非分离圆, 且 S' 是通过在 S 上沿 C 进行切割并把形成的一个或两个洞遮盖而得到的曲面.

(i) 如果 C 在 S 中是单面的, 则 $\varepsilon(S') = \varepsilon(S) - 1$.

(ii) 如果 C 在 S 中是双面的, 则 $\varepsilon(S') = \varepsilon(S) - 2$. □

对 Euler 亏格使用归纳法时, 引理 B.4 提供了大量的圆供我们进行切割, 但有时沿着分离圆切割会更方便, 也存在很多这种圆可供使用:

引理 B.5　设 C 是曲面 S 上的任意分离圆, 且 S' 和 S'' 是通过在 S 上沿 C 进行切割并把形成的洞遮盖而得到的两个曲面, 则

$$\varepsilon(S) = \varepsilon(S') + \varepsilon(S'').$$

特别地, 如果 C 不是 S 中一个圆盘的边界, 那么 S' 和 S'' 的 Euler 亏格都比 S 的小.

证明　和前面一样, 把图 G 嵌入到 S 中使得每个面是一个圆盘而 C 是 G 中圈的象. 设 $G' \hookrightarrow S'$ 和 $G'' \hookrightarrow S''$ 是进行割补后而得到的两个图, 所以 G' 和 G'' 都包含 C 上一个圈的拷贝, 这里我们假定圈 C 包含 k 个顶点和边. 使用通常的符号,

4 这里所描述的拓扑听起来很复杂, 但实际上并不复杂: 考虑柱面和 Möbius 带作为具体模型, 我们可以容易地找到一个明确的邻域基, 从而定义了具有给定性质的拓扑, 这是因为我们想得到的只是某个具有较小亏格的曲面, 而不关心它的唯一性 (唯一性可以由引理 B.4 和分类定理推出).

5 这个结果的最简单证明由 Thomassen 给出, 见 C. Thomassen, *The Jordan-Schoenflies theorem and the classification of surfaces*, Amer. Math. Monthly 99 (1992), 116-130.

我们有

$$\begin{aligned}\varepsilon(S')+\varepsilon(S'')&=(2-n'+m'-\ell')+(2-n''+m''-\ell'')\\&=4-(n+k)+(m+k)-(\ell+2)\\&=2-n+m-\ell\\&=\varepsilon(S).\end{aligned}$$

如果 S' 是一个球面, 那么 $S'\cap S$ 就是 S 中由 C 作为边界的一个圆盘. 所以, 假如 C 在 S 中不界定一个圆盘, 则 $\varepsilon(S')$ 和 $\varepsilon(S'')$ 都不为零, 从而证明了引理的第二部分. □

我们现在使用这些技巧来证明一个引理, 它可用来给出 12 章的推论 12.7.3 (即 "任意曲面的 Kuratowski 定理") 的一个直接证明.

引理 B.6 设 S 是一个曲面, $\mathcal{C}$ 是 S 中不相交圆的有限集. 假定 $S\setminus\bigcup\mathcal{C}$ 有一个分支 D_0, 它在 S 中的闭包和 $\mathcal{C}$ 中的每一个圆相交, 并且 $\mathcal{C}$ 中的圆不界定 S 中任何和 D_0 不交的圆盘, 那么 $\varepsilon(S)\geqslant|\mathcal{C}|$.

证明 首先, 我们观察到 D_0 的闭包不仅相交而且包含每一个圆 $C\in\mathcal{C}$, 这是因为 C 有一个和 $\mathcal{C}$ 中所有其他圆不交的带邻域 N (由于 $\mathcal{C}$ 中圆的并是紧致的), 且 $N\setminus C$ 的 (一个或两个) 分支的每一个的闭包包含所有的 C. 因为 D_0 相交, 所以包含 $N\setminus C$ 的至少一个分支, 因此它的闭包包含 C.

我们把 $\mathcal{C}$ 划分成 $\mathcal{C}=\mathcal{C}_1\cup\mathcal{C}_2^1\cup\mathcal{C}_2^2$, 这里 $\mathcal{C}_1$ 中的每一个圆是单面的, $\mathcal{C}_2^1$ 中的是双面的且非分离的, 而 $\mathcal{C}_2^2$ 中的是双面的且分离的. 我们逐步地沿着圆进行切割, 先是 $\mathcal{C}_1$ 中的所有圆, 然后是 $|\mathcal{C}_2^2|$ 个不在 $\mathcal{C}$ 中的非分离圆, 最后是 $\mathcal{C}_2^1$ 中至少半数以上的圆. 这样, 我们得到了曲面序列 $S_0,\cdots,S_n$, 其中 $S_0=S$, S_{i+1} 是在 S_i 上沿 C_i 进行切割并把形成的洞遮盖而得到的曲面. 我们的工作是保证每个 C_i 在 S_i 中是非分离的 $(i=0,\cdots,n-1)$. 从而引理 B.4 蕴含着, 对所有的 i 有 $\varepsilon(S_{i+1})\leqslant\varepsilon(S_i)-1$; 对 $C_i\in\mathcal{C}_2^1$ 有 $\varepsilon(S_{i+1})\leqslant\varepsilon(S_i)-2$, 所以有

$$\varepsilon(S)\geqslant\varepsilon(S_n)+|\mathcal{C}_1|+|\mathcal{C}_2^2|+2|\mathcal{C}_2^1|/2\geqslant|\mathcal{C}|.$$

沿 $\mathcal{C}_1$ 中的圆进行切割 (并把洞遮盖) 是可行的, 因为这些圆是单面的, 而且都是非分离的.

下一步, 考虑 $\mathcal{C}_2^2$ 中的圆 (例如图 B.1 中的 C_9). 对每个 $C\in\mathcal{C}_2^2$, $D(C)$ 表示 $S\setminus C$ 的不包含 D_0 的分支. 因为 $\mathcal{C}$ 的每个圆处于 D_0 的闭包中, 但没有 $D(C)$ 的点属于闭包, 所以这些 $D(C)$ 也是 $S\setminus\bigcup\mathcal{C}$ 的分支. 特别地, 对不同的 C 它们是不交的. 所以, 每个 $D(C)$ 也是 $S_i\setminus C$ 的一个分支, 这里 S_i 是在 $\mathcal{C}_1$ 的圆上进行割补后的当前曲面并且处于某个 $C'\neq C$ 的 $D(C')$ 中. 给定一个固定的圆 $C\in\mathcal{C}_2^2$, 设 S' 是由遮盖 $D(C)$ 的洞而得到的曲面. 因为 C 不是 S 中任何与 D_0 不交的圆盘的边界, 所以 S' 不是一个球面, 即它包含非分离圆 C' (引理 B.1). 我们选择 C' 使得它

避免 S' 上添加的遮盖, 即使得 $C' \subseteq S \setminus C$, 则 C' 在当前的曲面 S_i 中也是非分离的 (因为 $S_i \setminus C'$ 的每一个点可以由 $S_i \setminus C'$ 中的一个弧和 C 相连, 故是连通的), 且可以选择 C' 作为切割圆 C_i.

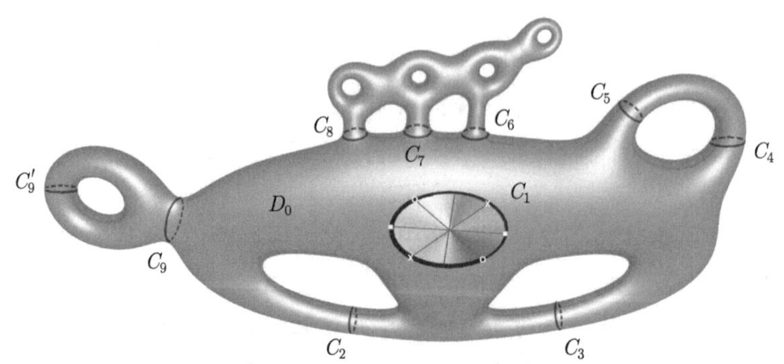

图 B.1　切割单面圆 C_1 以及双面圆 C_2, C_3 和 C_5, 而 C_7, C_8 和 C_9' 不分离 S

剩下的是选择 $\mathcal{C}_2^1$ 中至少半数以上的圆作为切割圆 C_i. 一开始我们选择所有那些其整个带邻域 (即它的"两面") 在 D_0 中的圆. (在图 B.1 中, 这种圆是 C_2 和 C_3.) 这些圆 C 是非分离的, 也属于 S_i 的没切割前的曲面, 这是因为 D_0 会处于 $S_i \setminus C$ 的一个分支中. 每个其他的 $C \in \mathcal{C}_2^1$ 也处于 $S \setminus \bigcup \mathcal{C}$ 的分支 $D(C) \neq D_0$ 的闭包中. (在图 B.1 中, 这种圆是 $C_4, \cdots, C_8$.) 对 $S \setminus \bigcup \mathcal{C}$ 的每个分支 D, 我们选择所有的圆 (除了 $C \in \mathcal{C}_2^1$ 中满足 $D(C) = D$ 的那个圆) 作为切割圆 C_i. 显然, 这些 C_i 的每一个在当前的曲面 S_i 中也是非分离的, 而它们的总数至少为 $|\mathcal{C}_2^1|/2$. □

所有练习的提示

忠告 如果读者在尝试了一定的时间后, 仍找不到解题的方法, 练习的提示可提供解题的正确思路. 但是, 没有一开始的尝试, 这些提示看起来会有点不可理解, 并且有时会因为给出了解题的关键思路而破坏解题的乐趣. 然而, 提示可以使读者的思路集中在若干可能的解题方法中的一个.

第 1 章提示

1.$^-$ 在每个顶点上有多少条边?

2. 对于平均度和边数: 考虑顶点度. 对于直径: 如何从两个顶点所对应的 0-1 序列决定距离? 对于围长: 这个图有长度为 3 的圈吗? 对于周长: 把 d-维立方体划分成为低维的立方体并运用归纳法.

3. 考察路是如何与 C 相交的. 图的圈都在哪里呢? 它们可以都是短圈吗?

4.$^-$ 是否可以找到一个图使得命题 1.3.2 中的不等式成为等式.

5. 对 n 用归纳法.

6. 从中心顶点看, 估计 G 中的距离.

7. 如同命题 1.3.3 的证明一样, 计算顶点个数. 对偶数情形, 由两个相邻的顶点开始.

8. 从本质上讲, 我们的任务是证明围长至少为 5 的图也不能有相对于它的阶来说大的最小度. 等价地说, 相对于它的阶, 这些图一定有很多顶点. 你可以容易地看到多少个顶点呢?

9.$^+$ 考虑 G 中的最长路 P, 它的端点的邻点在哪里呢?

10. 取定两个具有最大距离的顶点 x 和 y, 证明很多 (但不一定是每个) 到 x 的距离为 i 的集合 D_i 一定是大的.

11.$^-$ 用反证法, 导出矛盾.

12.$^-$ 找到两个顶点, 它们被两条独立的路连接.

13. 对每一类图, 为了决定参数的值, 要分别证明上界和下界是相同的. 对于立方体, 对 n 用归纳法.

14.$^-$ 对 $k = 1$, 找到一个反例.

15.$^+$ 把 (i) 和 (ii) 重新叙述成两个 $\mathbb{N} \to \mathbb{N}$ 函数的存在性命题. 为了证明等价性, 把每个函数用另一个表达出来. 证明即使 (i) 和 (ii) 不成立, (iii) 也可能成立, 然后加强 (iii) 来修补这种不等价性.

16.$^+$ 如果 G 不是 $(k+1)$-边连通的, 那么它的顶点可以划分成集合 A, B 使得从 A 到 B 的边至多有 k 条. 如果 $G[A]$ 不是 $(k+1)$-边连通的, 那么它也有类似的划分. 这样继续下去, 我们得到了顶点集 $A_0 \supsetneq A_1 \supsetneq \cdots$. 假如选择得好的话, 从这些集合到 G 的余下部分最多有多少条边呢？这些边的个数会被某个只依赖于 k 的常数限定吗？

17. (ii) 证明中的归纳思路是基于，如果 G 有大的平均度并且 $\{U_1, U_2\}$ 是 G 的阶最多为 k 的分离，那么图 $G[U_i]$ $(i = 1, 2)$ 中的至少一个也一定具有大的平均度. 是否可以构造一个 $G = G_1 \cup G_2$ 的例子，使得如果"大的平均度"意味着对于某个常数 c_k 有 $m \geqslant c_k n$，那么这一步就不成立了？

18.$^+$ 我们试图证明"很多边"会蕴含一个高边连通子图这一假设. 如果 $\lambda(G) \leqslant k$，我们把 G 分离成两个子图 G_1, G_2，并希望可以继续迭代. G 的平均度足够大 (比如说 $2k$) 这一简单假设的问题是，从 G 到 G_1 和 G_2 的过程中，我们损失了两个子图之间的边，因此两个 G_i 的平均度都可能比 G 的平均度小. 现在的思路是把假设条件要求的稍微低点：只要求 $\|G\| > k\,|G| + b$ 和 $b < 0$. 为了取最好的 b，让 $|b|$ 尽量大，并具有多于 $k\,|G| + b$ 条边，同时要求 G 不能是 K^{k+1}，因为它没有 $(k+1)$-边连通的子图.

19. 从相关概念的定义出发，证明 (i) $\Rightarrow$ (ii) $\Rightarrow$ (iii) $\Rightarrow$ (iv) $\Rightarrow$ (i).

20.$^-$ 如何把不同的邻点变成不同的叶子.

21. 用平均度.

22. 运用推论 1.5.3.

23. 运用定理 1.5.1.

24. 运用正则支撑树.

25.$^+$ 在归纳步骤中删去一个顶点. 为了方便，加强命题会更容易使用归纳法.

26.$^+$ 运用归纳法.

27. 最简单的方法是对 $|T|$ 使用归纳法. 在归纳步骤中，去掉 T 中什么样的顶点最好呢？也可以对 $|T|$ 用归纳法.

28. 对 $|T|$ 用归纳法是一种解法，但不是唯一的办法.

29.$^-$ 计算边数.

30.$^-$ 证明：如果一个图包含任何奇圈，就一定包含导出奇圈.

31. 其中一个蕴含方向的判断很容易；要决定另外一个是否成立，可以参考命题 1.3.2 的证明.

32.$^+$ 给定图 G，如何把顶点集分成两部分 A 和 B，使得由 G 的 A-B 边所定义的二部图 H 有尽可能大的最小度？为了找到 f，对给定图 G' 的恰当子图 G 应用这个办法，同时决定多大的 $d(G')$ 可以保证 $\delta(H) \geqslant k$ 成立.

33. 把对有限图的证明推广到无限图上.

34.$^-$ 验证定理的"容易"蕴含方向.

35. 考虑一个最长的途径，它在每个方向通过每条边不多于一次. 或者使用归纳法.

36. 为了证明某个边集不包含割，我们需要证明顶点集的每个二部划分都具有某种性质.

37. 因为图中的圈支撑了它的圈空间，我们只需证明导出圈或测地圈生成每一个其他圈即可. 对要生成的圈的长度用归纳法来证明这一结论.

38.$^-$ 画图也许有帮助.

39. 并不需要使用所有的 C^i_j.

40. 为什么需要所有的割 $E(v)$ 来生成割空间呢？去掉一个后还可以生成吗？去掉两个呢？

41. 从当图是圈时的特殊情形开始.

42.$^-$ 在树中, 任意一对给定顶点之间存在一条唯一的路.

43. 每个支撑连通子图都包含一棵支撑树.

44. 先证明 (i); 然后利用 (i) 对偶地给出 (ii) 的证明.

45.$^+$ 考虑一条 a-b 路 P. 这条路与那些割有什么关系呢?

46.$^+$ 对 $|G|$ 用归纳法. 删除一个具有奇数度的顶点 v, 然后对进行了适当修正过的 $G-v$ (使得可以反映 v 在 G 中的作用) 运用归纳假设. 如果把 G 看作由割 D (除非 $D=\varnothing$, 这种情况是允许的) 定义的顶点二部划分, 这可能对证明有帮助.

47. 一个边在关联矩阵下的象是什么呢? 一条路的边集的象又是什么呢?

48. 对给定集合 $U \subseteq V$ 在 B^t 下的象使用 (i), 从而来刻画在合成 BB^t 下它的象. 然后刻画 U 在 A 下的象, 来比较它和在 $A+D$ 下的象有什么不同.

49. 对 k 用归纳法.

第 2 章提示

1. 记得可扩路是如何把给定的匹配扩展成更大的一个匹配的吗? 是否能逆转这个过程从两个匹配得到一个可扩路?

2. 使用可扩路.

3. 把函数转换成多重图, 然后考虑它的分支.

4. 考虑 G 中的极大匹配.

5. 如果不存在饱和 A 的匹配, 那么由 König 定理知道可以用更少的顶点覆盖所有的边. 如何根据这个假设找到 A 的较大子集使得它具有更少的邻点.

6. 证明对 $A_1 \cup A_2$, 婚姻条件在 H 中不成立. 这个证明几乎是第三个证明的镜像, 只需把并和交进行交换即可.

7. 在有限的情形, 如果存在 $S \subsetneq S' \subseteq A$ 使得 $|S|=|N(S)|$, 那么婚姻条件蕴含着 $N(S) \subsetneq N(S')$: 增加 S 可产生更多的邻点. 当 S 是无限的时候, 这一结论成立吗?

8. 运用婚姻定理.

9. 构造一个二部图, 一部分是 A, 另一部分由若干个集合 A_i 的拷贝组成. 定义这个图的边集使得想要证明的结果可以由婚姻定理推出.

10.$^+$ 在 X 的幂集格中构造如下的链: 对每个 $k<n/2$, 找到从 k-子集的集合 A 到 X 的 $(k+1)$-子集的集合 B 之间的 1-1 映射 φ 使得对于所有的 $Y \in A$ 都有 $Y \subseteq \varphi(Y)$.

11. 直观地看, 集合 $S \subseteq A$ 和 $N(S)$ 之间的边在 S 中比在 $N(S)$ 中产生了更大的顶点度, 因此这些边在 $N(S)$ 中比在 S 中关联更多的顶点. 严格地说, 我们可以把这些边作指标来分别计算 $N(S)$ 和 S 的和. 换句话说, 考虑违反婚姻条件的极小集合 S, 并用两种不同的方法计算 S 和 $N(S)$ 之间的边.

12.$^-$ 对第二部分, 注意到, 变化最可能发生的情形是, 不快乐的顶点不需要得到其他快乐顶点的帮助也可以变得快乐. 如果这些泛泛的讨论对你没有帮助的话, 可以考虑 K^3.

13.$^-$ 考虑从匹配边 ab 到后来的匹配边 ab' 的转变, 假定 a 倾向 b' 而不是 b, 那么为什么它不一开始就和 b' 结婚呢?

14. 使用交错路.

15.$^+$ 把命题加强, 从而我们可以使用归纳法.

16.$^+$ 首先解决练习 12 的第二部分.

17. 匹配是独立边的集合.

18. 决定叶子属于哪个部分：在因子临近分支中或 S 中.

19. 由传递性, 如同定理 2.2.3 中的那样, 每个顶点属于一个集合 S.

20.$^+$ 对于"当且"部分, 对图 $G * K^{|G|-2k}$ 运用 Tutte 1-因子定理, 或者运用定理 2.2.3 后面的关于最大基数匹配的注解.

21.$^-$ 运用推论 2.2.2.

22.$^+$ 设 G 是满足婚姻条件的二部图, 其二部划分为 $\{A, B\}$. 一开始先把问题简化到 $|A| = |B|$ 的特殊情形. 在这种情形, 关于 (A, B) 的婚姻条件蕴含着关于 (B, A) 的婚姻条件, 这在证明中会有用.

23.$^-$ 对于第一部分, 考虑典型的非二部图. 对第二部分, 从任意极大的独立边集开始.

24. 找到集合 X 以及互不相交树 $T_x \in \mathcal{T}$ (这里 $x \in T_x$) 的集合 $\mathcal{X} \subseteq \mathcal{T}$. 首先找到一个这样的 T_x 和 x, 然后使用归纳法. 要检验选择的 T_x 和 x 是否合适, 把它放在选择 T 的不同顶点作为根而导出的树序中考虑.

25. 在引理 2.3.1 的证明中, 哪里我们用了 $\Delta(G) \leqslant 3$?

26. 找到一个同构于圈或者 K^2 或者 K^1 的子图 H, 且 H 包含一个不与 $G - H$ 中任何顶点相邻的顶点, 然后对 α 运用归纳法.

27. 从一个支撑树开始, 然后通过添加一条另一个树上的合适边, 对奇数度的顶点进行修正.

28. 在哪一步, 如果不是多重图我们会损失信息?

29. 如果通过仔细地阅读证明还是找不到错误 (当然你应该可以找到, 但这次可能有点棘手), 可以尝试对极端情形或者小的图验证命题. 当找到反例后, 通过对反例仔细检查证明, 看看到底哪里不成立.

30. (i) 在哪个图中, 删除任意顶点集可以减少平均度? 对于 (ii), 首先尝试 ε, 这可能不起作用, 但可以进行改进. (iii) 的解可能有些意想不到.

31. 使用 Gallai-Milgram 定理.

32.$^-$ 考虑任意最小路覆盖.

33. 把所有的边定向为从 A 到 B.

34.$^-$ 运用 Dilworth 定理.

35. 如果你愿意, 可以使用练习 31 中 Dilworth 定理的简单定性形式. 从 P 的极小元集合开始, 找到一个想要的反链.

36. 把 A 的元素看成比它在 B 中的邻点还要小.

37. 从任意大的有限反链来构造一个偏序集.

第 3 章提示

1.$^-$ 运用"分离"和"分支"的定义.

2.$^-$ 用文字描述一下示意图所表达的含义.

3. 用练习 1 回答第一个问题. 第二个问题需要一个初等计算, 示意图中已经给出了提示.

4. 只有第一部分需要证明, 第二部分由对称性即可得到. 记得用练习 1.

5.$^-$ 根据四个顶点中的多少个连接到新的 H-路上, 对归纳步骤分情况讨论.

6.$^-$ 一个块怎样才不是一个极大的 2-连通子图? 由此还可得到什么结果?

7. 由图本身的连通性推导块图的连通性, 同时由每个块的极大性可推出它的无圈性.

8.$^-$ 假设 G/xy 不是 k-连通的, 分情况讨论 v_{xy} 在一个至多有 $k-1$ 个顶点的分隔的内部或者它的外部.

9. 根据命题 3.1.1, 用归纳法证明.

10.$^+$ 假设收缩 e 和删除 e 之后所得到的图中都有一个 2-分隔, 那么这些分隔相互的位置有什么关系呢?

11. 模仿定理 3.2.6 的证明.

12. 当 C 是 $G-e$ 中的非分离导出圈, 而 e 在 G 中是 C 的弦时, 则 e 在 G 的两个非分离导出圈上.

13.$^+$ 设 $e=xy$ 是被收缩的边. 如果顶点 $v \in G$ 和 x, y 都相邻, 则认为 vx 在 G/e 中也出现 (它变为边 vv_e), 而 vy 看成删去的平行边. 因此, 把 $E(G/e)$ 看作 $E(G)$ 的一个子集. 如果 C 是 G 中要生成的圈, 则我们希望它的边集也是 G/e 中的一个圈, 这个圈由 G/e 中的非分离导出圈生成, 并希望它们对应于 G 的非分离导出圈. 这个方法对于后者不一定行得通, 但对于需要时添加三角形 vxy 是可以的. 这样的三角形在 G 中是非分离的, 因此它们可以随意地添加.

14.$^+$ 练习 4 以及引理 3.2.4 的证明会有所帮助.

15.$^-$ 一步一步地, 仔细阅读证明, 直到找到论证不成立的地方. 构造一个恰当的反例来解释.

16. 在这个问题中, 命题 a, b 和 c 的具体内容是什么? 蕴含关系 $b \Rightarrow c$ 是否可以帮助我们评估通过 c 的证明路径是个危险的选择?

17. (i) 检查归纳法. (ii) 尝试去删除这样一个顶点或者边, 然后使用归纳法. 如果我们找不到这样的顶点或者边, G 会是什么样的图呢? 如果认为有必要, 可以使用 König 的匹配定理.

18. S 有多大? 为了证明剩下的简单情形, 先解决前一个练习将会有帮助.

19. 在 $L(G)$ 中选取极小的不交 A-B 路.

20.$^-$ 把问题简化为书中已证明的某个定理.

21. 考虑最长圈 C, 其他的顶点是如何连接到 C 上的?

22. 考虑一个经过尽可能多的给定 k 个顶点的圈. 如果其中的一个顶点漏掉了, 是否可以重新安排圈上的顶点来经过它?

23. 尝试让 D 是闭的单位正方形.

24.$^+$ 两个版本在两方面是不同的: 不交的 $\mathcal{S}$-路对比独立 H-路, 所有的划分对比某些划分. 对这两方面的不同分别处理: 基于 $(G-H)-X$ 的任意划分来寻找 H-路的版本, 然后证明这个练习和书中的版本都与 H-路版本等价.

25. 考虑提示中所给的图. 证明: 和所有 H-路相交的任意顶点集对应于 $E(G) \setminus E(H)$ 中的

一个类似集合. 辅助图中的一对独立 H-路对应 G 中的什么?

26.$^-$ 单个 K^{2m+1} 可以包含多少条路?

27. 对于 B 中的顶点, 选择适当的顶点度.

28.$^+$ 设 H 是新的顶点集上的 (无边) 图. 如果 G' 不包含 $|G|/2$ 条独立 H-路, 则考虑 Mader 定理提供的集合 X 和 F. 如果 G 不包含 1-因子, 使用这两个集合来寻找一个合适的集合作为 Tutte 定理中 S 的角色.

29.$^-$ 让所有的路都通过一个顶点.

30.$^-$ 如果两个顶点 s, t 被少于 $2k-1$ 个顶点分离, 则把 $\{s\}$ 和 $\{t\}$ 扩充成 k-集 S 和 T, 来证明 G 不是 k-连接的.

31. 为了构造一个不是 k-连接的高连通图, 首先给定顶点 $s_1, s_2, \cdots, s_k, t_1, t_2, \cdots, t_k$, 通过指定某些边不存在使得想要的连接路所需要的顶点总数大于图中所剩下的顶点个数. 为了使得图具有高连通性, 除指定的不存在的边外, 添加所有其他边.

32. 对 $2k - |S \cup T|$ 使用归纳法, 其中 $S := \{s_1, \cdots, s_k\}$, $T := \{t_1, \cdots, t_k\}$. 在归纳步骤, 记得使用 $\delta(G) \geqslant 2k-1$ (练习 30).

33. 特别注意归纳论证部分.

34. 为了构造 TK^r, 首先选取分支顶点和它们的邻点.

第 4 章提示

1. 归纳地把顶点嵌入进去. 那么, 哪里不可以放置新顶点?

2.$^-$ 参考图 1.6.2.

3. 对 (i), 如果需要提示, 可以重新考虑一下归纳法为什么以及如何成立的. (ii) 的主要任务不是找到一个反例 (这很容易), 而是好好地理解为什么“证明”不仅“违反”归纳证明的规则, 而且它不成立.

4. 使用定理 2.4.3.

5. 对 (i), 使用 Euler 公式以及双重计数来证明 d 和 ℓ 不能同时都很大. 对 (ii), 分步构造同构.

6. 为了把给定立方图变成 4-正则多重图, 需要做的是找出哪些边需要加倍. 一旦确定了要找的东西, 就可以参考本书前面章节的有关结果.

7. 这个练习不是一个笑话. 使用 Euler 公式进行双重计数, 你会注意到自己是多么幸运.

8.$^-$ 如果五边形不共享一条边, 那么它们在图中的位置在哪里?

9. 模仿推论 4.2.10 的证明.

10. 运用命题 4.2.7.

11.$^-$ 把两种画法之间的差别表达成关于顶点、面和它们之间关联关系的正式命题.

12. 组合的: 使用定义; 拓扑的: 把 H' 的短的 (分别地, 长的) 分支的相对位置严格地表达成 H' 的性质, 这个性质被任何拓扑同构所保持, 但 H 不具有这个性质.

13.$^-$ 考虑自反性、对称性、传递性.

14. 找到一个图, 它的画法看起来都一样, 但它存在一个自同构不能推广成平面上的一个同胚. 把这个同胚解释成 $\sigma_2 \circ \sigma_1^{-1}$.

15.$^+$ 星形：每一个内部面都包含一个点, 它可以看到整个面边界.

16. 考虑平面图而不是可平面图.

17. (i) 集合 χ 可能是无限的.

(ii) 考虑所有有限图的族, 它的序由子式关系给出. 那么, 由“禁用子式”的集合 χ 所刻画的图性质是如何包含在这个族中呢?

18. 由下一个练习知, 任何反例可以被最多两个顶点分离.

19. 把额外的条件结合到证明的归纳假设中. 如果我们禁止具有 180 度角的多边形, 这会有助于我们的证明.

20. 考虑边数.

21. 使用事实：极大可平面图总是 3-连通的, 以及每个顶点的邻点导出一个圈.

22. 如果 $G = G_1 \cup G_2$ 且 $G_1 \cap G_2 = \overline{K^2}$, 证明就遇到了问题; 但是, 如果我们比必要的再多嵌入一点, 问题就没有了.

23.$^-$ 对给定的图 G, 进行适当的修改来模拟外平面性.

24. 面边界将生成 $\mathcal{C}(G)$.

25. 使用事实：$\mathcal{C}(G)$ 是 $\mathcal{C}(G_1)$ 和 $\mathcal{C}(G_2)$ 的直和.

26. 设 C 是面边界. 证明：我们需要所有其他的面边界来生成 $\mathcal{C}(G)$ 中的 C. 要么为了方便我们使用练习 39(i) 直接证明这个结论, 要么利用 Euler 公式和定理 1.9.5 给出漂亮的证明.

27. 使用圈空间维数.

28.$^+$ 参考示意图.

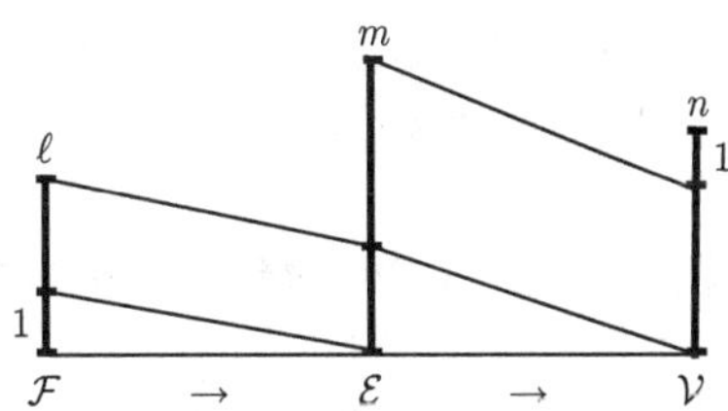

29. $\mathcal{B}$ 是否覆盖每一条边至少一次? 我们是否可以重新覆盖那些没有覆盖两次的边, 而不覆盖任何一条边三次?

30.$^+$ 对 (i) 我们主要是证明每个顶点 v 有一个邻域同胚于 $\mathbb{R}^2$. 在与 v 关联的边上, 定义一个辅助图 H_v：对于两条边 $e, f \in V(H_v)$, 如果存在 $\mathcal{D}$ 中的一个圈包含 e 和 f, 那么连接 e 和 f. H_v 具有什么结构呢? 为了证明 H 是连通的, 首先假定它不成立, 然后找到 G 中的一个圈使得它不能被 $\mathcal{D}$ 生成. 在 (ii) 中, 我们需要证明的是, $\mathcal{D}$ 不可能是线性独立的.

31. $|\mathcal{D}\backslash\mathcal{B}|$ 有多大?

32.$^+$ 先解决练习 24.

33.$^-$ 它具有多少个顶点?

34.$^-$ 用直线连接对偶的两个给定顶点, 然后使用这个在对偶图中找到它们之间的一条路.

35.$^+$ 依次定义所需要的双射 $F \to V^*$, $E \to E^*$, $V \to F^*$, 同时构造图 G^*.

36. 使用与两个对偶图对应的双射来定义想要的同构, 并证明这个同构是组合的.

37. 观察一下平面上发生的事情, 在证明中使用抽象对偶来避免连通性问题. 如果在 (ii) 的证明中遇到困难, 可以使用 2-道路集合包含关系, 而不使用集合等式.

38. 考虑画法.

39. 在平面中使用 Menger 定理的恰当形式, 我们可以容易地证明 (i) 和 (ii). 不用 Menger 定理来证明 (i) 也有启发性, 这可以通过在平面中删除一个不破坏 G^* 的连通性的顶点而直接证明. (但是, 注意到, 如果你用不到 G 的 2-连通性, 那么证明中就一定有错误.) 最后, 只使用抽象对偶, 也可以对 (i) 给出一个简单而漂亮的证明. 对 (iii), 记得使用命题 4.2.8.

40. 借助抽象对偶的准确定义.

41. 对 (i), 一开始先决定哪个边集应该来界定 G 的面. 对 (ii), 运用画法的唯一性. 对 (iii), 重新安排那些块.

42. 可以直接证明这个结论, 而不需要平面性.

第 5 章提示

1.$^-$ 使用对偶性.

2.$^-$ 当有超过三个国家享有公共顶点时, 我们对地图上的这种顶点进行小的局部改变.

3.$^-$ 在五色定理的证明中, 什么地方用到 v 的邻点个数不比所用颜色数多这一事实?

4. 不同块的着色是怎样互相影响的?

5. 考虑一下, 某些边的删除是如何导致贪婪算法使用更多颜色的.

6. 详细地描述一下, 到底如何来实现这个不同的算法. 那么, 它和传统的贪婪算法有什么区别呢?

7. 和命题 5.2.2 中一样, 比较一下子图 H 中的边数和 G 中的边数 m.

8. 使用命题 1.6.1.

9.$^+$ 删除若干边直到图成为 k-色 (临界) 的边极小图, 并考虑它的一个最小割.

10. 使用函数来正式叙述这个命题. 关于证明, 通过最小度来进行.

11. 考虑一个使用 $\text{col}'(G)$ 种颜色的着色, 是否只从这个着色就可以找回顶点着色的顺序?

12. 为了找到 f, 考虑一个给定的具有小着色数的图, 并且归纳地把它划分成数目不多的森林. 对于 g, 运用命题 5.2.2 和定理 2.4.3 中的必要条件.

13. 使用命题 1.3.1.

14.$^-$ 对于哪些具有较大最大度的图, 命题 5.2.2 能够给出特别小的上界呢?

15.$^+$ 对于第一个命题, 压缩一个度数为 2 的顶点, 然后使用归纳法.

(i) v_1 和 v_2 是如何被着色的呢? v_n 呢?

(ii) 根据 G 是否是 3-连通的, 分两种情况讨论.

16.$^+$ 为了证明蕴含关系 (ii) $\to$ (i), 对图 G 的一个不含有向圈的给定定向, 考虑它的一个极大支撑有向子图 D. 为了对它的无向底图进行 k-着色, 运用这个事实: D 中的所有有向路都是短的, 从而证明这个着色也是 G 的一个 k-着色.

17. 在归纳步骤中, 比较 $P_G(k), P_{G-e}(k)$ 和 $P_{G/e}(k)$ 的取值.
18.$^+$ 注意零点的重数.
19. 应用 Erdős 定理.
20. 模仿定理 5.2.6 的证明.
21.$^-$ 参考 $K_{n,n}$.
22. 边着色是怎么和匹配联系起来的?
23. 构造一个包含 G 作为子图的二部 $\Delta(G)$-正则图 (也许需要增加一些顶点).
24.$^+$ 对 k 用归纳法. 在归纳步骤 $k \to k+1$ 中, 使用关于 k 已经构造的图的几个拷贝.
25.$^-$ 首先证明两个同态的合成还是一个同态.
26. 注意到, 如果 G 同态于 C 而 P 是一个充分长的 G-路, 那么 $G \cup P$ 也同态于 C.
27.$^-$ 考虑顶点度.
28. $K_{n,n}$. 为了选择 n 使得 $K_{n,n}$ 不是 k-可选择的, 考虑一个 k^2-集合的一族 k-子集.
29.$^-$ 使用 Vizing 定理.
30. 只需要使用相关的定义、命题 5.2.2 以及 1.2 节中的典型证法.
31.$^+$ 尝试着对 r 用归纳法. 在归纳步骤中, 我们要删掉一对顶点, 并删掉其他顶点的列表中的一种颜色. 如果这样的删除做不到, 它们的列表会是什么样子呢? 这些信息就能使得我们直接地找到一种着色, 而不用再去考虑原来的图.
32. 证明 $\chi''(G) \leqslant \mathrm{ch}'(G) + 2$, 运用这个结论从列表着色猜想来推出 $\chi''(G) \leqslant \Delta(G) + 3$.
33.$^-$ 对于第一个问题, 尝试着一条边一条边地构造一个没有核的定向图. 对于第二个和第三个问题, 回想一下书中引入核这个概念的动机.
34.$^+$ 我们称一个有向图 D 的顶点集合 S 是一个**核心** (core), 如果对每个顶点 $v \in D - S$, D 都包含一条有向的 v-S 路. 进一步地, 如果 S 中的任意两个顶点之间都不包含 D 中的有向路, 我们称 S 为一个**强核心** (strong core). 首先证明每个核心都包含一个强核心. 然后, 归纳地把 $V(D)$ 划分成“层次” $L_0, \cdots, L_n$, 使得对于偶数 i, L_i 是 $D_i := D - (L_0 \cup \cdots \cup L_{i-1})$ 中的一个适当的强核心; 而对于奇数的 i, L_i 是由 D_i 中与 L_{i-1} 连接的顶点组成的. 证明: 如果 D 不包含有向奇圈, 则它的偶层次合起来构成 D 的一个核心.
35. 逐步地构造引理 5.4.3 中所需要的定向: 如果在目前的定向中, 仍然存在顶点 v 满足 $d^+(v) \geqslant 3$, 那么把与顶点 v 关联的边的方向反过来, 并且注意调整由这个改变所引起的效应. 如果我们想界定可平面二部图的平均度, 记得使用 Euler 公式.
36.$^-$ 从一个非完美图开始.
37.$^-$ 奇圈或它的补满足 $(*)$ 吗?
38. 对 $\mathcal{H}_2$ 中的图运用 $\mathcal{H}_1$ 的性质, 反之亦然.
39. König 定理意味着存在一个顶点集和每条边相交. 把完美性的定义重新叙述为, 与所有着色类都相交的顶点集合的存在性.
40. 考察补图.
41. 归纳地定义一个给定导出子图 $H \subseteq G$ 的着色类, 从所有的极小元组成的类开始.

42. (i) 一个导出圈上的顶点是否可以作为区间互相包含?
 (ii) 使用实数的自然序.
43. 比较 $\omega(H)$ 和 $\Delta(G)$ (这里 $H = L(G)$).
44.$^+$ 什么样的图具有它们的线图不包含长度 $\geqslant 5$ 的导出奇圈? 模仿 Vizing 定理的证明方法, 证明这样的图 G 的边可以用 $\omega(L(G))$ 种颜色来着色.
45. 把 A 当成一个着色类.
46. 带着这两个问题, 重新阅读定理的证明.
47.$^+$ (i) 用归纳法.
 (ii) 假设 G 不包含导出的 P^3, 并且某个 H 包含一个极大的完全子图 K 以及一个与 K 不相交的极大独立集 A. 对每个顶点 $v \in K$, 考虑 v 在 A 中的邻点集合, 这些集合是怎样相交的呢? 有没有一个最小的呢?
48.$^+$ 作为 $\mathcal{O}$ 的候选, 从阶为 $\omega := \omega(G)$ 的所有完全子图的集合开始. 如果它们覆盖 G 中所有的顶点, 则给 G 着 ω 种颜色, 并且把 $\mathcal{A}$ 取成着色类的集合; 否则, 就像引理 5.5.5 中一样试图扩展那些未被覆盖的顶点, 使得它们在扩展图 G' 中可以属于一个 K^ω 中, 并且 G' 的一个着色也定义了 G 的一个由独立集组成的集合 $\mathcal{A}$.
49.$^+$ 把一般的情形简化成除了一个外, 其他 G_x 都是平凡的情况, 然后模仿引理 5.5.5 的证明.

第 6 章提示

1.$^-$ 把 $\overline{S}$ 中的顶点一个一个地移动到 S, 那么每次 $f(\overline{S}, S)$ 的值有什么变化呢?
2. (i) 在改进解的过程中, 引导算法往返地反复使用中间的边.
 (ii) 在使用算法的每一步, 对顶点 v 考虑最短的 s-v 途径, 它符合作为可扩路的 s-v 的初始路段的条件. 证明: 对每个顶点 v, 这个 s-v 途径的长度在算法中不会减少. 其次, 考虑一条边, 它被可扩路使用并饱和了若干次. 证明这些路的每一个都比前面的要长, 然后推出想要的界.
3.$^+$ 对于边的形式, 使用推理 6.2.3 把定理所提供的流归纳地转换成充分多个边不交的路. 对于顶点的形式, 把每个顶点分离成两个相邻的顶点 x^-, x^+, 并如下定义新图的边和容量: 通过边 x^-x^+ 具有正值的流对应于在 G 中包含 x 的路.
4.$^-$ 由定义知, H-流是处处非零的.
5. 考虑顶点度.
6. 为了证明唯一性, 考虑基本割.
7. (i) 给定 $\psi \in \mathcal{D}_H$, 像定理 6.5.3 的证明中的着色一样构造 $\varphi \in \mathcal{V}_H$.
 (ii) 基本圈也生成“具有定向的”圈空间.
8.$^+$ 证明这个问题的一种方法是, 证明 (i) 中的两个群都同构于 $m+n-1$ 个 H 的拷贝的直积; 而 (ii) 中的两个群都同构于 $n-1$ 个 H 的拷贝的直积 (和往常一样, 这里 $n = |G|$ 而 $m = ||G||$). 我们不是直接定义自然的同构, 而是找到一个具有核 $\mathcal{B}_H$ 的满射 $\mathcal{E}_H \to \mathcal{C}_H$, 以及一个具有核 $\mathcal{C}_H$ 的满射 $\mathcal{E}_H \to \mathcal{B}_H$.
9.$^-$ 使用定义以及命题 6.1.1.

10.$^-$ 子图是否也可看作子式?

11.$^-$ 依次尝试 $k = 2, 3, \cdots$. 在寻找 k-流的过程中, 暂时固定通过一条边的流值, 然后考察这对相邻边的影响.

12. 把 G 表达成圈的并.

13. 一开始, 通过树 T 外部的每条边发送小量的流.

14. 结合若干适当子图上的 $\mathbb{Z}_2$-流来得到 G 上的流.

15. 利用前一个练习, 并回忆树填装方面的知识.

16. 把 G 看成恰当选择的圈的并.

17. 使用推论 6.3.2 和命题 6.4.1.

18.$^-$ 利用对偶性.

19. 把 H 取成具有较大流数的图, 我们是否可以通过加边来减少它的流数呢?

20. 使用 Euler 环游.

21.$^+$ 可能存在一个直接的归纳证明, 但是并不容易: 一定要保证在绘图中那些看起来不同或不相邻的顶点, 在图中确实也是不同或不连接的. 一个更简单但并不初等的证明可以从定理 6.5.3 得到.

22. 使用定理 6.5.3.

23. (i) 使用定理 6.5.3.

(ii) 可以. 通过考虑最小的反例, 证明: 如果每一个 3-连通立方可平面多重图是 3-边可着色的 (所以有 4-流), 那么每一个无桥立方可平面多重图也是 3-边可着色的.

24.$^+$ 对于"仅当"部分, 运用命题 6.1.1. 反过来, 考虑 G 上的循环 f, 它取值在 $\{0, \pm 1, \cdots, \pm(k-1)\}$ 中, 并遵循给定的定向 (即在 D 所决定的边定向上取正值或零), 并且在尽可能少的边上取零值. 然后, 如下证明 f 是处处非零的: 如果 f 在 $e = st \in E$ 上取零值且 e 在 D 中的定向是从 t 到 s, 定义网络 $N = (G, s, t, c)$ 使得 N 中的每个具有正的总和的流与 f 的选择矛盾, 但是 N 中的任何具有零容量的割与 D 所假定的性质矛盾.

25.$^-$ 把给定的多重图转换成具有同样流性质的图.

第 7 章提示

1.$^-$ 由定义直接推出.

2.$^-$ 当构造极图时, 首先固定着色类.

3.$^-$ 运用命题 1.7.3 (ii).

4. 决定 $\mathrm{ex}(n, K_{1,r})$ 的下界并不难, 需要证明的是对于所有的 r 和 n 这个界可以达到.

5.$^+$ 在定理 2.2.3 中的结构所决定的图中, 如果没有边数为 k 的匹配, 那么它的最大可能的边数是多少呢? S 和 $G - S$ 的分支之间顶点的最优分布是怎样的呢? 是否总是存在一个图使得它的边数达到对应的上界?

6. 考虑 G 的具有最大度的顶点 x, 并计算 $G - x$ 中的边数.

7. 选择 k 和 i 使得 $n = (r-1)k + i$ 且 $0 \leqslant i < r - 1$. 先处理 $i = 0$ 的情形, 然后证明在

一般情形有 $t_{r-1}(n)=\frac{1}{2}\frac{r-2}{r-1}(n^2-i^2)+\binom{i}{2}$.

8. 提示中给出的界是两个特别简单的 Turán 图的边数, 到底是哪一个的呢?
9. Turán 图.
10. 在 m 个顶点中, 选择一个具有 s 个顶点的集合使得它仍然与尽可能多的边相关联.
11. 对第一个不等式, 将不包含 $K_{s,t}$ 的极图的顶点集加倍从而得到一个二部图具有双倍的边数, 同时也不包含 $K_{s,t}$.
12.$^+$ 为了证明第一个不等式, 计算满足 $x\in A$, 且具有 $|Y|=r$ 的 $Y\subseteq B$, 同时 x 关联 Y 的所有顶点的有序对 (x,Y). 对于 $\mathrm{ex}(n,K_{r,r})$ 的界, 利用不等式 $(s/t)^t\leqslant\binom{s}{t}\leqslant s^t$ 以及函数 $z\mapsto z^r$ 是凸的这两个结果.
13. Erdős-Stone 定理.
14. 运用命题 1.2.2 和推论 1.5.4.
15. 考虑完全图.
16.$^-$ 考虑平均度.
17. 具有多于 $\frac{1}{2}(k-1)n$ 条边是否能保证拥有适当最小度的子图的存在呢?
18. 考虑一个具有高平均顶点度和低色数的图. 它的哪个树是导出树呢? 是否存在某种原因使得我们可以期待在具有高平均顶点度和低色数的图中, 这些树恰好总是导出的.
19. 所有的蕴含关系要么很容易证明, 要么可以从书中的结论推出 (不只限于本章的内容).
20.$^+$ 一开始, 取 U 是小的连通顶点集 V_0, 如果它的邻点导出的子图需要很多颜色, 那么由归纳法它应该可以收缩成 K^{r-1}, 在这种情形, 收缩 V_0 可产生 K^r; 如果它只需要很少颜色, 令它的邻点的集合为 V_1, 并收缩 $V_0\cup V_1$; 归纳地进行下去. 如果每个 V_n 只需要很少几种颜色, 那么这与 $\chi(G)$ 很大这一假设矛盾. 作为 $\chi(G)$ 的函数, 什么意义下的"很少", 上面最后的论证还成立? 对应的"很大"的概念会给我们一个使定理成立的函数 f.
21. 模仿命题 7.2.1 的证明.
22.$^+$ 首先证明我们只需要考虑最小度至少为 3 的图 G, 然后利用推论 1.3.5 可以看出存在长度最多约 $2\log n$ 的圈 C. 不妨假设 G 恰好有 $n+\lceil 2k(\log k+\log\log k+c)\rceil\geqslant 3n/2$ 条边, 从而给出 $||C||$ 的一个用 k 表达的上界, 然后证明, 恰当地选择 c, 只需要删去这么多条边就可以使归纳步骤成立.
23. 一开始和定理 7.2.3 的证明一样, 然后不定义 Y 和 H', 而是把 X 中的顶点直接连接到 H 中.
24.$^+$ 当我们希望保持 s 较小时, 如何使得 TK^r 很好地适应 $K_{s,s}$?
25. 根据提示所构造的图中, 哪一个具有最大的平均度?
26.$^-$ 平面性与子式有什么关系呢?
27.$^-$ 考虑一个恰当的母图.
28.$^-$ 把这个练习中给定的 χ 的下界和本章中考虑过的界进行比较.
29.$^-$ 对构造的步骤数目使用归纳法.

30. 对 $|G|$ 用归纳法.
31. 利用上一个练习.
32. 从一个具有较大最小度的恰当的子图开始, 7.2 节中的哪一个结果或技巧可以用来进一步增加最小度, 使得它成为定理 7.2.4 的合适输入图?
33.$^+$ 对 $|G|$ 用归纳法证明, $G \not\succcurlyeq K^4$ 的导出圈的任意 3-着色可以延展到整个 G 上.
34.$^+$ 把要证的命题简化到临界 k-着色图上, 然后运用 Vizing 定理.
35. 在定理 7.3.4 构造的图中, 哪个图有最大的平均度?
36.$^-$ 进行比较时, 为什么包含类似于 1-元素集合 X 和 Y 是不现实的?
37.$^-$ 利用 ϵ-正则对的定义.
38. 练习中"大约"的意思是: 与 k 相比, $|V|$ 较大. 对于第二部分, 不要参考定理 7.1.2 的证明细节, 而是遵循定理后的非正式解释.
39. 对 (i), 取 M 足够大; 对于 (ii), 对考虑的图使用类似于 (i) 的结论. 当处理大的图时, 令 $k := m$.

第 8 章提示

1.$^-$ 计算从一个固定顶点"向外移动"的顶点数.
2.$^-$ 让 σ 从 s_i 起优于 σ^i.
3.$^-$ 设 $\mathcal{A}$ 是可数集 A 的子集的集合, 使得对于不同的 $A', A'' \in \mathcal{A}$ 和某个固定的 $k \in \mathbb{N}$ 有 $|A' \cap A''| \leqslant k$. 考虑一个固定 k-集合 S, $\mathcal{A}$ 中有多少个集合包含 S?
4.$^-$ 考虑一条射线 $v_0v_1\cdots$, 它可以是递减的吗, 即 $v_0 > v_1 > \cdots$? 如果不可以, 它是否可以递增后再递减呢, 即它包含三个顶点使得 $x_{i-1} < x_i > x_{i+1}$?
5.$^-$ 归纳地构造这些路. 另外, 也可以运用 Zorn 引理来找到一个不交 A-B 路的极大集. 这个集合可以是有限的吗?
6.$^-$ 如果你不能使这种方法成立, 解释为什么它过不去呢?
7.$^-$ 这个图中有多少个圈? 多少个基本圈?
8. 在圈空间中, 如何才能生成无限多个圈呢?
9. 对每一个可数集 V, 存在点对 $\{u, v\} \in [V]^2$ 的序列使得每一个这样的对出现无限多次.
10. 从一个顶点或一个圈开始归纳地构造这个图. 为了保证最后的图有高连通度, 把每个新的顶点和将要定义的无限顶点集之间连接很多条边.
11. 考虑树, 并利用前一个练习.
12. 如果一个 a-b 路经过无穷多个分离集或者割, 那么这些分离集或者割是如何相互相交的呢?
13. 逐步地生成这个有限子图. 在每一步, 看看在已生成的子图里是否每个顶点的度数至少为 d; 如果没有, 给它增加几个新的邻点.
14. 用反证法证明: 对某个整数 n, 一个不包含 TK^n 的图的色数是多少呢?
15.$^-$ 建立一个广义无限引理使得当 $P = N$ 时, 它与定理 8.1.3 的第一个证明中的无限引理是相同的.

16. 一开始从 X 上的拓扑的定义出发, 描述 X 中点序列收敛的涵义, 序列到底需要具有什么性质才能保证它的收敛子序列都可以决定 G 的恰当着色呢? 我们是否可以从假设来推导这样一个序列的存在性呢? 也许可以从无限引理中找到一些想法.
17.$^-$ 这是一个典型的紧致性证明: 对可数图用无限引理, 然后对任意图运用附录 A 中的紧致性原理或 Tychonov 定理.
18.$^+$ 首先使用 Zorn 引理来找到 $V(G)$ 的一个划分 P, 使得 P 的划分类 U 满足每个 $G[U]$ 具有一个 k 棵支撑树的填装, 我们选取 P 有尽可能多的划分族 U. 然后, 使用附录 A 中的广义无限引理, 这里选取 G/P 的有限子图, 来证明 G/P 的边可以划分成 k 个森林. (注意: 还有另外一种方法把填装-覆盖定理推广到无限图, 它是基于“拓扑支撑树”的, 参见练习 126.)
19.$^+$ 细分 C 中的每条边一次, 然后把 G_0 的新拷贝移植到这些细分顶点上, 这需要 C 的长度至少为 k, 做到这点只需要要求给定的 G_0 有足够大的围长, 但是围长到底多大需要在构造的过程中重新考虑. 对于树填装的推论, 考虑其中一个支撑树的基本圈.
20. 对于必要性, 取 $S=\{0,1\}$, 然后把到 S 的函数看成子集. 对于充分性, 考虑 $\mathcal{F}$ 中集合的子集.
21. 尝试证明没作修改的命题.
22. 对 (i), 考虑一个无限序列中的顶点, 其中这个无限序列使用每个顶点无限次. 在每次考虑一个顶点时, 让它更开心一点. 对于 (ii), 首先使得一类顶点开心, 然后再考虑别的顶点.
23. 运用无限引理或者附录 A 中的紧致性原理. 对无限引理, 找到一个有关 $G_n=G[v_1,\cdots,v_n]$ 的顶点划分的命题, 使得它蕴含着关于 G_{n-1} 的导出划分的对应命题; 同时, 当它对 G 的一个给定划分导出的 G_n 的划分成立时, 它对 G 的这个划分也成立.
24. 对有限子图的一个恰当的减弱命题运用无限引理或者附录 A 中的紧致性原理.
25. 对于反例部分, 注意到如果在有限的情形, $S\subseteq S'\subseteq A$ 满足 $|S|=|N(S)|$, 那么婚姻条件保证了 $N(S)\subseteq N(S')$: 增加 S 可产生更多的邻点. 但是, 当 S 是无穷时, 这可能不成立. 我们可以利用这一事实.
26. 使用紧致性.
27.$^+$ 注意到, 为了运用无限引理, 只需在 G 的每一个有限导出子图 G_n 中找到一个独立边的集合, 使得这个边集合覆盖那些在 $G-G_n$ 中没有邻点的顶点. 为了找到这样的边集合, 对图 H_n 运用有限 1-因子定理 (这里, H_n 是在 G_n 上添加一个大的完全图 K, 并完全连接 K 到 G_n 中所有在 $G-G_n$ 中具有邻点的那些顶点). 如果你遇到困难, 改变 $|K|$ 的奇偶性.
28.$^+$ 应用 4.3 节的内容, 使得画法可以容易地运用无限引理. 在无限引理图中, 为了从一条射线构造最后的画法, 要保证通过归纳构造的部分画法确实是平面上的明确画法, 而不只是某类抽象等价的画法.
29.$^-$ 借用练习 5 的提示, 证明 Menger 定理的某种变化的扇子版本.
30. 归纳地构造 $TK^{\aleph_0}$.
31.$^+$ 对于 (i), 首先考虑证明存在一个顶点, 它不支配一个末端 W 但是可以被有限多条边和

W 分离. 关于 (ii), 分析一下 (i) 的证明中哪里用到了有限可分离性.

32. 由二分树 T_2 开始, 在保持图的可数性的同时, 使得末端变厚.

33. 假设局部有限连通图 G 有三个不同的末端, 令 S 是一个有限顶点集, 它两两分别分离这些末端. 取一个自同构把 S 映射到"远处的" $G-S$ 的分支, 是否可以证明 S 的映象分离这个分支使得 G 一定有多于三个末端?

34.$^+$ 取定一个顶点 v, 它的轨道 $U=\{v,\sigma(v),\sigma(\sigma(v)),\cdots\}$ 是有限的还是无限的呢? 为了决定 U 在 G 中的位置, 令 P 是从 v 到 $\sigma(v)$ 的路, 考虑无限并 $P\cup\sigma(P)\cup\sigma(\sigma(P))\cup\cdots$, 这个并是否以某种形式定义一个末端呢? 另外, 由序列 $v,\sigma^{-1}(v),\sigma^{-2}(v),\cdots$ 可以得到什么结论呢?

35.$^-$ 使用引理 8.2.2.

36. 运用引理 8.2.3.

37. 为了证明命题对树成立, 假定树有不可数个末端, 然后在树中构造一个细分的 T_2.

38. 找到一个与正则支撑树相关的等价命题.

39. 使用上一个练习.

40. 考虑正则支撑树中的基本圈.

41. 为了构造 (i) 中的正规支撑树, 模仿关于可数图 G 的证明. 把每个分散的集合排成良序集, 然后连接这些良序成为 $V(G)$ 上的良序, 再递归地构造想要的树.

42.$^+$ 采用顶点的情形, 来构造无限多个边不交的途径, 这些途径不重复使用边但只重复使用顶点有限多次. 分段地构造这些途径使得, 除了最后一段外, 每段与前面的段落是顶点不交的 (也不与其他途径相交).

43. 模仿定理 8.2.5 的证明, 选择与给定的末端所使用的所有射线, 那么构造的射线是否也属于这个末端? 如果不属于, 怎么才能实现呢?

44. 模仿定理 8.2.5 的证明: 只要可能, 尽量选择射线而不是双射线.

45. 我们需要证明的是, 在任何一个包含任意多个 H 的不交模型的图 G 中, 找到一个具有同样性质的局部有限子图. 第一步是找到一个这样的可数图 G', 并排列它的顶点, 然后运用这个排列来找到一个局部有限子图 $G''\subseteq G'$ 使得 G' 的每个顶点只被有限多个 H 的模型使用.

46. 为了构造一个包含任意多个改进型梳子 T, 同时不是无穷多个 T 的拷贝的图, 从无限多个不交的 T 的拷贝开始, 然后把它们分成不交的集合 $S_1,S_2,\cdots$ 使得 S_n 是 n 个 T 的拷贝的不交并, 再把不同的集合 S_n 中的顶点重合起来使得它们破坏 T 的不交拷贝的无限"对角线"集合.

47. 与定理 8.2.6 的证明不同, 我们可以使用 (很大但是有限的) 集合 $\mathcal{R}_0$ 中所有射线的合适的尾巴作为射线 R_n. 所以, 证明中由假定 (**) 开始的部分可以替换为更简单的算法来找到 R_n 和不交 R_n-$R_{p(n)}$ 路的无限集. 为了决定需要多少条射线, 考虑无限引理的恰当有限形式的命题: 任何足够大的根树要么包含一个至少有 k 个后继的顶点, 要么包含一条长度为 k 的路.

48. 假定存在一个广义图 G, 构造一个局部有限连通图 H 使得它的顶点度对于 H 在 G 中的任何嵌入都"增长太快".

49. 修改 $K^{\aleph_0}$ 或者 Rado 图, 也可以尝试直接构造.

50.$^-$ 运用性质 $(*)$.

51.$^-$ 运用往复技巧.

52. 运用往复技巧.

53. 归纳地找到划分, 每次删除一个图的边集并证明剩下的图仍然同构于 R. 如何才能保证一旦删除了所有必需的边集, 就没有边剩下了呢?

54.$^-$ 把密度像性质 $(*)$ 一样使用.

55. R.

56. 对于性质 $(*)$ 中的顶点 v, 先令 $v := U$. 这样的设定为什么不行呢? 如果不行, 如何修改呢? 你可以运用基础公理 (axiom of foundation), 由它知道不存在集合的序列 $x_1 \in \cdots \in x_n$ $(n \geqslant 2)$ 且 $x_1 = x_n$.

57.$^-$ 贪婪地收集这些路.

58. 参考练习 59. 对于局部有限图 G, 找到集合 S_i 很容易.

59.$^+$ 首先处理支配 ω 的那些顶点. 如果你认为有帮助, 可以假定 G 有一棵正则支撑树.

60.$^+$ 使用练习 59 中的思路.

61.$^-$ 尝试和 $\mathcal{P}_n$ 一起构造 G.

62. 选取 $a \in A$, 并构造一序列波 $\mathcal{W}_1, \mathcal{W}_2, \cdots$ 使得每个波包含平凡路 $\{a\}$. 定义在 a 的边使得 a 在每个 $\mathcal{W}_n$ 的边界上, 但不在限制波的边界上.

63.$^+$ 正如可数的情形一样, 一般性的问题可以简化到引理 8.4.3. 对森林证明这个引理.

64.$^+$ 由 $\mathcal{P}$ 开始, 递归地定义路系统 $\mathcal{P}_\alpha$ 使得它从 A 逐步地连接更多的 B. 在递归步骤中, 选取非覆盖顶点 $b \in B$ 并沿着包含它的路 $Q \in \mathcal{Q}$ 后退直到它碰上 $\mathcal{P}_\alpha$, 这里记 $P = a \cdots b'$. 我们可以重新调整 P 使得它沿着 Q 到达 b, 但这会让 b' 成为非覆盖的. 那么, 在有限步骤后, 这些变化是否可以使得 B 的覆盖部分增加? 为了证明这是会发生的, 我们可否定义一个"指标"参数, 它随着步数的增加而增加 (或减少) 但不能无限地增加 (或减少)? 作为选择, 也可以证明并运用稳定婚姻定理 (2.1.4) 的某种无限形式.

65. (i) 恰好是紧致性, 这是一个运用定理 8.1.3 且只需一行的漂亮证明. 对于 (ii), 由若干任意大的有限反链构造一个偏序集. 对于 (iii), 定义一个二部图如下: 对每一个点 $x \in P$, 选取两个顶点 x' 和 x'', 并添加满足 $x < y$ 的所有边 $x'y''$. 在定理 8.4.8 所提供的图中, 考虑匹配 M 和顶点覆盖 U, M 是如何定义了一个 P 的链划分呢? 对于这样一个链的多少个点 x, 对应的 x' 或 x'' 属于 U 呢?

66. 由定理 8.4.11, G 包含一个 1-因子. 你是否可以使用这一事实对 (ii) 给出一个肯定的答案.

67. 为了保证每一个部分匹配是可扩展的, 这样的图需要有很多边, 然而如何避免 1-因子的出现呢?

68.$^-$ 先考虑 H 的完全子图是有限界阶的情形. 我们可以使用 8.1 节的结果.

69.$^+$ 对于 (ii) 中 G 的完美性, 证明 T_2 的每个具有任意大的有限反链的子集也有一个无限反链.

70.$^+$ 为了简单起见, 把图替换成它的一棵支撑树 T. 哪些顶点比其他顶点需要在排列中出现的更早? 对 (ii), 考虑正则支撑树.

71. 提醒: 树 T_α 是由递归剪枝算法定义的, 所以它在 T 中是下集合.
72. 如果 U' 是另外一个这样的集合, 那么考虑顶点 $u \in U \setminus U'$ 以及 $G - U'$ 中包含 u 的分支的秩.
73. 对图的边进行细分会对它的秩产生什么影响呢?
74. 对 (i), 注意一条射线有可数多条子射线. 对 (iii) 中的充分性, 递归地修剪给定树, 把已经界定的子树剪掉.
75.$^+$ $T_{\aleph_1}$ 有这样的标号吗? 如果 $T \not\supseteq TT_{\aleph_1}$, 递归地构造 T 的一个标号. 假定标号已存在, 在 T 中标号为零的顶点的位置在哪里呢? 标号为 1 的顶点在哪里呢?
76. 当 G 是局部有限图时, (ii) 中所需要的射线的存在性可以立即从星-梳子引理得到. 当 G 不是局部有限图时, 要么直接构造这条射线, 要么对构造过程中所产生的局部有限树使用星-梳子引理.
77. 对于必要性, 注意到不存在顶点的有限集合把 R 和 U 分离开来. 运用这一事实归纳地构造 R-U 路, 或者使用 Menger 定理的平凡形式.
78. 答案也许依赖于 H 是否是局部有限的. 提醒, 从紧致空间到 Hausdorff 空间的连续双射是一个同胚. 对于 (iii), 可以使用引理 1.5.5 (ii).
79. 在 (ii) 中, 我们可以假定实数已表达成二进位形式. 实区间 $[0,1]$ 保持了从 $\mathbb{R}$ 继承来的子空间拓扑, 它就是 $\mathbb{R}$ 上通常度量所生成的拓扑.
80. 注意对末端空间所做的并非故意的变化.
81. 可以对树使用定理 8.6.2. 运用引理 1.5.5 (ii) 或者练习 78 的答案, 从 (i) 的解答推出 (ii).
82. 对于 (i), 定义一个同胚, 它把 H 的射线映射到 G 的射线, 但反之不然. 对于 (ii), 证明 T_n 可以从 T_2 通过收缩有限集合来得到.
83. 如果序列紧致空间 (即每一个点的无限序列都有一个收敛的子序列) 有可数基, 那么它是紧致的. 假如无限引理看起来没有什么帮助, 可以参考引理 8.2.2.
84.$^+$ 为了定义 $\hat{X}$ 上的拓扑, 模仿标准的单点紧致化的定义.
85.$^+$ 对于紧致性的证明, 使用正则支撑树并模仿命题 8.6.1 的证明.
86.$^+$ 对于第一部分, 减少树的边长度使得由根开始的一个射线的总长度变成有限, 然后调整 G 中另外边的长度, 并拓展所得到的度量到 G 的末端上. 对于第二部分, 注意到对 $V \cup \Omega$ 上给定拓扑所生成的度量, 距离每个末端至少 $1/n$ 的顶点的集合 V_n 是封闭的, 并证明当 n 取正整数时, 这些集合覆盖 V.
87. 在度量空间中, 每个点是可数多个开集的交集. 这里的开集是围绕点的半径为 $1/n$ 的开球 $(n \in \mathbb{N})$.
88.$^+$ 给定连通的标准子空间 X, 以及一个末端 $\omega \in X$, 考虑足够小的开邻域 $\hat{C}_\epsilon(S,\omega)$ 使得 $|E(S,\omega) \cap E(X)|$ 是最小的. 然后使用引理 8.6.7.
89.$^+$ 给定 X 的一个弧分支 A 和一个末端 $\omega \in \overline{A}$, 选取 A 中收敛于 ω 的点序列 $x_1, x_2, \cdots$, 尝试通过把 A 中 x_n-x_{n+1} 弧的段落拼凑在一起, 来构造一个从这些点到 ω 的弧.
90. 可以运用事实: 从单位圆上删除一个开区间, 剩下的部分还是连通的, 但删除两个不交的开区间则不连通. 记住, $|G|$ 的闭连通子集是路连通的.

91. 构造两个属于同一个末端的射线, 它们起始于同一个顶点但在其他顶点不交. 这种构造可以通过考虑正规射线并运用射线的顶点都不是割点这一事实实现.

92. 由回路所生成的子图的分支是什么呢? 两个结果都需要使用跳跃弧引理.

93. 前面提到, 在 S^1 中每一个点有一个由 $\mathbb{R}^2$ 中的弧组成的邻域基. 可否证明 C 中连接两个末端的每一个弧一定在一个边相交? 如果不能证明, 可否证明它交于一个顶点? 如果还不行, 记得使用引理 8.6.3.

94.$^+$ 在一个无穷序列中, 排列双射线 D 和 D_l, 并归纳地定义这些 D_l 和 S^1 的适当线段之间的局部同胚. 当完成这个后, 把所有双射线的并的局部同胚拓展到 G 的末端上, 使得最后的映射连续. 定义想要的双射的一个好办法是, 一方面使用 0-1 序列集合的线性序的结构; 另一方面, 把 S^1 的区间看成 $[0,1]$ 的一个拷贝, 并考虑它的线性序的结构.

95. 证明: 每个包含不可数多个末端的弧的区间都包含一个顶点, 使得这个顶点把它分离成两个区间. 参考练习 54.

96. 需要多少个不交的圈才能使得它们的交可以具有一个连通闭包? 你是否见过一个连通标准子空间, 它是不交弧的并的闭包?

97. 需要证明的主要命题是满足条件的每一个子空间 C 是一个圈. 设 $A \subseteq C$ 是连接两个顶点 x_0 和 y_0 的弧. 如果 v 是 $C \setminus A$ 的任意顶点, 那么 C 的连通性导出了 C 的一个 v-A 弧, 它是 A 上的第一个点, 由度条件知它一定是 x_0 或 y_0. 从 C 中顶点的一个排序 $v_0, v_1, \cdots$ 开始, 构造一个顶点的 2-道路无限序列 $\cdots, x_{-2}, x_{-1}, x_0, y_0, y_1, y_2, \cdots$ 使得 C 包含连接 x_{-i-1} 到 x_{-i} 的弧 A_i, 以及连接 y_i 到 y_{i+1} 的弧 B_i (对所有 $i \in \mathbb{N}$), 使得 A 的并 U 和所有的这些弧是 C 中 $(0,1)$ 的同胚拷贝. 运用它的尾巴的连通性证明它们收敛于 C 的唯一末端. 从度假设导出这两个末端重合, 且 $\overline{U} = C$ 是一个圈.

98. 设 T_n 是由树 T 中前面 n 层组成的子树, 那么容易地定义一个映射 σ_n: 把 T_n 嵌入平面中, 然后"沿着"它行走, 使得你的右手放在 T_n 上, 而你的脚紧挨着 T_n. 为了保证 σ_n 的兼容性, 有必要要求 σ_n 在 T_n 的每个叶子"停顿"一会, 即把 $[0,1]$ 的一个非平凡子区间映射到每个叶子上: 在这些区间, 我们可以把 σ_n 扩展从而得到 σ_{n+1}. 剩下的工作是, 当 $n \to \infty$ 时, 对于在 σ_n 中不断改变取值的那些点 $x \in [0,1]$, 怎样正确地定义极限 σ, 并且证明在这些点上的连续性.

99. 应用引理 8.6.5 和引理 8.6.7. 也可以使用每个圈包含一条边这一事实.

100$^-$ (i) 如果一个拓扑支撑树同胚于一个空间 $|T|$ (这里 T 是一棵树), 但它本身没有这种形式, 那么它包含一个末端, 这个同胚把末端映射到一个点 (即不是一个末端). 你能找到一个拓扑支撑树使得这些不成立吗?

(ii) 对任意这样的树 T, 一定存在 G 的一个末端, 它不能被 T 的一个射线代表. 从这个末端, T 如何支撑 G 的一个射线呢?

101. 使用基本割.

102. 不要使用紧致性.

103. 回顾引理 8.6.11 以及它的证明. 对 (i), 可以使用一个简单的事实: S^1 并不真包含 S^1 的另外一个拷贝. 对 (ii), 证明: 每个不包含有限键的边集都避开一个拓扑支撑树.

104. 我们需要通常的支撑树, 也需要拓扑支撑树. 可以考虑使用练习 117 的结果: 每个割包含一个键.

105.$^+$ 为了找到正确的条件, 考虑一个容易的蕴含关系, 然后模仿定理 8.6.9 的证明, 即收缩 $X \setminus S_n$ 的弧分支, 这里 S_n 是 X 的最前面 n 个顶点的集合. 首先证明 $X \setminus S_n$ 只有有限多个弧分支. 你能把 $V(X)$ 所对应的划分拓广成 $V(G)$ 的一个划分, 同时只有有限多个交叉边?

106. 记得, 有限平面图的非分离导出圈都是边界.

107.$^-$ 为什么 $\overline{T}$ 不能成为拓扑支撑树?

108.$^-$ 用贪婪方法找到回路, 使得所有的边都包括在内.

109.$^-$ 考虑薄度.

110. 从同一个拓扑支撑树的基本回路来生成每个被加数.

111. 回顾所有关于圈空间的结果.

112. 跟随定理 8.7.3 的证明直到需要一个弧来连接一个给定边的端点 x, y 这个地方. 这个弧可以通过找到一个包含 x 和 y 的恰当连通标准子空间来得到, 然后应用引理 8.6.5.

113. 定理 8.7.3 的证明中, 对任意边 $e = xy \in G_n$, 因为 e 一定属于 G_n 的一个圈, 所以可以找到一条在 $G_n - e$ 中的 x-y 路. 还有哪个其他假设你可以用来找到这条路呢?

114. 使用 $\mathcal{C}$ 和 $\mathcal{B}$ 的"有限性"描述.

115. 这不能从定义直接得到: 一个 $\mathcal{C}$ 的给定有限元素可以表达为 (可能无限个) 回路的无限薄和. 书中的哪个定理可能有用呢? 你是否可以不用整个定理, 而是只使用证明中半路上建立的一个结论呢?

116. 对 (i) 中的第一个命题, 先解决练习 115 或者使用书中的一个定理. 对 (ii) 中的第一个命题可以直接证明: 由可能产生给定的有限割 F 的基本回路的唯一和开始, 要证明它确实加起来等于 F, 同时使用它与 F 的和是另外一个有限割这一事实.

117. (i) 容易证明. (ii) 可以类似于第 1 章的练习 39 来证明. 对于 (iii), 参考定理 1.9.5 的证明, 在那里基本割的和可能形成一个给定的割, 这里直接证明这是可以实现的. (不要使用 (iv), 除非你可以不使用 (iii) 而直接证明 (iv).) 证明命题 (iv) 并不能像关于 $\mathcal{C}(G)$ 的证明那样可以简单地从 (ii) 推出 (为什么不可以呢?). 然而, (iv) 可以从 (iii) 推出: 把给定和的每项重新表达成基本割的和, 证明所有的被加项是恰当定义的, 并找到一个顶点划分来证明这个和确实是一个割. 另一个更漂亮的证明可以从练习 118 (i) 得到.

118. 对于 (i) 的第二个命题, 参考 1.9 节. (ii) 的第一个命题容易证明, 但需要书中的某个定理. 对于第二个命题, 因为 G 是 2-边连通的, 所以每条边属于一个有限回路. 我们需要证明的基本事实是: 对每个无限割 F, 我们可以找到一个集合 $D \in \mathcal{C}$ 使得 D 与 F 在无限多条边上相交. 令 D 是不交的有限回路的无限并. 如果这些回路互相相交得太多, 记得使用事实: 正则支撑树的基本回路组成一个薄族.

119.$^+$ (i) 这个命题可以容易地证明但并不平凡.

(ii) 对第一个命题, 首先证明每个集合 $F \in \hat{\mathcal{C}}^\perp$ 是一个割, 然后从 F 中删除不交有限键的一个极大集合, 从而得到一个割 F', 需要证明 $F' = \varnothing$. (ii) 的第二部分是这个的对偶.

(iii) 任意集合 $F \in \hat{\mathcal{C}}^\perp \setminus \mathcal{C}^\perp$ 是一个无限割, 它与每个回路相交偶数次. 不难构造 G 和 F 使得 F 不与任何回路相交无限次. 构造的一个难点是, 构造对 2-连通图成立, 但对

3-连通图不成立 (因为我们不知道 $\hat{\mathcal{C}}^\perp = \mathcal{C}^\perp$ 是否成立), 使得我们不能和回路相交奇数次. 构造满足 $\mathcal{B}^\perp \subsetneq \hat{\mathcal{B}}^\perp$ 的 2-连通图时可以使用对偶技巧.

120. 一开始, 把有限定理运用到引理 8.6.10 或定理 8.7.1 (iii) 的证明中所定义的子式 G_n, 我们可以得到两个明显的紧致证明: 第一个构造一个顶点划分, 它导出想要的边划分; 第二个将直接构造想要的边划分. 考虑使用练习 118 (i).

121. (i) 有一个非常简单的证明, 但是它不能对 (ii) 提供一个对偶解. 为了证明 (ii), 尝试把 D 表达成一个拓扑支撑树的基本回路的和. 你如何选择这棵树使得所有 $e \in F$ 都属于和式中呢?

122.$^+$ 关键是找到恰当的支撑树.

123. 模仿定理 8.7.3 的证明. 练习 98 提供了一些有用的简单框架.

124.$^+$ 容易看出给定条件是必要的. 为了证明充分性, 归纳地构造一个 Euler 环游, 在构造过程中对余下图中出现的任何有限分支立即结合进来. 为了保证所有的边包含在内, 把边排列, 总是把下一个边作为包含的对象. 需要考虑两种情形: 如果 G 有奇割, 首先覆盖割中的边, 并把它们尽量远的端点成对地连接起来, 然后分别地处理剩下的两个无限分支; 如果 G 没有奇割, 归纳地用一个有限闭途径的序列来覆盖它的边, 使得其中的每一个有限闭回路和下一个相交于一个顶点, 然后在这些圈的并中找到一个 Euler 环游.

125. 使用第 4 章的练习 23 来证明, 在 8.8 节中定义的 G 的 子式 G_n 包含 Hamilton 圈. 然后使用练习 97 或者引理 8.8.4 证明, 它们的边集合收敛于 $|G|$ 中一个 Hamilton 圈的边集合. 选择 S_n 连通对证明会有所帮助.

126.$^+$ 首先解答更容易的练习 18. 对拓扑支撑树, 从覆盖开始, 然后考虑填装. 使用 Zorn 引理来寻找“极大的” k 森林填装. 为了简单, 开始时对某些 G/P 可以允许森林包含拓扑回路, 这里“大的”填装指使用更多边和更细致的顶点划分 P. 然后, 对 P 的划分类 U, 在由子图 $G[U]$ 定义的标准子空间中寻找拓扑支撑树填装.

127. 对所有非流通图 G, 证明不成立吗? 或者只对部分不成立? 或者都成立?

128. 这个练习的目标是, 对在 $\mathcal{P}(G)$ 的某个合适的共尾子集 P 中的所有 p, 找到一族和引理 8.8.4 中一样的映射 $g_p\colon S^1 \to X_p$.

129.$^+$ 首先证明, 如果我们从一个连通标准子空间 X 中删除 n 个顶点的集合 S_n, 那么 $X \setminus S_n$ 只有有限多个弧分支. 然后对某个合适的共尾集 $P \subseteq \mathcal{P}(G)$ 中的所有 p, 找到树 $X'_p \subseteq X_p = |G/p|$, 它们在通常的键合映射 $f_{qp}\colon X_q \to X_p$ 的限制 f'_{qp} 下组成了一个逆系统. 下一步证明, 它们的逆极限 $X' \subseteq \varprojlim X_p$ 在 X 中是一个拓扑支撑树. 证明的诀窍是选择 P 时也需要考虑 X. 但是如果你不想重新证明这个特别的逆系统, 而是使用定理 8.8.2, 那么你要考虑 $V(G)$ 划分而不仅仅是 $V(X)$.

130.$^+$ 使用超滤子 (ultrafilter). 这个练习适合以前学习过紧致化知识的学生.

第 9 章提示

1.$^-$ 能否可以使用红和绿两种颜色来给 K^5 的边着色, 使得没有红色的三角形或绿色的三角形? 是否可以对 K^6 进行同样的着色呢?

2.$^-$ 对 c 运用归纳法. 在归纳步骤中, 把两个着色类结合起来.

3. 构造一个划分使得任何一个类中都不包含一个无限的等差数列, 归纳的同时构造这两个类.

4. 如果一个图的色数很小, 这是否意味着它包含一个大的导出 $\overline{K^r}$ 呢? 如果是, 有多大呢?

5.$^+$ 选择 $\mathbb{R}$ 上的一个良序, 并且把它和自然序做比较. 对于可数的论证, 运用有理数.

6.$^+$ 假设存在很多弦 xy (不妨设 $x <_T y$), 使得路 xTy 两两至少有一条公共边. 要么找到一个这样的顶点 x 的大集合使得 x 所对应顶点 y 都重合, 要么找到 T 中的一个顶点, 它有很多不可比较的 y 位于它之上, 要么找到 T 中一条长的递增路使得 xTy 中的极大顶点 t_y 对于很多 y 是不同的. 然后找到一个对应于这些 y 的顶点 x 的一个长序列 $x_1 \leqslant \cdots \leqslant x_n$, 并且证明这些路 x_iTy_i 和弦 x_iy_i 的并包含很多边不交的圈.

7.$^+$ 第一个和第二个问题容易证明. 为了证明 $n = k\ell + 1$ 时有这个性质, 对于固定的 ℓ, 对 k 运用归纳法, 并且在归纳步骤中考虑长度为 k 的递增子序列中的最后一个元素. 另一种方法是, 运用前面章节中的一个著名定理.

8. 运用“n 个点 ($n \geqslant 4$) 支撑一个凸多边形当且仅当它们中的任意四个点可以支撑一个凸多边形”这一事实.

9. 把 $\{1, 2, \cdots, n\}$ 的一个给定 k-划分转化成 K^n 的一个 k-边着色.

10. (i) 容易证明. 对于 (ii), 运用 $R(2, k, 3)$ 的存在性.

11. 首先找到无限多个集合使得它们两两的交有相同的元素个数.

12. 这个练习给出了比需要更多的信息. 查询 7.2 节的内容看看哪些信息是相关的.

13. 模仿命题 9.2.1 的证明.

14. 下界容易证明. 对于上界, 给定一个着色, 考虑一个顶点以及通过适当的着色边与这个顶点连接的邻点.

15. 如何选择 ϵ, k 和 ℓ 的顺序呢? 哪些论证蕴含着 $k = \ell$ 的情形呢?

16.$^-$ 给定 H_1 和 H_2, 构造一个图 H 使得定理 9.3.1 中的 G 满足 $(*)$.

17.$^-$ n 的取值是间接定义的, 在 n 第一次出现的稍后给出.

18. $G[U \to H]$.

19. 对于 $k = 0, \cdots, m$, 归纳地证明 $\omega(G^k) = \omega(H)$.

20. 我们是如何使用那些从 P' 到另外 V_i^k 之间的边的?

21.$^-$ 对同一个性质, 考虑两个 Kuratowski 集, 设它们为 $\{\mathcal{P}_1, \cdots, \mathcal{P}_k\}$ 和 $\{\mathcal{Q}_1, \cdots, \mathcal{Q}_\ell\}$. 是否存在 $\mathcal{P}_i \leqslant \mathcal{Q}_1$? 如果存在, 它是否一定和 $\mathcal{Q}_1$ 等价?

22. 只需小心地遵循定义即可.

第 10 章提示

1. 使用归纳法.

2. 考虑两个着色类的并.

3. 对于固定的 n, 对 k 用归纳法, 在归纳步骤中考虑 $\overline{G}$.

4. 什么样的 k-连通图 G 满足 $\chi(G) \geqslant |G|/k$ 但是不满足 $\alpha(G) \leqslant k$?

5. 对 (i), 首先考虑 G 本身有 Euler 环游的情形. 对 (ii), 使用定理 1.8.1 和推论 2.4.2.
6. 注意到, 剖分一个与奇数度顶点相关联的边是生成非 Hamilton 图的一个有用技巧. 为了找到关于 (ii) 的例子, 对一个高连通的小图运用这个技巧.
7. 一个可平面图的连通度可以有多大呢?
8.$^-$ 回想一下 Hamilton 序列的定义.
9.$^-$ Chvátal 条件在什么样的顶点上发生呢? 为了验证 G 满足条件, 首先找到一个这样的顶点.
10. 考虑 G^2 中的 k-分隔, 它的顶点把那些 G-边连到哪里了?
11. 使用定理 10.2.1.
12. 度条件指出, 对每一个导出路 uvw, u 和 w 的公共邻点的个数至少和 v 的不与 u 或者 w 关联的邻点个数一样多. 你是否可以构造一个"长"图使得它对所有这样的 uvw 满足这个条件? 也许这个图还具有有界的最大度.
13. 根据 Fleischner 定理, 某些图的平方图中包含 Hamilton 圈, 那么这些图和任意的连通图有什么不同? 这种不同会如何妨碍 Hamilton 圈的存在呢?
14.$^+$ 为了使用归纳法, 考虑一个更强的命题.
15.$^-$ 把一个新的顶点连接到两个给定的顶点上.
16.$^+$ 如何把一条 Hamilton 路 $P \in \mathcal{H}$ 修改成另外一条呢? 有多少种方法呢? 它与 P 的最后一个顶点在 G 中的度数有什么关系呢?

第 11 章提示

1.$^-$ 考虑 $\{0, 1, \cdots, n\}$ 上的 m 条固定边, $G \in \mathcal{G}(n, p)$ 恰好包含这个边集的概率是多少?
2. 像引理 11.1.4 的证明一样, 考虑适当的指示随机变量.
3. 考虑适当的指示随机变量.
4. 使用 Erdős 定理.
5. 对于一个固定的 G, 集合 $\{G\}$ 的度量是什么呢?
6. 考虑互补性质.
7. $\mathcal{P}_{i,j}$.
8. 应用引理 11.3.2.
9. 在练习 6 的帮助下, 对 $|H|$ 用归纳法.
10. 模仿命题 11.3.1 的证明. 为了限制相关的概率, 像引理 11.2.1 的证明中那样使用不等式 $1 - x \leqslant e^{-x}$.
11.$^+$ (i) 计算孤立顶点的期望值, 然后像定理 11.4.5 的证明中那样使用引理 11.4.2.
(ii) 利用线性性质.
12.$^+$ 使用 5.2 节中 Erdős 定理的证明, 以及少许 Chebyshev 不等式.
13. 对第一部分, 寻找一个递增性质, 使得它的概率并不真正依赖于 p. 对第二部分, 少许修改递增性质, 使得它停止一直增长但保持它的阈函数.
14.$^-$ 使用 $V(H)$ 的置换.

15.$^-$ 这是书中一个经过伪装的结果.

16.$^-$ 这些图是平衡的.

17. 只存在有限多个阶为 k 的树.

18. 对于 $p/t \to 0$, 使用引理 11.1.4 和引理 11.1.5; 对于 $p/t \to \infty$, 使用推理 11.4.6.

19. 对 (i), 使用事实: 对 $i \geqslant 1$, $A_i \to 0$. 对 (ii), 回忆一下 A_1 是如何定义的, 以及它和 A_0 有什么不同之处. 如果必要的话, 重新读一下当 $i = 1$ 时计算 A_i 的细节, 找出和计算 A_0 的不同之处.

20.$^+$ 首先证明不存在阈函数 $t = t(n)$, 使得当 $n \to \infty$ 时它趋向零, 然后使用练习 10.

第 12 章提示

1.$^-$ 利用反对称性.

2. 对充分性, 首先假设 A 有一个无限的反链, 这种情况是比较容易的. 其他情况的证明不十分显然但也比较类似, 注意到 $A = \mathbb{Z}$ 并不是一个反例.

3. 为了证明命题 12.1.1, 考虑一个无限序列, 使得这个序列的每个严格递减子序列是有限的. 一个极大递减子序列的最后一项和它后面的项相比会有什么不同呢? 对推论 12.1.2, 先证明至少有一项和它后面的无限多项构成好对.

4.$^-$ 这是一个需要细节的练习:“不难看出”并不是一个证明.

5. 任何坏序列中的树一定变得任意大. 因此, 我们寻找树 T, T' 使得 $|T| < |T'|$ 但是 $T \not\leqslant T'$. 考虑一些简单的例子, 然后重复其中的一个使得它成为一个坏序列.

6. 在原证明中, 是否曾经把一棵树的根映射到另外一棵树的一般顶点上?

7. 结合引理 12.1.3 和定理 12.2.1 的证明.

8. 我们是否可以把一个给定图 G 扩展到另外一个图, 使得 G 可以由这个图通过删除边而不经过收缩而得到? 我们可以迭代这个图建立一个无限反链吗?

9.$^+$ 一个坏序列中的图 G 是否可以有任意多条独立边? 如果不能, 它们包含若干有界的顶点子集覆盖所有的边. (为什么呢?) 考虑一个子序列, 它里面的那些顶点集都导出同一个图, 并且在这个子序列中找到一个好子序列.

10.$^+$ 当我们试图把一个图 TG 嵌入到另外一个图 H 中时, TG 的分支顶点只能映射到具有至少相同度数的顶点上. 扩展一个适当的图 G 到一个不包含 G 作为拓扑子式的类似图 H (因为这些顶点被安排在不方便的位置上). 重复这个例子来得到一个无限反链.

11.$^+$ 是的. 一个可能的证明方法是使用有标号的正规支撑树, 模仿 Kruskal 定理的证明.

12.$^-$ 关于“子树”的关键点在于它们是连通的. 记得我们的约定: 连通图是非空的.

13.$^-$ 对给定树分解进行修改, 每次删除一个非极大的部分.

14. 对充分性, 应用推论 1.5.2. 反过来, 对 n 用归纳法.

15. 为了证明 (T2), 考虑图 12.3.1 中的边 e. 验证 (T3) 会比较容易.

16. 对 (i), 把兼容性条件叙述成一个 (关于 e 的两种选择) $T - e$ 的分支上的类似条件. 对 (ii), 要么找到一个巧妙的办法直接定义 V_t, 要么对 $|\mathcal{S}|$ 进行归纳, 并从 $\mathcal{S}$ 中删除一个具有极小 A 的分割 $\{A, B\}$. 在对应于 $\mathcal{S} \setminus \{\{A, B\}\}$ 的树分解中, 像引理 12.3.4 的证明中

那样, 把树分解的边定向从而找到一个部分使得新的部分与树边连接.

17.$^+$ 在建议的树分解中, 考虑一个非 3-连通的躯干 $H = H_t$. 证明存在一个圈 $C = v_1 \cdots v_k v_1$ 且 $V(C) \subseteq V(H)$ (但不一定有 $C \subseteq H$) 使得, 对所有的 $u, v, x, y \in V(C)$, 顶点 u 和 v 在 C 中分离 x 和 y 当且仅当在 H 中也是这样. 选取 C 是关于细分极大的, 证明 $H = C$. 对逆命题, 从它的树分解的躯干开始, 归纳地构造这个图, 构造中始终保持已构造分解树的连通性.

18. 我们的任务是对每个顶点 $h \in H$, 找到 T_h 的正确定义. 在练习 12 中, 集合 T_v 描述了 G 的给定树分解, 我们可以用 T_v 来定义 T_h, 或者直接使用分解中的部分 V_t 来定义. 你能找到这两种描述吗?

19.$^-$ 使用归纳法.

20. 使用归纳法.

21. 借用第 7.3 节的一个结果. 不要对 W 的子图失望!

22.$^+$ 证明: 分解中的部分恰好是 G 的极大不可约导出子图.

23. 使用练习 12.

24. C^n 有一个宽度为 2 的分解使得每个顶点至多属于两个部分. 这个分解为得到网格的一个好分解指明了方向. 严格地证明 K^n 和 C^n 的给定值是最优的要比看起来的更难. 你不妨尝试运用引理 12.3.1.

25. 对第一个问题, 回忆一下引理 12.4.1. 对第二个问题, 试着修正 G 的树分解使得它成为 TG 的一个树分解但是不增加它的树宽度.

26. 使用练习 13.

27.$^+$ 用一棵正规的支撑树作为分解树, 设 $t_1, \cdots, t_n$ 是 $V(T)$ 的一个列举使得 t_1 是根且所有的集合 $\{t_1, \cdots, t_i\}$ 在 T 中是连通的. 对 $t = t_1, \cdots, t_n$ 递归地定义部分 V_t 以便满足练习 14 中的条件.

28.$^+$ 应用平面对偶性.

29. 对充分性, 把分解路的子路看成是线段, 哪条子路自然地对应于 G 的一个给定顶点?

30. 遵循命题 12.4.4 的证明.

31.$^+$ 是的. 要证明这个结论, 首先证明每个连通图 G 包含一条路, 删除这条路后会增加 G 的路宽. (使用 G 的一个路分解来找到这条路.) 接着构造一棵树的序列 $T_1, T_2, \cdots$ 使得在 T_{n+1} 中删除这样一条路后剩下的部分包含 T_n. 最后, 归纳地假设 T_n 具有大的路宽.

32.$^+$ 关于必要性, 对每个 $i = 1, \cdots, n-1$, 选择一个阶数 $\leqslant k$ 的分割 $\{A_i, B_i\}$ 使得 $v_1, \cdots, v_i \in A_i$ 且 $v_{i+1}, \cdots, v_n \in B_i$. 选择这些 $\{A_i, B_i\}$ 满足: (i) $\{A_i, B_i\}$ 的阶数最小; (ii) $|A_i|$ 是最小的 (在满足 (i) 的条件下). 设 $V_i := A_i \cap B_{i-1}$ 是所需的路分解的部分, 证明: 只要 $i < j$, 就有 $A_i \subseteq A_j$.

33. 使用引理 12.3.1.

34. 构造一个恰当的路分解来证明树宽最多为 n. 为了证明树宽至少为 n, 在 $n \times n$ 网格中, 我们对 $(n-1) \times (n-1)$ 网格的交叉刺藤通过增加两个集合来拓广.

35.$^-$ 存在性由定理 12.4.3 给出; 我们的任务是证明唯一性. 我们说一个部分是唯一的, 是指它作为一个集合或者子图是唯一的, 这个唯一的部分可能是某个或者几个 V_t $(t \in T)$.

36.$^-$ 把 $\mathcal{K}_{\mathcal{P}}$ 和它的类似概念进行比较, 从而引进一个更强的概念.

37. 要回答第一部分, 对每个禁用子式 X 构造一个图的有限集合, 使得禁止这些图作为拓扑子式等价于禁止 X 作为子式. 对第二部分, 我们可以使用练习 10.

38.$^+$ 对第一个蕴含关系, 模仿引理 12.3.4 的证明. 对第二个蕴含关系, 贪婪地构造一个具有小树宽的树分解. 首先定义几个覆盖 G 的某个导出子图 H 的部分, 递归地假定 $G-H$ 的任意分支 C 的邻集 N 满足 $|N| \leqslant 3k$ 并且 N 属于 H 的树分解的一个已经构造好的部分中. 把 N 扩展成 C 来组成树分解的另一个部分, 比如把 H 扩展成 H'. 要证明新的部分可以选的足够小使得 $C-H'$ 的每个分支有最多 $3k$ 邻点 (都属于新的部分), 同时使用 N 在 G 中不是 $(k+1)$-连通的这一假设.

39. 设 X 是图 G 的具有 h 个顶点的 ℓ-连通集, 这里 h 和 ℓ 是大的整数. 在定理 12.4.3 较易证明的蕴含关系中, 我们把 T 的边进行定向使得边指向 G 中包含"刺藤线"的一边. 证明, 反过来, 我们可以如此定义刺藤: 每一个具有至少 k 个顶点的分离集 S 都"指向" $G-S$ 的一个分支 C 使得 $S\cup V(C)$ 包含 X 中至少三分之二的顶点, 并且这些集合 $V(C)$ 组成一个阶 $>k$ 的刺藤.

40. 尝试贪婪地构造. 当选取一个分离集的定向并把它添加到已完成定向的部分时, 新的分离集是否影响其他分离集的定向呢?

41. 找到一个结束点 (sink).

42. 一旦把 T 定义为一个图, 记得证明它是一棵树.

43. (i) 中的两种情形都只需要一行证明, 但它们稍有不同. 对 (iv), 满足 $A\cap B=X$ 的分离集 $(A,B)\in\theta$ 是否定义了 $G-X$ 的分支上的一个超滤子呢?

44. 对 (i) 和 (ii), 参考上一个练习. 对 (iii), 有一个明显的方法来定义纠缠. 要证明它确实是一个纠缠, 考虑集合 $\{(A_1,B_1),(A_2,B_2),(A_3,B_3)\}\in\mathcal{T}$, 那么 $B_1\cap B_2\cap B_3$ 可以是多大呢?

45. 对 (i), 你可能需要给分解树增加一些新的叶子. 对 (ii) 中的纠缠集, 考虑 $G-X$ 的分支, 这里 X 是小的.

46.$^+$ 两个证明几乎完全相同, 除了在定理 12.5.1 中我们证明了对 T_i 的内点 t 的星 $\alpha_i'(\vec{F}_t)$ 在 $\mathcal{T}$ 中, 而这里要证明在 $\mathcal{F}_k$ 中, 这是唯一需要证明的. 要证明这一点, 对 $\mathcal{F}_k$ 中的一个星 σ, 尝试把星 σ 中分离集的大的一边的交 $B_0\cap\cdots\cap B_n$ 写成, S_k 中一个合适的分离集的两边的交. 然后使用前面已证明的一个事实: α_i' 把定向的分离集 (例如 $\vec{E}(T_i)$ 中的那些分离集) 映射到 $\vec{S}_k$.

47. 当 $\mathcal{X}$ 和图 $X\in\mathcal{X}$ 变得很大时, 覆盖 G 中所有的 IX 的难度有多大的变化呢? 如果我们把 $\mathcal{X}$ 替换成它的"极小子式"元素的集合, 这个问题会有多少变化呢?

48.$^+$ 设 S 是 H 可以嵌入到上面的曲面. 我们可以利用事实: 可以不相交地嵌入到 S 上的 H 的拷贝数目被某个数值 $n\in\mathbb{N}$ 所界定. 为了证明对 $k>n$ 不能定义 f, 对 $f(k)$ 考虑一个候选值 $\ell\in\mathbb{N}$, 并把 S 上 H 的一个固定画法扩展到 S 上一个图 H' 的画法, 使得删除任意的 ℓ 个顶点后剩下的图仍有一个 H 子式.

49.$^+$ 找一个反例.

50.$^+$ 为了说明非平凡树分解是必要的, 我们可以利用练习 31 以及不存在一个曲面可以容纳

无界多个不交 K^5 的拷贝这一事实, 来构造相应的例子. 对余下的例子, 考虑对非球面的曲面上的大网格或者类似网格的图进行修改.

51.$^+$ 我们的任务是找到一个图, 它不包含 TK^n 但它的结构需要一个容纳 K^n 的曲面. 回忆前一个练习, 在不包含通常的 K^{n+1} 子式的结构定理中, 我们需要一个具有最大 Euler 亏格的曲面使得 $K^{n+1} \not\hookrightarrow S$. 图 $G \not\succcurlyeq K^{n+1}$ 稠密地嵌入到 S 中, 特别地, G 有一个 K^n 子式. 因为它可以有小的最大度, 所以它不包含一个 TK^n. 现在, 利用 S 的选择来把 G 修改成一个图 G' 使得 G' 有 (无界多个) 大度的顶点但并不包含 TK^n, 和定理 12.6.7 一样, 我们需要曲面 S 来描述 G'.

52. 参考 7.2 节中具有大色数图的子结构.

53. K^5.

54. 首先对连通图推导子式定理.

55. 使用 1.5 节中证明的正规支撑树的分离性质. 如果需要, 你可以使用第 8 章的任何练习.

56. 选择 H 中合适的射线作为分支集, 并用新边连接它们.

57. 对第一个问题, 考虑 $\mathbb{Z} \times \mathbb{Z}$ 网格中的同心圆以及它们之间的路, 并运用 $\mathbb{Z} \times \mathbb{N}$ 网格是可平面的这一事实.

58.$^+$ 充分性的证明和有限情形证明的不同之处在于：现在需要构造分解树以及部分. 可以尝试归纳地做, 首先把一个极大完全子图 H 作为第一个部分. 为了把分解扩展到 $G - H$ 的一个分支 C 上, 我们考虑 C 中一个在 H 中具有尽可能多邻点的顶点, 并证明这些邻点包含 C 在 H 中的所有邻点.

59. 使用紧致性证明：如果 G 的每个有限子图有一个团数至少为 k 的弦母图, 那么 G 也有.

60. 使用可平面性. 你可以使用第 8 章中的任何练习.

索　　引

B

半径 (radius), 8
包含 (contain), 3
被匹配 (matched), 32
薄的 (thin), 197, 225
薄和 (thin sum), 225
闭包 (closure), 217
闭的 (closed), 10
避开 (avoid), 320
边 (edge), 1, 25, 26
边稠密度 (edge density), 153
(组合) 边度数 ((combinatorial) edge-degree), 193
边分解 (edge-decomposition), 44
边极大的 (edge-maximal), 4
边界 (boundary), 83, 206, 354
边界映射 (boundary map), 31, 101
边界圆 (boundary circle), 353
边空间 (edge space), 21
边连通度 (edge-connectivity), 11
边色数 (edge-chromatic number), 105
边着色 (edge colouring), 105
边 e 在顶点 v (edge e at vertex v), 2
标准基 (standard basis), 21, 22
标准子空间 (standard subspace), 217
补图 (complement), 4
不交的 (disjoint), 3
不可约的 (irreducible), 341
不友好的 (unfriendly), 192
部分 (parts), 311
部分匹配 (partial matching), 212

C

侧面 (side), 22
测地的 (geodetic), 29
层 (level), 14
拆分定理 (splitter theorem), 77
长度 (length), 6, 7
长度为 k 的途径 (walk of length k), 10
超过 (exceed), 60
超图 (hypergraph), 25
超限归纳法 (transfinite induction), 350
重边 (multiple edge), 25
重数 (multiplicity), 247
抽象对偶 (abstract dual), 98
抽象图 (abstract graph), 3
稠密的序 (dense order), 235
稠密图 (dense graph), 153
初始点 (initial vertex), 25
初始线段 (initial segment), 349
穿越 (pass), 280
传递图 (transitive graph), 49
垂直射线 (vertical ray), 197
刺藤 (bramble), 315
刺藤数 (bramble number), 318

D

大波 (large wave), 206
大集合 (large set), 293
带邻域 (strip neighbourhood), 354
单纯的 (simplicial), 313
单纯形分解理论 (simplicial decomposition), 241
单面的 (one-sided), 355
单色的 (monochromatic), 253

单色子图 (monochromatic subgraph), 253
导出 (induce), 3
导出圈 (induced cycle), 7
导出子图 (induced subgraph), 3
等差数列 (arithmetic progression), 269
等价的 (equivalent), 269, 340, 353
等价嵌入 (equivalent embedding), 90
第二类 (class 2), 114
第二时刻方法 (second moment method), 288
第一个点 (first point), 80
第一类 (class 1), 114
递归定义 (recursive definition), 351
递归可修剪的 (recursively prunable), 214
点 (point), 1
点态大于 (pointwise greater), 277
顶点 (vertex), 1, 25, 26
(组合) 顶点度数 ((combinatorial) vertex-degree), 193
顶点复制 (vertex duplication), 157
顶点可传递的 (vertex-transitive), 204
顶点空间 (vectex space), 21
顶点着色 (vertex colouring), 105
顶端 (ends), 2, 6
定向 (orientation), 25, 133, 320
定向边 (oriented edge), 133
定向分离 (oriented separation), 320
定向图 (oriented graph), 26
独立顶点 (independent vertex), 2
独立边 (independent edge), 2
独立路 (independent path), 7
独立数 (independence number), 119
度 (degree), 5
(拓扑) 度 ((topological) degree), 219
度序列 (degree sequence), 277
端点 (end vertex), 6
端点 (end), 26
端点 (endpoints), 80, 219
端点 (endvertex), 2
短圈 (short cycle), 293
对 π 是满意的 (happy with π), 216
多边形 (polygon), 79
多边形弧 (polygonal arc), 80
多重路 (multipath), 280
多重图 (multigraph), 26

E

二部图 (bipartite graph), 16
二叉树 (binary tree), 193
二阶矩 (second moment), 300

F

反链 (antichain), 48
方差 (variance), 300
方向 (direction), 133
非分离的 (non-separating), 354
非匹配 (unmatched), 32
非平凡的 (non-trivial), 269
分隔 (separator), 10
分离 (separate), 10, 80, 235, 353
分离 (separation), 11
分离圆 (separating circle), 354
分支 (component), 10, 353
分支顶点 (branch vertex), 18
分支集 (branch set), 18
疯狂的 (wild), 238
覆盖 (cover), 32, 44, 211, 315
(顶点) 覆盖 ((vertex) cover), 33
复制 (duplicating), 157
富勒烯 (fullerene), 100
附着力 (adhesion), 312

G

概率方法 (probabilistic method), 288
高度 (height), 14
割 (cut), 10, 22
割补 (surgery), 355

割点 (cutvertex), 10
割空间 (cut space), 23, 240
根 (root), 13, 14, 331
跟随 (follow), 234
更好 (better), 36
更优拟序 (better-quasi-ordering), 345
共同边界映射 (coboundary map), 31
共尾的 (cofinal), 229
构建于 $\mathcal{T}^*$ 上 (over $\mathcal{T}^*$), 322
孤立顶点 (isolated vertex), 5
关联 (associate), 253
关联 (incident), 2
关联矩阵 (incidence matrix), 24
关联偏序集 (incidence poset), 96
冠 (crown), 268
规范的 (canonical), 333

H

哈密顿圈 (Hamilton cycle), 152
好的 (good), 316
好对 (good pair), 308
好刻画 (good characterization), 331, 347
好序列 (good sequence), 307
核 (kernel), 117
核心 (core), 367
横穿 (cross), 22
厚的 (thick), 197
后继 (successor), 349
弧 (arc), 80, 219, 353
弧分支 (arc-component), 220
弧连通的 (arc-connected), 220
花瓣 (petal), 316
画法 (drawing), 86
划分 (partition), 1, 235
划分积分 (partition calculus), 241
坏的 (bad), 308
坏着色 (bad colouring), 254
环 (ring), 334
环边 (loop), 25
环柄 (handle), 353
环流 (circulation), 134
回路 (circuit), 222
婚姻定理 (marriage theorem), 34

J

基本割 (fundamental cut), 24, 225
基本回路 (fundamental circuit), 225
基本圈 (fundamental cycle), 23
基数 (cardinality), 349
基数相同 (same cardinality), 349
极大的 (maximal), 4, 84, 90
极大的元素 (maximal element), 349
极大可平面的 (maximally planar), 90
极大平面图 (maximal plane), 84
极限 (limit), 207, 350
极小的 (minimal), 4
极小的元素 (minimal element), 349
极值的 (extremal), 155
极值图论 (extremal graph theory), 154
几乎可平面的 (nearly planar), 332
几乎肯定地 (almost surely), 295
几乎没有 (almost no), 295
几乎每个 (almost every), 295
几乎所有 (almost all), 288, 295
加法 (addition), 350
价 (valency), 5
坚韧性猜想 (toughness conjecture), 276
尖端集 (apex set), 343
键 (bond), 10
交叉 (cross), 316
交叉边 (cross-edge), 44
交叉的 (cross), 326
交叉套 (crosscap), 353
交错的 (alternating), 101
交错路 (alternating path), 32
交换链 (exchange chain), 45
交替的 (alternate), 61
交图 (intersection graph), 342

角落分离 (corner separation), 322
接触 (touch), 315
阶 (order), 2, 11, 315
节点 (node), 1
结束 (terminate), 351
界 (bound), 353
界定 (bound), 83
紧致的 (compact), 191
紧致性 (compactness), 189
紧致性原理 (compactness principle), 190
禁用子式 (forbidden minor), 328
禁用子式定理 (forbidden-minor theorem), 308
竞赛图 (tournament), 284
纠缠 (tangle), 308, 321
局部连通的 (locally connected), 238
局部有限的 (locally finite), 185
距离 (distance), 8
均值 (mean), 291

K

开欧拉环游 (open Euler tour), 240
康托尔集 (Cantor set), 237
可比图 (comparability graph), 119, 128
可定向亏格 (orientable genus), 344
可定向性 (orientability), 145
可分散的 (dispersed), 234
可接受的 (acceptable), 36
可连接的 (linkable), 207
可匹配 (matchable), 211
可匹配的 (matchable), 39
可平面的 (planar), 90
可平面图 (planar graph), 79
可数的 (countable), 2, 349
可数无限的 (countably infinite), 349
空图 (empty graph), 2
块 (block), 54
块图 (block graph), 55
宽度 (width), 315, 331
扩展顶点 (expanding a vertex), 121

L

拉丁方 (Latin square), 127
拉普拉斯 (Laplacian), 31
例外集 (exceptional set), 166
立方图 (cubic graph), 5
连接 (join), 2
连接 (link), 6, 80, 219
连接的 (linked), 66, 69, 319
连通的 (connected), 10
(拓扑) 连通的 ((topologically) connected), 219
连通度 (connectivity), 11
连通树分解 (connected tree-decomposition), 319
连通树宽 (connected tree-width), 319
连续多个元素 (continuum many), 349
连续统 (continuum), 238
链 (chain), 14, 48, 349
良基集 (well-founded set), 349
良拟序 (well-quasi-ordering), 308
良拟序化 (well-quasi-ordered), 308
良序集 (well-ordered set), 349
列表色数 (list-chromatic number), 114
列表着色猜想 (list colouring conjecture), 117
列表着色指数 (list-chromatic index), 115
列举 (enumeration), 349
邻点 (neighbour), 2, 4
邻接矩阵 (adjacency matrix), 25
流 (flow), 135
流多项式 (flow polynomial), 138
流数 (flow number), 140
六边形四分网格 (hexagonal quarter grid), 197
路 (path), 6, 186
路分解 (path-decomposition), 331, 342
路覆盖 (path cover), 47

路宽 (path-width), 342
路-Hamilton 的 (path-Hamiltonian), 279
旅行售货员问题 (travelling salesman problem), 285
轮子 (wheel), 58
轮子定理 (wheel theorem), 58

M

密度 (density), 166
面 (face), 82, 333, 354
面空间 (face space), 101
面圈 (facial cycle), 94
模型 (model), 18
末端 (end), 185, 192
末端空间 (end space), 237
末端一一的 (end-faithful), 237
母图 (supergraph), 3

N

内部 (inner), 6
内部 (interior), 80
内部点 (inner point), 217
内部面 (inner face), 82
拟序 (quasi-ordering), 308
逆极限 (inverse limit), 229
逆系统 (inverse system), 229

O

欧拉的 (Eulerian), 20
欧拉环游 (Euler tour), 20
偶的 (even), 142

P

排除子式 (excluded minor), 328
匹配 (matching), 32
平凡的 (trivial), 2
平衡的 (balanced), 50
平衡图 (balanced graph), 304
平均度 (average degree), 5
平面对偶 (plane dual), 97
平面对偶性 (plane duality), 79
平面多重图 (plane multigraph), 97
平面嵌入 (planar embedding), 86
平面三角剖分 (plane triangulation), 84
平面图 (plane graph), 79, 81
平行边 (parallel edge), 25
普遍存在的 (ubiquitous), 196

Q

期望值 (expected value), 291
奇分支 (odd component), 37
奇圈 (odd cycle), 17
齐次的 (homogeneous), 204
前趋 (predecessor), 349
前沿 (frontier), 80, 353
嵌入 (embedding), 20, 263, 331, 354
嵌套的 (nested), 326
强核心 (strong core), 367
强连通 (strong connected), 28
强完美的 (strongly perfect), 213
强完美图猜想 (strong perfect graph conjecture), 121
桥 (bridge), 10
轻的 (light), 69
区分 (distinguish), 327
区间图 (interval graph), 119, 128
区域 (region), 80, 81
曲面 (surface), 353
躯干 (torso), 312
圈 (circle), 7, 81, 221, 276
圈空间 (cycle space) , 22
(拓扑) 圈空间 ((topological) cycle space), 225
圈数 (cyclomatic number), 22
全着色猜想 (total colouring conjecture), 128
全色数 (total chromatic number), 128

R

容量 (capacity), 135
容量函数 (capacity), 135
容许函数 (admissible function), 352

弱完美的 (weakly perfect), 213
弱完美图猜想 (weak perfect graph conjecture), 121

S

三角化图 (triangulated graph), 119
三角形 (triangle), 2
色多项式 (chromatical polynomial), 127
色类 (colour class), 105
(顶点) 色数 ((vertex-) chromatic number), 105
色指数 (chromatic index), 105
森林 (forest), 12
扇 (fan), 64
上闭包 (up-closure), 14
上闭的 (up-closed), 14
上集合 (up-set), 14
上界 (upper bound), 349
上密度 (upper density), 178
射线 (ray), 186
深度优先搜索树 (depth-first search tree), 15, 28
生成 (generate), 225
使用列表 S_v 的着色 (colouring from the list S_v), 114
事件 (event), 289
收缩 (contraction), 18
收缩边 e (contracting the edge e), 19
收缩子式 (contraction minor), 18
瘦的 (lean), 319
梳 (comb), 186
梳背 (spine), 186
梳齿 (teeth), 186
树 (tree), 13
树的弦 (chord of a tree), 13
树分解 (tree-decomposition), 308, 311
树宽 (tree-width), 315
树宽对偶定理 (tree-width duality theorem), 315
树序 (tree-order), 14
双边 (double edge), 26
双覆盖 (double cover), 101, 152
双轮 (double wheel), 268
双面的 (two-sided), 354
双圈覆盖 (cycle double cover), 101
双圈覆盖猜想 (cycle double cover conjecture), 147, 152
双射线 (double ray), 186
水平边 (horizontal edge), 198
斯纳克 (snark), 148
四色定理 (four colour theorem), 106
随机变量 (random variable), 291
随机图 (random graph), 203, 288, 289
随机图的进化 (evolution of random graph), 304
所支撑 (spanned by), 217

T

贪婪算法 (greedy algorithm), 107
提升 (lifting), 280
填装 (packing), 32
通用的 (universal), 202
同构 (isomorphism), 3
同态 (homomorphism), 3
同样的顺序类型 (same order type), 350
图 (graph), 1
图不变量 (graph invariant), 3
图论同构 (graph theoretical isomorphism), 88
图性质 (graph property), 3, 295
图子式定理 (graph minor theorem), 308, 333
途径 (walk), 10
团数 (clique number), 119
拓扑边 (topological edge), 217
拓扑等价的 (topologically equivalent), 89
拓扑末端一一的 (topologically end-faithful), 237

拓扑欧拉环游 (topological Euler tour), 240
拓扑同构 (topological isomorphism), 87
拓扑支撑树 (topological spanning tree), 222
拓扑子式 (topological minor), 18

W

外部面 (outer face), 82
外可平面的 (outerplanar), 342
外可平面图 (outerplanar graph), 101
完美的 (perfect), 213
完美图 (perfect graph), 119
完美图定理 (perfect graph theorem), 121
完全的 (complete), 2
完全多部图 (complete multipartite graph), 16
完全 r-部图 (complete r-partite graph), 16
网格 (grid), 197, 315
网络 (network), 135
往返 (back and forth), 203
围长 (girth), 7
维数 (poset dimension), 96
伪随机图 (pseudo-random graph), 271
尾巴 (tail), 186
稳定集 (stable set), 2
无纽结的 (knotless), 340
无圈图 (acyclic graph), 12
无射线图中的排序 (ranking of rayless graph), 215
无限的 (infinite), 2, 349

X

稀疏的 (sparse), 95, 154
系列平行的 (series-parallel), 179
细分 (subdivision), 17
细分顶点 (subdividing vertex), 18
细化 (refine), 1
下闭包 (down-closure), 14
下闭的 (down-closed), 14
下集合 (down-set), 14
弦 (chord), 7
弦图 (chordal graph), 119
线 (line), 1
线图 (line graph), 4
线性分解 (linear decomposition), 330
线性拓展 (linear extension), 96
相处快乐 (happy with), 36
相关联 (associated), 264
相关联 (incident), 83
相邻的 (adjacent), 2
相容的 (consistent), 320
相容的 (compatible), 229, 352
小波 (small wave), 206
小的一边 (small side), 343
小的 X-分离 (small X-separation), 69
星 (star), 16, 321
袖口 (cuff), 331
虚拟顶点 (dummy vertex), 229
序数 (ordinal), 350
选择数 (choice number), 114
漩涡 (vortex), 343

Y

压缩 (suppressing), 26
颜色 (colours), 105, 253
叶子 (leaves), 13
一致的 (compatible), 199
荫度 (arboricity), 45
因子临界的 (factor-critical), 39
优先集 (set of preferences), 36
有定向的圈 (cycle with orientation), 145
有根树 (rooted tree), 14
有界的 (bounded), 236
有界图猜想 (bounded graph conjecture), 242
有限的 (finite), 2, 349
有限附着力 (finite adhesion), 332
有限树宽 (finite tree-width), 332
有限性圈空间 (finitary cycle space), 225
有向路 (directed path), 47

有向偏序集 (directed partially ordered set), 229
有向图 (directed graph, digraph), 25
有效地 (effcient), 327
阈函数 (threshold function), 299
圆 (circle), 353
圆盘 (disc), 353

Z

在 X 相遇 (meet in X), 118
增广路 (augmenting path), 33
粘贴 (pasting), 119
着色数 (colouring number), 108
真波 (proper wave), 206
真的 (proper), 11
真子式 (proper minor), 339
真子图 (proper subgraph), 3
整数的 (integral), 135
正规的 (normal), 14, 194
正规射线 (normal ray), 194
正则的 (regular), 5
正则性图 (regularity graph), 173
正则性引理 (regularity lemma), 166
支撑 (span), 3
支撑子图 (spanning subgraph), 3
支配 (dominate), 233
之间 (between), 6, 80
之下 (below), 14
直径 (diameter), 8
直线段 (straight line segment), 79
指示随机变量 (indicator random variable), 292
指向 (directed to), 25
秩为 0 (rank 0), 215
秩为 0 的根树 (rooted trees of rank 0), 215
中间圆 (middle circle), 354
中心 (centre), 16
中心点 (central vertex), 8
中心面 (central face), 333
终点 (terminal vertex), 25
重的 (heavy), 69
周长 (circumference), 7
柱面 (cylinder), 353
转换 (transaction), 342
子模性 (submodularity), 322
子式 (minor), 18
子式封闭 (minor-closed), 328
子图 (subgraph), 3
自同构 (automorphism), 3
总流量 (total value), 136
组合等价的 (combinatorially equivalent), 89
组合集合论 (combinatorial set theory), 185
组合同构 (combinatorial isomorphism), 87
最大度 (maximum degree), 5
最大流最小割 (max-flow min-cut), 136
最大流最小割定理 (max-flow min-cut theorem), 135
最小度 (minimum degree), 5
最终单射的 (eventually injective), 231
最终顶点 (last vertex), 47

其 他

Erdős-Menger 猜想 (Erdős-Menger conjecture), 205
Erdős-Pósa 性质 (Erdős-Pósa property), 41, 329
Euler 亏格 (Euler genus), 355
Euler 特征 (Euler characteristic), 355
Freudenthal 紧致化 (Freudenthal compactification), 246
Gallai-Edmonds 匹配定理 (Gallai-Edmonds matching theorem), 41
Gödel 紧致性定理 (Gödel compactness theorem), 242
Hajós 猜想 (Hajós conjecture), 166
Hamilton 的 (Hamiltonian), 273, 277
Hamilton 路 (Hamilton path), 273

Hamilton 圈 (Hamilton cycle), 273, 276
IX, 18
König 引理 (König lemma), 242
Kirchhoff 定律 (Kirchhoff's law), 133
Kuratowski 集 (Kuratowski set), 269, 333
Möbius 带 (Möbius strip), 354
Möbius 冠 (Möbius crown), 268
Rado 图 (Rado graph), 203
Rado 选择性引理 (Rado selection lemma), 242
Ramsey 理论 (Ramsey Theory), 251
Ramsey 数 (Ramsey number), 253, 254
Ramsey 图 (Ramsey graph), 258
Ramsey-极小的 (Ramsey-minimal), 257
Turán 图 (Turán graph), 155
Tutte 多项式 (Tutte polynomial), 153
TX, 17
van der Waerden 定理 (van der Waerden theorem), 269
Wagner 猜想 (Wagner's conjecture), 344
4-流猜想 (4-flow conjecture), 148
5-流猜想 (5-flow conjecture), 148
A-B 路 (A-B path), 7
$A \to B$ 波 ($A \to B$ wave), 206
C-迹 (C-trail), 280
H-循环 (H-circulation), 240
H-流 (H-flow), 138
H-路 (H-path), 7
N 中的一个割 (cut in N), 135
S-树 (S-tree), 321
V 上的图 (a graph on V), 2
X-Y 边 (X-Y edge), 2
X-分离 (X-separation), 69
Δ 系统 (Δ-system), 270
α-边 (α-edge), 112
χ-有界的 (χ-bounded), 125
ℓ-边连通的 (ℓ-edge-connected), 11
$\mathcal{F}$-纠缠 ($\mathcal{F}$-tangle), 326
c-着色 (c-colouring), 253
d-维立方体 (d-dimensional cube), 27
k-边着色 (k-edge-colouring), 105
k-可构造图 (k-constructible graph), 111
k-可列表着色的 (k-list-colourable), 114
k-可选的 (k-choosable), 114
k-可着色的 (k-colourable), 105
k-块 (k-block), 314
k-刺藤 (k-bramble), 313
k-几乎可嵌入的 (k-nearly embeddable), 331
k-集 (k-sets), 1
k-纠缠 (k-tangle), 321
k-连接的 (k-linked), 66
k-连通的 (k-connected), 11, 53
k-流 (k-flow), 140
k-圈 (k-cycle), 7
k-色的 (k-chromatic), 105
k-因子 (k-factor), 32
k-着色 (k-colouring), 105
k-正则的 (k-regular), 5
k-子集 (k-subsets), 1
r-部图 (r-partite graph), 16
t-坚韧的 (t-tough), 276
ϵ-正则 (ϵ-regular), 166
ϵ-正则划分 (ϵ-regular partition), 166

《现代数学译丛》已出版书目

(按出版时间排序)

1 椭圆曲线及其在密码学中的应用——导引 2007. 12 〔德〕Andreas Enge 著 吴 铤 董军武 王明强 译

2 金融数学引论——从风险管理到期权定价 2008. 1 〔美〕Steven Roman 著 邓欣雨 译

3 现代非参数统计 2008. 5 〔美〕Larry Wasserman 著 吴喜之 译

4 最优化问题的扰动分析 2008. 6 〔法〕J. Frédéric Bonnans 〔美〕Alexander Shapiro 著 张立卫 译

5 统计学完全教程 2008. 6 〔美〕Larry Wasserman 著 张 波 等 译

6 应用偏微分方程 2008. 7 〔英〕John Ockendon, Sam Howison, Andrew Lacey & Alexander Movchan 著 谭永基 程 晋 蔡志杰 译

7 有向图的理论、算法及其应用 2009. 1 〔丹〕J. 邦詹森 〔英〕G. 古廷 著 姚 兵 张忠辅 译

8 微分方程的对称与积分方法 2009.1〔加〕乔治 W. 布卢曼 斯蒂芬 C. 安科 著 闫振亚 译

9 动力系统入门教程及最新发展概述 2009.8 〔美〕Boris Hasselblatt & Anatole Katok 著 朱玉峻 郑宏文 张金莲 阎欣华 译 胡虎翼 校

10 调和分析基础教程 2009.10 〔德〕Anton Deitmar 著 丁 勇 译

11 应用分支理论基础 2009. 12 〔俄〕尤里·阿·库兹涅佐夫 著 金成桴 译

12 多尺度计算方法——均匀化及平均化 2010. 6 Grigorios A. Pavliotis, Andrew M. Stuart 著 郑健龙 李友云 钱国平 译

13 最优可靠性设计：基础与应用 2011. 3 〔美〕Way Kuo, V. Rajendra Prasad, Frank A.Tillman, Ching-Lai Hwang 著 郭进利 闫春宁 译 史定华 校

14 非线性最优化基础 2011.4 〔日〕Masao Fukushima 著 林贵华 译

15 图像处理与分析：变分，PDE，小波及随机方法 2011.6 Tony F. Chan, Jianhong (Jackie) Shen 著 陈文斌，程 晋 译

16 马氏过程 2011.6 〔日〕福岛正俊 竹田雅好 著 何 萍 译 应坚刚 校

17 合作博弈理论模型 2011.7 〔罗〕Rodica Branzei 〔德〕Dinko Dimitrov 〔荷〕Stef Tijs 著

刘小冬 刘九强 译

18 变分分析与广义微分 I：基础理论 2011. 9 〔美〕 Boris S. Mordukhovich 著

赵亚莉 王炳武 钱伟懿 译

19 随机微分方程导论应用(第 6 版) 2012. 4 〔挪〕Bernt Øksendal 著 刘金山 吴付科 译

20 金融衍生产品的数学模型 2012.4 郭宇权(Yue-Kuen Kwok) 著

张寄洲 边保军 徐承龙 等 译

21 欧拉图与相关专题 2012.4 〔英〕Herbert Fleischner 著

孙志人 李 皓 刘桂真 刘振宏 束金龙 译 张 昭 黄晓晖 审校

22 重分形：理论及应用 2012.5 〔美〕戴维・哈特 著 华南理工分形课题组 译

23 组合最优化：理论与算法 2014. 1 〔德〕 Bernhard Korte Jens Vygen 著

姚恩瑜 林治勋 越民义 张国川 译

24 变分分析与广义微分 II：应用 2014. 1 〔美〕 Boris S. Mordukhovich 著

李 春 王炳武 赵亚莉 王 东 译

25 算子理论的 Banach 代数方法(原书第二版) 2014.3 〔美〕 Ronald G. Douglas 著

颜 军 徐胜芝 舒永录 蒋卫生 郑德超 孙顺华 译

26 Bäcklund 变换和 Darboux 变换——几何与孤立子理论中的应用 2015.5 〔澳〕 C. Rogers W. K. Schief 著 周子翔 译

27 凸分析与应用捷径 2015.9 〔美〕 Boris S. Mordukhovich, Nguyen Mau Nam 著

赵亚莉 王炳武 译

28 利己主义的数学解析 2017.8 〔奥〕 K. Sigmund 著 徐金亚 杨 静 汪 芳 译

29 整数分拆 2017.9 〔美〕 George E. Andrews 〔瑞典〕Kimmo Eriksson 著

傅士硕 杨子辰 译

30 群的表示和特征标 2017.9 〔英〕 Gordon James, Martin Liebeck 著

杨义川 刘瑞珊 任燕梅 庄 晓 译

31 动力系统仿真、分析与动画—— XPPAUT 使用指南 2018.2 〔美〕 Bard Ermentrout 著

孝鹏程 段利霞 苏建忠 译

32 微积分及其应用 2018.3 〔美〕 Peter Lax Maria Terrell 著

林开亮 刘 帅 邵红亮 等 译

33 统计与计算反问题 2018.8 〔芬〕 Jari Kaipio Erkki Somersalo 著

刘逸侃 徐定华 程 晋 译

34 图论(原书第五版) 2020.4〔德〕 Reinhard Diestel 著 〔加〕于青林 译